U0891494

普通高等教育"十二五"规划教材

微机原理及应用技术

毛志忠　编著

科学出版社
北京

内 容 简 介

本书首先给出微型计算机的体系结构，着重介绍中央处理器、存储器、输入/输出设备及总线等部件的组成、特点、功能和工作原理；接着介绍两种典型的微处理器，即 8086 微处理器和 MCS-51 微处理器，同时分别对其存储器管理、程序设计方法（8086 系统为汇编语言、MCS-51 系统为 C 语言）、输入/输出接口（包括并行接口、串行接口及定时计数接口）及中断模式进行介绍；然后以实际应用为目标介绍输入/输出通道设计技术，包括数字量输入/输出（并行和串行）通道、模拟量输入/输出通道及人机交互通道技术；最后给出一个可编程逻辑控制器（PLC）系统的综合设计实例。

本书可作为高等院校微机原理及应用课程的教材，也可作为自动化装置设计者的参考书。

图书在版编目（CIP）数据

微机原理及应用技术/毛志忠编著．—北京：科学出版社，2015．6

（普通高等教育“十二五”规划教材）

ISBN 978-7-03-044747-0

Ⅰ．①微…　Ⅱ．①毛…　Ⅲ．①微型计算机　Ⅳ．①TP36

中国版本图书馆 CIP 数据核字（2015）第 124354 号

责任编辑：张海娜　纪四稳 / 责任校对：桂伟利

责任印制：吴兆东 / 封面设计：迷底书装

科学出版社出版

北京东黄城根北街 16 号

邮政编码：100717

http://www.sciencep.com

北京九州迅驰传媒文化有限公司印刷

科学出版社发行　各地新华书店经销

*

2015 年 6 月第　一　版　开本：720×1000　1/16

2025 年 2 月第六次印刷　印张：37 1/2

字数：742 000

定价：198.00 元

（如有印装质量问题，我社负责调换）

前　言

微型计算机在控制领域得到了广泛的应用。目前，一个控制系统中的每一个自动化装置几乎都是一个微型计算机系统（如常用的可编程逻辑控制器、数字化检测仪表、智能执行器等）。将微型计算机嵌入各类自动化装置需要掌握计算机的应用技术（包括程序设计、接口技术以及相关的信号调理技术等）。本书是为需要掌握各类自动化装置设计的本科生而编写的，也可作为研究生或科研工作者的参考书。

为了探讨知识和培养综合理解能力，第1章在介绍学习微型计算机原理所需的基础知识的基础上，简要叙述微型计算机的体系结构、组成部件及工作原理、计算机解题思路等。目的是让读者对计算机的工作流程有一个基本的概念。第2章以Intel的8086微处理器为对象，详细描述8086微处理器的引脚及功能、存储器组织与管理、通用外围接口部件及接口技术，并基于汇编语言给出程序设计的方法。第3章以89C51单片机为对象，详细描述单片机的各种内部资源、存储器组织结构、内部集成的接口部件；基于C51语言给出了各种接口的程序设计实例。根据工业控制领域微型计算机系统应用的特点，第4章通过数字量输入/输出、模拟量输入/输出、串行通信和人机接口等输入/输出通道的设计方法，介绍控制领域常用的信号调理技术，给出大量的实用电路和应用程序。最后在第5章给出一个微型计算机在工控领域的设计实例。

本书强调实际应用与理论分析相结合，各个章节不仅提供了大量的硬件电路设计实例和程序设计应用实例，还对设计方法进行了详细的说明，以帮助读者进一步掌握各个章节出现的概念。通过学习两种微处理器的操作、程序设计以及接口技术，读者将具有基于Intel 80x86系列微处理器和51系列单片机在自动化装置中的应用能力。读者学习完本书内容后将能够：

（1）根据微处理器的总线设计相应的存储器和输入/输出接口电路；

（2）使用汇编语言和C语言设计接口的控制软件；

（3）设计控制领域常用传感器信号和远传信号的调理电路；

（4）设计控制系统中的多种自动化装置。

本书的创作团队由多名拥有丰富微机原理教学和应用经验的教师组成。通过总结多年的教学经验，参考国内外经典的教材，并基于作者近年来的科研成果，编成此书。本书编写人员有毛志忠、袁平、陈春华、石亚和、杨琳、冯琳、肖冬等，由毛志忠教授对全书进行统稿。

本书在编写过程中参考并选取了有关文献的内容，这些文献均已列入参考文献中，在此对文献的作者表示诚挚的谢意。

由于作者水平有限，书中难免会有不足之处，恳请广大读者批评指正。

作　者

2014 年 12 月于东北大学

目　　录

第 1 章　微型计算机基础

本章内容主要涉及学习微型计算机原理必须掌握的基础知识，包括微型计算机的体系结构、中央处理器、存储器、输入/输出以及程序设计的相关概念等。

1.1　计算机概述

1.1.1　计算机发展史

从广义上讲，计算机是一种能够进行计算或辅助计算的工具。在这种广义的概念下，计算机分类如图 1-1-1 所示。

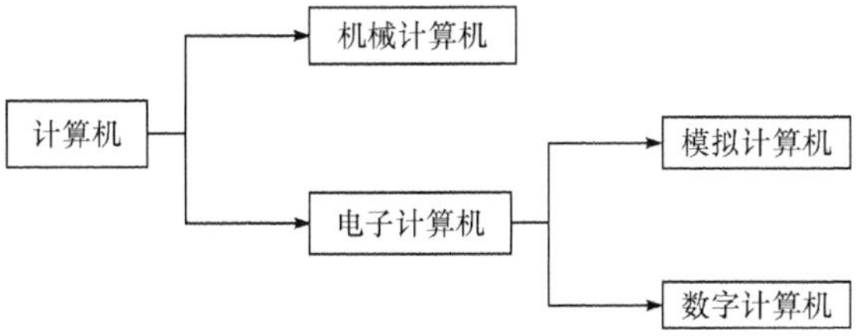

图 1-1-1　计算机分类

现在，当谈到计算机的时候，除加以特殊说明，都是指数字计算机。数字计算机是一种自动化的电子设备，它按照人们事先编写的程序对输入的原始数据进行加工处理，以获得预期的输出信息。

随着技术的发展、应用领域的扩大，电子计算机不仅能作为计算工具进行数值计算，而且能进行信息处理。有统计资料表明，当今 80%以上的计算机将主要用于信息处理。由于计算机在它出现的初期阶段主要进行数值计算，所以延续下来了“计算机”这个名称。现在，更多的人把计算机称为“电脑”，主要是指计算机可以作为人脑功能的扩展和延伸。

计算机已经成为一门重要的学科和工具。随着计算机的快速发展，它对人类生活产生了革命性的影响，社会进入了计算机的时代。

1. 第一台电子计算机

1946 年 2 月 14 日，是现代计算机行业的一个重要纪念日。无论计算机时代，还是信息革命，以及所谓的“第三次浪潮”“后工业时代”等，都以这一天作为起始的坐标原点。因为在这一天，一台名叫电子数字积分计算机（Electronic Numerical Integrator and Computer，ENIAC）的机器正式启动运行。

ENIAC 采用十进制运算，电路结构十分复杂。它使用 18000 多个电子管，运行时耗电量达 150kW，体积庞大，质量达 30t，占地面积约 $140m^2$。ENIAC 虽然需用手工搬动开关和拔、插电缆来编制程序，但比任何机械计算机快得多。ENIAC 每秒可进行 5000 多次加法运算，一天的工作量大约相当于一个人用手摇计算机操作 40 年。

ENIAC 于 1955 年正式退役，陈列于美国国立博物馆。ENIAC 的出现标志着计算工具进入一个崭新的时代，是人类文明发展史中的一个里程碑。仅半个多世纪，计算机已经使人类社会从制造业社会发展到信息化社会。

2. 体系结构的确立

在 ENIAC 中，没有存储器，用布线接板进行控制。而搭接布线接板花费的时间抵消了高速计算节省的时间。因此，在 ENIAC 尚未投入运行前，冯·诺依曼就已经开始准备对这台电子计算机进行脱胎换骨的改造，并将新机器命名为“电子离散变量自动计算机”（Electronic Discrete Variable Automatic Computer，EDVAC）。1945 年 6 月，冯·诺依曼与戈德斯坦等联名发表了《EDVAC 报告书的第一份草案》（*First Draft of a Report on the EDVAC*）。这份草案奠定了现代计算机体系结构坚实的根基，直到今天，仍然被认为是现代计算机科学发展里程碑式的文献。

与 ENIAC 相比，EDVAC 的改进首先在于冯·诺依曼巧妙地想出“存储程序控制”的办法，程序被当作数据存进了机器内部，以便计算机能自动地一条接着一条地依次执行指令，再也不用去接通线路。其次，他明确提出这种机器必须采用二进制数制，以充分发挥电子器件的工作特点，使结构紧凑而且更通用化。

1951 年 EDVAC 面世。程序存储在机器内部后，效率比 ENIAC 提高了数百倍，只用了 3563 个电子管和 1 万个晶体二极管，以水银延迟线来储存程序和数据，消耗电力和占地面积只有 ENIAC 的 1/3。

现在的计算机大多是按照这一思路设计的，人们把按照这一思路设计的机器统称“冯·诺依曼型计算机”。

3. 计算机的发展

从 1946 年的 ENIAC 开始，计算机的发展经历了电子管—晶体管—集成电路三个阶段，早期计算机的更新换代主要集中体现在组成计算机的基本元器件上。表 1-1-1列出了硬件技术对计算机更新换代的影响。第三代计算机之后，人们尚没有达成定义新一代计算机的一致意见。

表 1-1-1　硬件技术对计算机更新换代的影响

代	时间	硬件技术	速度/(10^4 次/ s)
一代	1946～1957 年	电子管	4
二代	1958～1964 年	晶体管	20
三代	1965～1971 年	中、小规模集成电路	100
四代	1972～1977 年	大规模集成电路	1000
	1978 年～现在	超大规模集成电路	10000

集成电路技术的发展一直是促进计算机性能提升的动力。1971 年,美国 Intel 公司研制成功世界上第一个 4 位的微处理器芯片 4004,它集成了 2300 个晶体管。随后,微处理器经历了 4 位、8 位、16 位、32 位和 64 位几个阶段的发展,芯片的集成度和运算速度都有很大的提高。与此同时,半导体存储器的研制也在进行。1970 年,第一个存储芯片面世,该芯片大约只有一个磁芯这么大,却能保存 256 位二进制信息。1974 年后,随着半导体存储器价格的迅速下降、位密度的不断提高,存储芯片的容量经历了 1KB、4KB、16KB、64KB、256KB、1MB、4MB、16MB 和 64MB 等几个阶段,每个新的阶段都比过去提高 4 倍的容量,而价格和访问时间都有所下降。

现在,世界已经进入了计算机时代,计算机的发展趋势正向着"两极"分化。一极是向巨型化、超高速、并行处理、智能化方向发展,它是一个国家科技水平、经济实力、军事实力的象征,在解决天气预报、地震分析、航空气动、流体力学、卫星遥感、激光武器、海洋工程等方面的问题上,巨型机能够大显身手。另一极是向微型化、网络化、人工智能化、高性能、多用途方向发展,由于它们体积小、成本低而占领了整个国民经济和社会生活的各个领域。

4. 微型计算机

微型计算机是由大规模集成电路组成的、体积较小的电子计算机。它是以微处理器为基础,配以存储器、输入/输出(Input/Output,I/O)接口电路以及相应的辅助电路而构成的。特点是体积小、灵活性大、价格便宜、使用方便。微型计算机甚至可以集成在一个芯片上。目前,由于超大规模集成电路的应用,小型机、微型机乃至大中型机的性能指标界限已不再明显。某些高档微型机的速度已经达到甚至超过了十年前一般大中型计算机的运行速度。

微型计算机分为网络计算机(如服务器、工作站、交换机、路由器等)、个人计算机(如笔记本、掌上电脑、平板电脑等)、控制计算机等。自 1981 年美国 IBM 公司推出第一代微型计算机 IBM-PC 以来,微型计算机以其执行结果精确、处理速度快、性价比高、轻便小巧等特点迅速进入社会各个领域。

微型计算机从局部到全局存在三个层次:微处理器、微型计算机、微型计算机系统。单纯的微处理器和单纯的微型计算机都不能独立工作，只有微型计算机系统才是完整的信息处理系统，才具有实用意义。在微型计算机硬件系统的基础上，配置必要的外部设备和软件，构成的实体称为微型计算机系统。

一个完整的微型计算机系统包括硬件系统和软件系统两大部分。硬件系统由运算器、控制器、存储器（含内存、外存和缓存）、各种 I/O 设备组成，采用“指令驱动”方式工作。软件系统可分为系统软件和应用软件。系统软件是指管理、监控和维护计算机资源（包括硬件和软件）的软件。操作系统是系统软件的核心，应用软件是为某种应用目的而编制的计算机程序。

1.1.2　微型计算机结构

1. 机器组成

1）存储程序

将编写好的程序和原始数据事先存入存储器中，然后再启动计算机自动执行程序，这就是存储程序的基本含义。存储程序概念可以简要地概括为以下几点。

（1）计算机（指硬件）由运算器、存储器、控制器、输入设备和输出设备 5 大基本部件组成。

（2）指令和数据以同等地位存放在存储器内，并可按地址访问。

（3）指令和数据均用二进制码来表示。

（4）指令由操作码和地址码组成，操作码用来表示操作的性质，地址码用来表示操作数所在存储器中的位置。

（5）指令在存储器内按顺序存放。通常，指令是顺序执行的。在特定条件下，可根据运算结果或设定的条件改变执行顺序。

（6）计算机以运算器为中心，I/O 设备与存储器的数据传送通过运算器实现。

“存储程序控制”的计算机结构是由冯·诺依曼提出和实现的。虽然计算机的发展速度惊人，但绝大多数计算机仍是建立在存储程序概念的基础上的。所谓的冯·诺依曼型计算机，就是指符合“存储程序控制”的计算机。

2）计算机硬件组成

冯·诺依曼型计算机最基本的组成如图 1-1-2 所示。图中实线为数据线，虚线为控制线和反馈线。

（1）输入设备。

输入设备的任务是把人们编好的程序和原始数据送到计算机中，并且将它们转换成计算机内部能识别和接受的信息。常用的输入设备有键盘、鼠标、扫描仪等。控制系统中反馈环节使用的模数（A/D）转换装置也是一种输入设备。

（2）输出设备。

输出设备的任务是将计算机的处理结果以人或其他设备所能接受的形式送出

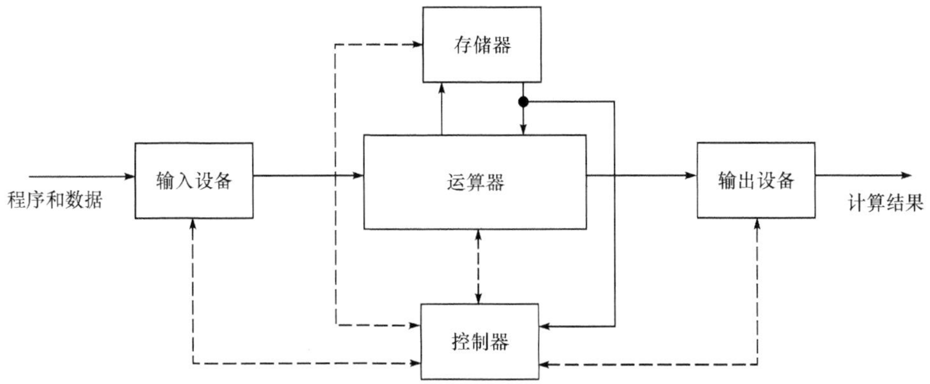

图 1-1-2　计算机的组成

计算机。最常用的输出设备是显示器和打印机。控制系统中控制输出环节数模(D/A)转换装置也是一种输出设备。

(3) 存储器。

存储器是用来存放程序和数据的部件，它是一个记忆装置。存储器也是计算机能够实现“存储程序控制”的基础。

(4) 运算器。

运算器是对信息进行处理和运算的部件。经常进行的运算是算术运算和逻辑运算，所以运算器又称算术逻辑运算单元(Arithmetic and Logical Unit，ALU)。运算器的核心是加法器。运算器中还有若干个通用寄存器或累加寄存器，用来暂时存放操作数和运算结果。寄存器的存取速度比存储器快得多。

(5) 控制器。

控制器是整个计算机的指挥中心。控制器按照人们预先确定的操作步骤，控制整个计算机的各个部件有条不紊地自动工作。

(6) 总线。

将前述的各大基本部件，按某种方式连接起来就构成了计算机的硬件系统。微型计算机的各大部件之间是用总线(Bus)连接起来的。

现代计算机已经转化为以存储器为中心的计算机结构，如图 1-1-3 所示。图中实线为控制线，虚线为反馈线，双线为数据线。

由于运算器和控制器在逻辑关系及电路结构上联系紧密，当大规模集成电路制作工艺出现后，这两大部件往往被集成制作在同一芯片上。通常将运算器和控制器合称中央处理器(Central Processing Unit，CPU)，或称为微处理器；把输入设备和输出设备简称 I/O 设备。

因此，现代计算机可以认为由三大部分构成：CPU、I/O 设备和存储器。存储

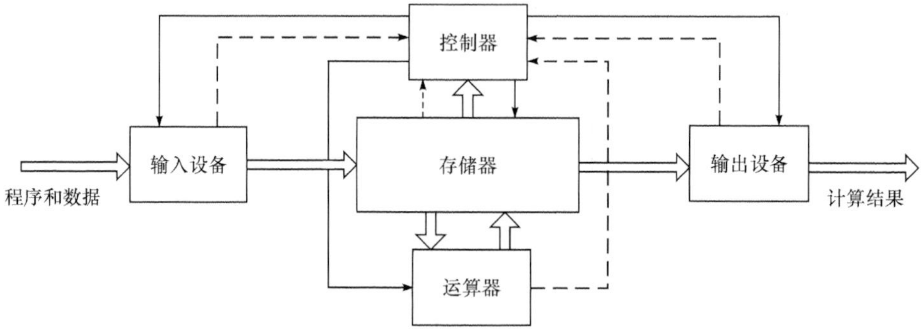

图 1-1-3　以存储器为中心的计算机结构

器又分为主存储器(Main Memory,MM,简称主存)和辅助存储器(简称辅存),主存储器和辅助存储器的区别见 1.4 节。如图 1-1-4 所示,CPU 和主存储器合起来又可称为主机,I/O 设备称为外围设备或外部设备(简称外设)。

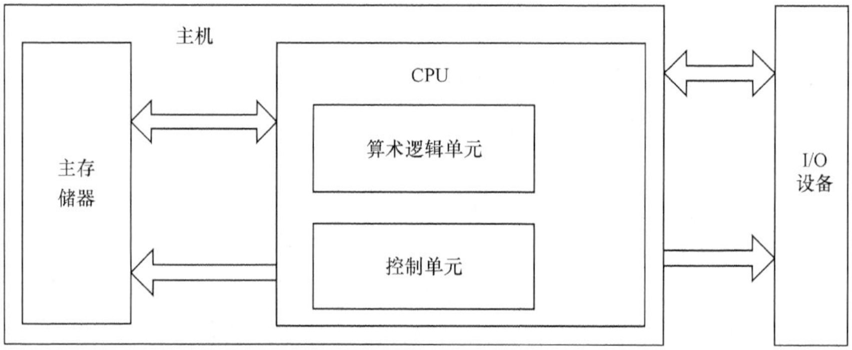

图 1-1-4　现代计算机组成

2. 总线

所谓总线是一组能为多个部件服务的公共信息传送线路,它能分时地在两个部件间传送信息。计算机中采用总线结构,既可以大大减少信息传送线的数量,又可以提高计算机扩充内存及外部设备的灵活性。由于微型计算机的设计目标是以较小的硬件代价组成具有较强功能的系统,而总线结构正好能满足这一要求,所以总线结构是微型计算机的典型结构。

1) 总线的组成

总线通常是由一组导线组成的传输线束,总线中信号线的条数称为总线宽度或位数,所谓总线也并不是指只有一类信号线,总线可以细分为数据总线、地址总线和控制总线,通过三类总线的配合工作,实现部件之间的信息传递。

(1) 数据总线。

数据总线(Data Bus,DB)用来传输各功能部件之间的数据信息,是双向传输总线。数据总线由双方向传输的多根信号线组成,CPU 可以沿这些信号线从主存或外设读入数据,也可以沿这些线向主存或外设送出数据。数据总线宽度与机器字长及存储字长有关,一般为 8 位、16 位或 32 位,是关系到计算机系统性能的一个重要参数。例如,若数据总线宽度为 8 位,而指令字长为 16 位,那么,CPU 取一条指令,必须访问主存两次。

(2) 地址总线。

地址总线(Address Bus,AB)由单方向的多根信号线组成。传输的信号用来指出数据总线上的数据所来自(或送到)的主存单元(或外设)的地址,故称为地址总线。例如,欲从存储器读出一个数据,则 CPU 要将此数据所在存储单元的地址送到地址总线上。又如,欲将某数据经 I/O 设备输出,则 CPU 除了需将数据送到数据总线,同时还需将该输出设备的地址(通常都经 I/O 接口)送到地址总线上。由于地址总线上的代码是 CPU 用来指明欲访问的存储单元或 I/O 设备的地址,所以它是单向传输的。地址总线宽度与 CPU 可访问的最大存储单元个数有关。如地址线为 10 根,则表示 CPU 最多可以访问 2^{10} 个存储单元(由于地址总线上的每个信号线只有“0”“1”两种状态)。

(3) 控制总线。

控制总线(Control Bus,CB)是用来发出各控制信号的传输线。对于任何一条控制线,它的传输是单向的。例如,命令存储器读/写或命令 I/O 设备读/写的控制信号都是由 CPU 发出的。但对于控制总线总体,又可认为是双向的。例如,I/O设备也可以向 CPU 发出请求信号,当某设备准备就绪时,便向 CPU 发中断请求;当某部件(如 DMA 接口)需获得总线使用权时,就向 CPU 发出总线请求信号等。此外,控制总线还起到监视各部件状态的作用。如查询该设备是处于“忙”还是“闲”,是否出错等。总体而言,控制信号既有出,又有入。

2) 总线工作原理

总线结构提高了 CPU 的工作效率,而且外设连接灵活,易于扩充。但由于所有部件都挂在同一组总线上,总线只能分时地为各个部件工作,也就是同一时刻只允许一对设备(或部件)之间传送信息。这就要求连接到总线上的逻辑部件必须高速运行,以便在某些设备需要使用总线时能迅速获得总线控制权,而当不再使用总线时,能迅速放弃总线控制权。

总线作为计算机各个部件间数据传输的公共通道,每个部件都有可能输出,来驱动总线。为避免多个部件向总线输出造成逻辑的混乱和数字电路的损坏,各个部件对总线的输出驱动电路必须具有三态功能,即部件的输出既可以是一般二值逻辑值,又可以是高阻抗状态(简称高阻态)。处于高阻抗状态时,其输出相当于断开状态，没有任何逻辑输出功能。总线驱动电路通常由若干三态门电路组成。三态门电路(见 1.2.3 小节)的输出逻辑状态通过一个输入引脚 G 控制。当 G 为低电平输入时，电路呈现正常的“0”或“1”的输出；当 G 为高电平输入时，电路给出高阻态输出。当所有器件都以高阻态形式连接在总线上时，称为总线处于空闲状态。

假设总线上有 A、B 两个部件，并且 A 部件具有总线控制权。在总线处于空闲状态下，当 A 部件要向 B 部件发送数据时，A 部件驱动总线，在地址总线上发出 B 部件的地址，在数据总线上发出数据，在控制总线上发出写命令信息。总线上的 B 部件判断收到的地址是否与自己的地址相符。如果相符，则根据命令信息，接收数据。A 部件完成通信后，将输出变为高阻态，让出总线使用权，让总线恢复到空闲状态。这一过程通常称为一个总线写周期。

如果 A 部件要从 B 部件接收数据，那么 A 部件在地址总线上发出地址信息，在控制总线上发出读命令信息。B 部件发现收到与自己相符的地址后，根据读命令信息，将数据放到数据总线上，让 A 部件读走数据。完成通信后，A、B 部件分别将输出变为高阻态，总线恢复到空闲状态，这一过程通常称为一个总线读周期。

3) 单总线结构

最简单的总线结构是单总线结构，如图 1-1-5 所示。将 CPU、主存和 I/O 设备(通过 I/O 接口)都挂到一组总线上，便形成单总线结构计算机。CPU 与主存、CPU 与外设之间可以直接进行信息交换，主存与外设、外设与外设之间也可以直接进行信息交换，而无须经过 CPU 的干预。

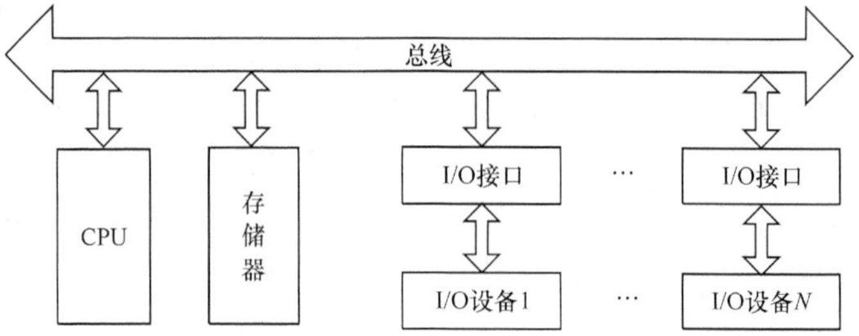

图 1-1-5 单总线结构

单总线结构中，指令、数据共用数据总线，二者的存储地址分别在主存的不同位置。从存储器设计的角度来说，这种结构又称冯·诺依曼结构，或普林斯顿结构。使用冯·诺依曼结构的 CPU 很多，例如，Intel 公司的 80x86 系列 CPU，ARM 公司的 ARM7，MIPS 公司的 MIPS 等都采用此种结构。冯·诺依曼结构不能同时取指令和操作数。又由于存储器和 I/O 存取速度远低于 CPU 运算速度，从而使计算机运算速度受到很大限制。所以，CPU 与存储器间的信息交换成了影响高速计算机性能的“瓶颈”。

4) 双总线结构

冯·诺依曼结构在面对高速、实时处理时，不可避免地会造成总线拥挤。为此，哈佛大学提出了与冯·诺依曼结构完全不同的另一种存储器设计思想，人们习惯称为哈佛结构。哈佛结构的指令和数据是完全分开的，存储器分为两部分，一个是程序存储器(Program Memory，PM)，用来存放指令，另一个是数据存储器(Data Memory，DM)，用来存放数据。哈佛结构至少有两组总线：程序存储器的数据、地址、控制总线和数据存储器的数据、地址、控制总线，如图 1-1-6 所示。这种分离的程序总线和数据总线，可允许同时获取指令字(来自程序存储器)和操作数(来自数据存储器)而互不干扰。这意味着在一个机器周期内可以同时准备好指令和操作数，本条指令执行时可以预先读取下一条指令，所以哈佛结构的 CPU 通常具有较高的执行效率。同时，由于指令和数据分开存放，可以使指令和数据有不同的数据宽度，例如，Microchip 公司的 PIC16 芯片的指令宽度为 14 位，而数据宽度为 8 位。

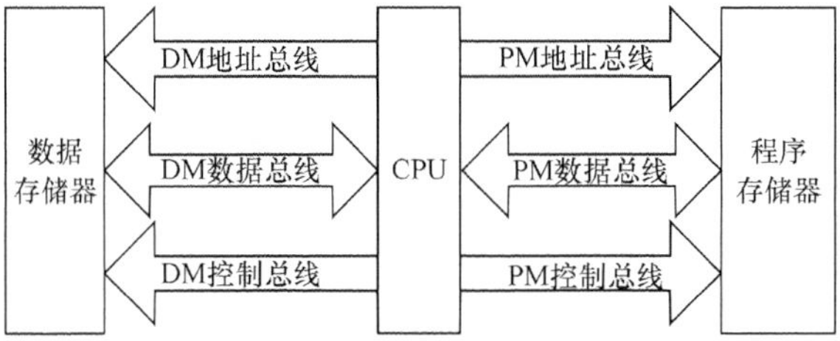

图 1-1-6　哈佛结构的存储器设计

使用哈佛结构的 CPU 有很多，例如，Motorola 公司的 MC68 系列，Zilog 公司的 Z8 系列，ARM 公司的 ARM9、ARM10 和 ARM11 以及数字信号处理(DSP)系统都使用哈佛结构。第 3 章介绍的 51 系列单片机则属于一种简化的哈佛结构。

许多现代微型计算机中的高速缓冲存储器(Cache)采用哈佛结构，将 Cache 分为指令 Cache 和数据 Cache 两个部分。主存储器只有一个，采用冯·诺依曼结构，由指令和数据合用。如此将冯·诺依曼结构和哈佛结构结合起来，不仅可以提高主存储器的利用率，而且可以提高程序执行的效率，缩短指令执行的时钟周期。

1.2　预 备 知 识

同日常生活中表示数据的方式不同，计算机是一个复杂的数字电子系统。在计算机内部都采用二进制码来表示数据或信息。也就是说，任何数值的数据都是由一串由“0”或“1”组成的序列表示的。

1.2.1 数据的机内表示

数据的机内表示指的就是如何用“0”和“1”的序列(或称二进制位串)表示一个数据,也可以理解为二进制码的编码方式。不同类型的数据,在计算机中表示的方法往往不同,也就是采用的编码方式不同。受硬件的限制,计算机内二进制位串的长度不可能无穷长。通常根据计算机一次所能处理的二进制位数和要处理数据的范围来选择二进制位串的长度。

1. 自然数的机内表示

自然数是指大于或等于 0 的整数。自然数在计算机中采用二进制无符号整数形式表示。二进制无符号整数由 0 和 1 两个数码组成,基数为 2,按“逢二进一”的原则进行计数。对于一个数码位数为 n 的二进制数 B,数位的“权”由左至右依次为 2^{n-1},2^{n-2},…,2^1, 2^0,二进制数 B 的数值可以表示为

$$B = \sum_{i=0}^{n-1}(B_i \times 2^i)$$

二进制无符号整数转换成十进制的自然数非常简单,只要将二进制数按“权”相加即可得到十进制数。例如,将二进制数$(100110)_2$转换为十进制,过程为

$$(100110)_2 = 1\times2^5 + 0\times2^4 + 0\times2^3 + 1\times2^2 + 1\times2^1 + 0\times2^0 = (38)_{10}$$

十进制自然数转换为二进制无符号整数采用“除 2 取余法”,即用 2 不断地去除要转换的数,直至商等于 0,所得余数由后向前顺序写出,即转换的二进制数。

例如,将$(24)_{10}$转换为二进制表示,过程为

除式	余数
2 | 24	
2 | 12	0 ……最低位
2 | 6	0
2 | 3	0
2 | 1	1
0	1 ……最高位　得到$(24)_{10}=(11000)_2$

与十进制类似,不同位数的二进制无符号整数所能描述的数值范围不同。表 1-2-1中列举了几种位数的无符号整数所能描述的数值范围。注意,只有表示自然数时,才采用二进制无符号整数形式。

表 1-2-1　不同长度的无符号整数数值范围

位数(二进制)	数值范围(十进制)
8	$0\sim2^8-1$($0\sim255$)
16	$0\sim2^{16}-1$($0\sim65535$)
32	$0\sim2^{32}-1$($0\sim4294967295$)
64	$0\sim2^{64}-1$($0\sim18446744073709551615$)

2. 整数的机内表示

十进制的整数既包含正整数，又包含负整数，一般用二进制的有符号整数表示。有符号整数是由于数据中包含符号(正或负)而得名。相比无符号整数，有符号整数表示的主要问题在于符号的表示。在计算机内，正负符号(“＋”和“－”)也是用二进制数码来表示的。一般用一位二进制数码表示：“0”表示正，“1”表示负。例如

$$N_1=+1011011,\quad N_2=-1011011$$

在计算机内表示时，用“0”替换“＋”号，用“1”替换“－”号，就变为

$$N_1=01011011,\quad N_2=11011011$$

为了与原来的数相区别，将已经数值化了的带符号数称为机器数，而把原来的数称为机器数的真值。有符号数在机内的表示方法经历了原码、反码、补码的演变过程。

1) 原码表示法

在用二进制原码表示的数中，数据的最高位用来表示符号，称为符号位。符号位为 0 表示正数，符号位为 1 表示负数。原码中其余位为数值位，按照无符号整数的表示方法表示。

(1) 对于正数：如 $X=+85$，有

$$[X]_{原}=0\ \underline{1010101}$$

↑ 数值位

符号位

(2) 对于负数：如 $X=-85$，有

$$[X]_{原}=1\ \underline{1010101}$$

↑ 数值位

符号位

(3) 对于零：在原码表示法中，0 有两种表示形式，即

$$[+0]_{原}=00000000,\quad [-0]_{原}=10000000$$

由于符号位占用一个二进制位，在原码表示法中，如果采用 8 位二进制位表示整数，则整数的数值范围为$-127\sim127$。原码表示方法简单易懂，与真值之间的转换方便。由于数值位表示的是数据的绝对值，所以也把原码表示法称为绝对值表示法。

2）反码表示法

反码是在原码的基础上改进的一种编码方式，其编码规则如下。

(1) 对于正数：反码的表示形式与原码的表示形式相同，即$[X]_{反}=[X]_{原}$。如$X=+85$，有

$$[X]_{反}=0\ \underline{1010101}$$

↑ 数值位

符号位

(2) 对于负数：符号位为 1，数值位在原码的基础上按位取反，即 0 变成 1，1 变成 0。如$X=-85$，有

$$[X]_{反}=1\ \underline{0101010}$$

↑ 数值位

符号位

(3) 对于零：在反码表示法中，0 有两种表示形式，即

$$[+0]_{反}=00000000,\quad [-0]_{反}=11111111$$

反码表示法中用 8 位二进制位表示的整数数据范围为$-127\sim127$。

3）补码表示法

补码是在原码和反码的基础上改进的另外一种编码方式，编码规则如下。

(1) 对于正数：补码的表示形式与原码的表示形式相同，即$[X]_{补}=[X]_{原}$。如$X=+85$，有

$$[X]_{补}=0\ \underline{1010101}$$

↑ 数值位

符号位

(2) 对于负数：符号位为 1，数值位在反码的基础上加 1。如$X=-85$，有

$$[X]_{补}=1\ \underline{0101011}$$

↑ 数值位

符号位

(3) 对于零：在补码表示法中，0 只有一种表示形式，即

$$[0]_{补}=00000000$$

如果采用 8 位的补码，所表示的整值范围为 −128～127。其中 −128 的补码是 10000000；−1 的补码为 11111111；127 的补码为 01111111。

原码和反码作为表示整数的编码方式曾在早期的计算机中使用。如今，整数都采用补码来表示和存储，反码只作为求补的一个步骤而使用。使用补码，既可以将符号位和数值位统一处理，又可以将加法和减法统一处理。此外，补码与原码的相互转换，其运算过程是相同的，不需要额外的硬件电路。

常用位数的补码所表示的数值范围见表 1-2-2。注意，无论位数是多少，补码都是最高位（最左位）为符号位。

表 1-2-2　常用位数的补码表示的数值范围

位数（二进制）	数值范围（十进制）
8	$-2^7\sim2^7-1$（−128～127）
16	$-2^{15}\sim2^{15}-1$（−32768～32767）
32	$-2^{31}\sim2^{31}-1$（−2147483648～2147483647）
64	$-2^{63}\sim2^{63}-1$（−9223372036854775808～9223372036854775807）

3. 实数的机内表示

实数在计算机内的表示形式主要有两种：定点表示法和浮点表示法。

1) 定点表示法

定点表示法是一种采用有符号整数表示实数的方法。在定点表示法中，数据小数点的位置是确定的。小数点的位置确定在哪里是由程序设计人员定义的。在程序的输入、运算和输出程序中体现出来。定点表示法表示的数据一般简称定点数。

在日常生活和生产实践中，数据通常既有整数部分又有小数部分，如果采用定点表示法表示数据，有许多不便之处。例如，36.625 采用纯整数表示法时，要么对其小数部分“四舍五入”表示为 37，要么将其乘以比例因子 1000，表示为 36625，前者大大影响数据的精度，而后者对所有数据都乘以比例因子，进行加减运算时，各数据乘的比例因子必须相同。进行乘除运算后，比例因子又发生了变化，程序中必须随时注意比例因子的变化，输出时再对数据进行处理，即除以适当的比例因子，以获得运算结果的实际形式值。

例如，36.625＋43.125：

两数同乘以 1000，得 36625 和 43125，然后相加求得 79750，输出前除以 1000，得 79.75。

又如，36.625×43.125：

两数同乘以 1000，再相乘得 1579453125，输出前除以比例因子 1000000（1000 ×1000），得 1579.453125。

这样表示数据，选取适当比例因子是相当困难的，进行多次四则运算后，比例因子发生了变化，又需随时掌握比例因子的变化情况，然后进行妥善处理，才能得到正确的运算结果，使程序变得十分复杂。同理，若采用纯小数表示法，原始数据都变为纯小数，然后运算，输出前再乘以比例因子。

2）浮点表示法

浮点表示法类似于十进制中的科学计数法。浮点表示法表示的数据一般简称浮点数。浮点数表示方法形式有多种，下面以 IEEE 754 中规定的编码格式介绍浮点数表示方法。

根据所表示数据的精度不同，浮点数据通常用 4 字节、8 字节或 10 字节来表示。4 字节表示的浮点数称为短实型；8 字节表示的浮点数称为长实型；10 字节表示的浮点数称为临时实型。其中，短实型和长实型在一些编程语言中又称单精度实数和双精度实数。如图 1-2-1 所示，浮点表示法的编码由 3 个字段组成，表示的实数数值为

$$R=(-1)^S\times 1.M\times 2^{(E-e)}$$

式中，S 为符号位，用来表示该数的正负，0 表示正数符号“+”，1 表示负数符号“-”。阶码 E 表示 2 的指数值，它决定了小数点在尾数中的位置，阶码采用过余码来表示，即真实的指数值加上一个过余量 e 来表示。短实型的阶码用 8 位来表示，过余量 $e=127$；长实型的阶码用 11 位来表示，过余量 $e=1023$；临时实型的阶码用 15 位来表示，过余量 $e=16383$。

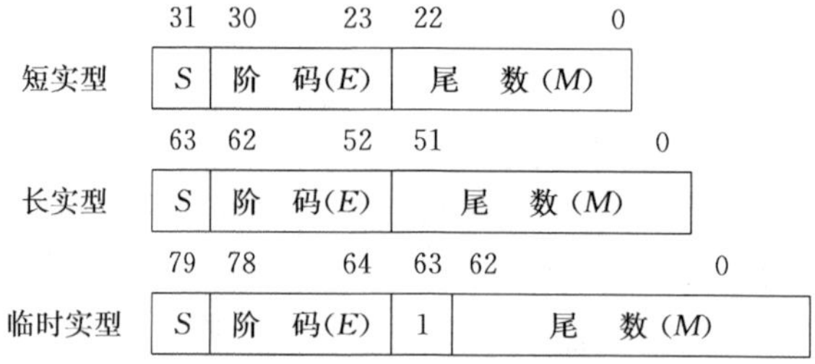

图 1-2-1　实数的数据格式

尾数 M（又称有效位）用于存放实数的有效数字，用二进制小数表示。在一个由“0”和“1”组成的二进制序列 B 中，整数部分有 n 位，小数部分有 m 位，那么数位的“权”由左至右依次为 $2^{n-1}, 2^{n-2}, \cdots, 2^1, 2^0, 2^{-1}, \cdots, 2^{-m}$，所以，任意一个二进制小数都可以表示为

$$B=\sum_{i=-m}^{n-1}(B_i\times 2^i)$$

在浮点数的表示中，尾数的小数点位于最高位和次高位之间。在短实型中尾数为 23 位，在长实型中为 52 位。在短实型和长实型中，尾数的最高位是隐含的，固定为“1”；而在临时实型中，尾数的最高位在第 63 位显式出现。

例如，某短实型数 R_1 的二进制编码所示为

0	100 0010 0	001 0010 1000 0000 0000 0000
↑ 符号	阶码 E=132	尾数 $M=2^{-3}+2^{-6}+2^{-8}=0.14453125$

则

$$R_1=(-1)^S\times 1.M\times 2^{(E-e)}=(-1)^0\times 1.14453125\times 2^{(132-127)}=36.625$$

在浮点数编码过程中存在精度损失，造成解码后的结果与编码前的值略有差别。短实型的尾数为 23 位，最低位变化一个数对应十进制的 $1/2^{23}$，考虑四舍五入，短实型的实际有效精度为 24 位二进制，这相当于 $24\times\lg 2\approx 7$ 位十进制的精度。而长实型的实际有效精度为 53 位二进制，接近于 16 位十进制的精度。例如，实数 $R_2=-1679.35$，采用短实型编码后的二进制码为

1	100 0100 1	101 0001 1110 1011 0011 0011
↑ 符号	阶码 E=137	尾数 $=0.639990210533142089843 75$

根据编码规则进行解码，得到结果为

$$\begin{aligned}R_2&=(-1)^1\times 1.63999021053314208984375\times 2^{(137-127)}\\&=-1679.3499755859375\end{aligned}$$

短实型最大表示范围为 $\pm 3.4\times 10^{38}$（$1.1111\cdots 1\times 2^{127}$），能表示的最接近 0 的值为 1.175×10^{-38}（$1.00\cdots 0\times 2^{-126}$）。而长实型最大表示范围为 $\pm 1.7\times 10^{308}$（$1.1111\cdots 1\times 2^{1023}$），能表示的最接近 0 的值为 2.22×10^{-308}（$1.00\cdots 0\times 2^{-1022}$）。

4. 十进制数的 BCD 表示

在工控领域，还常用一组二进制数来表示一位十进制数的编码方法，称为二进制编码的十进制（Binary-Coded Decimal，BCD）。BCD 码用 4 位二进制数来表示一位十进制数，常用的是 8421BCD 码，即 4 位二进制数的“权”由左至右分别是 8、4、2、1，所以称为 8421BCD 码。表 1-2-3 列出了十进制数与 BCD 码的对应关系。

表 1-2-3　十进制数与 BCD 码的对应关系

BCD 码	十进制数	BCD 码	十进制数
0000	0	1000	8
0001	1	1001	9
0010	2	1010	这六种情况在BCD码中不允许出现
0011	3	1011	
0100	4	1100	
0101	5	1101	
0110	6	1110	
0111	7	1111	

例如，十进制数 369.5 写成 BCD 码为 0011 0110 1001.0101。

在计算机中用 BCD 码表示数据时，两个 BCD 码数可进行加减乘除运算，运算结果也必须是 BCD 码表示数据。

例如，两个 BCD 码数相加：15＋28＝43。

```
相加        0001 0101 (15)        调整        0011 1101
      +     0010 1000 (28)              +     0000 0110
      ------------------------          ------------------
            0011 1101                         0100 0011   (43)
                 ‾‾‾‾
            不允许出现的状态
```

又如，两个 BCD 码数相减：45－28＝17。

```
相减        0100 0101 (45)        调整        0001 1101
      -     0010 1000 (28)              -     0000 0110
      ------------------------          ------------------
            0001 1101                         00010111   (17)
                 ‾‾‾‾
            不允许出现的状态
```

当两位 BCD 码数进行相加(减)时，运算结果可能出现 BCD 码不允许出现的 6 种状态或产生进位(借位)，则需要加 6(或减 6)调整。

5. 字符的机内表示

在计算机中，数码、英文字母、标点符号及其他一些特殊符号，统称字符，在计算机中都是用二进制的编码表示的。目前，字符的编码普遍采用美国信息交换标准代码(American Standard Code for Information Interchange ，ASCII)，表 1-2-4 列出了各种字符的 ASCII 码值。

表 1-2-4　ASCII 码表

低＼高	000	001	010	011	100	101	110	111
0000	NUL	DLC	SP	0	@	P	’	p
0001	SOH	DC1	!	1	A	Q	a	q
0010	STX	DC2	″	2	B	R	b	r
0011	ETX	DC3	#	3	C	S	c	s
0100	EOT	DC4	$	4	D	T	d	t
0101	ENO	NAK	%	5	E	U	e	u
0110	ACK	SYN	&	6	F	V	f	v
0111	BEL	ETB	‘	7	G	W	g	w
1000	BS	CAN	(	8	H	X	h	x
1001	HT	EM	)	9	I	Y	i	y
1010	LF	SUB	*	:	J	Z	j	z
1011	VT	ESC	+	;	K	[	k	{
1100	FF	FS	,	<	L	\	l	|
1101	CR	GS	-	=	M	]	m	}
1110	SO	RS	。	>	N	^	n	～
1111	SI	US	/	?	O	—	o	DEL

ASCII 码表包括 26 个大写英文字母、26 个小写英文字母、0～9 的数字、一些运算符号、标点符号、一些其他专用符号和控制符号。ASCII 码值 20H 以内的代码为控制代码，41H～5AH 为大写英文字母 A～Z，61H～7AH 为小写英文字母 a～z、30H～39H 为数字 0～9 的 ASCII 码。这些代码是有规律的，容易记忆，望读者注意熟记，以备在程序设计过程中使用。

ASCII 码是 7 位代码，1 字节是 8 位二进制位。当用 1 字节存放一个 ASCII 码时，只占用低 7 位，而最高位空闲不用，用 0 补充。但现在最高位有这样几种用法。

1) 用于扩展的 ASCII 码

ASCII 码放在 1 字节中，最高位是“0”。当把最高位置 1 时，又有 128 种状态，用作扩展 ASCII 码的图形符号和其他一些符号。当微型计算机系统处于西文状态下时，最高位是“1”的 ASCII 码作为字符显示或打印出图形符号或其他特殊符号。

2) 用作汉字代码的标记

汉字在计算机中也是用二进制表示的，为了区别于西文的字符代码，将字节的最高位置 1 来作为汉字的标志。当微型计算机系统处于中文状态下时，最高位为 1 的代码表示的是汉字代码。两个连续的最高位是“1”的代码作为字符显示或打印时，会显示或打印出汉字。

6. 数据机内表示方法选择

信息或数据在计算机内如何表示，完全是由软件人员根据具体情况进行选择的。在选择数据的机内表示方式时，通常考虑以下几个因素：①要表示的数的类型（自然数、整数、实数）；②可能遇到的数值范围；③数值精确度；④数据存储和处理所需要的硬件代价。

表示方法的选择不仅要确定采用何种编码格式，还要确定数码位数。数码位数一般以字节（8 个二进制位）为单位，如单字节（8 位）补码格式、双字节（16 位）补码格式、四字节（32 位）浮点格式等。数据的机内表示方式，通常在编程过程中由数据类型指定，这也是在计算机编程语言中要定义数据类型的一个原因。数据类型实际上就是数据在机内存储、运算的编码格式，它包含两个含义：数据的机内表示方法和二进制位串的长度。表 1-2-5 给出了 C 语言中常用的数据类型与机内数据表示方法的对照表。

表 1-2-5　C 语言常用的数据类型与机内数据表示方法对照表（16 位系统下）

C 数据类型	数据机内表示方法	二进制位串长度
signed char	有符号整数	8（单字节）
unsigned char	无符号整数	8（单字节）
signed int	有符号整数	16（双字节）
unsigned int	无符号整数	16（双字节）
signed long	有符号整数	32（四字节）
unsigned long	无符号整数	32（四字节）
float	短实型浮点	32（四字节）
double	长实型浮点	64（八字节）

另外，一个二进制的位串具体表示什么数据或信息，也是根据事先约定的表示方法进行解释的。如在计算机中有一个 16 位的二进制位串的内容为 0100001000110111，可以解释如下。

(1) 表示 2 字节无符号整数：16951。

(2) 表示 2 字节有符号整数：+16951。

(3) 表示两个字符的 ASCII 码：B7。

(4) 表示 4 位 BCD 码数据：4237。

除此之外，二进制的位串还可以表示其他信息，如一个图形符号、一个汉字信息等。究竟表示什么，由编程人员在程序中定义、解释和处理，并在软件中体现出来。

7. 编程中数据的书写形式

对于在计算机中存储的“0”和“1”的序列一般统称二进制数。在计算机编程中，考虑到二进制数表示数据数位比较长，书写起来比较烦琐，人们在计算机的设计及使用中也会使用八进制、十六进制和十进制，各种数制对照见表 1-2-6。

表 1-2-6　各种数制对照表

十进制	二进制	八进制	十六进制	十进制	二进制	八进制	十六进制
0	00000000	0	0	9	00001001	11	9
1	00000001	1	1	10	00001010	12	A
2	00000010	2	2	11	00001011	13	B
3	00000011	3	3	12	00001100	14	C
4	00000100	4	4	13	00001101	15	D
5	00000101	5	5	14	00001110	16	E
6	00000110	6	6	15	00001111	17	F
7	00000111	7	7	16	00010000	20	10
8	00001000	10	8	17	00010001	21	11

1）八进制

将二进制数 3 位分成一组，每组用 0～7 之间的一个数表示，从而构成了八进制数。例如，将 $(00\ 110\ 011)_2$ 转换为八进制数为 $(063)_8$。

2）十六进制

将二进制数 4 位分成一组，就构成了十六进制数。由于 4 位二进制数共有 16 种数值。为此，十六进制数采用 10 个数码(0～9)和 6 个字符(A～F)共 16 个符号组成。十六进制在编程中经常被采用。

二进制数转换为十六进制数是将二进制数从小数点开始，分别向左向右 4 位分成一组，不足 4 位补 0，然后写出对应的十六进制数即可。例如，将 $(00110011)_2$ 转换为十六进制数为 $(33)_{16}$。

为了避免出现误会，在给出一个数的同时必须指明这个数的数制，在书写中通常采用下标表示数制。例如，$(1010)_2$、$(1010)_8$、$(1010)_{10}$、$(1010)_{16}$ 分别代表二进制数、八进制数、十进制数和十六进制数。也可以采用后缀字母来表示不同的数制。后缀 B 表示二进制(Binary)；后缀 Q 表示八进制(Octal)；后缀 H 表示十六进制(Hexadecimal)；后缀 D 表示十进制(Decimal)。如 375D、101B、76Q、1A7H。

1.2.2　二进制数的运算

由于微型计算机系统中带符号数通常采用补码表示，本节主要叙述补码的加减法运算及二进制数的逻辑运算。

1. 算术运算

正如前面介绍，在微型计算机系统中之所以采用补码来表示带符号的数，是因为用补码表示数据时可以将减法运算转化为加法运算，从而简化运算器硬件电路，提高运算速度。

1）补码加法运算

两个补码数据相加，相加结果就是和的补码表示。

例 1-2-1　两个正数相加：求两个补码 00101101 和 00010110 之和。

```
   00101101   →   被加数   45
+  00010110   →   加数     22
-----------
   01000011   →   和       67
```

例 1-2-2　正数与负数相加：求两个补码 00110110 和 10110111 之和。

```
   00110110   →   被加数   54
+  10110111   →   加数    -73
-----------
   11101101   →   和      -19
```

例 1-2-3　两个负数相加：求两个补码 10101100 和 11101101 之和。

```
   10101100   →   被加数   -84
+  11101101   →   加数     -19
-----------
 1 10011001   →   和      -103
 ↑
自然丢失
```

例 1-2-4　正数与负数相加：求两个补码 11001010 和 01001001 之和。

```
   11001010   →   被加数  -54
+  01001001   →   加数     73
-----------
 1 00010011   →   和       19
 ↑
自然丢失
```

符号位相同的两个补码数据相加，运算结果的符号应与参加运算数的符号位相同，但是会出现运算结果的符号位与参加运算的数的符号位不同的情况，例如

```
   01101101              10011101
+  00110010          +   10100001
-----------          ------------
   10011111          1   00111110
   ↑                 ↑   ↑
符号位为“1”          丢失 符号位为“1”
```

这两种情况称为溢出，产生的原因是 8 位补码表示的数据范围是－128～127，而运算结果超出了这个范围，致使用 8 位补码不能表示。产生溢出的结果是不能使用的。两个同号数相加才可能产生溢出，即运算结果的符号与参加运算数的符号不同则为溢出。

2）补码减法运算

两个补码数据相减，相减结果就是差的补码，减法运算可以转化为加法运算，即

$$X-Y=X+(-Y)$$

例 1-2-5　求两个补码 01001011 与 00100100 之差。

将减法转换为加法运算，是将减数取负，然后相加。由于 00100100 是 36，将其取负，即变为－36 的补码表示，即 11011100。

$$\begin{array}{rcrr} 01001011 & \rightarrow & \text{被减数} & 75 \\ -\ 00100100 & \rightarrow & \text{减数} & 36 \\ \hline 00100111 & \rightarrow & \text{差} & 39 \end{array} \qquad \begin{array}{rcrr} 01001011 & \rightarrow & \text{被减数} & 75 \\ +\ 11011100 & \rightarrow & \text{减数的补码} & -36 \\ \hline 1\ 00100111 & \rightarrow & \text{差} & 39 \end{array}$$

在补码减法操作中，两个同号数相减不会产生溢出，两个异号数相减，运算结果的符号与被减数的符号不同则为溢出。

2. 逻辑运算

在计算机系统中，除了算术运算，还有逻辑运算，包括与、或、异或和非操作。这些操作是按位操作，即对应的二进制位进行逻辑操作，而与其他位无关。

1）与运算

两个对应位同时为 1，运算结果的对应位为 1，否则为 0。例如，将 10010110 和 11011010 进行与运算。

$$\begin{array}{r} 10010110 \\ \wedge\ \ 11011010 \\ \hline 10010010 \end{array}$$

2）或运算

两个对应位同时为 0，运算结果的对应位为 0，否则为 1。例如，将 10010110 和 11011010 进行或运算。

$$\begin{array}{r} 10010110 \\ \vee\ \ 11011010 \\ \hline 11011110 \end{array}$$

3）异或运算

两个对应位相同，运算结果的对应位为 0，否则为 1。例如，将 10010110 和 11011010 进行异或运算。

$$\begin{array}{r} 10010110 \\ \oplus\ \ 11011010 \\ \hline 01001100 \end{array}$$

4）非运算

将原操作数的各位取反，即“1”变为“0”，“0”变为“1”。例如，将 10010110 进行非运算。

$$\begin{array}{r} 10010110 \\ !\qquad\quad \\ \hline 01101001 \end{array}$$

在计算机中，二进制数的计算由数字电路实现。实现算术运算和逻辑运算的部件称为算术逻辑单元，是计算机 CPU 的重要组成。微型计算机本质上是由各种数字信号处理电路组成的复杂系统，完成对数字量进行算术运算和逻辑运算的

电路称为数字电路。

1.2.3 常用数字电路

数字信号通常用逻辑电平表示(注意,逻辑电平不是物理量,而是物理量的相对表示),在正逻辑体系中用“1”表示高电平,用“0”表示低电平。在负逻辑体系中,用“0”表示高电平,用“1”表示低电平(本书采用正逻辑)。这种高电平和低电平统称逻辑电平。不同系统中逻辑电平对应的电压不同,如在 5VTTL 中,3.6V 以上对应逻辑电平“1”,0.8V 以下对应逻辑电平“0”。

1. 常用门电路与符号

逻辑门是数字逻辑电路的基本单元,一般数字电路都由若干数字逻辑门构造而成。逻辑门电路主要有与门、或门、非门、与非门、或非门、异或门、同或门以及三态门等。

1) 与门

用真值表表示的两输入端与门如表 1-2-7 所示,逻辑符号如图 1-2-2 所示。从与门的逻辑关系上可以看出,如果输入端 A 作为控制端,则 A 的值将会决定输入端 B 的值是否被输出到 Y 端。

表 1-2-7 两输入端与门的真值表

A	B	Y=AB
L	L	L
L	H	L
H	L	L
H	H	H

注:H=高电平;L=低电平

(a) 国外符号 (b) 国标符号

图 1-2-2 两输入端与门逻辑符号

2) 或门

用真值表表示的两输入端或门如表 1-2-8 所示,逻辑符号如图 1-2-3 所示。

表 1-2-8 两输入端或门的真值表

A	B	Y=A+B
L	L	L
L	H	H
H	L	H
H	H	H

注:H=高电平;L=低电平

(a) 国外符号 (b) 国标符号

图 1-2-3 两输入端或门逻辑符号

3) 非门

非门可以用反相器电路实现,因此非门又称“反相器”。用真值表表示的非门如表 1-2-9 所示,逻辑符号如图 1-2-4 所示。

表 1-2-9　非门的真值表

A	$Y=\overline{A}$
L	H
H	L

注：H=高电平；L=低电平

(a) 国外符号　(b) 国标符号

图 1-2-4　非门逻辑符号

4）与非门

用真值表表示的两输入端与非门如表 1-2-10 所示，逻辑符号如图 1-2-5 所示。从与非门的逻辑关系上可以看出，利用输入端 A 的值来控制输入端 B 的值是否输出至输出端 Y。

表 1-2-10　两输入端与非门的真值表

A	B	$Y=\overline{AB}$
L	L	H
L	H	H
H	L	H
H	H	L

注：H=高电平；L=低电平

(a) 国外符号　(b) 国标符号

图 1-2-5　两输入端与非门逻辑符号

5）或非门

用真值表表示的两输入端或非门如表 1-2-11 所示，逻辑符号如图 1-2-6 所示。当 A=0 时，B 输入信号被反向输出；当 A=1 时，则无论 B 的值是什么，Y 都为 0。

表 1-2-11　两输入端或非门的真值表

A	B	$Y=\overline{A+B}$
L	L	H
L	H	L
H	L	L
H	H	L

注：H=高电平；L=低电平

(a) 国外符号　(b) 国标符号

图 1-2-6　两输入端或非门逻辑符号

6）异或门

用真值表表示的两输入端异或门如表 1-2-12 所示，逻辑符号如图 1-2-7 所示。从逻辑表达式中可以看出，异或门可以用与门、非门和或门来实现。

表 1-2-12　两输入端异或门的真值表

A	B	$Y=A\oplus B$
L	L	L
L	H	H
H	L	H
H	H	L

注：H=高电平；L=低电平

(a) 国外符号　(b) 国标符号

图 1-2-7　两输入端异或门逻辑符号

7）同或门

用真值表表示的两输入端同或门如表 1-2-13 所示，逻辑符号如图 1-2-8 所示。

表 1-2-13 两输入端同或门的真值表

A	B	$Y=\overline{A\oplus B}$
L	L	H
L	H	L
H	L	L
H	H	H

注：H=高电平；L=低电平

(a) 国外符号 (b) 国标符号

图 1-2-8 两输入端同或门逻辑符号

8) 三态门

三态门与普通门的不同之处在于，除了正常的输入端和输出端，还有一个控制端 G。只有当控制端有效时，输出才满足正常的逻辑关系；否则将呈现高阻态。

三态门输出状态有三种状态，即高电平、低电平和高阻态。现代计算机中广泛使用三态门。只要控制端不同时有效，就允许多个三态门输出端并联使用。三态门的真值表和逻辑符号分别如表 1-2-14 与图 1-2-9 所示。

表 1-2-14 三态门的真值表

G	A	Y
L	L	Z
L	H	Z
H	L	L
H	H	H

注：H=高电平；L=低电平；Z=高阻态

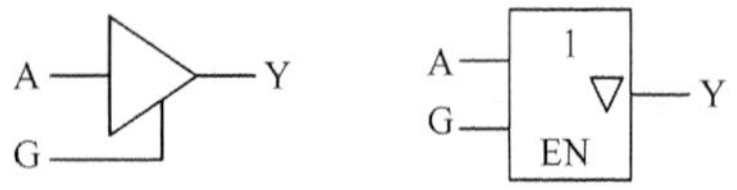

(a) 国外符号 (b) 国标符号

图 1-2-9 三态门逻辑符号

2. 常用固定逻辑电路

逻辑器件可分为两大类：固定逻辑器件和可编程逻辑器件。固定逻辑器件中的电路是永久性的，它们完成一种或一组功能，一旦制造完成，就无法改变。可编程逻辑器件是一种通用集成电路，它的逻辑功能可以通过用户对器件编程来决定。

本小节主要介绍几种计算机系统中常用的固定逻辑器件。尽管随着电子技术的发展，集成电路(Integrated Circuit，IC)的集成度越来越高，计算机中所用的集成电路数量越来越少，但从学习最基本的微型计算机原理的角度来看，简单的集成电路更容易理解。计算机中常用的简单集成电路主要有译码电路、锁存电路、单稳态电路、移位电路、计数电路、缓冲电路等。

1) 译码电路

译码器(Decoder)的逻辑功能是将每个输入的二进制代码翻译成对应的输出高、低电平信号或另外一个代码。因此，译码是编码的反操作。译码器可实现的功能是“读”，它可以对一个二进制数进行解释，然后有且只有一个结果输出。当译码器有 n 个输入时，则有 2^n 个输出。在计算机的指令系统中，每条指令中的“操作码”就是由译码器进行解释的。

以 74LS138 译码器为例，图 1-2-10 为其逻辑框图，输入的 3 位二进制编码 ABC 共有 8 种状态，译码器将每个输入代码译成对应的一根输出线上的高低电平信号,由 Y_0,…,Y_7 输出。因此这个译码器又称 3 线-8 线译码器,其真值表如表 1-2-15所示。

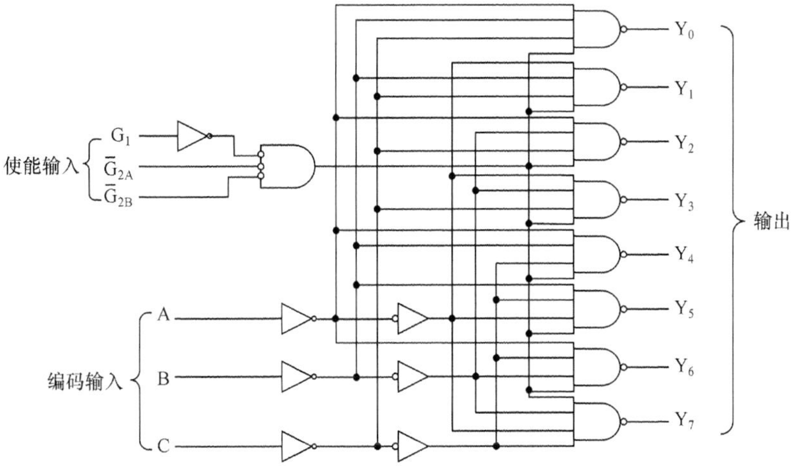

图 1-2-10　74LS138 逻辑框图

表 1-2-15　74LS138 真值表

输入					输出							
使能输入		编码输入										
G_1	$\overline{G}_{2A}+\overline{G}_{2B}$	C	B	A	Y_0	Y_1	Y_2	Y_3	Y_4	Y_5	Y_6	Y_7
X	H	X	X	X	H	H	H	H	H	H	H	H
L	X	X	X	X	H	H	H	H	H	H	H	H
H	L	L	L	L	**L**	H	H	H	H	H	H	H
H	L	L	L	H	H	**L**	H	H	H	H	H	H
H	L	L	H	L	H	H	**L**	H	H	H	H	H
H	L	L	H	H	H	H	H	**L**	H	H	H	H
H	L	H	L	L	H	H	H	H	**L**	H	H	H
H	L	H	L	H	H	H	H	H	H	**L**	H	H
H	L	H	H	L	H	H	H	H	H	H	**L**	H
H	L	H	H	H	H	H	H	H	H	H	H	**L**

注:H=高电平;L=低电平;X=任意

另外一种译码电路为 74LS139,74LS139 内部具有两个独立的 2 线-4 线译码器。也是计算机中常用的器件。

2) 锁存电路

74LS373 和 74LS374 是两种比较常用的具有三态缓冲的 8 位数据锁存器,

74LS373 逻辑框图如图 1-2-11 所示。$\overline{OE}$ 是三态允许控制(使能)端,其为低电平时,Q_0~Q_7 为正常逻辑状态,可用来驱动负载或总线。当 $\overline{OE}$ 为高电平时,Q_0~Q_7 呈高阻态,既不驱动输出总线,也不为负载,但锁存器内部的逻辑操作不受影响。对于 74LS373,当锁存允许端 LE 为高电平时,Q 随数据 D 而变。当 LE 为低电平时,Q 被锁存在已建立的电平。74LS374 与 74LS373 的区别主要在于,其锁存允许端 LE 的上升沿将输入端 D 的信号锁存到输出 Q 端。

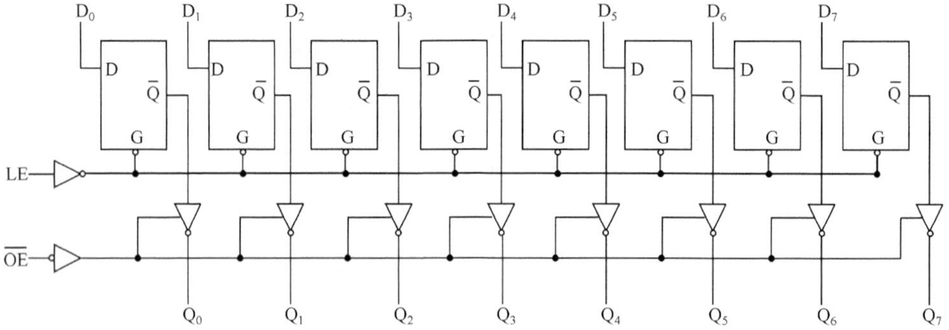

图 1-2-11　74LS373 逻辑框图

由于 CPU 引脚数目的限制,地址总线和数据总线往往分时复用一组引脚。为此,需要加入地址锁存器,将地址总线和数据总线分离。74LS373 就是典型的地址锁存器。74LS374 通常可以作为简单的数据输出接口。74LS373 和 74LS374 的真值表如表 1-2-16 所示,在 2.4 节中会详细介绍如何采用 74LS374 进行简单接口设计。

表 1-2-16　74LS373 和 74LS374 真值表

74LS373				74LS374			
输入	锁存	使能	输出	输入	锁存	使能	输出
D_N	LE	$\overline{OE}$	Q_N	D_N	LE	$\overline{OE}$	Q_N
H	H	L	H	H	↑	L	H
L	H	L	L	L	↑	L	L
X	L	L	Q_0	X	L	L	Q_0
X	X	H	Z	X	X	H	Z

注:H=高电平;L=低电平;X=任意;Z=高阻态;↑=上升沿;Q_0=上次锁存的输出

3) 单稳态电路

单稳态电路只有一个稳定状态,一个暂稳态。在外加脉冲的作用下,单稳态电路可以从一个稳定状态翻转到一个暂稳态。由于电路中 RC 延时环节的作用,该暂态维持一段时间又回到原来的稳态,暂稳态维持的时间取决于 RC 的参数值。

集成电路 74LS123 内部包含两个可以重触发的单稳态电路。74LS123 的引脚 Q 输出的脉冲宽度由定时元件电容和电阻的值来确定，外接电容接在引脚 C_{ENT} 和 R_{ENT}/C_{ENT} 之间。为了改善脉冲宽度的精度，可在引脚 R_{ENT}/C_{ENT} 和 V_{cc} 之间接外接电阻。为了得到可变脉冲宽度，可在引脚 R_{ENT}/C_{ENT} 和 V_{cc} 之间接可变电阻。74LS123 的引脚和功能框图如图 1-2-12 所示。从 74LS123 的功能表（表 1-2-17）可以看出，通过触发输入引脚（正触发 B 或负触发 A）的重触发可以延长引脚 Q 输出的脉冲宽度。通过 CLR 引脚的清除命令使脉冲宽度减小。

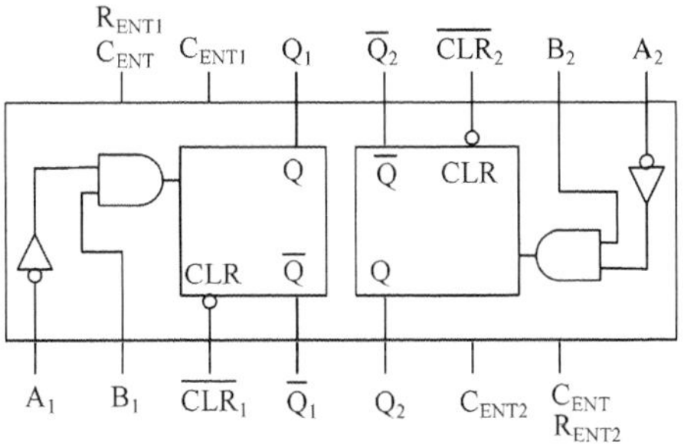

图 1-2-12　74LS123 引脚和功能框图

表 1-2-17　74LS123 功能表

输入			输出	
$\overline{CLR}$	A	B	Q	$\overline{Q}$
L	X	X	L	H
X	H	X	L	H
X	X	L	L	H
H	L	↑		
H	↓	H		
↑	L	H		

注：H=高电平；L=低电平；X=任意；↑=上升沿；↓=下降沿

利用单稳态触发器的特性可以实现脉冲整形和自动复位等功能。

（1）脉冲整形。

利用单稳态电路能产生一定宽度的脉冲这一特性，可以将过窄或过宽的输入脉冲整形成固定宽度的脉冲输出。如图 1-2-13 所示的不规则输入波形，经单稳态电路处理后，便可得到固定宽度、固定幅度，且上升、下降沿陡峭的规整矩形波输出。

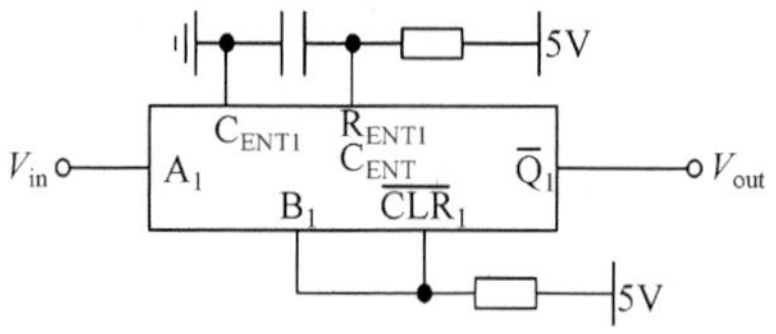

(a) 单稳电路

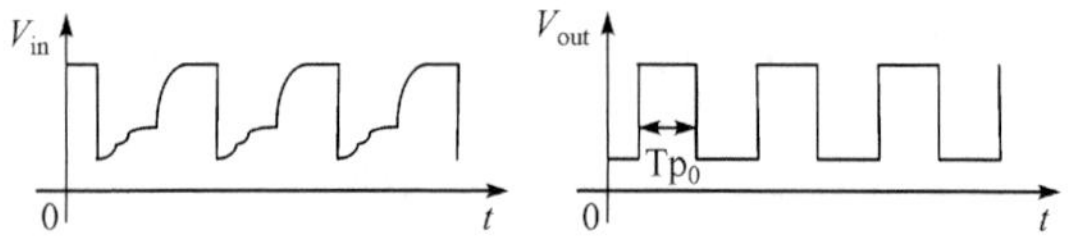

(b) I/O脉冲

图 1-2-13　脉冲整形

(2) 自动复位。

在工业应用的微型计算机系统中，由于计算机常常会受到来自外界电磁场的干扰，造成程序的跑飞而陷入死循环，程序的正常运行被打断。由于系统无法继续工作，会造成整个系统陷入停滞状态，发生不可预料的后果，所以出于对计算机运行状态进行实时监测的考虑，便产生了一种专门用于监测计算机程序运行状态的自动复位电路，俗称"看门狗"(WatchDog)。

计算机通过程序在一个引脚(I/O)输出触发信号，重新触发单稳态电路，使输出 $\overline{Q}$ 保持低电平，复位脉冲序列(CLK)不能进入 CPU 复位引脚。触发信号输出(写看门狗)语句是分散地放在计算机运行的程序中间的，一旦计算机由于干扰造成程序跑飞后而陷入死循环状态，写看门狗引脚的程序便不能被执行，这个时候，单稳态电路由于得不到重新触发信号，一段时间过后，$\overline{Q}$ 输出高电平，打开复位脉冲序列输出通道，给计算机的复位引脚送出复位信号，使计算机发生复位。简单看门狗电路如图 1-2-14 所示。

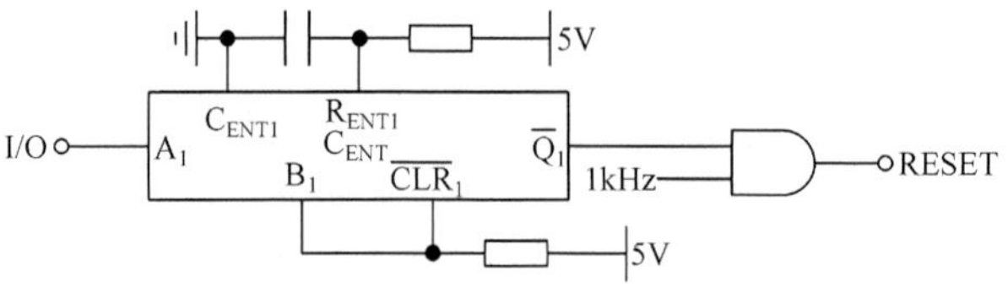

图 1-2-14　简单看门狗电路

4) 移位电路

所谓移位功能，是指移位电路里存储的代码能在移位脉冲的作用下依次左移或者右移。因此，移位电路可以用来实现数据的串行-并行转换、数值的运算以及数据处理等。

(1) 串入并出电路。

74LS164 是一个 8 位边沿触发式移位寄存器，串行输入数据，然后并行输出。数据通过两个输入端(A 或 B)之一串行输入；任一输入端可以用作高电平使能端，控制另一输入端的数据输入。两个输入端或者连接在一起，或者把不用的输入端接高电平，一定不要悬空。

时钟(CLK)每次由低变高时，输出数据移动一位，即引脚 $Q_0 \sim Q_6$ 上的数据，分别移到 $Q_1 \sim Q_7$，输入信号到 Q_0，Q_0 是两个数据输入端(A 和 B)的逻辑与，它将在上升时钟沿之前保持一个建立时间的长度。主复位($\overline{CLK}$)输入端上的一个低电平将使其他所有输入端都无效，同时非同步地清除寄存器，强制所有的输出为低电平。74LS164 的逻辑框图如图 1-2-15 所示，真值表如表 1-2-18 所示。

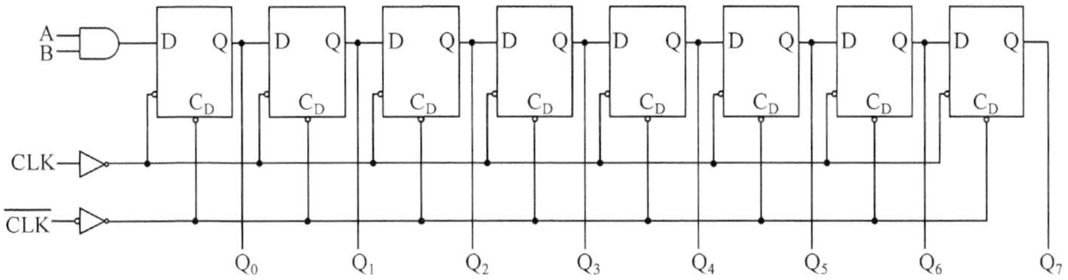

图 1-2-15　74LS164 逻辑框图

表 1-2-18　74LS164 真值表

操作模式	输入			输出	
	$\overline{CLK}$	A	B	Q_0	$Q_1 \sim Q_7$
复位	L	X	X	L	L～L
移位	H	L	L	L	$Q_0 \sim Q_6$
	H	L	H	L	$Q_0 \sim Q_6$
	H	H	L	L	$Q_0 \sim Q_6$
	H	H	H	H	$Q_0 \sim Q_6$

注：H＝高电平；L＝低电平；X＝任意

(2) 并入串出电路。

74LS165 也是经常使用的一种移位电路，和 74LS164 不同的是，74LS165 是一个 8 位并行输入串行输出的移位电路。逻辑框图和典型时序图如图 1-2-16 和图 1-2-17 所示。

移位电路在计算机系统中用途较多，可以实现简单的串、并转换功能，可以设计成数码管(LED)的显示控制电路，以及同步串行通信电路等。

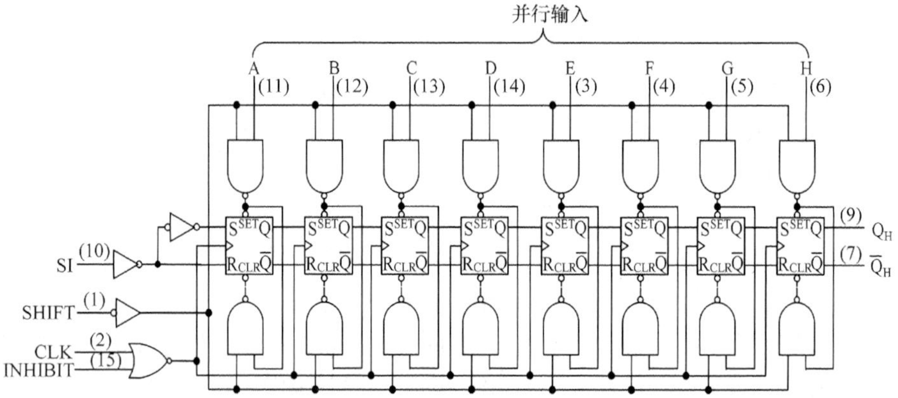

图 1-2-16　74LS165 逻辑框图

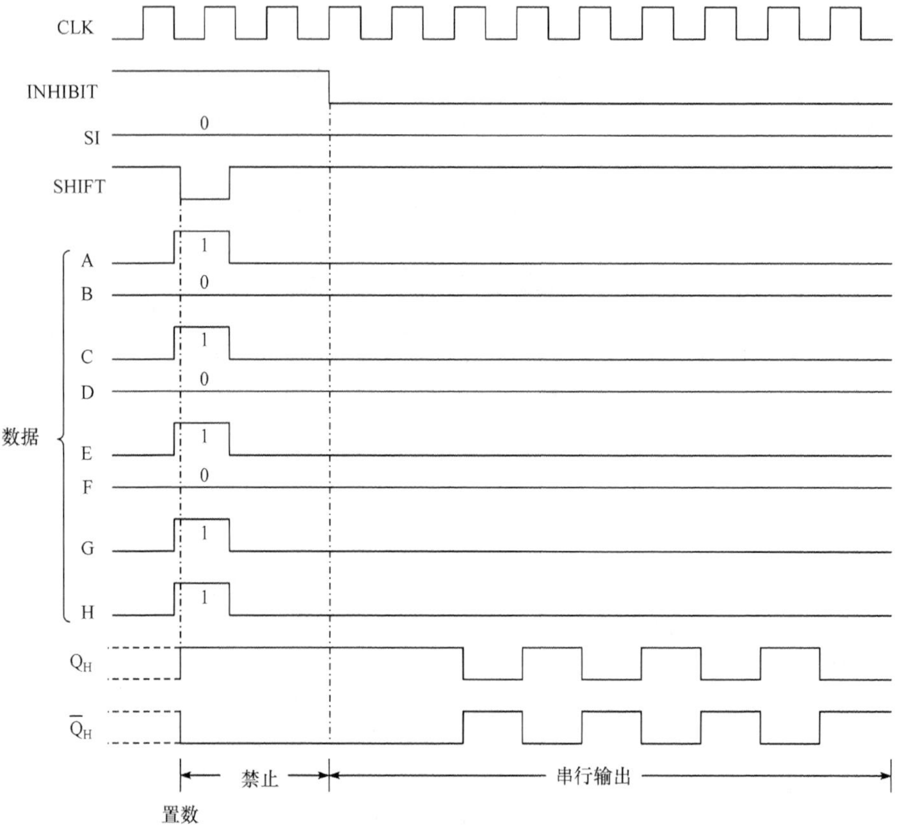

图 1-2-17　74LS165 典型时序图

5）计数电路

计数器不仅能用于对时钟脉冲计数，还可以用于分频、定时、产生节拍脉冲序列以及进行数字运算等。计数器的种类非常繁多，如果按计数器中的触发器是否同时翻转分类，可将计数器分为同步式和异步式两种。如果按计数过程中计数器中的数值增减分类，又可以将计数器分为加法计数器、减法计数器和可逆计数器（或称为加/减计数器）。如果按计数器中数字的编码方式分类，还可以分成二进制计数器、二-十进制计数器和格雷码计数器等。常见的计数电路有 74LS161（图 1-2-18）。

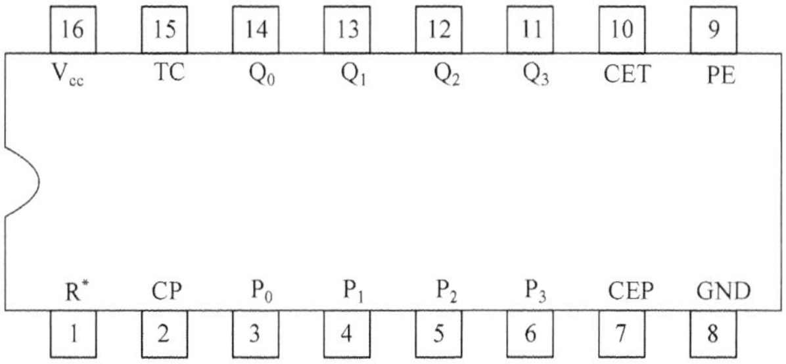

图 1-2-18 4 位同步二进制计数器 74LS161 引脚图

表 1-2-19 是 74LS161 的功能表，它给出了当 CEP 和 CET 为不同取值时电路的工作状态。

表 1-2-19 4 位同步二进制计数器 74LS161 的功能表

CP	R_0'	PE	CEP	CET	工作状态
X	L	X	X	X	置零
↑	H	L	X	X	预置数 P→Q
X	H	H	L	L	保持
X	H	H	X	L	保持(但 TC=0)
↑	H	H	H	H	计数

注：H=高电平；L=低电平；X=任意；↑=上升沿

电路工作在计数状态下，电路从 1111 状态返回 0000 状态时，TC 端从高电平跳变至低电平。可以利用 TC 端输出的高电平或者下降沿作为进位输出信号。

6）缓冲电路

74LS244 和 74LS245 经常用作三态数据缓冲器。74LS244 为单向三态数据缓冲器，而 74LS245 为双向三态数据缓冲器。单向的内部有 8 个三态驱动器，分成两组，分别由控制端$\overline{1G}$和$\overline{2G}$控制；双向的有 16 个三态驱动器，每个方向 8 个。在控制端$\overline{G}$有效时($\overline{G}$为低电平)，由 DIR 端控制驱动方向：DIR 为“1”时方向从左到右(输出允许)，DIR 为“0”时方向从右到左(输入允许)。74LS244 和 744LS245 的引脚图如图 1-2-19 所示，功能表如表 1-2-20 和表 1-2-21 所示。

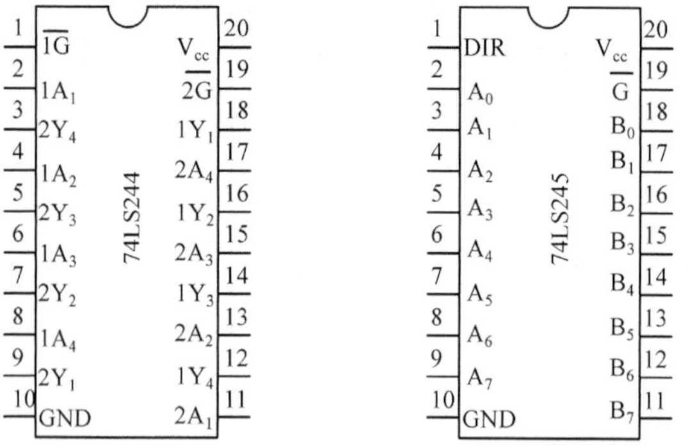

(a) 单向驱动器74LS244　　　　(b) 双向驱动器74LS245

图 1-2-19　74LS244 和 74LS245 的引脚图

表 1-2-20　74LS244 的功能表

1A	$\overline{1G}$	1Y	2A	$\overline{2G}$	2Y
L	L	L	L	L	L
H	L	H	H	L	H
X	H	Z	X	H	Z

注：H=高电平；L=低电平；X=任意；Z=高阻态

表 1-2-21　74LS245 的功能表

$\overline{G}$	DIR	A	B
L	L	B	输入
L	H	输入	A
H	X	Z	Z

注：H=高电平；L=低电平；X=任意

在计算机系统中，74LS244 和 74LS245 通常作为总线驱动器使用。由于 74LS244 为单向输出，通常作为单向的地址总线驱动器，而 74LS245 则可以作为双向数据总线驱动器用。除此之外，这两种器件由于具有三态输出功能，还可以用作简单数据输入接口(2.4 节中会详细讨论)。

3. 可编程逻辑电路

可编程逻辑器件(Programmable Logic Device ，PLD)是一种通用集成电路。

它的逻辑功能可以按照用户对器件编程来决定。由于 PLD 的集成度很高，足以满足一般的数字系统的需要。通过自行编程，设计人员可以将一个数字系统“集成”在一片 PLD 上。

1) PLD

早期的可编程器件只有可编程只读存储器(Programmable Read Only Memory，PROM)、紫外线可擦除只读存储器(Erasable Programmable Read-Only-Memory，EPROM)和电可擦除只读存储器(Electrically Erasable Programmable Read-Only-Memory，E^2PROM)三种。由于结构的限制，它们只能完成简单的数字逻辑功能。其后，出现了一类结构上稍复杂的可编程芯片，即 PLD，它能够完成各种数字逻辑功能。这一阶段的产品主要有可编程阵列逻辑(Programmable Array Logic，PAL)和通用阵列逻辑(Generic Array Logic，GAL)。到了 20 世纪 80 年代中期出现了类似于 PAL 结构的扩展型复杂可编程逻辑器件(Complex Programmable Logic Device，CPLD)和现场可编程门阵列(Field Programmable GateArray，FPGA)，它们都具有逻辑单元灵活、集成度高以及适用范围宽等特点。

本书采用的可编程逻辑器件主要是 GAL 器件。GAL 器件的 I 引脚只能作为输入引脚，而 I/O 引脚则既可以作为输入引脚也可以作为输出引脚。

GAL16V8(图 1-2-20(a))有 8 个输入引脚(2～9)，8 个输入/输出引脚(12～19)。GAL22V10(图 1-2-20(b))有 11 个输入引脚(2～11，13)，10 个输入/输出引脚(14～23)。GAL16V8 和 GAL22V10 的引脚 1 为系统时钟输入端，与内部输出宏单元中 D 触发器的时钟输入端相连，因此，GAL 器件能实现同步时序电路。对于 GAL16V8，它的 11 引脚为器件的三态控制公共端，可实现输出的三态控制。

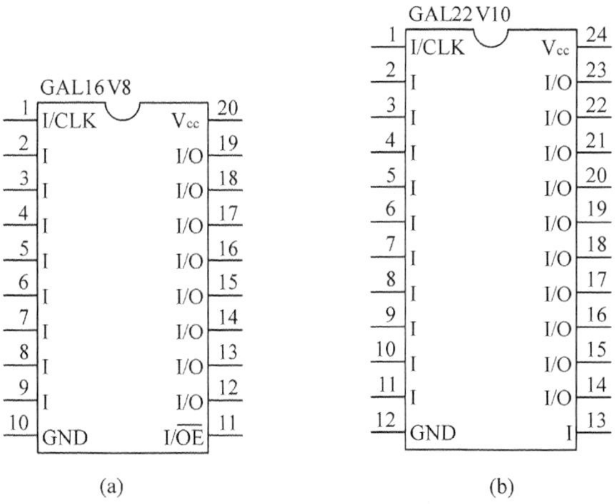

图 1-2-20　GAL16V8 和 GAL22V10 引脚图

2) 硬件描述语言

PLD 通过编程可以实现各种组合、时序逻辑功能。目前，比较流行的编程语言为硬件描述语言(Hardware Description Language，HDL)。HDL 是指对硬件电路进行行为描述、寄存器传输描述或者结构化描述的一种新兴语言。HDL 用文本的形式描述硬件电路的功能、信号连接关系以及时序关系。它功能更强，可以进行大规模、多个芯片的数字系统的设计。常用的 HDL 有 ABEL、VHDL 和 Verilog HDL 等。就像 C 语言一样，HDL 及其语法已经成为 PLD 的工业标准。

VHDL(Very High Speed Integrated Circuit Hardware Description Language)最早是由美国国防部提出来的一种全方位的硬件描述语言。VHDL 具有极强的描述能力，能支持系统行为级、寄存器传输和逻辑门级三个不同层次的设计，支持结构、数据流、行为三种描述形式的混合描述，覆盖面广，抽象能力强，因此应用得越来越广泛。VHDL 主要用于描述数字系统的结构、行为、功能和接口。VHDL 的语言形式和描述风格与句法类似于计算机高级语言。

下面给出一个与门的 VHDL 实现的程序。

```
LIBRARY  ieee;              --库声明,列出了当前设计中需要用到的所有库文件
USE ieee.std_logic_1164.all;
ENTITY and2 is              --实体声明,定义电路的 I/O 引脚
        PORT(A,B:IN std_logic;        --IN 表示为输入引脚
        C:OUT std _ logic) ;          --OUT 表示为输出引脚
END;
ARCHITECTURE art OF and2 IS                --结构体
  BEGIN
      C<=A AND B;                         --描述电路要实现的功能
END;
```

由程序可以看出，一段独立的 VHDL 代码至少包括 3 个组成部分。

(1) 库(LIBRARY)声明，当前设计中需要用到的所有库文件，如 ieee.std 和 work 等。

(2) 实体(ENTITY)，定义了电路的 I/O 引脚。

(3) 结构体(ARCHTECTURE)，所包含的代码描述了电路要实现的功能。

这 3 个组成部分的具体描述如下。

(1) 库声明。

库是一些常用代码的集合，将电路设计中经常使用的一些代码存放到库中，有利于设计的重用和代码共享。在 VHDL 设计中有 3 个常用的库：ieee 库、std 库和 work 库。

① ieee 库：在 ieee 库中有一个 IEEE 正式认可的标准程序包 std_logic_1164.all。

② std库：std库是VHDL设计环境的标准资源库，包括数据类型和I/O文本等内容。

③ work库：work库是当前的工作库，当前设计的所有代码都存放在work库中。

使用一个库之前，需要对库进行声明，经过声明之后，在设计中就可以调用库中的代码，库声明语法为

```
LIBRARY library _name;
USE library _ name,package _ name,package _ parts;
```

其中，LIBRARY和USE是VHDL保留的关键字。目前设计中常用的是以下3个包集：

① ieee. std_logic_1164(来自ieee库)；

② standard(来自std库)；

③ work(来自work库)。

它们的声明语句为

```
LIBRARY ieee;
USE ieee. std_logic_1164. all;
LIBRARY std;
USE std. standard. all;
LIBRARY work;
USE work. all;
```

注意：std和work库在程序中都是默认“可见”的，因此不再需要对它们进行声明，只有ieee库在使用前要进行明确的声明。

(2) 实体。

实体用来描述电路的所有I/O引脚，其语法结构为

```
ENTITY 实体名称 IS
    PORT(
          引脚1名称:信号模式 信号类别;
          引脚2名称:信号模式 信号类别;
          …
          引脚N名称:信号模式 信号类别;
    );
END;
```

端口的信号模式(signal _ mode)是以下四种之一：IN、OUT、INOUT或BUFFER。其中，IN和OUT是单向引脚，而INOUT是双向引脚。

(3) 结构体。

结构体中的代码用来描述电路行为和实现功能，其语法结构为

```
ARCHITECTURE 结构体名称 of 实体名称 IS
    BEGIN
        代码部分
END;
```

从语法结构中可以看到，一个结构体包含两个部分：声明部分(可选)，用于对信号和常量进行声明；代码部分(BEGIN 和 END 之间的部分)，用来描述电路的行为。与实体一样，可以采用除了 VHDL 关键字的任何名称为结构体命名，并且允许和实体具有相同的名称。

VHDL 常用语句可以分为两大类：并行语句和顺序语句。在数字系统的设计中，这些语句用来描述系统的内部硬件结构和动作行为，以及信号之间的基本逻辑关系。顺序语句必须放在进程中，因此可以把顺序语句称为进程中的语句。顺序语句的执行方式类似于普通计算机语言的程序执行方式，都是按照语句的前后排列的方式顺序执行的，一次执行一条语句，并且从仿真的角度来看是顺序执行的。结构体中的并行语句总是处于进程的外部，所有并行语句都是一次同时执行的，与它们在程序中排列的先后次序无关。

常用的并行语句如下。

① 并行信号赋值语句，用"<="运算符。

② 条件赋值语句，WHEN-ELSE。

③ 选择信号赋值语句，WITH-SELECT。

④ 方块语句，BLOCK。

常用的顺序语句如下。

① 信号赋值语句和变量赋值语句。

② IF- ELSE 语句。

③ CASE-WHEN 语句。

④ FOR-LOOP。

在 VHDL 中，为了使已定义的数据类型、子程序和元件等被其他设计程序所利用，用户可以自己设计一个程序包，将它们收集在程序包中。程序包分为两个部分，即包首和包体，结构如下。

① 包首部分。

```
PACKAGE 程序包名称 IS
      包首说明
END 程序包名称;
```

② 包体部分。

```
PACKAGE BODY 程序包名称 IS
    包体说明语句
END 程序包名称;
```

包首说明部分定义数据类型、元件和子程序等。包体说明语句部分具体描述元件和子程序的内容。在程序包结构中,程序包体不是必需的,因为在程序包首也可以具体定义元件和子程序的内容。

3) 设计实例

(1) 译码器设计。

如图 1-2-21 所示,用 VHDL 设计一个 3-8 译码器。

```
Library ieee;
use ieee.std_logic_1164.all;
entity ymq is
port(
    Y:IN std_logic_vector(2 downto 0);   —多个输入组成一个向量
    EN:IN std_logic;
    A:OUT std_logic_vector(7 downto 0)   —多个输出组成一个向量
  );
end ymq;
architecture m1 of ymq is
    signal sel:std_logic_vector(3 downto 0);  —内部用信号线
begin
    sel<=En & Y;                            —拼接成一个信号向量
    with sel select
           A<="00000001" when "1000",
              "00000010" when "1001",
              "00000100" when "1010",
              "00001000" when "1011",
              "00010000" when "1100",
              "00100000" when "1101",
              "01000000" when "1110",
              "10000000" when "1111",
              "11111111" when others;
end;
```

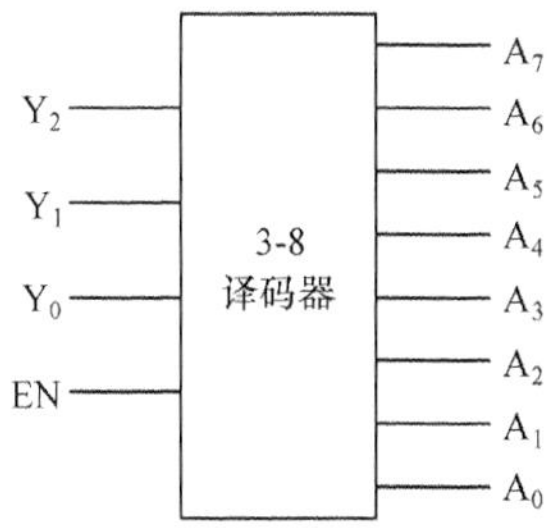

图 1-2-21　3-8 译码器

(2) 编码电路设计。

如图 1-2-22 所示,用 VHDL 设计一个 8-3 编码器。

```
library ieee;
use ieee.std_logic_1164.all;
entity bmq is
port(
      A:IN std_logic_vector(7 downto 0);
      EN:IN std_logic;
      Y:OUT std_logic_vector(2 downto 0));
end bmq;
architecture m1 of bmq is
   signalsel:std_logic_vector(8 downto 0);
begin
if EN='1' then
  if     A="00000001" then Y<="000";
  elsif  A="00000010" then Y<="001";
  elsif  A="00000100" then Y<="010";
  elsif  A="00001000" then Y<="011";
  elsif  A="00010000" then Y<="100";
  elsif  A="00100000" then Y<="101";
  elsif  A="01000000" then Y<="110";
  else  Y<="111";
  end if;
else
  Y<="111";
  end if;
  end;
```

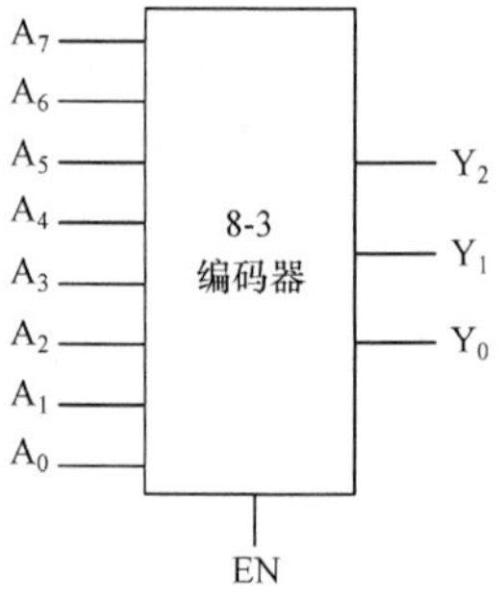

图 1-2-22　8-3 编码器

(3) 数据锁存器设计。

用 VHDL 设计如图 1-2-23 所示的 D 触发器。

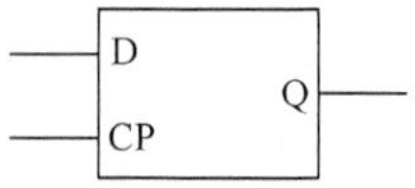

图 1-2-23　D 触发器

```
library ieee;
use ieee.std_logic_1164.all;
entity dff is
  port(CP,D:IN  std_logic;
          Q:OUT std_logic
   );
END;
architecturea of dff is
begin
process(cp)                    --并行进程,cp 发生变化将启动该进程
```

```
  begin
  if  cp'event and cp= '1' then        -cp上升沿判断
      Q<=D;
  end if;
end process;
end;
```

1.3　中央处理器

中央处理器(CPU)是整个计算机的核心,依靠指令来计算和控制系统。CPU 在设计时就规定了一系列与其硬件电路相配合的指令系统。从系统结构的角度看,指令系统是计算机硬件的语言系统,是系统程序员看到的 CPU 的主要属性。指令系统表征了 CPU 的基本功能,决定了机器能达到的能力。

1.3.1　指令系统与寻址技术

1. 指令系统

指令是指示计算机执行某些操作的命令。一台计算机的所有指令的集合构成该机的指令系统,又称指令集。指令系统是计算机的主要属性,位于硬件和软件的交界面上。

1) 指令格式

在计算机中,指令也是用"0"和"1"组成的一串二进制代码。从这个角度来看,指令也可以看成一种数据类型。指令中的"0""1"通过电路变成电信号,让计算机执行各种不同的操作。指令的基本格式为

操作码	地址码

从二进制位串上讲,一条指令中包含两部分:操作码(Operation Code)和地址码(Address Code)。其中操作码表明了指令的操作性质及功能,地址码则给出了操作数的地址(即操作数的存储位置)。

指令的长度是指一条指令中所包含的二进制代码的位数,它取决于操作码字段的长度、操作数地址的个数及长度。在微型计算机中,大多数指令的长度大于机器一次能够处理的二进制位数(字长)。

(1) 地址码。

计算机执行一条指令所需要的全部信息都必须包含在指令中。对于一般的双操作数运算类指令,除去操作码,指令还应包含以下信息。

① 第一操作数地址,用 A_1 表示。

② 第二操作数地址，用 A_2 表示。

③ 操作结果存放地址，用 A_3 表示。

④ 下条将要执行指令的地址，用 A_4 表示。

这样，一条指令的格式可以细分为(OP 为操作码表示的具体操作)

OP	A_1	A_2	A_3	A_4

指令的含义为

$$(A_1)\quad OP\quad (A_2)\ \rightarrow A_3$$

下条将要执行的指令存储在地址为 A_4 开始的存储单元。

其中，(A_1)表示存储在地址为 A_1 的存储单元中的数据；(A_2)表示存储在地址为 A_2 的存储单元中的数据。

这种四地址指令格式具有直观、下条指令的地址明显的优点。但是，如果每个地址为 16 位，整个地址码字段就长达 64 位。所以这种格式的指令长度较长，占用的存储空间较大。

如果将指令按顺序依次存储在存储器中，用一个程序计数器(Program Counter，PC)来存放指令地址。通常每执行一条指令，PC 就自动加 1(设每条指令只占一个主存单元)，直接得到将要执行的下一条指令的地址。这样，通过采取顺序执行指令的措施，指令中就不必明显地给出下一条指令的地址。这就变成了三地址指令，格式为

OP	A_1	A_2	A_3

指令的含义为

$$(A_1)\quad OP\quad (A_2)\ \rightarrow\ A_3$$

$$(PC)\ +\ 1\ \rightarrow\ PC\qquad \text{(隐含)}$$

程序计数器的使用，要求程序必须是按照存储顺序执行的。这也是计算机程序三大结构之一——顺序结构的由来。然而这种顺序执行结构不适合解决一些复杂问题，因此需要专门的跳转指令实现程序的非顺序执行。主要体现在与分支和循环结构相关的指令上。

执行一条三地址的双操作数运算指令，至少需要访问 4 次主存。第一次取指令本身，第二次取第一操作数，第三次取第二操作数，第四次保存运算结果。虽然这种格式省去了一个地址，但指令长度仍比较长，所以在微型计算机中很少使用。

三地址指令执行完后，主存中的两个操作数均不会被破坏。然而，通常并不一定需要完整的保留两个操作数。如果让第一操作数地址同时兼作存放结果的地址(目的地址)，这样即得到了二地址指令，其格式为

OP	A_1	A_2

指令的含义为

$$(A_1) \quad OP \quad (A_2) \quad \rightarrow \quad A_1$$
$$(PC) \quad + \quad 1 \quad \rightarrow \quad PC \qquad \text{(隐含)}$$

通常把 A_1 称为目的操作数地址，A_2 称为源操作数地址。执行一条二地址的双操作数运算指令，同样至少需要访问 4 次主存。

只有一个地址的指令为一地址指令。那么另一个操作数来自哪呢？指令中虽未明显给出，但隐含为放在 CPU 内部的一个特殊存储器（专门寄存器）中的操作数。因为这个寄存器在连续运算时，保存着多条指令连续操作的累计结果，故称为累加寄存器（Accumulator，Acc）。

它的指令格式为

OP	A_1

指令的含义为

$$(Acc) \quad OP \quad (A_1) \quad \rightarrow \quad Acc$$
$$(PC) \quad + \quad 1 \quad \rightarrow \quad PC \qquad \text{(隐含)}$$

执行一条一地址的双操作数运算指令，只需要访问两次主存。第一次取指令本身，第二次取第二操作数。第一操作数和运算结果都放在累加寄存器中，所以读取和存入都不需要访问存储器。

没有地址码字段的指令称为零地址指令，其格式为

OP

零地址的算术逻辑类指令是用在堆栈计算机中的，堆栈计算机没有一般计算机中必备的通用寄存器，因此堆栈就成为提供操作数和保存运算结果的唯一场所。通常，参加算术逻辑运算的两个操作数隐含地从堆栈顶部弹出，送到运算器中进行运算，运算的结果再隐含地压入堆栈。

虽然操作数地址是指主存单元的地址，实际上许多操作数是可以存放在通用寄存器里的。CPU 中设置了相当多的通用寄存器，用它们来暂存运算数据或中间结果，这样可以大大减少访问存储器的次数，提高计算机的处理速度。实际使用的二地址指令多为二地址通用寄存器型（R 型），一般通用寄存器数量有 8～32 个，其地址（或称寄存器编号）有 3～5 位就可以了。由于二地址 R 型指令的地址码字段很短，且操作数就在寄存器中，所以这类指令的程序存储量最小，程序执行速度最快，在微型计算机中被大量使用。

(2) 操作码。

指令系统中的每一条指令都有一个唯一确定的操作码，指令不同，其操作码的编码也不同。通常，希望用尽可能短的操作码字段来表达全部的指令。指令操作码的编码可以分为定长编码和变长编码两类。

定长编码是一种最简单的编码方法，操作码字段的位数和位置是固定的。为了能表示整个指令系统中的全部指令，指令的操作码字段应当具有足够的位数。定长编码对于简化硬件设计、减少指令译码的时间是非常有利的，在字长较长的大、中型计算机及小型计算机上广泛采用。

变长编码的操作码字段的位数不固定，且分散地放在指令字的不同位置上。这种方式能够有效地压缩指令中操作码字段的平均长度，在字长较短的微型计算机上广泛采用。

当指令长度一定时，地址码与操作码字段的长度是相互制约的。为了解决这一矛盾，一种称为扩展操作码法的变长编码方法出现了。扩展操作码法让操作数地址个数多的指令(三地址指令)的操作码字段短些，操作数地址个数少的指令(一或零地址指令)的操作码字段长些，这样既能充分地利用指令的各个字段，又能在不增加指令长度的情况下扩展操作码的位数，使它能表示更多的指令。例如，设某计算机的指令长度为 16 位，操作码字段为 4 位，有 3 个 4 位的地址码字段，其格式为

15　12	11　8	7　4	3　0
OP	A_1	A_2	A_3

如果按照定长编码的方法，4 位操作码最多只能表示 16 条不同的三地址指令。假设指令系统中不仅有三地址指令，还有二地址指令、一地址指令和零地址指令，利用扩展操作码法可以使在指令长度不变的情况下，指令的总数远远大于 16 条。

例如，指令系统中要求有 15 条三地址指令、15 条二地址指令、15 条一地址指令和 16 条零地址指令，共 61 条指令。显然，只有 4 位操作码是不够的，解决的方法就是向地址码字段扩展操作码的位数，扩展的方法如下。

① 4 位操作码的编码 0000～1110 定义了 15 条三地址指令，留下 1111 作为扩展窗口，与下一个 4 位(A_1)组成一个 8 位的操作码字段。

② 8 位操作码的编码 11110000～11111110 定义了 15 条二地址指令，留下 11111111 作为扩展窗口，与下一个 4 位(A_2)组成一个 12 位的操作码字段。

③ 12 位操作码的编码 111111110000～111111111110 定义了 15 条一地址指令，扩展窗口为 111111111111，与 A_3组成 16 位的操作码字段。

④ 最后，16 条零地址指令由 16 位操作码的编码给出。

2) CPU 指令集分类

(1) 复杂指令集。

复杂指令集(Complex Instruction Set Computer，CISC)以提高计算机的执行速度为目标，将一些由软件实现的常用功能用硬件的指令系统实现。后续章节中

所讲述的8086 CPU和89C51单片机的指令集都属于复杂指令集。然而在CISC中，各种指令的使用频度相当悬殊。最常使用的是一些比较简单的指令，它们仅占指令总数的20%，但在程序中出现的频度却占80%。复杂的指令系统会增加微处理器的复杂性，使处理器的研制时间长，成本高。并且复杂指令需要复杂的操作，会降低计算机的速度。基于上述原因，出现了精简指令集。

(2) 精简指令集。

精简指令集(Reduced Instruction Set Computing，RISC)与传统的CISC相比，其指令格式统一，种类比较少，寻址方式也比CISC少。当然处理速度就提高了很多。目前在中高档服务器中普遍采用这一指令系统的CPU，特别是高档服务器全都采用RISC系统的CPU，如PowerPC处理器、SPARC处理器、PA-RISC处理器、MIPS处理器、Alpha处理器。目前一些嵌入式的CPU也采用RISC。

2. 寻址技术

所谓寻址，指的是寻找操作数的地址或下一条将要执行的指令地址，寻址技术是计算机设计中硬件对软件最早提供支持的技术之一。寻址技术包括编址方式和寻址方式。

1) 编址方式

编址方式是指对各种存储设备进行编码的方式。在计算机中需要编址的设备主要有CPU中的通用寄存器、主存储器和I/O设备3种。要对寄存器、主存储器和I/O设备进行访问，首先必须对它们进行编址。就像一个大楼有许多房间，首先必须给每一个房间编上一个唯一的号码，人们才能据此找到需要的房间。

如果存储设备是CPU中的通用寄存器，在指令字中应给出寄存器编号；如果是主存的一个存储单元，在指令字中应给出该主存单元的地址；如果是I/O设备(接口)中的一个寄存器，指令字中应给出设备编号或设备端口地址或设备映像地址(与主存地址统一编址时)。

(1) 编址单位。

目前常用的编址单位有位、字和字节。

位(bit)是二进制数的最基本单位，也是存储器存储信息的最小单位。字节(Byte)是计算机中数据处理的基本单位，1字节由8位构成，即1Byte=8bit。字是CPU一次性作为整体处理或运算的一串二进制数码，是CPU进行数据处理和运算的单位。字的位数(字长)常为16、32或64。

字编址是实现起来最容易的一种编址方式，这是因为每个编址单位与访问单位相一致，即每个编址单位所包含的信息量(二进制位数)与CPU访问一次寄存器、主存所获得的信息量相同。早期的大多数机器都采用这种编址方式。在采用字编址的机器中，每执行一条指令，程序计数器加1；每从主存中读出一个数据，地址计数器加 1。这种控制方式实现起来简单,地址信息没有任何浪费。但它的主要缺点是不支持非数值应用,而目前在计算机的实际应用领域中,非数值应用已超过数值应用。

目前使用最普遍的编址方式是字节编址,这是为了适应非数值应用的需要。字节编址方式使编址单位与信息的基本单位(1 字节)相一致,这是它的最大优点。然而,如果主存的访问单位也是 1 字节,那么主存的带宽就太窄了,所以编址单位和主存的访问单位是不相同的。通常主存的访问单位是编址单位的若干倍。在采用字节编址的机器中,如果指令长度是 32 位。那么每执行完一条指令,程序计数器要加 4。如果数据字长是 32 位,当连续访问存储器时,每读写完一个数据字,地址寄存器要加 4。由此可见,字节编址方式存在着地址信息的浪费。

有部分计算机系统采用位编址方式,这种编址方式的地址信息浪费更大。

(2) 指令中地址码的位数。

指令格式中每个地址码的位数是与主存容量和最小寻址单位(即编址单位)有关联的。主存容量越大,所需的地址码位数就越长。对于相同容量,如果以字节为最小寻址单位,那么地址码的位数就需要长些,但是可以方便地对每一个字符进行处理;如果以字为最小寻址单位(假定字长为 16 位或更长),地址码的位数可以减少,但对字符操作比较困难。例如,设某计算机主存容量为 2^{20} 字节,机器字长(字的二进制位数)32 位,若最小寻址单位为字节(按字节编址),其地址码应为 20 位;若最小寻址单位为字(按字编址),其地址码只需 18 位。从减少指令长度的角度看,最小寻址单位越大越好;而从对字符或位的操作是否方便的角度看,最小寻址单位越小越好。

2) 寻址方式

寻址可以分为指令寻址和数据寻址。寻找下一条将要执行指令的地址称为指令寻址,寻找操作数的地址称为数据寻址。指令寻址比较简单,它又可以细分为顺序寻址和跳跃寻址。而数据寻址方式种类较多,其最终目的都是寻找所需要的操作数。

顺序寻址可通过程序计数器加 1,自动形成下一条指令的地址;跳跃寻址则需要通过程序转移类指令实现。

跳跃寻址的转移地址形成方式有 3 种:直接(绝对)、相对和间接寻址,它与下面介绍的数据寻址方式中的直接、相对和间接寻址是相同的,但是寻找到的不是操作数的有效地址,而是转移的有效地址。

3) 基本数据寻址方式

数据寻址方式是根据指令中给出的地址码字段寻找真实操作数地址的方式。一般情况下,由于指令长度的限制,指令中的地址码不会很长,而主存的容量却可能越来越大。以 8086 CPU 为核心的计算机为例,主存容量可达 1MB,而指令中的地址码字段最长仅 16 位，仅能直接访问主存的一小部分，而无法访问整个主存空间。即使指令中能够拿出足够的位数来作为访问整个主存空间的地址，为了灵活方便地编制程序，也需要对地址进行必要的变换。把指令中地址码字段给出的地址称为形式地址（用字母 A 表示），这个地址有可能不能直接用来访问主存。形式地址经过某种运算而得到的能够直接访问主存的地址称为有效地址（用字母 EA 表示）。从形式地址生成有效地址的运算称为寻址方式，即

$$\underset{(\mathrm{A})}{\text{形式地址}} \xrightarrow{\text{寻址方式}} \underset{(\mathrm{EA})}{\text{有效地址}}$$

每种计算机的指令系统都有自己的一套数据寻址方式，不同计算机的寻址方式的名称和含义并不统一，下面介绍大多数计算机常用的几种基本寻址方式。

（1）立即寻址。

立即寻址是一种特殊的寻址方式，指令中的地址码不是操作数的地址，而是操作数本身。因此，只要取出指令，也就取出了可以立即使用的操作数，这样的数称为立即数，其指令格式为

OP	立即数

这种方式在取指令时，操作码和操作数被同时取出，减少了访问主存的次数，提高了指令的执行速度。但是，因为操作数是指令的一部分，不能修改，通常用于提供一个常数；另外，立即数的大小会受指令长度的限制。因此立即寻址灵活性相对差一些。

（2）寄存器寻址。

寄存器是放在 CPU 内部的存储器，CPU 访问寄存器的效率要比访问主存储器高得多。寄存器寻址指令的地址码部分给出某一个通用寄存器的编号 R_i，此寄存器中存放着操作数。立即寻址中的立即数是常数（Constant Data），而由寄存器寻址传送的数据是可变数据（Variable Data）。寄存器寻址过程如图 1-3-1 所示，图中的 IR 表示指令寄存器，它的内容是从主存中取出的指令。操作数 S 与寄存器 R_i 的关系为

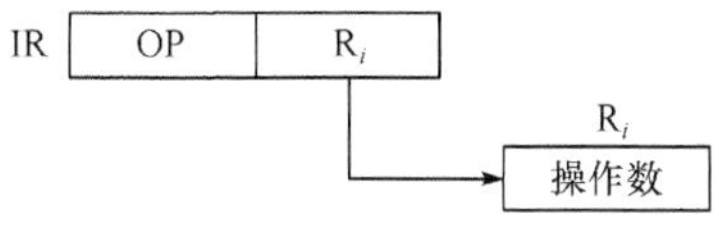

图 1-3-1　寄存器寻址过程

$$S=(R_i)$$

（3）直接寻址。

指令中地址码给出的地址 A 就是操作数的有效地址，即 EA＝A。由于这样给出的操作数地址是不能修改的，与程序本身所在的位置无关，所以又称绝对寻址方式，图 1-3-2 所示为直接寻址的示意图。操作数 S 与地址码 A 的关系为

$$S=(A)$$

这种寻址方式不需作任何寻址运算，简单直观，也便于硬件实现，但地址空间受到指令中地址码字段位数的限制。

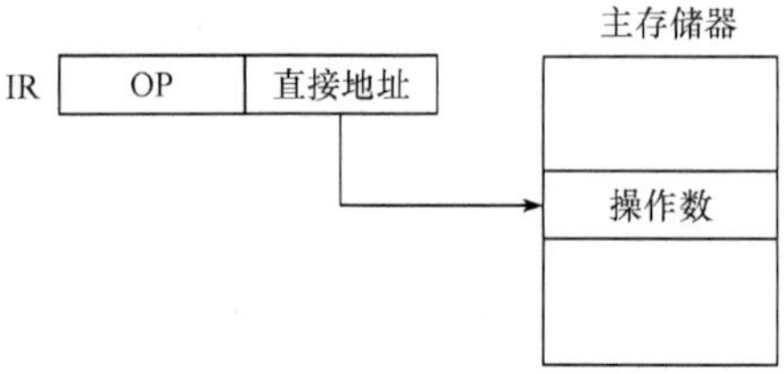

图 1-3-2 直接寻址过程

(4) 间接寻址。

间接寻址意味着指令中给出的地址 A 不是操作数的地址，而是存放操作数地址的主存单元的地址，简称操作数地址的地址。通常在指令格式中划出一位作为直接或间接寻址的标志位，间接寻址时标志位@=1。

间接寻址有一级间接寻址和多级间接寻址之分。在一级间接寻址中，首先按指令的地址码字段先从主存中取出操作数的有效地址，即 EA=(A)，然后再按此有效地址从主存中读出操作数，如图 1-3-3(a)所示。操作数 S 与地址码 A 的关系为

$$S=((A))$$

多级间接寻址为取得操作数需要多次访问主存，即使在找到操作数有效地址后，还需再访问一次主存才可得到真正的操作数，如图 1-3-3(b)所示。对于多级间接寻址，在寻址过程中所访问到的每个主存单元的内容中都应设有一个间址标志位，通常将这个标志放在主存单元的最高位。当该位为 1 时，表示这一主存单元中仍然是间接地址，需要继续间接寻址；当该位为 0 时，表示已经找到了有效地址，根据这个地址可以读出真正的操作数。

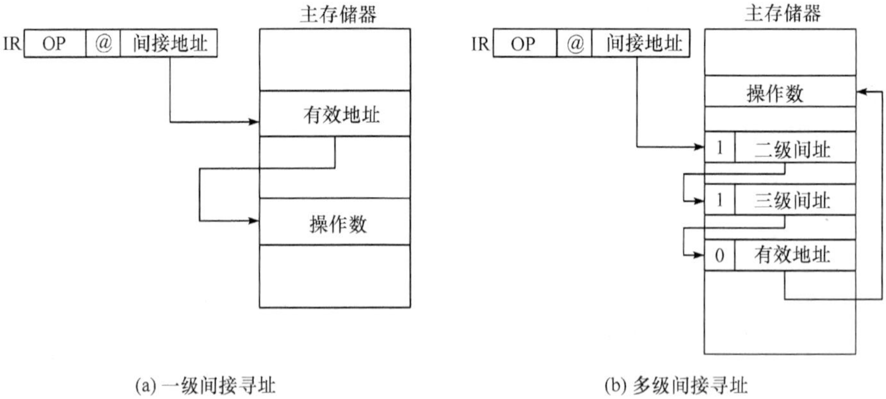

图 1-3-3 间接寻址过程

（5）寄存器间接寻址。

为了克服间接寻址中访问内存次数多的缺点，可采用寄存器间接寻址，即指令中的地址码给出某一通用寄存器的编号，在被指定的寄存器中存放操作数的有效地址，而操作数则存放在主存单元中，其寻址过程如图 1-3-4 所示。操作数 S 与寄存器号 R_i 的关系为

$$S = ((R_i))$$

这种寻址方式的指令较短，并且在取指后只需一次访存便可得到操作数，因此指令执行速度较间接寻址方式快，是一种使用广泛的寻址方式。

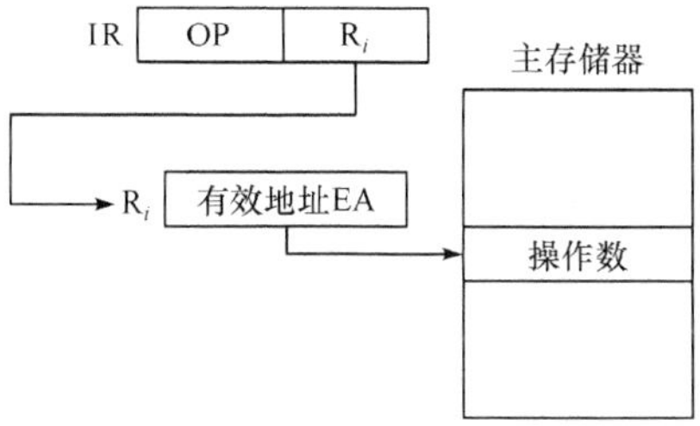

图 1-3-4　寄存器间接寻址图

（6）变址寻址。

变址寻址就是把变址寄存器 R_x 的内容与指令中给出的形式地址 A 相加，形成操作数有效地址，即 EA $=(R_x)+$ A。R_x 的内容称为变址值，其寻址过程如图 1-3-5 所示。操作数 S 与地址码和变址寄存器的关系为

$$S=((R_x)+A)$$

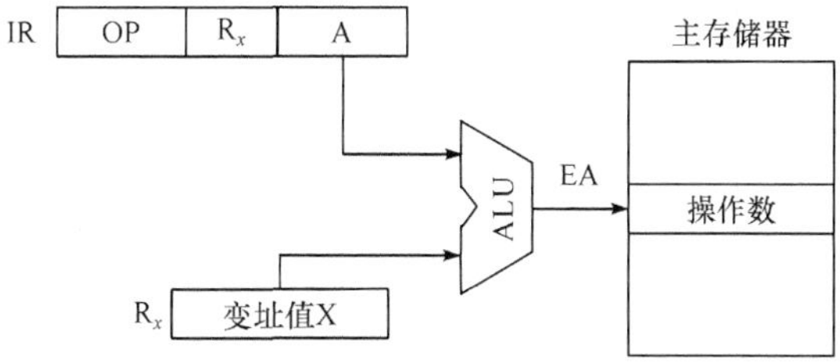

图 1-3-5　变址寻址过程

变址寻址是一种广泛采用的寻址方式，最典型的用法是将指令中的形式地址作为基准地址，而变址寄存器的内容作为修改量。在遇到需要频繁修改地址时，无需修改指令，只要修改变址值就可以了，这对于数组运算、字符串操作等成批数据处理是很有用的。例如，要把一组连续存放在主存单元中的数据（首地址是 A）依次传送到另一存储区（首地址为 B）中。则只需在指令中指明两个存储区的首地址 A 和 B（形式地址），用同一变址寄存器提供修改量 K，即可实现（A+K）→B+K。变址寄存器的内容在每次传送之后自动地修改。

在具有变址寻址的指令中，除去操作码和形式地址，还应具有变址寻址标志，当有多个变址寄存器时，还必须指明具体寻找哪一个变址寄存器。

（7）基址寻址。

基址寻址是将基址寄存器 R_b 的内容与指令中给出的位移量 D 相加，形成操作数有效地址，即 $EA=(R_b)+D$。基址寄存器的内容称为基址值。指令的地址码字段是一个位移量，位移量可正、可负，如图 1-3-6 所示。操作数 S 与基址寄存器和地址码的关系为

$$S=((R_b)+D)$$

基址寻址原是大型计算机采用的一种技术，用来将用户的逻辑地址（用户编程时使用的地址）转化成主存的物理地址（程序在主存中的实际地址）。

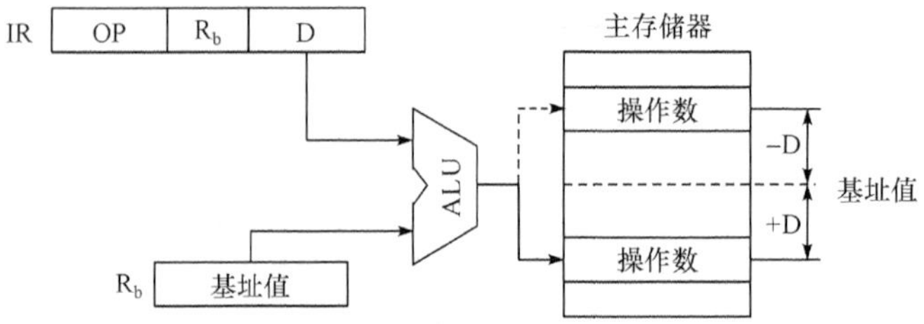

图 1-3-6　基址寻址过程

基址寻址和变址寻址在形成有效地址时所用的算法是相同的，而且在一些计算机中，这两种寻址方式都是由同样的硬件来实现的。但是，它们两者实际上是有区别的。一般来说，变址寻址中变址寄存器提供修改量（可变的），而指令中提供基准值（固定的）；基址寻址中基址寄存器提供基准值（可变的），而指令中提供位移量（固定的）。

这两种寻址方式应用的场合也不同，变址寻址是面向用户的，用于访问字符串、向量和数组等成批数据。而基址寻址面向系统，主要用于逻辑地址和物理地址的变换，用以解决程序在主存中的再定位和扩大寻址空间等问题。在某些大型计算机中，基址寄存器只能由特权指令来管理，用户指令无权操作和修改。在某些小、微型计算机中，基址寻址和变址寻址实际上是合二为一的。

（8）相对寻址。

相对寻址是基址寻址的一种变通，由程序计数器（PC）提供基准地址，指令中的地址码字段作为位移量 D，两者相加后得到操作数的有效地址，即 $EA=(PC)+D$。位移量指出的是操作数和现行指令之间的相对位置，如图 1-3-7 所示。

这种寻址方式有如下两个特点。

① 操作数的地址不是固定的，它随着 PC 值的变化而变化，并且与指令地址之间总是相差一个固定值。当指令地址变换时，由于其位移量不变，使得操作数与指

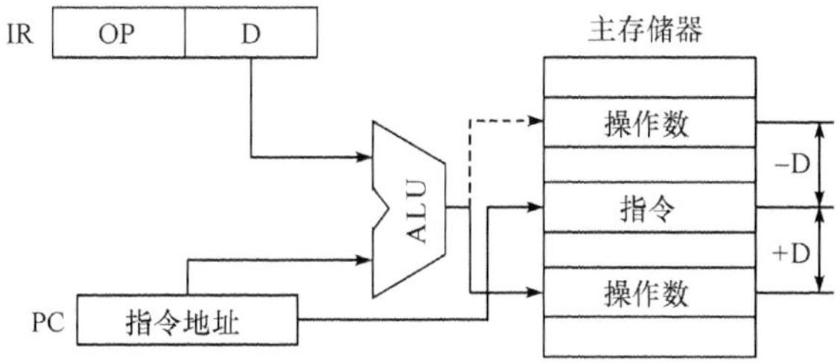

图 1-3-7　相对寻址过程

令在可用的存储区内一起移动，所以仍能保证程序的正确执行。采用 PC 相对寻址方式编写的程序可在主存中任意浮动，它放在主存的任何地方，所执行的效果都是一样的。

② 对于指令地址，操作数地址可能在指令地址之前或之后，因此，指令中给出的位移量可负、可正，通常用补码表示。如果位移为 n 位，则相对寻址的寻址范围为

$$(PC)-2^{(n-1)} \sim (PC)+2^{(n-1)}-1$$

(9) 页面寻址。

页面寻址相当于将整个主存空间分成若干个大小相同的区，每个区称为一页，每页有若干个主存单元。例如，1 个 64KB 的存储器被划分为 256 个页面，每个页面中有 256 字节，如图 1-3-8(a)所示。每页都有自己的编号，称为页面地址；页面内的每个主存单元也有自己的编号，称为页内地址。这样，存储器的有效地址就被分为两部分：前部为页面地址(在此例中占 8 位)，后部为页内地址(也占 8 位)。页内地址由指令的地址码部分自动直接提供，它与页面地址通过简单的拼装连接就可得到有效地址，无须进行计算，因此寻址迅速。根据页面地址的来源不同，页面寻址又可以分成 3 种不同的方式。

① 基页寻址。基页寻址又称零页寻址，由于页面地址全等于 0，所以有效地址 EA=0//A(//在这里表示简单拼接)，操作数 S 在零页面中，如图 1-3-8(b)所示。基页寻址实际上就是直接寻址。

② 当前页寻址。页面地址就等于程序计数器的高位部分的内容，所以有效地址 $EA=PC_H//A$，操作数 S 与指令本身处于同一页面中，如图 1-3-8(c)所示。

③ 页寄存器寻址。页面地址取自页寄存器，与形式地址相拼接形成有效地址，如图 1-3-8(d)所示。

前两种方式因不需要页寄存器，所以用得较多些。有些计算机在指令格式中设置了一个页面标志位(Z/C)。Z/C= 0，表示 0 页寻址；Z/C =1 ，表示当前页寻址。

怎样才能知道一条指令所采用的是什么寻址方式呢？为了能区分出各种不同

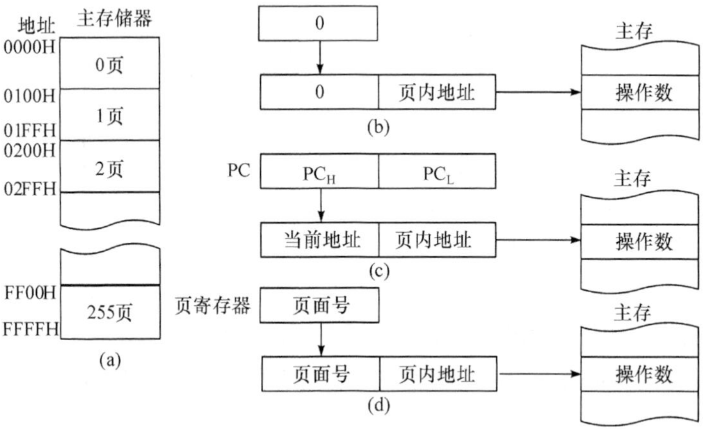

图 1-3-8　页面寻址

的寻址方式,必须在指令中给出标志。标志的方式通常有两种:显式和隐式。显式的方法就是在指令中设置专门的寻址方式字段,用二进制编码来表明寻址方式类型,如图 1-3-9(a)所示;隐式的方式是由指令的操作码字段说明指令格式并隐含约定寻址方式,如图 1-3-9(b)所示。

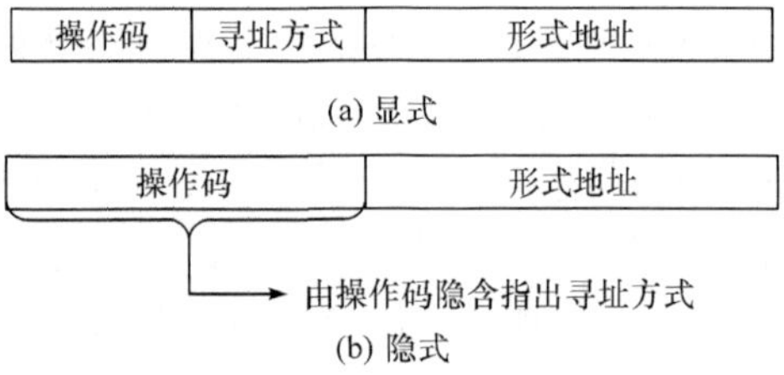

图 1-3-9　指令中寻址方式的表示

4) 变形或组合寻址方式

前面介绍了 9 种常用的基本寻址方式,其他的寻址方式则是它们的变形或组合。

(1) 自增型寄存器间址和自减型寄存器间址。

这两种寻址方式实际上都是寄存器间接寻址方式的变形,通用寄存器在这里作为自动变址寄存器。

① 自增寻址。

在自增寻址时,寄存器 R_i 的内容是有效地址,按照这个有效地址从主存中取数以后,寄存器的内容自动增量修改。在字节编址的计算机中,若指向下 1 字节,寄存器的内容加 1;若指向下一个字(假设字长 16 位),寄存器的内容加 2,如图 1-3-10(a)所示。

寻址操作的含义为 EA=(R_i),$(R_i)+d\rightarrow R_i$。其中,EA 为有效地址,d 为修改量,通常记为$(R_i)+$,加号在括号之后,形象地表示先操作后修改。

② 自减寻址。

自减寻址是先对寄存器 R_i 的内容自动减量修改(−1 或−2),修改之后的内容才是操作数的有效地址,据此可到主存中取出操作数。图 1-3-10(b)给出了自减寻址过程示意图。

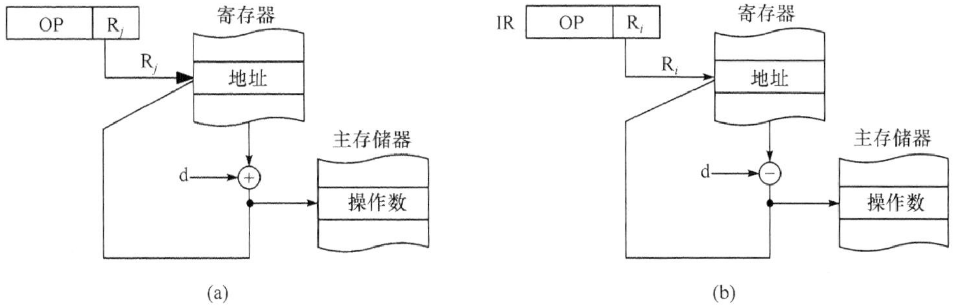

图 1-3-10　自增/自减寻址方式

寻址操作的含义为:$(R_i)-d\rightarrow R_i$,EA=(R_i),通常记为$-(R_i)$,减号在括号之前,形象地表示先修改后操作。自减寻址和自增寻址一起,可以使任何一个寄存器作为堆栈指针。

采用自增/减寻址最灵活的应属 MC68000 机,它具有字节、字、双字的自动增/减寻址方式。

(2) 扩展变址方式。

把变址和间址两种寻址方式结合起来,就成为扩展变址方式,按寻址方式操作的先后顺序,有先变址后间址和先间址后变址两种形式。

① 先变址后间址(前变址方式)。

先进行变址运算,其运算结果作为间接地址,间接地址指出的单元的内容才是有效地址。所以,有效地址 EA=$((R_x)+A)$,操作数 S=$(((R_x)+A))$。寻址过程如图 1-3-11(a)所示。

② 先间址后变址(后变址方式)。

将指令中的地址码先进行一次间接寻址,然后再与变址值进行运算,从而得到一个有效地址。所以,有效地址 EA=$(R_x)+(A)$,操作数 S=$((R_x)+(A))$。寻址过程如图 1-3-11(b)所示。

(3) 基址变址寻址。

基址变址寻址是最灵活的一种寻址方式,此时有效地址是由基址寄存器中的值、变址寄存器中的值和位移量三者相加求得的。在这 3 项中,除位移量在指令一

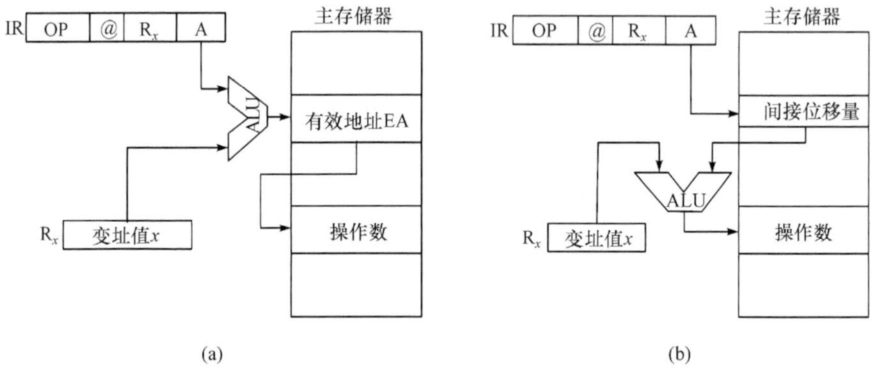

图 1-3-11　前/后变址寻址方式

旦确定后就不能再修改，基址和变址寄存器中的内容都可以改变。

$$EA=(R_b)+(R_x)+D$$

式中，R_b为基址寄存器，R_x为变址寄存器，D 为位移量。

基址变址寻址方式在 Intel 80x86 中是最基本的寻址方式，其他多种寻址方式可由它派生出来。基址寄存器(BX 或 BP)、变址寄存器(SI 或 DI)及位移量都可以缺省。位移量允许是 8 位或 16 位的带符号数。

$$EA=\begin{Bmatrix}(BX)\\(BP)\end{Bmatrix}+\begin{Bmatrix}(SI)\\(DI)\end{Bmatrix}+\text{位移量}$$

1.3.2　CPU 结构和功能

1. CPU 的功能

CPU 主要包括运算器和控制器两大部分。CPU 对整个计算机系统的运行是极其重要的，它具有如下四方面的功能。

1) 指令控制

程序的顺序控制，称为指令控制。由于程序是一个指令序列，这些指令的相互顺序不能任意颠倒，必须严格按程序规定的顺序进行，所以，保证机器按顺序执行程序是 CPU 的首要任务。

2) 操作控制

一条指令的功能往往是由若干个操作信号的组合来实现的。因此，CPU 管理并产生由内存取出的每条指令的操作信号。把各种操作信号送往相应的部件，从而控制这些部件按指令的要求进行动作。

3) 时间控制

对各种操作实施时间上的控制，称为时间控制。因为在计算机中，各种指令的操作信号均受到时间的严格控制。另外，一条指令的整个执行过程也受到时间的严格控制。只有这样,计算机才能有条不紊地自动工作。

4) 数据加工

所谓数据加工,就是对数据进行算术运算和逻辑运算处理。完成数据的加工处理,这是 CPU 的根本任务,因为原始信息只有经过加工处理后才能对人们有用。数据加工过程是由复杂数字电路构成的运算器完成的。

总之,CPU 必须具有控制程序的顺序执行(称指令控制)、产生完成每条指令所需的控制命令(称操作控制)、对各种操作实施时间上的控制(称时间控制)、对数据进行算术运算和逻辑运算(数据加工)及处理中断等功能。

2. 取指令与执行

对于冯·诺依曼结构的计算机,一旦程序进入存储器后,就可由计算机自动完成取指令和执行指令的任务,控制器是专用于完成此项工作的。控制器是 CPU 的控制中心,在指令执行过程中,控制器按照指令的功能发控制命令。控制器由指令寄存器、指令译码器、时序和控制电路以及中断机构组成。它负责协调并控制计算机各部件执行程序的指令序列,其基本功能是取指令、分析指令和执行指令。

1) 取指令

控制器必须具备能自动地从存储器中取出指令的功能。为此,要求控制器能自动形成指令的地址,并能发出取指令的命令,将对应此地址的指令取到控制器中。

第一条指令的地址一般由系统设定,CPU 复位后 PC 的值为开始执行指令的地址。不同 CPU 的 PC 复位值不同,例如,8086 复位后从 FFFF0H 地址开始执行;而 89C51 则从 0000H 地址开始执行。

2) 分析指令

分析指令包括两部分内容,其一,分析此指令要完成什么操作,即控制器需发出什么操作命令;其二,分析参与这次操作的操作数地址,即操作数的有效地址。

3) 执行指令

执行指令就是根据分析指令产生的"操作命令"和"操作数地址"的要求,形成操作控制信号序列(不同的指令有不同的操作控制信号序列)。通过对运算器、存储器以及 I/O 设备的操作,执行每条指令。

此外,控制器还必须能控制程序的输入和运算结果的输出(即控制主机与 I/O 设备交换信息)以及对总线的管理,甚至能处理机器运行过程中出现的异常情况(如掉电)和特殊请求(如打印机请求打印一行字符),即处理中断的能力。

根据 CPU 的功能不难设想,要取指令,必须有一个寄存器专门用于存放当前指令的地址;要分析指令,必须有存放当前指令的寄存器和对指令操作码进行译码的部件;要执行指令,必须有一个能发出各种操作命令序列的控制部件(CU);要完成算术运算和逻辑运算,必须有存放操作数的寄存器和实现算术逻辑运算的部件(ALU);为了处理异常情况和特殊请求,还必须有中断系统。可见,CPU可由四大部分组成,如图1-3-12所示。

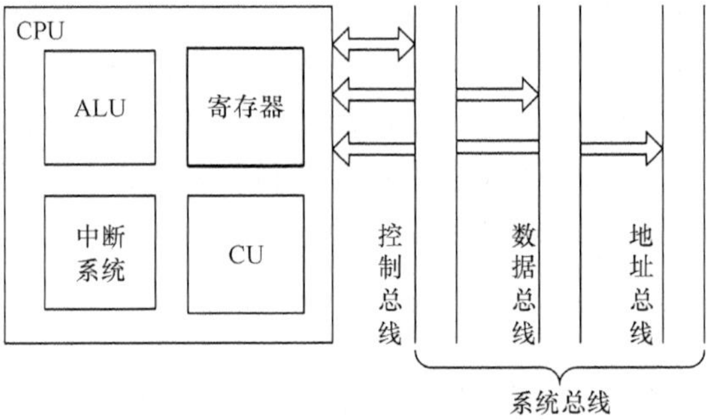

图1-3-12　使用系统总线的CPU

实际上,CPU的控制信号分为两类:一类是通过对指令的译码由CPU内部产生的,这些信号由CPU送到存储器、I/O接口和其他部件;另一类是由微型计算机系统的其他部件送到CPU的,通常用来向CPU发出请求,如中断请求、总线请求等。

控制单元是提供完成机器全部指令操作的微操作命令序列部件。现代计算机中微操作命令序列的形成方法有两种,一种是组合逻辑设计方法,为硬连线逻辑;另一种是微程序设计方法,为存储逻辑。感兴趣的读者可以查阅计算机组成原理方面的书籍。

3. CPU的寄存器

从指令系统和寻址技术中可以看出,寄存器能有效降低指令长度和提高寻址效率。寄存器能直接参与CPU内部的运算。CPU中的寄存器大致可分为两类:一类属于用户可见寄存器,用户可对这类寄存器编程,以及通过优化使CPU因使用这类寄存器而减少对主存的访问次数;另一类属于控制和状态寄存器,用户不可对这类寄存器编程,它们被控制部件使用,以控制CPU的操作,也可被带有特权的操作系统程序使用,从而控制程序的执行。

1) 用户可见寄存器

通常CPU执行机器语言访问的寄存器为用户可见寄存器,按其特征又可分为以下几类。

(1) 通用寄存器。

通用寄存器可由程序设计者指定许多功能,可用于存放操作数,也可作为满足某种寻址方式所需的寄存器。如基址寻址所需的基址寄存器、变址寻址所需的变址寄存器和堆栈寻址所需的栈指针，都可用通用寄存器代替。寄存器间接寻址时还可用通用寄存器存放有效地址的地址。当然，也有一些机器用专用寄存器作为基址寄存器、变址寄存器或栈指针，这样，在设计指令格式时只需将这类专用寄存器隐含在操作码中，而不必占用指令字中的位。

(2) 数据寄存器。

数据寄存器用于存放操作数，其位数应满足大多数数据类型的数值范围。有些机器允许使用两个连续的寄存器存放双倍字长的值。还有些机器的数据寄存器只能用于保存数据，不能用于操作数地址的计算。

(3) 地址寄存器。

地址寄存器用于存放地址，其本身可以具有通用性，也可用于特殊的寻址方式，如用于基址寻址的段指针(存放基地址)、用于变址寻址的变址寄存器和用于堆栈寻址的栈指针。地址寄存器的位数必须足够长，以满足最大的地址范围。

(4) 条件代码寄存器(状态寄存器)。

这类寄存器中存放条件码，它们对用户是部分透明的。条件码是 CPU 根据运算结果由硬件置位的，如算术运算会产生正、负、零或溢出等结果。条件码可被测试，作为分支运算的依据。此外，有些条件码也可被设置，如最高位进位标志 C，可用指令对它置位和复位。将条件码放到一个或多个寄存器中，就构成了条件码寄存器。

在调用子程序前，必须将所有的用户可见寄存器的内容保存起来，这种保存可由 CPU 自动保存，也可由程序员编程保存，视不同机器不同处理。

2) 控制和状态寄存器

CPU 中还有一类寄存器用于控制 CPU 的操作或运算。在一些机器里，这类寄存器多数对用户是不透明的，如以下四种寄存器在指令执行过程中起重要作用。

(1) 存储器地址寄存器(Memory Address Register，MAR)，存放将被访问的存储单元的地址。

(2) 存储器数据寄存器(Memory Data Register，MDR)，存放欲存入存储器中的数据或最近从存储器中读出的数据。

(3) 程序计数器(Program Counter，PC)，存放当前指令的地址，具有计数功能，转移类指令可以修改 PC 的值。

(4) 指令寄存器(Instruction Register，IR)，存放当前欲执行的指令。

通过这四个寄存器，CPU 和主存可交换信息。例如，将现行指令地址从 PC 送至 MAR，启动存储器进行读操作，存储器就可将指定地址单元内的指令读至 MDR，再由 MDR 送至 IR。

在 CPU 内部必须给 ALU 提供数据，因此 ALU 必须可直接访问 MDR 和用户可见寄存器，ALU 的外围还可以有另一些寄存器，这些寄存器用于 ALU 的 I/O 和 MDR 及用户可见寄存器交换数据。

在 CPU 的控制和状态寄存器中，还有用来存放程序状态字(PSW)的寄存器，该寄存器用来存放条件码和其他状态信息。在具有中断系统的机器中还有中断标记寄存器。

3) 寄存器的具体组织形式

不同的 CPU 中，寄存器组织是不一样的，图 1-3-13 给出了 Intel 8086 的寄存器组织。

Intel 8086 采用的寄存器组织尽管允许某些寄存器通用，但它的每个寄存器大多是专用的。它有 4 个 16 位的数据寄存器，即 AX(累加器)、BX(基址寄存器)、CX(计数寄存器)和 DX(数据寄存器)，也可兼作 8 个 8 位的寄存器(AH、AL、BH、BL、CH、CL、DH、DL)。另外还有两个 16 位的指针(栈指针 SP 和基址指针 BP)和两个变址寄存器(源变址寄存器 SI 和目的变址寄存器 DI)。在一些指令中，寄存器是隐式使用的，如乘法指令总是用累加器。8086 还有四个段地址寄存器(代码段 CS、数据段 DS、堆栈段 SS 和附加段 ES)、指令指针 IP(相当于 PC)和状态标志寄存器 FLAGS。

计算机的设计者为了给在早期机器上编写的程序提供向上的兼容性，在新机器的设计上经常保留原设计的寄存器组织形式。图 1-3-14 是 Intel 80386 的用户可见寄存器组织，它是 8086 的扩展，采用 32 位寄存器，但又分别保留了原先的一些特点。由于受这种限制，32 位处理器在寄存器组织的设计上只有有限的灵活性。

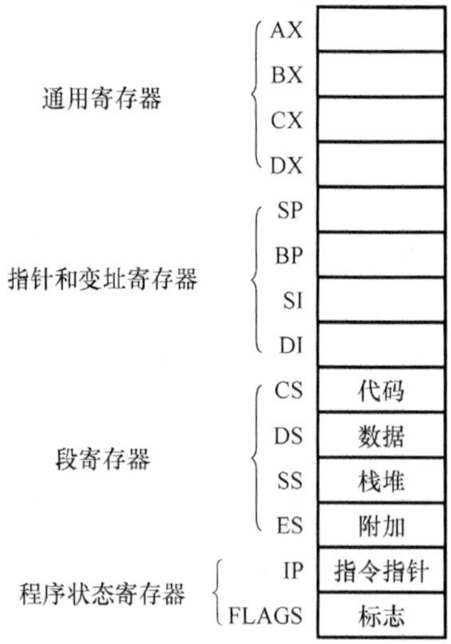

图 1-3-13　Intel 8086 微处理器的寄存器组织

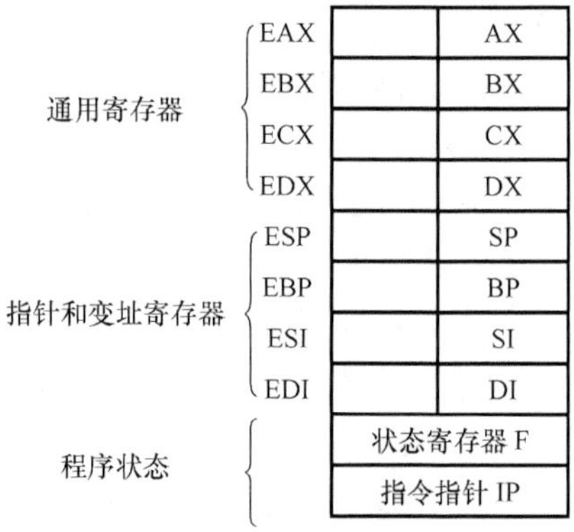

图 1-3-14　80386 微处理器寄存器组织

1.3.3　指令周期

1. 基本概念

CPU 每取出并执行一条指令所需的全部时间称为指令周期，即 CPU 完成一条指令的时间称为指令周期，如图 1-3-15 所示。

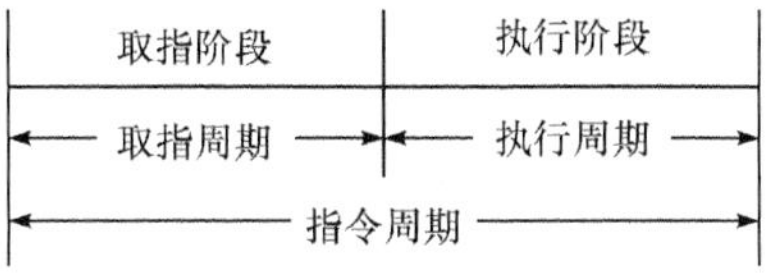

图 1-3-15　指令周期的定义示意

图中的取指阶段完成取指令和分析指令的操作，又称取指周期；执行阶段完成执行指令的操作，又称执行周期。在大多数情况下，CPU 就是按取指—执行—取指—执行……的顺序自动工作的。

由于各种指令操作功能不同，所以各种指令的指令周期是不相同的。例如，无条件转移指令 JMP X，在执行阶段无须访问主存，而且操作简单，完全可以在取指阶段的后期将转移地址 X 送至 PC，以达到转移的目的。这样，JMP X 指令的指令周期就是取指周期。又如，一地址格式的加法指令 ADD X，在执行阶段，首先要从 X 所指的存储单元中取出操作数，然后和 Acc 的内容相加，结果存于 Acc，故这种指令的指令周期在取指和执行阶段各访问一次存储器，其指令周期就包括两个存取周期。再如乘法指令，其执行阶段所要完成的操作比加法指令多得多，故它的执行周期超过了加法指令。各种指令周期的比较如图 1-3-16 所示。

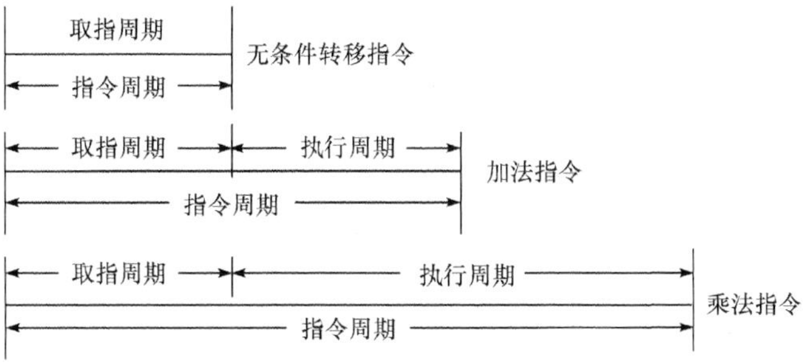

图 1-3-16　各种指令周期的比较

此外，当遇到间接寻址的指令时，由于指令字中只给出操作数有效地址的地址，所以，为了取出操作数，需先访问一次存储器，取出有效地址，然后再访问存储器，取出操作数。这样，间接寻址的指令周期就包括取指周期、间址周期和执行周期三个阶段。其中，间址周期用于取操作数的有效地址，因此，间址周期介于取指周期和执行周期之间，如图 1-3-17 所示。

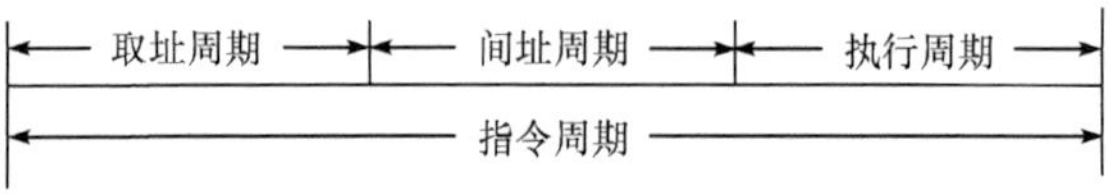

图 1-3-17　具有间址周期的指令周期

当 CPU 采用中断方式实现主机与 I/O 设备交换信息时，CPU 在每条指令执行阶段结束前，都要发中断查询信号，以检测是否有某个 I/O 设备提出中断请求。如果有请求，CPU 则要进入中断响应阶段，又称中断周期。在此阶段，CPU 必须将程序断点保存到存储器中。这样，一个完整的指令周期应包括取指、间址、执行和中断四个子周期，如图 1-3-18 所示。由于间址周期和中断周期不一定包含在每个指令周期内，故图中用菱形框判断。

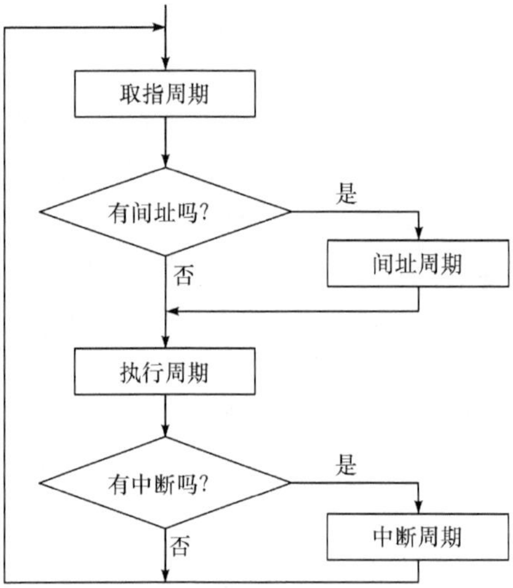

图 1-3-18　指令周期流程

总之，上述四个周期都有 CPU 访存操作，只是访存的目的不同。取指周期是为了取指令，间址周期是为了取有效地址，执行周期是为了取操作数(当指令为访存指令时)，中断周期是为了保存程序断点。这四个周期又称 CPU 的工作周期，为了区别它们，在 CPU 内设置四个标志触发器，如图 1-3-19 所示。

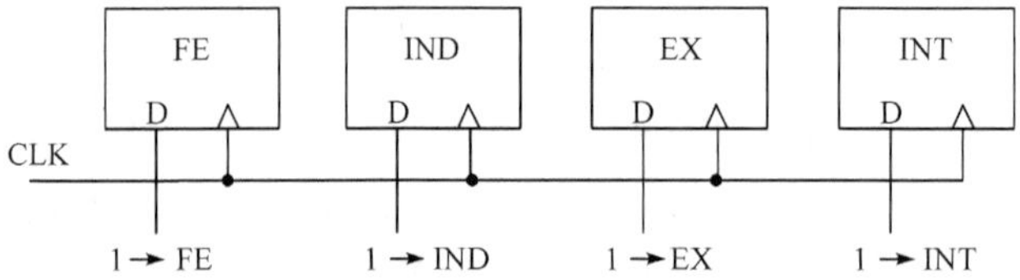

图 1-3-19　CPU 工作周期的标志

图 1-3-19 所示的 FE、IND、EX 和 INT 分别对应取指、间址、执行与中断四个周期，并以“1”状态表示有效，它们分别由 1→FE、1→IND、1→EX 和 1→INT 四个信号控制。设置 CPU 工作周期标志触发器对设计控制单元十分有利。例如，在取指阶段，只要设置取指周期标志触发器 FE 为 1，由它控制取指阶段的各个操作，便获得对任何一条指令的取指命令序列。又如，在间接寻址时，间址次数可由间址周期标志触发器 IND 确定，当它为“0”状态时，表示间址结束。再如，对于一些执行周期不访问内存的指令（如转移指令、寄存器类型指令），同样可以用它们的操作码与取指周期标志触发器的状态相“与”，作为相应微操作的控制条件。

2. 指令周期的数据流

为了便于分析指令周期中的数据流，假设 CPU 中有存储器地址寄存器、存储器数据寄存器、程序计数器和指令寄存器。

1）取指周期的数据流

图 1-3-20 是取指周期的数据流。PC 中存放现行指令的地址，该地址送到 MAR 并送至地址总线，然后由 CU 向存储器发出读命令，使对应 MAR 所指单元的内容（指令）经数据总线送至 MDR，再送至 IR，与此同时 CU 控制 PC 内容加 1，形成下一条指令的地址。

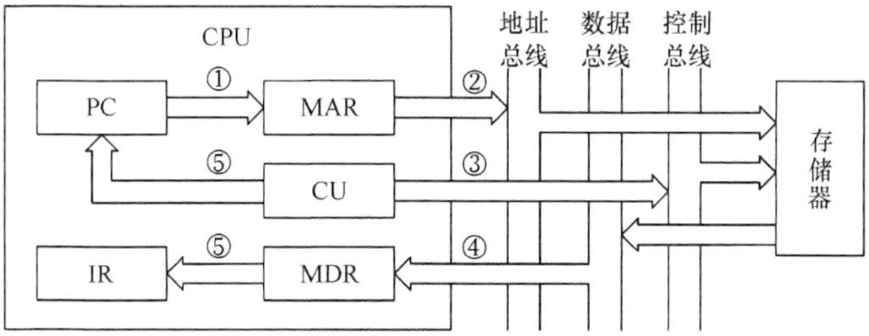

图 1-3-20　取指周期的数据流

2）间址周期的数据流

间址周期的数据流如图 1-3-21 所示。一旦取指周期结束，CU 便检查 IR 中的内容，以确定其是否有间址操作，如果需间址操作，则 MDR 中指示形式地址的右 N 位（记作 Ad(MDR)）将被送到 MAR，又送至地址总线，此后 CU 向存储器发读命令，以获取有效地址并存至 MDR。

3）执行周期的数据流

由于不同的指令在执行周期的操作不同，因此执行周期的数据流是多种多样的，可能涉及 CPU 内部寄存器间的数据传送、对存储器（或 I/O 设备）进行读/写操作、对 ALU 的操作，所以，无法用统一的数据流图表示。

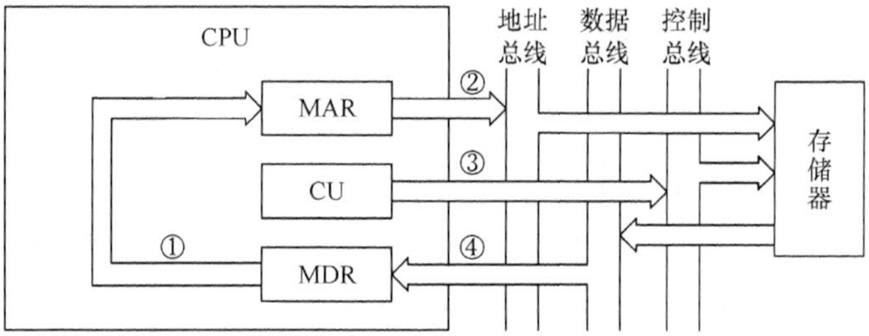

图 1-3-21 间址周期的数据流

4) 中断周期的数据流

CPU 进入中断周期要完成一系列操作,其中 PC 当前的内容必须保存起来,以待执行完中断服务程序后可准确返回该程序的间断处,这一操作的数据流如图 1-3-22 所示。

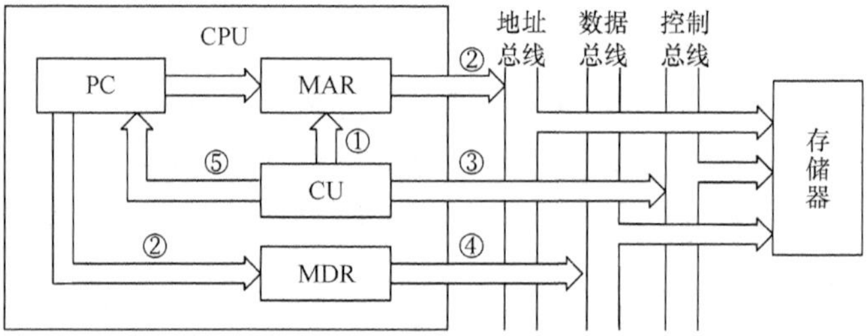

图 1-3-22 中断周期的数据流

图中,由 CU 把用于保存程序断点的存储器特殊地址(如堆栈指针的内容)送往 MAR,并送到地址总线上,同时将 PC 的内容(程序断点)送到 MDR,并命令存储器写,最终使程序断点经数据总线存入存储器。此外,还需将中断服务程序的入口地址送至 PC,为下一个指令周期的取指周期做好准备。

1.3.4 参数与型号

1. CPU 的主要参数

1) 时钟频率/主频

时钟频率,是提供计算机定时信号的一个源,这个源产生不同频率的基准信号,用来同步 CPU 的每一步操作。对于同类 CPU,时钟频率越高,CPU 的运算速度也就越快。

通常,CPU 芯片本身通常并不具备时钟信号源,因此需由专门的时钟电路提供时钟信号,石英晶体振荡器(Quartz Crystal OSC)就是一种最常用的时钟信号振荡源。计算机的时钟频率不断增长,20 世纪 80 年代的 8086 CPU 的时钟频率为 4.77MHz;1995 年,Intel 的奔腾芯片运行在 100MHz;到了 2000 年后,奔腾 4 处理器的时钟频率达到了 3GHz。

CPU 的主频，是其核心内部的工作频率(核心时钟频率)。一般来说，一个时钟周期完成的指令数是固定的，所以主频越高，CPU 的速度也就越快。但是，由于各种 CPU 的内部结构也不尽相同，所以并不能完全用主频来概括 CPU 的性能。由于主频并不直接代表运算速度，所以在一定情况下，很可能会出现主频较高的 CPU 实际运算速度较低的现象。

2) 字长

字长指的是 CPU 一次可处理的二进制数字的位数。CPU 处理数据的速度，与它一次能加工的位数和主频相关。如果一款 CPU 的字长是另一款 CPU 的 2 倍，即使主频相同，在相同的时间内，前者能做的工作是后者的将近两倍。

3) 地址总线宽度

地址总线宽度决定了 CPU 可以访问的存储器地址空间范围。CPU 能访问的存储器最大空间范围称为 CPU 的寻址能力，又称 CPU 的寻址范围或寻址空间。

由于微型计算机普遍使用的是字节编址方式，所以存储器地址空间范围实际上是用字节个数表示的。例如，某 CPU 的地址总线宽度是 20，则该 CPU 可以访问的最大存储器地址空间范围为 2^{20} 字节，也就是 1MB，称为该 CPU 的寻址能力为 1MB。

寻址能力是针对主存或 I/O 设备接口的。从硬盘等外部存储器中来的数据必须经过主存才能得到 CPU 的访问。因此，硬盘等外部存储器的容量则不受此限制。

4) 数据总线宽度

数据总线宽度则决定了 CPU 与主存以及 I/O 设备之间进行一次数据传输的信息量。也就是一次传输的二进制位数。

2. CPU 的主要型号

CPU 的主要生产厂家是美国的 Intel 和 Motorola 公司。虽然其他公司也制造 CPU，但没有一个达到 Intel 和 Motorola 这样的成就。表 1-3-1 中列出了 Intel 和 Motorola 制造的一些 CPU，并给出了它们的数据总线宽度(字长)和最大存储器容量。

表 1-3-1　主要 CPU 型号

Intel			Motorola		
型号	数据总线	存储器容量	型号	数据总线	存储器容量
8048	8 位	2KB(内部)	6800	8 位	64KB
8051	8 位	8KB(内部)	6805	8 位	2KB

续表

Intel			Motorola		
型号	数据总线	存储器容量	型号	数据总线	存储器容量
8085A	8 位	64KB	6809	8 位	64KB
8086	16 位	1MB	68000	16 位	16MB
80186	16 位	1MB	68008D	8 位	4MB
80251	8 位	16KB(内部)	68008Q	8 位	1MB
80286	16 位	16MB	68010	16 位	16MB
80386EX	16 位	64MB	68020	32 位	4GB
80486DX4	32 位	4GB+16KB Cache	68030	32 位	4GB+256B Cache
Pentium	64 位	4GB+16KB Cache	68040	32 位	4GB+8KB Cache
Pentium II	64 位	64GB+32KB L1 Cache 256KB L2 Cache	68060	64 位	4GB+16KB Cache
Pentium III	64 位	64GB+32KB L1 Cache 256KB L2 Cache	Power PC	64 位	4GB+32KB Cache
Pentium 4	64 位	64GB+32KB L1 Cache 512KB L2 Cache			
Pentium 4D	64 位	1TB+32KB L1 Cache 2MB(或 4MB) L2 Cache			
Core2 (双核)	64 位	1TB+32KB L1 Cache 2MB(或 4MB) L2 Cache			
Itanium (双核)	128 位	1TB+2.5MB L1& L2 Cache 24MB L3 Cache			

1.4 存　储　器

存储器是计算机中的记忆设备，用来存放程序和数据。随着计算机的发展，存储器的地位越来越重要。

1.4.1 微型机存储器结构

存储器有三个主要指标：速度、容量和价格/位(简称位价)。一般来说，速度越高，位价就越高；容量越大，位价就越低；而且容量越大，速度必越低。人们追求大容量、高速度、低位价的存储器，可惜这是很难达到的。可以用一个形象的存储器分层结构图来反映上述问题，如图 1-4-1 所示。

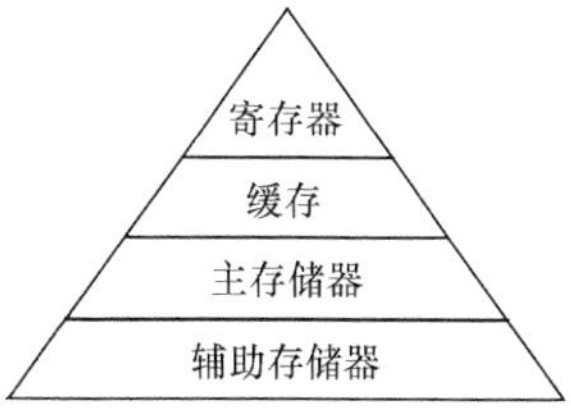

图 1-4-1　存储器分层结构图

图中由上至下，位价越来越低，速度越来越慢，容量越来越大，CPU 访问的频度也越来越低。最上层的寄存器通常都制作在 CPU 芯片内。寄存器中的数直接在 CPU 内部参与运算，CPU 内可以有十几个、几十个寄存器，它们的速度最快、位价最高、容量最小。

主存储器（俗称主存、内存）用来存放将要参与运行的程序和数据，并能由 CPU 直接随机存取，其速度与 CPU 速度差距较大，为了使它们之间速度更好匹配，在主存与 CPU 之间，插入了一种比主存速度更快、容量更小的高速缓冲存储器（简称缓存，Cache），显然其位价要高于主存。主存与缓存之间的数据调动是由硬件自动完成的。以上三层存储器都是由速度不同、位价不等的半导体存储材料制成的，它们都设在主板上。

第四层是辅助存储器（又称辅存、外存），其容量比主存大得多，大都用来存放暂时未用到的程序和数据文件。CPU 不能直接访问辅存，辅存只能与主存交换信息，因此辅存的速度可以比主存慢得多。辅存与主存之间信息的调动，均由硬件和操作系统来实现。辅存的位价是最低廉的。辅存通常处于主板之外，因此属于外部设备。硬盘是最常见的辅存，然而由于硬盘属于精密机械设备，抗冲击能力较差。所以，在工业控制计算机中，如 PLC，不采用硬盘作为辅存，而是采用电子存储卡。

实际上，存储器的层次结构主要体现在缓存-主存和主存-辅存这两个存储层次上，如图 1-4-2 所示。

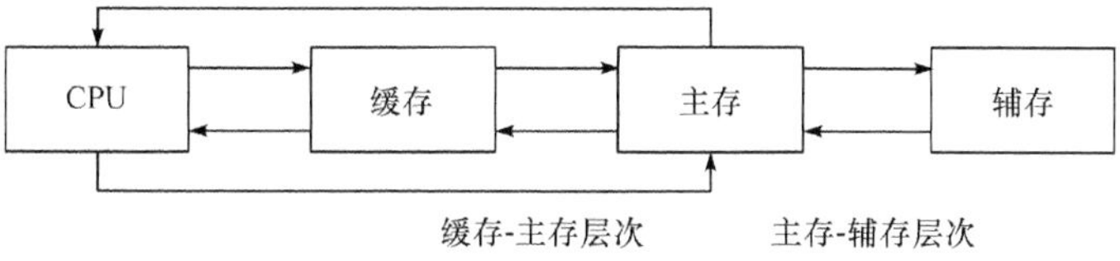

图 1-4-2　缓存-主存层次和主存-辅存层次

从 CPU 角度看，缓存-主存这一层次的速度接近于缓存，高于主存；其容量和位价却接近主存。这就从速度和成本的矛盾中获得了理想的解决办法。主存-辅存这一层次，从整体分析，其速度接近主存，容量接近辅存，平均位价也接近低速、廉价的辅存位价，这又解决了速度、容量、成本这三者的矛盾，现代的计算机系统几乎都具有这两个存储层次，构成了缓存、主存、辅存三级存储系统。

在主存-辅存这一层次的不断发展中，形成了虚拟存储系统。在这个系统中，程序员编程的地址范围与虚拟存储器的地址空间相对应。例如，机器指令地址码为 24 位，则虚拟存储器的存储单元可达 16MB。但是这个数与主存的实际存储单元个数相比要大得多，这类指令地址码称为虚地址(虚存地址、虚拟地址)或逻辑地址，而把主存的实际地址称为物理地址或实地址。物理地址是程序在执行过程中能够真正访问的地址，也是真实存在于主存的存储地址，对具有虚拟存储器的计算机系统，编程时可用的地址空间远远大于主存空间，使程序员以为自己占有一个容量极大的内存，其实这个内存并不存在，这就是将其称为虚拟存储器的原因。对虚拟存储器，其逻辑地址变换为物理地址的工作，是由计算机系统的硬设备和操作系统自动完成的，对程序员是透明的。当虚拟地址的内容在主存时，机器便可立即使用，若虚拟地址的内容不在主存，则必须先将此虚拟地址的内容传到主存的合适单元后再为机器所用。

在本书中，除非特殊说明，所提到的存储器指的是主存储器。

1.4.2　存储器的组织

1. 存储器容量单位

一个二进制数由若干位组成，当这个二进制数作为一个整体存入或取出时，这个数称为存储字。存放存储字或存储字节的主存空间称为存储单元或主存单元，大量存储单元的集合构成一个存储体，为了区别存储体中的各个存储单元，必须将它们逐一编号。存储单元的编号称为地址，地址和存储单元之间有一对一的对应关系，就像一座大楼的每个房间都有房间号一样。

一个存储单元可能存放一个字，也可能存放 1 字节，这是由计算机的结构确定的。对于字节编址的计算机，最小寻址单位是 1 字节，相邻的存储单元地址指向相邻的存储字节。对于字编址的计算机，最小寻址单位是一个字，相邻的存储单元地址指向相邻的存储字。所以，存储单元是 CPU 对主存可访问操作的最小存储单位。

由于存储芯片的容量是有限的，主存储器往往是由一定数量的芯片构成的。若干芯片组成的主存还需要与 CPU 连接，才能在 CPU 的正确控制下完成读写操作。

对于字节编址的计算机，以字节数来表示存储容量。每 1024B 称为 1KB($2^{10}=1K$)，每 1024KB 称为 1MB($2^{20}=1M$)，每 1024MB 称为 1GB($2^{30}=1G$)，每 1024GB 称为 1TB($2^{40}=1T$)。计算机的存储器容量越大，存放的信息就越多，解决复杂问题的能力就越强。

在以字为单位的计算机中，常用字数乘以字长来表示存储器容量。如某机的主存容量为 64K×16，表示它有 64K 个存储单元，每个存储单元的字长为 16 位，若改用字节数表示，则可记为 128KB。

2. 存储器的组成

存储器通常由存储体、地址译码(Address Decoding)驱动电路、I/O 和读写电路组成,其组成框图如图 1-4-3 所示。

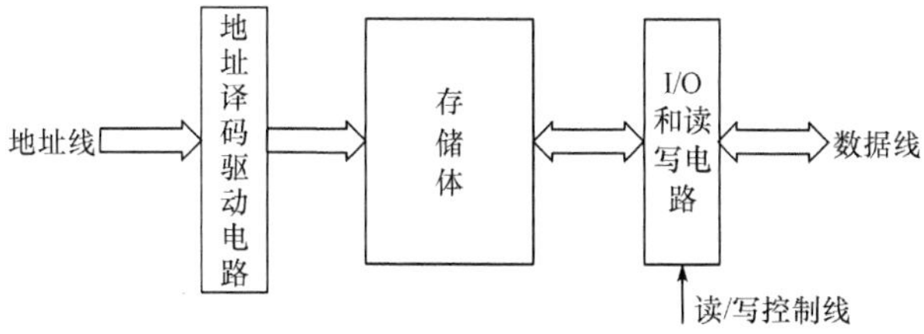

图 1-4-3　存储器的组成框图

(1) 存储体。存储体是存储器的核心,程序和数据都存放在存储体中。

(2) 地址译码驱动电路。地址译码驱动电路实际上包含译码器和驱动器两部分。译码器将地址线输入的地址码转换成与之对应的译码输出线上的有效电平,以表示选中了某一存储单元,然后由驱动器提供驱动电流去驱动相应的读写电路,完成对被选中存储单元的读写操作。

(3) I/O 和读写电路。I/O 和读写电路包括读出放大器、写入电路和读写控制电路,用以完成被选中存储单元中各位的读出和写入操作。

主存的读写操作是在控制器的控制下进行的,只有接收到来自控制器的读命令或写允许信号后,才能实现正确的读写操作。

3. 常用存储器器件

一般情况下,将存储体、地址译码驱动电路、I/O 和读写电路集成到一起,就构成了存储器芯片。常用的存储芯片分为两种:随机存取存储器(Random Access Memory,RAM)和只读存储器(Read-Only Memory,ROM)。

存储器根据接口类型可分为异步存储器和同步存储器两大类型。由于本书后续介绍的两款 CPU 只支持异步存储接口,所以,只介绍几种异步存储器器件。

1) RAM

RAM 中的内容既可以读出,也可以写入。读出时并不损坏原来存储的内容,只有写入时才修改原来所存储的内容。断电后,存储内容立即消失,即具有易失性。RAM 按其存储信息的原理不同,可分为动态 RAM(Dynamic RAM,DRAM)和静态 RAM(Static RAM,SRAM)两大类。DRAM 具有集成度高、芯片引脚数少、封装尺寸小、功耗低、需要实时刷新等特点,主要用于大容量的存储器;SRAM 的特点是存取速度快,主要用于高速缓冲存储器。在嵌入式系统中,由于内存容量较小,出于电路复杂程度等因素考虑,一般也采用 SRAM。

图 1-4-4 是一个容量为 8K×8 位的 SRAM 6264 的结构与功能图。图中，$A_0 \sim A_{12}$为地址输入引脚；$D_0 \sim D_7$ 为数据输入/输出引脚；$\overline{CS_1}$和 CS_2 分别为片选信号；$\overline{WE}$ 为写允许信号；$\overline{OE}$ 为读允许信号；V_{cc}为电源引脚；V_{ss}为接地引脚。

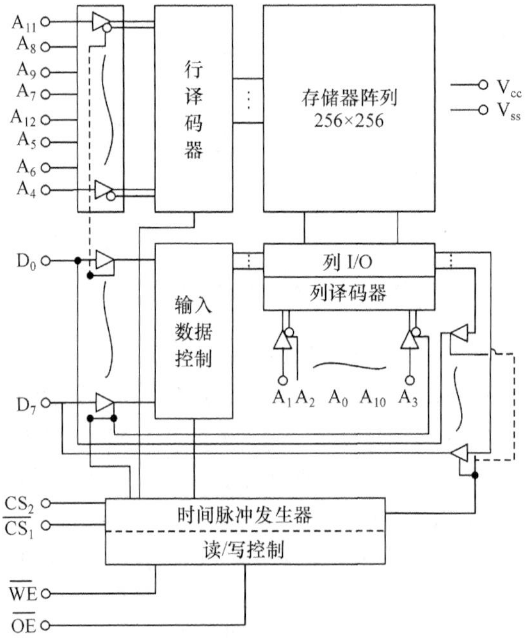

图 1-4-4　SRAM 6264 的结构与功能框图

表 1-4-1 是 SRAM 6264 的真值表。为保证准确地完成存储器的读写操作，加到存储器的地址、数据和控制信号必须遵守图 1-4-5 和图 1-4-6 给出的 SRAM 6264 的读写操作时序。

表 1-4-1　SRAM 6264 真值表

$\overline{WE}$	$\overline{CS_1}$	CS_2	$\overline{OE}$	I/O 引脚	状态
X	H	X	X	Z	未选中
X	X	L	X	Z	未选中
H	L	H	H	Z	输出不允许
H	L	H	L	D_{out}	读
L	L	H	H	D_{in}	写
L	L	H	L	D_{in}	写

注：X 表示 H 或 L

2) ROM

ROM 的特点是只能读出原有的内容，不能由用户再写入新内容。ROM 中存

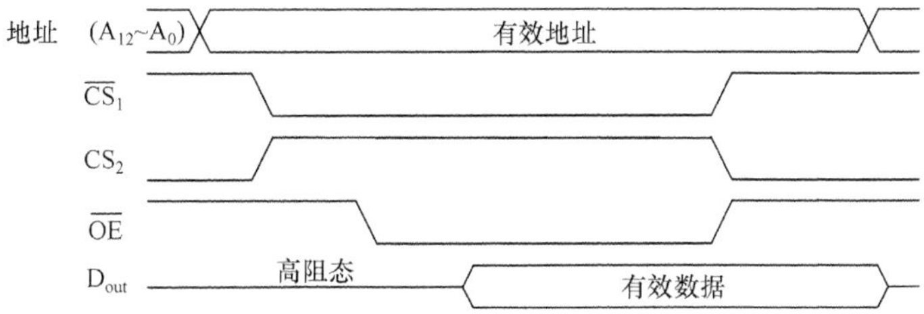

图 1-4-5　SRAM 6264 的读周期时序

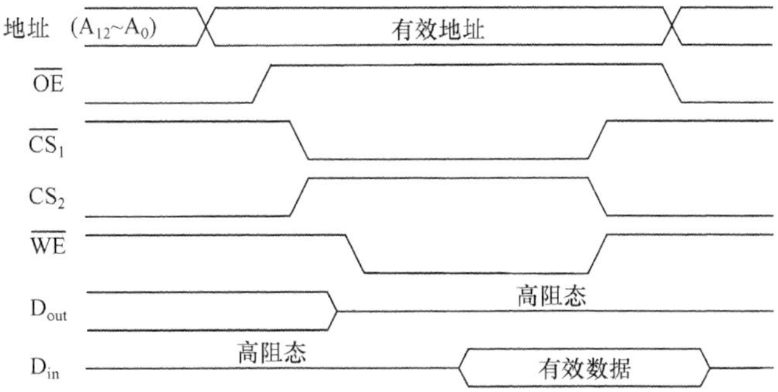

图 1-4-6　SRAM 6264 的写周期时序

储的内容不会因断电而丢失，即具有非易失性。原来存储的内容是采用掩膜技术由厂家一次性写入的，并永久保存下来，一般用来存放程序和固定的数据。

随着用户的需要，希望能修改 ROM 内的原始信息，这便出现了 PROM、EPROM 和 EEPROM 以及闪速存储器等多种 ROM。ROM 中数据的重写机制与 RAM 不同，通常称为编程。编程时必须先擦除原有数据，然后才能写入。而且编程所需要的时间相对 RAM 写入数据长得多。下面简单介绍两种在微型计算机设计中采用的 ROM 器件。

(1) EPROM。

可编程只读存储器(Programmable Read-Only Memory，PROM)，又称一次可编程只读存储器(One-Time Programmable，OTP ROM)，是一种可以用程序操作的只读存储器。最主要特征是只允许数据写入一次，如果数据写入错误只能报废。EPROM 是一种需要用紫外线照射擦除的 ROM 器件。擦除时间比较长，不能对个别需要改写的单元进行单独擦除或重写。EEPROM 可以用电气方法将存储内容擦除，既可局部擦写，又可全部擦写。

图 1-4-7 为 27256 型 EPROM 的逻辑框图和引脚图。这类芯片的外引脚除地址线、数据线，还有两个电源引出头 V_{cc} 和 V_{pp}，其中 V_{cc} 接＋5V，V_{pp} 平时接＋5V，当其接＋25V 时用来完成编程的需要，V_{ss} 为地。$\overline{CE}$ 为片选端，读出时为低电平。

当此端为高电平时，可以使 EPROM 功耗由 525mW 降至 132mW。当需编程时，此端需加宽度为 50～55ms、+5V 的脉冲。EPROM 的读周期时序与 RAM 基本类似。

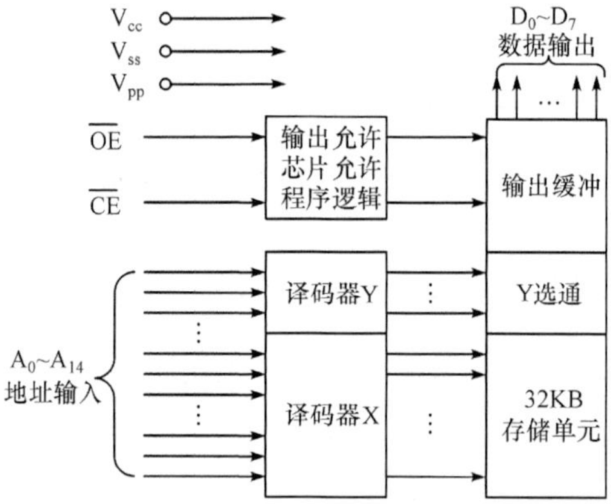

图 1-4-7　27256 型 EPROM 的逻辑框图和引脚图

表 1-4-2 为 27256 型 EPROM 的逻辑功能表。

表 1-4-2　27256 型 EPROM 逻辑功能表

模式 \ 引脚		$\overline{CE}$	$\overline{OE}$	A_0	A_9	V_{pp}	输出(DQ)
读		L	L	X	X	X	D_{out}
禁止输出		L	H	X	X	X	Z
待机		H	X	X	X	X	Z
编程		L	H	X	X	V_{pp}	D_{in}
编程校验		H	L	X	X	V_{pp}	D_{out}
编程禁止		H	H	X	X	V_{pp}	Z
自动选择	制造商 ID	L	L	L	H	×	ID
	器件代码	L	L	H	H	×	代码

(2) Flash。

闪速存储器(Flash Memory)是另一种可擦写的 ROM，它具有擦除、重写速度快的特点，而且至少可以擦写/编程上万次。

Flash 29C040 是 5V 编程电压、256 字节扇区的 Flash 存储器件。Flash 29C040 的结构类似于 SRAM，它有 8 条数据线(D_0～D_7)、19 条地址线(A_0～

A_{18})、3 条控制线($\overline{OE}$、$\overline{CE}$、$\overline{WE}$)以及电源、地线共 32 个引脚，功能框图如图 1-4-8 所示。

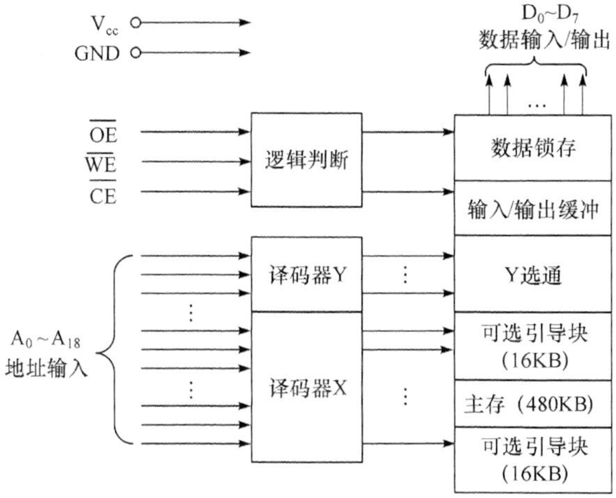

图 1-4-8　Flash 29C040 功能框图

图 1-4-9 和图 1-4-10 分别给出了 Flash 29C040 读写单字节的操作时序。对 Flash 29C040 的读操作非常简单，类似于 SRAM。

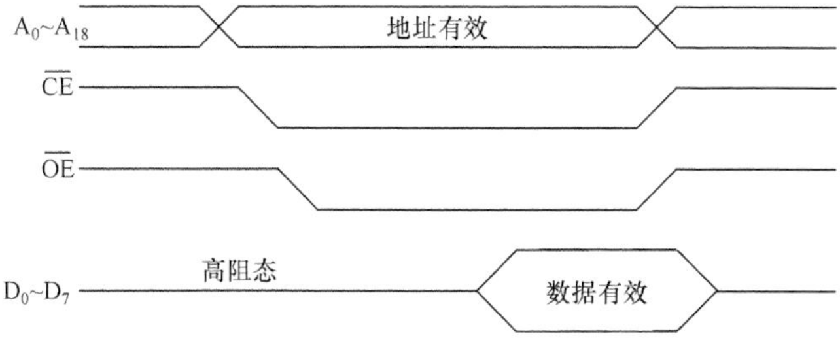

图 1-4-9　Flash 29C040 读操作时序

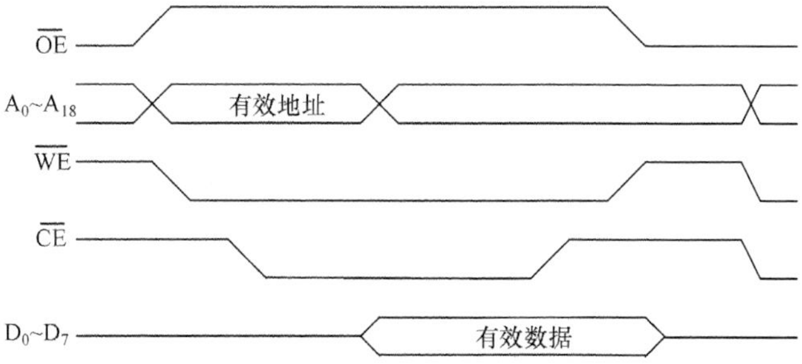

图 1-4-10　Flash 29C040 写操作时序

对 Flash 29C040 进行写操作时首先送 3 字节的命令码到 Flash 29C040 中，然后将数据传送到 Flash 29C040 指定的扇区中，最后等待内部写操作完成，以便将数据写入存储器中。

在需要周期性地修改存储信息的应用场合，Flash 存储器是一个极为理想的器件，在工控系统中得到大量应用。Flash 存储器还可替代软盘或硬盘，作为海量存储器。例如，在笔记本及手掌型袖珍计算机中都大量采用 Flash 存储器做成固态盘替代磁盘，使计算机平均无故障时间大大延长，功率更低，体积更小，消除了机电式磁盘驱动器所造成的数据瓶颈。

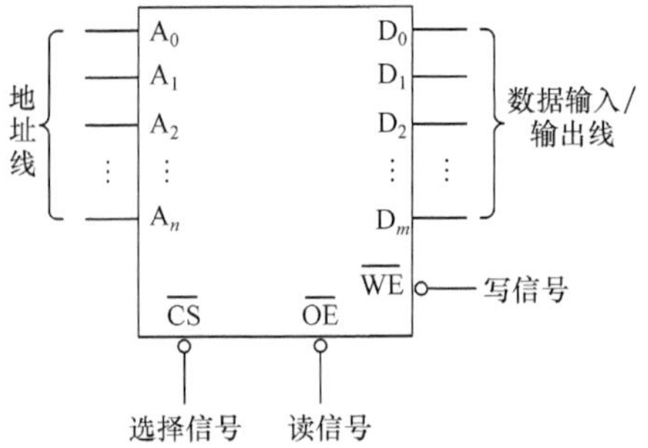

图 1-4-11 虚拟存储器器件

3) 存储器件的引脚分类

从前面各种存储器件可知，所有存储器件都存在地址输入引脚、数据输出或数据输入/输出引脚、某些类型的选择输入引脚以及至少一个用于选择读或写操作的控制输入引脚。图 1-4-11 是一个 ROM 和 RAM 的通用虚拟存储器件。

(1) 地址引脚。

所有存储器件都有地址输入，用来选择存储器件中的一个存储单元。地址输入几乎总是被标为从 A_0(最低有效地址输入)到 A_n，这里的 n 可为任意值，但总是比地址线的总数小 1。例如，一个存储器件有 10 条地址线，则它的地址线被标为 $A_0 \sim A_9$。一个存储器件的地址线条数由其中的存储单元的数目(通常称为存储器的容量)决定。

通用的存储器件有 1K(1024)至 64M(67108864)个存储单元，甚至更多。1K 个存储单元的存储器件有 10 条地址线($A_0 \sim A_9$)，因此需要 10 个地址输入线构成一个 10 位二进制数(1024 种不同的组合)来选择存储器件中 1024 个单元中的某一个。如果一个存储器件有 2048(2K)个内部存储单元，则它要有 11 条地址线。因此，存储器件中存储单元的数目可由地址线的数目来推断。例如，一个 4K 存储器件有 12 条地址线，一个 8K 存储器件有 13 条地址线，依此类推。一个包含 1M 个存储单元的存储器件需要 20 条地址线($A_0 \sim A_{19}$)。

读者最好记住几个与存储器容量有关的数字，见表 1-4-3。一个是十六进制数 400H，表示 1K。另一个需记住的重要的十六进制数是 1000H，表示 4K。一个存储器件的起始地址为 14000H，为 4KB 长，则它在 14FFFH 单元结束(比 1000H 小一个地址单元)。第三个要记住的数是 64K，或 10000H。一个存储器从 30000H 单元开始，在 3FFFFH 单元结束，则它是一个 64KB 的存储器。最后要记住的一个数是很常用的 1M，一个 1MB 的存储器包含 100000H 个存储单元。

表 1-4-3　常用的几个与容量有关的数

数　字	容　量	数　字	容　量
400H	1K	8000H	32K
1000H	4K	10000H	64K
2000H	8K	100000H	1M

(2) 数据引脚。

所有存储器件都有一组数据输出引脚或数据输入/输出引脚。图 1-4-11 中描述的虚拟存储器件有一组公共的数据输入/输出引脚($D_0 \sim D_m$)。它们在许多存储器件中是双向 I/O 引脚。

通过数据线能够输入数据(存储),也能够提取数据(读出)。对于一个 8 位宽的存储器件,其上的数据线被标为 $D_0 \sim D_7$,有 8 条 I/O 线,这意味着存储器件在它的每个存储单元中存储 8 位数据。一个 8 位宽的存储器件常称为字节宽存储器。除少数存储器为 16 位、4 位或 1 位宽,大多数存储器是 8 位宽。

存储器件的数据手册中通常给出存储单元数乘以每单元的位数。例如,一个存储器件有 1K 个存储单元,每单元存储 8 位数据,则制造商经常把它写为 1K×8。一个 16×1 位的存储器件包含 16K 的 1 位存储单元。存储器件经常根据总的位容量来分类,例如,一个 1K×8 的存储器件有时可写为 8K 存储器件,或者一个 64K×4 的存储器件可写为 256 K 器件。各制造商的表示方法可能不同。

(3) 控制引脚。

所有存储器件都有一些控制输入。ROM 通常只有一个控制输入,而 RAM 通常有一个或两个控制输入。

ROM 上的控制输入通常是输出允许($\overline{OE}$)或是输出选通($\overline{G}$),它允许数据从 ROM 的输出数据线上流出。若 $\overline{OE}$ 和选择输入 $\overline{CS}$ 均有效,则输出被允许;若 $\overline{OE}$ 无效,则输出被禁止成高阻抗状态。由于 $\overline{OE}$ 线用于允许或禁止一组位于存储器件中的三态缓冲器,所以在读数据时 $\overline{OE}$ 必须有效。

RAM 有一个或两个控制输入。若只有一个控制输入,则常称为 R/$\overline{W}$。只有当器件被选择输入($\overline{CS}$)选中时,该控制线选择一次读操作(高电平)或写操作(低电平)。若 RAM 有两个控制输入,通常标为 $\overline{WE}$ (或 $\overline{W}$)和 $\overline{OE}$ (或 $\overline{G}$)。当 $\overline{WE}$ (写允许)有效时(低电平),执行一次存储器写操作;$\overline{OE}$有效时,执行一次存储器读操作。当这两个控制信号线($\overline{WE}$ 和 $\overline{OE}$)都有效时,写信号 $\overline{WE}$ 允许优先,即执行一次写操作;若两个控制输入均无效(逻辑 1),则数据既不写入也不读出,数据线处于高阻抗状态。

(4) 选择引脚。

每个存储器件都有一个输入(有时不止一个)用来选择或允许存储器件。这种输入常称为片选($\overline{CS}$),片允许($\overline{CE}$),或简单地称为选择($\overline{CE}$)输入。RAM 一般有至少一个$\overline{CS}$或$\overline{S}$输入,ROM 有一个$\overline{CE}$。如果$\overline{CE}$、$\overline{CS}$或$\overline{S}$输入有效(低电平,即逻辑 0 有效),则存储器件执行一次读或写操作。如果它是无效的(高电平,逻辑 1),则存储器件不能进行读或写操作。若存在不止一个$\overline{CS}$线,则所有这些选择线都必须被激活,才可以读或写数据。

选择线通常由地址译码电路的译码线给出信号控制。如果一个容量为 32KB 的存储器件选择线被译码,其首地址为 10000H,则它的最后一个单元地址为 17FFFH。在 1.4.4 节中给出了几种常用的译码电路和译码方法。

1.4.3　存储器与 CPU 的连接

在了解了存储器的组织结构和存储器件的引脚后,需要了解存储器和 CPU 之间的连接问题。

1. 主存与 CPU 速度的匹配

由于 CPU 和主存的速度存在着差距,所以两者之间的速度匹配非常关键。通常有两种匹配方式:同步存储器读取和异步存储器读取。异步存储器读取时 CPU 和主存之间没有统一的时钟,由主存工作完成信号(MFC)通知 CPU"主存工作已完成"。对于读操作,若 MFC=1,说明数据已经读出;对于写操作,若 MFC=1,说明数据已写入相应的存储单元。

对于同步存储器读取,CPU 和主存采用统一时钟,同步工作,由于主存速度较慢,所以 CPU 与之配合必须放慢速度。在这种存储器中,不需要主存工作完成信号。

2. 硬件连接

主存与 CPU 的硬连接有 3 组连线:地址总线(AB)、数据总线(DB)和控制总线(CB),如图 1-4-12 所示。此时,把主存看成一个黑盒子,存储器地址寄存器(MAR)与存储器数据寄存器(MDR)是主存和 CPU 之间的接口。MAR 可以接受来自程序计数器(PC)的指令地址或来自地址形成部件的操作数地址,以确定要访问的单元。MDR 是向主存写入数据或从主存读出数据的缓冲部件。虽然 MAR 和 MDR 从功能上看属于主存,但在微型计算机中常放在 CPU 内。

3. 读写基本操作

CPU 与主存的硬连接是两个部件之间联系的物理基础。而两个部件之间还有软连接,即 CPU 向主存发出的读或写命令,这才是两个部件之间有效工作的关键。

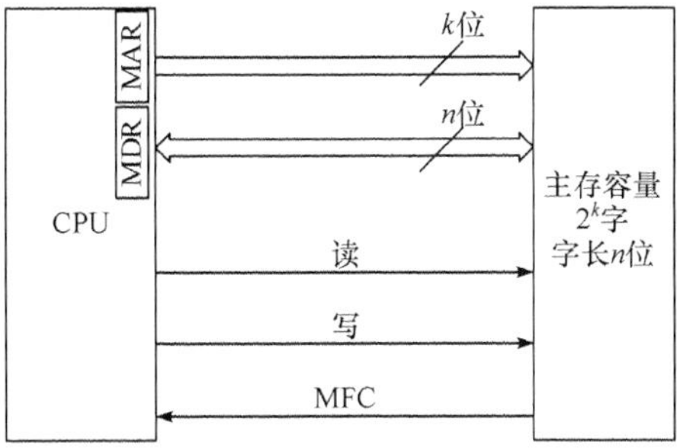

图 1-4-12　主存和 CPU 的硬连接

CPU 对主存进行读写操作时，首先 CPU 在地址总线上给出地址信号，然后发出相应的读或写命令，并在数据总线上交换信息。

以异步存储器读取为例，读写的基本操作如下。

(1) 读操作。

读操作是指从 CPU 送来的地址所指定的存储单元中取出信息，再送给 CPU，其操作过程如下。

```
地址→MAR→AB            //CPU 将地址信号送至地址总线
Read                   //CPU 发读命令
Wait for MFC           //等待存储器工作完成信号
数据→DB→MDR            //读出信息经数据总线送至 CPU
```

(2) 写操作。

写操作是指将要写入的信息存入 CPU 所指定的存储单元中，其操作过程如下。

```
地址→MAR→AB            //CPU 将地址信号送至地址总线
数据→MDR→DB            //CPU 将要写入的数据送至数据总线
Write                  //CPU 发写命令
Wait for MFC           //等待存储器工作完成信号
```

在微型计算机中，异步存储器读写操作是由 CPU 硬件自动完成的。一般不采用等待存储器工作完成信号，而是采用延时的方式等待存储器工作完成。当存储器需要与非总线模式的 CPU 相连时，CPU 可以通过 I/O 接口与存储器连接，这时需要由软件模拟读写操作过程来完成存储器的读写操作。

1.4.4　地址译码

一般情况下，CPU 的地址引脚数与存储器的地址引脚数有明显的差别。例如，第 2 章要介绍的 8086 有 20 条地址线，这意味着当微处理器读或写数据时，会发送 20 位存储器地址。当把 EPROM 器件 27256 与 8086 连接时，由于 27256 只有 15 条地址线，如果只将 8086 的 15 条地址线与存储器相连，则 8086 只能寻址 32KB 的存储器，而不是期望的 1MB。所以，必须要修正地址线条数不匹配的问题。

这一问题通常采用译码器来解决。译码器通过译码那些未与存储器件相连的地址线来修正不匹配问题。当将一个存储器件与 CPU 相连时，译码 CPU 多余的地址线，使得这些地址线上的码值为某一特定值时才选中存储器。这样存储器就工作在 CPU 寻址空间中的某一区域里。如果没有地址译码器，那么意味着只能有一个器件可以与 CPU 相连。

下面介绍几种常用的地址译码技术和译码器电路。为便于理解，以下都是基于一个虚拟的 CPU 阐述的。该 CPU 的地址总线宽度为 20(即有 20 条地址线)、数据总线宽度为 8(即有 8 条数据线)，控制总线包括读信号 $\overline{RD}$ 和写信号 $\overline{WR}$。

1. 常用译码电路

1) 简单的门电路译码器

当使用 32K×8 EPROM 27256 时，CPU 的地址线 A_{14}～A_0 与 EPROM 的地址输入 A_{14}～A_0 相连。余下的 5 条地址线(A_{19}～A_{15})被连到一个与非门译码器的输入端，与非门译码器的输出与 EPROM 的 $\overline{CE}$ 相连(图 1-4-13)。

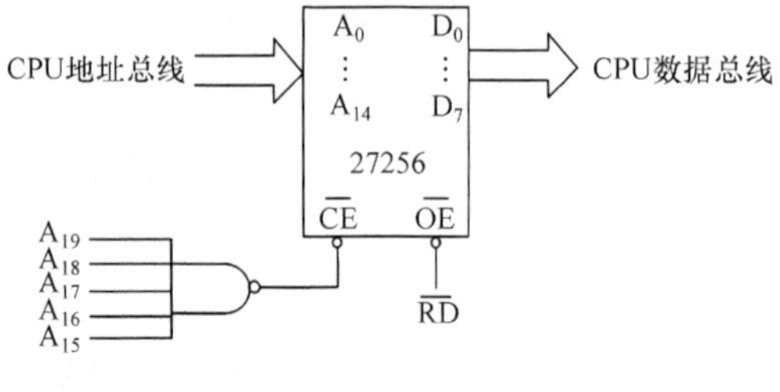

图 1-4-13　一个简单的与非门译码器

如果地址线 A_{19}～A_{15} 均为逻辑 1，则与非门的输出为逻辑“0”。即逻辑“0”输出到 EPROM 的 $\overline{CE}$ 引脚，选中(允许)EPROM，当 $\overline{OE}$ 引脚有效时($\overline{OE}$ 引脚由 CPU 的 $\overline{RD}$ 信号激活)，数据将从 EPROM 中读出。

20 位地址由与非门译码，写成最左边 5 位(A_{19}～A_{15})是逻辑 1，右边 15 位(A_{14}～A_0)是无关项(X)，则可以确定 EPROM 的实际地址范围(无关项为逻辑 1 或逻辑 0 都可以)，即

1 1 1 1 1 X X X X X X X X X X X X X X X

无关项 A_{14}～A_0 写为逻辑 0，确定最低地址为

1 1 1 1 1 0 0 0 0 0 0 0 0 0 0 0 0 0 0 0＝F8000H

无关项 A_{14}～A_0 写为逻辑 1，确定最高地址为

1111 1111 1111 1111 1111＝FFFFFH

因此，32K 的 EPROM 被译码为地址范围为 F8000H～FFFFFH 的 CPU 寻址空间中。

如果采用与非门译码器，每个存储器件需要它自己的与非门译码器。当系统中需要多个存储器件时，会造成译码电路的复杂和硬件成本的增加，因此，实际系统中很少用与非门进行译码。

2）专用译码集成电路译码

许多计算机系统中采用一种集成的译码电路，74LS138（详见 1.2.3 小节）。作为一个 3-8 线译码器，74LS138 可以选择 8 个不同的存储器件，是一个非常实用的译码器件。

如图 1-4-14 所示，8 个 8KB 的存储器件 6264 的存储器容量为 64KB。译码器的 8 个输出分别连接到一片 6264 上，用来选择存储器件。CPU 的所有地址线 $A_0 \sim A_{19}$ 都连接到这个电路上。译码器 74LS138 的输出连到 RAM 的 $\overline{CS}$ 输入，来自 CPU 的 $\overline{RD}$、$\overline{WR}$ 信号连到 RAM 的 $\overline{OE}$ 和 $\overline{WE}$ 输入引脚。被选中的存储器件（RAM）在 $\overline{RD}$ 变为逻辑“0”时通过数据总线向 CPU 发送数据（CPU 读数据）；$\overline{WR}$ 变为逻辑“0”时 CPU 通过数据总线向选中的存储器件发送数据（CPU 写数据）。

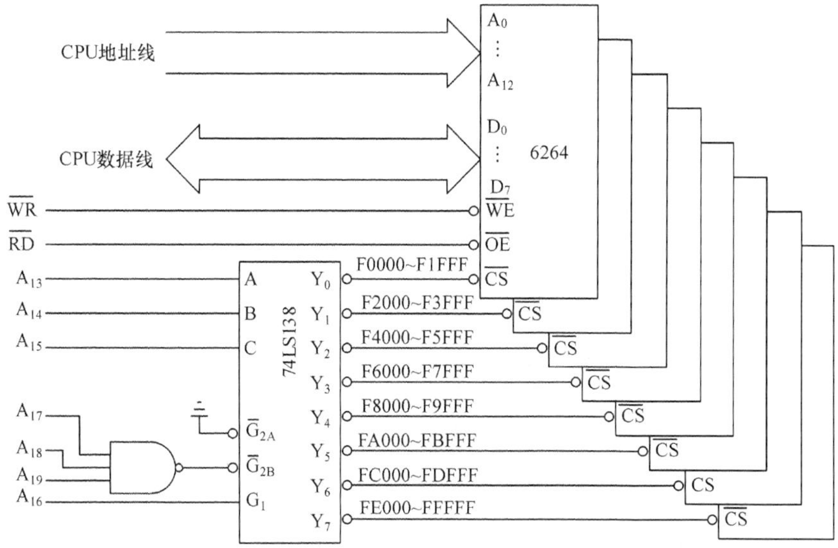

图 1-4-14　使用 8 个 6264 RAM 来形成 64K×8 存储区的电路

在电路中，CPU 的地址线 $A_{19} \sim A_{17}$ 通过一个 3 输入与非门输入到译码器的 $\overline{G}_{2B}$ 引脚，A_{16} 直接连接到译码器的 G_1 引脚。因此，只有当 $A_{19} \sim A_{16}$ 均为高电平时，才允许译码器工作。也就可以确定整个译码器的地址范围为

$$\begin{matrix} A_{19} & A_{18} & A_{17} & A_{16} & A_{15} & \cdots & A_0 \\ 1 & 1 & 1 & 1 & X & \cdots & X \end{matrix}$$

无关项 $A_{15} \sim A_0$ 写为逻辑 0，确定最低地址为

1111 0000 0000 0000 0000＝F0000H

无关项 $A_{15} \sim A_0$ 写为逻辑 1，确定最低地址为

1111 1111 1111 1111 1111＝FFFFFH

得到译码器的范围为 F0000H～FFFFFH，为一个 64KB 范围的存储区。

译码器的 C、B 和 A 三个输入引脚连到地址线 $A_{15} \sim A_{13}$。这 3 个地址的输入确定 74LS138 的哪一个输出线变低，也就是选中哪一片 RAM。

该电路是如何确定与译码器输出相连的每个存储器件的地址范围呢？这时 C、B 及 A 的输入不是无关项。为选中与译码器的输出 Y_0 相连的 RAM，即译码器的输出 Y_0 为低电平时，C、B、A 的输入均为逻辑 0。再次写下二进制位模式

C B A

1111 0 0 0 X XXXX XXXX XXXX

将无关项 $A_{12} \sim A_0$ 写为逻辑 0，确定最低地址为

1111 0 0 0 0 0000 0000 0000＝F0000H

将无关项 $A_{12} \sim A_0$ 写为逻辑 1，确定最低地址为

1111 0 0 0 1 1111 1111 1111＝F1FFFH

如果需要与译码器输出 Y_6 相连的 RAM 的地址范围，参照 Y_0 的方式来确定。此时，C、B 及 A 的输入应为 110，即

C B A

1111 1 1 0 X XXXX XXXX XXXX

将无关项 $A_{12} \sim A_0$ 写为逻辑 0，确定最低地址为

1111 1 1 0 0 0000 0000 0000＝FC00H

将无关项 $A_{12} \sim A_0$ 写为逻辑 1，确定最低地址为

1111 1 1 0 1 1111 1111 1111＝FDFFFH

74LS138 最多只有 6 条地址输入线，当需要更多的地址线用于译码时，可以采用级联的形式进行译码。即将一片译码器的一个输出连接到第二片译码器的 $\overline{G}_{2B}$ 引脚，第二片译码器的地址输入 C、B、A 分别连接其他地址线。

3）可编程逻辑器件译码

各种可编程逻辑器件均可以实现译码功能，如 PAL、GAL（通用阵列逻辑）、CPLD 和 FPGA 等。

下面给出了一个译码器的 VHDL 程序，对图 1-4-15 中所示的存储器进行译码。图中，存储器件 MSM 271000 为 128KB 的 EPROM，MS 621000 为 128KB 的 RAM。

译码器采用可编程逻辑器件 GAL16V8 实现。由程序可以看出，ROM 等式表示当 A_{19}、A_{18}、A_{17} 都是逻辑 0 时，ROM 为逻辑 0(地址范围 00000H～1FFFFH)；RAM 等式表示当 A_{18} 和 A_{17} 是逻辑 1 时，RAM 为逻辑 0；AX_{19} 等式表示 AX_{19} 为 A_{19} 取反。RAM 的地址范围为 60000H～7FFFFH。

图 1-4-15 中译码器的 VHDL 代码如下：

```
library ieee;
use ieee.std_logic_1164.all;
entity DECODER_1_4_15 is
port(
    A19, A18, A17: in STD_LOGIC;
    ROM, RAM, AX19: out STD_LOGIC
);
end;
architecture V1 of DECODER_1_4_15 is
begin
   ROM<=A19 or A18 or A17;          —EPROM 的 CE 为低电平有效,or 为或运算符
   RAM<=not(A18 and A17);           —RAM 的 CE1 为低电平有效,and 为与运算符
   AX19<=not A19;                   —RAM 的 CE2 为高电平有效,not 为取反运算符
end V1;
```

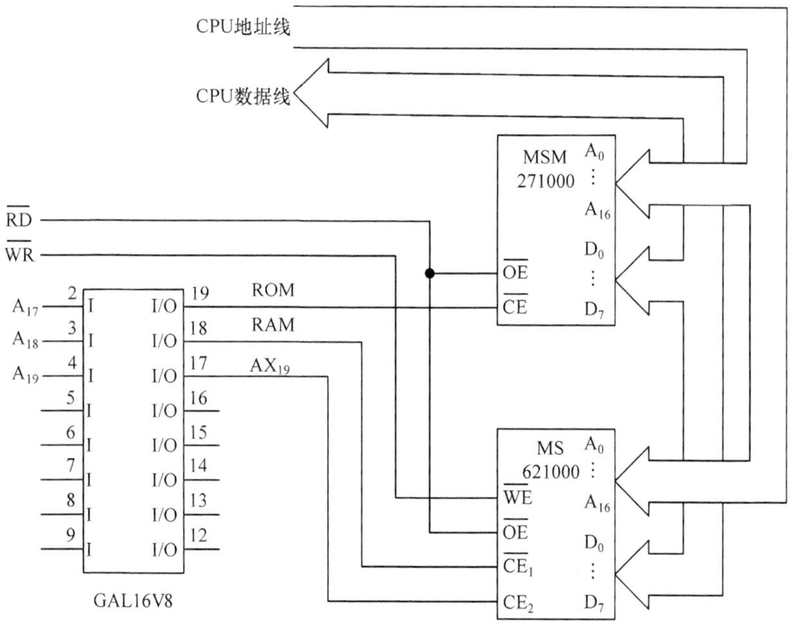

图 1-4-15　使用 GAL 作为地址译码的存储系统

2. 译码方式

根据译码电路使用CPU未与存储器相连的地址线的数量，译码可分为线选法、部分译码法和全译码法三种方式。

1）线选法

线选法就是将CPU未与存储器相连的高位地址线直接（或经反相器）分别接至各个存储芯片的片选端，当某地址线为“0”时，就选中与之对应的存储芯片。注意，这些片选地址线每次寻址时只能有一位有效，不允许同时有多位有效，这样才能保证每次只选中一个芯片（或组）。

线选法的优点是不需要地址译码器，线路简单，选择芯片无须外加逻辑电路，但仅适用于连接存储芯片较少的场合。同时，线选法不能充分利用系统的存储器空间，且把地址空间分成了相互隔离的区域，给编程带来了一定的困难。

假设4片2K×8用线选法构成8K×8存储器，各芯片的地址范围如表1-4-4所示。

表1-4-4 线选法的地址分配

芯片	$A_{14}\sim A_{11}$	$A_{10}\sim A_0$	地址范围（空间）
0#	1110	00…0～11…1	7000H～77FFH
1#	1101	00…0～11…1	6800H～6FFFH
2#	1011	00…0～11…1	5800H～5FFFH
3#	0111	00…0～11…1	3800H～3FFFH

2）部分译码法

部分译码只用未与存储器相连的高位地址线的一部分来译码产生片选信号。如用4片2K×8的存储芯片组成8K×8存储器，需要4个片选信号，因此只要用两根地址线来译码产生。

假设选用A_{12}和A_{11}译码。由于寻址8K×8存储器时未用到高位地址$A_{19}\sim A_{13}$，所以只要$A_{12}=A_{11}=0$，而无论$A_{19}\sim A_{13}$取何值，均选中第一片；只要$A_{12}=0$，$A_{11}=1$，而无论$A_{19}\sim A_{13}$取何值，均选中第二片……也就是说，8K RAM中的任一个存储单元，都对应有$2^{(20-13)}=2^7$个地址，这种一个存储单元出现多个地址的现象称为地址重叠。

从地址分布来看，该8KB存储器实际上占用了CPU全部寻址空间（1MB）。每片2K×8的存储芯片有1M/4=256K的地址重叠区，如图1-4-16所示。

令未用到的高位地址全为0，这样确定的存储器地址称为基本地址，本例中8K×8存储器的基本地址即00000H～01FFFH。

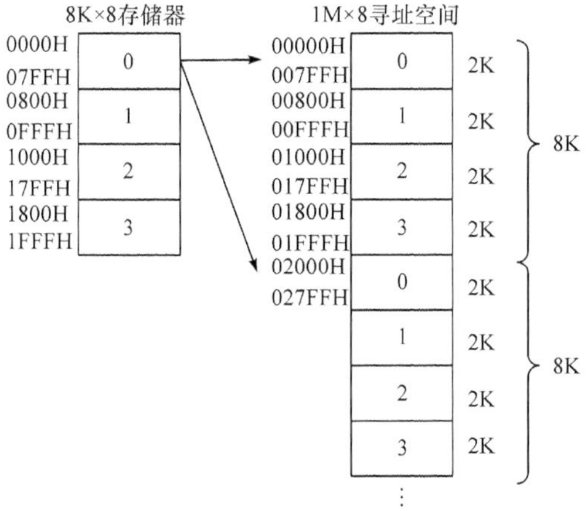

图 1-4-16　地址重叠区示意图

3）全译码法

全译码法将未与存储器相连的高位地址线都作为地址译码器的输入，译码器的输出作为各芯片的片选信号，将它们分别接到存储芯片的片选端，以实现对存储芯片的选择。

例如，CPU 的地址总线有 20 位，现用 4 片 2K×8 的存储芯片组成一个 8K×8 的存储器。全译码法要求除片内寻址用到的 11 位地址线，高 9 位地址 A_{19}～A_{11}都要参与译码。各芯片的地址范围如表 1-4-5 所示。

表 1-4-5　全译码法的地址分配

芯片	A_{19}～A_{13}	$A_{12}A_{11}$	A_{10}～A_0	地址范围(空间)
0#	0…0	00	00…0～11…1	00000H～007FFH
1#	0…0	01	00…0～11…1	00800H～00FFFH
2#	0…0	10	00…0～11…1	01000H～017FFH
3#	0…0	11	00…0～11…1	01800H～01FFFH

全译码法的优点是每片(或组)芯片的地址范围是唯一确定的，而且是连续的，也便于扩展，不会产生地址重叠的存储区，但全译码法对译码电路要求较高。

1.4.5　容量扩展与数据存储

1．存储器容量扩展

由于一片存储器件的容量有限，为满足一个计算机中主存容量的要求，需要进行存储器的容量扩展。要组成一个主存，首先要考虑选择存储器芯片的问题，然后就是如何把芯片连接起来的问题。根据存储器所要求的容量和选定的存储芯片的容量，计算出总的芯片数，即

$$总片数=\frac{总容量}{每片容量}$$

例如,存储器容量为 128K×16,若选用 8K×8 的存储芯片,则需要

$$\frac{128K\times16}{8K\times8}=16\times2片=32片$$

将多片组合起来常采用位扩展法、字扩展法、字和位同时扩展法。

1) 位扩展法

位扩展法是指在位数方向扩展(加大字长),而芯片的字数和存储器的字数是一致的。位扩展法的连接方式是将各存储芯片的地址线、片选线和读写线相应地并联起来,而将各芯片的数据线单独列出。例如,用 64K×1 的 SRAM 芯片组成 64K×8 的存储器,所需芯片数为

$$(64K\times8)/(64K\times1)=8片$$

在这种情况下,CPU 将提供 16 根地址线($2^{16}=65536$)、8 根数据线与存储器相连,而每个存储芯片仅有 16 根地址线、1 根数据线。具体的连接方法是:8 个芯片的地址线 $A_{15}\sim A_0$分别连在一起,各芯片的片选信号$\overline{CS}$以及读写控制信号$\overline{WE}$也都分别连到一起,只有数据线 $D_7\sim D_0$各自独立,每片代表一位,如图 1-4-17 所示。

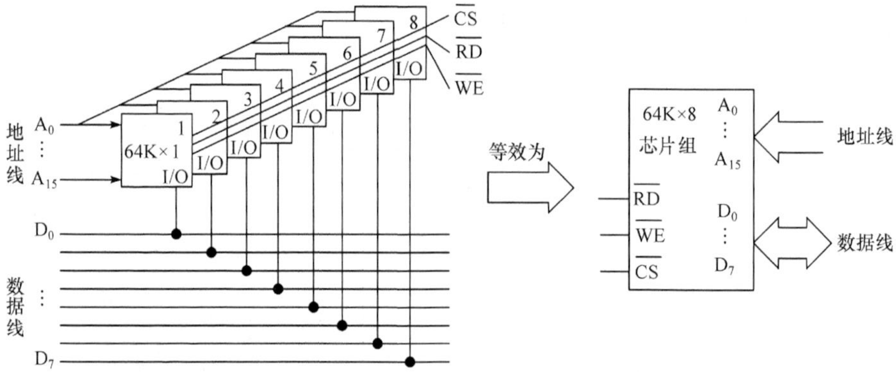

图 1-4-17　位扩展连接举例

当 CPU 访问该存储器时,其发出的地址和控制信号同时传给 8 个芯片,选中每个芯片的同一单元,相应单元的内容被同时读至数据总线的各位,或将数据总线上的内容分别同时写入相应单元。

2) 字扩展法

字扩展法是指仅在字数方向扩展,而位数不变。字扩展法将芯片的地址线、数据线、读写线并联,由片选信号来区分各个芯片。例如,用 8K×8 的 SRAM 组成 32K×8 的存储器,所需芯片数为

$$(32K\times8)/(8K\times8)=4 \text{ 片}$$

在这种情况下，CPU 将提供 15 根地址线、8 根数据线与存储器相连，而每个存储芯片仅有 13 根地址线、8 根数据线。4 个芯片的地址线 $A_{12}\sim A_0$、数据线 $D_7\sim D_0$ 及读写控制信号 $\overline{WE}$ 都是同名信号并联在一起；CPU 的高位地址线 A_{13} 与 A_{14} 经过一个译码器产生四个信号 $\overline{CS_i}$，分别连接 4 个存储芯片中的 1 个，如图 1-4-18所示。

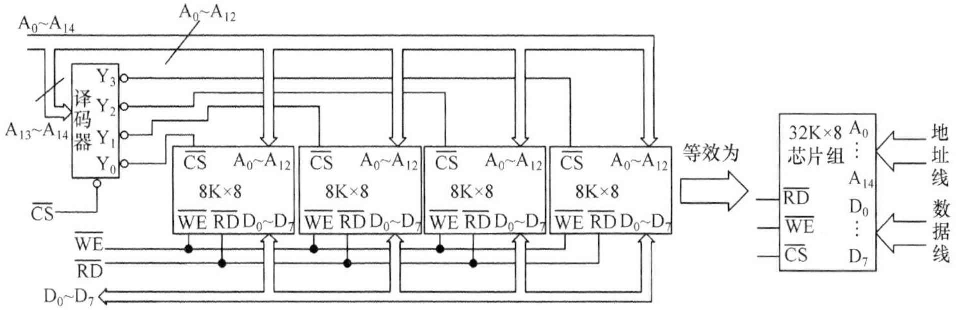

图 1-4-18　字扩展连接举例

当 $A_{14}A_{13}=00$ 时，$\overline{CS_0}$ 输出低电平，$\overline{CS_1}$、$\overline{CS_2}$、$\overline{CS_3}$ 输出高电平，选中第一片。同理，$A_{14}A_{13}=01$，选中第二片，在同一时间内 4 个芯片中只能有一个芯片被选中。4 个芯片的地址分配如下：

第 1 片	最低地址($A_{14}\sim A_0$)	**00**0 0000 0000 0000B	0000H
	最高地址($A_{14}\sim A_0$)	**00**1 1111 1111 1111B	1FFFH
第 2 片	最低地址($A_{14}\sim A_0$)	**01**0 0000 0000 0000B	2000H
	最高地址($A_{14}\sim A_0$)	**01**1 1111 1111 1111B	3FFFH
第 3 片	最低地址($A_{14}\sim A_0$)	**10**0 0000 0000 0000B	4000H
	最高地址($A_{14}\sim A_0$)	**10**1 1111 1111 1111B	5FFFH
第 4 片	最低地址($A_{14}\sim A_0$)	**11**0 0000 0000 0000B	6000H
	最高地址($A_{14}\sim A_0$)	**11**1 1111 1111 1111B	7FFFH

3）字和位同时扩展法

当构成一个容量较大的存储器时，往往需要在字数方向和位数方向上同时扩展，这将是前两种扩展的组合，实现起来也是很容易的。图 1-4-19 表示用 8 片 16K×4 的 SRAM 芯片组成 64K×8 存储器的连接图。

不同的扩展方法可以得到不同容量的存储器。在选择存储芯片时，一般应尽可能使用集成度高的存储芯片来满足总的存储容量的要求，这样可以减少成本，还

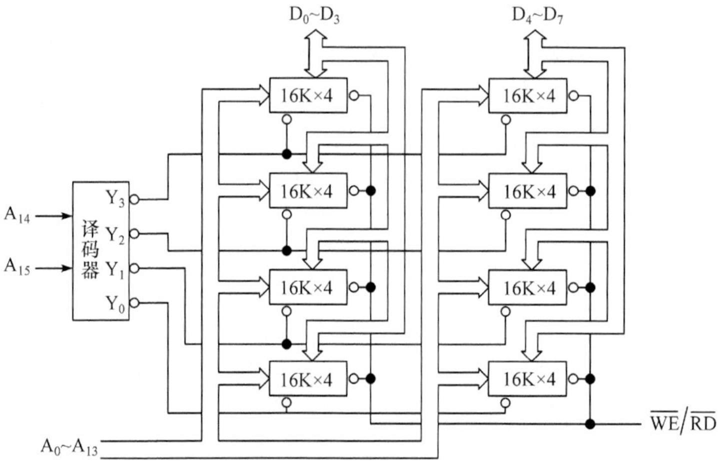

图 1-4-19　字和位同时扩展连接举例

可以减轻系统负载，缩小存储器模块的尺寸。

2. 数据存储

1）边界对齐

目前，大多数存储器采用字节编址。基于这种情况，如图 1-4-20 所示，数据在主存中有 3 种不同的存储方法。

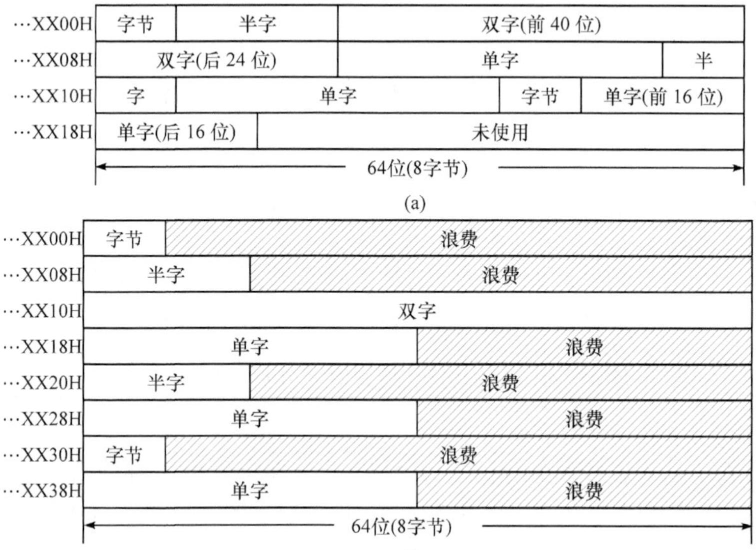

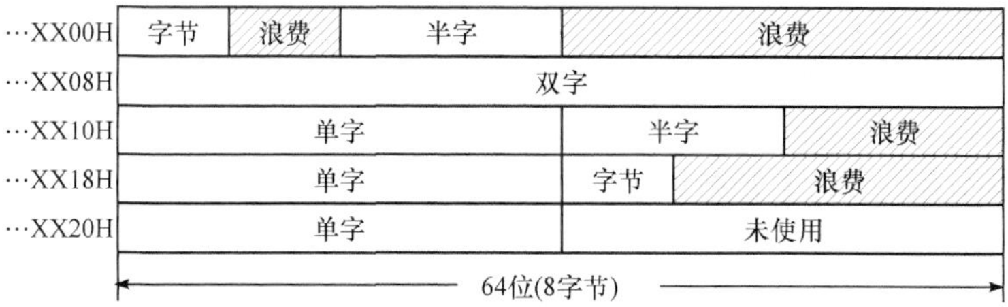

(c)

图 1-4-20　字节编址的存储器的各种存放方法

设存储字长为 64 位(8 字节)，即一个存取周期最多能够从主存读或写 64 位数据。图 1-4-20 中最左边一列表示字地址(16 进制)，字地址的最末 3 个二进制位必定为 000(用于 8 字节编址)。假设读写的数据有 4 种不同长度，它们分别是字节(8 位)、半字(16 位)、单字(32 位)和双字(64 位)。

(1) 字节存储地址特征。

图 1-4-20(a)给出的是一种不浪费存储器资源的存放方法，从图中可以看出，4 种不同长度的数据一个紧接着一个存放。这样做存在两个问题，一是除了访问 1 字节，当要访问一个双字、一个单字或一个半字时都有可能需要花费两个存取周期，因为从图 1-4-20(a)中可以看出，一个双字、一个单字或一个半字都有可能跨越两个存储字存放，这使存储器的工作速度降低了一半；二是存储器的读写控制比较复杂。

(2) 字存储地址特征。

为了克服上述两个缺点，出现了如图 1-4-20(b)所示的数据存放方法。这种存放方法规定，无论要存放的是字节、半字、单字或双字，都必须从一个存储字的起始位置开始存放，而多余的部分浪费不用。很明显，这种数据存放方法能很好地克服图 1-4-20(a)存在的缺点，但它无疑浪费了存储器资源。

(3) 双字的存储地址特征。

综合前两种数据存放方法的优缺点，出现了如图 1-4-20(c)所示的折中方案。图 1-4-20(c)所示的存放方法规定，双字数据的起始地址的最末 3 个二进制位必须为 000(8 的整倍数)，单字数据的起始地址的最末两位必须为 00(4 的整倍数)，半字数据的起始地址的最末一位必须为 0(偶数)。这种存储方式能够保证无论访问双字、单字、半字或字节，都能在一个存取周期内完成，尽管存储器资源仍然有浪费，但是比图 1-4-20(b)所示的存放方法要好得多。这种存放方法称为边界对齐的数据存放方法，这也是空间和时间博弈的结果。

某些处理器在数据不满足对齐要求的情况下可能会出错，而有些处理器则无论数据是否对齐都能正确工作。从 CPU 的效率上讲，所有的程序数据都应该尽可能地对齐。不同硬件平台上对齐方式不同。当进行不同平台上的数据通信时需要注意这个问题。在一些高级语言中，如 C＋＋、C＃等，可以定义对齐方式。例如,要将西门子 S7-300 PLC 的一个 DB 块中的数据读入计算机,在设计数据存储的结构体时需要定义对齐方式。

2) 端模式

计算机中,一个基本存储单元可以保存 1 字节,每个存储单元对应一个地址。对于大于十进制 255(16 进制 FFH)的整数,需要多个存储单元。顺序特征指的是多字节(如字、双字等)数据的存放形式。对于跨越多字节的数据,一般它所占的字节都是连续的。在计算机业界,用端模式(Endian)表示数据在存储器中的存放顺序。

计算机中,将数据的最低有效字节(Least Significant Byte,LSB)存储在最低地址存储单元中的形式称为小端模式(Little Endian);而将最高有效字节(Most Significant Byte,MSB)存储在最低地址存储单元中的形式称为大端模式(Big Endian)。

图 1-4-21 说明了两种不同模式的存储形式。图 1-4-21(a)说明了一个 4 字节数据 12345678H 存储在地址为 1000H 开始的存储单元;图 1-4-21(b)说明了一个 2 字节数据 1234H 存储在地址为 1008H 开始的存储单元。

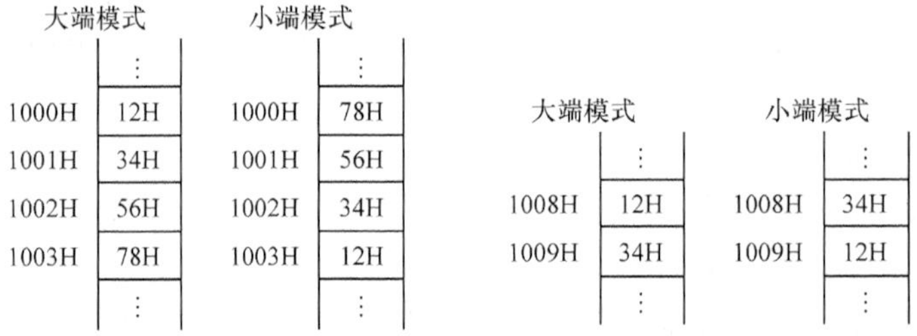

(a) 4字节数据存储顺序　　(b) 2字节数据存储顺序

图 1-4-21　两种存储顺序比较

端模式实际上与两大 CPU 派系相关。Motorola 的 PowerPC 系列 CPU 采用大端模式存储数据,而 Intel 的 x86 系列 CPU 则采用小端模式存储数据。因此在一个系统中,有可能存在大端和小端模式同时存在的现象。这一现象为系统的软硬件设计带来了不小的麻烦,这要求系统设计工程师,必须深入理解大端和小端模式的差别。大端与小端模式的差别体现在一个处理器的寄存器、指令集、系统总线等各个层次中。

如果从实际应用的角度,当系统中需要连接小端外设(指外设中的寄存器以小端模式进行存储)时,采用小端模式的处理器不需要在软件中处理端模式的转换,因为采用小端模式的处理器在与小端外设互连时,不需要任何转换。而采用大端模式的处理器需要在硬件设计时处理端模式的转换。大端模式处理器需要在寄存器、指令集、数据总线及数据总线与小端外设的连接等多个方面进行处理，以解决与小端外设连接时的端模式转换问题。

本书第 3 章讨论的 8 位 51 系列单片机的编程语言 C51，采用的就是大端模式存储多字节数据（如双字节的整型 int、四字节的长整型 long 以及浮点型 float 等数据类型）。控制领域比较常用的西门子的 S7-300、S7-400 系列 PLC 也是采用大端模式。因此，从软件的角度讲，不同端模式的处理器进行数据传递时必须要考虑端模式的不同问题。例如，进行网络数据传递时，必须要考虑端模式的转换。

1.5　输入/输出

主机和外设各自具有自己的工作特点，它们在信息形式和工作速度上具有很大的差异，因此需要一种电路解决这些差异，这种电路称为接口（Interface）。输入/输出（Input/Output，I/O）接口是主机与外设之间的交接界面，通过接口可以实现主机与外设之间的信息交换。在计算机系统中，“输入”指的是信息从 I/O 设备进入 CPU 中；“输出”指的是信息从 CPU 输送到 I/O 设备。

1.5.1　I/O 接口基础

简单地说，一个接口的基本功能是通过总线在 CPU 和 I/O 设备之间传输信号；提供缓冲作用，以满足接口两边的时序要求。在进行数据输入时，作为外设的总线接口器件必须具有三态缓冲能力，以解决多器件驱动带来的数据总线冲突问题。通常情况下，外设的速度相比 CPU 速度低得多，CPU 送到接口的数据必须能得以保持以满足外设做出相应的反应。为此，接口必须具有锁存功能。CPU 执行输出指令时，其输出的信息经过数据总线送到输出锁存器，锁存器能保持（存储、缓冲）这个数据，直到外设取走。简单地说，I/O 接口应具备输入缓冲、输出锁存功能。

1. 端口

接口是由控制逻辑电路和端口（Port）组成的。端口是指接口电路中可以被 CPU 直接访问的寄存器。根据寄存器中的信息类别，端口可分为数据端口、命令端口和状态端口。CPU 与 I/O 设备之间的数据交互是通过端口实现的。端口将硬件和软件联系在一起。CPU 的数据被指令写入端口后，会体现到 I/O 接口的引脚上，控制 I/O 设备。反之，I/O 设备的状态等信息会通过 I/O 接口的引脚映像到端口，可以被指令读入 CPU。

1）数据端口

存放数据信息的寄存器称为数据端口。CPU 和外设交换的基本信息是数据，数据信息分为两大类，即数字量和模拟量。

数字量在时间和数量上都是离散的物理量，其表示的信号则为数字信号。数字量是由 0 和 1 组成、经过编码形成的有规律的信号。例如，从键盘、磁盘驱动器等读入的信息，或主机送给打印机、磁盘驱动器、显示器及绘图仪的信息都是数字量，它们是二进制形式的数据或是以 ASCII 码表示的数据及字符。

除此之外，还有两种特殊的数字量：开关量和脉冲量。开关量可表示两个状态的量，如开关的闭合和断开、电机的运转和停止、阀门的打开和关闭等。在计算机中，一般关心开关量的状态。通常开关量被转化成高低电平（即用“0”或“1”来表示开关量的状态）。脉冲量是指在短时间内突变，随后又迅速返回其初始值的物理量。通常脉冲量被转化为瞬间突然变化、作用时间极短的电压或电流信号。在计算机中，一般关心脉冲个数、脉冲宽度等。由于变化时间极短，一般采用专门的电路来处理。

模拟量是在时间和数量上都连续的物理量，其表示的信号则为模拟信号。模拟量在连续的变化过程中任何一个取值都是一个具体有意义的物理量，如温度、湿度、位移、压力、流量、电压、电流等。这些物理量一般先通过传感器变成电压或电流。计算机无法直接接收和处理模拟量，需要经过量化变成数字量，才能送入计算机。反过来，计算机输出的数字量要经过转换变成模拟量，才能控制现场。数据端口中不能直接存放模拟量，只能存放量化后的模拟量。

2）命令端口

存放控制命令的寄存器称为命令端口。控制命令是 CPU 通过接口传送给外设的，以此控制外设的工作，因此，命令端口又称控制端口。命令端口中存放的信息称为控制字、命令字。控制信息往往随着外设的具体工作原理不同而含义不同。外设的启动信号和停止信号就是常见的控制命令。

3）状态端口

存放外设状态信息的寄存器称为状态端口。状态信息反映了当前外设所处的工作状态，是外设通过接口往 CPU 传送的。状态端口中的信息又称状态字。对于输入设备，通常用准备好（READY）信号来表明输入的数据是否准备就绪；对于输出设备，通常用忙（BUSY）信号表示输出设备是否处于空闲状态，如为空闲状态，则可接收 CPU 送来的信息。

CPU 通过指令可以从相关端口中读取信息，也可以把信息写入相关端口。CPU 对不同端口的操作有所不同，有的端口只能写或只能读，有的端口既可以读又可以写。通常，状态端口只能读，命令端口只能写。为了节省硬件，在有的接口电路中，状态信息和控制信息可以共用一个寄存器（端口），称为设备的控制/状态寄存器。

2. 端口编址

在设计微型计算机系统时，要为接口芯片中的每个端口分配一个地址，此地址通常称为端口号或端口地址。与存储单元地址相同，端口号是由硬件地址译码电路决定的。端口编址方式指的是 CPU 为 I/O 端口分配地址空间的方法，对 I/O 端口有两种编址方式。

1) 独立编址方式

独立编址指的是 I/O 端口与存储器系统是隔离的。端口存在于一个独立的 I/O 地址空间里。由于端口是隔离的，所以使用者可将存储器扩展到最大容量而不必为 I/O 设备留出存储器空间。独立编址 I/O 的一个特点是在 I/O 与 CPU 之间传送数据时必须使用专用的 I/O 指令。

2) 存储器映像方式

与独立编址 I/O 不同，存储器映像方式下 I/O 端口被视为存储器空间的一个存储单元。因此，存储器映像 I/O 不使用专用的 I/O 指令。相反，它可以使用任何一个在 CPU 与存储器间传送数据的指令。存储器映像方式的最大优点是硬件电路简单。主要缺点在于一部分存储器空间被用作 I/O 映像，这样就减少了可用的存储器容量。

一些 CPU，如第 2 章讨论的 8086，既可以采用独立编址方式，也可以采用存储器映像方式。而另外一些 CPU，如第 3 章讨论的 51 系列，只能采用存储器映像方式。

3. 接口类型

根据接口与外设数据传送的方式，接口可以分为并行接口和串行接口。并行和串行方式指的是接口与外部设备的数据传送方式，而接口与 CPU 之间的连接是通过总线实现的。

1) 并行接口

并行接口将数据的各位同时在多根并行传输线上进行传输。并行接口连接 CPU 与并行外设，实现两者间的并行通信，在信息传送过程中，起到输出锁存或输入缓冲的作用。图 1-5-1 为并行接口连接外设的示意图。

并行接口的典型硬件结构包括一个或一个以上具有锁存或缓冲的数据端口、与 CPU 进行数据交换所必需的控制和状态信号、与外设进行数据交换所必需的控制和状态信号、端口译码电路、控制电路等。

2) 串行接口

串行接口实现串行通信。串行通信是将数据分解成二进制位，用一条信号线

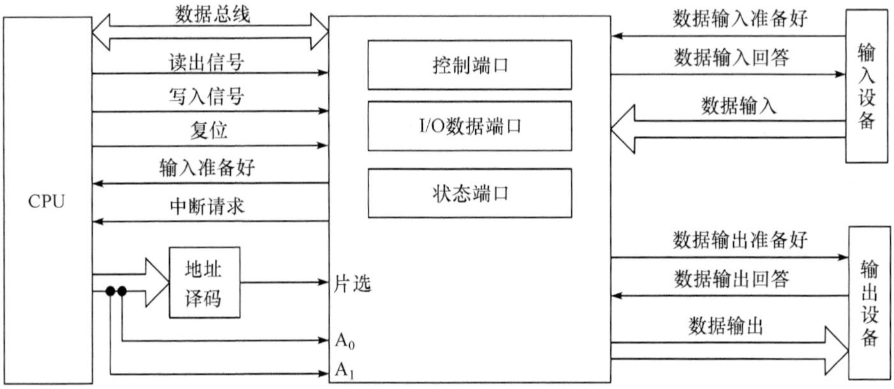

图 1-5-1　并行接口连接外设示意图

一位一位顺序传送的方式。串行通信适合远距离数据传送，也常用于速度要求不高的近距离数据传送。串行接口通过系统总线和 CPU 相连，串行接口部件的典型结构如图 1-5-2 所示，主要由控制寄存器、状态寄存器、数据输入寄存器和数据输出寄存器 4 部分组成。

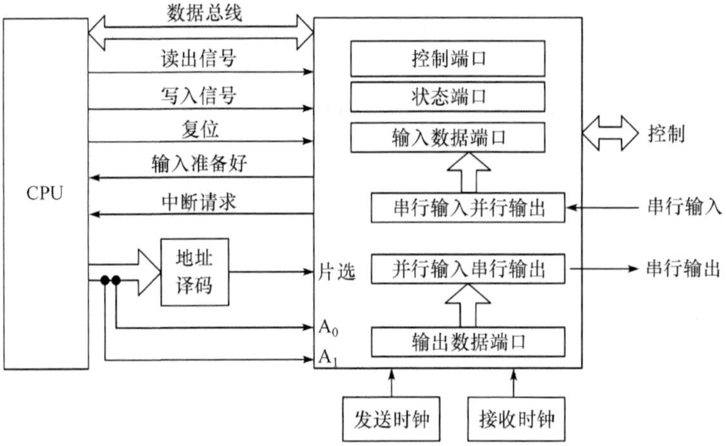

图 1-5-2　串行接口连接外设示意图

(1) 通信方式。

串行接口进行通信的方式有两种：同步通信(Synchronous Communication)方式和异步通信(Asynchronous Communication)方式。

① 同步通信。

同步通信是把许多字符组成一个信息组，这样，字符可以一个接一个地传输。同步方式下，发送方除了发送数据，还要传输同步时钟信号，信息传输的双方用同一个时钟信号确定传输过程中每一位的位置，如图 1-5-3 所示。

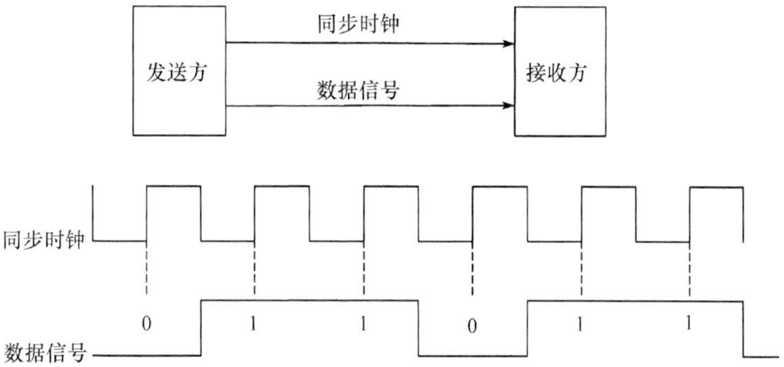

图 1-5-3　同步通信示意图

同步通信不仅字符内部保持“同步”,而且字符与字符之间也是同步的。在这种通信方式下,收/发双方必须建立准确的位定时信号,也就是收/发时钟的频率必须严格一致。同步通信在数据格式上与异步通信不同,每个字符不增加任何附加位,而是连续发送。

同步通信方式传送速率比较高,但实现起来比较复杂。同步通信方式要求通信双方以相同的时钟频率进行,而且准确协调,通过共享一个单个时钟或定时脉冲源保证发送方和接收方的准确同步,效率较高,如I²C、SPI等在硬件上都属于这一类。

② 异步通信。

异步通信无须共享同一个时钟或定时信号即可发送和接收。在异步通信中,传输的数据以字符(Character)为单位。如图 1-5-4 所示,每帧串行数据通过起始位和停止位来区分字符。规定在线路不传送数据时全部为“1”,称传号(Mark)状态。当发送一个字符时,前面要加一个“起始”信号,其长度为 1 位,极性为“0”,称空号(Space)状态。字符后边要加一个“停止”信号,其长度为 1 位、1.5 位或 2 位,极性为“1”。字符长度视传输的数据格式而定,通常为 5～8 个二进制位。此外,一般还加上一个奇偶校验位。

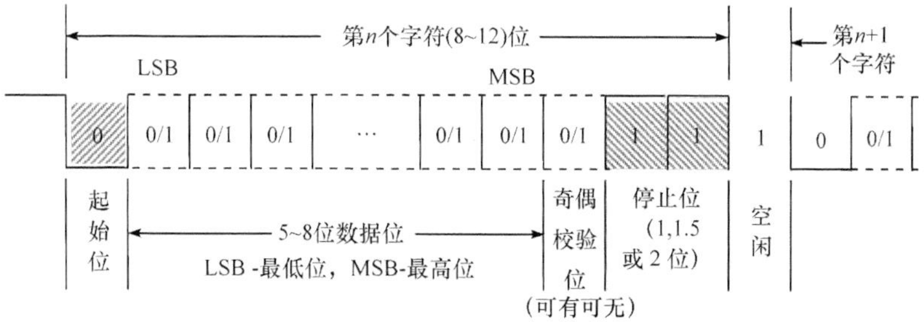

图 1-5-4　异步串行通信格式

奇偶校验(Parity Check)是一种校验数据传输正确性的方法。根据被传输数据的二进制的数位中“1”的个数是奇数或偶数来进行校验。采用奇数的称为奇校验,反之称为偶校验。采用何种校验是事先规定好的。奇偶校验位用来使传输数据(包括字符和校验位)中“1”的个数为奇数或偶数。若为奇校验,则传输数据中“1”的个数为奇数;当接收端收到数据时,检验“1”的个数是否为奇数来确定传输字符是否正确。

在异步串行通信传送时,字符可以连续发送,也可以单独随机发送,不发送字符时线路保持“1”状态。字符发送的顺序是先低位后高位。数据位部分传输的是真正要通信的字符,而起始位、校验位、停止位是为了保证通信数据的顺利进行或数据的可靠性而附加的握手信号或校验信息。

图 1-5-5 给出了两帧发送字符 ASCII 的串行数据,每帧包含一个起始位、7 个数据位、一个奇校验位以及一个停止位,共 10 个二进制位。其中帧 1 和帧 2 发送的分别是字母“A”和“C”。由于采用的是奇校验,要求数据位和校验位中“1”的个数为奇数,所以两帧中的校验位分别为“1”和“0”。

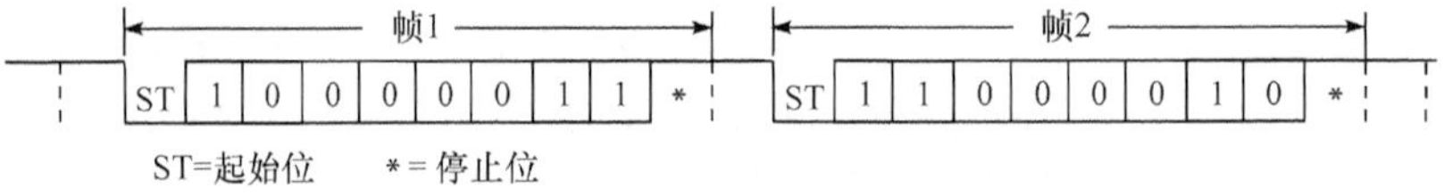

图 1-5-5　异步串行数据

异步串行通信的优点是收/发双方不需要严格的位同步。也就是说,在这种通信方式下,每个字符作为独立的信息单元。每个字符出现在数据流中的相对时间是随机的。然而一个字符一旦发送开始,所有二进制位就必须连着发出去。由此可见,在异步串行通信中,所谓“异步”是指字符与字符之间的异步,而在字符内部,仍然是同步发出。

异步通信方式不要求双方同步,收发方可采用各自的时钟源,双方遵循相同的异步通信协议,以字符为数据传输单位,发送方传送字符的时间间隔不确定,发送效率比同步传送效率低,计算机串口就属于这一类。在一些高速计算机中,并行接口通过软件可以模拟串行接口。

(2) 串行通信分类。

在串行通信中,数据通常在两个站(如终端和微机)之间进行传送,按照数据流的方向可分为 3 种基本的传送方式:全双工、半双工和单工。

① 全双工。

当数据的发送和接收分开,分别由两根不同的传输线传送时,通信双方都能在同一时刻进行发送和接收操作,这样的方式就是全双工(Full Duplex),如图 1-5-6 所示。

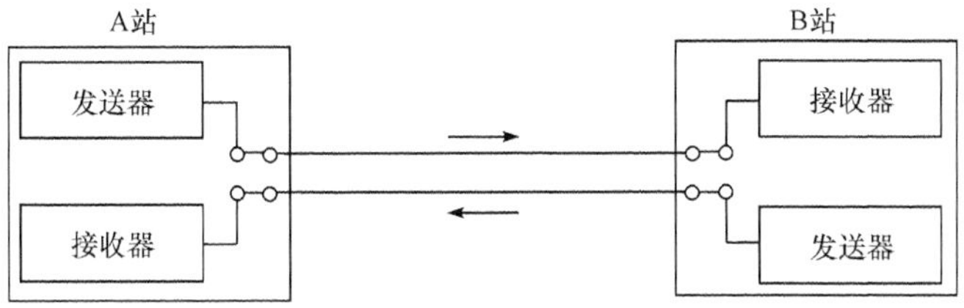

图 1-5-6　全双工方式示意图

在全双工方式下，通信系统的每一端都设置了发送器和接收器，因此，能控制数据同时在两个方向上传送。全双工方式无需进行方向切换，因此没有切换操作所产生的时间延迟，这对那些不能有时间延误的交互式应用（如远程监控和控制系统）十分有利。

② 半双工。

若使用同一根传输线既作接收又作发送，虽然数据可以在两个方向上传送，但通信双方不能同时收发数据，这样的传送方式就是半双工（Half Duplex）制，如图 1-5-7 所示。

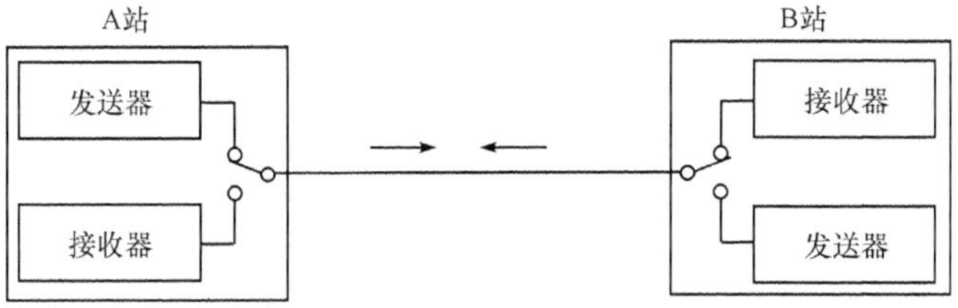

图 1-5-7　半双工方式示意图

采用半双工时，通信系统每一端的发送器和接收器通过收/发开关转接到通信线上，进行方向的切换，因此会产生时间延迟。收/发开关实际上是由软件控制的电子开关。

目前多数终端和串行接口都为半双工方式提供了换向能力，也为全双工方式提供了两条独立的引脚。在实际使用时，一般并不需要通信双方同时既发送又接收，像打印机等单向传送设备，甚至单工就能胜任，也无需换向。

③ 单工。

单工方式的数据传输是单向的。通信双方中，一方固定为发送端，一方则固定为接收端。信息只能沿一个方向传输，使用一根传输线。

单工系统的一个例子是无线电台，它只使用了发送器或接收器。半双工系统的一个例子是对讲机，它可以发送和接收，但二者不能同时进行。全双工系统允许在两个方向上同时进行发送和接收，这样的一个例子是电话。

(3) 发送/接收时钟和波特率。

① 发送/接收时钟。

在异步串行通信中,发送终端需要用一定频率的时钟来决定发送每一位数据所占的时间长度(称为位宽度),接收端也需要一定频率的时钟来测定每一位输入数据的位宽度。发送端使用的用于决定数据位宽度的时钟称为发送时钟,接收端使用的用于测定每一位输入数据位宽度的时钟称为接收时钟。由于发送/接收时钟决定了每一位数据的位宽度,所以发送/接收时钟频率的高低决定串行通信双方发送/接收字符数据的速度。

② 波特率。

并行通信中,传输速度以每秒传输的字节(Byte/s)表示。在串行通信中,传输速率用波特率来表示。所谓波特率,是指单位时间内传送二进制数据的位数,单位为位/秒(bit/s)。它是衡量串行数据传输速度快慢的重要指标。最常用的标准波特率是 110bit/s、300bit/s、600bit/s、1200bit/s、2400bit/s、4800bit/s、9600bit/s、19200bit/s 等。

通信线路上所传输的字符数据(代码)是逐位传送的,1 个字符由若干位组成。因此,每秒所传输的字符数(字符速率)和波特率是两个概念。在串行通信中,传输速率指的是波特率,而不是字符速率。两者的关系是:假如在异步串行通信中一个数据帧包括 12 位(其中有 1 个起始位,8 个数据位,1 个偶校验位,2 个停止位),其传输速率为 1200bit/s。那么,每秒所能传送的字符是 1200/(1＋8＋1＋2)＝100 个。

在异步通信中,总是根据数据传输的波特率来决定发送/接收时钟的频率。通常,发送/接收时钟的频率总是取波特率的 16 倍、32 倍或 64 倍,这有利于在位信号的中间对每位数据进行多次采样,以减少读数错误。

1.5.2 I/O 方式

I/O 方式指的是主机与外设之间数据传送的途径和方法。

1. 程序直接控制方式

由 CPU 执行一般 I/O 程序来实现主机与外设之间数据传送的方式称为程序直接控制方式,根据外设的不同性质,这种传送方式又可分为无条件传送和程序查询方式两种。

在无条件传送方式中,I/O 端口总是准备好接收主机的输出数据,或总是准备好向主机输入数据。CPU 无须查询外设的工作状态,认为外设始终处于准备就绪状态。在 CPU 认为需要时,可随时直接利用相关指令访问 I/O 端口,实现与外设之间的数据交换。这种方式的优点是软、硬件结构都很简单,但是要时序配合精确,一般的外设难以满足要求。所以,只能用于简单开关量的 I/O 控制中,稍复杂一点的外设都不采用此种方式。

许多外设的工作状态是很难事先预知的，例如，何时按键，打印机是否能接收新的打印输出信息等。当 CPU 与外设工作不同步时，很难确保 CPU 在执行输入操作时，外设一定是“准备好”的；而在执行输出操作时，外设一定是“数据端口空”。为了保证数据传送的正确进行，就要求 CPU 在程序中查询外设的工作状态。如果外设尚未准备就绪，CPU 就循环等待，只有当外设已做好准备，CPU 才能执行指令进行数据传送，这就是程序查询方式。

程序查询方式的核心问题在于每时每刻持续不断地查询 I/O 设备是否准备就绪。图 1-5-8 是单个设备的查询流程示意图。

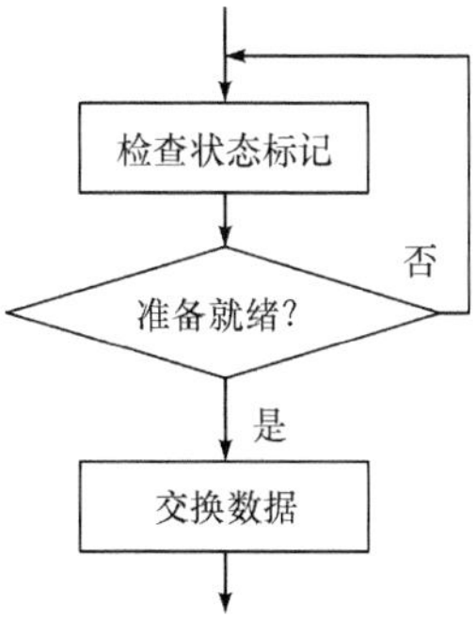

图 1-5-8　单个设备的查询流程

当需要交换多个数据时，程序查询方式的工作步骤如下。

第 1 步：预置传送参数，在传送数据之前，由 CPU 执行一段初始化程序，预置传送参数，传送参数包括存取数据的主存缓冲区首地址和传送数据的个数。

第 2 步：向外设接口发出命令字。当 CPU 选中某台外设时，执行输出指令向外设接口发出命令字启动外设，为接受数据或发送数据做应有的操作准备。

第 3 步：从外设接口取回状态字。CPU 执行输入指令，从外设接口中取回状态字并进行测试，判断数据传送是否可以进行。

第 4 步：查询外设标志。CPU 不断查询状态标志，如果外设没有准备就绪，CPU 就踏步等待，转第 3 步，一直到这个外设准备就绪，并发出“外设准备就绪”信号。

第 5 步：传送数据。只有外设准备好，才能实现主机与外设间的一次数据传送。输入时，CPU 执行输入指令，从外设接口的数据寄存器中接收数据；输出时，CPU 执行输出指令，将数据写入外设接口的数据寄存器中。

第 6 步：修改传送参数。每进行一次数据传送之后必须要修改传送参数，其中包括主存缓冲区地址加 1，传送个数计数器减 1。

第 7 步：判断传送是否结束。如果传送个数计数器不为 0，则转第 3 步，继续传送，直到传送个数计数器为 0，表示传送结束。

多个数据传送的工作流程图如图 1-5-9 所示，其查询的核心如图中虚线框部分框出，真正传送数据的操作由输入或输出指令完成。

程序查询方式是最简单、经济的 I/O 方式，只需很少的硬件。通常接口中至少有两个寄存器，一个是数据寄存器，即数据端口，用来存放与 CPU 进行传送的数据信息；另一个提供 CPU 查询的设备状态寄存器，即状态端口，这个寄存器由

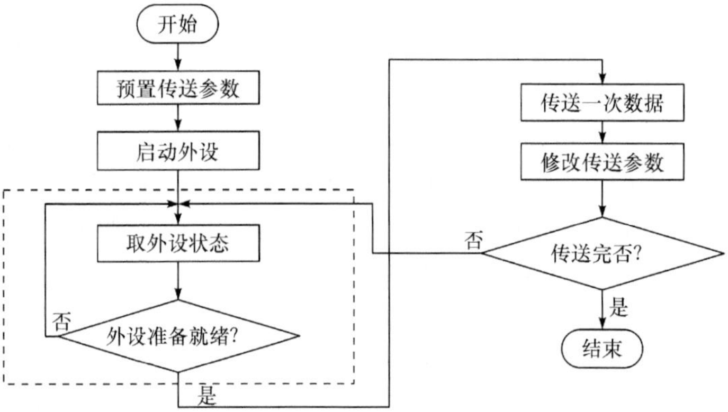

图 1-5-9 程序查询方式流程图

多个标志位组成，其中最重要的是“外设准备就绪”标志（输入或输出设备的准备就绪标志可以不是同一位）。当 CPU 得到这位标志后就进行判断，以决定下一步是继续循环等待还是进行 I/O 传送，也有些计算机仅设置状态标志触发器，其作用与设备状态寄存器相同。

程序查询方式接口电路的基本组成如图 1-5-10 所示。程序查询方式虽然简单，但存在着下列明显的缺点。

(1) 查询过程中，CPU 长期处于踏步等待状态，使系统效率大大降低；

(2) CPU 在一段时间内只能和一台外设交换信息，其他设备不能同时工作；

(3) 不能及时发现和处理预先无法估计的错误和异常情况。

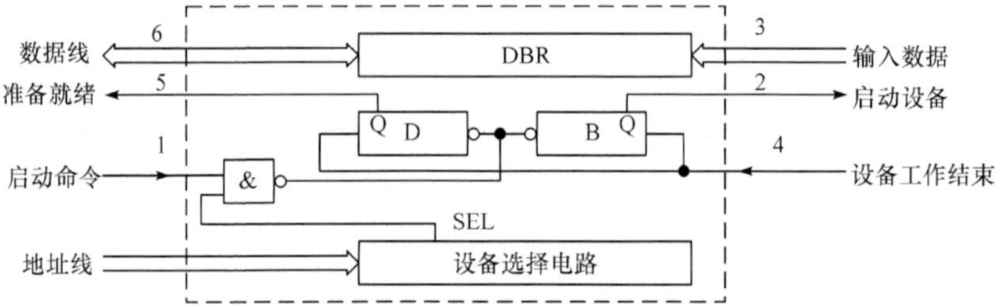

图 1-5-10 程序查询方式接口电路

2. 程序中断方式

为了提高 I/O 能力和 CPU 的效率，程序中断方式被引进计算机系统。程序中断方式不需要像查询方式那样一直等待外设的准备就绪状态。一旦外设完成数据传送的准备工作（输入设备的数据准备好或设备的数据寄存器空）时，便主动向 CPU 发出一个中断请求，请求 CPU 为自己服务。在可以响应中断的条件下，CPU 暂时中止正在执行的程序，转去执行中断服务程序为中断请求者服务，在中断服务程序中完成一次主机与外设之间的数据传送，传送完成后，CPU 仍返回原来的程序，从断点处继续执行。

从图 1-5-11 中可以看出，程序中断方式在一定程度上实现了 CPU 和外设的并行工作，使 CPU 的效率得到充分的发挥。不仅如此，由于中断的引入，还能使多个外设并行工作，CPU 根据需要可以启动多个外设，被启动的外设分别同时独立工作，一旦外设准备就绪，即可向 CPU 发出中断请求，CPU 可以根据预先安排好的优先顺序，按轻重缓急处理外设与自己的数据传送。另外，计算机在运行过程中可能会发生预料不到的异常事件，如运算错、掉电、溢出等，由于中断的引入，使计算机可以捕捉到这些故障和错误，及时予以处理。所以，现代计算机无论巨型机、大型机、中小型机还是微型计算机都具有中断处理的能力。

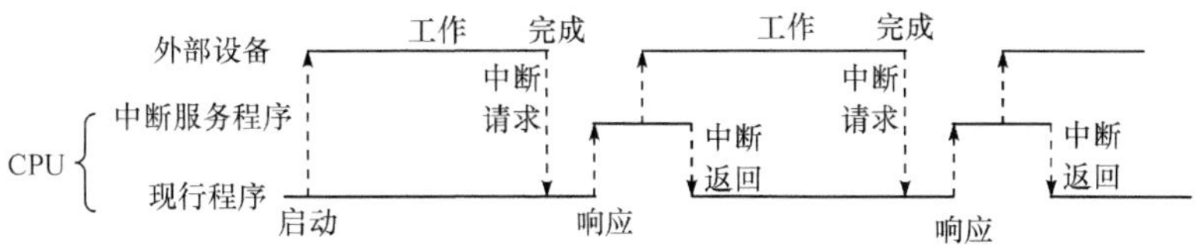

图 1-5-11　程序中断方式

从图中还可以看出，中断的处理过程实际上是程序的切换过程，即从现行程序切换到中断服务程序，再从中断服务程序返回现行程序。CPU 每次执行中断服务程序前总要保护断点、保护现场，执行完中断服务程序返回现行程序之前又要恢复现场、恢复断点。这些中断的辅助操作都将会限制数据传送的速度。

1）中断源和中断请求信号

中断源是指中断请求的来源，即引起计算机中断的事件。通常，一台计算机允许有多个中断源。由于每个中断源向 CPU 发出中断请求的时间是随机的，为了记录中断事件并区分不同的中断源，采用具有存储功能的触发器来记录中断源，这个触发器称为中断请求触发器(INTR)。当某一个中断源有中断请求时，其相应的中断请求触发器置成“1”状态，表示该中断源向 CPU 提出中断请求。

中断请求触发器可能分散在各个中断源中，也可能集中到中断接口电路中，在中断接口电路中，多个中断请求触发器构成一个中断请求寄存器。中断请求寄存器的每一位对应一个中断源，其内容称为中断字或中断码。中断字为“1”的位就表示对应的中断源有中断请求。

2）中断请求信号的传送

(1) 独立请求线。

每个中断源单独设置中断请求线，将中断请求信号直接送往 CPU，如图 1-5-12(a)所示，这种方式的特点是 CPU 在接到中断请求的同时就知道了中断源是谁，其中断服务程序的入口地址在哪里。这有利于提高中断的响应速度。如第 3 章中的 51 系列单片机就是这种形式。独立请求线硬件代价较大，且 CPU 所能连接的中断请求线数目有限，难以扩充。

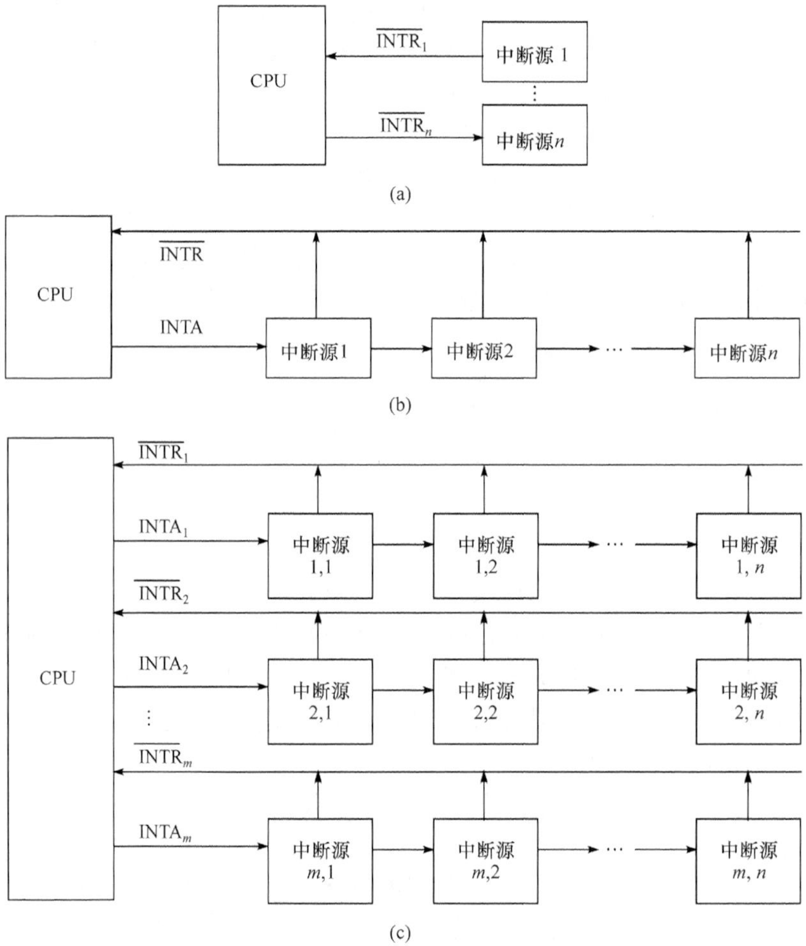

图 1-5-12　中断请求信号的传送

(2) 公共请求线。

多个中断源共有一根公共请求线，如图 1-5-12(b)所示，这种方式的特点是在负载允许的情况下，中断源的数目可随意扩充；但 CPU 在接到中断请求后，必须通过软件或硬件的方法来识别中断源，然后再找出中断服务程序的入口地址。8086 的中断就是这种形式。

(3) 二维结构。

将中断请求线连成二维结构，如图 1-5-12(c)所示。同一优先级别的中断源，采用一根公用线的请求线;不同请求线上的中断源优先级别不同。这种方式综合了前两种方式的优点,在中断源较多的系统中常采用这种方式。

3）中断响应

中断响应是当 CPU 发现已有中断请求时,中止现行程序执行,并自动引出中断处理程序的过程。

CPU 响应中断必须满足下列条件。

(1) CPU 接收到中断请求信号。首先中断源要发出中断请求,同时 CPU 还要接收到这个中断请求信号。

(2) CPU 允许中断。CPU 内部有一个中断允许触发器(EINT),只有当 EINT=1 时,CPU 才可以响应中断源的中断请求(中断允许)。如 EINT=0,CPU 处于不允许中断状态,即使中断源有中断请求,CPU 也不响应(中断关闭)。通常,中断允许触发器由开中断指令来置位,由关中断指令或硬件自动使其复位。

(3) 一条指令执行完毕,这是 CPU 响应中断请求的时间限制条件。一般情况下,CPU 在一条指令执行完毕且没有更紧迫的任务时才能响应中断请求。

4）中断处理

下面以输入设备为例,结合图 1-5-13,说明 I/O 中断处理的全过程。

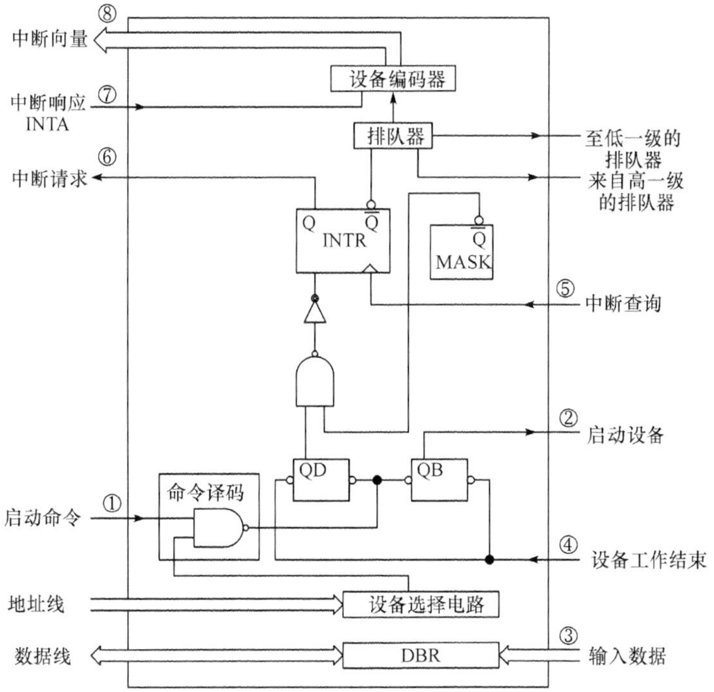

图 1-5-13　程序中断方式接口电路的基本组成

当 I/O 通过指令的地址码选中某设备后，则：

(1) 由 CPU 启动外设命令，将接口中 B 置“1”，D 置“0”；

(2) 接口启动输入设备开始工作；

(3) 输入设备将数据送入 DBR；

(4) 输入设备向接口发“设备工作结束”信号，使 D 置“1”，B 置“0”，标志设备准备就绪；

(5) 当设备准备就绪(D=1)，且本设备未被屏蔽(MARK=0)时，在指令执行阶段的结束时刻，由 CPU 发中断查询信号；

(6) 设备中断请求触发器的 INTR 置“1”，标志设备向 CPU 提出中断请求，与此同时，INTR 送至排队器，进行中断判优；

(7) 若 CPU 允许中断(EINT=1)，设备又被排队选中，即进入中断响应阶段，由中断响应信号 INTA 将排队器输出送至编码器形成向量地址；

(8) 向量地址送至 PC，作为下一条指令的地址；

(9) 由于向量地址中存放的是一条无条件转移指令，故这条指令执行结束后，即无条件转至该设备的服务程序入口地址开始执行中断服务程序，进入中断服务阶段；

(10) 中断服务程序的最后一条指令执行结束，即中断返回源程序的断点处。

至此，一个完整的程序中断处理过程即告结束。

综上所述，可将一次中断处理过程简单地归纳为中断请求、中断判优、中断响应、中断服务和中断返回五个阶段。

5) 中断屏蔽

中断源发出中断请求之后，这个中断请求并不一定能真正送到 CPU，在有些情况下，可以用程序方式有选择地封锁部分中断，这就是中断屏蔽。

按照是否可以被屏蔽，可将中断分为两大类：不可屏蔽中断(又称非屏蔽中断)和可屏蔽中断。不可屏蔽中断源一旦提出请求，CPU 必须无条件响应，而对可屏蔽中断源的请求，CPU 可以响应，也可以不响应。CPU 一般设置两根中断请求输入线：可屏蔽中断请求 INTR 和不可屏蔽中断请求 NMI。

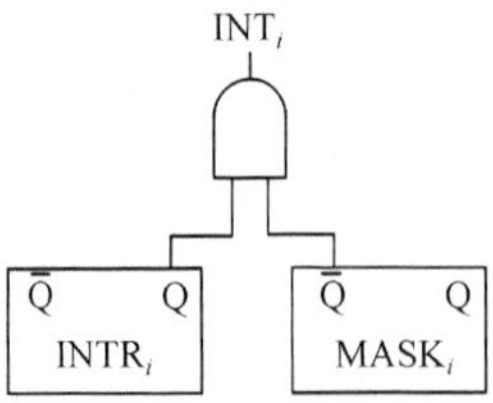

图 1-5-14　中断请求触发器和中断屏蔽触发器

如果给每个中断源都相应地配备一个中断屏蔽触发器(MASK)，则每个中断请求信号要受到屏蔽触发器的控制。当 MASK=1 时，表示对应中断源的请求被屏蔽，可见中断请求触发器和中断屏蔽触发器是成对出现的，只有当 $INTR_i=1$(中断源有中断请求)、$MASK_i=0$(该级中断未被屏蔽)时，才允许对应的中断请求送往 CPU，相应的电路如图 1-5-14所示。

3. 直接存储器存取方式

采用程序中断方式进行数据传送可以提高主机效率，但这种方式并不适合高速外设和存储器之间的数据传送。若用于高速外设，会使主机处于频繁地中断和返回过程，从而加重与中断有关的额外负担（即保护旧现场、恢复新现场），降低主机的性能，还有发生丢失数据的可能。例如，磁盘平均速度为 10^5 Byte/s，即用 10μs 传送 1 字节；若 CPU 的指令周期为 2μs，中断服务程序为 10 条指令，交换一次数据需要 CPU 花费 20μs 。其结果显然是，第一个数据还没有取走，第二个数据便将第一个数据冲掉，致使数据丢失。所以，对高速外设用程序中断方式是不适合的。直接存储器存取（Direct Memory Access，DMA）方式就是为解决这一问题而产生的。

图 1-5-15 给出了 DMA 方式与程序中断方式两者数据通路的比较。由图可见，由于主存和 DMA 接口之间有一条数据通路，所以主存和外设交换信息时，不通过 CPU，也不需要 CPU 暂停现行程序为设备服务，省去了保护现场和恢复现场过程，所以工作速度比程序中断方式高。这一特点特别适合高速 I/O 设备或辅存与主存之间的信息交换。因为高速 I/O 设备若每次申请与主机交换信息时，都要等待 CPU 做出中断响应后再交换，很可能因此使数据丢失。

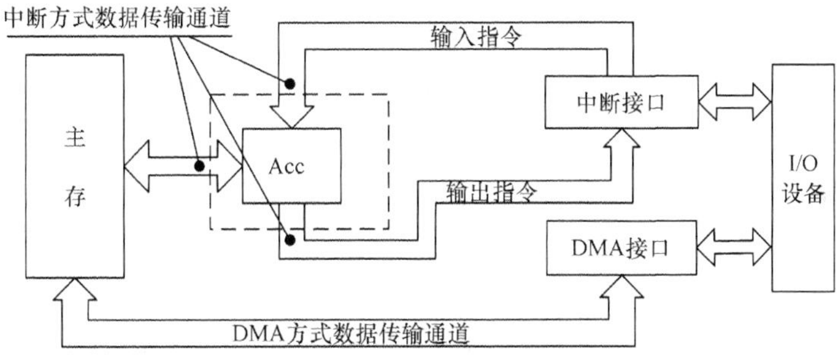

图 1-5-15　DMA 和程序中断两种方式的数据通路

此外，若出现高速 I/O（通过 DMA 接口）和 CPU 同时访问主存，CPU 必须将总线（如地址线、数据线）占有权让给 DMA 接口使用，即 DMA 采用周期窃取的方式占用一个存取周期。利用 DMA 方式传送数据时，数据的传输过程完全由 DMA 接口电路控制，故 DMA 接口又有 DMA 控制器之称。

1) DMA 控制器

为完成数据的传输过程，DMA 接口应具有如下几个功能：

(1) 向 CPU 申请 DMA 传送；

(2) 在 CPU 允许 DMA 工作时，处理总线控制权的交换，避免因进入 DMA 工作而影响 CPU 正常活动或引起总线竞争；

(3) 在 DMA 期间管理系统总线,控制数据传送;

(4) 确定数据传送的起始地址和数据长度,修正数据传送过程中的数据地址和数据长度;

(5) 在数据传送结束时,给出 DMA 操作完成的信号。

为完成这些功能,DMA 接口通常由如图 1-5-16 虚框所示逻辑部件组成。

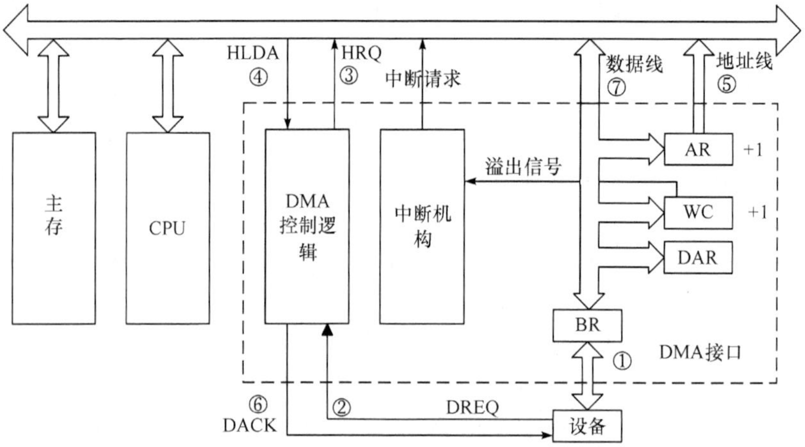

图 1-5-16　简单的 DMA 接口组成原理图

(1) 主存地址寄存器(AR)。

AR 用于存放主存中需要交换数据的地址,在 DMA 传送前,需通过程序将数据在主存中的首地址送到 AR。在 DMA 传送过程中,每交换一次数据,将 AR 内容加 1,直到一批数据传送完毕。

(2) 字计数器(WC)。

WC 用于记录传送数据的总字数,通常以交换字数的补码值预置。在 DMA 传送过程中,每传送一个字,WC 加 1,直到计数器为 0,即最高位产生进位时,表示该批数据传送完毕,于是 DMA 接口向 CPU 发中断请求信号。

(3) 数据缓冲寄存器(BR)。

BR 用于暂存每次传送的数据。通常 DMA 接口与主存之间采用字传递,而 DMA 与设备之间可能是字节或位传送。因此 DMA 接口中还可能包括有装配或拆卸字信息的硬件逻辑,如数据移位缓冲器、字节计数器等。

(4) DMA 控制逻辑。

它用于负责管理 DMA 的传送过程,由控制电路、时序电路及命令状态控制寄存器等组成。每当设备准备好一个数据字(或一个字传递结束),就向 DMA 接口提出申请,DMA 控制逻辑便向 CPU 请求 DMA 服务,发出总线使用权的请求信号。待收到 CPU 发出的响应信号 HLDA 后,DMA 控制逻辑便开始负责管理

DMA 传送的全过程，包括对 AR 和 WC 的修改、识别总线地址、指定传送类型（输入或输出）以及通知设备已经被授予一个 DMA 周期（DACK）等。

（5）中断机构。

当计数器溢出（全“0”）时，表示一批数据交换完毕，由“溢出信号”通过中断机构向 CPU 提出中断请求，请求 CPU 进行 DMA 操作的后处理。必须注意，这里的中断与前面介绍的 I/O 中断的技术相同，但中断的目的不同，前面是为了数据的输入或输出，而这里是为了报告一批数据传送结束，它们是与 I/O 系统中不同的中断事件。

（6）设备地址寄存器（DAR）。

DAR 存放 I/O 设备的设备码或表示设备信息存储区的寻址信息，如磁盘数据所在的区号盘面号和柱面号。具体内容取决于设备的数据格式和地址的编码方式。

2）DMA 接口与系统的连接方式

DMA 接口与系统的连接方式有两种，如图 1-5-17 所示。图 1-5-17(a)为具有公共请求线的 DMA 请求方式，若干个 DMA 接口通过一条公用的 DMA 请求线向 CPU 申请总线控制权。CPU 发出的响应信号采用链式查询方式通过各个 DMA 接口，首先选中的设备获得总线控制权，即可占用总线与主存传送信息。

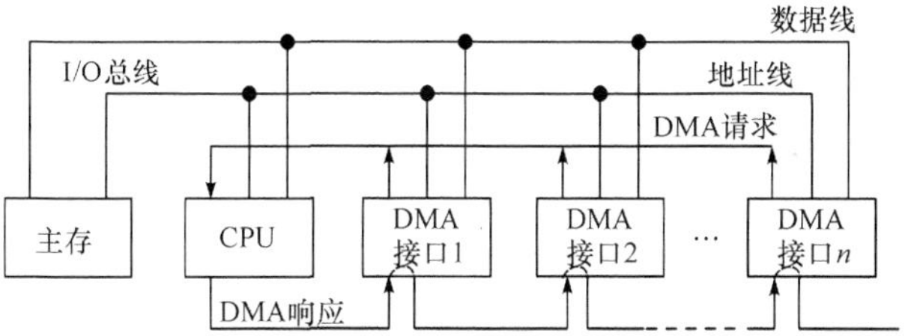

(a) 具有公共请求线的DMA请求

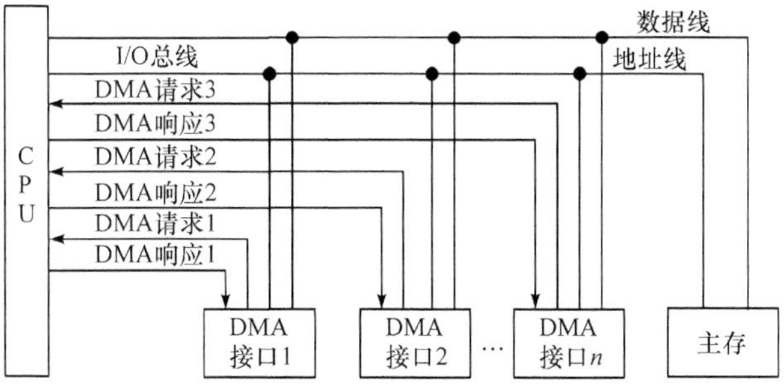

(b) 独立的DMA请求

图 1-5-17　DMA 接口与系统的连接方式

图 1-5-17(b)是独立的 DMA 请求方式，每一个 DMA 接口各有一对独立的 DMA 请求线和 DMA 响应线，它由 CPU 的优先级别机构裁决首先响应哪个请求，并在响应线上发出响应信号，被获得响应信号的 DMA 接口便可控制总线与主存传送数据。

3) DMA 传送过程

DMA 的数据传送过程分预处理、数据传送和后处理三个阶段。

(1) 预处理。

在 DMA 接口开始工作之前，CPU 必须给它预置如下信息：

① DMA 控制逻辑指明数据传送方向是输入(主存写)还是输出(主存读)；

② 向 DMA 设备地址寄存器送入设备号，并启动设备；

③ 向 DMA 主存地址寄存器送入交换数据的主存起始地址；

④ 对字计数器(WC)赋以交换数据的个数。

上述工作由 CPU 执行几条 I/O 指令完成，即程序的初始化。这些工作完成后，CPU 继续执行原来的程序，如图 1-5-18(a)所示。

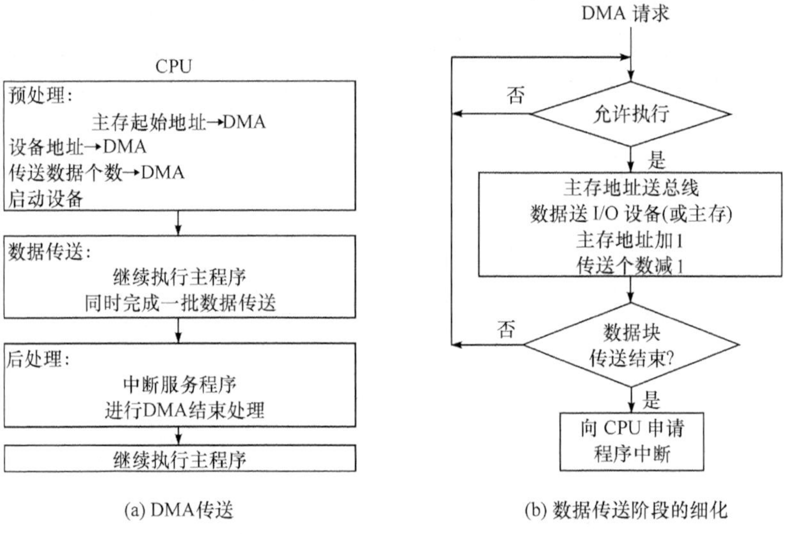

图 1-5-18　DMA 传送过程示意

当外部设备准备好发送的数据(输入)或上次接收的数据已经处理完毕(输出)时，它便通过 DMA 接口向 CPU 提出占用总线的申请，若有多个 DMA 同时申请，则按轻重缓急由硬件排队判优逻辑决定优先等级。待设备得到主存总线的控制权后，数据的传送便由该 DMA 接口进行管理。

(2) 数据传送。

DMA 方式是以数据块为单位传送的，结合图 1-5-16，介绍周期挪用方式

DMA 的数据传送流程，如图 1-5-18(b)所示。

以数据输入为例，具体操作如下。

① 设备读入一个字到 DMA 的数据缓冲寄存器(BR)中，表示数据缓冲寄存器"满"(如果 I/O 设备是面向字符的，则一次读入 1 个字节，组装成一个字；

② 设备向 DMA 接口发请求(DREQ)；

③ DMA 接口向 CPU 申请总线控制权(HRQ)；

④ CPU 发回 HLDA 信号，表示允许将总线控制权交给 DMA 接口；

⑤ 将 DMA 主存地址寄存器中的主存地址送地址总线；

⑥ 通知设备已被授予一个 DMA 周期(DACK)，并为交换下一个字做准备；

⑦ 将 DMA 数据缓冲寄存器的内容送数据总线；

⑧ 命令存储器进行写操作；

⑨ 修改主存地址和字计数值；

⑩ 判断数据块是否传送结束，若未结束，则继续传送，若已结束(字计数器溢出)，则向 CPU 申请程序中断，标志数据块传送结束。

若为输出数据，则应完成以下操作：

① 当 DMA 数据缓冲寄存器已将输出数据送至 I/O 设备后，表示数据缓冲寄存器已"空"；

② 设备向 DMA 接口发请求(DREQ)；

③ DMA 接口向 CPU 申请总线控制权(HRO)；

④ CPU 发回 HLDA 信号，表示允许将总线控制权交给 DMA 接口使用；

⑤ 将 DMA 主存地址寄存器中的主存地址送至地址总线，并命令存储器读；

⑥ 通知设备已被授予一个 DMA 周期(DACK)，并为交换下一个字做准备；

⑦ 主存将相应地址单元的内容通过数据总线读入 DMA 的数据缓冲寄存器中；

⑧ 将 DMA 数据缓冲寄存器的内容送到输出设备，若为字符设备，则需将其拆成字符输出；

⑨ 修改主存地址和字计数值；

⑩ 判断数据块是否已传送完毕，若未完，继续传送，若已送完，向 CPU 申请程序中断。

(3) 后处理。

当 DMA 的中断请求得到响应后，CPU 停止原程序的执行，转去执行中断服务程序，做一些 DMA 的结束工作，如图 1-5-18(a)的后处理部分，它包括校验送入主存的数据是否正确；决定是否继续用 DMA 传送其他数据块，若继续传送，则要对 DMA 接口进行初始化，若不需要传送，则停止外设；测试在传送过程中是否发生错误，若出错，则转错误诊断及处理错误程序。

1.5.3 I/O 设备

根据用途不同，计算机中的 I/O 设备，大致可以分为四类。

(1) 数字信号 I/O 设备。

用计算机对各种离散量的检测与控制的设备。对于工业控制中一些机械设备的控制（如电机启、停的控制等）与检测（如电机是否转动、过载等的检测）信号，一般要通过专门的数字转换接口与 CPU 相连接。

(2) 模拟信号 I/O 设备。

用计算机对各种连续量检测与控制的设备。例如，对电机转速的检测，对电机速度的控制等，一般通过模拟量和数字量转换接口，实现与 CPU 相连接。

(3) 人机交互设备。

用来实现操作者和计算机之间互相交流信息的设备。它能将人体五官可识别的信息媒体转换成机器可识别的信息，如键盘、鼠标、手写板、图形扫描仪、摄像机、语音识别器等。反之，另一类是将计算机的处理结果信息转换为人的可识别的信息媒体，如打印机、显示器、绘图仪、语音合成器等。这些设备通常由计算机上的标准接口与 CPU 相连接。

(4) 机-机通信设备。

用来实现一台计算机与其他系统之间完成通信任务的设备。例如，两台计算机之间可利用网卡通过双绞线进行通信。工业中各种仪表之间的通信，可以采用 RS-232C、RS-485 等转换设备完成。

1.6 程序设计

在许多科学技术的实际问题中，往往会遇到许多复杂的数学方程，而数字计算机通常只能直接完成有限的运算，因此在上机解题前，需要将复杂的数学方程式变成适合计算机运算的计算方法和步骤。将运算步骤用一一对应的机器指令描述的过程就是编写程序，把为实现特定目标或解决特定问题编写的指令序列集合称为程序(Program)。

1.6.1 简单计算实例

下面结合一个具体的例子，深入领会完成某一功能的多条指令编写和执行的过程。

例 1-6-1　利用计算机计算表达式 ax^2+bx+c 的值。

1. 计算步骤

由于计算机的计算在微处理器的运算器中进行。为计算表达式 ax^2+bx+c 的值，计算机计算过程要分解为以下步骤：

① 将 x 取至运算器中；

② 乘以 x，得 x^2，存于运算器中；

③ 再乘以 a，得 ax^2，存于运算器中；

④ 将 ax^2 送至存储器中；

⑤ 将 b 取至运算器中；

⑥ 乘以 x，得 bx，存于运算器中；

⑦ 将 ax^2 从存储器中取出与 bx 相加，得 ax^2+bx，存于运算器中；

⑧ 再取 c 与 ax^2+bx 相加，得 ax^2+bx+c，存于运算器中。

可见，计算过程共需要 8 步。步骤的分解是根据微处理器的计算能力和一步所能完成的工作实现的。

还可以将表达式 ax^2+bx+c 改写为 $(ax+b)x+c$，则其步骤可简化为 5 步：

① 将 x 取至运算器中；

② 乘以 a，得 ax，存于运算器中；

③ 加 b，得 $ax+b$，存于运算器中；

④ 乘以 x，得 $(ax+b)x$，存于运算器中；

⑤ 加 c，得 $(ax+b)x+c$，存于运算器中。

可以看出，适当地改变计算方法，可以减少计算步骤，提高计算机的计算效率。微型计算机中，尤其在微处理器的时钟频率不太高、存储器容量不太大的情况下，好的算法对于提高计算速度、降低存储器容量要求具有重要的意义。

2. 程序编写

将上述运算步骤写成一一对应的机器指令，就完成了运算程序的编写。

假定计算机微处理器的指令字长为 16 位，其中操作码占 6 位，地址码占 10 位，如图 1-6-1 所示。

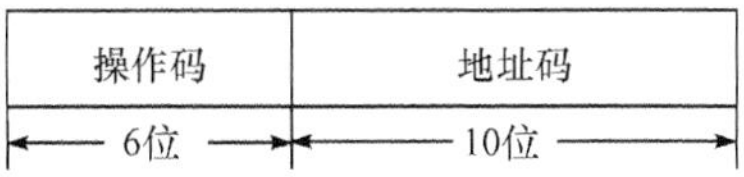

图 1-6-1　某机器指令格式

操作码表示机器所执行的各种操作，如取数、存数、加、减、乘、除、停机、打印等。地址码表示参加运算的数在存储器内的位置。机器指令的操作码和地址码都采用 0/1 代码的组合来表示。表 1-6-1 列出了该微处理器与例题相关的几条机器指令的操作码及其操作性质的对应关系。

表 1-6-1 操作码与操作性质的对应关系表

操作码	操作性质
000001	取数,将指令地址码指示的存储单元中的操作数取到运算器的累加器 Acc 中
000010	存数,将 Acc 中的数存至指令的地址码指示的存储单元中
000011	加,将 Acc 中的数与指令地址码指示的存储单元中的数相加,结果存于 Acc 中
000100	乘,将 Acc 中的数与指令地址码指示的存储单元中的数相乘,结果存于 Acc 中
000101	打印,将指令地址码指示的存储单元中的操作数打印输出
000110	停机

此例中所用到的数 a、b、c、x,事先需存入存储器的相应单元内。按照 ax^2+bx+c 的运算分解步骤,可用上述机器指令编写出一份运算程序的清单,如表 1-6-2 所示。

表 1-6-2 计算 ax^2+bx+c 的程序清单

指令和数据存于主存单元的地址	指令		注释
	操作码	地址码	
0	000001	0000001000	取数 x 至 Acc
1	000100	0000001001	乘 a,得 ax,存于 Acc 中
2	000011	0000001010	加 b,得 $ax+b$,存于 Acc 中
3	000100	0000001000	乘 x,得 $(ax+b)x$,存于 Acc 中
4	000011	0000001011	加 c,得 ax^2+bx+c,存于 Acc 中
5	000010	0000001100	存数,将 ax^2+bx+c 存入主存单元
6	000101	0000001100	打印
7	000110		停机
8	x		原始数据 x
9	a		原始数据 a
10	b		原始数据 b
11	c		原始数据 c
12			计算结果

3. 执行过程

首先按表 1-6-2 所列的有序指令和数据,通过键盘输入主存第 0 号至第 12 号单元中,并置 PC 的初值为 0(即令程序的首地址为 0)。启动机器后,计算机便自动按照存储器中所存放的指令顺序，有序地逐条完成取指令、分析指令和执行指令，直至执行到程序的最后一条指令。

例如，启动机器后，控制器立即将PC的内容送至主存的MAR(记作PC→MAR)并命令存储器做读操作，此刻主存“0”号单元的内容“0000010000001000”(表1-6-2中为程序的第一条指令)便被送入MDR内。然后由MDR送至控制器的IR(记作MDR→IR)，完成了一条指令的取指过程。经CU分析操作码“000001”为取数指令，于是CU又将IR中的地址码“0000001000”送到MAR，并命令存储器做读操作，将该地址单元中的操作数x送至MDR，再由MDR送至运算器的Acc(记作MDR→Acc)，完成了此指令的执行过程。此刻，即完成了第一条取数指令的全过程，即将操作数x送至运算器Acc中。与此同时，PC完成自动加1的操作(记作(PC)+1→PC)，形成了下一条指令的地址“1”号。同上所述，PC→MAR，命令存储器做读操作，将“0001000000001001”送入MDR，又由MDR→IR。接着CU分析操作码“000100”为乘法指令，故CU又向存储器发出读命令，取出对应地址为“0000001001”单元中的操作数a，经MDR送至运算器的乘商寄存器(MQ)，CU再向运算器发乘法操作命令，完成ax的运算，并把运算结果ax存放在Acc中。同时PC完成一次(PC)+1→PC，形成下一条指令的地址“2”号。依此类推，逐条取指、分析、执行，直至打印出结果。最后执行完停机指令后，机器便自动停机。

1.6.2 程序设计基本步骤

程序设计(Programming)是给出解决特定问题程序的过程，是软件构造活动中的重要组成部分。程序设计往往以某种程序设计语言为工具，给出这种语言下的程序。程序设计一般按下述几个步骤进行:分析问题、建立数学模型、设计算法、编制程序、上机调试、编写程序文档等。

1. 分析问题

分析问题的目的就是对问题有一个确切理解，明确问题的环境限制，弄清已知条件、原始数据、输入信息、对运算精度的要求、处理速度的要求及最后应获得的结果。

对提出的问题理解不正确或理解得不够确切，无论算法如何好，步骤如何正确，都不能获得正确的结果。因此，正确地分析问题是进行程序设计的基础。

2. 建立数学模型

在确切理解问题的基础上，总是可以用简洁而严明的数学方法对问题进行严格的或近似的描述，即建立一个数学模型，就把一个实际问题转化成一个计算机可以处理的问题。

有的实际问题比较简单，有现成的数学公式或数学模型可以利用，此时就不需要建立数学模型。当没有现成的公式和模型可以利用时，就需要建立一个模型来描述处理过程。要建立一个复杂的数学模型，往往需要经过若干次实验，取得大量数据，利用数理统计方法对客观现象和过程进行有限度的抽象，既要考虑其普遍性，又要考虑其特殊性，最后归纳总结而成。这个过程有时程序设计人员是不能胜任的，需由具有实践经验的工程技术人员或数学工作者来完成，但程序设计人员必须对已建立的模型有深刻而清晰的理解。

3. 设计算法

算法是一组有穷的规则，它规定了解决某一特定类型问题的一系列运算。通俗一点说，解决问题的方法和步骤的具体化，称为算法。数学模型建立后，确定在计算机上有哪些逻辑步骤及顺序去实现它。如果有几种解决方法，根据问题的要求，选择处理逻辑简单、速度快且容易获得满意结果的较优算法。

设计算法时，必须注意三点。

(1) 算法中的每一种运算必须有确切的定义，即应进行的操作是相当清楚的，无二义性的。

(2) 组成算法的处理步骤是有限的。如果某类问题不能用有限的步骤获得结果，则称这类问题不存在算法。

(3) 算法的可行性。结合所使用计算机的软硬件资源（如存储空间、运行速度），来考虑算法是否可行。如算法较优，但需要较大的内存空间，而所用计算机的存储空间满足不了需要，该算法在所用的计算机上就不可行。算法可以用自然语言、半自然语言、类程序设计语言或流程图来表述。

4. 编制程序

用计算机机器指令助记符号或语句实现算法的过程，就是编制程序，又称编码。编制程序时，必须严格地按语言的语法规则书写。这样编写出来的程序称为源程序。

编制源程序时要考虑以下几点。

(1) 内存空间的分配。程序中原始数据、中间结果及最终结果放在内存的什么位置，需要占用多大的存储空间等。

(2) 程序中所使用数据的表示方法（精度），I/O 数据的获取方法、格式、I/O 设备的种类。

(3) 程序的结构尽可能简单、层次清楚，占用内存尽可能少，运行速度尽可能高。

(4) 源程序的可读性、可维护性高。可读性高即容易读懂;可维护性高即根据需要可以方便地扩充或删除程序的功能。

5. 上机调试

源程序编制完后,送入计算机。调试程序人员要准备一组或几组不同的数据使计算机能够执行组成程序的每条指令,以验证程序是否按预想的逻辑顺序执行并获得预期结果。如发现问题,修改程序直至达到设计要求。对于一个大型程序,编制程序与调试程序的时间大致相同,甚至调试程序比编制程序所花费的时间还多。

6. 编写程序文档

许多程序是提供给别人使用的,如同正式的产品应当提供产品说明书一样,正式提供给用户使用的程序,必须向用户提供程序说明书。内容应包括程序名称、程序功能、运行环境、程序的装入和启动、需要输入的数据,以及使用注意事项等。

1.6.3 程序设计语言

所有用于书写计算机程序的语言统称程序设计语言(Programming Language)。直接用二进制代码指令表达的计算机语言称为机器语言。机器语言是表示成数码形式的机器基本指令集,具有与特定的机器有关、功效高的特点。但存在使用复杂、烦琐、费时、易出差错的不足。为此人们将操作码进行了符号化,形成了汇编语言。

1. 汇编语言

为增强程序的可读性和降低程序的编写难度,人们用助记符(Memoni)代替机器指令的操作码,用地址符号(Symbol)或标号(Label)代替指令或操作数的地址,像这种符号化的程序设计语言称为汇编语言。使用汇编语言编写的程序,机器不能直接识别,还要由汇编程序(汇编语言编译器)转换成机器指令。汇编程序将符号化的操作代码翻译成处理器可以识别的机器指令,这个过程称为汇编。

因为是机器指令的符号化表示,故不同的机器有不同的汇编语言(如 Intel x86 处理器的汇编语言就不能用于 8051)。汇编语言通常是为特定的计算机或系列计算机专门设计的,是一种面向机器的低级语言。汇编语言保持了机器语言的优点,具有直接和简捷的特点;可有效地访问、控制计算机的各种硬件设备,如磁盘、存储器、CPU、I/O 端口等;且占用内存少,执行速度快,是高效的程序设计语言。

由于是直接控制硬件,且简单的任务也需要很多汇编语言语句,所以在进行程序设计时必须面面俱到,需要考虑到一切可能的问题,合理调配和使用各种软、硬件资源。这样,就不可避免地加重了程序员的负担。与此相同,在程序调试时,一旦程序的运行出了问题,也就很难发现。

2. 高级语言

高级语言主要是相对于汇编语言的,较接近自然语言和数学公式的语言。高级语言基本脱离了机器的硬件系统,用人们更易理解的方式编写程序。高级语言的表示方法要比低级语言更接近待解问题,其特点是在一定程度上与具体机器无关,易学、易用、易维护、移植性好、重用率高。高级语言开发工具提供了结构化程序设计的环境和工具,使得设计出来的程序可读性好,可维护性强,可靠性高。

高级语言并不是特指的某一种具体的语言,而是包括很多编程语言。高级语言可分为以下几种类型。

(1) 命令式语言。

在命令式语言中,程序就是用语言提供的命令书写的一个操作序列,来描述解题过程中每一步的过程。由于程序的运行过程就是问题的求解过程,所以又称过程式语言。现代流行的大多数语言都是这一类型,如 Fortran、Pascal、Cobol、C、C++、Basic、Ada、Java、C#等,各种脚本语言也被看作是此种类型。

(2) 函数式语言。

函数式语言的语义基础是基于数学函数概念的值映射的 λ 算子可计算模型。非常适合进行人工智能等工作的计算。典型的函数式语言有 Lisp、Haskell、ML、Scheme、F#等。

(3) 逻辑式语言。

逻辑式语言的语义基础是基于一组已知规则的形式逻辑系统。这种语言主要用在专家系统的实现中。最著名的逻辑式语言是 Prolog。

(4) 面向对象语言。

面向对象语言是一类以对象作为基本程序结构单位的程序设计语言。语言中提供了类、继承等成分。主要有 Smalltalk、Java、C#、Eiffel 等。一些命令式语言由于吸收了面向对象的概念,也称为面向对象语言,如 C→C++、Basic→Visual Basic、Pascal→Object Pascal、Ada→Ada95 等。

3. 语言的选择

一般说来,当高级语言程序翻译成相应的低级语言程序时,一个高级语言程序单位要对应多条机器指令,相应的编译程序所产生的目标程序往往效率较低。汇编语言的大部分语句直接对应着机器指令,执行速度快、效率高、代码体积小。汇编语言适合编写一些对速度和代码长度要求高的程序和直接控制硬件的程序。在存储器容量有限、需要快速和实时响应的场合汇编语言比较适用，如仪器仪表和工业控制设备中；在系统程序的核心部分，如操作系统的核心程序段、I/O 接口电路的初始化程序、外部设备的低层驱动程序等。汇编语言还可以用于软件的加密和解密、计算机病毒的分析和防治，以及程序的调试和错误分析等各个方面。

高级语言与计算机的硬件结构及指令系统无关，它有更强的表达能力，可方便地表示数据的运算和程序的控制结构，能更好地描述各种算法，而且容易学习掌握。随着软件规模的增长，以及随之而来的对软件开发进度和效率的要求，高级语言逐渐取代了汇编语言。例如，Linux 操作系统，其内核绝大部分代码都是用 C 语言编写的。为发挥汇编语言的优势，最大限度地发挥其硬件操作的性能。一些高级语言提供了与汇编语言之间的调用接口。用汇编语言编写的程序，可作为高级语言的一个外部过程或函数，利用堆栈来传递参数或参数的地址。

在学习微型计算机原理及应用技术时，通常以汇编语言或 C 语言为主。

1.6.4　堆栈

在计算机领域，堆栈是一个非常重要的概念。堆栈是一种按特定顺序进行存取的存储区，这种特定顺序可归结为“后进先出(LIFO)”或“先进后出(FILO)”。堆栈区通常是存储器中指定的一个区域，也可以专门设置一个小而快的存储器作为堆栈区。在堆栈容量很小的情况下，还可以用一组寄存器来构成堆栈。

1. 寄存器堆栈

有些计算机中用一组专门的寄存器构成寄存器堆栈，又称硬堆栈。这种堆栈的栈顶是固定的，寄存器组中各寄存器是相互连接的，它们之间具有对应位自动推移的功能，即可将一个寄存器的内容推移到相邻的另一个寄存器中去，如图 1-6-2 所示。

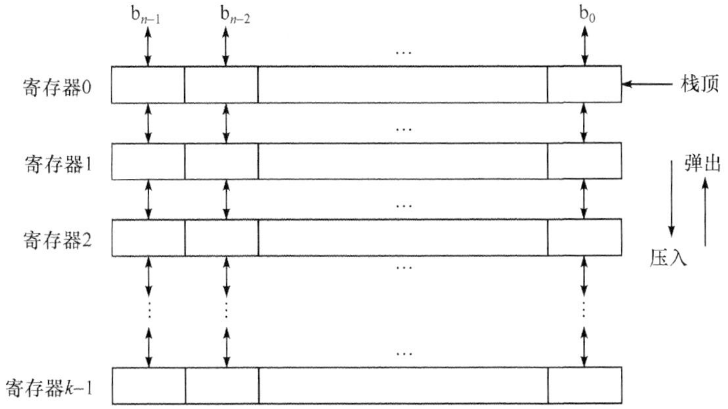

图 1-6-2　寄存器堆栈结构

在执行压入操作(进栈)时,一个压入信号将使所有寄存器的内容依次向下推移一个位置,即寄存器 i 的内容被传送到寄存器 $i+1$,同时一个 n 位的字被压入栈顶(寄存器 0)。在执行弹出操作(出栈)时,一个弹出信号将把所有寄存器的内容依次向上推移一个位置,即寄存器 i 的内容被传送到寄存器 $i-1$,栈顶(寄存器 0)的内容被弹出。

从图中看出,上述堆栈中最多只能压入 k 个数据,否则将丢失信息。这种堆栈的栈顶位置固定,故不必设置堆栈的栈顶指针。

2. 存储器堆栈

寄存器堆栈的成本比较高,不适于用作大容量的堆栈,而从主存中划出一段区域来作为堆栈是最合算且最常用的方法。这种堆栈又称软堆栈,堆栈的大小可变,栈底固定,栈顶浮动,故需要一个专门的硬件寄存器作为堆栈栈顶指针,简称栈指针(SP)。栈指针所指定的存储单元就是堆栈的栈顶。存储器堆栈又可分为两种:自底向上生成堆栈和自顶向下生成堆栈。

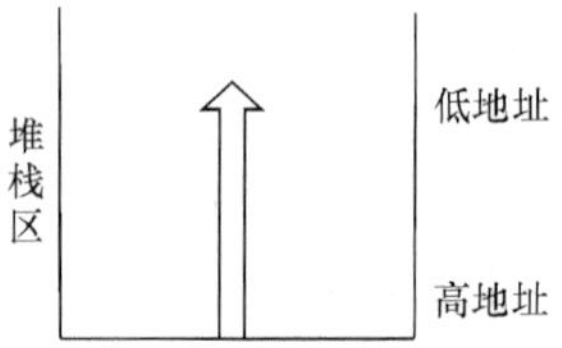

图 1-6-3 存储器堆栈结构

1) 自底向上生成(向低地址方向生成)堆栈

这种堆栈的栈底地址大于栈顶地址,通常栈指针始终指向栈顶的单元,如图 1-6-3 所示。因此,进栈时,堆栈指针 SP 的内容需要先自动减 1,然后再将数据压入堆栈;出栈时,需要先将堆栈中的数据弹出,然后 SP 的内容再自动加 1。进、出栈的过程可描述如下。

```
进栈:   (SP)-1→SP      ;修改栈指针
        (A) →(SP)      ;将 A 中的内容压入栈顶单元
出栈:   ((SP)) →A      ;将栈顶单元内容弹出送入 A 中
        (SP)+1→SP      ;修改栈指针
```

其中,A 为寄存器或主存单元地址;(SP)表示堆栈指针的内容,即栈顶单元地址;((SP))表示栈顶单元的内容。

2) 自顶向下生成(向高地址方向生成)堆栈

这种堆栈与自底向上生成堆栈正好相反,它的栈底地址小于栈顶地址。进栈时,先令(SP)+1→SP,然后再压入数据;出栈时,先将数据弹出,然后(SP)-1→SP。

软堆栈的容量可以很大,而且可以在整个主存中浮动,但是速度比较慢,每访问一次堆栈实际就是访问一次主存。在一些大型的计算机系统中,希望堆栈的容量大、速度快,故将前述两种堆栈组合起来构成软、硬结合的堆栈,在这样的堆栈中,一般压入、弹出操作在小容量的硬堆栈中进行,这样可保证快速访问。当硬堆栈已满之后，每向硬堆栈压入一个数据，总是将其栈底寄存器中的数据压入软堆栈中，使堆栈总容量有效地扩大；同样，数据出栈时，不断将软堆栈中栈顶的内容上移至硬堆栈的栈底寄存器中。显然它融合了硬堆栈速度快、软堆栈容量大的优点，只是在控制上稍复杂些，但这是完全可以实现的。

软堆栈操作既不是在堆栈中移动它所存储的内容，也不是把已存储在栈中的内容从栈中抹掉，而是通过调整堆栈指针而给出新的栈顶位置，以便对位于栈顶位置的数据进行操作。用于访问堆栈的指令只有进栈(压入)和出栈(弹出)两种。例如，8086 CPU 就提供了两条堆栈操作指令：进栈指令(PUSH)和出栈指令(POP)，实现堆栈的操作。

3. 堆栈用途

堆栈主要用来暂存中断断点、子程序调用时的返回地址、状态标志及现场信息等。在一些高级语言中，如 C 语言，通过堆栈实现主调函数向被调函数参数传递。在一些硬件堆栈资源不太多的应用领域，编写程序时需要注意，尽量减少函数调用嵌套、中断嵌套等，以防止堆栈溢出。

1.7　计算机与控制

强大的科学计算能力使计算机可以作为控制器出现在工业过程参数的控制系统中。计算机根据规定的数学模型(如 PID 算法)进行运算，发出控制信号，控制生产过程。它只要改变程序就可以实现复杂控制规律，如前馈控制、预测控制等。自动控制技术和计算机技术的融合，产生了一门新的学科：计算机控制系统。

1.7.1　计算机控制发展历程

在世界第一台数字计算机于 1946 年诞生之后，于 20 世纪 50 年代初就产生了将数字计算机用于控制的思想，最初的研究是力图将数字计算机用于导弹与飞机的控制。但研究表明，由于当时数字计算机水平所限，将数字计算机用于控制系统的潜力不大。伴随计算机技术的迅猛发展．计算机控制也出现了蓬勃发展的局面。计算机控制技术的发展更多地依赖于计算机硬件的发展，依据计算机硬件的发展状况，可将其大致分为以下几个阶段。

1) 开创时期

1955 年美国 TRW 航空公司与美国得克萨柯公司合作，开始对一个炼油厂的一台聚合装置进行计算机过程控制的研究。经过 3 年的努力，1959 年初研制成功了一个采用 RW-300 计算机控制的聚合装置系统。它对 26 个流量子系统、72 个温度子系统、3 个压力子系统和 3 个成份子系统进行控制。该系统的基本功能是保证反应器的压力最小，实现反应器供料的最佳分配，控制热水流入量，确定最佳循环。TRW 公司的开创性工作,为计算机控制奠定了基础,推动了计算控制技术的发展。

但早期的计算机主要使用电子管,速度慢、体积庞大、价格昂贵、可靠性差。此时计算机还难以直接参与系统的闭环控制。计算机的主要任务是寻求最佳运行条件,从事操作指导和设定值的计算工作,控制计算机仅按监督方式运行,并要求集中承担多种任务。

2) 直接数字控制时期

如前所述,前期控制计算机是按监督方式运行的,此时仍需要常规的模拟控制设备。1962 年,英国的帝国化学工业公司研制了一种装置,其过程控制中的全部模拟仪表由一台计算机替代,可直接控制 224 个变量和 129 个阀门。由于计算机直接控制被控过程的变量,取代了原来的模拟控制,所以称为直接数字控制(DDC)。DDC 系统是计算机控制技术发展方向的重大变革,这种系统关注的是控制功能,而不是早期控制计算机的监督功能。采用 DDC 与模拟控制相比有许多优点,尽管 DDC 系统比模拟系统更加昂贵,但 DDC 的概念很快为人们所接受。在 1962～1965 年, DDC 系统的研究与开发取得了显著进展。

3) 小型计算机时期

20 世纪 60 年代,数字计算机技术取得了重大进展。计算机变得体积更小、速度更快、更加可靠和更加便宜。在这段时期内,出现了适合工业控制的多种类型的小型计算机,从而使得计算机控制系统不再是大型企业的工程项目的专用。许多小型工程项目、设备和课题也有可能采用计算机控制系统。小型计算机的出现,使过程控制用计算机的数目迅速增加。

4) 微型计算机时期

在 1972 年之后,微型计算机的出现和发展,推动计算机控制进入了崭新的发展阶段。20 世纪 80 年代以后,微型处理器件得到了迅速发展,价格大幅度降低,对计算机控制的应用产生了深远的影响,使用微型处理器参与控制,使计算机控制系统得到更为普遍的应用。今天所有的控制器均是以计算机为基础的,应用范围涉及电力、过程控制、运输及娱乐、日用电气产品等生产和生活的各个领域。

5) 集散型控制

微型计算机的迅速发展使计算机控制技术产生了一个新的飞跃,开创了许多新型计算机控制系统的应用。微型计算机的迅速发展对计算机应用于控制整个工厂的方式产生了深远的影响。促使发展一种由许多相关联的微型计算机组合、共同负担工作负荷的系统,这种系统通常包括控制过程的控制站,具有操作监视作用的操作站和各级辅助的站点,而所有的相互作用则通过某种通信网络实现,形成了目前得到广泛应用的集散控制系统。今天的集散控制系统能够控制生产的各个方面,并且使操作员可以使用一台计算机就能完成对整个生产活动的监视和控制。

计算机控制技术的发展除了依赖计算机硬件的发展，还依赖计算机实时控制软件的进展。但不幸的是，过去几十年软件生产的进展不大。20 世纪 80 年代以前，许多计算机控制系统的软件主要采用汇编语言编写。目前，已广泛采用高级语言编写实时控制程序，这是今后继续发展的方向。

微型计算机的发展和普及，促进了许多新型计算机控制方式的发展。目前，嵌入式计算机控制系统、网络计算机控制以及许多专用控制器都得到了迅速的发展。除了工业控制，目前已投入使用的微处理器控制的仪器、仪表、设备、家用电器比比皆是，有各种自动测试仪、自动记录仪、绘图仪、光谱分析仪、流量计、数字仪等智能仪表；有聋人电话、放射分析仪、心脏起搏器、扫描仪、超声诊断仪、会说话的轮椅、计算机控制人工手等智能医疗设备；有记者采访用微机、弹风琴的机器人、会说话的手表、信纸、书、闪光塑雕、高性能照相机、带微处理器的音乐祝福贺卡、录音手表、电视游戏机等智能文体装置；有微机遥控的电子锁、太阳能发生器、微机控制的电唱机、全自动微波炉、计算机缝纫机、自动洗衣机、电冰箱、电视机、自动热水器、家务机器人等智能家用电器等。

1.7.2　控制计算机

控制计算机是一类对机电设备、生产过程、工艺装备进行检测与控制的微型计算机系统的总称。控制计算机由计算机和过程 I/O 通道两大部分组成。在计算机外部增加一部分过程 I/O 通道，一方面用来完成工业生产过程的检测数据送入计算机进行处理，另一方面将计算机要行使对生产过程控制的命令、信息转换成控制对象的控制变量的信号，再送往控制对象。控制计算机的主要形式有 PC 总线工业计算机、可编程逻辑控制器、专用控制器以及智能仪表等。

1) PC 总线工业计算机

PC 总线工业计算机即基于 PC 总线的工业控制计算机（Industrial Personal Computer，IPC），俗称工控机。主要的组成部分为工业机箱、无源底板及可插入其上的各种板卡，如 CPU 卡、I/O 卡等。并采取全钢机壳、机卡压条过滤网、双正压风扇等设计及 EMC（Electro Magnetic Compatibility）技术以解决工业现场的电磁干扰、振动、灰尘、高/低温等问题。IPC 具有高可靠性、实时性、扩充性、兼容性等特点。

2) 可编程逻辑控制器

可编程逻辑控制器（Programmable Logic Controller，PLC）是计算机技术与自动化控制技术相结合而开发的一种适用于工业环境的新型通用自动控制装置，是作为传统继电器的替换产品而出现的。PLC 是一种数字运算操作的电子系统，专为在工业环境应用而设计。它采用一类可编程的存储器存储程序，执行逻辑运算、顺序控制、定时、计数与算术操作等面向用户的指令，并通过数字或模拟式 I/O 控制各种类型的机械或生产过程。PLC 及其有关外部设备，都是按易于与工业控制系统连成一个整体、易于扩充其功能的原则而设计的。

PLC 可通过软件来改变控制功能，具有通用性强、使用方便、适应面广、可靠性高、抗干扰能力强、编程简单等特点。在工业控制领域中，PLC 已成为不可或缺的一员。

3）专用控制器

专用控制器本质上是一个嵌入式系统，针对不同的控制需求进行硬件和软件的设计。因此，不同的专用控制器一般有不同的硬件体系和软件结构，重用性和可移植性比较低。专用控制器多用于对成本敏感的场合。国外的设备上大多采用专用控制器。

例如，数控系统（Computerized Numerical Control，CNC）是一种典型的专用控制器。它是根据计算机存储器中存储的控制程序，执行部分或全部数值控制功能，并配有接口电路和伺服驱动装置的专用计算机系统。通过利用数字、文字和符号组成的数字指令来实现一台或多台机械设备动作控制，它所控制的通常是位置、角度、速度等物理量。

4）智能仪表

将计算机应用于仪表中，实现了仪表数字化、微型化和智能化，提高了它们的测量速度、测量精度和自动化程度，简化了仪器仪表的硬件结构，便于使用、维修和改进，提高其性价比。增强了仪表的功能和灵活性，使之与外设连接更为容易。使仪表能对测量数据进行处理以及实现校正和自动诊断；可用软件代替硬件，实现虚拟检测仪器，通过更换软件来改变仪表的功能。

将计算机应用于变送器和控制器带来的另外一个好处是万能输入（Universal Input），通过简单的设置，各种常用传感器产生的电信号都可以被处理，提高了仪表的适用范围。

1.7.3　控制计算机主机类型

在控制领域，微型计算机通常嵌入控制系统各个环节的内部。常用于控制的微型计算机主要有以下几类：系统机、单板机、单片机等。

1）系统机

通过总线将 CPU、存储器、I/O 接口电路和总线接口等组装在一块主机板（即微机主板），各种适配板卡插在主机板的扩展槽上并与电源、软/硬盘驱动器及光驱等装在同一机箱内，再配上系统软件，就构成了一台完整的微型计算机系统（简称系统机）。工控机是一款典型的系统机。

2）单板机

单板机是将计算机的各个部分（CPU、ROM、RAM、I/O 接口电路以及其他辅助电路)都组装在一块印制电路板上。除了微处理器、存储器、I/O 接口,还有简单的七段发光二极管显示器、小键盘、插座等其他外部设备。单板机具有可直接在实验板上操作的特点,所以单板机非常适用于教学,在实际工业控制中很少使用。

3) 单片机

作为微型计算机发展的一个重要分支,单片机是一种集成电路芯片,是采用超大规模集成电路技术把具有数据处理能力的 CPU、RAM、ROM、多种 I/O 接口和中断系统、定时器/计时器等功能电路(可能还包括显示驱动电路、脉宽调制电路、模拟多路转换器、A/D 转换器等电路)集成到一块硅片上构成的一个小而完善的微型计算机系统。

单片机的发展由 4 位、8 位单片机,发展到现在的 32 位单片机。经历了单片微型计算机(Single Chip Microcomputer,SCM)、微控制器(Micro Controller Unit,MCU)、片上嵌入式系统(System on Chip,SoC)三大阶段。专用性很强的单片机广泛应用于工业控制领域,主要嵌入控制系统中各类检测仪表、控制器、执行器等仪表的内部。

1.7.4 控制设备中常用 CPU

控制设备中常用的 CPU 分为两类:通用型 CPU 和专用型 CPU。通用型 CPU 一般指的是服务器用和桌面计算用 CPU 芯片。在基于 PC 总线的工业控制计算机中广泛使用,如西门子工控机、NI 的 PXI 等。通用 CPU 以 Intel 公司的 80x86 系列和 Motorola 的 68000 系列为主。

在专用控制器中,由于考虑体积、可靠性、功耗等诸多因素,更多地选用专用型 CPU。专用型 CPU 主要分为以下几类。

1) 嵌入式微处理器

嵌入式微处理器(Micro-processor Unit,MPU)是由通用 CPU 演变而来的。它的特征是具有 16 位以上的处理器,具有较高的性能,当然其价格也相应较高。但与通用处理器不同的是,在实际嵌入式应用中,只保留和嵌入式应用紧密相关的功能硬件,去除其他的冗余功能部分,这样就以最低的功耗和资源实现嵌入式应用的特殊要求。嵌入式微处理器具有体积小、质量轻、成本低、可靠性高的优点。

主要的嵌入式处理器类型有 Am186/88、386EX、SC-400、Power PC、68000、MIPS、ARM/ StrongARM 系列等。

2) 嵌入式微控制器

嵌入式微控制器(Micro-controller Unit,MCU)的典型代表是单片机,单片机芯片内部集成 ROM/EPROM、RAM、总线、总线逻辑、定时/计数器、看门狗、I/O、串行口、脉宽调制输出、A/D、D/A、Flash、RAM、EEPROM 等各种必要功能和外设。和嵌入式微处理器相比,微控制器的最大特点是单片化,体积大大减小,从而使功耗和成本下降、可靠性提高。

由于 MCU 低廉的价格，优良的功能，所以拥有的品种和数量最多，比较有代表性的包括 8051、MCS-251、MCS-96/196/296、P51XA、C166/167、68K 系列以及 MCU 8XC930/931 等。

3）数字信号处理器

数字信号处理器(Digital Signal Processor，DSP)是用来完成数字信号处理任务的一个软、硬件环境和硬件平台。DSP 支持单时钟周期的"乘加"运算。DSP 具有体积小、功耗小、使用方便、实时处理迅速、处理数据量大、处理精度高、性价比高等优点。为实现上述特点，DSP 内部一般采用哈佛结构，把程序代码和数据的存储空间分开。

DSP 的主要供应商有 TI、ADI、Motorola、Lucent 和 Zilog 等，其中 TI 占有最大的市场份额。TI 提供的 DSP 主要包括 C2000、C5000、C6000 和 OMAP 等系列。

随着技术的发展，微处理器的功能越来越强大，用途越来越广泛。已经渗透到军事、工业、日常生活的各个领域。为满足不同领域的需要，将计算机嵌入各种控制设备中是摆在自动化从业者面前的一项重要任务。本书的后续几章将分别以一款通用 CPU(8086)和一款单片机(89C51)为背景，就如何采用 CPU 构建计算机、如何实现计算机与外部设备接口设计以及相关的 I/O 通道设计等内容进行详细的讨论。

第 2 章　8086 微处理器及系统

Intel 8086 是一款高性能的 16 位微处理器，既可以工作在单处理器结构，也可以工作在高性能的多处理器结构。8086 具有以下特点。

(1) 具有可直接寻址 1MB 存储器的能力。

(2) 内部包含由 14 个 16 位寄存器构成的可对称操作的寄存器组。

(3) 具有 24 种操作数寻址方式，可实现多种运算。

(4) 可进行包括乘除在内的无符号或有符号的 8 位或 16 位、二进制或十进制数的运算。

(5) 具有支持强大的汇编语言和高效的高级语言的体系结构。

2.1　8086 微处理器

2.1.1　功能与引脚

1. 逻辑功能

如图 2-1-1 所示，8086 的内部功能从逻辑上分为两个处理部件：总线接口部件(Bus Interface Unit，BIU)和执行部件(Execution Unit，EU)。

1) BIU

BIU 的功能是负责与存储器、I/O 端口传送数据。BIU 要从内存取指令送到指令队列；CPU 执行指令时，BIU 要配合执行部件从指定的内存单元或者外设端口中取数据，并传送给 EU；或者把 EU 的操作结果传送到指定的内存单元或外设端口中。

8086 在执行指令的同时，从内存中取出后续的一条或几条指令，并放在一个 6 字节的指令队列中。这样，一般情况下，8086 执行完一条指令就可以立即执行下一条指令，而不需要轮番地进行取指令和执行指令的操作，从而提高了 CPU 的效率。

2) EU

EU 的功能是负责指令的执行。EU 接收 BIU 预先取出放在指令队列中的指令，为 BIU 提供未重定位的数据和地址。存储器中的数据通过 BIU 被传递给 EU，EU 将处理结果通过 BIU 送到存储器存储。

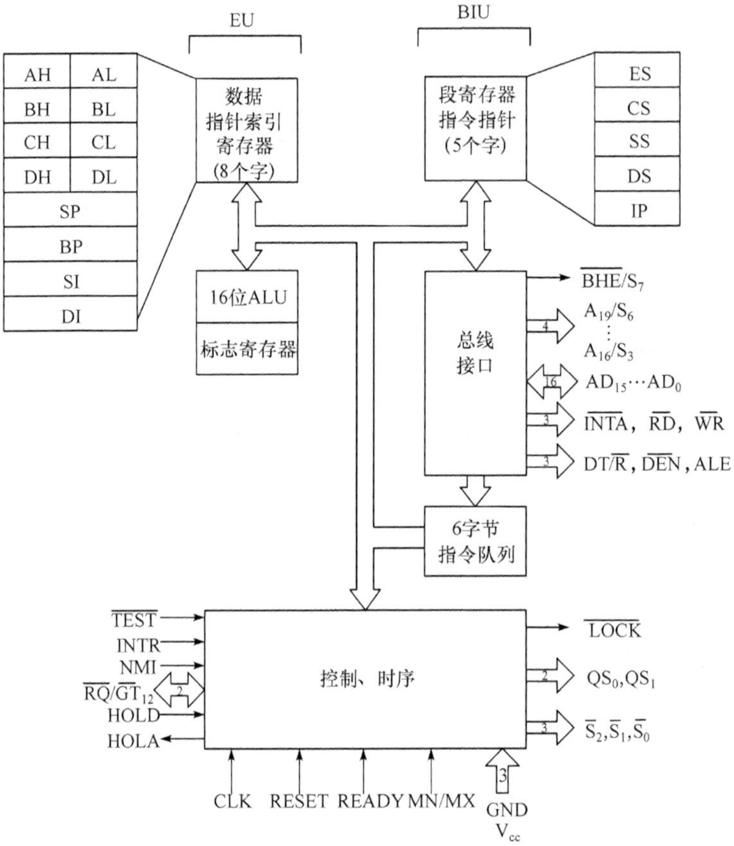

图 2-1-1　8086 的结构

3）部件的动作管理

BIU 和 EU 并不是同步工作的，但是两者的动作管理仍然是有原则的，体现在下面几个方面。

①每当 8086 的指令队列中有 2 个空字节时，BIU 就会自动把指令代码取到指令队列中。②每当 EU 准备执行一条指令时，它会从 BIU 的指令队列前部取出指令的代码，然后用几个时钟周期去执行指令。在执行指令的过程中，如果必须访问存储器或者 I/O 设备，那么 EU 就会请求 BIU 进入总线周期去完成访问内存或者 I/O 端口的操作；如果此时 BIU 正好处于空闲状态，那么会立即响应 EU 的总线请求。但有时会遇到这样的情况，EU 请求 BIU 访问总线时，BIU 正在将某个指令字节取到指令队列中，此时 BIU 将首先完成这个取指令的总线周期，然后再去响应 EU 发出的访问总线的请求。③当指令队列已满，而且 EU 对 BIU 又没有总线访问请求时，BIU 便进入空闲状态。④在执行转移指令、调用指令和返回指令时，下面要执行的指令就不是在程序中紧接着排列的那条指令了，而 BIU 往指令队列装

入指令时，总是按顺序进行的，这样指令队列中已经装入的字节就没有用了。遇到这种情况，指令队列中的原有内容被自动清除，BIU 会接着往指令队列中装入另一个程序段中的指令。

在 8086 中，指令的提取和执行是分别由 BIU 和 EU 完成的，总线控制逻辑和指令执行逻辑之间既互相独立又互相配合。正是这种互相配合但又非同步的工作方式，使得 8086 可以在执行指令的同时进行提取指令的操作。在 8086 CPU 中，EU 可以不停地执行事先已经进入指令队列中的指令。只有当遇到转移指令、调用指令或返回指令时，或者当某一条指令的执行过程中，需要访问内存的次数过于频繁，以至于 BIU 没有空闲从内存将指令提取到指令队列中时，才需要 EU 等待 BIU 提取指令。而这些情况相对来说是较少发生的。BIU 和 EU 的这种并行工作方式，大大提高了 8086 的工作效率。

2. 程序设计资源

要掌握一个 CPU 的工作性能和使用方法，应该了解它的程序设计资源，即与指令相关的内部寄存器的功能和使用方法。

图 2-1-2 说明了 8086 的程序设计资源。8086 的程序设计资源包括 8 位、16 位寄存器组。8 位寄存器有 AH、AL、BH、BL、CH、CL、DH 和 DL，在指令中用这些双字母的名字引用它们。例如，ADD AL，AH 指令，用于将 8 位寄存器 AH 的内容加到 AL 内容中(这条指令只改变 AL 内容)。16 位寄存器有 AX、BX、CX、DX、SP、BP、DI、SI、IP、FLAGS、CS、DS、ES、SS。

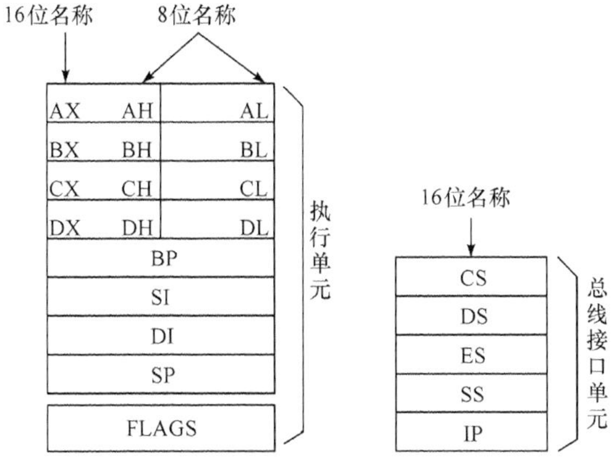

图 2-1-2　8086 的程序设计资源

有些寄存器是通用寄存器或多用途寄存器，有些是专用寄存器。多用途寄存器包括 AX、BX、CX、DX、BP、DI 和 SI。这些寄存器存储各种长度的数据(字节、字)，并用于程序指定的各种用途。

1) 多用途寄存器

AX(累加器)　AX 可作为 16 位寄存器(AX)或 8 位寄存器(AH 或 AL)引用。注意,如果是 8 位寻址,则只改变 16 位寄存器的一部分,其余的不受影响。累加器用于乘法、除法及一些调整指令。对于这些指令,累加器有专门用途,但它通常被认为是多用途寄存器。

BX(基址)　BX 可作为 BX、BH 或 BL 寻址。BX 用于保存访问存储单元的偏移地址。

CX(计数器)　CX 是个通用寄存器,也可保存许多指令的计数值。用于计数的指令有重复串指令(REP/REPE/REPNE)、移位、循环和 LOOP/LOOPD 指令等。移位和循环指令用 CL 计数,重复串指令用 CX 计数,LOOP/LOOPD 指令用 CX 计数。

DX(数据)　DX 是通用寄存器,用于保存乘法形成的部分结果,或者除法之前部分被除数。

BP(基指针)　在 8086 中,为了传送存储器数据,BP 指向存储单元。

DI(目的变址)　DI 常用于寻址串指令的目的数据串,它的另一个功能是作为 16 位(DI)通用寄存器使用。

SI(源变址)　源变址寄存器通常用于为串指令寻址源数据串。与 DI 一样,SI 也作为通用寄存器使用,作为 16 位寄存器。

2) 专用寄存器

专用寄存器包括 IP、SP、FLAGS 和段寄存器 CS、DS、ES、SS。

IP(指令指针)　IP 寻址代码段存储区内的下一条指令。指令指针指向程序的下一条指令,用于 CPU 在程序中顺序寻址代码内的下一条指令。指令指针也可由跳转指令或调用指令修改。

SP(堆栈指针)　SP 寻址一个称为堆栈的存储区。通过这个指针存取堆栈存储器中的数据,具体操作将在 2.3.2 节中介绍相关指令时进行说明。这个寄存器还可以作为 16 位寄存器引用。

FLAGS(标志)　FLAGS 用于指示微处理器的状态并控制它的操作。图 2-1-3 展示了 8086 的 FLAGS 寄存器。

标志位					OF	DF	IF	TF	SF	ZF		AF		PF		CF
	15	14	13	12	11	10	9	8	7	6	5	4	3	2	1	0

图 2-1-3　8086 微处理器的 FLAGS 寄存器

根据功能,8086 的标志可以分为两类:一类称为状态标志,另一类称为控制标志。状态标志辨识前面的操作执行后,算术逻辑部件处在怎样的一种状态,这种状态会像某种先决条件一样影响后面的操作。控制标志是程序设置的，指令系统中有专门的指令用于控制标志的置位和清除。每个控制标志对某一种特定的功能起作用。

CF(进位)　进位标志，保存加法产生的进位或减法产生的借位，也可用进位标志指示由某些程序或进程引发的错误条件。

PF(奇偶)　奇偶标志，表示结果低 8 位数中 1 的个数是奇数还是偶数，是奇数则该标志是逻辑 0，是偶数则该标志是逻辑 1。奇偶标志在现代程序设计中很少使用，它是早期 Intel 的 CPU 在数据通信环境中校验数据的一种手段。如今，通信中使用奇偶校验，校验由数据通信设备完成，而不是由 CPU 完成。

AF(辅助进位)　辅助进位标志，保存加法运算后的结果中第 3 位与第 4 位之间的进位(半进位)，或者减法运算后的结果中第 3 位与第 4 位之间的借位。DAA 和 DAS 指令测试这个特殊标志位，以便在 BCD 加法或减法后对 AL 中的值进行十进制调整。除此以外，CPU 或者任何其他指令都不使用 AF 标志位。

ZF(零)　零标志，表示一个算术或逻辑操作的结果是否为 0。如果 ZF=1，表示结果为 0；如果 ZF=0，表示结果不为 0。

SF(符号)　符号标志，存放算术或逻辑运算指令执行后结果的算术符号。如果 SF=1，则符号位为 1；如果 SF=0，则符号位为 0。

TF(陷阱)　陷阱标志，能够激活 8086 的调试功能(对程序进行调试，以便找到错误或故障)。如果 TF 标志为允许(为 1)，则 CPU 根据调试寄存器和控制寄存器的指示中断程序。如果 TF 标志为 0，则禁止陷阱(调试)性能。

IF(中断控制)　中断控制标志，控制 INTR(中断请求)引脚的输入。如果 IF=1，则 INTR 引脚被允许；如果 IF=0，则 INTR 引脚被禁止。IF 标志的状态由 STI(置位 IF 标志)和 CLI(清除 IF 标志)指令控制。

DF(方向)　方向标志，在串指令操作期间，为 DI 和 SI 寄存器选择递增方式或递减方式。如果 DF=1，寄存器内容自动地递减；如果 DF=0，寄存器内容自动地递增。DF 标志用 STD 指令置位，用 CLD 指令清除。

OF(溢出)　溢出标志，在有符号数进行加或减时可能出现。溢出指示运算结果是否超出机器能够表示的范围。例如，用 8 位加法将

7FH(+127)加上 01H,结果为 80H(−128)。这个有符号数加法结果的溢出状况由溢出位指示。对于无符号的操作,不考虑溢出标志。

3) 段寄存器

段寄存器用来和 CPU 中的其他寄存器联合生成存储器地址。8086 中有 4 个段寄存器。

CS(代码段) 代码段是一个存储器区域,这里保存 CPU 运行的代码(程序和过程)。代码段寄存器定义了一个 64KB 的存放代码的存储器段的起始地址。

DS(数据段) 数据段也是一段存储区域,存储程序使用的大部分数据。可以通过偏移地址或者其他含有偏移地址的寄存器的内容寻址数据段里的数据。和代码段一样,对于 8086,数据段的长度限制为 64KB。

ES(附加段) 附加段是一个附加的数据段,为某些串指令存放目的数据。

SS(堆栈段) 堆栈段定义用作堆栈的存储区。由堆栈段和堆栈指针寄存器确定堆栈段内当前的入口地址。BP 寄存器也可以寻址堆栈段内的数据。

3. 引脚功能

8086 使用+5.0V 电源电压,其允许偏差为±10%。8086 需要的最大电源电流为 360mA。工作环境温度为 0～70℃。此温度范围不够宽,不允许 CPU 工作在冬天或夏天的户外。用户可得到具有扩展温度范围的 8086CPU。另外还有一种 CMOS 型,它只需要很小的电源电流,并且温度范围很宽。80C86 属于 CMOS 型,只需 10mA 电源电流,而工作温度范围可达−40～+105℃。

如图 2-1-4 所示,8086 芯片采用双列直插式 40 条引脚的封装结构,拥有 20 条地址线和 16 条数据线。地址总线和数据总线的低 16 位采用多路复用,4 条地址线与状态信号线复用,复用的芯片引脚信号采取分时处理的方法。

1) 引脚功能

AD_{15}～AD_0 8086 地址/数据总线(Address/Bata Bus)的低 16 位,当 ALE 为逻辑 1 时,作为地址总线 A_{15}～A_0;当 ALE 为逻辑 0 时,作为数据总线 D_{15}～D_0。在"保持响应"(HOLD)期间,这些引脚为高阻抗状态。

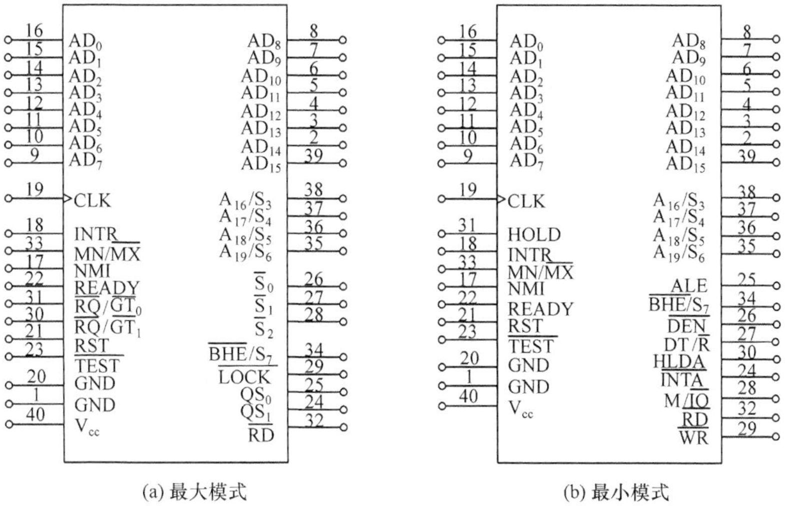

图 2-1-4　8086 引脚图

$A_{19}/S_6 \sim A_{16}/S_3$　多路复用地址/状态总线(Address/Status Bus)，提供地址信号 $A_{19} \sim A_{16}$ 及状态位 $S_6 \sim S_3$。在“保持响应”期间，这些引脚为高阻抗状态。状态位 S_6 一直保持逻辑 0，S_5 表示中断允许标志位(IF)的状态，S_4 和 S_3 指示当前总线周期内被访问的段。表 2-1-1 为 S_4 和 S_3 的真值表。这两个状态位还可被译码为 A_{21} 和 A_{20}，用来寻址 4 个独立的 1MB 存储区。

表 2-1-1　状态位功能

S_4	S_3	功能
0	0	附加段
0	1	堆栈段
1	0	代码段或不用
1	1	数据段

$\overline{RD}$　读信号(Read Signal)引脚。当它为逻辑 0 时，数据总线接收来自存储器或与系统相连的 I/O 设备的数据。在“保持响应”期间，该引脚为高阻抗状态。

READY　就绪输入引脚，用于在 CPU 时序中插入等待状态。若该引脚被置为逻辑 0，则 CPU 进入等待状态并保持空闲；若该引脚被置为逻辑 1，则它对 CPU 的操作不产生影响。

INTR　中断请求(Interrupt Request)引脚，用来申请一个硬件中断。当 IF=1 时，若 INTR 保持高电平，则 8086 在当前指令执行完毕后就进入中断响应周期($\overline{INTA}$ 变为有效)。

$\overline{TEST}$　这是一个测试(Test)输入引脚,由 WAIT 指令来测试。若 $\overline{TEST}$ 为逻辑 0,则 WAIT 指令的功能相当于 NOP 空操作指令;若 $\overline{TEST}$ 为逻辑 1,则 WAIT 指令重复测试 TEST 引脚,直到它变为逻辑 0。该引脚大多与 8087 算术协处理器相连。

NMI　非屏蔽中断(Non-Maskable Interrupt)输入引脚。与 INTR 信号类似,但 NMI 中断不必检查 IF 标志位是否为 1。若 NMI 被激活,则该中断输入使用中断向量 2。

RST　复位(Reset)输入引脚。若该引脚保持 4 个时钟周期以上的高电平,则导致 CPU 复位。一旦 8086 复位,则从存储单元 FFFF0H 开始执行指令,并使 IF 标志位清零,禁止中断。

CLK　时钟(Clock)引脚,为 CPU 提供基本的定时信号。时钟信号占空比必须为 33%(即时钟周期的 1/3 为高电平,2/3 为低电平),以便为 8086 提供正确的内部定时基准。

V_{cc}　电源(Power Supply)输入,为微处理器提供 5V、±10%电源输入。

GND　接地(Ground)引脚。注意,8086 微处理器有两个引脚均标 GND,为保证正常工作,二者必须都接地。

MN/$\overline{MX}$　最小/最大(Minimum/Maximum)模式引脚,为 CPU 选择最小模式或最大模式工作方式。若选择最小模式,则该引脚必须直接接 5V。

$\overline{BHE}/S_7$　高 8 位总线允许(Bus High Enable)引脚,用在 8086 中。在读操作或写操作期间允许高 8 位数据总线 $D_{15}\sim D_8$ 有效。状态位 S_7 始终为逻辑 1。

(1) 最小模式引脚:当将 MN/$\overline{MX}$ 引脚直接连至 5V 时,8086 工作于最小模式。注意不要将该引脚通过一个上拉电阻与 5V 相接,否则会导致工作异常。

M/$\overline{IO}$　M/$\overline{IO}$(8086)引脚选择存储器或 I/O 端口。用于指示 8086 地址总线输出的是存储器地址还是 I/O 端口地址。高电平表示地址总线输出的是存储器地址;低电平则表示 I/O 端口地址。在"保持响应"期间,该引脚为高阻抗状态。

$\overline{WR}$　写(Write)选通引脚,指示 8086 正在输出数据给存储器或 I/O 设备。在 $\overline{WR}$ 为逻辑 0 期间,数据总线包含给存储器或 I/O 设备的有效数据。在"保持响应"期间,该引脚为高阻抗状态。

$\overline{INTA}$　中断响应(Interrupt Acknowledge)引脚,响应 INTR 输入。该引脚常用来选通中断向量号以响应中断请求。

ALE　地址锁存允许(Address Latch Enable),表明 8086 的地址/数据总

线包含地址信息。注意,在“保持响应”期间,ALE 不会被置为高阻抗状态。

DT/$\overline{R}$　数据传送/接收(Data Transmit/Receive)信号,表明数据总线正在传送(DT/$\overline{R}$=1)或接收(DT/$\overline{R}$=0)数据。该信号用来允许外部数据总线缓冲(驱动)器。

$\overline{DEN}$　数据总线允许(Data Bus Enable),用来激活外部数据总线缓冲器。

HOLD　保持(HOLD)输入信号,用来请求直接存储器存取(DMA)。若 HOLD 信号为逻辑 1,CPU 停止执行软件,并将其地址、数据、控制总线置成高阻抗状态。若 HOLD 信号为逻辑 0,CPU 正常执行软件。

HLDA　保持响应(HOLD Acknowledge)引脚,指示 8086 是否进入保持状态。

(2) 最大模式引脚:为使 CPU 工作于最大模式,以便与外部协处理器一起工作,应将 MN/$\overline{MX}$引脚接地。

$\overline{S_2}$、$\overline{S_1}$ 和 $\overline{S_0}$　这些状态位指示当前总线周期的功能。它们通常由 8288 总线控制器译码,后者将在本章后面部分介绍。表 2-1-2 给出了这三个状态位在最大模式下的功能。

表 2-1-2　$\overline{S_2}$、$\overline{S_1}$ 和 $\overline{S_0}$ 在最大模式下的功能

$\overline{S_2}$	$\overline{S_1}$	$\overline{S_0}$	功能
0	0	0	中断响应
0	0	1	读 I/O
0	1	0	写 I/O
0	1	1	暂停
1	0	0	取操作码
1	0	1	读存储器
1	1	0	写存储器
1	1	1	无效状态

$\overline{RQ}/\overline{GT_1}$ 和 $\overline{RQ}/\overline{GT_0}$　请求/同意(Request/Grant)引脚,在最大模式下请求直接存储器存取(DMA)。两个引脚都是双向的,既可用于请求 DMA 操作,又可用于同意 DMA 操作。

$\overline{LOCK}$　锁定输出(Lock Output)信号,用来锁定外围设备对系统总线的控制权。该引脚通过在指令前加前缀 LOCK 激活。

QS_1 和 QS_0　队列状态(Queue Status)位,表明内部指令队列的状态。这些引脚被算术协处理器(8087)访问,以监视 CPU 内部指令队列的状态(表 2-1-3)。

表 2-1-3 队列状态位

QS_1	QS_0	功能
0	0	中断响应
0	0	读 I/O
0	1	写 I/O
0	1	暂停
1	0	取操作码
1	0	读存储器
1	1	写存储器
1	1	无效状态

2）直流特性

如果不知道每一输入引脚的输入电流要求和每一输出引脚的输出电流驱动能力，是不可能将其他器件与 CPU 的引脚相连的。具备这一知识让硬件设计者能够选择适当的接口器件，而不必担心会损坏器件。

（1）输入特性。

8086 引脚的输入特性与标准逻辑器件兼容。表 2-1-4 描述了其任一输入引脚的输入电压及输入电流要求。输入电流值非常小，这是因为输入均是场效应管门连接，所表现的仅是泄漏电流。

（2）输出特性。

表 2-1-5 描述了 8086 所有输出引脚的输出特性。8086 的逻辑“1”电平与大多数标准逻辑器件系列兼容，但逻辑“0”电平则不然。标准逻辑电路的逻辑“0”电平最大为 0.4V，而 8086 最大为 0.45V，二者相差 0.05V。这一差别使得抗干扰能力从标准值 400mV 降低到 350mV（抗干扰能力是逻辑“0”输入电平和逻辑“0”输出电平之差）。抗干扰能力的降低将给连接长导线或过多负载带来困难。因此建议，如果没有驱动，则连接到输出引脚的任何类型的负载或负载组合不要超过 10 个。若超过此数，则噪声将引起时序问题。

表 2-1-4 8086 的输入特性

逻辑电平	电压	电流
0	最大 0.8V	最大±10μA
1	最小 2.0V	最大±10μA

表 2-1-5 8086 的输出特性

逻辑电平	电压	电流
0	最大 0.45V	最大 2.0mA
1	最小 2.4V	最大−400μA

表 2-1-6 列出了一些通用逻辑器件的参数和 8086 引脚的推荐扇出。与 8086 输出引脚相连接的最佳器件类型是 74LS、74ALS 或 74HC 逻辑器件。注意，尽管

某些情况下扇出电流超过了 10 个负载所需的扇出电流，但还是建议，所需的扇出超过 10 个负载时，信号必须经过缓冲驱动。

表 2-1-6　通用逻辑器件的参数和 8086 引脚的推荐扇出

系列	灌电流*	源电流*	扇出**
TTL(74)	−1.6mA	40μA	1
TTL(74LS)	−0.4mA	20μA	5
TTL(74S)	−2.0mA	50μA	1
TTL(74ALS)	−0.1mA	20μA	10
TTL(74AS)	−0.5mA	25μA	10
TTL(74F)	−0.5mA	25μA	10
CMOS(74HC)	−10μA	10μA	10
CMOS(CD4)	−10μA	10μA	10
NMOS	−10μA	10μA	10

* 对一个互补输出的驱动器，从输出端向外电路流出的负载电流称为拉电流(Source Current)；从外电路流入输出端的负载电流称为灌电流(Sink Current)；在没有负载的情况下，驱动器本身消耗的电流称为静态电流(Quiescent Current)

** 扇出(Fan-Out)是指单个逻辑门能够驱动的数字信号输入最大量

2.1.2　总线时序

为了有效利用引脚，降低器件封装尺寸，8086 采用了地址和数据分时复用引脚技术。这种“复用总线”既可以直接连接具有锁存功能的存储器或 I/O 模块，也可以通过地址锁存器将地址和数据分离，构成一套标准的非复用总线。

1. 基本的总线操作

为了取得指令或传送数据，就需要 CPU 的总线接口部件执行一个总线周期。在 8086 中，一个最基本的总线周期由 4 个时钟周期组成，时钟周期是 CPU 的基本时间计量单位，它由 CLK 引脚上输入的时钟信号决定。例如，若时钟以 5MHz 的频率工作，则完成一个 8086 总线周期需要 800ns。这意味着 CPU 和存储器或 I/O 之间，能以最大每秒 1.25×10^6 次的速率读或写数据（由于 8086 的内部指令队列，在突发状态下它每秒可执行 2.5×10^6 条指令）。

习惯上将 4 个时钟周期分别称为 T_1 状态、T_2 状态、T_3 状态和 T_4 状态。T_1 状态的主要工作是 CPU 输出地址，T_3 和 T_4 状态的主要工作是数据传送。加入 T_2 状态的主要原因是在读操作时，改变数据传送方向需要一定的时间。

若数据要写入存储器（图 2-1-5），则 8086 将存储器地址输出到地址总线上，将要写入存储器的数据输出到数据总线上，并发出一个写命令（$\overline{WR}$）给存储器。

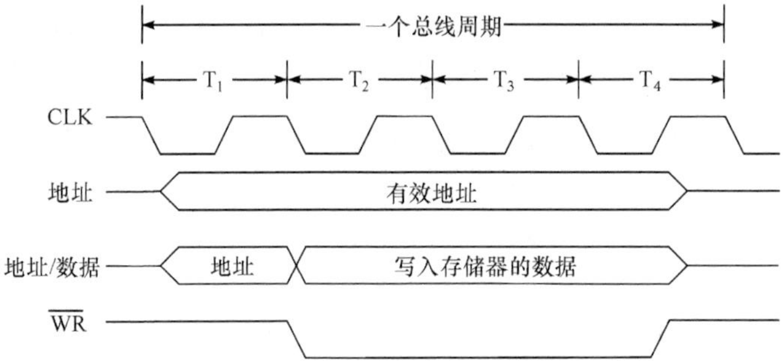

图 2-1-5　简化的 8086 写总线周期

若数据从存储器读出(图 2-1-6),则 8086 将存储器地址输出到地址总线上,发出一个读存储器信号($\overline{RD}$),并通过数据总线接收数据。

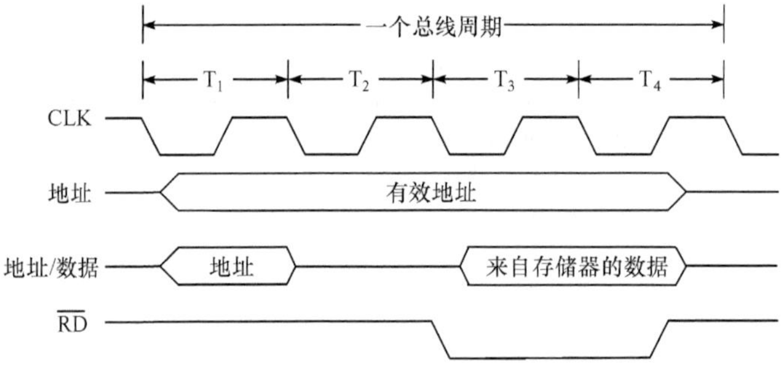

图 2-1-6　简化的 8086 读总线周期

2. 完整的总线操作

图 2-1-7 所示为 8086 的两个总线周期,每个完整的总线周期至少包含 4 个时钟周期。

在 T_1 状态,CPU 往多路复用总线上发出地址信息,以指出要寻址的存储单元或外设端口的地址;在 T_2 状态,CPU 从总线上撤销地址,而使总线的低 16 位输出高阻抗状态,为传输数据作准备。总线的最高 4 位($A_{19}\sim A_{16}$)用来输出本总线周期状态信息。这些状态信息用来表示中断允许状态、当前正在使用的段寄存器名等;在 T_3 状态,多路总线的高 4 位继续提供状态信息,而多路总线的低 16 位上出现由 CPU 写出的数据或者 CPU 从存储器或端口读入的数据。

在有些情况下,外设或存储器速度较慢,不能及时地配合 CPU 传送数据。这时外设或存储器会通过“READY”信号线,在 T_3 状态启动之前向 CPU 发一个“等待”信号,于是 CPU 会在 T_3 和 T_4 之间插入等待状态(T_{WAIT}),每个等待状态的时间是一个时钟周期。在 T_{WAIT} 状态,总线上的信息情况和 T_3 状态的信息情况一样。当指定的存储器或外设完成数据传送时,便在“READY”线上发出“就绪”信号,CPU 接收到这一信号后,会自动脱离 T_{WAIT} 状态而进入 T_4 状态。

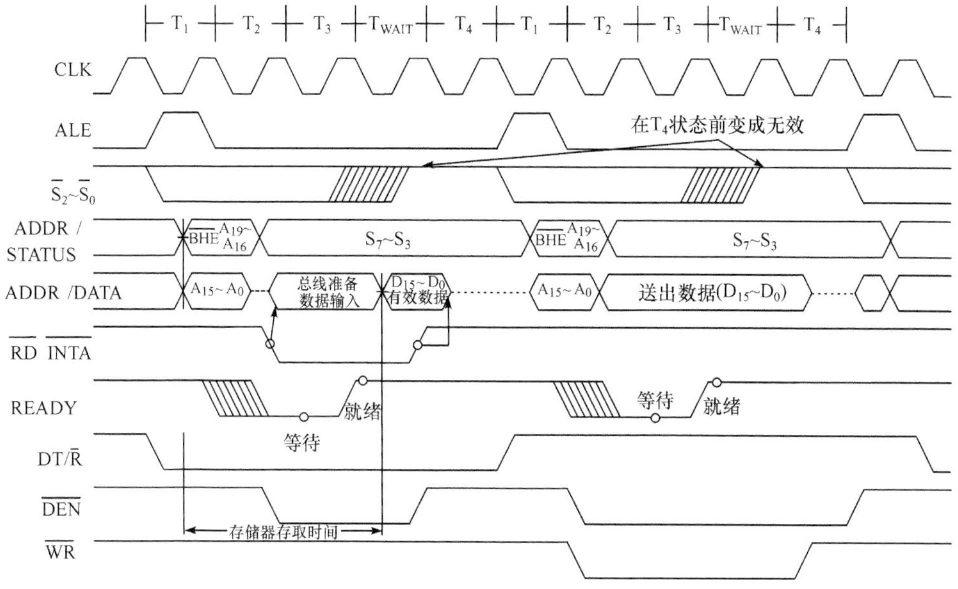

图 2-1-7　8086 读写时序图

在 T_4 状态,总线周期结束。只有在 CPU 和内存或 I/O 接口之间传输数据,以及填充指令队列时,CPU 才执行总线周期。如果在一个总线周期之后,不立即执行下一个总线周期,那么系统总线就处在空闲状态,此时执行空闲周期。在空闲周期中,可以包含一个时钟周期或多个时钟周期。此期间,在高 4 位上 CPU 仍然输出前一个总线周期的状态信息,而且如果前一个总线周期为写周期,那么 CPU 会在总线低 16 位上继续输出数据;如果前一个总线周期为读周期,则在空闲周期中,总线低 16 位处于高阻抗状态。

2.1.3　地址锁存与总线驱动

为了构造一套标准的总线,8086 的"复用总线"必须通过地址锁存器将地址和数据分离。由于 8086 引脚的扇出能力有限(最大扇出为 10),在较大的系统中(总线上挂接超过 10 个器件),必须对总线进行驱动。

1. 地址锁存

在 8086 中,分时复用的引脚包括 $AD_{15} \sim AD_0$、$A_{19}/S_6 \sim A_{16}/S_3$ 和 $\overline{BHE}/S_7$。图 2-1-8 描述了 8086 实现数据/地址分离所需的器件。它使用三片 74LS373 锁存器来分离地址/数据总线($AD_{15} \sim AD_0$)、地址/状态线($A_{19}/S_6 \sim A_{16}/S_3$)及信号/状态线 $\overline{BHE}/S_7$。

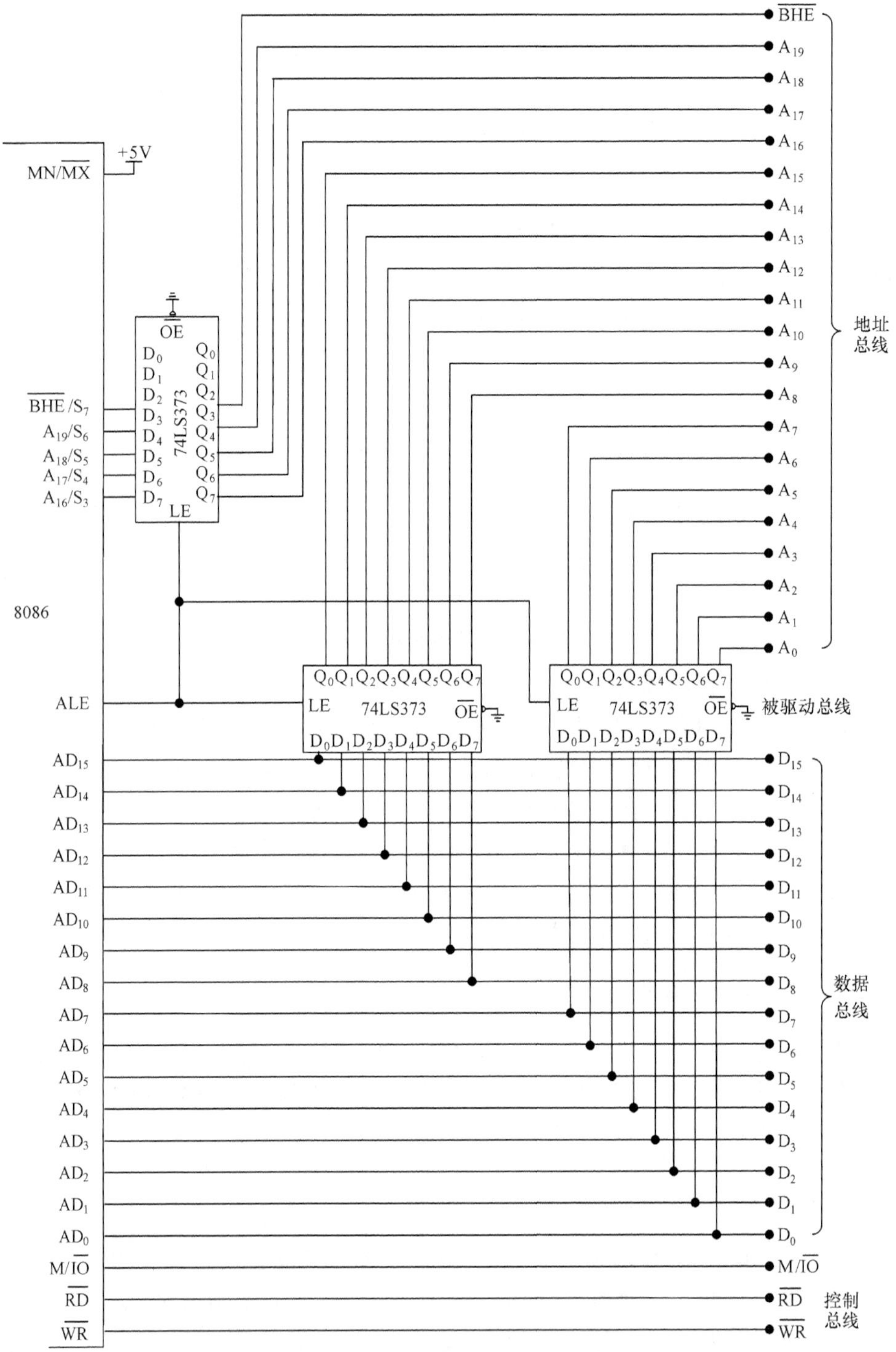

图 2-1-8　8086 的数据/地址总线分离

在地址锁存允许引脚(ALE)变为逻辑 1 时，这些锁存器就像导线一样，将输入传送到输出。当 ALE 变到逻辑 0 状态时，锁存器记忆 ALE 变到逻辑 0 时刻的输入。在这种情况下，$A_{15} \sim A_0$ 被存储在下面的锁存器中，$A_{19} \sim A_{16}$ 被存储在上面的锁存器中。这样就产生了一个独立的地址总线 $A_{19} \sim A_0$。一个 $\overline{BHE}/S_7$ 输入上面的 74LS373，用于选择 8086 的 16 位存储器系统中的高位存储体。这样，构成了一套具有 20 位地址总线($A_{19} \sim A_0$)、16 位数据总线($D_{15} \sim D_0$)和 3 位控制总线($M/\overline{IO}$、$\overline{RD}$ 及 $\overline{WR}$)的系统总线。

2. 总线驱动

如果任一总线引脚上负载超过 10 个，则 8086 系统的总线必须经过驱动(或缓冲)。复用引脚已由 74LS373 锁存器驱动，一般设计成可驱动系统总线上的所有器件。驱动后的总线输出电流增大，可以驱动更多的 TTL 负载；逻辑 0 输出提供最大 32mA 漏电流；逻辑 1 输出提供最大 5.2mA 源电流。

一个经过完全驱动后的总线将给系统引入一个定时延迟。如果使用的存储器或 I/O 设备的工作速度接近总线的最大速度，这个延迟可能会产生时序问题。否则，不会带来任何问题。

图 2-1-9 描述了一个经过完全驱动的 8086。其地址引脚经过 74LS373 地址锁存器缓冲；其数据总线驱动使用两片 74LS245 八位双向总线缓冲器，74LS245 的方向由 $DT/\overline{R}$ 信号控制，由 $\overline{DEN}$ 信号允许和禁止；控制总线信号 $M/\overline{IO}$、$\overline{RD}$ 和 $\overline{WR}$ 的驱动使用一片 74LS244 缓冲器。除此之外，8086 还有一个用于选择存储体的 $\overline{BHE}$ 信号也需要驱动。一个经过完全驱动的 8086 系统，需要一片 74LS244、两片 74LS245 和三片 74LS373。

2.1.4 时钟、就绪、等待发生器

对于一个时序电路，通常都需要一个时钟信号。对于 CPU 也不例外。从 2.1.3 小节可以知道，总线周期是基于时钟信号 CLK 的。在基于 8086 的系统中，通常采用专用的时钟发生器产生时钟(CLK)。8284A 就是这样一个器件，它除了产生时钟，还具有复位(RESET)同步、就绪(READY)同步以及产生一个 TTL 电平的外围设备时钟信号。图 2-1-10 描述了 8284A 时钟产生器的引脚图。

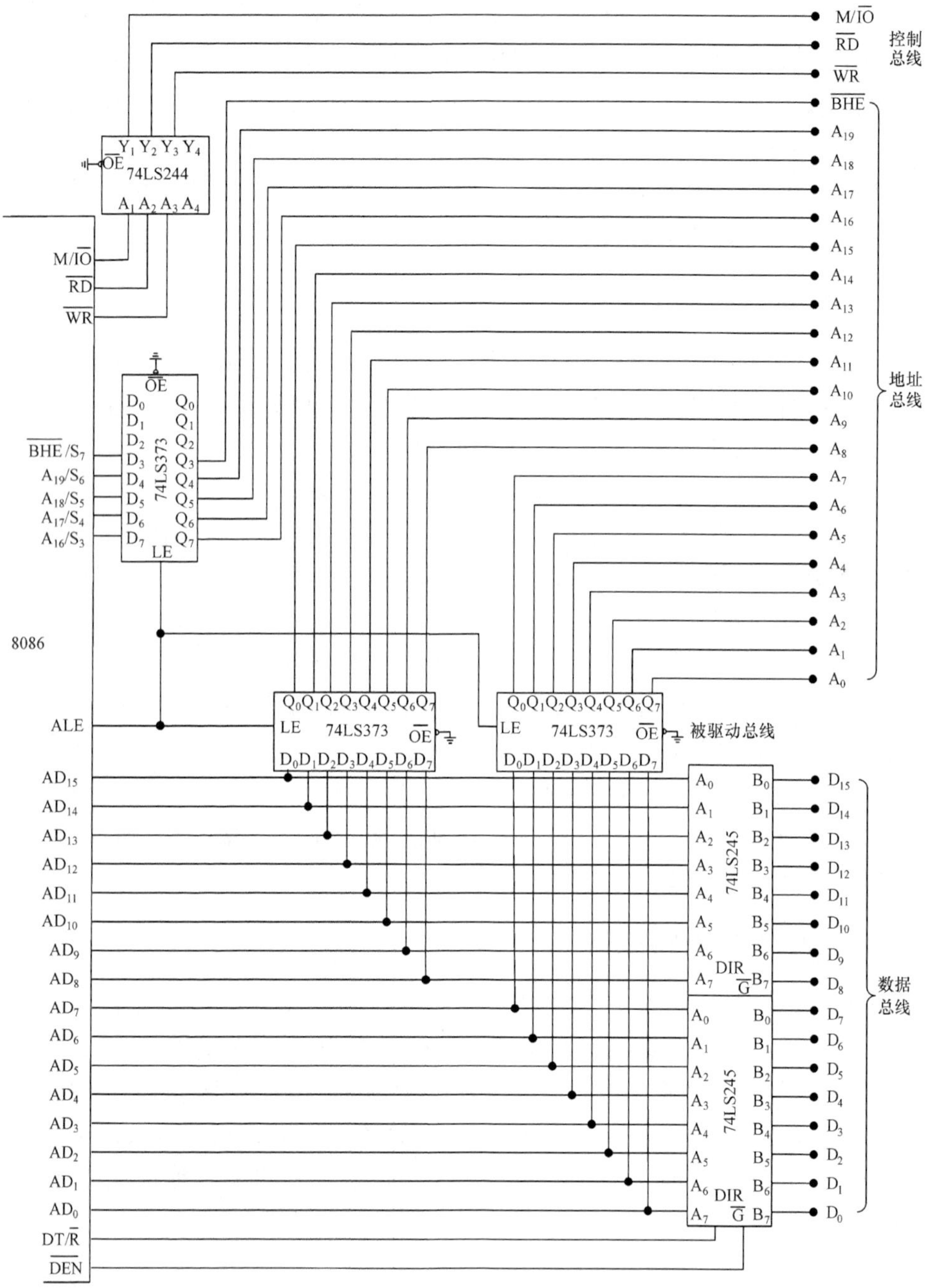

图 2-1-9　完整的 8086 总线缓冲

1. 引脚功能

8284A 是专为 8086 设计的 18 引脚集成电路，各引脚及其功能如下所示。

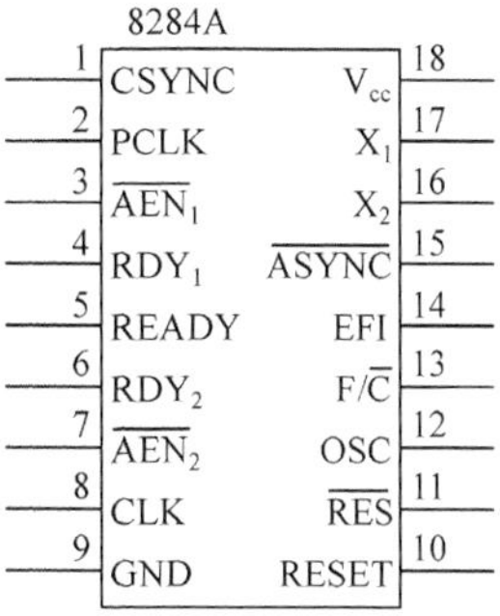

图 2-1-10　8284A 时钟产生器的引脚图

$\overline{AEN_1}$、$\overline{AEN_2}$　地址允许(Address Enable)引脚，分别用来控制总线就绪信号 RDY_1 和 RDY_2 有效，与 RDY_1 和 RDY_2 输入一起产生等待状态。等待状态是由 8086 微处理器的 READY 引脚产生的，而 READY 信号受 $\overline{AEN_1}$ 和 $\overline{AEN_2}$ 这两个输入信号控制。

RDY_1、RDY_2　总线就绪(Bus Ready)输入引脚。在基于 8086 的系统中，与 $\overline{AEN_1}$ 和 $\overline{AEN_2}$ 输入一起产生等待状态。

$\overline{ASYNC}$　就绪同步(Ready Synchronization)选择引脚，为 RDY_1 和 RDY_2 输入选择一级同步方式或二级同步方式。

READY　输出引脚，与 8086 的 READY 引脚相连。此信号与 RDY_1 和 RDY_2 输入同步。

X_1 和 X_2　晶体振荡器(Crystal Oscillator)引脚，与外部晶体相连，作为时钟产生器及其所有功能的时钟源。

$F/\overline{C}$　频率/晶体选择(Frequency/Crystal Select)引脚，为 8284A 选择时钟源。若该引脚保持高电平，选择由 EFI 引脚输入的外部时钟；若该引脚保持低电平，则选择由内部时钟发生器提供的时钟信号。

EFI　外部频率输入(Frequency Input)，当 $F/\overline{C}$ 引脚为高电平时使用。只要 $F/\overline{C}$ 引脚为高电平，则由 EFI 提供定时信号。

CLK　时钟输出引脚，为 8086 及系统中其他器件提供时钟信号。CLK 引脚的输出信号是晶体或 EFI 输入频率的 1/3，其占空比为 33%，这是 8086 所要求的。

PCLK　外围设备时钟(Peripheral Clock)信号，其频率为晶体或 EFI 输入频率的 1/6，其占空比为 50%。PCLK 输出为系统中的外围设备提供时钟信号。

OSC　振荡器输出(Oscillator Output)，是一个 TTL 电平信号，其频率与晶体或 EFI 输入的频率相同。在多 CPU 系统中，OSC 输

	出为其他的 8284A 提供时钟输入(EFI)。
$\overline{RES}$	复位输入引脚,8284A 的复位是低电平输入有效。该引脚常与一个 RC 网络相连,以提供上电复位。
RESET	复位输出引脚,与 8086 的 RESET 输入引脚相连。
CSYNC	时钟同步(Clock Synchronization)引脚,在多 CPU 系统中当 EFI 输入提供同步信号时使用。如果已使用了内部晶振,则该引脚必须接地。
GND	接地引脚。
V_{cc}	电源引脚,为 8284A 提供 5V±10%的电源输入。

2. 时钟发生器

图 2-1-11 显示了 8284A 时钟产生器的内部框图。时钟部分的操作逻辑框图的上半部分是时钟和同步复位部分。8284A 可以产生 3 个时钟输出:OSC、CLK、PCLK。OSC 为内部振荡器的输出。当晶体接到引脚 X_1 和 X_2 上时,振荡器会产生一个与晶体同频率的方波信号。当系统中有多个 8284A 时,OSC 上的方波信号可以作为其他 8284A 电路的 EFI 输入。CLK 为 8086 提供时钟,F/$\overline{C}$ 为 CLK 选择时钟源。当 F/$\overline{C}$ 为逻辑 0 时,振荡器产生的晶体频率方波经过 3 分频后,作为 CLK 时钟;引脚 F/$\overline{C}$ 为逻辑 1 时,则将 EFI 引脚上的输入信号 3 分频后作为 CLK 时钟。PCLK 为外围设备的时钟信号,它实际上是 CLK 的 2 分频。

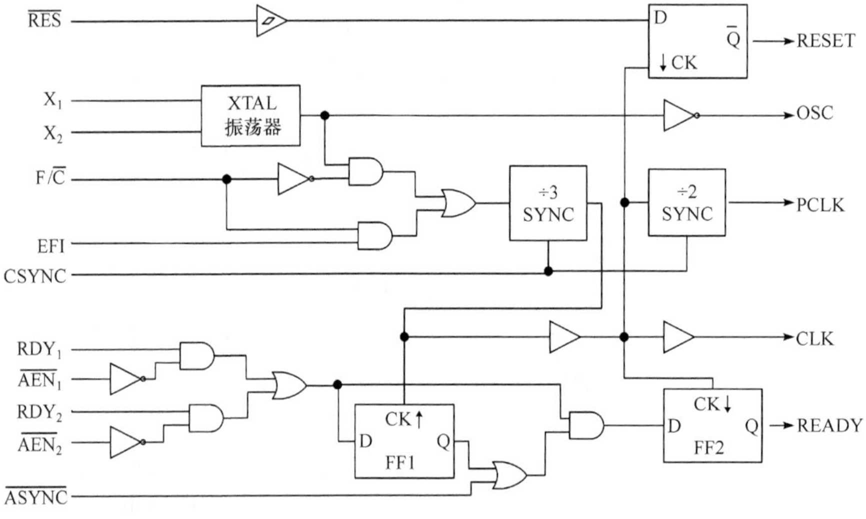

图 2-1-11　8284A 时钟产生器内部框图

图 2-1-12 给出了 8284A 与 8086 时钟及复位信号的连接图。F/$\overline{C}$ 和 CSYNC

两个引脚接地用以选择内部振荡器的输出作为时钟源；15MHz 的晶体使 8284A 产生标准 5MHz 的 8086 时钟信号（8086 支持三种时钟：5MHz、8MHz 和 10MHz）和 2.5MHz 外围设备时钟信号。

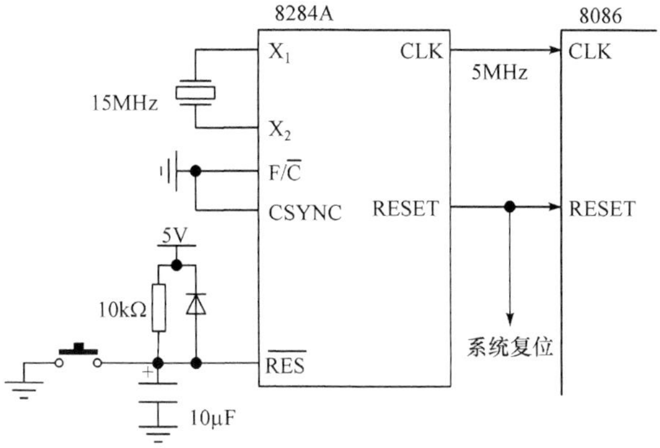

图 2-1-12　8284A 与 8086 时钟及复位信号的连接

3. 复位及同步

8284A 的复位部分由一个施密特触发器和一个 D 触发器电路组成。$\overline{RES}$ 输入信号经过施密特触发器整形后，作为 D 触发器的输入。D 触发器的 $\overline{Q}$ 输出作为复位信号输出。D 触发器的时钟与 CLK 同步，每个时钟的下降沿（1 到 0 跳变）将复位信号加到微处理器上，8086 在时钟的上升沿（0 到 1 跳变）采样 RESET，满足 8086 RESET 输入的时序要求。

在图 2-1-12 中，复位部分包括两项功能：上电复位和手动复位。上电复位由 RC 电路构成。由于电容两端电压不能突变，系统上电时，RC 电路为 $\overline{RES}$ 输入引脚提供了一个低电平（逻辑 0）。经过一段短暂的充电过程，电容两端电压趋于 5V，故 $\overline{RES}$ 输入变为逻辑 1。这样，在 $\overline{RES}$ 输入引脚上提供一个低电平的脉冲，脉冲的宽度与阻容值相关。手动复位由一个自复位功能的按钮开关构成。手动按下按钮开关使之闭合，为 $\overline{RES}$ 输入引脚提供一个低电平；松开后开关断开，$\overline{RES}$ 输入引脚变为高电平。同样，在 $\overline{RES}$ 输入引脚上人工手动提供一个低电平的脉冲，脉冲的宽度为开关闭合时间。

8086 的复位要求，在系统上电后不到 4 个时钟周期内，RESET 输入必须变为逻辑 1，并保持高电平至少 50μs 时间。触发器保证了 RESET 在 4 个时钟周期内变为高电平，RC 时间常数（或开关闭合时间）保证了它保持高电平至少 50μs 时间。

4. 就绪及同步

在计算机系统中，存储器和 I/O 设备的速度可能与 CPU 的速度不匹配。就绪(READY)信号使得 CPU 为较慢的存储器和 I/O 器件产生等待状态。一个等待状态(T_{WAIT})是一个额外的时钟周期，在 T_3 和 T_4 之间插入，以延长总线周期。若插入一个等待状态，则存储器存取时间由通常的 460ns(在 5MHz 时钟下)，延长一个时钟周期(200ns)至 660ns。

8086 系统一般采用 8284A 时钟产生器内部的 READY 同步电路，在总线周期中有选择性地插入一个或多个等待状态，并检查 READY 输入及其所需的同步时间。READY 输入在 T_2 结束时被采样，如果有等待状态，则在 T_{WAIT} 中间被再次采样。若在 T_2 结束时 READY 是逻辑 0，则在 T_3 和 T_4 之间插入 T_{WAIT}，T_4 被延迟。READY 在 T_{WAIT} 中间被再次采样，以确定下一状态是 T_{WAIT} 还是 T_4。在 T_2 结束，当时钟由 1 跳变为 0 时测试 READY 是否为逻辑 0；在 T_{WAIT} 中间，当时钟由 0 跳变为 1 时测试 READY 是否为逻辑 1。

输入 8086 的 READY 信号有严格的时序要求。图 2-1-13 的时序图表明 READY 引起了一个等待状态(T_{WAIT})，以及系统时钟所需的建立和保持时间。这个操作的时序要求由 8284A 时钟产生器内部的 READY 同步电路来实现。当使用 8284A 产生 READY 时，RDY 输入(给 8284A 的就绪输入信号)出现在每个 T 状态快结束时。

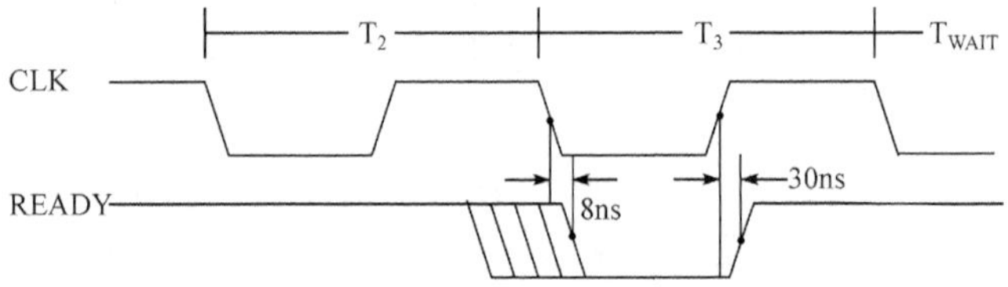

图 2-1-13　8086 READY 输入时序

8284A 时钟产生器可以对 RDY 引脚输入的就绪信号进行同步。8284A 内部电路保证了提供给 8086 的就绪信号的同步精度。

图 2-1-14 的下半部分是就绪同步电路。$\overline{ASYNC}$ 用于选择一级同步还是二级同步。当 $\overline{ASYNC}$ 输入为逻辑 1，选择一级同步；当为逻辑 0 时，选择二级同步。若选择一级同步，则 RDY 信号从到达 8086 的 READY 引脚开始一直保持到时钟的下一个下降沿。若选择二级同步，则在时钟的第一个上升沿就把 RDY 信号送到第一个触发器。该触发器的输出被送入第二个触发器，故在时钟的下一个下降沿，第二个触发器捕获到 RDY 信号。

同步的输入源有两组：RDY_1 和 $\overline{AEN_1}$、RDY_2 和 $\overline{AEN_2}$。为了在触发器的输

入端得到逻辑 1,这两组至少有一组有效。

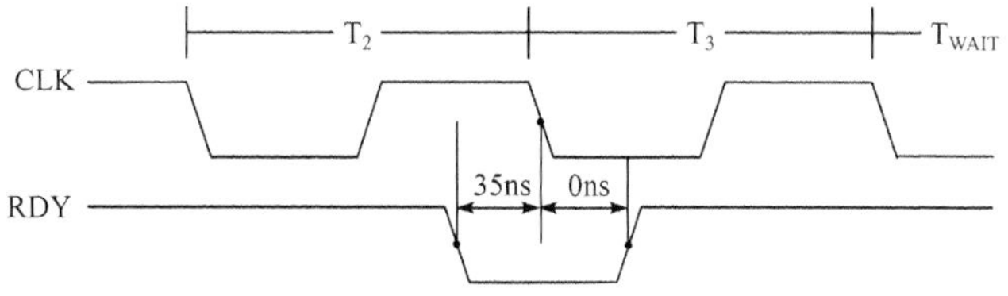

图 2-1-14　8284A 的 RDY 输入时序

图 2-1-15 描述了用于为 8086 产生 0～7 个等待状态的电路。这里,一个 8 位串行移位寄存器(74LS164),将逻辑 0 移动一个或多个时钟周期,并从它的一个 Q 输出端送到 8284A 的 RDY_1 输入端。通过适当的跳线,此电路可提供不同数目的等待状态。还应注意移位寄存器是如何被清零回到起始点的。当 $\overline{RD}$、$\overline{WR}$ 和 $\overline{INTA}$ 引脚均为逻辑 1 时,寄存器输出被强制置为高电平。这 3 个信号一直保持高电平,直到 T_2 状态,故移位寄存器在 T_2 的上升沿到达时第一次移位。如果需要一个等待状态,则将输出 Q_B 接到或门;如果需要两个等待状态,则将输出 Q_C 接到或门,依此类推。在此图中,只产生一个等待状态。

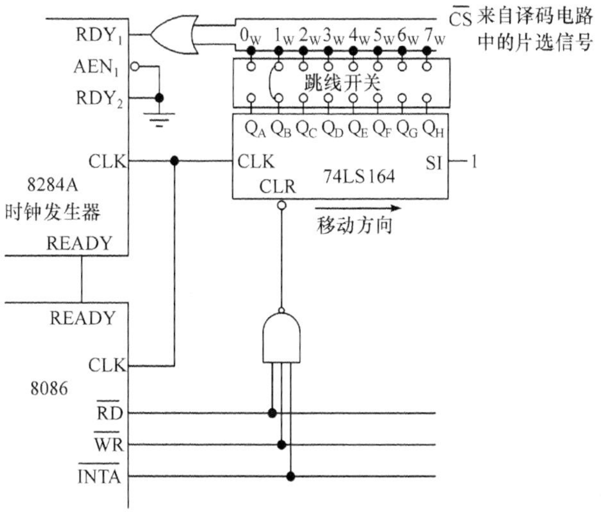

图 2-1-15　等待状态产生电路

注意,图 2-1-15 的电路并不总是产生等待状态,只有那些需要插入等待状态的存储器件才允许它。若来自一个存储器件的选择信号为逻辑 0,则该器件被选中,然后此电路将产生等待状态。

图 2-1-16 描述了这个移位寄存器作为等待状态产生器,被接成插入一个等待状态时的时序图。此图还可描述移位寄存器里触发器的内容,展示其更详细的

操作。

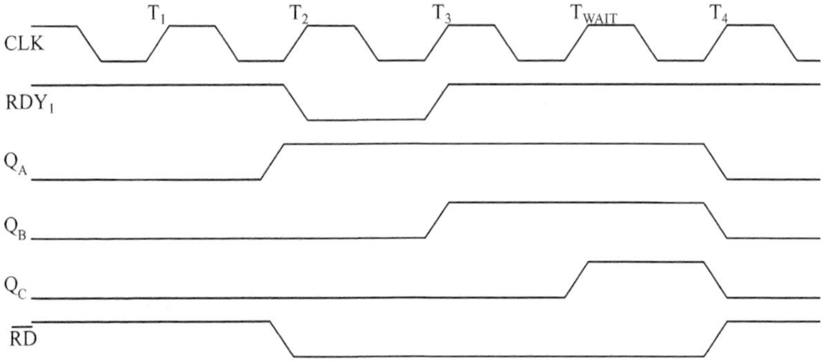

图 2-1-16 电路的等待状态产生时序

2.1.5 工作模式

8086 有两种工作模式：最小模式和最大模式。当模式选择引脚 MN/$\overline{MX}$ 连到 5V 上时，选择最小模式；当将该引脚接地时，选择最大模式。这两种模式允许 8086 有不同的控制结构。最小模式的操作与 8085A 的相似，8085A 是 Intel 的一种 8 位 CPU。最大模式非常独特，用于系统中有协处理器的情况。注意，从 80286 开始，Intel 系列 CPU 已不再采用最大模式。

1. 最小模式操作

如图 2-1-17 所示，最小模式操作是 8086 开销较小的方式。其成本较低，是因为存储器和 I/O 的所有控制信号均由微处理器产生。这些控制信号与早期的 8085A 的相同。最小模式允许 8085A 的 8 位外围设备与 8086 一起使用，而不必进行特殊的考虑。

2. 最大模式操作

最大模式操作不同于最小模式，它的某些控制信号必须由外部产生。这就需要增加一个外部总线控制器——8288 总线控制器（图 2-1-18）。在最大模式下，8086 没有足够的引脚用于总线控制，因为一些新的引脚和特性代替了原来的某些引脚。最大模式仅用在系统包含如 8087 算术协处理器之类的外部协处理器的情况下。

工作于最大模式的 8086 系统中必须有一个 8288 总线控制器，以提供最大模式操作从 8086 中去掉的信号。图 2-1-19 描述了 8288 总线控制器的框图及引脚图。

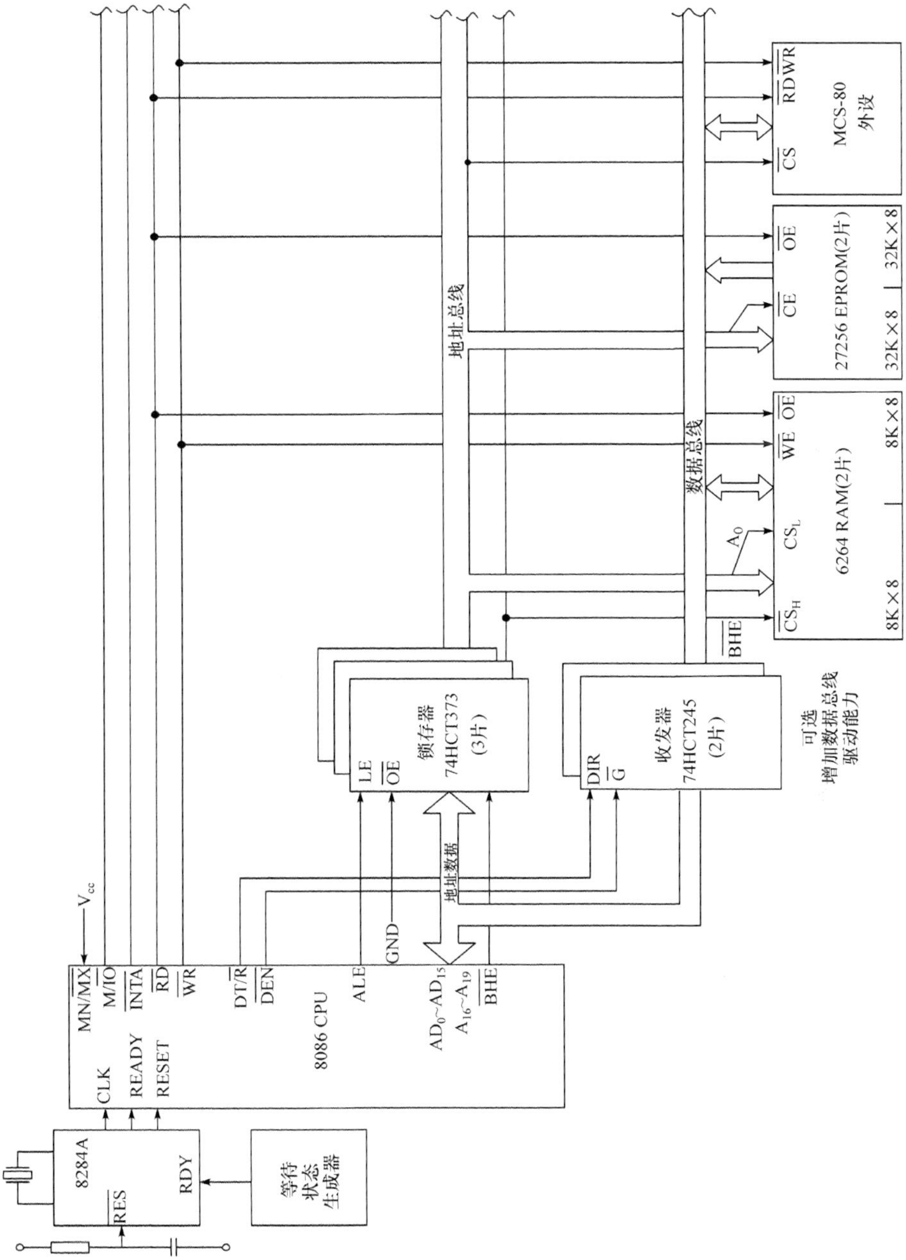

图 2-1-17　8086 最小模式系统

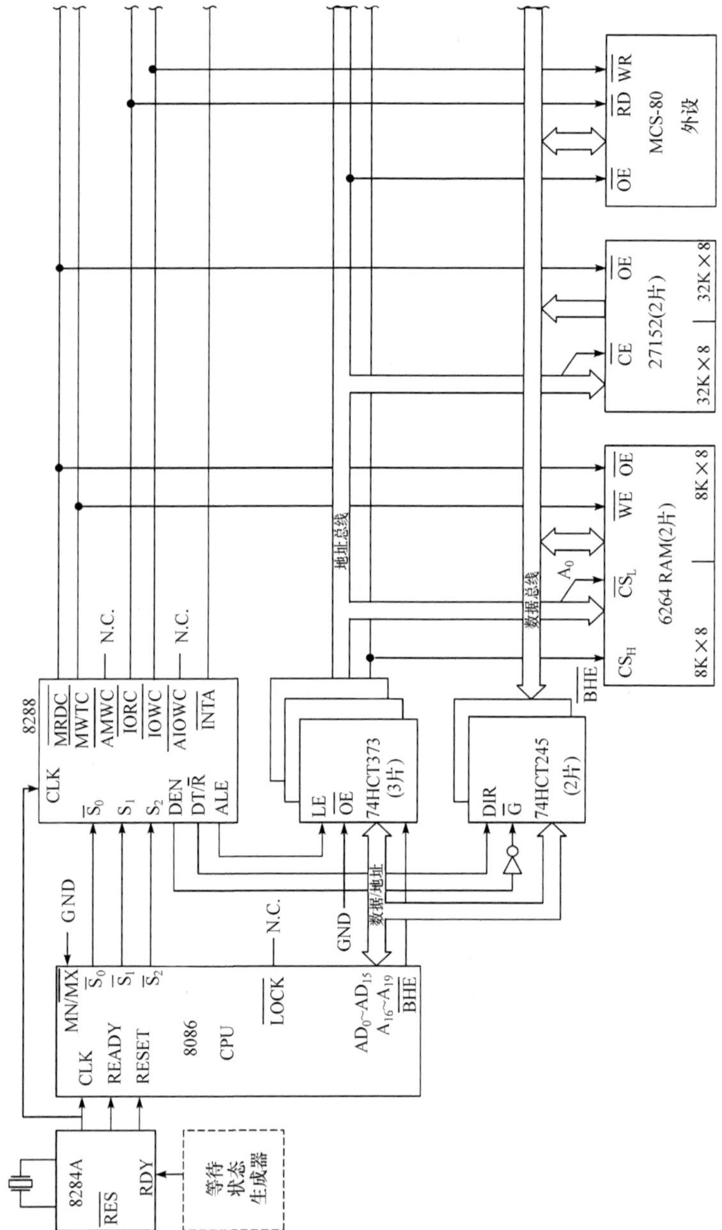

图 2-1-18　8086 最大模式系统

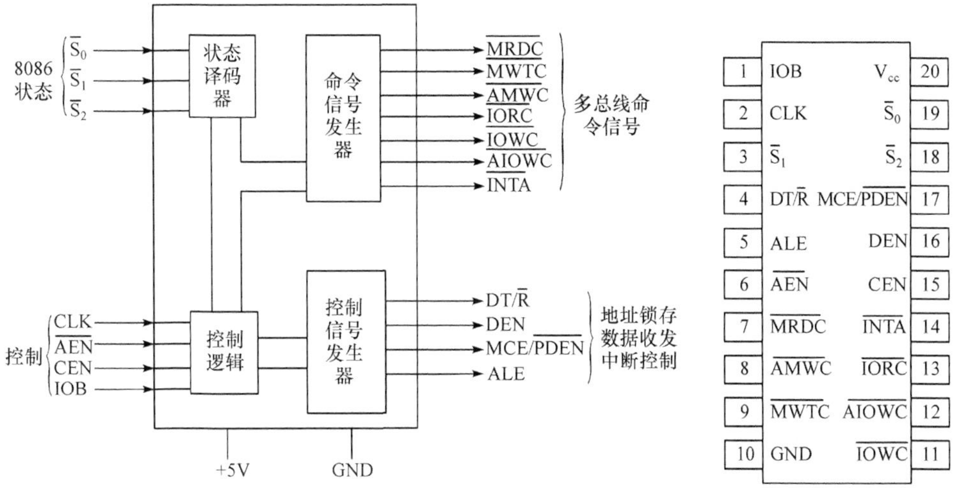

(a) 框图　　　　(b) 引脚图

图 2-1-19　8288 总线控制器的框图及引脚图

以上图中的引脚功能如下。

$\overline{S_2}$、$\overline{S_1}$ 和 $\overline{S_0}$　状态(Status)输入引脚,与 8086 的状态输出引脚相连。这 3 个信号被译码,产生系统的定时信号。

CLK　时钟输入引脚,提供内部定时,必须与 8284A 时钟产生器的 CLK 输出引脚相连。

ALE　地址锁存允许输出引脚,用于分离地址/数据总线。

DEN　数据总线允许引脚,控制系统中的双向数据总线缓冲器。注意,这是一个高有效输出引脚,与工作在最小模式的 8086 上的 DEN 信号极性相反。

DT/$\overline{R}$　数据传送/接收引脚,由 8288 输出,控制双向数据总线缓冲器的方向。

$\overline{AEN}$　地址允许输入引脚,使 8288 允许存储器控制信号。

CEN　控制允许输入引脚,允许 8288 上的命令输出引脚。

IOB　I/O 总线模式(I/O Bus Mode)引脚,选择 I/O 总线模式或系统总线模式操作。

$\overline{AIOWC}$　超前的 I/O 写(Advanced I/O Write)引脚是一个命令输出引脚,用于给 I/O 提供一个超前的 I/O 写控制信号。

$\overline{IOWC}$　I/O 写命令(I/O Write Command)输出引脚,给 I/O 提供主要的写信号。

$\overline{IORC}$　I/O 读命令(I/O Read Command)输出引脚,给 I/O 提供读控制信号。

$\overline{\text{AMWC}}$	超前的存储器写控制(Advanced Memory Write Control)引脚,给存储器提供一个早的或超前的写信号。
$\overline{\text{MRDC}}$	存储器写控制(Memory Write Control)引脚,给存储器提供正常的写控制信号。
$\overline{\text{INTA}}$	存储器读控制(Memory Read Control)引脚,给存储器提供一个读控制信号。中断响应输出,响应由 INTR 引脚上输入的中断请求。
MCE/$\overline{\text{PDEN}}$	主控级联/外围设备数据(Master Cascade/Peripheral Data)输出引脚,若 IOB 接地,则为一个中断控制器选择级联操作;若 IOB 接高电平,则允许 I/O 总线收发器。

8288 总线控制器产生的控制总线包含独立的 I/O 信号($\overline{\text{IORC}}$和$\overline{\text{IOWC}}$)和存储器信号($\overline{\text{MRDC}}$和$\overline{\text{MWTC}}$);还包含超前的存储器写选通信号($\overline{\text{AMWC}}$)、I/O 写选通信号($\overline{\text{AIOWC}}$)以及$\overline{\text{INTA}}$信号。这些信号取代了最小模式的 ALE、$\overline{\text{WR}}$、IO/$\overline{\text{M}}$、DT/$\overline{\text{R}}$、$\overline{\text{DEN}}$和$\overline{\text{INTA}}$信号,当 8086 微处理器工作于最大模式时,$\overline{\text{INTA}}$等信号就没有了。将存储器的控制信号和 I/O 控制信号分开,有助于 DMA 控制器的接入。

2.2　8086 的存储器管理

在计算机体系结构中,CPU 和存储器是通过总线实现硬连接的,包括地址总线、数据总线和控制总线。在此基础上,CPU 与存储器之间还要有软连接,即读写时序。CPU 对存储器进行读写操作时,首先 CPU 在地址总线上给出地址信号,然后发出相应的读或写命令,并在数据总线上交换信息。在实现 8086 和存储器连接之前,必须了解 8086 是如何组织存储器的,了解存储空间的物理结构和逻辑结构。

2.2.1　存储器组织

8086 为存储器提供 20 根地址线,具有 1MB 的存储器地址空间。这 1MB 的存储单元按照 00000H～FFFFFH 来编址。

1. 物理结构

在物理上,存储器寻址空间被地址线 A_1～A_{19}组织成两个并列的 512KB 的存储体:高位存储体和低位存储体。图 2-2-1 描述了存储器的两个存储体:一个存储体(低位存储体)包含所有地址为偶数的存储单元;另一个存储体(高位存储体)包含所有地址为奇数的存储单元。具有偶地址(A_0 为“0”)的字节数据在数据总线的 D_7～D_0 上传送,具有奇地址(A_0 为“1”)的字节数据在数据总线的 D_{15}～D_8 上传送。

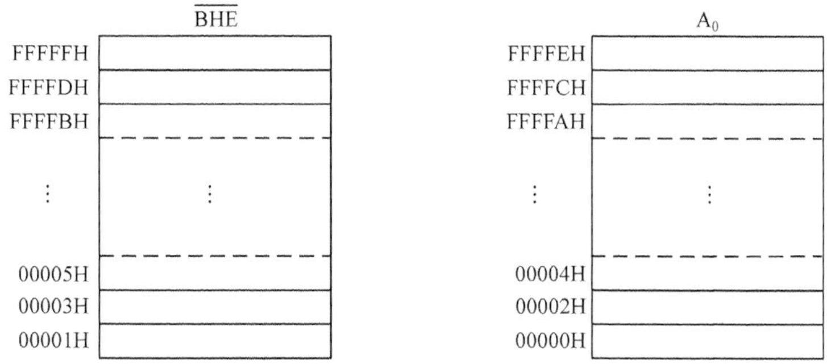

(a) 高位存储体（奇存储体）　　(b) 低位存储体（偶存储体）

图 2-2-1　8086 微处理器的高(奇)和低(偶)位存储体

8086 提供了 $\overline{\text{BHE}}$ 和 A_0 两个使能信号，来选择是与一个偶地址字节单元进行读写数据，还是与一个奇地址字节单元进行读写数据，或者 2 字节同时进行读写。表 2-2-1 描述了这两个引脚上的电平和所选择的存储体。8086 取指令时是以字为单位的，一次从存储器中取出两字节指令并放到指令队列中，在 CPU 内部根据指令的具体情况决定从指令队列中取出几个字节。

表 2-2-1　使用 $\overline{\text{BHE}}$ 和 A_0 选择存储体

$\overline{\text{BHE}}$	A_0	功能
0	0	允许两个存储体进行 16 位数据传送
0	1	允许高位存储体(奇地址)进行 8 位数据传送
1	0	允许低位存储体(偶地址)进行 8 位数据传送
1	1	两个存储体都未选中

像许多 16 位 CPU 一样，8086 存放一个 16 位的指令操作数不受边界的限制，可以存放在以偶地址开始的 2 字节(偶地址对齐)，也可以存放在以奇地址开始的 2 字节(奇地址对齐)。对于地址和数据操作数，一个字的低有效字节存放在具有低地址(地址数值小)单元，高有效字节存放在高地址(地址数值大)的单元。BIU 自动确定合适的存储器存取次数。对于偶地址对齐的字型操作数只取一次，而对于奇地址对齐的字型操作数则取两次。显然奇地址对齐的字数据的存取会降低 CPU 的性能。虽然取指令也是一次 2 字节，但指令的读取则不存在这个问题。

通过将字型数据偶对齐存储，会提高 CPU 对存储器的存取效率。对于堆栈，这是一项非常有用的技术。因为奇地址对齐会影响中断处理过程和主过程的切换时间。

2. 逻辑结构

如图 2-2-2 所示，8086 在逻辑上将存储空间划分为代码段、堆栈段、数据段和附加段，每个段最大可以达到 64KB，并且每个段都从能被 16 整除的地址开始。

图 2-2-3 显示了 8086 保留的一些用于特殊操作的存储单元。CPU 复位后总是从地址 FFFF0H 处开始执行程序，因此从 FFFF0H～FFFFFH 的存储空间通常放一条跳转指令。00000H～003FFH 被保留为中断操作使用，具体会在 2.5 节中介绍。

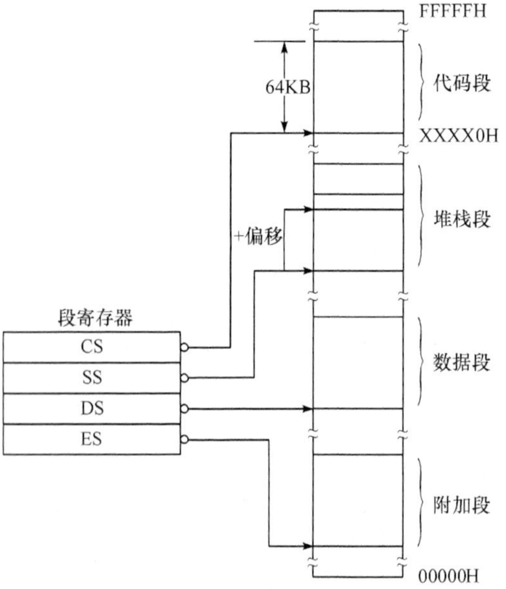

图 2-2-2　8086 内存组织

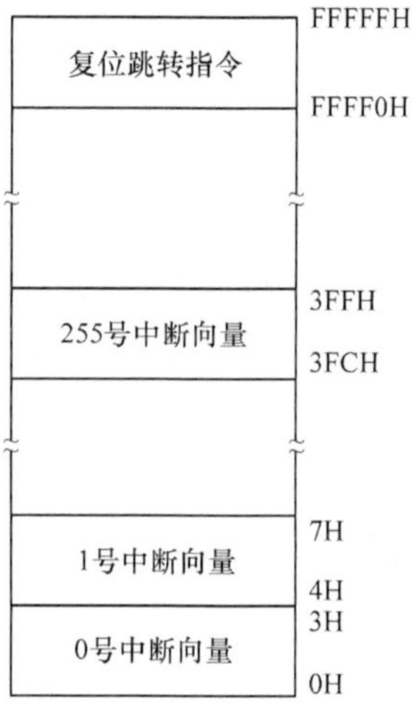

图 2-2-3　8086 保留的用于特殊操作的存储单元

2.2.2　存储器寻址

将 1MB 的存储空间分成若干个 64KB 的段，段内采用 16 位偏移地址进行寻址。8086 通过段地址和偏移地址的组合得到 20 位的地址，通过地址总线引脚输出，寻址存储器内的存储单元。段地址存放在段寄存器中，偏移地址存放在偏移寄存器中。

1. 段和偏移

存储单元的地址都是由段地址加偏移地址组成的。装在段寄存器内的段地址定义任何 64KB 存储器段的起始地址。偏移地址用于在 64KB 存储器段内选择任一单元。图 2-2-4 说明了段加偏移的寻址机制如何选择存储单元。图中显示了一个 64KB 长的存储器段，这个段起始于 10000H，结束于 1FFFFH。图中也显示了偏移地址 F000H 怎样选择存储器系统中的 1F000H 单元，偏移地址有时又称位移。注意，如图 2-2-4 所示，偏移或者位移是自段的起始位置向上到所选的单元的距离。

图 2-2-4 中的段寄存器内容为 1000H，它代表寻址的段起始于 10000H。在每

个段寄存器内容的最右边增加一个 0H，如此形成的 20 位存储器地址，可以访问一个存储器段的起点（必须生成 20 位的存储器地址，以便访问 1MB 存储器内的一个单元）。例如，如果段寄存器内容为 1200H，它寻址起始于 12000H 单元的 64KB 存储器段。类似地，如果段寄存器内容是 1201H，它寻址起始于 12010H 单元的存储器段。因为内部添加了 0H，段只能起始于存储器系统内 16B 整数倍的边界。

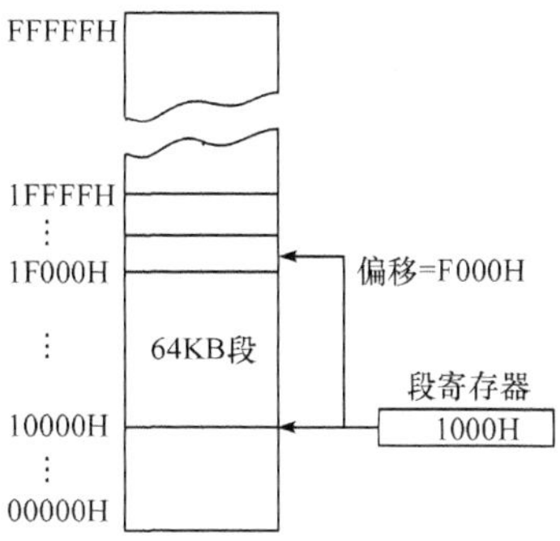

图 2-2-4　8086 存储器寻址机制

由于存储器段长为 64KB，一旦知道了段的起始地址，再加上 FFFFH 即可得到段的结束地址。例如，如果段寄存器内容为 3000H，则段的起始地址是 30000H，其结束地址是 30000H ＋ FFFFH，即 3FFFFH。表 2-2-2 给出了几个段寄存器的内容及由每个段地址选择的存储器段的起始地址和结束地址。

表 2-2-2　段地址的例子

段寄存器内容	起始地址	结束地址
2000H	20000H	2FFFFH
2001H	20010H	3000FH
2100H	21000H	30FFFH
AB00H	AB000H	BAFFFH
1234H	12340H	2233FH

作为地址一部分的偏移地址与段的起始地址相加，用于寻址存储器系统内的存储单元。例如，如果段地址为 1000H，偏移地址为 2000H，则 8086 寻址存储单元 12000H。段和偏移地址有时也写成 1000H：2000H 形式，表示段地址为 1000H，偏移地址为 2000H。

有些寻址方式将多个寄存器内容和一个偏移量组合构成偏移地址。这种情况下，这些值之和可能超过 FFFFH。例如，如果段地址为 4000H，指定偏移地址为 F000H 与 3000H 相加之和，则将寻址 42000H 单元，而不是 52000H 单元。因为，当 F000H 与 3000H 相加时，形成的偏移地址为 16 位（模 16）的和 2000H，而不是真正的和 12000H。注意，这个加法的进位 1（F000H＋3000H＝12000H）丢掉了，因此生成的偏移地址为 2000H。这样，生成的地址就是 4000H：2000H，或 42000H。

2. 段和偏移寄存器组合

8086 有一套用于访问存储器段的规则。这套规则定义了各种寻址方式中段地址寄存器和偏移地址寄存器的组合方式。例如，代码段寄存器总是和指令指针组合，即 CS:IP，用于寻址程序的下一条指令。代码段寄存器定义代码段的起点，指令指针指示代码段内的下一条指令的位置。这样的组合(CS:IP)定位 CPU 执行的下一条指令。例如，如果 CS＝1400H，IP＝1200H，则 CPU 从存储器的 14000H＋1200H 单元，即 15200H 单元取下一条指令。

另外一种默认的组合用于堆栈。通过堆栈指针(SP)或者基指针(BP)寻址堆栈段中某存储单元的堆栈数据。这些组合用 SS:SP 或者 SS:BP 表示。例如，如果 SS＝2000H，BP＝3000H，则 CPU 寻址堆栈段的 23000H 存储单元。8086 的 16 位寄存器寻址存储器的默认组合如表 2-2-3 所示。

表 2-2-3　段＋偏移的默认组合

段	偏移	主要用途
CS	IP	指令地址
SS	SP 或 BP	堆栈地址
DS	BX、DI、SI、8 位数或 16 位数	数据地址
ES	串指令的 DI	串目的地址

8086 允许访问 4 个存储器段，图 2-2-5 表示一个包含 4 个存储器段的系统。注意存储器段可以邻接甚至重叠，如果一段不需要 64KB 存储器，则它可与其他段重叠。可以把段想象成一个窗口，它可以移动，覆盖任何存储区，以便访问数据或代码。一个程序可以有多于 4 个存储器段，但每次只能访问 4 个段。

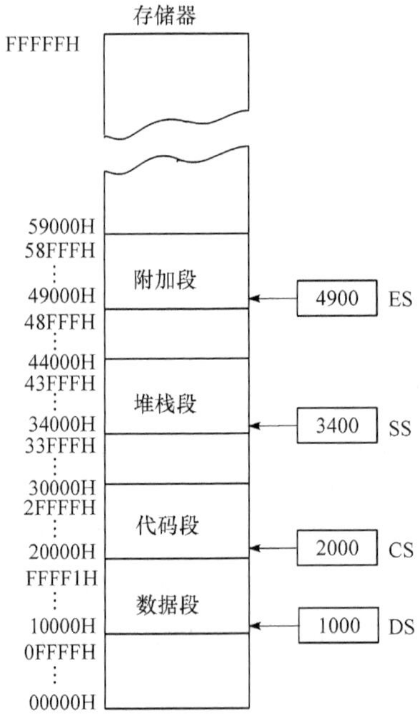

图 2-2-5　包含 4 个存储器段的系统

假定某个应用程序的代码需要 1000H 字节的存储器，数据需要 190H 字节的存储器，堆栈需要 200H 字节的存储器，这个应用程序不需要附加段。图 2-2-6 表示了这个应用程序在存储器内是怎样存储的。各个段相互重叠，因为包括数据在内需要不超过 64KB 的存储器。段的侧视图清楚地显示了各段是重叠的。通过改变段的起始地址，可以把段移到任何存储区。

虽然段和偏移寻址机制比较复杂，但它给系统带来许多优点。段加偏移的寻址机制允许程序在存储器内重定位。可重定位程序是一个可以放入存储器的任何区域，不加修改而仍能执行的程序。可重定位的数据是可以放在存储器的任何区域，且不需要修改就可以被程序引用的数据。段和偏移寻址机制允许程序和数据不需要任何修改即可进行重定位。这对于包含不同存储器区域的通用计算机系统是非常理想的。在 DOS/Windows 操作系统中，程序的执行就采用了重定位功能。

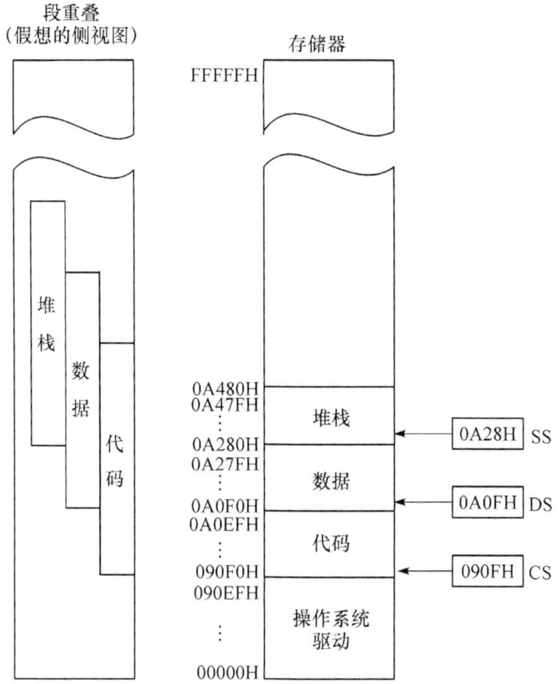

图 2-2-6 含有代码、数据和堆栈段的程序在存储器中

2.2.3 CPU 与存储器接口

在最大模式和最小模式下，8086 与存储器的接口稍有不同。在最小模式中，存储器将 8086 看成一个具有 20 条地址线（$A_{19}\sim A_0$）、16 条数据总线（$AD_{15}\sim AD_0$）、总线高允许（$\overline{BHE}$）以及各种控制信号（$M/\overline{IO}$、$\overline{RD}$和$\overline{WR}$）的器件。最大模式与最小模式的不同点在于，$M/\overline{IO}$信号与$\overline{RD}$组合，产生$\overline{MRDC}$信号，$M/\overline{IO}$信号与$\overline{WR}$组合产生$\overline{MWTC}$信号。最大模式中这些控制信号是由 8288 总线控制器产生的。因此，对于存储器接口，最小模式系统本质上与最大模式系统相同。

1. 16 位总线控制

在计算机系统中，为了便于非数值计算的处理，通常采用具有 8 位数据总线的存储器件。这样造成 8086 的数据总线宽度是存储器件的两倍。较宽的数据总线带来一些独特的问题。8086 必须能够将数据写入任何 16 位或 8 位存储单元，这意味着 16 位数据总线必须分为两个独立的 8 位宽的段（存储体），以便 CPU 可以在半个区域（8 位）或整个区域（16 位）中写入数据。为此，在进行 CPU 与存储器连接时，必须设计电路，根据 CPU 的输出信号进行存储体的选择。存储体的选择由以下两种方式完成：产生一个独立的写信号来选择对每个存储体的写操作；每个存储体使用独立的译码器。仔细比较会发现，第一种方法是成本较低的方法。

1）独立的存储体译码器

使用独立的存储体译码器为 8086 译码存储器地址，是一种效率很低的方式。采用这种方法的一个原因是降低能耗，因为只有被选中的一个或几个存储体才允许进行数据传送。后面要讨论的独立存储器写信号方式却不是这样的。

图 2-2-7 描述了用两个 74LS138 译码器为 8086（20 位地址）选择 64KB RAM 的存储器件。这里，将 $\overline{BHE}$ 引脚与译码器 U_2 的 $\overline{G}_{2B}$ 引脚相连，将 A_0 引脚与译码器 U_3 的 $\overline{G}_{2B}$ 输入相连。因为译码器只有在其所有允许输入有效时才会被激活，所以译码器 U_3 只用于 16 位操作或低位存储体的 8 位操作，译码器 U_2 用于 16 位操作或对高位存储体的 8 位操作。这两个译码器及其控制的 16 个 64KB RAM，代表 8086 存储器系统的 1MB 范围。

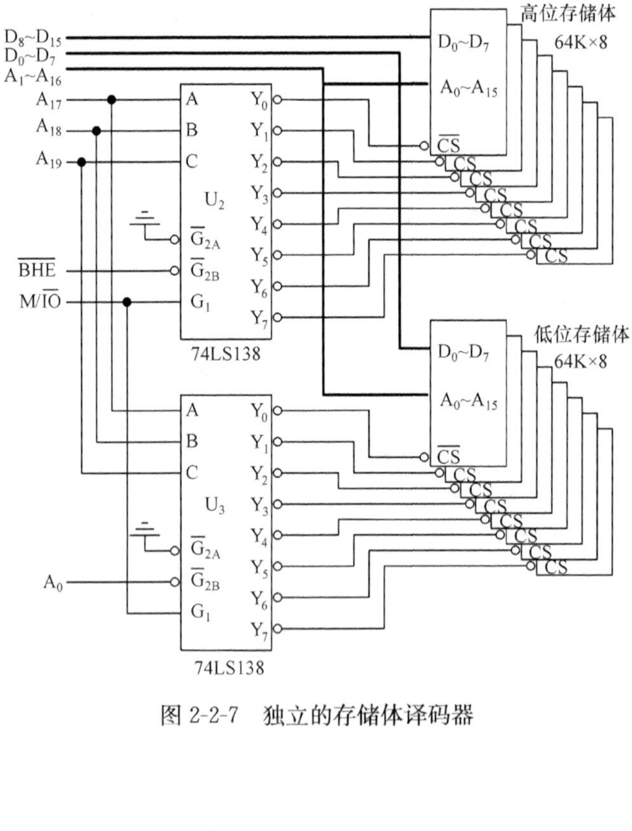

图 2-2-7　独立的存储体译码器

注意，在图 2-2-7 中地址总线 A_0 未与存储器相连。还应注意，地址总线 A_1 与存储器地址输入 A_0 相连，地址总线 A_2 与存储器地址输入 A_1 相连，其他连接依此类推。原因是 8086 的 A_0 与译码器 U_2 相连，不必再连到存储器上。若 A_0 与存储器的地址线 A_0 相连，则每个存储体将每隔一个存储单元被使用。这意味着如果 A_0 与存储器的 A_0 相连，那么将会浪费掉存储器的一半空间。

2）独立的存储体写信号

处理存储体选择的最有效方法是奇偶存储体共用同一个读信号，而仅为每个存储体提供一个独立的写信号。这种方法只需一个译码器来选择一个 16 位的存储器，既节约成本，又减少了系统中器件的数量。为什么不为每个存储体也提供一个独立的读选通呢？这通常是不必要的，当 8086 在某次读操作中只读 1 字节数据时，尽管存储器会将 16 位数据放到数据总线上，但是 8086 会忽略它不需要的 8 位数据，从而不会产生任何冲突或问题。

图 2-2-8 描述了为存储器产生独立的写信号的方法。这里，采用或门(74LS32)组合 A_0 和 $\overline{WR}$ 产生低位存储体选择信号($\overline{LWR}$)，组合 $\overline{BHE}$ 和 $\overline{WR}$ 产生高位存储体选择信号($\overline{HWR}$)。

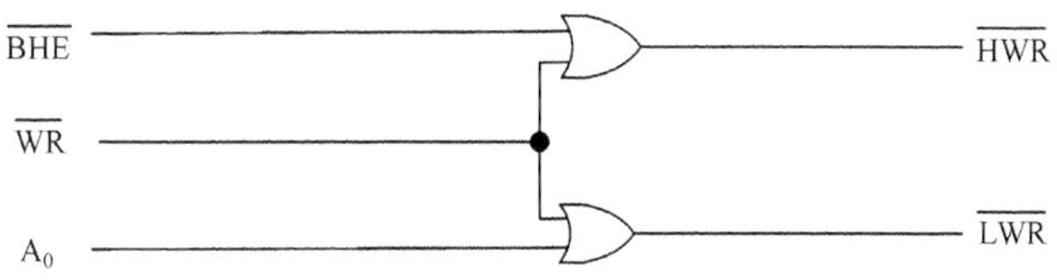

图 2-2-8　独立存储体写信号生成

使用独立写选通的存储器系统在结构上不同于使用独立存储体的系统。在系统中使用独立写信号的存储器被译码为 16 位宽的存储器。例如，假定一个存储器系统具有 64KB 的 SRAM，它需要两个 32KB 存储器件，以便可以构造一个 16 位宽的存储器。由于存储器为 16 位宽，且由另一电路产生存储体写信号，所以地址位 A_0 变成无关项。

2. RAM 与 8086 接口

图 2-2-9 描述了一个具有 64KB 的存储器系统，它包含一个由 2 个 CY62256 SRAM(32K×8)组成一个 32K×16 位的存储器，地址范围为 60000H～6FFFFH(注意，尽管存储器是 16 位宽，它仍然按字节编址)。它使用 GAL22V10 进行存储器译码并产生独立的写选通信号。存储器被译码时，A_0 对于译码器是无关项。地址位 A_1～A_{15} 与存储器件的地址线 A_0～A_{14} 相连。一旦地址 06XXXXH 出现在地址总线上，译码器(GAL22V10)就使用地址线 A_{16}～A_{19} 选择存储器，从而允许两

个存储器件。

0110 0000 0000 0000 0000＝60000H 到 0110 1111 1111 1111 1111＝6FFFFH

0110 XXXX XXXX XXXX XXXX＝6XXXXH

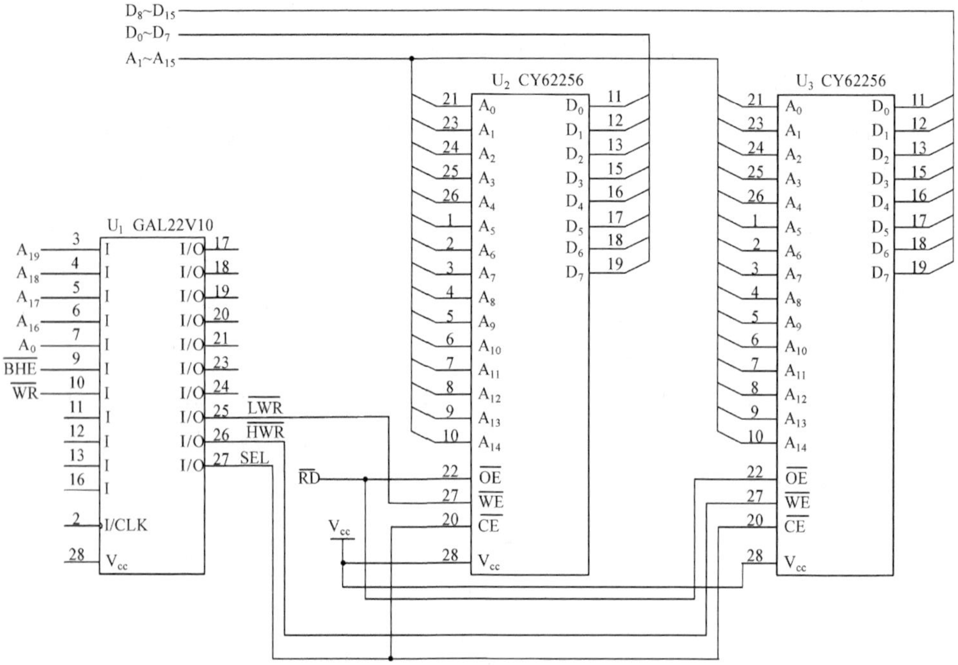

图 2-2-9　16 位的 64KB 存储器系统

$\overline{LWR}$和$\overline{HWR}$选通被接到 RAM 的不同存储体上。这里，它与 8086 正在执行 16 位还是 8 位的写操作有关系。若 8086 写 16 位数据给存储器，$\overline{LWR}$和$\overline{HWR}$都变低并允许两个存储体的$\overline{WE}$引脚。但是若 8086 执行 8 位的写操作，则只有一个写选通变低，只对一个存储体写入数据。存储体之间的差别只是表现在存储器写操作时。

8086 的读信号$\overline{RD}$与所有 RAM 的$\overline{OE}$输入引脚相连。8086 的一次读操作会把两个存储体的 16 位的数据读入。即使 8086 正在读的仅是 8 位数据，数据总线上其余 8 位数据对 8086 的操作不会产生任何影响。

从 GAL22V10 译码器的程序可以看出，GAL22V10 不仅选择存储器，而且还产生低位存储体的写信号和高位存储体的写信号。

```
--VHDL code for the decoder of Figure2-2-9
library ieee;
use ieee.std_logic_1164.all;
entity DECODER_2_2_9is
```

```
port  (
      A19,A18,A17,A16,A0,BHE,WR:inSTD_LOGIC;
      SEL,LWR,HWR:out STD_LOGIC
);
end;
architecture V1 of DECODER_2_2_9is
begin
     SEL<=A19or(not A18)or(not A17)or A16;
     LWR<=A0 orWR;
     HWR<=BHE orWR;
end V1;
```

3. EPROM 与 8086 接口

图 2-2-10 描述了 8086 的小型存储器系统，它包含一个由 2 个 27128 EPROM (16K×8)组成一个 16K×16 位的存储器，地址范围为 F8000H～FFFFFH。此电路使用了一个与非门对 16 位宽的存储器译码。$\overline{RD}$ 选通与所有 EPROM 的 $\overline{OE}$ 输入引脚相连。

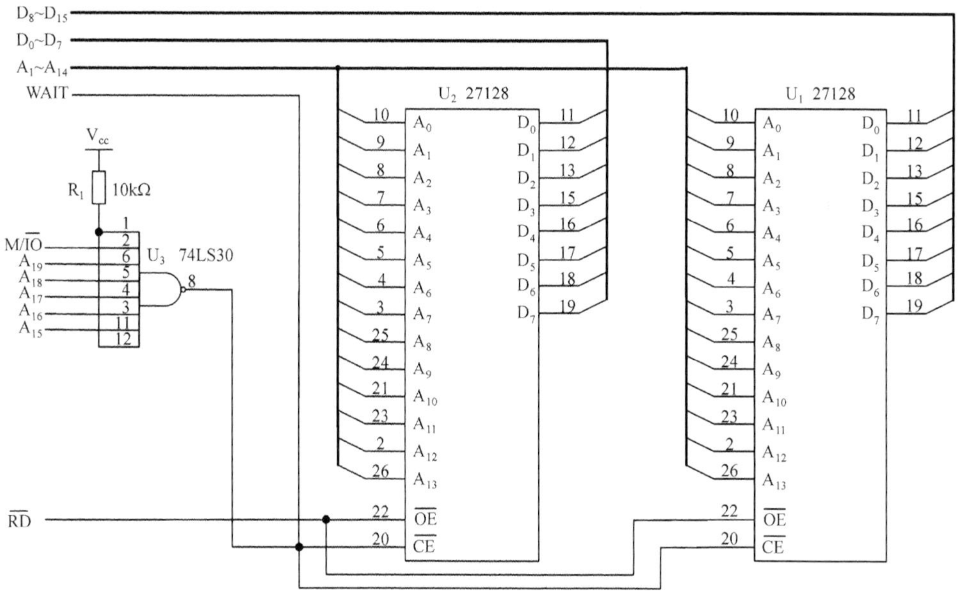

图 2-2-10　ROM 与 8086 接口电路

译码器的连接与所期望的稍有差别，这是因为这种较低速度 EPROM 的存取时间为 450ns。当 8086 工作在 5MHz 时钟时，它允许存储器在 460ns 的时间内存取数据。由于译码器增加了时间延迟(12ns),存储器在 460ns 内完成操作是不可能的。为了解决这个问题,与非门产生的译码信号(存储器芯片 27128 的片选信号)触发产生等待状态。每次插入一个等待状态就可以访问该段的存储器,8086 使 EPROM 有 660ns 的时间去存取数据。回想一下,一个额外的等待状态给存取时间增加了 200ns(1 个时钟)。对于 450ns 的存储器件,660ns 时间用来存取数据是足够的,甚至算上译码器和任何加在数据总线上的缓冲器所引入的延迟也足够。

译码器为存储器选择了一个地址范围,该范围从地址 F8000H 开始,延续到地址 FFFFFH(这是存储器的上半部 32KB)。这段存储器是一个 EPROM,因为 FFFF0H 是 8086 在硬件复位后开始执行指令的位置,所以地址 FFFF0H 常称为冷启动地址。存储在此段存储器的软件在单元 FFFF0H 中包含一个 JMP 指令,以跳转到 F8000H 单元,这样余下的程序就可以执行了。

4. 大容量存储器实例

图 2-2-11 描述了包含 64KB EPROM 和 128KB SRAM 的 8086 的存储器系统,它包含一段 EPROM 和一段 RAM。图中,4 个 27128(16K×8EPROM)组成一个 32K×16 位、用于存放程序的存储器,地址范围为 F0000H～FFFFFH;4 个 62256(32K×8RAM)组成一个 64K×16 位、用于存放数据的存储器,地址范围为 00000H～1FFFFH。

电路中使用了 74LS139 双 2-4 线译码器,其中的一个译码器选择 EPROM,另一个选择 RAM。译码器为 16 位宽的存储器进行地址译码。注意,$\overline{RD}$选通与所有 EPROM 和 RAM 的 $\overline{OE}$ 输入引脚相连。这么做是因为即使 8086 正在读的仅是 8 位数据,数据总线上其余的 8 位数据对 8086 的操作不会产生影响。

$\overline{LWR}$ 和 $\overline{HWR}$ 选通被接到 RAM 的不同存储体上,它们与微处理器执行 16 位还是 8 位的写操作有关。若 8086 写 16 位数据给存储器,$\overline{LWR}$ 和 $\overline{HWR}$ 都变低,从而允许两个存储体的 $\overline{WE}$ 引脚。但是若 8086 执行 8 位的写操作,则只有一个写选通变低,只对一个存储体写入数据。也就是说,奇偶存储体之间的差别只有在存储器写操作时才表现出来。

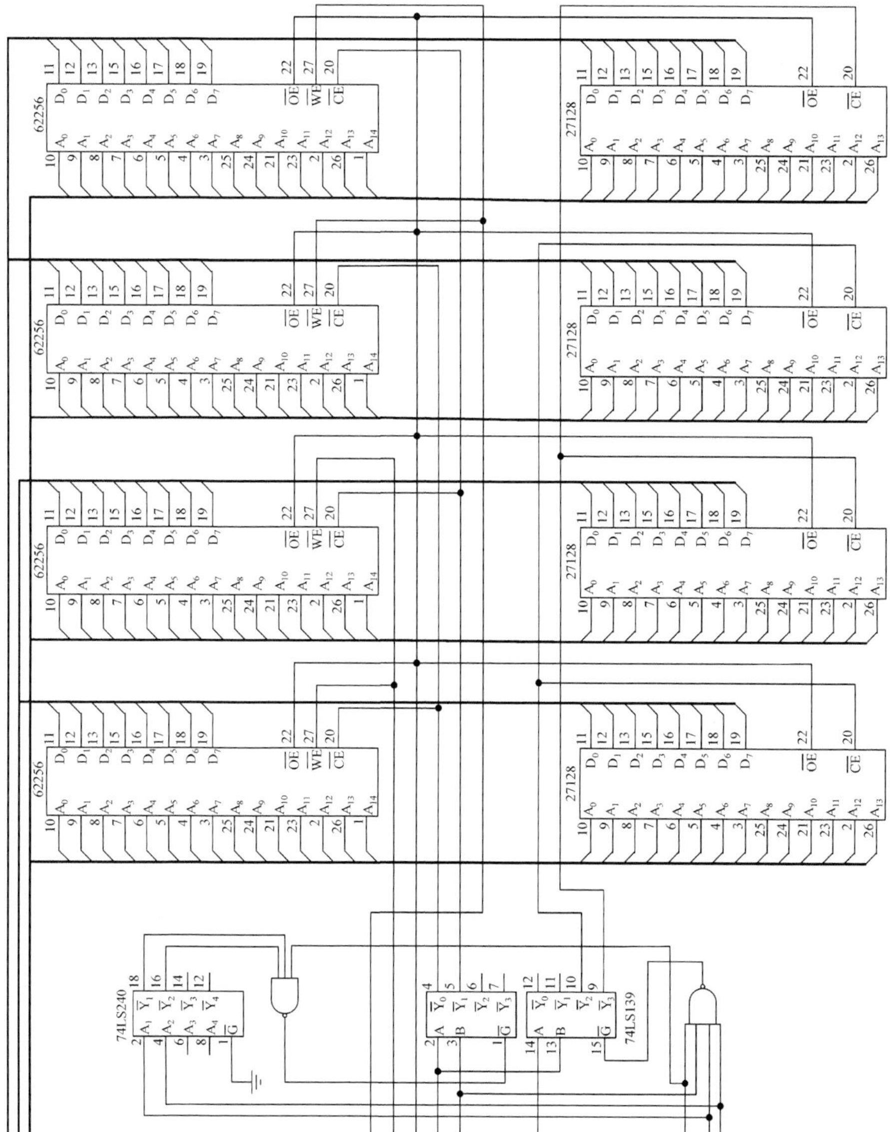

图 2-2-11　包含 64KB EPROM 和 128KB SRAM 的 8086 的存储器系统

74LS240 是八反相三态缓冲器/线驱动器与 74LS244 类似

2.3　8086 程序设计

2.3.1　8086 的寻址方式

高效率地开发软件,需要精通每条指令采用的寻址方式。寻址方式是规定如何对指令代码中操作数字段进行解释以找到操作数的方法。8086 的数据存储器寻址方式包括寄存器寻址、立即寻址、直接寻址、寄存器间接寻址、基址加变址寻址、寄存器相对寻址和相对基址加变址寻址。程序存储器寻址方式包括程序相对寻址、直接寻址和间接寻址。

1. 操作数的种类

指令操作对象称为操作数。8086 指令的操作数的种类如下。

(1) 立即操作数。指令要操作的数据在指令代码中,此数据称为立即操作数。

(2) 存储器操作数。指令要操作的数据在内存单元存放,称为存储器操作数。

(3) 寄存器操作数。指令要操作的数据在寄存器中存放,称为寄存器操作数。

(4) I/O 端口操作数。指令要操作的数据来自或送到 I/O 端口,称为 I/O 端口操作数。

有的指令有两个操作数:一个称为源操作数,在操作过程中不改变源值;另一个称为目的操作数,操作后一般被操作结果代替。有的指令只有一个操作数,或为目的操作数,或为源操作数。有的指令没有操作数,称为零操作数指令。

2. 8086 的寻址方式

8086 指令系统具有多种寻址方式,一般归纳为以下 5 种方式。

1) 固定寻址

指令要操作的对象隐藏在指令的代码中,即代码中没有明显的操作字段,这种寻址方式称为固定寻址。例如

```
MUL         BL              ;AL×BL= > AX
```

该指令表示 BL 中的数据与 AL 中的数据相乘,结果放入 AX 中,AL 和 AX 并未给出,是隐含在指令中的;后为语句注释部分。

2) 立即寻址

指令要操作的数据在指令代码中,当指令代码取出来时就立即得到了操作数。立即寻址只能用于源操作数的寻址。例如

```
MOV         AX,1234H        ;1234H→AX
```

MOV 指令的功能是将源操作数放入目的操作数中。比例中,目的操作数为 AX,源

操作数为立即数 1234H。在 8086 中，数据存储采用高位数据存放在高位地址，低位数据存放在低位地址的小端模式。因此，将 12H 放入 AH 中，34H 放入 AL 中。

3）寄存器寻址

（1）寄存器直接寻址。

在这种寻址方式中，寄存器的内容就是操作数。寄存器直接寻址方式既可以用于源操作数寻址，又可用于目的操作数寻址。在具有两个操作数的指令中，如果源操作数寻址方式为立即寻址，另一个操作数的寻址方式必须是寄存器直接寻址。例如

```
MOV          CX,BX
```

（2）寄存器间接寻址。

在这种寻址方式中，指令代码中指出作为地址指示器的寄存器代码，寄存器的内容为操作数的有效地址。这些寄存器必须是 BX、SI 和 DI。在指令书写中，它们的名字用方括号括起来。寄存器间接寻址方式可以用于源操作数和目的操作数寻址。BX、SI 和 DI 作为地址指针时，存储器操作数的隐含段为当前数据段。例如

```
MOV          CX,[BX]
```

4）存储器直接寻址

指令代码中直接给出操作数所处存储单元的偏移地址。在这种寻址方式中，从指令代码中直接获得操作数的有效地址。存储器直接寻址方式可以用于源操作数和目的操作数寻址。编写程序时，存储器直接寻址的内存单元偏移地址必须用符号表示。在存储器直接寻址方式中，被寻址的操作数的隐含段为当前数据段。例如

```
MOV          AL,[1000H]
```

5）基址变址寻址

（1）基址寻址。

在基址寻址中，操作数位于内存中，操作数的地址由基址寄存器 BX 或 BP 与一个位移量相加给出，在指令中给出的是该基址寄存器的名字及位移量。例如

```
MOV          AL,[BX+1234H]
```

（2）变址寻址。

在这种寻址方式中，变址寄存器 SI 或 DI 的内容与位移量之和为操作数的有效地址。指令代码中，给出变址寄存器的代码和位移量的值。变址寻址方式可用于源操作数和目的操作数寻址，操作数的隐含段为当前数据段。变址寻址方式中的位移量是一个 8 位或 16 位的带符号整数。指令书写时，位移量可以写在方括号内，也可以写在方括号外。例如

```
MOV        AL,[SI+1234H]
```

在变址寻址中,操作数位于内存中,操作数的地址由变址寄存器 SI 或 DI 与一个位移量相加给出,在指令中给出的是该变址寄存器的名字及位移量。

(3) 基变址寻址。

在这种寻址方式中,基址寄存器 BX 或 BP 的内容和变址寄存器 SI 或 DI 的内容及位移量之和为操作数的有效地址。在指令代码中给出基址寄存器和变址寄存器的代码与位移量的值。基变址寻址方式可用于源操作数和目的操作数寻址。指令中若以 BP 为基址寄存器,则操作数的隐含段为当前堆栈段,否则为当前数据段。指令书写时,位移量可以写在方括号内,也可以写在方括号外。例如

```
MOV        AL,[BX+SI+1234H]
MOV        AL,DS:[BX+SI+1234H]
```

在基变址寻址中,操作数位于内存中,操作数的地址由基址寄存器 BX 或 BP 与变址寄存器 SI 或 DI 及一个位移量相加给出,在指令中给出的是寄存器的名字及位移量。

3. 段更换和段跨越

当操作数为存储器操作数时,它一定处于存储器中的当前某段内,其实它可在任何段内。前面所述的存储器操作数寻址方式中,都说明了寻址的隐含段。如果要寻址的操作数未处于隐含段,那么就必须进行段更换或段跨越。

1) 段更换

程序将内存分段后的基址放入段寄存器中,段寄存器的当前内容就是当前段,程序中所涉及的内存单元的偏移量就是相对于当前段基址的。如果要操作的数据不在当前隐含段,则必须更换当前段寄存器的内容,使之指向操作数所处段的基址。例如,当要操作的数据不在隐含段中时,就需要段更换或段跨越。要寻址的数据在 2000H 段的 0100H 单元,而目前没有一个段寄存器的值是 2000H,就需要将 2000H 装入某个段寄存器,如 DS,这就是段更换。

```
MOV        AX,2000H
MOV        DS,AX
MOV        BX,0100H
MOV        AL,[BX]
```

2) 段跨越

对非隐含段的数据进行操作,也可以不改变当前段寄存器的内容,而是采取在操作数前加段跨越前缀的方法。寻址存储器操作数时,如不加段跨越前缀,则在规定的隐含段内进行寻址;如加段跨越前缀,则可对段跨越前缀指出的段内进行寻址,这就为程序设计提供了方便。

例如，要寻址的数据在 2000H 段的 0100H 单元，而目前 CS 段寄存器的值是 2000H，可在寻址操作数加一段跨越前缀，如 CS:，这就是段跨越。

```
MOV      BX,0100H
MOV      AL,CS:[BX]
```

指令执行后，即将[2000H：0100H]的内容送入 AL 中。

4. 寻址计算时间

指令的执行是要花费时间的，指令使用不同寻址方式寻址存储器操作数花费的时间是不同的。表 2-3-1 列出了存储器操作数有效地址的计算时间(时钟周期数)。

表中所列的计算时间是指令寻址隐含段存储操作数所花费的时钟周期数。当有段跨越前缀，即寻址非隐含段存储器操作数时，寻址时间还要增加两个时钟周期。

表 2-3-1　存储器操作数有效地址计算时间

寻址方式	书写形式	计算时间/周期
存储器直接寻址	DISP	6
寄存器间接寻址	[BX],[SI],[DI]	5
基址寻址	[BX+DISP],[BP+DISP]	9
变址寻址	[SI+DISP],[DI+DISP]	9
基变址寻址	[BP+DI],[BX+SI]	7
(无位移量)	[BP+SI],[BX+DI]	8
基变址寻址	[BP+DI+DISP], [BX+SI+DISP]	11
(有位移量)	[BP+SI+DISP], [BX+DI+DISP]	12

2.3.2　8086 指令系统

8086 指令系统按功能可分为数据传送指令、算术运算指令、逻辑运算和移位指令、转移指令、循环控制指令、数据串操作指令、子程序调用和返回指令、标志位操作指令和工作状态控制指令等，下面分别介绍各类指令的格式和功能。

1. 数据传送指令

数据传送是计算机中广泛应用的一类操作，在 8086 的指令中数据可以在寄存器之间进行传送，也可以在寄存器与存储单元之间进行传送，但不允许在两个存储单元之间直接传送。

1) 传送指令

格式:MOV DEST,SRC。

执行操作:将源操作数 SRC 的内容传送给目的操作数 DEST，即 DEST←SRC。

其中，SRC 源操作数可以为累加器、段寄存器(所有)、通用寄存器、存储器操作数和立即数。DEST 操作数可以为寄存器、段寄存器(CS 除外)、存储器操作数。

SRC 和 DEST 不能同时为存储器操作数。段寄存器之间不能互相传送,立即数不能送入段寄存器。SRC 和 DEST 的数据类型要相同。MOV 指令对标志寄存器各位无影响。

正确例句:

```
MOV    CL,05H;存储器操作数未明确数据类型
MOV    ALPHA_W,AX             ;段寄存器不能用立即数赋值
MOV    BETA_B,AL              ;CS 不能作目的操作数
MOV    AL,ES:[BX+ SI+ 1000H]
MOV    BX,1000H
MOV    DS,BX
MOV    [BX+ 10],AL
```

2) 交换指令

格式:XCHG　DEST,SRC。

执行操作:DEST←→SRC。

交换指令是指 SRC 和 DEST 之间内容的相互交换。指令对标志寄存器各位无影响。交换的数据可以是字节,也可以是字。数据交换可以在寄存器之间或寄存器与存储器之间进行。例如,将 DA_BYTE1 和 DA_BYTE2 内存单元内容交换的代码为

```
MOV    AL,DA_BYTE1
XCHG   AL,DA_BYTE2
MOV    DA_BYTE1,AL
```

3) 栈操作指令

(1) 进栈指令。

格式:PUSH　SRC。

执行操作:SP←SP−2,(SP+1,SP)←SRC。

SRC 可以是 16 位通用寄存器、段寄存器或存储器中的数据,但不可以是立即数。指令执行后对标志寄存器的各位无影响。

(2) 出栈指令

格式:POP　DEST。

执行操作:DEST←(SP+1,SP),SP←SP+2。

DEST 可以为通用寄存器、段寄存器(CS 除外)、存储器操作数。指令执行后对标志寄存器的各位无影响。

假定 AX=1234H,BX=5678H,SS=2000H,SP=0100H,则执行下列指令后堆栈的状态如下。

```
PUSH    AX
PUSH    BX
```

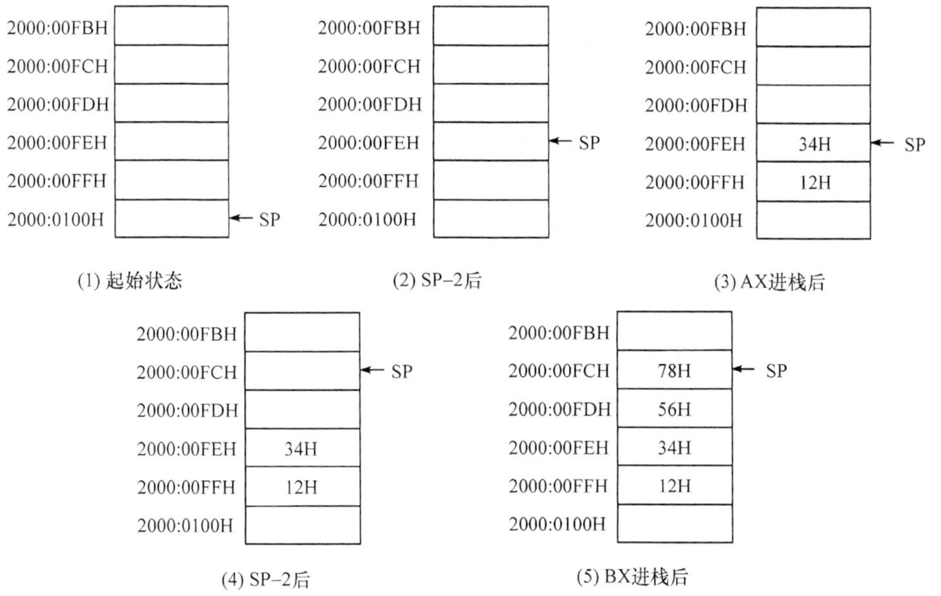

继续执行指令

```
POP    CX
POP    DX
```

指令执行后，内存状态为

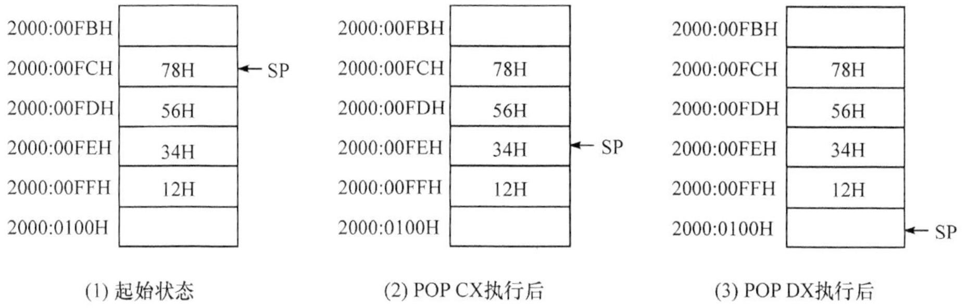

4）地址传送指令

地址传送类指令有 3 条，它们不是传送存储器操作数的内容，而是传送它的地址（偏移地址和段地址）。

（1）有效地址送寄存器指令。

格式：LEA　REG，SRC。

该指令把源操作数的有效地址送给目的操作数。在本指令中，源操作数 SRC 必须是 1 字节或字的存储器操作数，而目的操作数 REG 应是一个 16 位的通用寄

存器。例如

```
DATA1    DB,10H
LEA      BX,DATA1
MOV      BX,OFFSET DATA1
MOV      BX,1000H
MOV      SI,2000H
LEA      AX,[BX+1234H]
LEA      DX,[BX+SI+1234H]
```

(2) 装入地址指针。

格式:LDS REG,SRC。

执行操作:REG←(SRC),DS←(SRC+2)。

格式:LES REG,SRC。

执行操作:REG←(SRC),ES←(SRC+2)。

这两条指令用来实现从地址指针存储单元中同时取出段地址和偏移量,并分别送入段寄存器和通用寄存器中。一个存储单元的逻辑地址由 16 位段地址和 16 位偏移量构成,要存放一个存储单元的逻辑地址就需要 4 字节,段地址存放在高 16 位,偏移量存放在低 16 位。

在这两条指令中,目的操作数 REG 必须是一个 16 位通用寄存器,源操作数 SRC 是存储器操作数,存放 32 位地址指针的首字节地址。在执行过程中,指令把 SRC 指定的 32 位地址指针中的段地址送 DS(LDS 指令)或 ES(LES 指令)中,偏移量送入指定的通用寄存器中。指令执行后不影响标志寄存器,例如

```
LDS      SI,FARPOINTER
```

如果 FARPOINTER 包含 32 位地址指针的段值为 5678H,偏移量为 1234H,则执行操作为

```
SI←1234H;  DS←5678H
```

又如

```
LES      SI,FARPOINTER
```

执行操作为

```
SI←1234H;  ES←2000H
```

2. 算术运算指令

8086 的算术运算指令包括二进制数的加、减、乘、除指令以及 BCD 码运算的加、减、乘、除调整指令,本节只介绍二进制数的加、减、乘、除指令。算术运算类指令用于对字节数据或字数据进行算术运算。参加运算的数可以是无符号数,也可

以是有符号数。若是有符号数,则以补码表示。

1) 加法类指令

(1) 加法指令。

格式:ADD　DEST,SRC。

执行操作:DEST←SRC+DEST。

目的操作数和源操作数相加,它们的和存放在目的操作数中,源操作数的内容不变。运算结果影响标志寄存器的 CF、PF、AF、ZF、SF 和 OF 标志位。

ADD 指令用于进行字节或字的加法运算,参加运算的两个数可以是有符号或无符号二进制数,也可以是无符号十进制数。源操作数可以是寄存器、存储器或立即数,而目的操作数只能是通用寄存器或存储器操作数,不能是立即数,且二者不能同时为存储器操作数。例如

```
ADD    AX,BX
ADD    AL,3
ADD    CX,MEM_W
ADD    [GAMA+ BP+ DI],BL
```

(2) 带进位加法指令。

格式:ADC　DEST,SRC。

执行操作:DEST←SRG+DEST+CF。

该指令主要用于多字节(或多字)加法运算,因为加法指令最多只能进行 16 位二进制数相加。当对更多位的二进制数进行加法运算时,必须编程采用 ADD 和 ADC 指令进行多精度运算才能解决。例如

```
ADC    AL,3
ADC    DX,[BX+10]
```

(3) 加“1”指令。

格式:INC　DEST。

执行操作:DEST←DEST+1。

这是一条单操作数指令,目的操作数加“1”,并将结果送回目的操作数单元。目的操作数可以是任意一个 8 位或 16 位通用寄存器或存储单元,但不能是立即数,且要把操作数看成无符号二进制数。INC 指令的执行结果影响标志寄存器中的 PF、AF、ZF、SF 和 OF 标志位,但不影响 CF 标志位。

INC 指令主要用于修改地址指针或计数器的计数值。例如

```
INC    CL
INC    DATA1
```

2）减法类指令

(1) 减法指令。

格式：SUB　DEST，SRC。

执行操作：DEST←DEST－SRC。

运算结果影响标志寄存器中的 CF、PF、AF、ZF、SF 和 OF 标志位。

与加法类指令类似，SUB 指令可以进行字节或字的减法运算，参加运算的两个数可以是有符号或是无符号二进制数，也可以是无符号十进制数。源操作数可以是寄存器、存储器操作数或立即数，而目的操作数只能是通用寄存器或存储器操作数，不能是立即数，且两者不能同时为存储器操作数。例如

```
SUB    AX,BX
SUB    DL,DA_BYTE
```

(2) 带借位减法指令。

格式：SBB　DEST，SRC。

执行操作：DEST←DEST－SRC－CF。例如

```
SBB    AL,0
SBB    DL,CL
```

(3) 减"1"指令。

格式：DEC　DEST。

执行操作：DEST←DEST－1。

指令执行结果影响标志寄存器的 PF、AF、ZF、SF 和 OF 标志位，但不影响 CF 标志位。DEC 指令在使用上与 INC 指令类似，主要用于修改地址指针或计数器的计数值。例如

```
DEC    BX
DEC    BYTE PTR[BX+SI+1000H]
DEC    SP
```

(4) 求补指令。

格式：NEG DEST。

执行操作：DEST←0－DEST。

指令的执行结果影响标志寄存器的 PF、AF、ZF、SF、CF 和 OF 标志位。例如

```
NEG    AX
NEG    BYTE PTR[BX+ 10]
```

(5) 比较指令。

格式：CMP DEST，SRC。

执行操作:DEST－SRC。

受影响的状态标志位:OF、SF、ZF、AF、PF、CF。

说明:CMP 将两个操作数相减,两个操作数原值不变,但与 SUB 指令一样影响标志。例如

```
CMP    AL,BL
CMP    DL,10H
```

3) 乘法类指令

(1) 无符号数乘法指令。

格式:MUL SRC。

该指令执行乘数为 SRC 的无符号乘法。当 SRC 为 8 位时,另一乘数默认在 AL 中,结果放入 AX 中;当 SRC 为 16 位时,另一乘数默认在 AX 中,结果的低 16 位放入 AX 中,高 16 位放入 DX 中。

源操作数 SRC 可以是存储器和寄存器操作数两种。例如

```
MUL    BL
MUL    DX
MUL    BYTE PTR[SI+ BX+ 1000H]
```

(2) 带符号数乘法指令。

格式:IMUL SRC。

该指令与 MUL 指令类似,不同的是操作数为有符号数。

乘法指令只影响标志寄存器的 CF 和 OF 位。对于 MUL 指令,如果乘积的高一半为 0,即字节操作时 AH＝0 或字操作时 DX＝0,则 CF＝0,OF＝0;否则(即 AH≠0 或 DX＝0)CF＝1,OF＝1。对于 IMUL 指令,如果乘积的高一半是低一半的符号扩展,则 CF＝0,OF＝0;否则 CF＝1,OF＝1。

4) 除法类指令

(1) 无符号数除法指令。

格式:DIV SRC。

该指令执行除数为 SRC 的不带符号数的相除运算。当除数为 8 位时,被除数默认在 AX 中,商放入 AL 中,余数放入 AH 中;当除数为 16 位时,被除数默认在 DX 与 AX 中,其中高 16 位在 DX 中,低 16 位在 AX 中,商在 AX 中,余数在 DX 中。如果源操作数为“0”或商溢出(字节除的商大于 0FFH,字除的商大于 0FFFFH),将进入出错中断(类型号为 0)处理。SRC 的形式有存储器和寄存器操作数两种。例如

```
DIV    BL
DIV    WORD PTR[BX+ DI+ 1000H]
```

```
MOV    AX,1000H
MOV    CL,08H
DIV    CL
```

(2) 带符号数除法指令。

格式:IDIV SRC。

该指令与 DIV 指令相似,不同的是操作数为有符号数。商的最大整数是+127(7FH)或+32767(7FFFH),最小负数为−127(81H)或−32767(8001H),若运算所得的商超过或小于上述值,同样也将进入出错中断(类型号为 0)处理。除法指令对标志寄存器无影响。

(3) 字节扩展为字指令。

格式:CBW。

执行操作:AL 中的符号位(最高位 D7)扩展到 8 位 AH 中。若 AL 中的 D7=0,则 AH=00H;若 AL 中的 D7=1,则 AH=FFH。

(4) 字扩展为双字指令。

格式:CWD。

执行操作:AX 中的符号位(最高位 D15)扩展到 16 位 DX 中。若 AX 中 D15=0,则 DX=0000H;若 AX 中的 D15=1,则 DX=FFFFH。

字节扩展为字和字扩展为双字指令可以为除法指令准备被除数。

3. 逻辑运算和移位指令

1) 逻辑运算指令

(1) 逻辑"与"指令:AND DEST,SRC。

执行操作:DEST←SRC∧DEST。AND 指令可借助某个给定的操作数将另一个操作数中的某些位清除(这种操作又称设置屏蔽),使某些位保持不变,这个数通常称为掩码。例如,将一个源操作数与 00001111B 相"与",可将这个源操作数的高四位为 0,而低四位保持不变。例如

```
AND    AL,0FH
AND    AL,[BX]
AND    DX,DX
```

(2) 逻辑"或"指令:OR DEST,SRC。

执行操作:DEST←SRC∨DEST。OR 指令可用来使操作数中的某些位为 1,某些位保持不变。例如,用 10000000B 与 1 字节操作数相"或",可使这个字节操作数的最高有效位为 1。例如

```
OR    AL,0FH
OR    AL,AL
```

```
OR     AL,[BX+ DI+ 10]
```

(3) 逻辑“异或”指令:XOR　DEST,SRC。

执行操作:DEST←SRC ⊕ DEST。XOR 指令可用来使操作数中的某些位取反,某些位不变。例如

```
XOR    AL,0FH
XOR    AX,AX
```

(4) 逻辑“非”指令:NOT DEST。

执行操作:DEST←$\overline{\text{DEST}}$。例如

```
NOT    AX
NOT    WORD PTR[BX+ SI+ 1000H]
```

(5) 测试指令:TEST　OPR1,OPR2。

执行操作:OPR1 ∧ OPR2。TEST 指令通过“与”的方式对两个源操作数进行比较,但不保留“与”的结果。例如

```
TEST    AL,00000001B
```

这 5 条指令都是按位进行逻辑运算的,所以进行字节或字的逻辑运算,源操作数可以是寄存器、存储器或立即数,而目的操作数只能是通用寄存器或存储器操作数,不能是立即数,且两者不能同时为存储器操作数。在这 5 条指令中,NOT 指令对标志寄存器各位均无影响,而其他 4 条指令影响标志寄存器的 SF、ZF 和 PF 标志位,CF 和 OF 总是置“0”,AF 不确定。

2) 移位指令

移位/循环移位指令共有 8 条,指令格式如下。

(1) 算术移位。

算术左移:SAL　DEST,COUNT;

算术右移:SAR　DEST,COUNT。

执行操作如图 2-3-1(a)、图 2-3-1(b)所示。

(2) 逻辑移位。

逻辑左移:SHL　DEST,COUNT;

逻辑右移:SHR　DEST,COUNT。

执行操作如图 2-3-1(a)、图 2-3-1(c)所示。

(3) 循环移位。

循环左移:ROL　DEST,COUNT;

循环右移:ROR　DEST,COUNT;

带进位循环左移:RCL　DEST,COUNT;

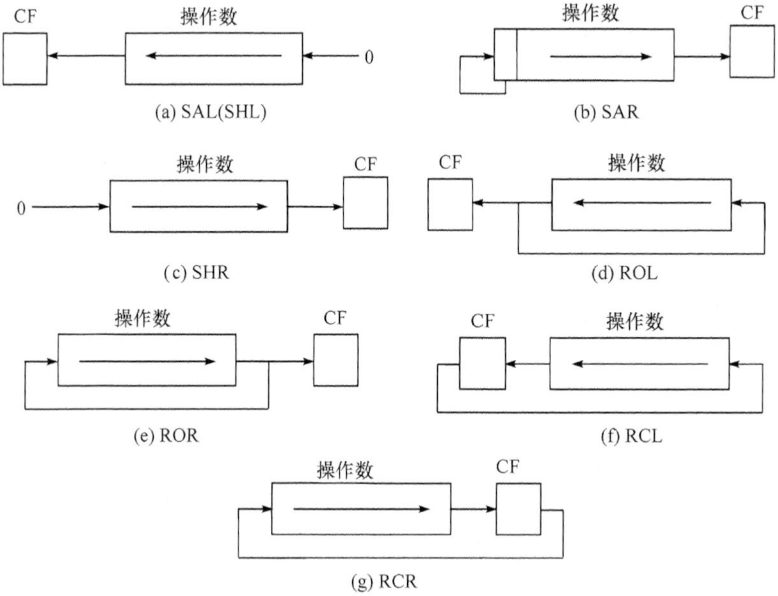

图 2-3-1　移位指令示意图

带进位循环右移：RCR　DEST，COUNT。

执行操作如图 2-3-1(d)～(g)所示。

这些指令的特点如下。

(1) 每条指令都是单操作数指令，即只需要一个操作数。这个操作数可以是字或字节，可以是寄存器或存储器操作数。

(2) 指令中的 COUNT 是移位的位数。如果 COUNT＝1，那么指令中 COUNT 的位置就可以直接用常数“1”替代。如果 COUNT≠1，就必须用 CL 来代替。这时，移位的位数放在寄存器 CL 中。因此移位/循环移位的位数可以是 0～255。事实上一般选用 0～16，其中“0”代表不移位。

(3) 在每条指令中，字或字节操作数除按 COUNT 指定的数进行左移或右移，每移位一次，移出的位(左移时为最高位，右移时为最低位)都要送至进位位 CF。

(4) 前 4 条移位指令根据移位结束后的状态修改 CF、PF、ZF、SF 和 OF，而 AF 不能确定。而后 4 条循环移位指令，根据移位结束后的状态仅修改 CF 和 OF。若移位/循环移位仅移一位，且移位前后操作数的最高有效位(即符号位)发生变化，那么 OF 置“1”，否则，OF 置“0”；若移位/循环移位的位数大于“1”，那么 OF 不确定。

(5) SAL 和 SAR 指令称为算术移位指令，是因为在二进制中，若某一数据最右边再添一个“0”,就相当于该数乘以 2。8086 不能直接实现在某操作数最右边添加任何数位的操作,但可以使数据所有各位向左移动一位,而最右边剩下的位置补“0”,此效果与在最右边再添一个“0”一样。所以,SAL 指令相当于乘以 2^n,SAR 指令等效于除以 2^n,其中,n 为移位的位数。数据可以是带符号数,右移前后的数据应该有相同的符号。所以,SAR 指令使数据符号位返回本身,保持符号不变。

例如

```
MOV    AL,01000000B      ;AL= 64
MOV    BL,00001000B      ;BL= 8
SAL    AL,1              ;AL= 128,OF= 1
SAL    BL,1              ;AL= 16,OF= 1
```

4. 转移指令

转移指令包括无条件转移指令和条件转移指令。

1) 无条件转移指令

格式:JMP PRD。

执行操作:无条件转移到由指令中的操作数所指定的目的地址,并开始执行程序,目的地址常用标号来表示。例如

```
          JMP          LABLE
          ADD          AX,BX
LABLE:    SUB          AX,BX
```

无条件转移可在段内转移,也可在段间转移。目标地址可以是直接寻址和间接寻址两种表达方式。

(1) 直接寻址方式。

在 JMP 指令的目的地址处给出的是目标指令对应的标号;

对于段内转移,汇编格式为 JMP 标号;

对于段间转移,汇编格式为 JMP FAR PTR 标号;

标号的类型是 FAR,即标号代表的指令与转移指令在不同的段中。

(2) 间接寻址方式。

在间接寻址方式中,目的地址不是标号,而是由寄存器或存储单元提供目标指令的地址。对于段内转移,JMP 指令的目的地址由一个通用寄存器或存储单元提供。例如

```
JMP    CX                 ;目标指令的偏移地址在 CX 中
JMP    WORD PTR[SI]       ;目标指令的偏移地址在所指向的字存储单元中
```

对于段间转移,JMP 指令的目的地址由一个双字存储单元提供。例如

```
JMP     DWORD PTR[SI];  目的地址在 SI 所指向的一个双字存储单元中。
```

2）条件转移指令

条件转移指令以某些标志位的状态或有关标志位的逻辑运算结果为依据，决定是否转移。这些标志位通常由条件转移指令的上一条指令所设置。条件转移指令将根据这些标志位的状态，判断是否满足对应的测试条件。若满足条件，则转移到指令指定的地址，否则继续执行条件转移指令之后的指令。各种条件转移指令如表 2-3-2 所示。

表 2-3-2　条件转移指令

类别	指令格式	判断条件	指令名称
单条件转移指令	JNE/JNZ 目标标号	ZF=0	不等于/结果不为 0 转移
	JC 目标标号	CF=1	有进位/借位转移
	JNC 目标标号	CF=0	无进位/借位转移
带符号数条件转移指令	JG/JNLE 目标标号	SF=OF AND ZF=0	大于/不小于也不等于转移
	JGE/JNL 目标标号	SF=OF OR ZF=1	大于或等于/不小于转移
	JL/JNGE 目标标号	SF≠OF AND ZF=0	小于/不大于也不等于转移
	JLE/JNG 目标标号	SF≠OF OR ZF=1	小于或等于/不大于转移
无符号数条件转移指令	JA/JNBL 目标标号	CF=0 AND ZF=0	高于/不低于也不等于转移
	JAE/JNB 目标标号	CF=0 OR ZF=1	高于或等于/不低于转移
	JB/JNAE 目标标号	CF=1 AND ZF=0	低于/不高于也不等于转移
	JBE/JNA 目标标号	CF=1 OR ZF=1	低于或等于/不高于转移
循环控制	LOOP 目标标号		循环
	LOOPE/LOOPZ 目标标号		为零或相等循环
	LOOPNE/LOOPNZ 目标标号		非零或不等于循环
	JCXZ 目标标号		CX 内容为 0 转移
中断	INT 中断类型号		中断
	IRET		中断返回

条件转移指令都是段内短转移，即转移的相对地址位移范围为 −128～+127 字节。满足转移条件时，将位移量与当前的指令指针寄存器 IP 的内容相加，由此形成所需的程序地址，并开始执行程序。

例如，设 AX 与 BX 分别存放一个无符号数据，将其中较小数送入 MIN 单元，程序段为

```
          CMP    AX,BX
          JB     MOVE
          MOV    AX,BX
MOVE:     MOV    MIN,AX
```

又如，设 AX 中有一带符号数据，若 AX 中为正数，将其存入 PLUS 单元，否则存入 MINUS 单元，程序段为

```
          AND    AX,AX
          JS     MOVE
          MOV    PLUS,AX
          …
MOVE:     MOV    MINUS,AX
```

再如，设 AX 和 BX 中分别有一带符号数据，求两数之和，若产生溢出，将结果存入 SUM 单元，FLAG 单元置为 0；否则将结果存入 SUM 单元，FLAG 单元置为全 1。程序段为

```
          MOV    FLAG,0
          ADD    AX,BX
          JO     MOVE
          DEC    WORD PTR FLAG
MOVE:     MOV    SUM,AX
          …
```

5. 循环控制指令

循环控制指令用于实现指令或指令组的重复操作。

1）循环指令 LOOP

指令格式：LOOP　OPRD。

LOOP 指令是以寄存器 CX 的内容作为计数控制的，进行 CX←CX－1 操作，并判断 CX。当 CX≠0 时，转移到由操作数 OPRD 指示的目的地址，即 IP←IP＋位移量，进行循环；当 CX＝0 时，结束循环 LOOP。LOOP 指令控制循环转移的目的地址为相对地址，在机器指令格式中相对地址在－128～＋127 范围之内，在汇编指令格式中的目的地址为符号地址。

例如，设内存 DATA1 和 DATA2 开始分别存放 50 个无符号字数据，编制程序将两个存储区对应字数据求和并存入 SUM 开始的单元。

```
              MOV    CX,50          ;初始化
AGAIN:        MOV    AX,[SI]        ;工作部分
              ADD    AX,[BX]
```

```
        MOV     [DI],AX
        ADD     BX,2            ;调整部分
        ADD     SI,2
        ADD     DI,2
        LOOP    AGAIN           ;控制部分
        MOV     AH,4CH
        INT     21H
```

2）为零或相等循环指令 LOOPZ

指令格式:LOOPZ OPRD。指令可完成在 ZF＝1 且 CX≠0 条件下的循环操作。在 LOOPZ 所做的控制循环操作过程中除了进行 CX←CX－1 的操作,判断(CX)是否为零,还将判断标志位 ZF 的值。

例如,比较两个数据串是否相等。由第一个数据开始,依次比较,若发现比较过程中某两个数据已不相等,不必再反复比较下去而需中途退出循环。

```
DSEG    SEGMENT
STR1:   DB      ‘COMPUTER’
STR2:   DB      ‘COMPRESS’
DSEG    END
        ASSUME  CS:CSEG,DS:DSEG
START:  MOV     AX,DSEG
        MOV     DS,AX
        LEA     SI,STR1
        LEA     DI,STR2
        MOV     CX,8
AGAIN:  MOV     AL,[SI]
        MOV     AH,[DI]
        INC     SI
        INC     DI
        CMP     AL,AH
        LOOPZ   AGAIN
        JNE     STOP
        …
CSEG    ENDS
        END     START
```

3）非零或不等于循环指令 LOOPNZ/LOOPNE

指令格式:LOOPNZ OPRD 或 LOOPNE OPRD。

LOOPNZ 或 LOOPNE 指令完成当 ZF＝0 且 CX≠0 条件下的控制循环操作。

其操作过程类似于 LOOPPZ 或 LOOPE 指令。

例如，在字符串“COMPUTER”中查找字母“M”，并不一定要查找完所有数据才结束，当在中间找到这个数据时，就可以中途退出。此时可用此指令控制循环结束。

```
DSEG      SEGMENT
STR1:     DB      'COMPUTER'
STR2:     DB      'M'
DSEG      ENDS
          ASSUME  CS:CSEG,DS:DSEG
START:    MOV     AX,DSEG
          MOV     DS,AX
          LEA     SI,STR1
          DEC     SI
          MOV     CX,8
          MOV     AL,CHR
AGAIN:    INC     SI
          CMP     AL,[SI]
          LOOPNZ  AGAIN
          JE      FOUND
          …
FOUND:
          …
CSEG      ENDS
          END     START
```

循环控制指令只是根据标志位状态进行控制操作，指令本身不影响标志位。

6. 数据串操作指令

串操作指令在文本编辑、数据管理方面很有用处。串是指存储器中的一系列字或字节单元，串操作就是对这一系列字或字节单元进行某种相同的操作。例如，把一个串从一个存储区传递到另一存储区、比较两个串、按指定要求在一个串中进行查找等。

8086 指令系统中有 6 条串操作指令，每条串操作指令中的源串操作数地址由 DS:SI 提供，目的串操作数地址由 ES:DI 提供。每条串操作指令每次仅对串中 1 个字或 1 字节单元进行操作，且同时自动修改 DI 和 SI，使其指向下一个字或字节单元。修改 DI 和 SI 时，是递增还是递减，完全由标志寄存器中的 DF 位来确定，若 DF 为“0”，则 DI 或 SI 加 2(对字)或加 1(对字节)，若 DF 为“1”，则 SI 或 DI 减 2

(对字)或减 1(对字节)。

为便于对串中的多个字或字节单元进行操作,指令系统还设置有重复前缀指令,重复次数由 CX 中的内容确定。下面对 6 条串操作指令和重复前缀进行介绍。

1) 串传送指令

格式:MOVS　DEST,SRC。

执行操作:把源串的 1 个字或 1 字节送到目的串中,同时按照 DF 修改 SI 和 DI。传送字或字节单元的源串和目的串的地址分别由 SI 或 DI 指向,串传送指令对标志寄存器无影响。与取串指令一样,如果在程序中选用该指令时已明确是字或字节,可分别用 MOVSW 和 MOVSB 指令替代。使用 MOVS 指令时,其后可以写目的地址的和源地址,目的地址一定为 ES:[DI],而源地址可以是 DS:[SI]、CS:[SI]、ES:[SI]和 SS:[SI],即源地址可在非隐含段。

例如,将[1000:0000]单元开始的 256 字节内容转移到[2000:0100]单元。

```
          MOV     AX,1000H
          MOV     DS,AX
          MOV     SI,0000H
          MOV     AX,2000H
          MOV     ES,AX
          MOV     DI,0100H
          MOV     CX,0100H
          CLD                         ;地址增方向
AGAIN:    MOVSE
          LOOP    AGAIN
```

2) 取串指令

格式:LODS SRC。

执行操作:把源串中的 1 个字或 1 字节内容送入 AX 或 AL 中,同时按照 DF 修改 SI。

由于源串的字或字节单元是由 DI 所指向的,而指令中的“源串”主要指明取的源串是字还是字节。如果在程序中选用该指令,已明确是字或是字节,那么可用如下零操作数指令替代,即 LODSB:取源串的 1 字节。LODDSW:取源串的 1 个字。取串指令对标志寄存器无影响。

3) 存串指令

格式:STOS　DEST。

执行操作:把 AX 或 AL 的内容送入目的串中,同时按照 DF 修改 DI。存串指令对标志寄存器无影响。目的串的字或字节单元由 DI 所指向,与取串指令一样,可以选用以下零操作数指令替代,即 STOSB:送字节到目的串。STOSW:送字到目的串。

例如，用 0720H 填满[B800:0000]开始的 2000 个字。

```
        MOV     AX,0B800H
        MOV     ES,AX
        MOV     DI,0000H
        MOV     CX,070DH            ;2000
        MOV     AX,0720H
        CLD
AGAIN:  STOSW
        LOOP    AGAIN
```

4）串比较指令

格式：CMPS　SRC，DEST。

执行操作：比较源串和目的串中的一个字或字节。比较方法是将源串中的一个字或字节减去目的串中的一个字或字节，不保留相减结果，但影响标志寄存器。每比较一次，同时按照 DF 修改 SI 或 DI。与取串指令一样，可用以下零操作数指令替代，即 CMPSB(字节比较)和 CMPSW(字比较)。

例如，比较[1000:0000]与[2000:0100]开始的 256 个数据块是否相同。

```
        MOV     AX,1000H
        MOV     DS,AX
        MOV     SI,0000H
        MOV     AX,2000H
        MOV     ES,AX
        MOV     DI,0100H
        MOV     CX,0100H
        CLD                         ;地址增方向
AGAIN:  CMPSB
        JNE     EXIT1
        LOOP    AGAIN
        …
EXIT1:
```

5）串搜索指令

格式：SCAS　DEST。

执行操作：在目的串中查找 AX 或 AL 指定的内容。查找方法是：用 AX 或 AL 的内容减去目的串中的一个字或字节，相减的结果反映在标志寄存器中。每查找一次，按照 DF 修改 SI 或 DI。与取串指令一样，可用以下零操作数指令替代，即 SCASB:按字节查找目的串。SCASW:按字查找目的串。

例如,从字符串“COMPUTER”中找出字符“M”。

```
DSEG      SEGMENT
STR1:     DB       'COMPUTER'
STR2:     DB       'M'
DSEG      END
          ASSUME   CS:CSEG,DS:DSEG
START:    MOV      AX,DSEG
          MOV      ES,AX
          LEA      DI,STR1
          MOV      CX,8
          MOV      AL,CHR
          CLD
AGAIN:    SCASB
          JE       FOUND
          LOOP     AGAIN
          …
FOUND:
          …
CSEG      ENDS
          END      START
```

6) 重复前缀指令

格式:REP。

执行操作:前面介绍的串操作指令都是一次对一个字或字节进行串操作。为了对若干个字或字节进行相同的操作,可用重复前缀指令 REP。它可使串操作指令重复执行,重复的次数由 CX 的内容来确定。重复前缀指令只能放在串操作指令前面,如 REP　MOVSB。

另外,还有两条带条件的重复前缀指令。

REPE/REPZ:重复执行串操作指令的条件是 CX 不为“0”,且 ZF 为“1”。

REPNE/REPNZ:重复执行串操作指令的条件是 CX 不为“0”,且 ZF 为“0”。

因为 LODS、STOS 和 MOVS 三条串指令不影响标志寄存器,所以仅能使用重复前缀 REP 指令。CMPS 和 SCAS 两条指令每执行一次比较、查找,都影响标志寄存器,所以常用 REPE/REPZ 重复前缀指令。

例如,比较[1000:0000]与[2000:0100]开始的 256 个数据块是否相同。

```
          MOV      AX,1000H
          MOV      DS,AX
```

```
        MOV     SI,0000H
        MOV     AX,2000H
        MOV     ES,AX
        MOV     DI,0100H
        MOV     CX,0100H
        CLD                             ;地址增方向
        REPE    CMPSB
        JNE     EXIT1
        …
EXIT1:
```

7. 子程序调用和返回指令

子程序调用和返回指令是程序设计中常用的指令。在执行程序的过程中，它们可实现对某一个具有独立功能子程序的多次调用操作，由此可实现模块化的程序设计。指令系统提供了子程序调用指令 CALL 和返回指令 RET。

1) 子程序调用指令 CALL

指令格式:CALL　目的地址。

子程序调用指令可实现段间的子程序调用。为了保证调用之后正确的返回，CALL 指令需要把 CALL 指令的下一条指令的地址(断点)压入堆栈进行保护。

(1) 段内直接调用指令的目的地址是一个 16 位目的地址的相对偏移量。CALL 指令完成 SP←SP－2 的操作，并将断点的 IP 内容压入堆栈，然后修改指令指针寄存器 IP 的内容，即 IP←IP＋相对位移量。

(2) 段内间接调用指令所指定的 16 位通用寄存器或存储单元的内容为目的地址的偏移量。CALL 指令的操作完成 SP←SP－2，将指令指针寄存器 IP 内容压入堆栈，取出目的偏移地址送指令指针寄存器 IP。

(3) 段间的直接调用指令的目的地址不仅包括偏移地址，还包括段地址，它们由指令直接给出。因此 CALL 指令的操作要将断点的段地址(CS 的内容)压入堆栈，然后完成 SP←SP－2 操作，再将断点的偏移地址压入堆栈，即 IP 的内容压入堆栈。最后将指令中所指示的段地址及偏移地址分别送入 CS 和 IP 中。

(4) 对于段间的间接调用指令，其目的地址是由指令的寻址方式所决定的。将现行地址压入堆栈的操作同段间直接调用指令。将段地址及段内位移量送入段寄存器 CS 及指令指针寄存器 IP 由寻址方式来决定。

2) 返回指令 RET

指令格式:RET 或 RET　N。

子程序完成其功能操作之后，使用段 RET 指令可返回调用程序。因此，RET

指令是子程序的最后一条指令。RET 指令所完成的操作是从堆栈中弹出返回地址,送入指令指针寄存器 IP 和段寄存器 CS 中。由于子程序调用分为段内调用和段间调用,所以返回指令也可分为段内返回和段间返回。

段内返回是从 SP 所指示的堆栈顶部弹出一个字的返回地址,送入指令寄存器 IP 中。段间返回是从堆栈顶部弹出两个字的返回地址,其中一个字送入指令指针寄存器 IP,另一个字送入段寄存器 CS 中,以表示不同的段。

段内和段间返回都可带立即数,如 RET04H 或 RET4。带参数的返回指令首先完成 RET 指令的功能,然后把堆栈指针向高地址方向再额外调整 N 字节,即 SP←SP+N。

由于主程序在调用子程序之前,往往利用堆栈进行参数传递,所以利用带参数的返回指令可以对堆栈指针 SP 进行调整,即 SP←SP+N,使堆栈指针寄存器 SP 所指示的位置为调用之前的位置,相当于"清除"堆栈。子程序调用和返回指令对标志位无影响。

8. 标志位操作指令

通过标志位处理指令,可直接对指定的标志位进行设置或清除操作,对所执行的程序进行控制,有以下 7 种。

(1) CLC:对标志寄存器 FLAG 的 CF 标志位清零,即 CF←0。

(2) CMC:对标志寄存器 FLAG 的 CF 标志位求反,即 CF←$\overline{\text{CF}}$。

(3) STC:对标志寄存器 FLAG 的 CF 标志位置"1",即 CF←1。

(4) CLD:对标志寄存器 FLAG 的 DF 标志位清零,即 DF←0。

(5) STD:对标志寄存器 FLAG 的 DF 标志位置"1",即 DF←1。

(6) CLI:对标志寄存器 FLAG 的 IF 标志位清零,即 IF←0。

(7) STI:对标志寄存器 IF 标志位置"1",即 IF←1。

9. 工作状态控制指令

NOP　NOP 指令不执行任何操作,一般用来占用字节单元,作为字节指令占用 1 字节的单元,便插入指令进行程序调试,还利用它对定时程序中的时间进行调整。

HLT　停机指令 HLT 指令使 CPU 进入暂停状态。在暂停状态间,CPU 可影响外部中断,如 RESET 复位指令,INTR、NMI 的中断请求。中断返回后,CPU 将退出暂停状态。通常在程序中使用 HLT 指令等待中断请求。

WAIT　等待指令 WAIT 可以使 CPU 进入等待状态,直到 $\overline{\text{TEST}}$ 引脚变为低电平。在等待状态期间 CPU 可响应中断。

ESC　换码或协处理指令 ESC 可向协处理器提供一条可执行的指令及相应的操作数。

LOCK　封锁指令 LOCK 可作为有关指令的前缀，使用这个前缀的指令，可在指令执行期间封锁局部总线，以保证多处理器及多任务的数据安全。LOCK 指令可以使 CPU 的 LOCK 引脚产生一个有效电平，以实现总线封锁。

2.3.3 汇编语言程序设计

前面分别介绍了用汇编语言进行程序设计所需要的几个最基本的知识：内存单元的寻址方式和各种汇编指令格式。在掌握了这些基本内容之后，就需要学习如何把它们组成一个完整的汇编语言程序。

1. 伪指令

伪指令是在对源程序汇编时起说明作用的命令。Microsoft 宏汇编版本提供了丰富的伪指令，使用户编制汇编语言源程序时感到十分方便。

1) 符号定义伪指令

汇编语言中有两种符号：一种是汇编程序已经规定且有一定的符号名，称为保留符号名，如机器指令的助记符号、伪指令的助记符号、寄存器名字、各种运算符号等；另一种是编程人员根据标识符的组成规则定义的符号名(标号)，称为自定义符号。符号定义伪指令是给自定义符号定义一个数值或定义为其他符号名。

(1) 等价伪指令 EQU。

格式：SN　EQU　EXP。

说明：SN 是自定义的标识符名称；EXP 是表达式，可以是各种常数、数据符号、指令助记符、伪指令助记符、寄存器名字或其他自定义标识符。

伪指令 EQU 将右侧表达式的值或意义赋给左侧的标识符。例如

```
VAL                    EQU  100                    ;VAL的值为100
```

(2) 等号伪指令“＝”。

格式：SN＝EXP。

说明：SN 是自定义的标识符名称，EXP 可以是表达式、各种常数和数据符号。

伪指令“＝”将表达式右侧的值赋给左侧的标识符。

显然，等号伪指令的功能与 EQU 相同，两者的主要区别是：用 EQU 定义的符号不允许再次定义，而用等号定义的符号可以多次定义，其符号值以最新定义的值为当前值。例如

```
NUMB= 8
```

```
MOV AL,NUMB ;等价 MOV AL,8
```

2) 数据定义伪指令

数据定义伪指令用来定义一个存储单元的符号名,并初始化该单元或由该单元开始的若干连续单元。初始化单元就是将一个确定的数值或不确定的值(在定义语句中用? 表示)放入指定的内存单元。

数据定义伪指令有 5 种:DB、DW、DD、DQ 和 DT。

(1)定义字节伪指令 DB。

格式:[SN] DB EXP。

说明:SN 为自定义符号名,是可选项;EXP 为表达式,其值小于或等于 8 位二进制表示的最大值。例如

```
FIRST  DB    3,18,25H,'ABC'
```

(2) 定义字伪指令 DW。

格式:[SN] DW EXP。

说明:SN 和 EXP 的定义与 DB 伪指令中的意义相同。但 EXP 的值小于或等于 16 位二进制表示的最大值,每一个数据项占用 2 字节存储单元,数据高位字节在高位地址。例如

```
FSTW   DB    1234H,- 32768,'XY'
```

(3) 定义双字伪指令 DD。

格式:[SN] DD EXP。

说明: SN 和 EXP 的意义与 DB 伪指令的意义相同。但 EXP 的值小于或等于 32 位二进制表示的最大值,每一个数据项占用 4 字节,高字节在高地址,EXP 可以是十进制数和科学表示法表示的数据。带有小数点的十进制数据和科学计数法表示的数据译为单精度的浮点格式。例如

```
DFST   DD    4294967295
```

(4) 定义四字伪指令 DQ。

格式:[SN] DQ EXP。

说明:SN 和 EXP 的意义与 DD 伪指令中的意义相同。但 EXP 的值小于或等于 64 位二进制数据表示的最大值,每一个数据项占用 8 字节,高位字节在高位地址。带有小数点的十进制数据和科学表示法表示的数据译为双精度的浮点格式。例如

```
QFST   DQ    65230
```

(5) 定义十字伪指令 DT。

格式:[SN] DT EXP。

说明:SN 和 EXP 的意义与 DD 伪指令中的意义相同。但 EXP 的值小于或等于 80 位二进制数据表示的最大值。每一个数据项占用 10 字节,当数据以十进制整数形式书写时,汇编为组合的 BCD 码形式,用最高字节的最高位表示符号位,"0"表示正,"1"表示负,数据的最高位字节存放在高地址,最低字节存放在低地址;当数据以其他进制形式书写时,汇编为二进制形式,数据高字节存放在高地址,低字节存放在低地址。带有小数点的十进制数据和科学计数法表示的数据译为临时实数的浮点格式。例如

```
TFST   DT       12345
```

3) 段定义伪指令

编程时的代码段、数据段、附加段和堆栈段都是逻辑段,是由段定义伪指令来定义的,经汇编链接后转换为真正的内存地址。

段定义伪指令有 SEGMENT、ENDS、ASSUME 和 ORG。

(1) 段首说明伪指令 SEGMENT。

格式:SNAME　SEGMENT　[PRMT1]　[PRMT2]　['PRMT3']。

说明:SNAME 是段名,用户自定义的标识符。这个语句的作用是告诉汇编程序具有名字为 SNAME 的段由此开始。至于此段做什么段来用,应由段说明伪指令 ASSUME 说明。方括号中 PRMT 为任选参数,其意义说明如下。

① PRMT1 项是定位类型,用以指定段起始地址边界,可以是 PARA、PAGE、WORD 和 BYTE,分述如下。

PARA 表示段从一个段边界地址开始,即其段地址是能被 16 整除的数值,十六进制地址的最低位为 0H。

PAGE 表示段从一个页边界开始,即其段地址能被 256 整除,十六进制地址为 00H。

WORD 表示段可以从一个字边界开始,当多个目标程序段要连续在同一个物理段时,各源程序的段首说明语句中选用 WORD,以节省内存。

BYTE 表示段可以从任何地址开始,用法及作用同 WORD。

② PRMT2 项是组合类型,用于程序链接时说明该段链接中的组合类型,可以是 PUBLIC、COMMON、STACK、AT EXP、MEMORY 或空缺。

PUBLIC:表示链接时将此段与其他同名段相连。

COMMON:表示该段与其他同名段相连,并从同一地址开始,因此这些程序是重叠的,不能同时调入内存,运行时相互覆盖,COMMON 段的长度以最大的程序段为准。

STACK:表示此段是程序运行时使用的堆栈段,链接程序要求定义一个 STACK 段,若无此段,链接程序指出"无堆栈段"错误。

AT EXP:是表达式,可以是任何有效常数或表达式,表达式中可以使用前面已经定义过的符号,但不允许提前引用符号。AT EXP 的作用是将该段定位在 EXP 求值所得的 16 位段边界地址上,此地址为内存的物理地址,可执行程序装入时,就将该段放入指定段开始的内存单元中。

MEMORY:表示该段在连接时放在所有其他段之上,即更高地址,如果有多个段定义为 MEMORY 类型,汇编程序则将第一个遇到的 MEMORY 段按此法处理,其余作为 COMMON 段处理。

空缺:上述参数都不写时,表示不能与其他段组合。

③ PRMT3:是连接期间用于组或段组的名称,该名称必须用单引号引起来。

(2) 段结束伪指令 ENDS。

格式:SNAME　ENDS。

说明:SNAME 为用户自定义的段名,此语句告诉汇编程序 SNAME 段到此结束。

段首说明语句与段结束语句一定是成对出现的。这两个语句的段名必须相同,在此两语句间的数据、指令代码、工作区均属于该段中的一部分。如果所编程序的指令代码、数据区及堆栈区不超过 64KB,则所有的段地址可以从同一基地址开始。ENDS 也可用作结构定义结束伪指令,这时 SNAME 为结构名称。

(3) 段假定伪指令 ASSUME。

格式:ASSUME　SR:SNAME[,SR:SNAME,…]。

说明:SR 为段寄存器名字 CS、DS、SS 和 ES。SNAME 为段名,必须是 SEGMENT 定义过的标识符。ASSUME 的作用是告诉汇编程序,把源程序转换为机器代码时,各段寄存器的符号地址,以确定和检查机器指令中操作数所在的程序,产生正确的机器指令代码或打印出错误信息。值得注意的是,ASSUME 语句只是使汇编程序知道段寄存器应具有的段基址,而这些段寄存器的实际值(除 CS)必须在程序中用传送指令赋予。

(4) 代码定位伪指令 ORG。

格式:ORG　EXP。

说明:EXP 是数学表达式,其值为一个无符号的 16 进制数。此语句的作用是确定其后的数据和代码存放在相应段中的起始位置。EXP 的值是相对于段基址的偏移量的。以后的数据或代码顺序连续存放,除非遇到新的 ORG 伪指令。

4) 其他伪指令

(1) EVEN 伪指令。

格式:EVEN。

说明:EVEN 的作用是将汇编地址计数器调整到偶地址边界,以便随后的数据或代码在偶地址边界上对准。

(2) RADIX 伪指令。

格式:. RADIX　EXP。

说明:EXP 为表达式,其值为 2～16 之间的任何数。该表达式的值总是十进制数。该伪指令规定其后续指令语句或伪指令语句使用的数据的基数(进位制),除非偶遇到下一个 . RADIX 语句,或程序中使用的常数有明确的后缀表示基数。凡源程序中没有 . RADIX 伪指令,未加后缀说明的数据都视为十进制数。

(3) NAME 伪指令。

格式:NAME　MDN。

说明:MDN 为用户自定义符号名,NAME 伪指令为程序模块命名。模块名 MDN 不能与其自身符号或保留字重名,且每次汇编时,只允许用一条 NAME 伪指令。当不使用 NAME 伪指令时,则以源程序的文件名作为此模块的模块名。

(4) END 伪指令。

格式:END　START。

说明:START 为程序的启动地址。END 告诉汇编程序源程序到此结束,对 END 后面的任何语句不再进行汇编。只有主模块才能规定启动地址。

2. 汇编程序组成

汇编语言源程序由若干个段组成。一般,其通常需要一个代码段、一个数据段和一个堆栈段,有时可包含一个附加段。每个段在程序中的顺序没有先后,通常数据段在前,代码段在后,每个段必须有段名。

1) 程序结构

源程序的一般结构如下。

```
;定义堆栈段
SKSG        SEGMENT     PARA        STACK       'STACK'
…
SKSG        ENDS
;定义数据段
DASG        SEGMENT     PARA        'DATA'
…
DASG        ENDS
;定义代码段
COSG        SEGMENT     PARA        'CODE'
ASSUME      CS:COSG,DS:DASG,SS:SKSG
MAIN:       MOV         AX,DASG
            MOV         DS, AX      ;将数据段的段地址装入 DS
            …                       ;指令序列
```

```
            MOV     AX, 4C00H   ;程序退出,返回 DOS
            INT     21H
COSG        ENDS
            END     MAIN        ;主过程名 MAIN 是程序的入口地址
```

由上面汇编语言的程序结构可以看出:源程序由若干个段组成;每个段有个段名,以 SEGMENT 开始,以 ENDS 结束;段从性质上分 4 种,分别为代码段、数据段、堆栈段和附加段。各个段在源程序的顺序可以任意,段的数目可依需要而定。数据段存放要使用到的数据,代码段存放程序指令系统,堆栈段作为堆栈使用,附加段作为辅助的数据段来使用,若程序用到串操作指令,则目的操作数存放在附加段。而一个段又是由若干条语句组成的。一条语句占一行。语句有两类:指令语句和伪指令语句。一个完整的源程序必须含有这两类语句。指令语句产生可供机器执行的目标代码。伪指令不产生对应的目标代码。它仅在汇编程序对源程序汇编期间用来完成如定义符号、分配存储单元、初始化存储单元、指示程序结束等功能。整个源程序以 END 作为结束。

2) 设置段寄存器的初值

ASSUME 伪指令只是指定段与段寄存器之间的对应关系,并未将段地址装入相应的段寄存器。因此,必须在程序中设置段寄存器的初值。

CS 与 IP 的初值由系统自动设置为 END 后指定的起始地址。

DS 与 ES 的初值必须在程序中设置,方法如下。

```
MOV  AX,SEGNAME          ;SEGNAME 为段名
MOV  DS,AX               ;或 MOV  ES,AX
```

SS 与 SP 初值的设置方法有两种。

(1) 若堆栈段定义时给出了组合类型参数 STACK,且在 ASSUME 指令中把堆栈段用的段指派给段寄存器 SS,如上述结构,则链接程序 LINK 自动将 SS:SP 指向栈顶。

(2) 若堆栈段定义时未给出组合类型参数 STACK,则需要在程序中设置 SS 和 SP 的初值,方法如下。

```
MOV  AX,SEGNAME          ;SEGNAME 为定义的堆栈段段名
MOV  SS,AX
MOV  SP,STACKTOP         ;STACKTOP 为栈顶偏移地址的初始值
```

若未定义堆栈段,则由链接程序将定义的第一个段同时作为堆栈段,SP 初始化为 0,堆栈空间为 64KB。

3) 程序结束的方法

如果在操作系统下运行,还要使用如下两条指令,以告知操作系统程序运行结

束。程序结束通过调用一个编号为 4CH 的 DOS 中断实现。

```
MOV   AX,4C00H
INT   21H
```

例 2-3-1　编程计算 VX+VY,结果放到 RES 中。变量 VX、VY 和 RES 均定义在数据段中。

源程序如下。

```
;*****      例 2_3_1 程序                  *****
SKSG        SEGMENT         STACK          'STACK'       ;定义堆栈段
STK         DW              32  DUP(0)
SKSG        ENDS
DASG        SEGMENT                                      ;定义数据段
VX          DW              150                          ;存放数据 VX
VY          DW              200                          ;存放数据 VY
RES         DW              ?                            ;存放计算结果
DASG        ENDS
COSG        SEGMENT                                      ;定义代码段
ASSUME      SS:SKSG,DS:DASG,CS:COSG
MAIN:       MOV             AX,DASG
            MOV             DS,AX                        ;为 DS 赋初值
            MOV             AX,VX                        ;取 VX 的值
            ADD             AX,VY                        ;求和
            MOV             RES,AX                       ;结果存放
            MOV             AX,4C00H                     ;终止处理
            INT             21H
COSG        ENDS
            END             MAIN                         ;终止汇编
```

4) 语句格式

(1) 指令语句格式:[标号:]指令助记符 [操作数][;注释]。

标号:后跟":"号的一个名字,它代表该指令语句的存储器地址,供转移指令(JMP)、调用指令(CALL)或循环指令(LOOP)作为操作数(转向地址)使用。只有其他语句要访问的语句才有标号。如例 2-3-1 中的"MAIN"。

指令助记符:它规定这个指令语句的操作类型。例如,例 2-3-1 中 MOV 表示数据传送,ADD 表示加法等。指令助记符是操作码的符号表示。

操作数:可以是一个或者两个,也可以没有。当有两个操作数时,用","号隔开。

注释:以";"打头,用于提高程序的可读性,汇编时,汇编程序对注释不作

处理。

(2) 伪指令语句格式:[名字] 伪操作命令 [操作数][;注释]。

伪指令语句的名字后面不跟":"号,这是伪指令语句和基本指令语句之间在格式上的区别。伪指令中的名字可以是常量名、变量名、段名、过程名、结构名、记录名和宏指令名等。这是根据不同的伪操作命令决定的。伪操作命令规定这个伪指令语句的功能。

3. 程序举例

1) 顺序结构程序设计举例

例 2-3-2 计算[x−(y+z)×v]÷x 的值。

设 x、y、z、v 为十六位有符号数,分别存放在 X、Y、Z、V 字单元,商和余数分别存入 A、B 字单元。源程序如下。

```
;*****          EXAM2-3-2       *****
DSEG            SEGMENT                         ;定义数据段
X               DW              8A4FH
Y               DW              0A245H
Z               DW              3456H
V               DW              5678H
A               DW              ?
B               DW              ?
DSEG            ENDS
CSEG            SEGMENT                         ;定义代码段
   ASSUME       CS:CSEG,DS:DSEG
START:          MOV             AX,DSEG
                MOV             DS,AX
                MOV             AX,Y
                ADD             AX,Z            ;计算 y+z
                IMUL            V               ;计算*v
                MOV             CX,AX
                MOV             BX,DX           ;结果暂存
                MOV             AX,X
                CWD                             ;字变双字
                SUB             AX,CX           ;计算加法
                SBB             DX,BX
                IDIV            X               ;计算除法
                MOV             A,AX            ;保存商
                MOV             B,DX            ;保存余数
```

```
            MOV         AX,4C00H        ;程序结束
            INT         21H
CSEG        ENDS
            END         START
```

2) 单分支程序设计举例

对顺序结构,设计较为容易。但是,在实际问题中,往往需要根据不同的情况做出不同处理。对此,编程时必须先考虑各种可能出现的情况及处理方法,并写入程序中,在程序运行时使计算机能根据测试条件自动做出判断,选择执行相应的处理程序段。

在某种确定的条件下只执行两个分支中的一个分支,而另一个分支将不被执行,通常称为单分支结构。针对不同条件引出多种处理分支,称为多分支结构。如图 2-3-2 所示。

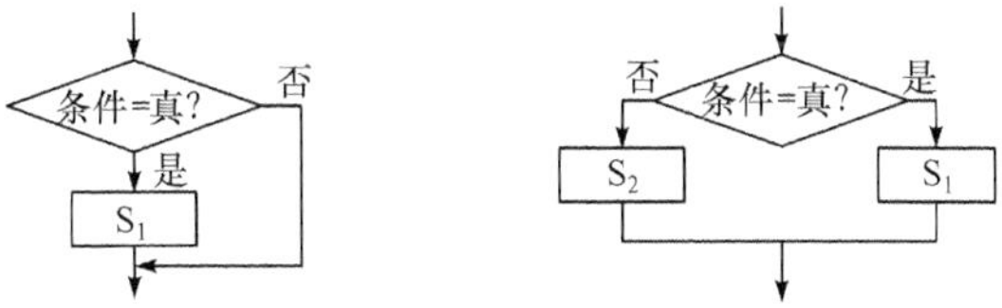

(a) 单分支结构　　(b) 多分支结构

图 2-3-2　分支结构

分支结构程序设计的关键在于准确地知道操作结果影响的标志位状态和正确地使用条件转移指令。计算机根据对标志位的判断而决定程序流向的条件转移指令。当运用条件转移指令去解决具体问题时,能否达到预期目的,主要取决于编程人员的思想是否合乎逻辑,以及能否正确使用相应的条件转移指令。

例 2-3-3　若数据段定义的字节变量 X 是正数,则计算它的相反数,并且赋值给 X 变量,否则不变。

本例的流程图如图 2-3-3 所示,参考程序如下。

```
;*****      例 2-3-3    *****
SKSG        SEGMENT     STACK       'STACK'   ;定义堆栈段
STK         DW          32  DUP(?)
SKSG        ENDS
DASG        SEGMENT                           ;定义数据段
X           DB          93H
DASG        ENDS
COSG        SEGMENT                           ;定义代码段
   ASSUME   CS:COSG,DS:DASG,SS:SKSG
```

```
BEGIN:      MOV     AX,DASG
            MOV     DS,AX
            MOV     AX,SKSG
            MOV     SS,AX
            MOV     SP,SIZE STK
            MOV     AL,X                ;取数据到 AX 寄存器
            CMP     AL,0                ;判断数据正负
            JLE     EXIT
            NEG     AL                  ;若 CV 为正,则取反
            MOV     X,AL
EXIT:       MOV     AX,4C00H
            INT     21H
COSG        ENDS
            END     BEGIN
```

3）双分支程序设计

例 2-3-4 编写完整程序,比较两个字符串 STR1 与 STR2 所含字符是否完全相同,若相同则显示“MATCH”,若不相同则显示“NO MATCH”。

本例的流程图如图 2-3-4 所示,参考程序如下。

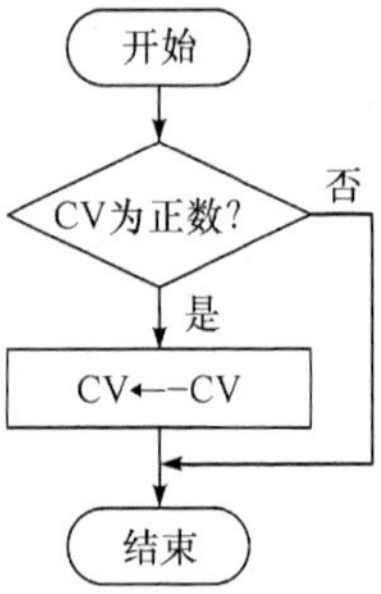

图 2-3-3 例 2-3-3 流程图

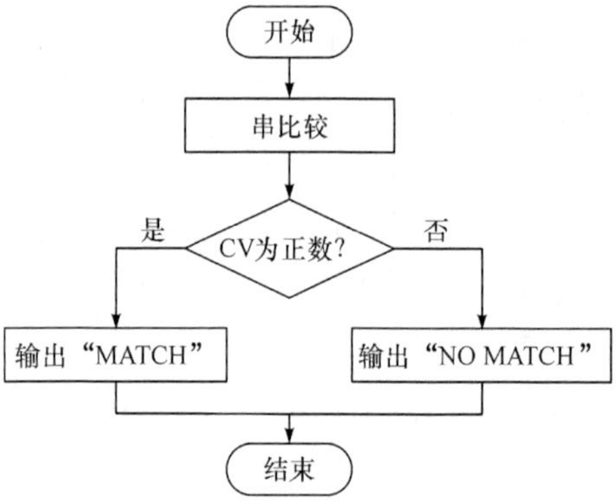

图 2-3-4 例 2-3-4 流程图

```
;*****      例 2-3-4    *****
SKSG        SEGMENT     STACK       'STACK'     ;设置堆栈段
STK         DW          32  DUP(0)
SKSG        ENDS
DASG        SEGMENT                             ;设置数据段
CR          EQU         13
```

```
LF          EQU         10
STROUT      DB          'THE RESULT IS:','$ '
STRM        DB          'MATCH',CR,LF,'$ '
STRNM       DB          'NO MATCH',CR,LF,'$ '
STR1        DB          'CHINA'
LEN1        DB          $-STR1
STR2        DB          'CHEER'
LEN2        DB          $-STR2
DASG        ENDS
COSG        SEGMENT                               ;设置代码段
   ASSUME   SS:SKSG,DS:DASG,ES:DASG,CS:COSG
MAIN:       MOV         AX,DASG
            MOV         DS,AX
            MOV         AX,SKSG
            MOV         SS,AX
            MOV         SP,SIZE STK
            MOV         ES,AX
            LEA         DX,STROUT                 ;取原数据首址
            MOV         AH,9                      ;显示字符串
            INT         21H
            MOV         CL,LEN1                   ;取数据串数据
            CMP         CL,LEN2
            JNZ         OUTNM
            CLD
            LEA         SI,STR1                   ;取字符串 1 首址
            LEA         DI,STR2                   ;取字符串 2 首址
            XOR         CH,CH
            REPE        CMPSB                     ;数据串比较
            JNZ         OUTNM
            LEA         DX,STRM
            MOV         AH,9
            INT         21H
            JMP         EXIT
OUTNM:      LEA         DX,STRNM
            MOV         AH,9
            INT         21H
EXIT:       MOV         AX,4C00H
            INT         21H
```

```
COSG        ENDS
            END         MAIN
```

4) 多分支程序设计

利用计算机解决实际问题时,常遇到这样的情况:处理某个问题时有多种选择方案,根据实际具体情况选择其中一种。每种处理方案由一段程序完成,每一段程序可以看成一个分支,程序在执行过程中根据当前的状况,决定下一步应执行哪一个分支,这就构成了多个分支的程序。

例 2-3-5 接收从键盘输入的字符,判别该字符是否为字母、数字或非字母也非数字类字符。若为字母,屏幕输出 LETTER;若为数字,屏幕输出 NUM;若非字母也非数字类字符,则输出 OTHERS。

根据如图 2-3-5 所示的流程图,参考程序如下。

```
;*****      例 2-3-5    *****
SKSG        SEGMENT     STACK       'STACK'     ;设置堆栈段
STK         DW          32DUP(0)
SKSG        ENDS
DASG        SEGMENT                             ;设置数据段
CR          EQU         13
LF          EQU         10
CHARIN      DB          'PLEASE INPUT A'
CHAROUT     DB          'THE RESULT IS:'
LOUT        DB          'LETTER','$ '
NOUT        DB          'NUM','$ '
OOUT        DB          'OTHERS','$ '
CRLF        DB          CR,LF,'$ '
DASG        ENDS
COSG        SEGMENT                             ;设置代码段
   ASSUME   SS:SKSG,DS:DASG
MAIN:       MOV         AX,DASG
            MOV         DS,AX
            MOV         AX,SKSG
            MOV         SS,AX
            MOV         SP,SIZE DW STK          ;设置堆栈指针
            LEA         DX,CHARIN               ;取原数据首址
            MOV         AH,9                    ;显示数据串
            INT         21H
            MOV         AH,1                    ;键盘输入
            INT         21H
```

```
          LEA     DX,CRLF          ;取数据串首址
          MOV     AH,9
          INT     21H
          LEA     DX,CHAROUT       ;取输出串首址
          MOV     AH,9
          INT     21H
          CMP     AL,'0'           ;判断是否为数字
          JB      OTHERS
          CMP     AL,'9'
          JA      CON1
          LEA     DX,NOUT
          MOV     AH,9
          INT     21H
          JMP     EXIT
CON1:     CMP     AL,'A'           ;判断是否为字母
          JB      OTHERS
          CMP     AL,'Z'
          JA      CON2
          LEA     DX,LOUT
          MOV     AH,9
          INT     21H
          JMP     EXIT
CON2:     CMP     AL,'A'
          JB      OTHERS
          CMP     AL,'Z'
          JA      OTHERS
          LEA     DX,LOUT
          MOV     AH,9
          INT     21H
          JMP     EXIT
OTHERS:   LEA     DX,OOUT
          MOV     AH,9
          INT     21H
EXIT:     MOV     AX,4C00H
          INT     21H
COSG      ENDS
          END     MAIN
```

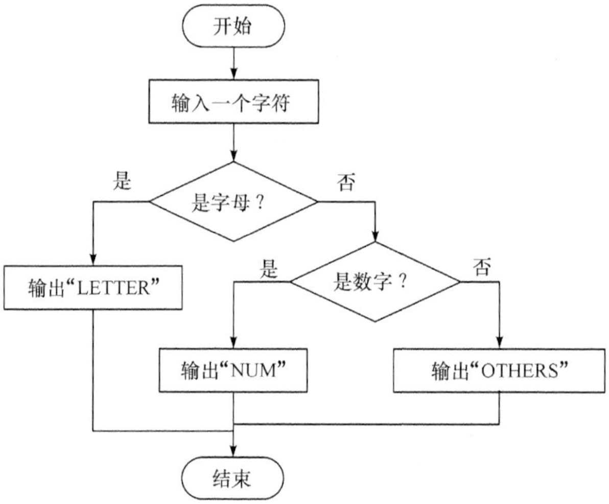

图 2-3-5　例 2-3-5 流程图

5）循环程序设计

在程序设计中往往会遇到需要重复执行某些指令的情况。这种重复实际上根据某种条件是否满足来决定是否重复执行某些指令。具备这种结构的程序称为循环程序。

例 2-3-6　设内存 DATA1 和 DATA2 开始分别存放 50 个无符号字数据，编制程序将两个存储区对应字数据求和并存放在 SUM 开始的单元。

利用顺序结构编写求和程序，首先设置源操作数和目的操作数指针，设置存放结果指针，接着从源指针指出的字单元取出数据，与目的指针指出的字单元的数据相加，和存入结果的字单元，然后修改各地址指针，使之指向下一个字数据，求和，保存结果……直至 50 对字数据全部求和后，程序结束。

在这一问题中，计算一对数据之和并保存起来的操作需反复进行 50 次，因而相同的程序段也需要重复书写 50 次，需要 300 多条指令。这样冗长的程序，书写麻烦，输入源程序时占用大量的时间，计算机汇编源程序时，占用较多的机器时间，译为机器码后，也占用较多的内存空间。如果把程序中需要反复执行的相同程序段只书写一次，而控制其重复执行 50 次，则解决了以上问题。

采用上述方法，可大大缩短编程书写和源程序输入的时间，也必然节省机器汇编的时间，减少机器代码占用的存储空间。

在程序设计中，控制某个程序段重复执行一定次数的程序设计方法，称为循环程序设计，这样设计出的程序，称为循环结构程序。在循环结构程序中需要反复执行的程序段称为循环体。循环结构程序设计的提出不仅解决了程序书写、输入、汇编的时间和空间效率问题，而且使得解决应用问题的范围更加广泛。例如，当应用问题中循环次数未知时，用顺序结构根本无法完成，只能采用循环结构。

例如，若将上例改为：设内存 DATA1 和 DATA2 单元开始分别存放了若干个数据，数据个数在 COUNT 字单元。这样的问题如果采用顺序结构，则"计算两数之和并保存起来"的重复操作程序段该书写多少遍，编制程序时无法得知，因此就无法用顺序结构的程序来实现。

在编写解决实际问题的程序时，处理过程相同，只是每次处理的数据不同，而数据的变化有规律，这样的程序是很多的，都可以采用循环结构实现。循环结构程序设计不但可以提高时空效率，同时也是不可替代的。

现在，以上述程序为例，分析循环结构程序的组成。

首先，设置数据段寄存器，设置源操作数、目的操作数和存放结果内存单元的起始地址以及计数器的初值，为下面重复执行部分做准备，可以称为初始化部分。其次，取源操作数与目的操作数相加，结果送入内存，这是程序的工作部分，它完成程序所要做的工作，这些指令要重复执行指定的次数。接着，修改地址指针的值，以便指向下一组数据和存放结果的内存单元字地址。程序的工作部分，虽然指令的书写形式是相同的，但每执行一遍后，下一次执行时参加运算的数据和保存结果的内存单元并不相同，而是变化的，这种变化是有规律的，即数据是顺序存放的，结果也是顺序存放的，因此，每执行一遍工作部分的程序段以后，要进行下一组数据求和并保存起来，就要靠修改地址指针来实现，这一部分称为修改部分。由于机器指令功能的增强，有时修改部分隐含在某条指令中。

当计数为 0 时，此指令控制程序退出循环体，执行循环结构的后续指令。此时，循环体恰好被重复执行指定的次数。计数值的修改当然也可以看成修改部分的内容，但由于将要介绍的循环控制指令是把计数值的修改与循环控制在同一条指令完成的，所以把这一部分一起称为控制部分。

(1) 初始化部分。

初始化部分是为循环程序做好准备、以保证循环程序能够正常运行的部分。这一部分往往在循环程序的开头，逻辑上先从这部分开始执行。这一部分一般是设置地址指针的初值、计数器的初值及程序中用到的某些寄存器和某些内存单元的初值，初始化部分只执行一遍。

(2) 工作部分。

工作部分是循环程序的主体，它从初始化部分设置的初值开始，动态地反复执行相同的操作。这一部分完成循环程序所要实现的功能，即需要重复进行的工作。

(3) 修改部分。

这一部分与工作部分协调配合，对参加运算的数据或地址指针以及结果单元的地址指针进行恰当的修改，以保证循环程序在循环的过程中，每次循环都能正确地得到参加运算的数据，并正确地存放运算结果。

(4) 控制部分。

控制部分是保证循环程序按预定的循环次数或某种预定的条件正常循环，且能控制循环程序正常退出循环的部分。

工作部分、修改部分和控制部分合在一起称为循环体。循环结构程序的各个组成部分及其关系如图 2-3-6 所示。图 2-3-6(a)的结构相当于高级语言的 UNTIL 结构，循环体至少执行一次。图 2-3-6(b)的结构相当于高级语言的 DO-WHILE 结构，循环体可能一次也不执行。

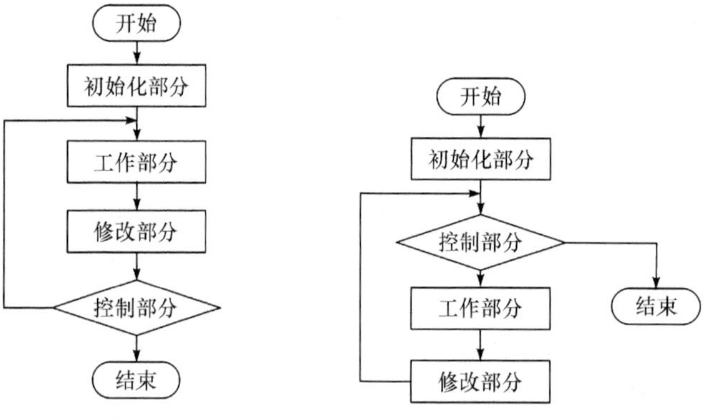

图 2-3-6　循环结构流程图

这里要强调的一点是，循环程序的初始化部分只执行一次。在循环程序设计中必须保证循环体中没有转向初始化部分的语句，否则会造成死循环，使程序无休止地运行，或得不到预期结果。循环程序的工作部分可以是顺序结构、分支结构，也可以是另外一个循环结构。当工作部分只有顺序结构或分支结构时，这样的循环程序称为单重循环程序；若工作部分含有另外的循环程序时，称为多重循环程序。

按照"循环控制"部分在程序流程框图中的位置，循环程序在结构上分为先执行后判断和先判断后执行两种形式。

(1) 先执行后判断结构(即直到型结构)。

此结构的特点是，进入循环后，先执行循环体，再判断循环控制条件。若满足循环结束条件，则退出循环；否则，继续执行循环体。循环体至少执行一次。

例 2-3-7　编程求 1＋2＋3＋…的前 N 项和，直到其和刚刚大于 1000。将 N 值保存在 DX 中，累加和保存在 AX 中。

本例的流程图如图 2-3-7 所示，参考程序如下。

```
SKSG        SEGMENT     STACK     'STACK'    ;设置堆栈段
STK         DW          32DUP(?)
SKSG        ENDS
COSG        SEGMENT                          ;设置代码段
  ASSUME    CS:COSG,SS:SKSG
MAIN:       MOV         AX,SKSG
```

```
            MOV         SS,AX
            MOV         SP,SIZE STK
            XOR         AX,AX
            MOV         DX,1
NEXT:       ADD         AX,DX                   ;计算加法
            INC         DX
            CMP         AX,1000                 ;判断和是否大于 1000
            JNA         NEXT
            DEC         DX
            MOV         AX,4C00H
            INT         21H
COSG        ENDS
            END         MAIN
```

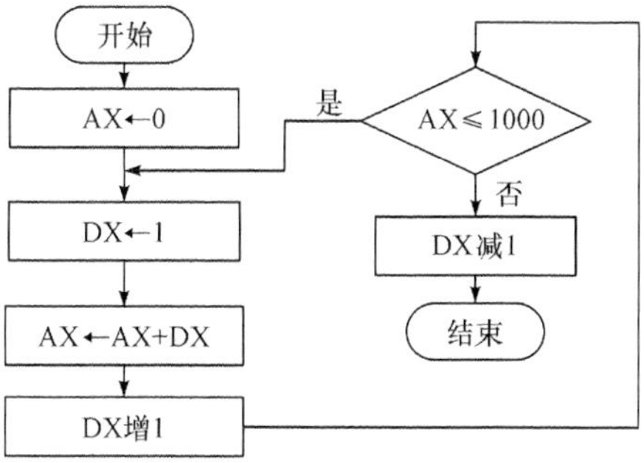

图 2-3-7　例 2-3-7 流程图

(2) 先判断后执行结构(即当型结构)。

此结构的特点是,进入循环后,先判断循环控制条件,若满足循环结束条件,则退出循环;否则继续执行循环体。依据控制条件可能一次也不执行循环体。

例 2-3-8　将上例使用当型结构来编程。

本例的流程图如图 2-3-8 所示,参考程序如下。

```
SKSG        SEGMENT     STACK    'STACK'    ;设置堆栈段
STK         DW          32DUP(?)
SKSG        ENDS
COSG        SEGMENT                         ;设置代码段
  ASSUME    CS:COSG,SS:SKSG
MAIN:       XOR         AX,AX
            MOV         DX,1
CON:        CMP         AX,1000             ;判断和是否大于 1000
            JA          NEXT
```

```
            ADD       AX,DX          ;计算加法和
            INC       DX
            JMP       CON
NEXT:       DEC       DX
            MOV       AX,4C00H
            INT       21H
COSG        ENDS
            END       MAIN
```

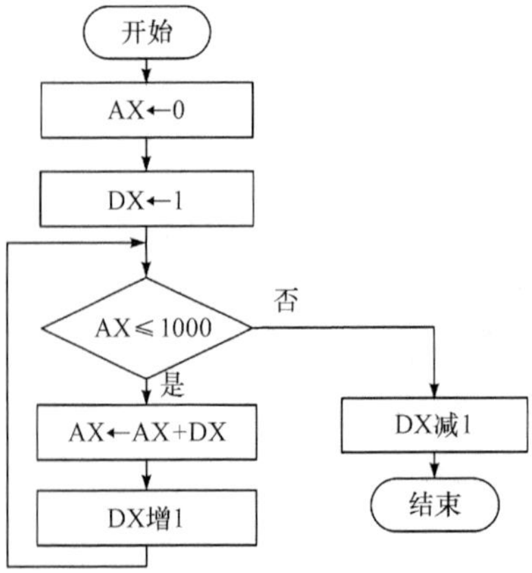

图 2-3-8　例 2-3-8 流程图

汇编语言的循环控制方法与高级程序设计语言相比有其自身的特点，控制方法多种多样，一般由程序设计人员根据问题的需要，找出解决问题的方法，巧妙地实现循环程序的控制。常用的循环控制方法有计数控制、条件控制、逻辑尺控制和开关控制法等，本节仅介绍前三种方法。

① 计数控制。

计数控制循环程序设计的特点是循环次数已知，利用某个寄存器或存储单元作为计数器，由计数器的值控制循环结束。计数的方法有两种：增量计数和减量计数。计数器置初值后，每循环一次，计数器的值按步长值进行加/减，直到某一值时，循环结束。

例 2-3-9　编程求带符号字节数组 ARR 中的最大值，此值存放在 DL 中。

本例的流程图如图 2-3-9 所示，参考程序如下。

```
SKSG        SEGMENT   STACK   'STACK'     ;设置堆栈段
STK         DW        32DUP(?)
SKSG        ENDS
DASG        SEGMENT                       ;设置数据段
ARR         DB        34H,12H,0AH,0F2H,00H,6DH,9AH
LEN         DB        $-ARR
DASG        ENDS
EXSG        SEGMENT
EXSG        ENDS
COSG        SEGMENT                       ;设置代码段
  ASSUME    CS:COSG,DS:DASG,SS:SKSG
MAIN:       MOV       AX,DASG
            MOV       DS,AX
```

```
            MOV         AX,SKSG
            MOV         SS,AX
            MOV         SP,SIZE STK
            MOV         DL,-128                   ;设置 DL 寄存器
            XOR         CH,CH
            MOV         CL,LEN
            CLD
            LEA         SI,ARR
SKIP:       LODSB                                 ;取数据到 AX
            CMP         AL,DL                     ;数据比较
            JNA         NEXT
            MOV         DL,AL
NEXT:       LOOP        SKIP
            MOV         AX,4C00H
            INT         21H
COSG        ENDS
            END         MAIN
```

② 条件控制。

当循环次数未知时，可采用条件控制的方法，编写条件控制循环程序。在程序设计中，应先确定循环控制条件，每循环一次，都要对条件进行检查。若满足循环结束条件，则循环结束，否则继续循环，直到满足条件。

例 2-3-10　编程统计 AX 寄存器中的二进制位 1 的个数。

分析　检测 AX 寄存器中 1 的个数可逐位测试，根据最高有效位是否为 1 来计数，然后使用移位的方法把各位数逐次移到最高位，共循环 16 次即可统计出 AX 中 1 的个数。更简单的方法是结合上述思路，以 AX 是否为 0 作为结束条件，这样可缩短程序的执行时间。

根据如图 2-3-10 所示的流程图，参考程序如下。

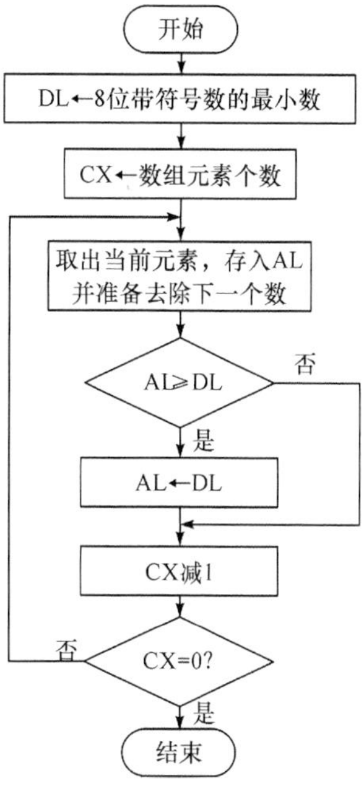

图 2-3-9　例 2-3-9 流程图

```
SKSG        SEGMENT     STACK     'STACK'     ;设置堆栈段
STK         DW          32DUP(0)
```

```
SKSG      ENDS
DASG      SEGMENT                          ;设置数据段
Y         DW        88ABH
DASG      ENDS
COSG      SEGMENT                          ;设置代码段
   ASSUME SS:SKSG,DS:DASG,CS:COSG
MAIN:     MOV       AX,DASG
          MOV       DS,AX
          MOV       AX,SKSG
          MOV       SS,AX
          MOV       SP,SIZE STK
          MOV       CL,0                   ;CL 寄存器赋初值
          MOV       AX,Y
L0:       TEST      AX,0FFFFH              ;判断数据是否为负数
          JZ        EXIT
          JNS       NEXT
          INC       CL
NEXT:     SAL       AX,1
          JMP       L0
EXIT:     MOV       AX,4C00H
          INT       21H
COSG      ENDS
          END       MAIN
```

③ 逻辑尺控制。

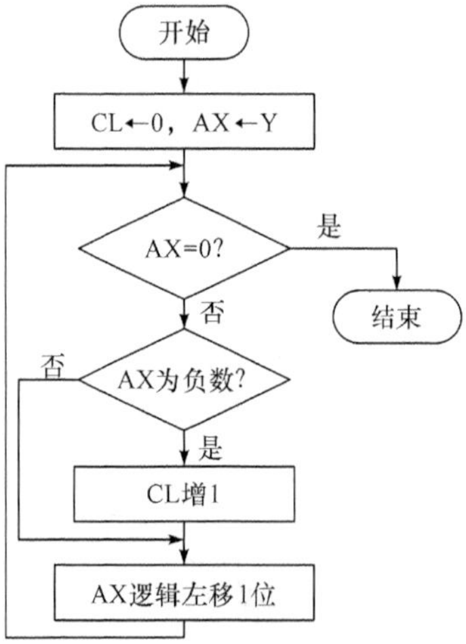

图 2-3-10　例 2-3-10 流程图

例 2-3-11　设有字节数组 X 和 Y。X 和 Y 数组各有 10 个元素，试编程计算：

$Z_1=X_1+Y_1$　$Z_2=X_2-Y_2$　$Z_3=X_3-Y_3$

$Z_4=X_4-Y_4$　$Z_5=X_5+Y_5$　$Z_6=X_6+Y_6$

$Z_7=X_7-Y_7$　$Z_8=X_8+Y_8$　$Z_9=X_9+Y_9$

$Z_{10}=X_{10}-Y_{10}$

分析　本例的问题可使用循环结构来实现。已知循环计数值为 10，每次循环的操作数可顺序取出，但每次的操作有所不同，本题有两种操作：加法和减法。为了区别每次应做何种操作，可以设立标志位，若标志位为 0 则做加法；若标志位为 1 则做减法，这样进入循环后只要判别标志位就可以确定应做的操作。本例 10 次操作就

应该设立 10 个标志位，这些标志位存放在字变量 LOGIC_L 中，这种变量一般称为逻辑尺。本例逻辑尺为 0000001001001110B。从低位开始所设的标志位反映了每次要做的操作顺序，最高的 6 位设置为 0，没有意义。本例的流程图如图 2-3-11 所示，参考程序如下。

```
SKSG        SEGMENT     STACK    'STACK'           ;设置堆栈段
STK         DW          32DUP(0)
SKSG        ENDS
DASG        SEGMENT                                ;设置数据段
X_ARR       DW          1BH,22H,13H,14H,5H,36H,27H,18H,90H,10H
Y_ARR       DW          10H,32H,13H,41H,15H,26H,7FH,28H,29H,10H
RESULT      DW          10DUP(?)
LOGIC_L     D W         24EH
DASG        ENDS
COSG        SEGMENT                                ;设置代码段
   ASSUME   SS:SKSG,DS:DASG,CS:COSG
MAIN:       MOV         AX,DASG
            MOV         DS,AX
            MOV         AX,SKSG
            MOV         SS,AX
            MOV         SP,SIZE STK
            MOV         BX,0
            MOV         CX,10                      ;设置循环次数
            MOV         DX,LOGIC_L
NEXT:       MOV         AX,X_ARR[BX]
            SHR         DX,1                       ;判断标志位的值
            JC          SUBSTRACT
            ADD         AX,Y_ARR[BX]               ;计算加法算式
            JMP         RES
SUBSTRACT:  SUB         AX,Y_ARR[BX]               ;计算减法算式
RES:        MOV         RESULT[BX],AX              ;结果存放
            ADD         BX,2                       ;设置数据指针
            LOOP        NEXT
            MOV         AX,4C00H
            INT         21H
COSG        ENDS
            END         MAIN
```

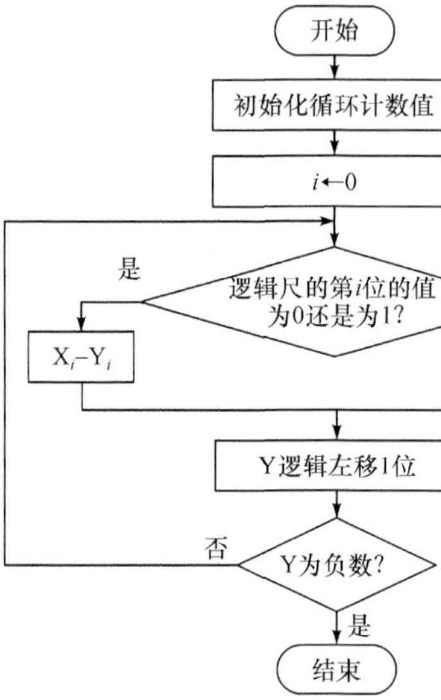

图 2-3-11　例 2-3-11 流程图

6）多重循环程序设计

多重循环程序指循环体中还有循环程序，又称循环嵌套。多重循环程序可以简化程序设计，使程序简明、清晰。

例 2-3-12　已知在数据段定义有 10 字节变量，统计各个变量的二进制形式中 0 的个数。

本例需要处理 10 个数据，显然需要使用循环结构。在循环体中需要对当前数据统计其二进制形式中 0 的个数。字节数据有 8 个二进制位，需要依次判断每位是 0 还是 1，若为 0 则计数，这也需要循环结构。这样，在一个循环体内又包含了一个循环结构，这就是循环嵌套。本例的流程图如图 2-3-12 所示，参考程序如下。

```
SKSG      SEGMENT   STACK    'STACK'        ;设置堆栈段
STK       DW        32DUP(?)
SKSG      ENDS
DASG      SEGMENT                           ;设置数据段
BUF       DB        23H,10H,00H,28H,1AH,3FH,8BH,92H,0AH,3DH
NUM0      DB        10DUP(0)
DASG      ENDS
COSG      SEGMENT                           ;设置代码段
  ASSUME  CS:COSG,DS:DASG,SS:SKSG
MAIN:     MOV       AX,DASG
          MOV       DS,AX
          MOV       AX,SKSG
```

```
        MOV     SS,AX
        MOV     SP,SIZE STK
        MOV     DL,10
        LEA     DI,NUM0
        LEA     SI,BUF              ;取原数据首址

NEXT:   MOV     CX,8                ;设置循环计数器
        MOV     DH,0
        MOV     AL,[SI]
LOP:    SHL     AL,1                ;判断标志位是否为 0
        JC      SKIP
        INC     DH
SKIP:   LOOP    LOP
        MOV     [DI],DH
        INC     DI
        INC     SI
        DEC     DL
        JNZ     NEXT
        MOV     AX,4C00H
        INT     21H
COSG    ENDS
        END     MAIN
```

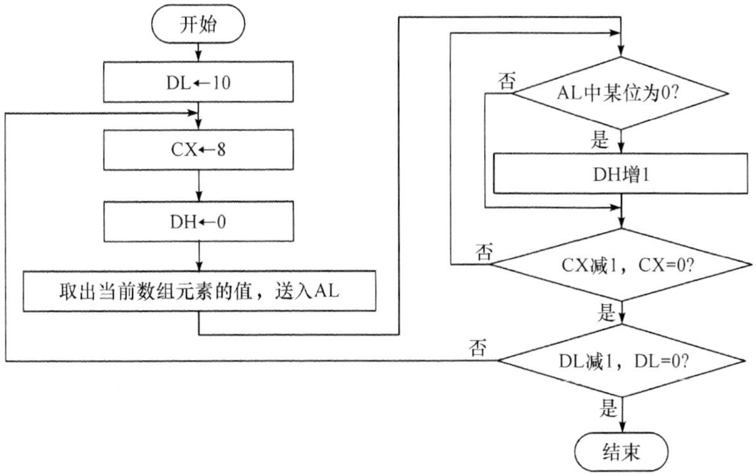

图 2-3-12　例 2-3-12 流程图

7) 子程序设计举例

子程序设计是模块化程序设计的基本技术。当编写解决实际问题的程序时，通常会遇到多处使用相同功能的程序段，使用该程序段的唯一差别是对程序变量赋不同的值，这时可以利用子程序段来完成。这种能被其他程序使用的程序段，称为子程序，又称过程。使用它的程序称为主程序或调用程序。

使用子程序有以下几点好处。

(1) 简化了程序设计过程，减少了工作量，节省了时间。

(2) 源程序缩短，节省了机器汇编源程序的时间和存储目标代码的存储空间。

(3) 增加了源程序的可读性，便于调试维护。

(4) 有利于程序模块化、结构化和自顶向下的程序设计。

(5) 子程序一旦编制成功，在开发研制各种软件时都可以利用，可缩短软件的开发周期。

在进行子程序设计时，需要满足以下几个基本要求。

(1) 具有一定的通用性。

如果某些应用程序中的一个子程序仅能实现有限的功能，显然其作用有限。但如果将子程序修改，使其能对类似的程序调用都适用，那么这个子程序的作用就会大大加强。影响子程序通用性的因素包括选择哪些入口参数以及这些参数的数据格式与结构设置，如何传送等，若在编程前就考虑到这些问题的存在，那么在编程使用时，才能得心应手。

(2) 注意保存信息。

子程序虽然是一个独立的程序段，但它执行运算与操作时也要借助于某些寄存器或存储单元。在调用程序中，这些寄存器或存储单元的内容，等子程序返回后要求它们与被调用子程序前保持不变，以便继续进行调用程序的运算与操作。所以，需要进行信息的保护。

(3) 选择使用的参数传递方法。

子程序要利用过程定义伪指令声明，获得子程序名和调用属性。主程序执行 CALL 指令调用子程序，子程序最后利用 RET 指令返回主程序。主程序在调用子程序时，通常需要向其提供一些数据，对于子程序就是入口参数；同样，子程序执行结束也要返回主程序必要的数据，这就是子程序的出口参数。主程序与子程序间通过传递建立联系，相互配合共同完成处理工作。在此过程中实现参数传递的方法通常有四种：通过通用寄存器传递、通过约定存储单元传递、借用堆栈传递和通过约定参数地址指针法。

(4) 编写清晰的子程序说明文件。

编制子程序的目的在于减少编程中某些相同功能程序段的重复书写，以利于自己和他人编写程序时使用。为了使子程序便于阅读、维护、使用，明确主程序、子程序之间的联系，明确子程序功能，而使使用者完全不必关心所用子程序的算法及处理过程，一般应编制子程序说明文件，包含下述几项内容。

子程序名(子程序入口地址)	用过程(子程序)定义伪指令定义该过程时的过程名，这时过程(子程序)中第一条语句必须是子程序的入口指令；否则应写子程序入口指令的标号或地址。
子程序功能	用自然语言或数学语言等形式简单清楚地描述子程序完成的任务。
入口条件	说明子程序要求有几个入口参数，这些参数表示的意义及存放位置。
出口条件	说明子程序有几个输出参数(运行结果)，这些参数表示的意义、存放的位置。
受影响的寄存器	说明子程序运行后，哪些寄存器的内容被破坏了，以便使用者在调用该子程序之前注意保护现场。

例 2-3-13　将给定的二进制数按位转换成它的 ASCII 码串，并将转换结果存放到指定的存储单元。

本程序采用主程序与子程序的结构形式。主程序提供被转换的数和转换后存放的 ASCII 码串的首地址。子程序完成把二进制数转换为 ASCII 码串。为了提高子程序的转换代码的通用性，它可以完成 8 位或 16 位二进制数的转换，主程序通过入口参数告知子程序转换的位数(8 或 16 位)。这样，主程序的入口参数有被转换的数据及其位数和存放转换的结构(ASCII 码)的首址，子程序没有出口参数。

主程序与子程序的程序流程图如图 2-3-13 所示。程序将被转换数据从高位到地位依次转换为 ASCII 码，码串按由低地址到高地址的顺序存放在缓冲区中。主程序与子程序之间最简单和最常用的参数传递方法是通过寄存器，只要把参数存于约定的寄存器中就可以了。由于通用寄存器个数有限，这种方法对少量数据可以直接传递数值，而对大量数据只能传递地址。采用寄存器传递参数，带有出口参数的寄存器不能保护和恢复，带有入口参数的寄存器可以保护也可以不保护，但最好能够保持一致。

在本例中，调用子程序前，将被转换数存放在 DX 中，转换数据的位数存入 AX 中，存放转换后的 ASCII 码首址在 DI 中。信息保存主要由主程序完成。子程序的参考程序如下。

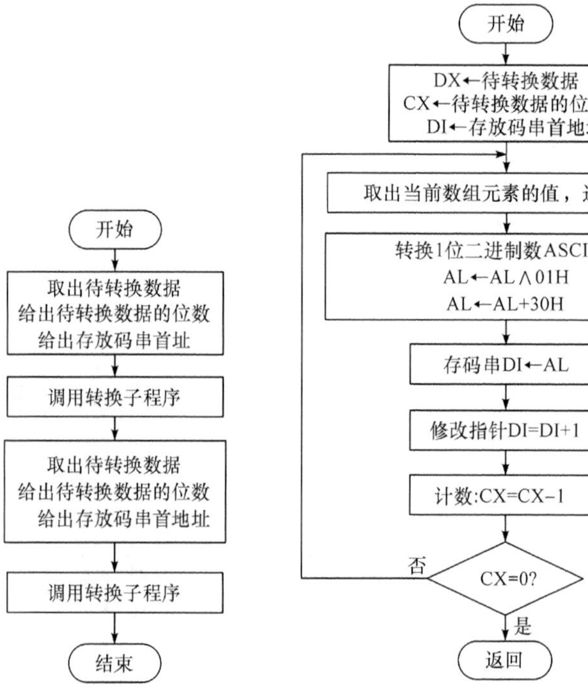

(a) 主程序　　(b) 子程序

图 2-3-13　例 2-3-13 程序流程图

```
BITASC    PROC    NEAR        ;定义子过程
          MOV     CX,AX       ;送入口参数至 CX
LP:       ROL     DX,1        ;取 1 位二进制
          MOV     AL,DL       ;转换一位数的 ASCII 码
          AND     AL,01H      ;只取 D0 位
          ADD     AL,30H
          MOV     [DI],AL     ;存转换结构
          INC     DI          ;指向下一待转换的二进制
          LOOP    LP          ;循环转换,直至全部转换结束
          RET
BITASC    ENDP                ;子程序定义结束
```

主程序(调用程序)的参考程序如下。

```
SKSG      SEGMENT    STACK     'STACK'     ;设置堆栈段
STK       DW         32DUP(?)
SKSG      ENDS
DASG      SEGMENT                          ;设置数据段
```

```
BIN8      DB       72
BIN16     DW       2468
ASCBUF    DW       0
DASG      ENDS
COSG      SEGMENT                    ;设置代码段
  ASSUME  CS:COSG,DS:DASG,SS:SKSG
MAIN:     MOV      AX,DASG
          MOV      DS,AX             ;取数据段地址
          MOV      AX,SKSG
          MOV      SS,AX             ;取堆栈段地址
          MOV      SP,SIZE STK       ;设置堆栈指针
          MOV      DH,BIN8           ;取待转换数据
          MOV      AX,8              ;设置转换位数 8
          LEA      DI,ASCBUF         ;取存放码串首址
          PUSH     DI                ;保存信息
          CALL     BITASC            ;调用转换子程序
          POP      DI                ;恢复信息
          MOV      DX,BIN16          ;取待转换数据
          MOV      AX,10H            ;设置转换位数 16
          ADD      DI,10H            ;取存放码串首址
          CALL     BITASC            ;调用转换子程序
          MOV      AX,4C00H          ;返回 DOS
          INT      21H
          ENDS                       ;代码段结束
          END      MAIN              ;源程序结束
```

例 2-3-13 的程序中，主子程序之间的参数传递采用的是通过寄存器传递的方法，读者还可以根据喜好，自行练习采用其他三种参数传递方法的程序编制。

2.4　程序直接控制 I/O

第 1 章介绍过，主机与外设之间数据传送方式，即 I/O 方式有三种：程序直接控制方式、程序中断方式和直接存储器存取方式。由 CPU 执行一般 I/O 程序来实现主机与外设之间数据传送的方式称为程序直接控制方式，根据外设的不同性质，这种传送方式又可分为无条件传送和程序查询方式两种。本节主要介绍如何由程序直接控制 I/O 接口，实现主机与外设之间的数据传送。

2.4.1　8086 接口基础

8086 系统和外部设备之间都是通过 I/O 接口芯片来联系的。

1. 8086与接口连接

8086既可以采用独立编址I/O方式，也可以采用存储器映像I/O方式实现与I/O接口的连接。

1）独立编址I/O

在基于8086 CPU的系统中，最普遍使用的I/O传送方式是独立编址I/O。图2-4-1给出了8086 CPU的独立编址I/O的地址空间。8086可以寻址多达64K字节型(8位)的I/O端口，或32K字型(16位)端口。I/O寻址只用A_0～A_{15}地址线，A_{16}～A_{19}在I/O寻址过程中输出为“0”。

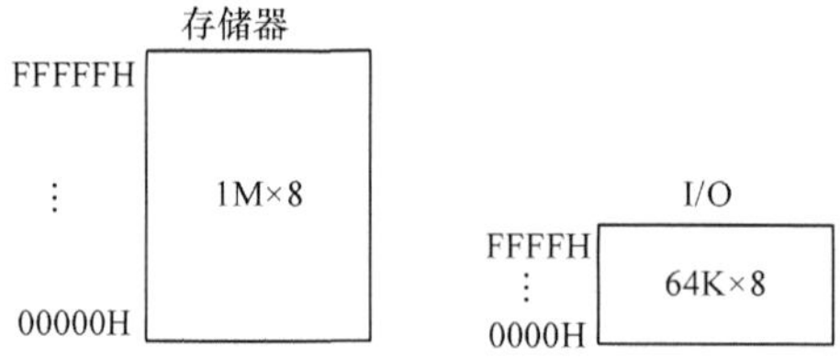

图2-4-1　独立编址I/O的地址空间

8086指令系统中提供了专门的I/O指令，既有访问8位端口的I/O指令，也有访问16位端口的I/O指令。表2-4-1列出了I/O指令中每条指令的具体形式。

表2-4-1　I/O指令的具体形式

指　令	数据宽度	功　能
IN AL,P8	8	从地址为P8的端口输入1字节到AL
IN AX,P8	16	从地址为P8的端口输入1个字到AX
IN AL,DX	8	从DX寻址的端口输入1字节到AL
IN AX,DX	16	从DX寻址的端口输入1个字到AX
OUT P8,AL	8	从AL输出1字节到地址为P8的端口
OUT P8,AX	16	从AX输出1个字到地址为P8的端口
OUT DX,AL	8	从AL输出1字节到由DX寻址的端口
OUT DX,AX	16	从AX输出1个字到由DX寻址的端口

IN和OUT指令在I/O设备和8086的累加器(AL,AX)之间传送数据。I/O地址有两种表现形式：作为一个16位的地址，存储在寄存器DX中；或者作为一个8位地址，存储在紧跟操作码的字节里。8位形式(P8)通常与指令一起存储在ROM里，因此称为固定地址；16位I/O地址存储在DX中，用于寻址I/O设备，称为可变地址。

对于I/O指令，A_{15}以上的地址线没有使用。当使用IN或OUT指令传送数据时，称为端口号的I/O地址出现在地址总线上，外部I/O接口就像译码存储器地址一样对端口号进行译码。8 位固定端口号出现在地址总线 $A_7 \sim A_0$ 上，此时 $A_{15} \sim A_8$ 为 00000000B；16 位可变端口号出现在地址线 $A_{15} \sim A_0$ 上。这意味着 0～255 共计 256 个 I/O 端口地址(00H～FFH)既可以由固定地址的 I/O 指令访问，也可以由可变地址的 I/O 指令访问。0100H～FFFFH 中的任一地址只能由可变地址 I/O 指令访问。在许多专用系统中，只有低 8 位地址被译码，以减少译码所需电路的数量。

8086 的 I/O 操作总线时序与存储器基本相同。CPU 在执行访问 I/O 端口的指令，即输入(IN)指令和输出(OUT)指令时，从硬件上会产生有效的 $\overline{RD}$ 信号或者 $\overline{WR}$ 信号，同时使 M/$\overline{IO}$ 信号处于低电平。

在 PC 中，不同的 I/O 寻址空间有不同的用途。如 0000H～03FFH 用于系统和工业标准结构(Industry Standard Architecture，ISA)总线，0400H～FFFFH 用于用户 I/O 和 PCI 总线等；8 位端口地址用于访问系统板上的设备，如定时器和键盘接口，而 16 位端口用于访问串行和并行端口以及视频和磁盘驱动系统。

2) 存储器映像 I/O

由于 8086 访问存储器和 I/O 的总线时序仅是 M/$\overline{IO}$ 引脚上的电平不同，所以，I/O 可以看成特殊的存储器。从而可以采用存储器映像 I/O 方式管理 I/O。8086 CPU 的存储器映像 I/O 如图 2-4-2 所示。

与独立编址 I/O 不同，存储器映像 I/O 的端口被视为存储器映像中的一个存储单元。因此，存储器映像 I/O 不使用 IN、OUT 指令。相反，它可以使用任一在 CPU 与存储器间传送数据的指令。存储器映像 I/O 的最大优点是在最大模式中不再需要 IORC 和 IOWC 信号，从而可减少硬件电路的数量。存储器映像 I/O 的主要缺点是一部分存储器被用作 I/O 映像，这样就减少了可用存储器的数量。是否使用存储器映像 I/O 常取决于存储器系统的容量以及系统中 I/O 设备的布局。

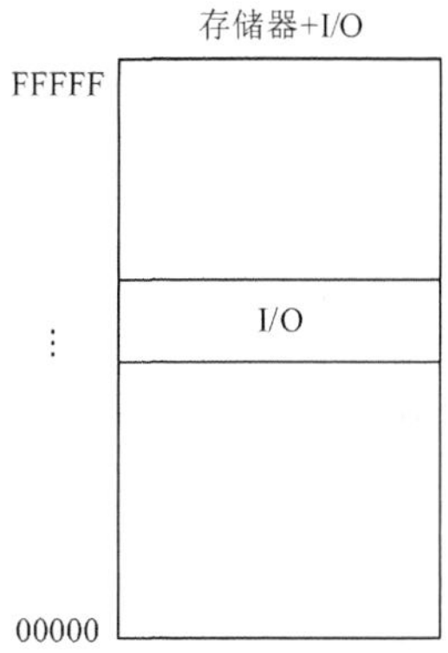

图 2-4-2　8086 CPU 的存储器映像 I/O

在为 8086 系统进行 I/O 扩展时，采用独立编址 I/O 和存储器映像 I/O 方式的区别主要有两点。

(1) 译码电路不同，采用独立编址 I/O，用以控制 I/O 译码电路是否有效的 M/$\overline{IO}$ 信号为低电平有效；如果采用存储器映像 I/O 方式，则为高电平有效，或者不采用 M/$\overline{IO}$。

(2) 操作指令不同，采用独立编址 I/O 时，必须使用 IN、OUT 指令；存储器映像 I/O 则可以使用任一 CPU 与存储器传送数据的指令（如 MOV 指令），而不再使用 IN、OUT 指令。

考虑到 8086 支持独立编址 I/O 方式，在讨论后续的接口时，采用独立编址 I/O 方式。

2. 基本 I/O 接口

1）简单输入接口

图 2-4-3 采用一片三态缓冲器 74LS244 构造了具有 8 位输入的简单输入接口。跳线开关与上拉电阻构成的电路（输出 TTL 电平）与缓冲器的输入连接，缓冲器的输出与数据总线相连。当选择信号 $\overline{SEL}$ 变为逻辑“0”时，CPU 读取与数据总线相连的 8 个跳线开关的内容。当选择信号 $\overline{SEL}$ 变为“1”时，则 74LS244 输出三态高阻态模式，从而有效地将跳线开关与数据总线断开。

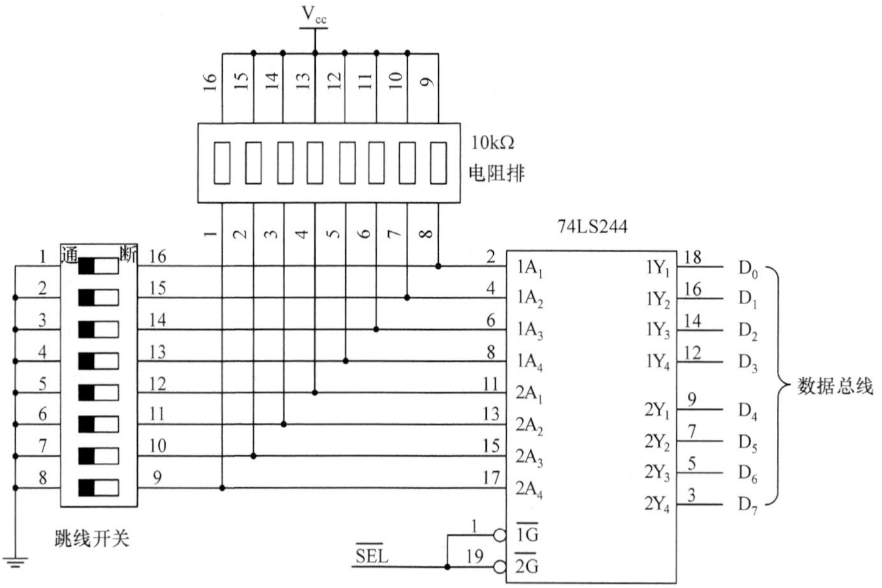

图 2-4-3　8 位输入的简单输入接口

在 8086 最大模式下，选择信号 $\overline{SEL}$ 可以由译码电路的输出信号与 $\overline{IORC}$ 进行“或”产生；最小模式下，$\overline{SEL}$ 可以由译码输出、$\overline{RD}$ 和 M/$\overline{IO}$ 三个信号进行“或”产生。这样，当 CPU 执行输入指令（IN）时，$\overline{SEL}$ 信号变为逻辑“0”，使得 74LS244 缓冲器的数据输入线（A）与数据输出线（Y）相连，跳线开关的状态就被复制到 CPU 的寄存器 AL 中。如果端口号为 F0H，则可以采用下面的指令将开关状态读取到 AL 中。

```
IN      AL,  0F0H                ;  读数据
```

这个基本输入电路并不是可有可无的，只要有数据要输入 CPU，就必须有此电路。但是有时它作为独立电路出现，有时它被封装在一个可编程 I/O 设备的内部。

16 位的数据也可以与 CPU 相连，但不像使用 8 位数据那么普遍。为了连接 16 位数据，图 2-4-3 中的电路需要增加一倍，即包含 2 个 74LS244 缓冲器，将 16 位输入数据与 16 位数据总线相连。

2) 简单输出接口

输出接口除了从 CPU 接收数据，还必须为其连接的外部设备保存数据，因此，锁存器经常被用于构造简单输出接口。图 2-4-4 显示了 CPU 是如何通过 8 位数据锁存器 74LS374 与 8 个发光二极管(LED)相连的。锁存器能够锁存 CPU 从数据总线上输出的数据，从而控制 8 个 LED 的亮与灭。当一个 Q 输出变为逻辑“0”时，相应的 LED 发光。需要锁存器来保持数据，是因为当 CPU 执行输出指令时，存在于数据总线上的数据维持时间不到 1.0μs，如果没有数据锁存器，将看不到 LED 发光。

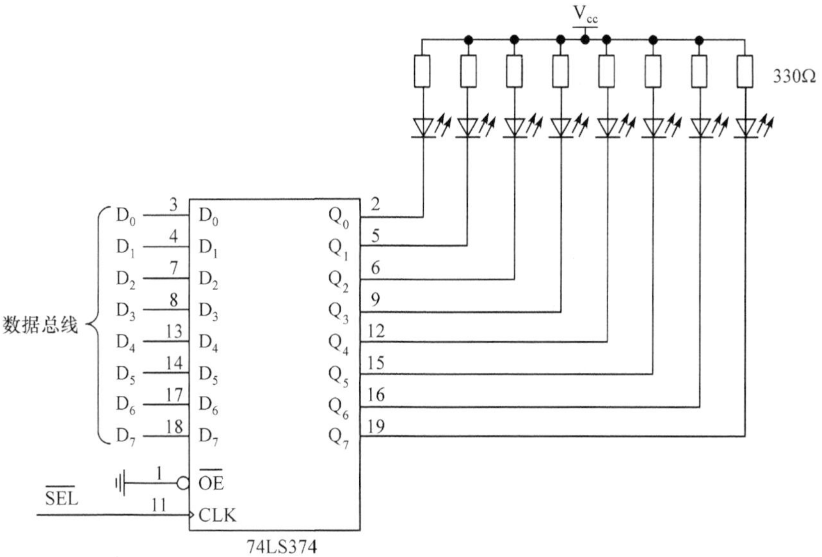

图 2-4-4　与一组 LED 显示器连接的基本输出接口

当执行输出指令时，来自 AL 或 AX 的数据通过数据总线传送给锁存器。每次执行输出指令时，锁存信号 $\overline{SEL}$ 激活锁存器，使之捕获从数据总线上输出的 8 位数据，并且一直保持到下一条输出指令执行。同简单输入电路相似，最大模式下，$\overline{SEL}$ 信号可以由译码电路输出与 $\overline{IOWC}$ 进行“或”产生；最小模式下，可以由译码输出、$\overline{WR}$ 和 M/$\overline{IO}$ 三个信号进行“或”产生。如果端口号为 F2H，将 AL 中的数据送出显示的指令为

```
OUT        0F2H， AL                ； 写数据
```

3）选通 I/O 接口

简单 I/O 接口采用无条件传送方式在 CPU 和外设之间传送数据，适合简单开关量的 I/O。然而，许多 I/O 设备接收或发送信息的速度比 CPU 慢得多，不能采用简单 I/O 接口与 CPU 连接。只能采用另一种 I/O 控制方法，使 I/O 设备与 CPU 达到同步。

例如，并行打印机，每秒可打印 100 个字符。很显然，CPU 给打印机发送数据的速度肯定超过每秒 100 个字符。为此，必须设计一种方法来降低 CPU 的速度去匹配打印机。图 2-4-5 给出了打印机的控制连接图。打印数据通过一组数据线（$Data_7$～$Data_0$）进行传送。除此之外，还有两个重要的信号线：$\overline{STB}$和 BUSY。

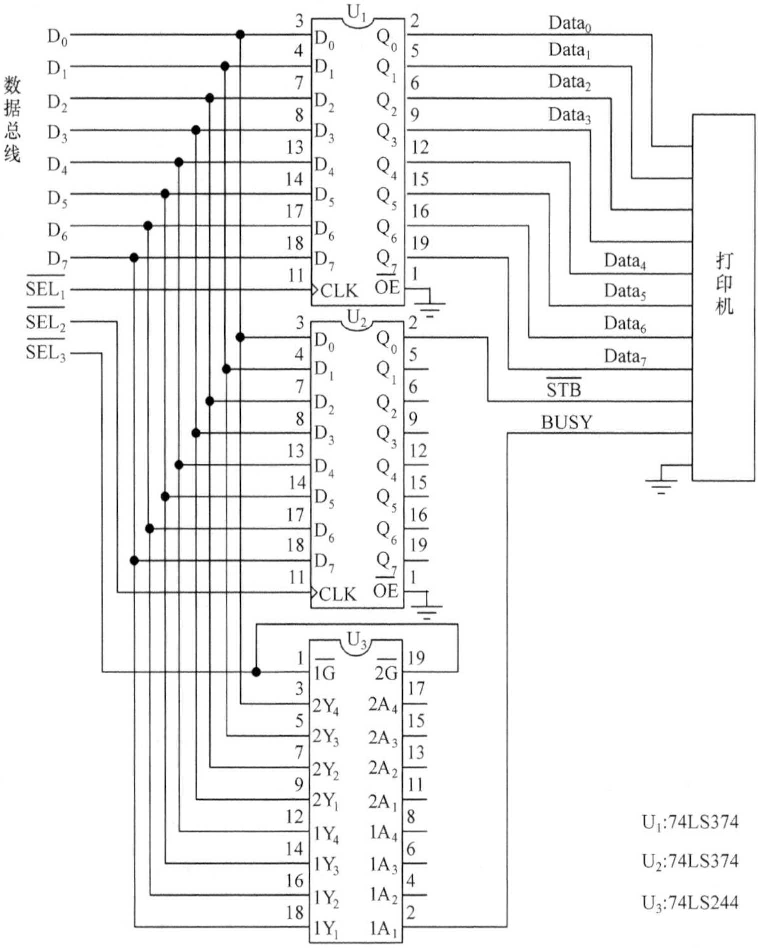

图 2-4-5　打印机控制连接图

要打印的 8 位二进制数据被置于 $Data_7$～$Data_0$ 上，然后把一个脉冲加到 $\overline{STB}$ 引脚上。该信号将数据送入(锁存到)打印机，使之能够进行打印。这个过程称为“选通”。一旦打印机接收到数据，它就将 BUSY 引脚置 1，表明打印机正忙于打印数据。CPU 通过软件测试 BUSY 引脚，以决定打印机是否“忙”。若打印机“忙”，则 CPU 等待，否则发送下一个数据给打印机。这个过程称为“查询”。

CPU 和外部设备之间的如“忙”“选通”等联络信号又称握手信号。这种 CPU 与外设之间的接口适合的传输数据方式为程序查询方式或程序中断方式。

下面采用汇编语言给出了程序查询方式的打印程序，测试打印机 BUSY 标志，并在打印机不忙时发送数据。PRINT 程序只有在 BUSY 标志为逻辑 0，即指示打印机不忙时，打印 BL 中 ASCII 码的内容。每调用一次该过程，就会打印一个字符。

```
PRINTER    EQU     C0H          ;SEL1 的译码地址
BUSY       EQU     C2H          ;SEL3 的译码地址
STB        EQU     C4H          ;SEL2 的译码地址
PRINT      PROC    NEAR         ;打印 BL 中的 ASCII 码内容的过程。
WAIT:      IN      AL,BUSY      ;取忙标志
           TEST    AL,80H       ;测试忙位
           JNE     WAIT         ;如果打印机忙，即 AL 的最高位为 1，跳转至 WAIT
           MOV     AL,BL        ;取 BL 中的数据
           OUT     PRINTER,AL   ;把数送到打印机
           OUT     STB,00H      ;与下一行一起 STB 发出低脉冲
           OUT     STB,01H
           RET                  ;从过程返回
PRINT      ENDP
```

3. I/O 端口地址译码

读者可以发现，基本 I/O 接口需要地址译码。8086 存储器译码与独立编址 I/O 译码之间的主要区别在于与译码器相连的地址引脚数目不同。存储器译码的是 20 条地址线，即 A_{19}～A_0；而独立编址 I/O 译码的是 A_{15}～A_0 共计 16 条地址线。有时如果 I/O 设备只使用固定 I/O 寻址，则只译码 A_7～A_0。在 PC 系统中，总是译码所有 16 个 I/O 端口地址位。8086 存储器译码与独立编址 I/O 译码之间的另一区别是，8086 使用 $M/\overline{IO}=0$ 与 $\overline{WR}$ 和 $\overline{RD}$ 的组合来实现 I/O 设备的读写；而实现存储器的读写则使用 $M/\overline{IO}=1$ 与 $\overline{WR}$ 和 $\overline{RD}$ 的组合。

1) 8 位地址译码

固定 I/O 指令的端口号(即地址 P8)出现在地址总线 A_7～A_0 上，地址单位为 00H～FFH。如果一个系统包含肯定不会超过 256 个 I/O 设备，则通常只译码地

址线 $A_7 \sim A_0$ 产生 I/O 的选择信号，而忽略地址线 $A_{15} \sim A_8$。这种 8 位端口地址形式常被使用在嵌入式系统中。请注意，尽管采用 DX 寄存器也可以寻址 I/O 端口中的 00H～FFH，但如果硬件设计采用的是 8 位地址译码，则决不能包括 16 位 I/O 地址的设备。

图 2-4-6 给出了一个采用 74LS138 的 8 位 I/O 端口的译码器电路，它译码 8 位 I/O 地址 F0H～F7H。除了只有地址线 $A_7 \sim A_0$ 参与译码，其他与存储器地址译码很类似。图 2-4-7 是采用的 8 位 I/O 端口构成的译码器。GAL 作为译码器电路的优势在于能使集成电路的数量减少到一个。

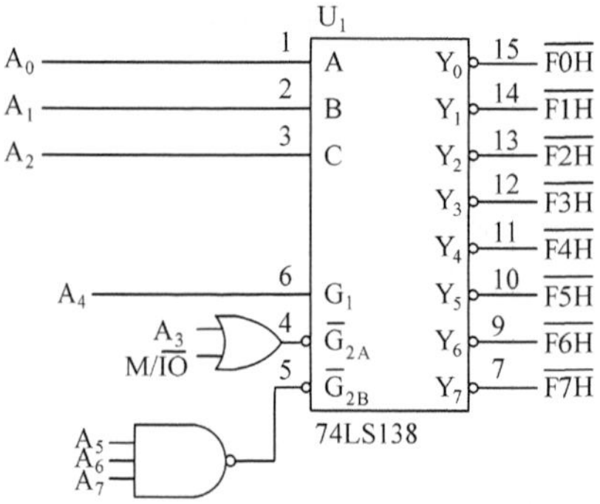

图 2-4-6　采用 74LS138 的 8 位 I/O 端口译码电路

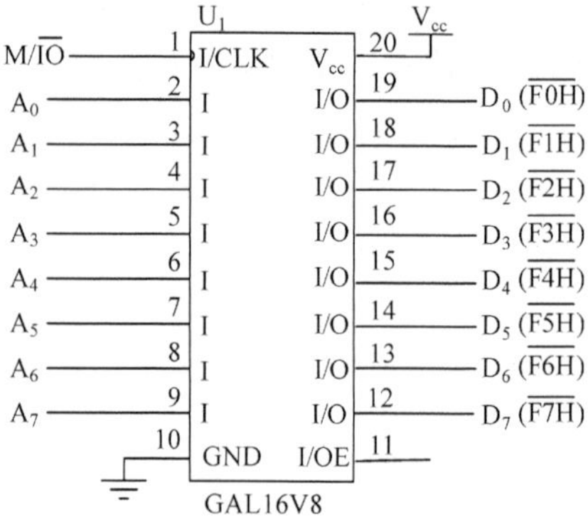

图 2-4-7　采用 GAL16V8 的 8 位 I/O 端口译码电路

以下是采用 VHDL 的图 2-4-7 译码电路的源程序。

```
--VHDL code for the decoder of Figure 2-4-7
library ieee;
use ieee.std_logic_1164.all;
entity DECODER_2_4_7 is
      port(
            MIO,A7,A6,A5,A4,A3,A2,A1,A0:in STD_LOGIC;
            D0,D1,D2,D3,D4,D5,D6,D7:out STD_LOGIC
        );
end;
architecture V1 of DECODER_2_4_7 is
begin
      D0<=not(not MIO and A7 and A6 and A5 and A4 and not A3 and not A2 and
      not A1 and not A0 );
      D1<=not(not MIO and A7 and A6 and A5 and A4 and not A3 and not A2 and
      not A1 and A0);
```

```
    D2<=not(not MIO and A7 and A6 and A5 and A4 and not A3 and not A2 and
    A1 and not A0);
    D3<=not(not MIO and A7 and A6 and A5 and A4 and not A3 and not A2 and
    A1 and A0);
    D4<=not(not MIO and A7 and A6 and A5 and A4 and not A3 and A2 and not
    A1 and not A0);
    D5<=not(not MIO and A7 and A6 and A5 and A4 and not A3 and A2 and not
    A1 and A0);
    D6<=not(not MIO and A7 and A6 and A5 and A4 and not A3 and A2 and A1
    and not A0);
    D7<=not(not MIO and A7 and A6 and A5 and A4 and not A3 and A2 and A1
    and A0);
end V1;
```

2) 16 位地址译码

译码 16 位 I/O 地址与 8 位 I/O 地址的主要区别在于另外的 8 条地址线 A_{15}～A_8 必须被译码。图 2-4-8 给出了一个包含 GAL22V10 和四输入与非门的电路实现 EFF8H～EFFFH 的译码。

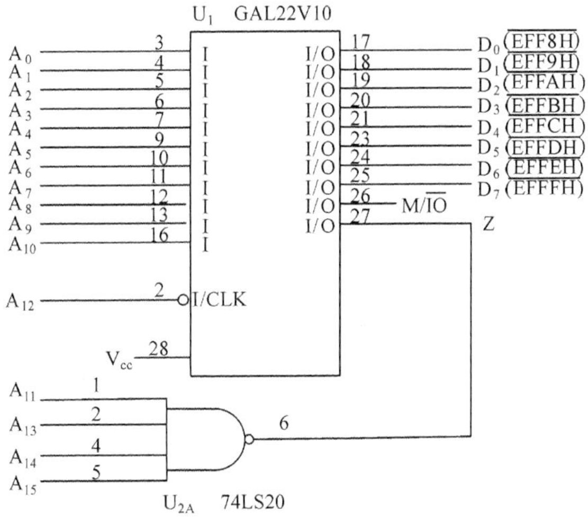

图 2-4-8 16 位 I/O 端口译码示意图

由于 GAL 的引脚不够用，所以采用四输入与非门译码部分地址线（A_{15}、A_{14}、A_{13}、A_{11}）。四输入与非门的输出作为 GAL 的一个输入，参与译码。GAL 译码器的程序如下。

```
--VHDL code for the decoder of Figure 2-4-8
library ieee;
```

```
use ieee.std_logic_1164.all;
entity DECODER_2_4_8 is
        port(
                MIO,Z,A12,A10,A9,A8,A7,A6,A5,A4,A3,A2,A1,A0:in STD_LOGIC;
                D0,D1,D2,D3,D4,D5,D6,D7:out STD_LOGIC
          );
end;
architecture V1 of DECODER_2_4_8 is
begin
        D0<=not(not MIO and not Z and not A12 and A10 and A9 and A8 and A7 and
        A6 and A5 and A4 and A3 and not A2 and not A1 and not A0);
        D1<=not(not MIO and not Z and not A12 and A10 and A9 and A8 and A7 and
        A6 and A5 and A4 and A3 and not A2 and not A1 and A0);
        D2<=not(not MIO and not Z and not A12 and A10 and A9 and A8 and A7 and
        A6 and A5 and A4 and A3 and not A2 and A1 and not A0);
        D3<=not(not MIO and not Z and not A12 and A10 and A9 and A8 and A7 and
        A6 and A5 and A4 and A3 and not A2 and A1 and A0);
        D4<=not(not MIO and not Z and not A12 and A10 and A9 and A8 and A7 and
        A6 and A5 and A4 and A3 and A2 and not A1 and not A0);
        D5<=not(not MIO and not Z and not A12 and A10 and A9 and A8 and A7 and
        A6 and A5 and A4 and A3 and A2 and not A1 and A0);
        D6<=not(not MIO and not Z and not A12 and A10 and A9 and A8 and A7 and
        A6 and A5 and A4 and A3 and A2 and A1 and not A0);
        D7<=not(not MIO and not Z and not A12 and A10 and A9 and A8 and A7 and
        A6 and A5 and A4 and A3 and A2 and A1 and A0);
end V1;
```

4. 8位与16位I/O端口

8086系统中，由于一个16位的端口使用2个8位端口地址，所以最多可以有64K个8位端口，而16位端口则最多只能有32K个。数据在CPU与8位或16位I/O设备之间传送与存储器类似，16位的I/O系统也被分为两个8位I/O体。

如图2-4-9所示，给出了16位系统的独立I/O体。由于存在两个I/O体，所以任意8位I/O写操作需要一个独立的写选通才能正确操作。I/O读操作不需要独立的读选通，CPU只读它“期望”的那个字节而忽略另一字节(在I/O设备响应来自错误I/O存储体读操作的情况下，可能需要独立的读信号)。同存储器寻址一样，偶地址端口与数据总线的$D_0 \sim D_7$相连，奇地址端口与数据总线的$D_8 \sim D_{15}$相连。而在8位I/O接口电路中，为简化硬件电路和程序设计，只与数据总线的

$D_0 \sim D_7$ 相连，并将所有端口地址都设为偶地址。

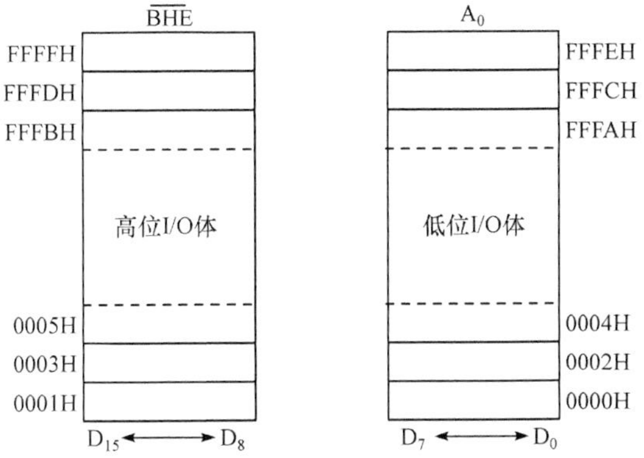

图 2-4-9　16 位系统的独立 I/O 体

图 2-4-10 给出了一个包含两个 8 位输出设备的系统，端口地址分别为 40H 和 41H。由于它们是 8 位设备且出现在不同的 I/O 体中，所以要产生独立的 I/O 写信号。端口 40H 和 41H 可分别作为独立的 8 位端口被寻址，也可以一起作为一个 16 位端口被寻址。用于图 2-4-10 的 GAL16V8 译码器的程序如下。

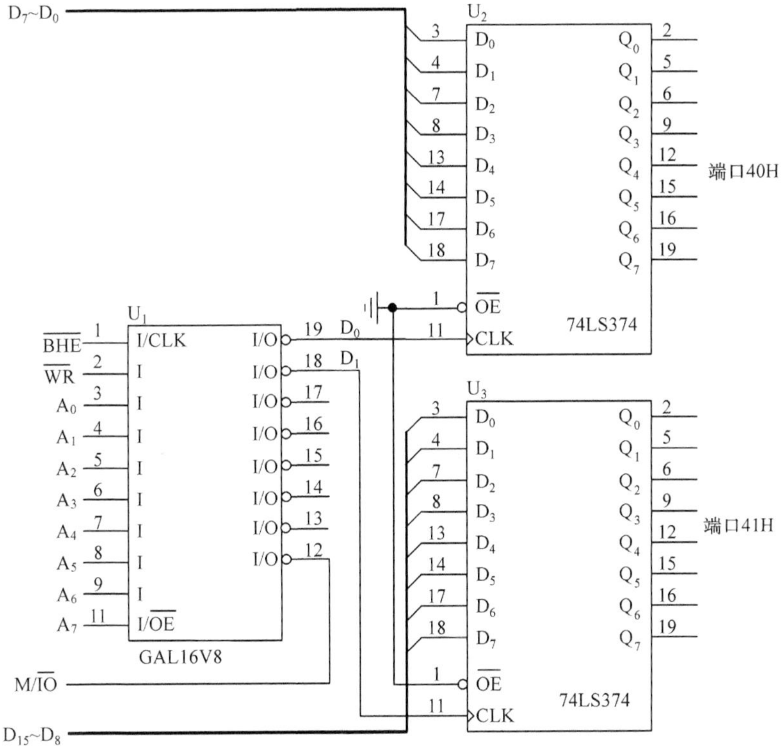

图 2-4-10　地址为 40H 和 41H 的输出 I/O 端口译码器

```
--VHDL code for the decoder of Figure 2-4-10
library ieee;
use ieee.std_logic_1164.all;
entity DECODER_2_4_10 is
port   (
       BHE,WR,MIO,A7,A6,A5,A4,A3,A2,A1,A0:in STD_LOGIC;
       D0,D1:out STD_LOGIC
);
end;
architecture V1 of DECODER_2_4_10 is
begin
       D0<=MIO or WR or A7 or not A6 or A5 or A4 or A3 or A2 or A1 or A0;
       D1<=MIO or WR or A7 or not A6 or A5 or A4 or A3 or A2 or A1 or BHE;
end V1;
```

当采用字(16位)I/O指令时,两个I/O体被一起选中。尽管16位I/O设备相对少见,但确实存在一些模/数和数/模转换器、视频以及磁盘存储器接口为16位I/O。

图2-4-11给出了一个16位输入设备,其8位I/O地址为64H和65H。注意,GAL16V8译码器没有地址线 A_0 的引脚,因为它在16位I/O设备上不用。GAL16V8译码器的程序说明了作为输入设备的三态缓冲器(74LS244)的允许信号是如何产生的,其程序如下。

```
--VHDL code for the decoder of Figure 2-4-11
library ieee;
use ieee.std_logic_1164.all;
entity DECODER_2_4_11 is
port   (
       RD,MIO,A7,A6,A5,A4,A3,A2,A1:in STD_LOGIC;
       D0:out STD_LOGIC
);
end;
architecture V1 of DECODER_2_4_11 is
begin
  D0<=MIO or RD or A7 or not A6 or not A5 or A4 or A3 or not A2 or A1;
end V1;
```

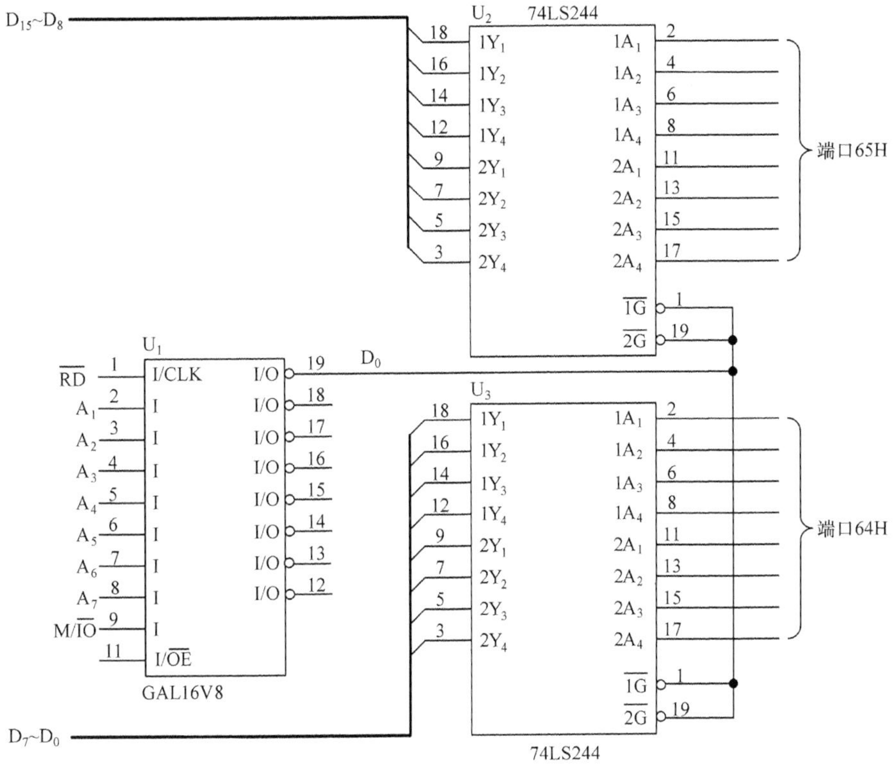

图 2-4-11　I/O 地址为 64H 和 65H 的一个 16 位 I/O 端口

2.4.2　可编程外围设备接口 82C55

可编程外围设备接口(Programmable Peripheral Interface,PPI)82C55 是专为 Intel 微处理器系统设计的 I/O 接口,这些 I/O 接口可以工作在简单 I/O 方式,也可以工作在选通方式。82C55 可以认为是 2.4.1 小节基本 I/O 接口的集合体。通过软件对 82C55 功能的配置(编程),几乎不需要任何外部电路就可与任何 TTL 兼容的 I/O 设备连接。

1. 82C55 与 CPU 连接

1) 82C55 基本描述

82C55 提供了 24 个可用于 I/O 的引脚,对应 3 个 8 位的端口。82C55 将 3 个端口标志为 A、B 和 C 并且分成两组,A 组由端口 A(PA_7~PA_0)和端口 C 的高半部分(PC_7~PC_4)组成,B 组由端口 B(PB_7~PB_0)和端口 C 的低半部分(PC_3~PC_0)组成。82C55 的 3 个端口除了可以工作于基本 I/O(简单 I/O、选通 I/O)方式外，还支持双向 I/O 方式。

图 2-4-12 给出了 82C55 的功能与引脚图。每个引脚输出时，可以提供至少 2.5mA 的吸收（逻辑 0）电流，最大为 4mA。82C55 由$\overline{CS}$引脚选中，进行端口编程、读或写。端口寄存器的选择是通过 A_1 和 A_0 输入引脚通过编码的形式实现的。表 2-4-2 给出了用于编程和 I/O 端口访问的 I/O 端口配置，指示了如何通过 A_1 和 A_0 选择一个内部寄存器。

表 2-4-2　82C55 的 I/O 端口配置

A_1	A_0	功能
0	0	端口 A
0	1	端口 B
1	0	端口 C
1	1	命令端口

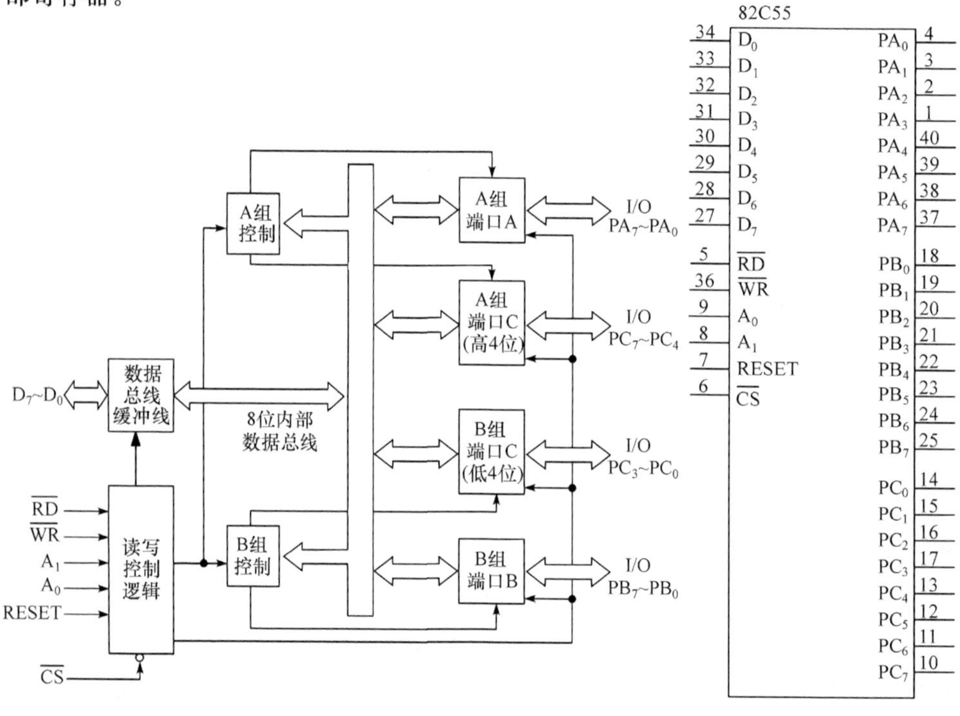

图 2-4-12　82C55 的功能与引脚图

2）82C55 硬件连接

82C55 是一个与 CPU 连接相当简单的器件。为实现读、写 82C55，$\overline{CS}$引脚输入必须为逻辑 0，一般由译码器提供；同时将正确的 I/O 地址加到 A_1 和 A_0 引脚上。当 82C55 与使用高于 8MHz 时钟的 CPU 一起工作时，则需要插入等待状态。由于 I/O 设备本来就慢，所以在 I/O 传送期间使用等待状态并不会显著影响系统的速度。

图 2-4-13 给出了一个 82C55 与 8086 相连的例子。由于 82C55 只提供了 8 位数据总线，该图将 82C55 设计到 8086 的低位 I/O 体。从图中可以看出，除了$\overline{CS}$

引脚,其他引脚均直接与 8086 总线相连。$\overline{CS}$引脚连接到 74ALS138 译码器的输出,由译码器进行译码选择。

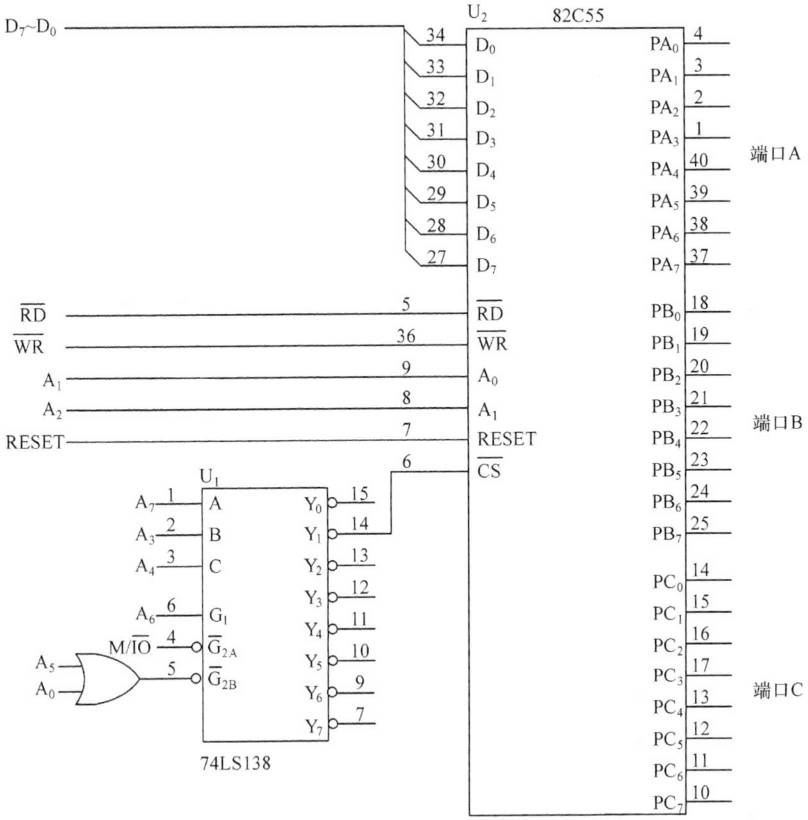

图 2-4-13　82C55 与 8086 相连

由译码器电路可以看出,当 A_7 和 A_6 为高电平,A_0、$A_3 \sim A_5$ 都为低电平时,74LS138 的 Y_1 端输出低电平。根据表 2-4-2,可知其各个端口地址分别为 C0H(端口 A)、C2H(端口 B)、C4H(端口 C)及 C6H(命令寄存器)。可以在程序中定义如下符号,以备编程使用。

```
PORTA        EQU        C0H
PORTB        EQU        C2H
PORTC        EQU        C4H
CMD          EQU        C6H
```

一旦 CPU 复位,输入 82C55 的 RESET 高电平信号就使器件初始化。所有端口引脚在 RESET 后被内部编程为输入引脚,这样可以避免在系统加电时 82C55 受到损坏。

2. 82C55 的编程

对某个可编程器件进行编程指的是为实现某一功能，采用软件配置其工作方式（模式）的过程，又称软件初始化。可编程器件的编程一般是通过将代表某种含义的命令字（或控制字）写入命令（控制）端口而实现的。对 82C55 编程涉及一个命令端口，命令端口可以写入两种控制字：方式控制字和端口 C 置位/复位控制字。

1）方式控制字

82C55 的方式控制字用来选定数据端口的传送方式、工作方式等。设置方式控制字的原则是只设置使用通道的方式及方向。方式控制字的格式如图 2-4-14 所示。

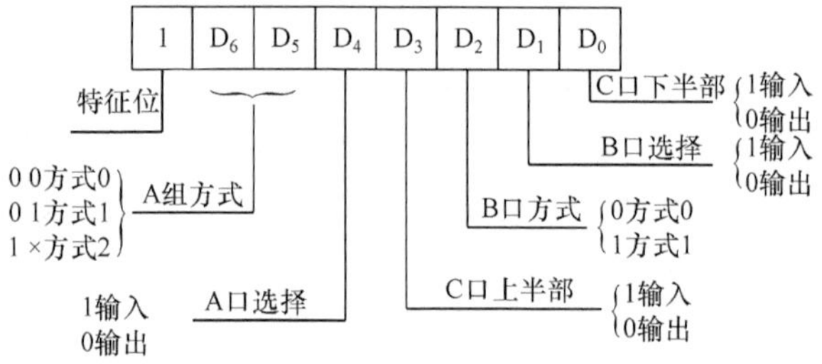

图 2-4-14　82C55 方式控制字格式

从方式控制字的格式可知，A 组有 3 种方式（方式 0、方式 1、方式 2），而 B 组只有 2 种工作方式（方式 0、方式 1）。端口 C 分为 2 部分，上半部属 A 组，下半部属 B 组。所有 3 个并行端口，置 1 指定为输入，置 0 指定为输出。利用工作方式命令的不同代码组合，可以分别选择 A 组和 B 组的工作方式以及各端口是输入还是输出。

例如，要把 A 口指定为方式 1、输入；C 口上半部定为输出；B 口指定为方式 0、输出；C 口下半部指定为输入。则工作方式控制命令字是 10110001B 或 B1H。可以采用如下代码将控制字写入 82C55 的命令端口，以实现对 82C55 的编程。接口电路的控制命令字通常也被简称控制字或命令字。对接口电路工作方式的编程通称为对接口电路的初始化。

```
MOV     AL,0B1H      ;工作方式控制字
OUT     CMD,AL       ;向 82C55 命令端口(寄存器)写入控制字
```

2）端口 C 置位/复位控制字

端口 C 置位/复位控制字用于指定 C 口的某一位（即 C 口的某一个引脚）输出高电平或低电平，格式如图 2-4-15 所示。

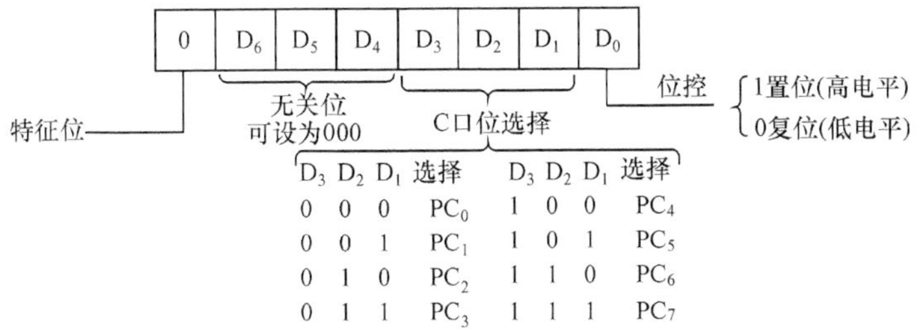

图 2-4-15　端口 C 置位/复位控制字格式

利用端口 C 置位/复位控制字可以使 C 口的 8 根线中的任意 1 根线输出高电平或低电平。例如，若要把 C 口的 PC_2 引脚置成高电平输出，则命令字应该为 00000101B 或 05H。

```
MOV      AL,05H          ;PC2 引脚置成高电平命令字
OUT      CMD,AL          ;向 82C55 命令端口(寄存器)写入命令字
```

3. 工作方式 0

在方式 0 下，82C55 的 A、B、C 三个口即可以作为 8 位缓冲的输入接口，也可以作为 8 位锁存器的输出接口。这与 2.4.1 小节中讨论的基本输入和输出电路在功能上是相同的，只不过 82C55 等同于 3 个 74LS244 或 74LS374。

RESET 引脚硬件复位后，82C55 工作于方式 0。并且所有 3 个端口都用作基本输入接口，如果 82C55 的三个口都应用于基本输入接口，则不需要对 82C55 进行编程。

4. 工作方式 1

方式 1 是一种选通的 I/O 工作方式。在选通输入方式下，端口 A 或端口 B 作为锁存输入。外部数据被存储在端口中，直到 CPU 将其读取。此时的端口 C 提供端口 A 或端口 B 为选通输入端口时的握手信号。图 2-4-16 给出了两个端口是如何被构造成方式 1 选通输入的，并给出了它们的时序图。

选通输入端口在选通信号($\overline{STB}$)有效时从端口引脚上捕获数据。$\overline{STB}$信号使数据捕获到端口中，并激活输入缓冲器满(Input Buffer Full，IBF)和中断请求(Interrupt Request，INTR)信号。CPU 可以查询 IBF 引脚或响应 INTR 的中断请求。在得知数据已被选通进入端口后，执行一条 IN 指令，在$\overline{RD}$引脚上产生一个读信号，读取该端口。读操作将 IBF 和 INTR 恢复到无效状态，直到下一个数据被选通进入端口。方式 1 选通输入的信号定义如下。

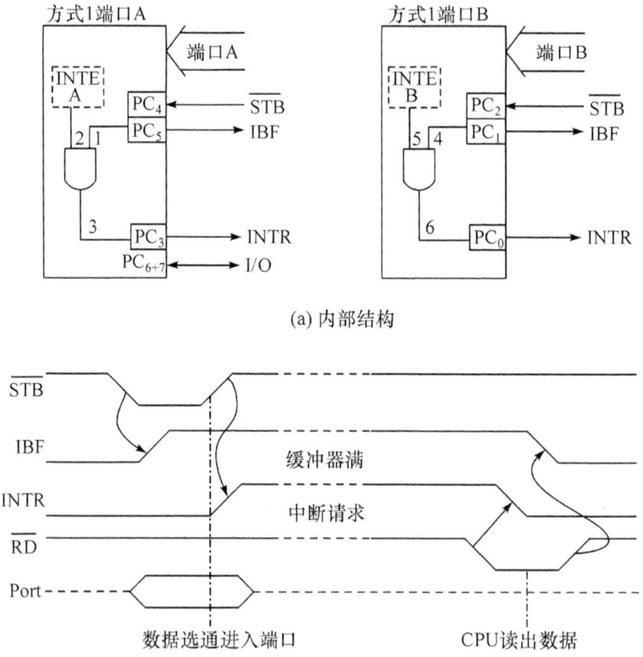

(a) 内部结构

(b) 时序图

图 2-4-16　82C55 的选通输入操作及时序图(方式 1)

$\overline{STB}$	选通输入，低电平将数据锁存到端口锁存器。
IBF	输入缓冲器满，表明输入缓冲器(端口锁存器)已装入信息。$\overline{STB}$变低时被置位，$\overline{RD}$引脚上的上升沿将被复位。
INTR	中断请求，高电平作为 CPU 的中断请求信号。当$\overline{STB}$、IBF 和 INTE 三者都为"1"时，INTR 引脚被置位，$\overline{RD}$引脚上的下降沿被复位。
INTE	中断允许信号，内部信号。端口 A 的 INTE 通过置位/清除 PC_4 实现控制；端口 B 的 INTE 通过置位/清除 PC_2 实现控制；通过置位/清除控制字操作。
PC_7、PC_6	端口 C 的引脚 7 和引脚 6 仍为通用 I/O 引脚。通过置位/清除控制字操作。

1) 选通输入

选通输入设备的一个很好的例子是键盘。当一个键被按下时，键盘编码器去除键开关的抖动后，提供一个选通信号，这时按键的码以 ASCII 码形式数据输出。

图 2-4-17 给出了使用 82C55 进行键盘的选通输入操作。每次在键盘上按下

一个键时，$\overline{DAV}$（Data Available，数据有效）被激活并维持 1.0μs。由于 $\overline{DAV}$ 与端口 A 的 $\overline{STB}$ 输入相连，所以数据被选通进入端口 A。因此每次按下一个键，它就被选通进入 82C55 的端口 A 中。$\overline{STB}$ 输入同时会激活 IBF 信号，表明新的键码数据已经在端口 A 中。下面的程序从端口 A 读取键码，并存于 AL 中。为检测一个键是否被键入，读取端口 C，测试 IBF 位（PC_5）。如果缓冲器为空（IBF=0），则重复测试 IBF（PC_5），直到键盘上键入一个键。

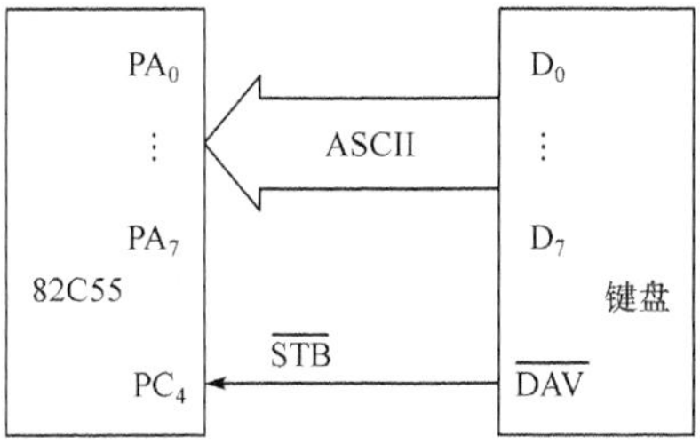

图 2-4-17 使用 82C55 进行键盘的选通输入操作

采用查询方式读键盘码并保存到 AL 的程序如下。

```
;查询方式读键盘码并保存到 AL 的过程。
    READ    PROC    NEAR
    WAIT:   IN      AL,PORTC        ;读端口 C
            TEST    AL,20H          ;测试 IBF
            JZ      WAIT            ;如果 IBF=0
            IN      AL,PORTA        ;读数据
            RET
    READ    ENDP
```

2）选通输出

图 2-4-18 给出了 82C55 工作于选通输出时的内部结构和时序图。选通输出操作与方式 0 输出操作类似，只是它包括控制信号以提供握手操作。

一旦数据被 CPU 写入选通输出端口，$\overline{OBF}$（Output Buffer Full，输出缓冲器满）信号就变为逻辑 0，表明数据已出现在端口锁存器中。对于一个外部 I/O 设备，此信号表示数据是有效的。外部 I/O 设备是通过选通端口 $\overline{ACK}$（Acknowledge，响应）输入信号来取走数据的。$\overline{ACK}$ 信号使 $\overline{OBF}$ 信号回到逻辑 1，表明缓冲器空。

方式 1 选通输出的信号定义如下。

$\overline{OBF}$　　输出缓冲器满，低电平表示 CPU 已经将数据写入端口。$\overline{WR}$ 的上升沿使其复位为“0”，$\overline{ACK}$ 变低将其置为逻辑“1”。

$\overline{ACK}$　　响应信号，$\overline{ACK}$ 是来自外部设备的一个响应信号，低电平表明外设已接收到来自 82C55 端口的数据。使 $\overline{OBF}$ 引脚回到逻辑 1 电平。

INTR　　中断请求信号，在外部设备通过 $\overline{ACK}$ 信号接收数据时以高电

平中断 CPU，当 $\overline{OBF}$、$\overline{ACK}$ 和 INTE 都为高电平时置位；$\overline{WR}$ 的下降沿清零。

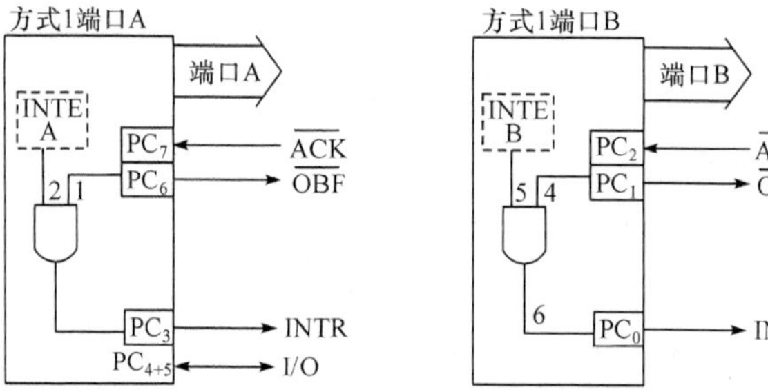

(a) 内部结构

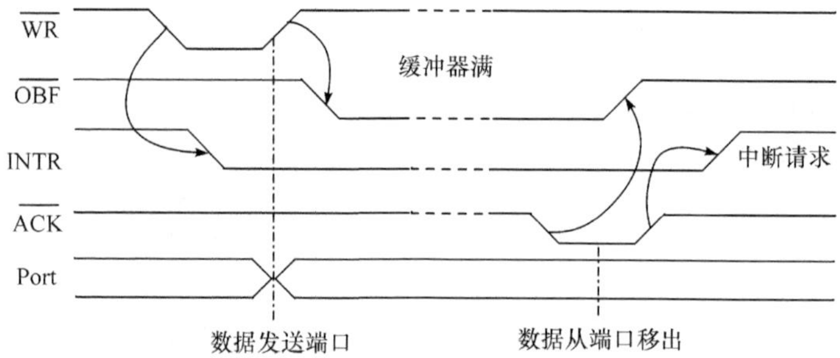

(b) 时序图

图 2-4-18　82C55 工作于选通输出时的内部结构和时序图

INTE　　中断允许，端口 A 的 INTE 通过置位/清除 PC_6 实现控制；端口 B 的 INTE 通过置位/清除 PC_2 实现控制。通过置位/清除控制字操作。

PC_5、PC_4　　端口 C 的引脚 5 和引脚 4，仍为通用 I/O 引脚。通过置位/清除控制字操作。

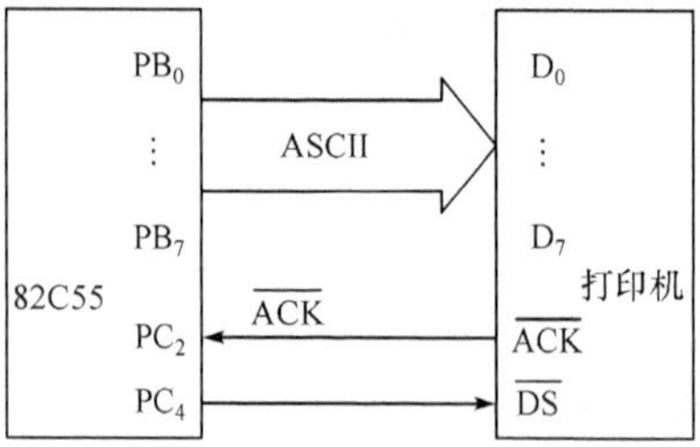

图 2-4-19　82C55 端口 B 与并行打印机相连(82C55 的选通输出方式)

图 2-4-19 描述了 82C55 端口 B 与一个并行打印机相连，该打印机有 8 个数据输入用于接收打印数据，$\overline{DS}$(Data Strobe，数据选通)输入用于选通数据进入打印机，$\overline{ACK}$ 用于表示打印机已接收到打印数据。

方式 1 中，没有信号产生 $\overline{DS}$ 信号给打印机，所以用 PC_4 产生 $\overline{DS}$ 信号。打印机的 $\overline{ACK}$ 信号用以响应数据的接收，并与 82C55 的 $\overline{ACK}$ 输入相连。

下面程序说明了如何将 AH 中的数据发送给打印机。该程序首先测试 $\overline{OBF}$（PC_1）以确定打印机是否已从端口 B 读走数据。如果没有，则等待从打印机返回的 $\overline{ACK}$ 信号；若 $\overline{OBF}=1$，程序通过端口 B 将 AH 中的数据发送给打印机，并发送 DS 信号，程序如下。

```
;通过端口 B 将 AH 中的 ASCII 字符传送到打印机
PRINT     PROC      NEAR
;检查打印机是否就绪
WAIT:     IN        AL,PORTC         ;取得 OBF
          TEST      AL,02H           ;测试 OBF
          JZ        WAIT             ;如果 OBF=0
;把字符发送到打印机
          MOV       AL,AH                ;取得数据
          OUT       PORTB,AL             ;打印数据
;把数据选通信号发送给打印机
          MOV       AL,8             ;清除 DS
          OUT       CMD,AL
          MOV       AL,9             ;置位 DS
          OUT       CMD,AL
          RET
PRINT     ENDP
```

5. 工作方式 2

方式 2 又称双向传输方式，只有 A 口可以工作在这种方式下。双向工作方式使外设利用 8 位数据线与 CPU 进行双向通信，既能发送数据，也能接收数据。即此时 A 口既作为输入口又作为输出口。双向总线数据在连接两台计算机时很有用，它还用于 IEEE-488 并行高速通用接口总线（General Purpose Instrumentation Bus，GPIB）接口标准。图 2-4-20 给出了方式 2 双向操作的内部结构和时序图。方式 2 选通 I/O 的信号定义如下。

INTR　　中断请求，在输入和输出操作时高电平中断 CPU。

$$INTR = IBF \cdot \overline{MASK} \cdot \overline{STB} \cdot \overline{RD} + \overline{OBF} \cdot \overline{MASK} \cdot \overline{ACK} \cdot \overline{WR}$$

$\overline{OBF}$　　输出缓冲器满，低电平表明 CPU 向端口 A 写入数据。

$\overline{ACK}$　　响应输入信号，低电平将 A 口的输出三态缓冲器使能，使数据可以出现在端口 A。如果 $\overline{ACK}$ 为逻辑 1，则端口 A 的输出缓冲器处于高阻抗状态。

$\overline{STB}$　　选通输入，低电平将端口输入的外部数据锁存到端口 A 的

	输入端口。
IBF	输入缓冲器满,高电平表明输入数据已经被锁存到端口 A。
INTE	中断允许,INTR 引脚的状态通过端口 C 的 PC_6($INTE_1$)和 PC_4($INTE_2$)控制。
PC_2、PC_1、PC_0	在方式 2 为通用 I/O 引脚,由位设置于复位命令控制。

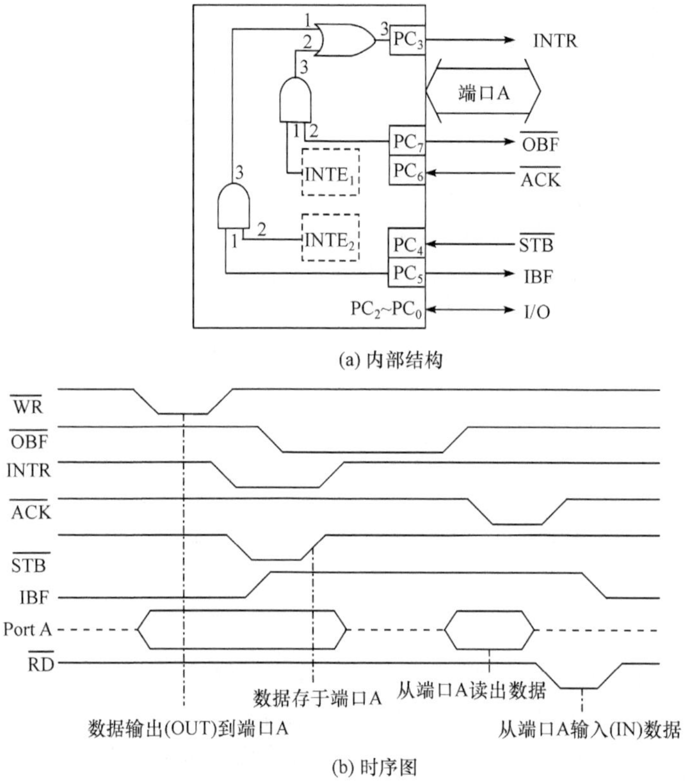

图 2-4-20　82C55 方式 2 操作的内部结构和时序图

通过 IN 和 OUT 指令就可以实现端口 A 双向总线的传输。为通过双向总线发送数据,程序首先测试 $\overline{OBF}$ 信号以确定输出缓冲器是否为空。若为空,则由 OUT 指令将数据发送给输出缓冲器。外部接收电路也监视 $\overline{OBF}$ 信号,以确定 CPU 是否已将数据发出。一旦接收电路检测到 $\overline{OBF}$ 为逻辑 0,它就返回 $\overline{ACK}$ 信号。$\overline{ACK}$ 信号置位 $\overline{OBF}$,并允许三态输出缓冲器,从而读出数据。下面列出了通过双向端口 A 发送 AH 寄存器中数据的过程。

```
;通过端口 A 的双向总线传送 AH 的过程。
TRANS      PROC      NEAR
```

```
WAIT:    IN      AL,PORTC        ;获得 OBF
         TEST    AL,80H          ;测试 OBF
         JNZ     WAIT            ;如果 OBF=1
         MOV     AL,AH           ;取得数据
         OUT     PORTA,AL        ;发送数据
         RET
TRANS    ENDP
```

当通过双向端口 A 接收数据时，程序要测试 IBF 位，以确定数据是否已被选通进入端口。如果 IBF=1，则用 IN 指令读入数据。外部接口通过使用 $\overline{STB}$ 信号将数据送入端口，当 $\overline{STB}$ 被激活时，IBF 信号变为逻辑 1，端口 A 的数据被保持在端口内部的锁存器中。当执行 IN 指令时，IBF 位被清零，端口中的数据被移入 AL。下面列出了从端口读取数据的过程的程序。

```
;从双向端口 A 读取数据并在 AL 中返回该数据的过程。
READ     PROC    NEAR
WAIT:    IN      AL,PORTC        ;获得 IBF
         TEST    AL,20H          ;测试 IBF
         JZ      WAIT            ;如果 IBF=0
         IN      AL,PORTA        ;获取数据
         RET
TRANS    ENDP
```

INTR(中断请求)引脚可被总线上两个方向的数据流激活。如果两个 INTE 位都允许 INTR，则输出缓冲器空和输入缓冲器满都产生中断请求。这种情况出现在使用 $\overline{STB}$ 将数据选通进入缓冲器的时候，或是使用 OUT 指令写数据的时候。

2.4.3　可编程定时/计数器 8254

在数字电子中，定时功能也是由计数实现的。当对某一固定周期(或频率)的输入脉冲信号进行计数时，由于计数个数与经历的时间成正比，所以计数个数就可以代表某一确定的时间。对固定周期脉冲进行特定数量的计数就可以达到定时的目的，因此定时器和计数器的逻辑电路是相同的，这类电路统称定时/计数器。

作为可编程的定时/计数器，8254 在进行实时事件的处理时非常有用，如实时时钟、事件计数器等。在 PC 中每秒 18.2 次的基本时钟就是由 8254 产生的。8253 也是一款常用的定时/计数器。同 8254 相比，8253 除了输入时钟的最大允许频率低(8253 为 2.6MHz，8254 为 10MHz)，功能完全相同。

1. 功能描述与引脚

图 2-4-21 给出了 8254 的内部结构。8254 由 3 个独立、可按二进制或 BCD 码计数的 16 位可编程定时/计数器组成。每个计数器包含一个时钟输入引脚(CLK)、一个门控输入引脚(GATE)以及一个输出引脚(OUT)。每个计数器在 CLK 的下降沿做减 1 计数。

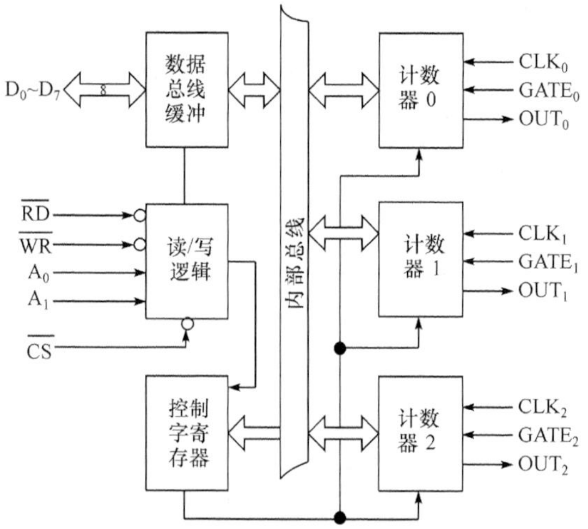

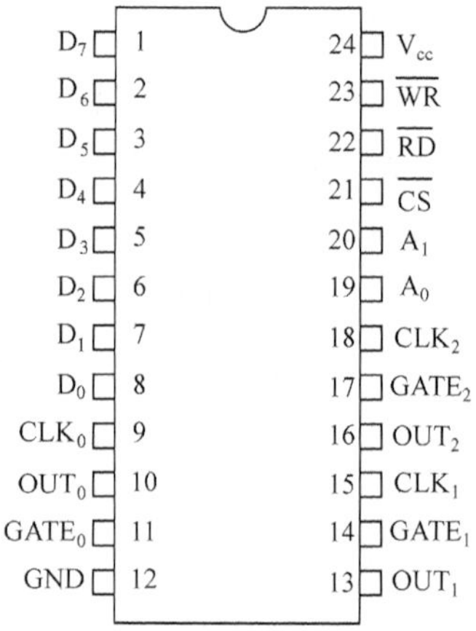

图 2-4-21　8254 可编程间隔定时器

8254 与 CPU 相连的信号有数据总线引脚(D_7～D_0)，读写输入 $\overline{RD}$、$\overline{WR}$ 和地址输入 A_1、A_0。地址输入用于选择内部寄存器，这些寄存器用来对定时器进行编程、读或写。

A_1，A_0　　地址输入，选择 8254 中 4 个内部寄存器中的一个(表 2-4-3)。

表 2-4-3　8254 的地址选择

A_1	A_0	功能
0	0	计数器 0
0	1	计数器 1
1	0	计数器 2
1	1	控制字(命令)寄存器

D_7～D_0　　数据总线引脚，与系统数据总线相连。

CLK　　时钟输入，每个内部定时器的定时源。常与来自 CPU 系统总线控制器的 PCLK 信号相连。

$\overline{CS}$	片选，允许 8254 对计数器进行编程、读或写。
GATE	门控输入，控制计数器在某些操作方式下的操作。
OUT	计数器输出，可得到定时器产生的波形。
$\overline{RD}$	读，使数据从 8254 中读出，它常与读选通信号相连。
$\overline{WR}$	写，使数据写入 8254，它常与写选通信号相连。
V_{cc}、GND	电源和地，与＋5.0V 电源相连。

2. 8254 的编程

1) 控制字

通过写一个控制字和计数初值，每个计数器都可以被单独编程。

图 2-4-22 列出了 8254 的程序控制字结构。控制字允许编程人员选择计数器、操作方式以及操作类型(读/写)、选择二进制计数或 BCD 计数。

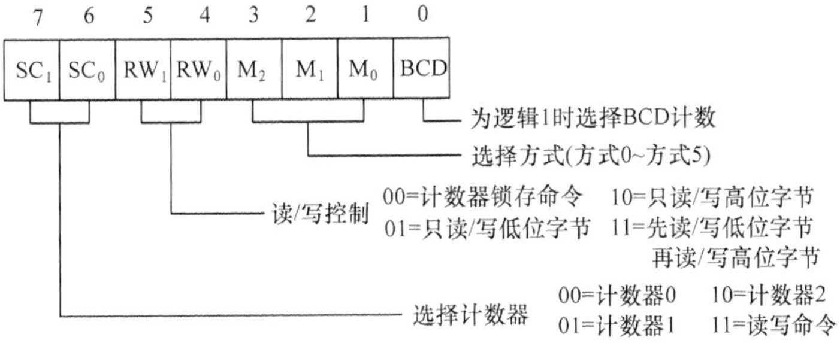

图 2-4-22　8254 的程序控制字结构

控制字使用 BCD 位来选择 BCD 计数(BCD＝1)或二进制计数(BCD＝0)。每个计数器可用计数值 1 到 FFFFH 进行编程。计数值 0 等于 FFFFH＋1(十进制 65 536)或 BCD 码 10000。最小计数值 1 应用于除了方式 2 和方式 3 的其他操作方式，方式 2 和方式 3 的最小计数值为 2。

M_2、M_1 和 M_0 位选择计数器的 6 种不同操作方式(000～101)中的一种，RW_1 和 RW_0 位确定数据如何从计数器中读出或写入计数器，SC_1 和 SC_0 位选择一个计数器或特殊的读回操作方式。8254 只有一个控制字端口，三个计数器是由控制字中的两个位(SC_0 和 SC_1)来区分的。8254 编程比较灵活，有一点需要记住：对每一个计数器，控制字必须在计数初始值写入之前写入控制字端口。如果把 2 字节的计数初始值写入计数器里，那么第 1 字节(LSB)将停止计数，第 2 字节(MSB)将以新的数值启动计数。对每个计数器，写入顺序非常重要，但为了更好地进行控制，不同计数器可以交叉存取。图 2-4-23 给出了 8254 几种可能的编程顺序。

写入顺序	A_1	A_0	写入顺序	A_1	A_0
计数器 0 控制字	1	1	计数器 2 控制字	1	1
计数器 0 初始值低字节	0	0	计数器 1 控制字	1	1
计数器 0 初始值高字节	0	0	计数器 0 控制字	1	1
计数器 1 控制字	1	1	计数器 2 初始值低字节	1	0
计数器 1 初始值低字节	0	1	计数器 2 初始值高字节	1	0
计数器 1 初始值高字节	0	1	计数器 1 初始值低字节	0	1
计数器 2 控制字	1	1	计数器 1 初始值高字节	0	1
计数器 2 初始值低字节	1	0	计数器 0 初始值低字节	0	0
计数器 2 初始值高字节	1	0	计数器 0 初始值高字节	0	0

计数器 0 控制字	1	1	计数器 1 控制字	1	1
计数器 1 控制字	1	1	计数器 0 控制字	1	1
计数器 2 控制字	1	1	计数器 1 初始值低字节	0	1
计数器 2 初始值低字节	1	0	计数器 2 控制字	1	1
计数器 1 初始值低字节	0	1	计数器 0 初始值低字节	0	0
计数器 0 初始值低字节	0	0	计数器 1 初始值高字节	0	1
计数器 0 初始值高字节	0	0	计数器 2 初始值低字节	1	0
计数器 1 初始值高字节	0	1	计数器 0 初始值高字节	0	0
计数器 2 初始值高字节	1	0	计数器 2 初始值高字节	1	0

图 2-4-23　8254 几种可能的编程顺序

2) 工作方式

每个 8254 计数器有 6 种操作方式(方式 0 到方式 5)。图 2-4-24 显示了在每种方式下 CLK 输入、门控(GATE)信号以及 OUT 信号是如何工作的。

注意,在方式 2、3、4 下 GATE 输入为 0 时,8254 将停止计数。各种方式描述如下。

方式 0　计数结束产生中断方式,允许 8254 计数器用作事件计数器。在此方式中,当写入控制字时,输出变为逻辑 0,并一直维持到 N 加上编程的计数值。例如,若计数值 5 被编程,则输出在从 N 开始的 6 个计数期间内将一直维持逻辑 0。注意 GATE 输入必须为逻辑 1 以允许计数器计数。如果 GATE 在计数中变为逻辑 0,则计数器将停止计数,直到 GATE 又变为逻辑 1。

方式 1　可编程的单稳态触发器方式,计数器作为可重触发的单稳多谐振荡器(单脉冲)。在此方式中,GATE 输入触发计数器,使其在 OUT 引脚产生一个脉冲,此脉冲在计数期间为逻辑 0。若计数值为 10,则 OUT 引脚在被触发时变为逻辑 0 并维持 10 个时钟周期。如果 GATE 输入在输出脉冲期间(即 OUT 为低电平时)出现,则计数器再次装入计数值,OUT 引脚继续维持低电平,维持时间为计数值总长度。

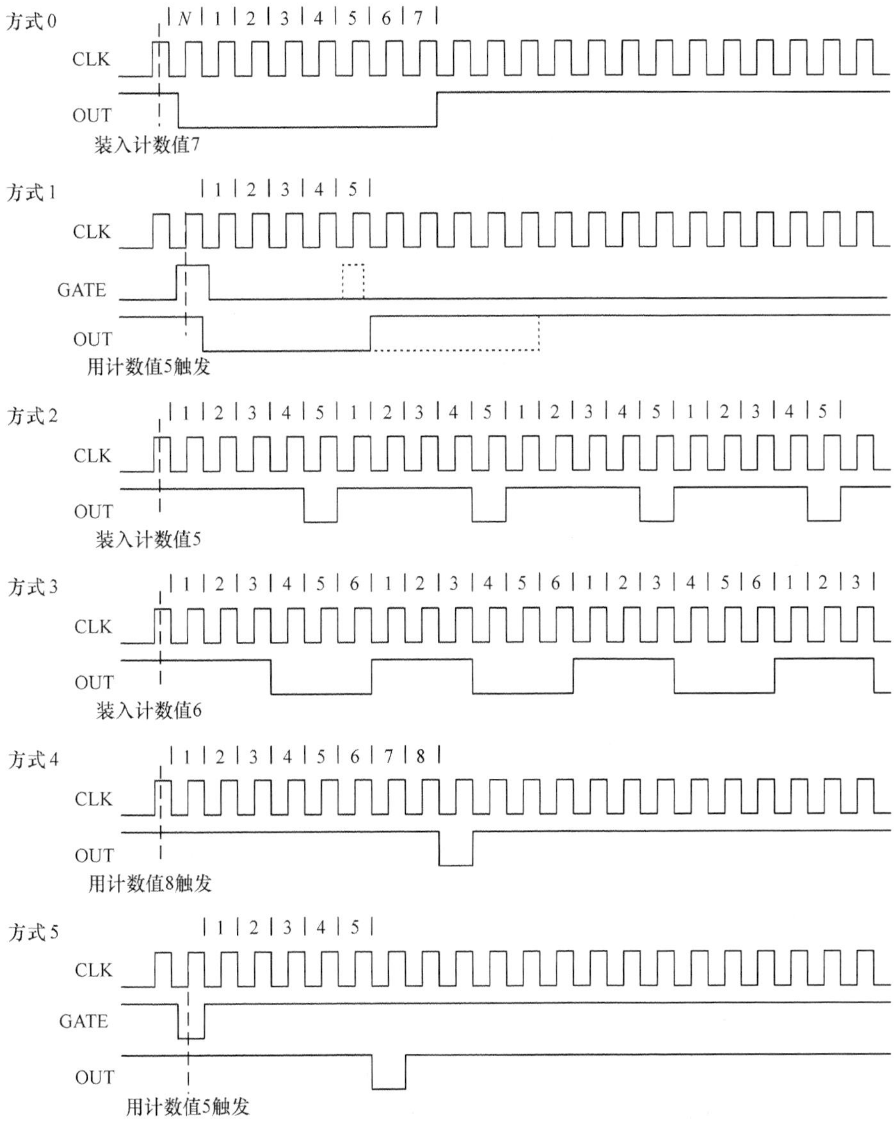

图 2-4-24　8254 可编程间隔定时器的 6 种操作方式

方式 2　分频器方式，允许计数器产生一系列连续的脉冲，脉冲宽度为一个时钟脉冲的宽度。脉冲之间的间隔取决于计数值。例如，若计数值为 10，则输出为逻辑 1 的时间是 9 个时钟周期，而为逻辑 0 的时间是 1 个时钟周期。重复此循环直到计数器被编程为一个新的计数值，或 GATE 引脚被置为逻辑 0 电平。对于该方式，为产生连续的一系列脉冲，GATE 输入必须为逻辑 1。

方式 3　方波发生器方式，GATE 引脚为逻辑 1 时在 OUT 引脚产生一个连续的方波。如果计数值为偶数，则输出为高电平的时间是计数值的一半，为低电平的时间也是计数值的一半。如果计数值为奇数，则输出为高电平的时间比输出为低电平的时间长一个时钟周期。例如，如果计数器被编程为计数值 5，则输出为高电平的时间是 3 个时钟周期，而输出为低电平的时间是 2 个时钟周期。

方式 4　软件触发的选通信号发生器方式，允许计时器在输出端产生单个脉冲。如果计时器被编程为 10，则输出为高电平的时间是 10 个时钟周期，而为低电平的时间是 1 个时钟周期。这一过程只有在计数器装入完整的计数值后才会开始，因此称为软件触发方式。与方式 2 和方式 3 一样，此方式也使用 G 输入允许计数器。计数器以这 3 种方式操作时，G 输入都必须为逻辑 1。

方式 5　硬件触发的选通信号发生器方式，与方式 4 相似，只是它由 G 引脚上的一个触发脉冲启动而不是靠软件启动。此方式也类似于方式 1，因为它是可重触发的。

3）读取计数值

8254 提供了 3 种读取计数值的方法：读计数器、读锁存器、多计数器同时读。

（1）读计数器。

读计数器方法只需要通过 A_1 和 A_0 引脚选择计数器，然后一个简单的读操作就可以把当前计数值读出来。通常在读取时，为保证读取的计数值可靠，通常采用 GATE 引脚将 CLK 输入屏蔽起来暂停计数的方法，因此会影响计数的进程。

（2）读锁存器。

每个计数器有一个内部锁存器，它由读计数器端口操作进行读取。这些锁存器通常随着计数值变化而变化。当计数器接收到锁存命令后，被选中的计数器的输出锁存器将当前计数值锁存。锁存的计数值被读走后，锁存器会自动继续跟踪计数器的计数值。计数器锁存命令对计数过程不产生任何影响。

将计数器锁存命令写入控制端口可以实现计数值的锁存，计数器锁存命令和控制字很相似，SC_0 和 SC_1 选择计数器，RW_1 和 RW_0 两位为 00 表示计数器锁存命令。

如果计数器被锁存，在计数值读出之前的任何锁存都将是无效的。读回的计数值是第一次锁存的计数值。

7	6	5	4	3	2	1	0
SC_1	SC_0	0	0	×	×	×	×

SC_1, SC_0—— 选择要锁存的计数器

D_5, D_4 —— 00表示计数器锁存命令

×—— 任意，建议为0

图 2-4-25　计数器锁存命令

无论哪种读计数值的方法，必须按照工作方式设定控制字中固定的形式读取。尤其当 RW_1 和 RW_0 为 11 时，必须读出 2 字节。计数器锁存命令如图 2-4-25 所示。

(3) 多计数器同时读。

在有必要同时读出多个计数器的内容时,可使用图 2-4-26 中的 8254 计数器读回控制字实现。

7	6	5	4	3	2	1	0
1	1	$\overline{COUNT}$	$\overline{STATUS}$	CNT_2	CNT_1	CNT_0	0

$\overline{COUNT}$　0= 锁存计数值
$\overline{STATUS}$　0= 锁存计数器状态
CNT_2　1= 选择计数器2
CNT_1　1= 选择计数器1
CNT_0　1= 选择计数器0

图 2-4-26　8254 计数器读回控制字

当 8254 控制字的 SC_0、SC_1 都为"1"时,为读回控制字。读回控制字的最低位需为"0",锁存由 CNT_0、CNT_1 及 CNT_2 选中的计数器。8254 还允许锁存状态寄存器,此时将位 $\overline{STATUS}$ 置为"0"。图 2-4-27 给出了 8254 状态寄存器,表明了输出引脚的状态、计数值是否处于有效状态以及计数器的工作方式等。

7	6	5	4	3	2	1	0
OUTPUT	NULL COUNT	RW_1	RW_0	M_2	M_1	M_0	BCD

OUTPUT { 1 = OUT引脚1；0 = OUT引脚0 }　　NULL COUNT { 1= 未知数；0= 计数值可以读取 }

其他位表示计数器工作方式，与控制字相同

图 2-4-27　8254 状态寄存器

当状态和计数值同时选择锁存时,第一次读计数器将返回被锁存的计数器状态,接下来的一个或两个读操作将得到被锁存的计数值。

3. 8254 的应用

图 2-4-28 给出了作为波形发生器的 8254 与 8086 的连接图,使用 GAL16V8 译码地址,8254 与低 8 位数据总线相连。这里未给出 GAL 的程序,读者可以自己设计。8254 的 I/O 端口地址分别为 0700H、0702H、0704H 和 0706H。

下面给出了一个程序,它设置 8254 计数器 0 工作于方式 3,在 OUT_0 引脚产生 100kHz 方波;设置计数器 1 工作于方式 2,在 OUT_1 引脚产生 200kHz 连续脉冲。对于 8MHz 输入时钟,为产生期望的输出频率,计数器 0 的初始值为 80,计数器 1 的初始值为 40。

```
;图 2-4-28 所示 8254 定时器的程序
TIME        PROC      NEAR
PUSH        AX                            ;保护寄存器
PUSH        DX
MOV         DX,706H                       ;寻址控制字
```

```
        MOV     AL,00110110B        ;编程计数器 0
        OUT     DX,AL               ;为方式 3
        MOV     AL,01110100B        ;编程计数器 1
        OUT     DX,AL               ;为方式 2
        MOV     DX,700H             ;寻址计数器 0
        MOV     AL,80               ;装入计数值 80
        OUT     DX,AL
        XOR     AL,AL
        OUT     DX,AL
        MOV     DX,702H             ;寻址计数器 1
        MOV     AL,40               ;装入计数值 40
        OUT     DX,AL
        XOR     AL,AL
        OUT     DX,AL
        POP     DX                  ;恢复寄存器
        POP     AX
                RET
        TIME    ENDP
```

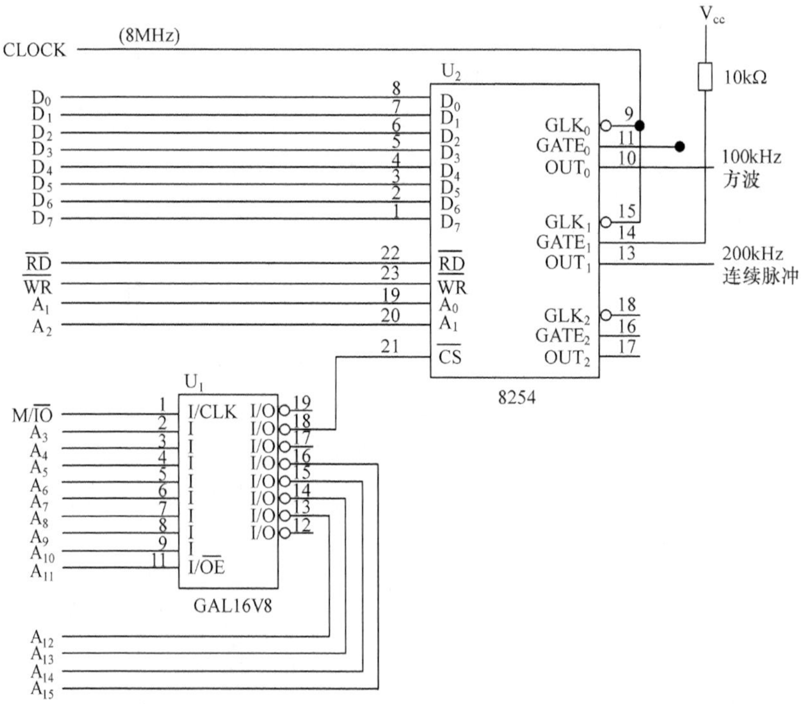

图 2-4-28　作为波形发生器的 8254 与 8086 的连接图

2.4.4 串行通信接口 8251A

Intel 8251A 是通用同步/异步接收/发送器(Universal Synchronous/Asynchronous Receiver and Transmitter,USART),适合作为异步起止式协议和同步面向字符协议的接口,全部 I/O 与 TTL 兼容。8251A 具有双缓冲的发送/接收器,数据位支持 5~8 位。可内同步或外同步,能自动插入同步字符(只能面向字符),可以有一个或两个同步字符。异步方式下波特率可达 19.2kbit/s,同步可达 64kbit/s。可自动产生、检测和处理终止字符,产生 1、1.5 或 2 个位的停止位,并具有奇偶错、溢出错和帧错检测能力。

1. 8251A 的功能描述

1) 功能结构

8251A 的内部结构框图如图 2-4-29 所示,分成 5 个主要部分:接收器、发送器、调制控制器、读/写控制电路及数据总线缓冲器。8251A 的内部由内部数据总线实现相互之间的通信。

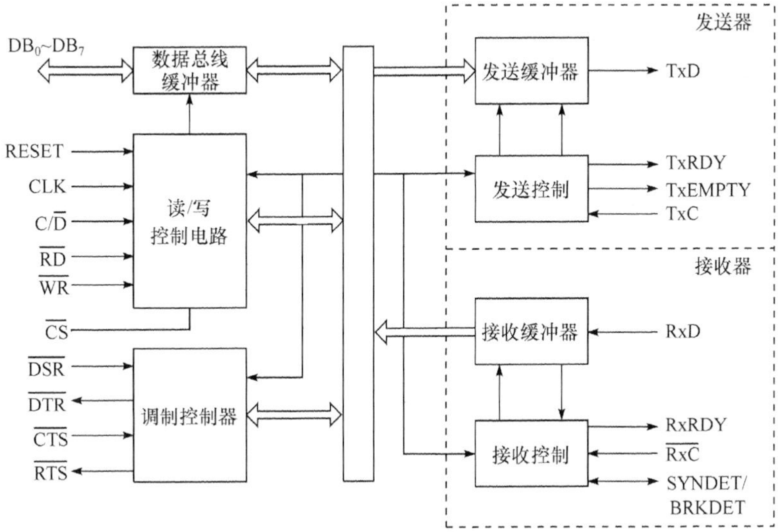

图 2-4-29　8251A 内部结构框图

(1) 数据总线缓冲器。

数据总线缓冲器是三态双向 8 位缓冲器,它使 8251A 与系统数据总线连接起来。它含有数据缓冲器和命令缓冲器。CPU 通过 I/O 指令可以对它读/写数据,也可以写入控制字和命令字,再由它产生使 8251A 完成各种功能的控制信号。另外,执行命令所产生的各种状态信息也是从数据总线缓冲器读出的。

(2) 接收器。

接收器的功能是接收在 RxD 引脚上的串行数据并按规定的格式把它转换为并行数据，并存放在数据总线缓冲器中。

在同步方式中，接收器监视 RxD 线，每出现一个数据位就把它移一位，构成并行字节，并送入接收寄存器，再把接收寄存器与同步字符(由程序给定)寄存器的内容相比较，看是否相等，若不等，8251A 重复上述过程；若相等，则表示已找到同步字符，置 SYNDET 信号为高电平。在找到同步字符后，利用接收时钟 $\overline{RxC}$ 采样和移位 RxD 线上的数据位，且按规定的数据位装配成并行数据，再把它送至数据总线缓冲器，同时发出 RxRDY 信号通知 CPU。

在异步方式中，当“允许接收”和“准备好接收数据”有效时，接收器监视 RxD 线。在无字符传送时，RxD 线上为高电平，当发现 RxD 线上出现低电平时，即认为它是起始位，就启动一个内部计数器，当计数器计到一个数据位宽度的一半(若时钟脉冲频率为波特率的 16 倍，则计数到第 8 个脉冲)时，又重新采样 RxD 线，若其仍为低电平，则确认它为起始位，而不是噪声信号。此后在移位脉冲 $\overline{RxC}$ (即每隔 16 个时钟脉冲)作用下把 RxD 线上的数据送至移位寄存器，经过移位，就得到了并行数据。对这个并行数据进行奇偶校验并去掉停止位后，通过内部总线最后送至数据总线缓冲器，此时发出 RxRDY 信号，告诉 CPU 字符已经收到。

(3) 发送器。

在同步方式中，发送器在准备发送的数据前面先插入由初始化程序设定的一个或两个同步字符，在数据中插入奇偶校验位。然后，在发送时钟 TxC 的作用下，将数据一位一位地由 TxD 引脚发送出去。在异步方式中，发送器先在串行数据字符前面加上起始位，并根据约定的要求加上校验位和停止位，然后在发送时钟 TxC 的作用下，由 TxD 引脚一位一位地串行发送出去。

(4) 读/写控制。

读/写控制逻辑对 CPU 输出的控制信号进行译码以实现表 2-4-4 所示的读/写功能，并实现对调制解调器的控制。

表 2-4-4 8251A 读/写操作

$\overline{CS}$	$C/\overline{D}$	$\overline{RD}$	$\overline{WR}$	功能
0	0	0	1	CPU 从 8251A 读数据
0	1	0	1	CPU 从 8251A 读状态
0	0	1	0	CPU 写数据到 8251A
0	1	1	0	CPU 写命令到 8251A
0	×	1	1	8251A 总线浮空(无操作)
1	×	×	×	8251A 总线浮空(无操作)

(5) 定时和通信速率。

8251A 的接收器和发送器分别设置接收时钟与发送时钟信号输入线，以决定通信速率。提供外部时钟信号的装置称为波特率发生器。异步通信时波特率范围为 110～19200bit/s，使用时，根据不同速率要求，在接收控制器和发送控制器中分频，以得到合适的接收或发送时钟频率。其中分频系数又称波特率因子。

2) 8251A 的引脚

8251A 的数据总线是 8 位的，分别为 D_0～D_7，它们是三态双向的，CPU 通过数据总线并行传送命令，交换数据及检测状态。8251A 是一种有 28 个引脚的双列直插式大规模集成电路芯片，其引脚封装图如图 2-4-30 所示。

(1) 控制信号引脚。

CLK：时钟输入端口，产生 8251A 的内部时序。一般情况下，CLK 的输入频率在同步方式工作时，必须大于接收器和发送器输入时钟频率的 30 倍；在异步方式工作时，必须大于接收器和发送器输入时钟频率的 4.5 倍。

$\overline{CS}$：片选信号，通常由 CPU 的高位地址信号和 M/$\overline{IO}$控制信号译码后提供，产生 8251A 端口地址的高地址部分。

C/$\overline{D}$：控制/数据端，C/$\overline{D}$＝1 时，数据总线上的信息是状态信息或命令信息；C/$\overline{D}$＝0 时，数据总线上的信息是数据信息。一般由 CPU 的低位地址线提供，产生 8251A 端口地址的低地址部分。

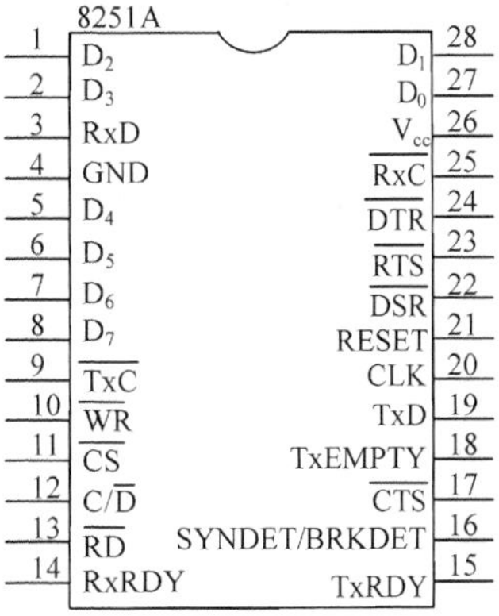

图 2-4-30　8251A 引脚封装图

RESET：复位信号，高电平有效。RESET＝1 时，8251A 的收发线路处于空闲状态，等待 CPU 执行其初始化程序。

$\overline{WR}$、$\overline{RD}$：读、写控制信号，低电平有效。

(2) 发送器部分引脚。

TxD：数据发送引脚。从此线逐位输出的是并行数据转换成串行格式后的数据。

TxRDY：发送器准备好信号。若该信号有效，则 CPU 向 8251A 写入待发送的数据，8251A 将从 CPU 送来的并行数据锁存在数据发送缓冲器中。

TxEMPTY：发送器空信号。若该信号有效，表示发送移位寄存器已空，此时发送缓冲器中的数据就可以送入发送移位寄存器中，然后逐位输出。

$\overline{TxC}$：由外部输入的发送器时钟。$\overline{TxC}$确定 8251A 的发送速率。在同步方式时，$\overline{TxC}$端输入的时钟频率应等于发送数据的波特率。在异步方式时，可以由软件定义发送时钟是发送波特率的 1 倍、16 倍或 64 倍(发送波特因子的倍数)。

(3) 接收器部分引脚。

RxD:数据接收引脚。外部串行数据通过该引脚逐位移入接收移位寄存器中,转换成并行格式后送入接收数据缓冲器,等待 CPU 取走数据。

RxRDY:接收器准备好信号,高电平有效。接收缓冲器收到一个数据字符,则 RxRDY 信号有效,通知 CPU 接收数据,若 8251A 采用中断方式与 CPU 交换数据,则 RxRDY 信号可用作向 CPU 发出的中断请求信号。CPU 取走接收缓冲器中的数据后,RxRDY 变为低电平。

SYNDET/BRKDET:此引脚具有双功能,高电平有效。

$\overline{\text{RxC}}$:由外部输入的接收数据时钟。$\overline{\text{RxC}}$确定 8251A 的接收速率。在同步方式时,$\overline{\text{RxC}}$端输入的时钟频率应等于接收数据的波特率。在异步方式时,可以由软件定义接收时钟为接收波特率的 1 倍、16 倍或 64 倍(接收波特因子的倍数)。

当 8251A 工作在异步方式时,SYNDET/BRKDET 功能为断缺检测端 BRKDET。如果在起始位之后,从 RxD 端上连续收到 8 个"0"信号,则输出端 BRKDET 为高电平。表示当前处于数据断缺状态,没有数据可以接收。如果从 RxD 端上接收到"1"信号,则读出端 BRKDET 为低电平。

当 8251A 工作在同步方式时,SYNDET/BRKDET 功能为同步检测端 SYNDET。如果采用内同步方式,则 SYNDET 为输出端,高电平有效。当从 RxD 端上检测到一个(单同步)或两个(双同步)同步字符时,SYNDET 输出高电平有效信号,表示接收数据已处于同步状态,其后接收到的是有效数据。如果采用外同步,则 SYNDET 为输入端,外同步字符从该端输入。SYNDET 为高电平,输入有效信号,表示已达到同步,接收器可以开始接收数据。

(4) 调制解调接口引脚。

$\overline{\text{DTR}}$:数据终端准备好信号,该引脚向调制解调器输出信号,低电平有效。CPU 准备好接收数据后,若欲使$\overline{\text{DTR}}$成为有效,可以将控制字中的 DTR 位设置为"1",然后输出该有效信号。

$\overline{\text{DSR}}$:数据装置准备好信号,该信号由调制解调器输出,低电平有效。当调制解调器已经作好发送数据准备时,就发出$\overline{\text{DSR}}$信号,CPU 可以用 IN 指令读入 8251A 的状态寄存器,检测 DSR 位,当 DSR 位为"0"时,表示$\overline{\text{DSR}}$信号有效。该信号实际上是对$\overline{\text{DTR}}$信号的应答。一般情况下是用来接收数据的。

$\overline{\text{RTS}}$:请求发送信号,向调制解调器输出的低电平有效信号,当 CPU 准备好发送数据时,由软件定义,设置控制字中的 RTS 位为"1",则$\overline{\text{RTS}}$输出低电平有效信号。

$\overline{\text{CTS}}$:允许发送信号,由调制解调器输入信号,低电平有效。这是对$\overline{\text{RTS}}$的应答信号。实际应用中,可将控制字中的 TxEN 位置"1",则$\overline{\text{CTS}}$为低电平有效,发送器可串行发送数据。在数据发送过程中,如果使$\overline{\text{CTS}}$无效,或控制字中的 Tx-

EN 位为“0”,发送器将正在发送的字符结束后停止发送。

2. 8251A 与 CPU 的连接

8251A 也是一个与 CPU 连接相当简单的器件。为读或写 8251A,片选输入 $\overline{CS}$ 必须为逻辑 0。图 2-4-31 中将 $M/\overline{IO}$ 参与地址译码,而未与读写信号生成 $\overline{IORC}$ 和 $\overline{IOWC}$ 信号。

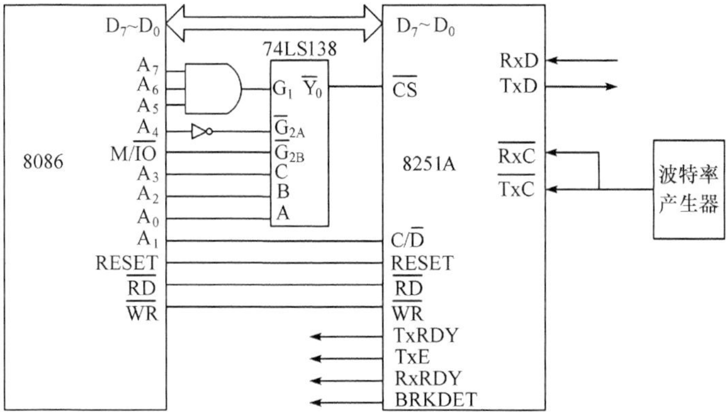

图 2-4-31　8251A 与 8086 的连接图

图 2-4-31 给出了与 8086 与 8251A 的连接图,为了可以通过地址选择命令端口或数据端口,将 $C/\overline{D}$ 与地址线 A_1 连接。接口使用了低位 I/O 体,因此 8251A 的所有端口都为偶地址:命令端口地址为 F2H;数据端口地址为 F0H。为方便使用,定义如下符号。

```
DATP    EQU    F0H        ;定义数据端口
CMDP    EQU    F2H        ;定义命令端口
```

3. 8251A 的编程

8251A 是一个可编程的多功能串行通信接口芯片,在实际使用前必须对它初始化,用来确定其工作方式、传输速率、字符格式以及停止位长度等。8251A 有三种控制字,分别为方式选择控制字、操作命令控制字和状态控制字。

1) 方式选择控制字

8251A 方式选择控制字的格式如图 2-4-32 所示,用于设置通信模式和通信格式,根据不同模式设置不同的模式控制字。在控制字中 D_1D_0=00 时,8251A 选择为同步方式工作;否则,8251A 选择为异步方式工作。在异步方式下,输入的时钟和波特率之间的系数可由 D_1D_0 的其他三种组合规定,即 X 表示波特率因子,如 D_1D_0=01 时,波特率因子为 1。

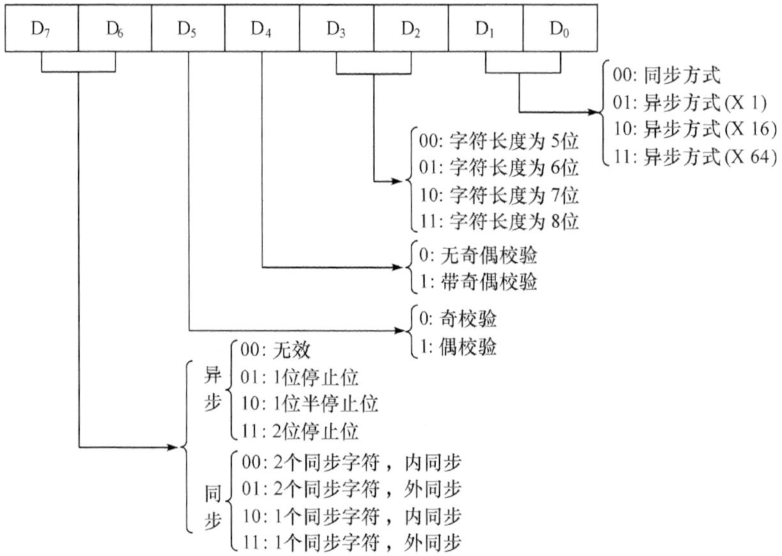

图 2-4-32　8251A 方式选择控制字格式

例如,某异步通信中,其数据格式采用 8 位数据位,1 位起始位,2 位停止位,奇校验,波特率系数是 16,其工作方式字为 11011110B=DEH。

```
MOV        AL,0DEH        ;异步工作方式字
OUT        CMDP,AL        ;向 8251A 命令端口写入控制字
```

又如,同步通信中,若帧数据格式为字符长度 8 位,双同步字符,内同步方式,奇校验,则工作方式字为 00011100B=1CH。

```
MOV        AL,1CH         ;同步工作方式字
OUT        CMDP,AL        ;向 8251A 命令端口写入控制字
```

2) 操作命令控制字

操作命令控制字可以使 8251A 处于预先规定(初始化设置)的工作状态。操作命令控制字的格式如图 2-4-33 所示。操作命令控制字中,每位的定义说明如下。

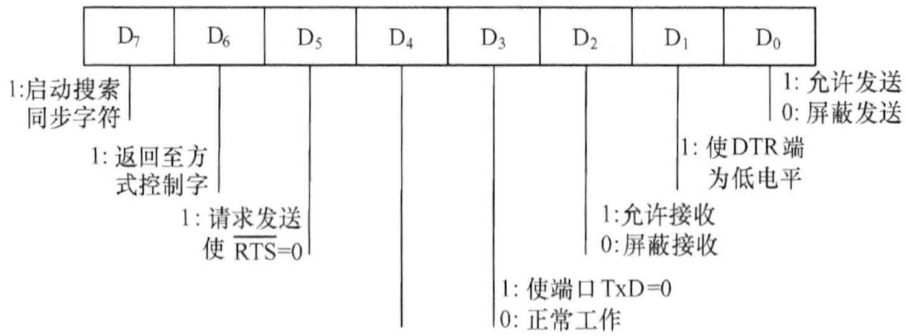

图 2-4-33　8251A 操作命令控制字格式

TxEN：允许发送/屏蔽发送的控制端。TxEN＝1 时，发送器才通过 TxD 引脚向外部串行发送数据。

DTR：DTR 位置 1，表示 CPU 已经准备好接收数据，此时，8251A 的 $\overline{DTR}$ 引脚向调制解调器输出低电平有效信号。

RxE：允许接收/屏蔽接收的控制端。RxE＝1 时，接收器才能通过 RxD 引脚接收外部串行数据。

SBRK：该位发送断缺字符，SBRK＝1 时，迫使 TxD 引脚处于低电平，发送“0”信号。在正常通信过程中，SBRK 应保持为 0。

ER：ER＝1 时，则清除奇偶出错标志(PE)、溢出出错标志(OE)和帧校验出错标志(FE)。

RTS：该位是请求发送信号。RTS＝1 时，迫使 $\overline{RTS}$ 引脚输出低电平，表示 CPU 已经做好了发送数据的准备。

IR：该位为内部复位信号，IR＝1 时，迫使 8251A 回到方式选择控制字状态。通常用户有两种方法复位 8251A：一种是硬件复位，即通过引脚 RESET＝1，使得 8251A 进入复位状态；另一种是软件复位，即通过 IR 位置 1，使得 8251A 进入方式选择控制字状态，重新选择其工作方式。

EH：该位只对同步方式有效。EH＝1 时，表示开始搜索同步字符。所以，对同步方式来讲，一旦允许接收(RxE＝1)，必须同时使得 EH＝1 和 ER＝1。清除全部的错误标志后，才能开始搜索同步字符。

例如，若要使 8251A 内部复位，并且允许接收，又允许发送，则程序段如下。

```
MOV     AL,00H              ;空操作,因写入 8251A 中的第一个控制字必须
OUT     CMDP,AL             ;是工作方式字
MOV     AL,01000000B        ;置 D6=1,使内部复位
OUT     CMDP,AL
MOV     AL,0DEH             ;工作方式字
OUT     CMDP,AL
MOV     AL,00000101B        ;置 D2= 1,D0=1,允许接收和发送
OUT     CMDP,AL
```

3）状态控制字

在 8251A 工作过程中，CPU 随时可以用 IN 指令读取当前 8251A 的状态控制字，了解 8251A 的工作情况。状态控制字的格式如图 2-4-34 所示。

TxRDY：该位是发送准备好标志，表示当前发送缓冲器已空。即一旦发送缓冲器已空，该位就置 1，它只表示 8251A 当前的一种工作状态。而 TxRDY 引脚要为高电平必须满足其他两个条件：一是要对 8251A 发送操作命令，使其允许发送，TxEN＝1；二是 8251A 要从调制解调器输入一低电平使 $\overline{CTS}$ 引脚为低电平有效。

因此，状态字中 TxRDY 位的含义与 8251A 芯片引脚上的 TxRDY 位的含义是不完全相同的。但在数据发送过程中，TxRDY 状态和 TxRDY 引脚信号总是相同的。

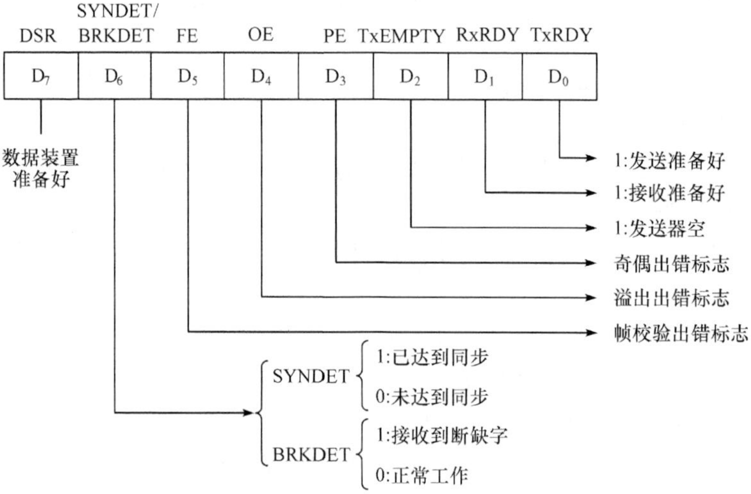

图 2-4-34　8251A 状态控制字格式

RxRDY、TxEMPTY、SYNDET/BRKDET：这三个位状态的定义与其相应的引脚定义相同，可以供 CPU 随时查询。

DSR：该状态位为 1 时，表示外设或调制解调器已经做好发送数据的准备，同时发出低电平使 8251A 的 DSR 引脚为低电平有效信号。

PE：该位为奇偶错标志位。PE 为高电平表示当前发生了奇偶错误，但不影响 8251A 正常工作。

OE：该位为溢出错标志位。当有字符从 RxD 端输入时，而 CPU 还没有来得及读取上一个字符，上一个字符将被丢失，此时置位 OE(OE=1)，但不影响 8251A 正常工作。

FE：该位为帧校验错标志位。当在字符的结尾没有检测到规定的停止位时，该标志位置 1(FE=1)，FE 只对异步工作方式有效，不影响 8251A 正常工作。

PE、OE、FE 这三个标志可由操作命令字的 ER 位为 1 来全部复位。

例如，若要查询 8251A 接收器是否准备好，则用下列程序段。

```
L:    IN     AL,CMDP       ;从状态口读状态字
      AND    AL,02H        ;查 D1=1? (RxRDY=1?)
      JZ     L             ;未准备好,则等待
      IN     AL,DATP       ;已准备好,则从数据口读数
```

若要检查出错信息，则用下列程序段。

```
IN      AL,CMDP          ;从状态口读状态字
TEST    AL,38H           ;检查 D5、D4、D3 三位(FE、OE、PE)
JNZ     ERROR            ;若其中有一位为 1,则出错
```

4) 初始化编程

8251A 的方式字、命令字和状态字之间的关系是:方式字只是约定了双方通信的方式(同步/异步)及其数据格式(数据位和停止位长度,校验特性、同步字符特性),传送速率(波特率因子)等参数,但并没有规定数据传送的方向是发送还是接收,故需要命令字来控制发/收。但何时才能发/收,这就取决于 8251A 的工作状态,即状态字。只有当 8251A 进入发送/接收准备好的状态,才能真正开始数据的传送。

(1) 初始化编程流程。

因为方式字和命令字均无特征位标志,且都是送到同一命令口地址,所以在向 8251A 写入方式字和命令字时,需要按一定的顺序,这种顺序不能颠倒或改变,若改变了这种顺序,则 8251A 就不能识别。这种顺序是:复位→方式字→命令字 1→命令字 2→…。对 8251A 进行初始化编程时,必须在系统复位之后(RESET 引脚为高电平),使得收发引脚处于空闲状态、各个寄存器处于复位状态的情况下进行编程。

通常 8251A 的初始化编程过程为:先使用方式控制字设置其工作方式。若设置 8251A 在异步方式下工作,必须紧接着操作命令字进行定义,然后才可以开始传输数据。在数据传输过程中,还可以使用操作命令字重新定义,或使用状态控制字读入 8251A 的状态。在设置新的工作方式时,必须用操作命令字将 IR 位置 1,以便使其返回方式控制字,接收新的方式选择命令,从而改变工作方式,使 8251A 按新的工作方式工作。8251A 初始化编程框图可以用图 2-4-35 来描述。

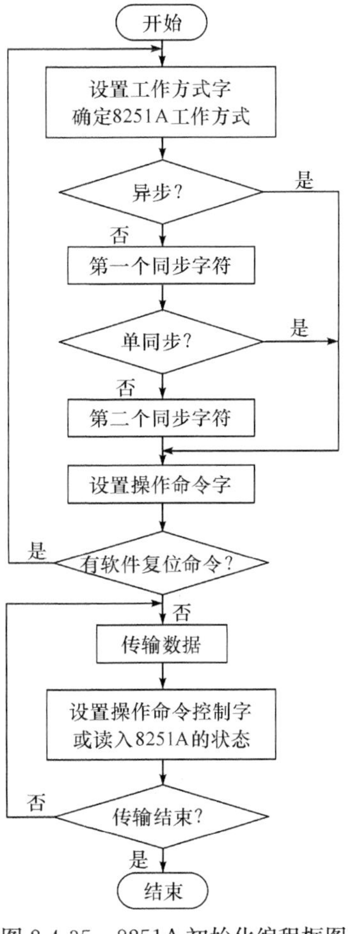

图 2-4-35　8251A 初始化编程框图

(2) 异步方式的编程。

设通信双方约定为:异步,字符长度 7 位,奇校验,2 位停止位,波特率因子为 64。对其工作状态的要求是:使发送允许 TxEN 有效,使接收允许 RxE 有效,使数据终端准备好信号有效,复位出错标志,将请求发送信号置于有效电平。

根据通信约定,8251A 的方式选择控制字应该为 DBH,操作命令控制字应该为 37H。初始化

编程如下。

```
MOV     AL,0DBH         ;设置工作方式
OUT     CMDP,AL
MOV     AL,37H          ;设置操作控制字
OUT     CMDP,AL
```

(3) 同步方式的编程。

设通信双方约定为:同步方式,内同步,两个同步字符,奇校验,每个字符 8 位。并设第一个同步字符为 EFH,第二个同步字符为 7EH。要求其工作状态是:复位出错标志,启动发送器和接收器,当前 CPU 已经准备好且请求发送。

根据通信约定,8251A 的方式选择控制字应该为 1CH,操作命令控制字应该为 0B7H。初始化编程如下。

```
MOV     AL,40H
OUT     CMDP,AL         ;复位 8251A
MOV     AL,1CH
OUT     CMDP,AL         ;写入方式选择控制字,规定其工作方式
MOV     AL,0EFH
OUT     CMDP,AL         ;写入第一个同步字符
MOV     AL,7EH
OUT     CMDP,AL         ;写入第二个同步字符
MOV     AL,0B7H
OUT     CMDP,AL         ;写入操作命令控制字,设置其工作状态
```

4. 8251A 应用举例

1) 接收数据

8251A 工作于异步方式,7 个数据位,2 个停止位,奇校验,波特率因子为 64。其数据端口地址为 A0H,控制端口地址为 A2H。

分析:通过查询 8251A 状态寄存器中的 RxRDY 位,可以确定 8251A 是否已经从外设接收到了一个字符。若已接收到,即 RxRDY 有效,CPU 就可执行输入指令,从 8251A 的数据端口($C/\overline{D}=0$)取回一字节数据放在内存缓冲区。程序中还要检测状态寄存器的第 3、4、5 位,看是否出现了奇偶错、溢出错或帧错误。若发现错误,应停止输入,并转错误处理程序。8251A 接收数据程序如下。

```
DATP    EQU  0A0H       ;定义数据端口
CMDP    EQU  0A2H       ;定义命令端口
MOV     AL,0DBH
OUT     CMDP,AL         ;写入异步方式选择字
```

```
        MOV     AL,37H
        OUT     CMDP,AL         ;写入命令控制字
        MOV     BX,BUFPTR       ;设缓冲区首地址存放在 DS 段 BUFPTR 变量名下
        MOV     DI,0            ;变址寄存器清 0
        MOV     CX,0064H        ;设置计数值 100
WAIT:   IN      AL,CMDP         ;输入状态字送 AL
        TEST    AL,02H          ;测试状态字第 2 位,即 RxRDY
        JZ      WAIT            ;若 8251A 未收到字符,则重新取状态字
        IN      AL,DATP         ;若 RxRDY 有效,则从数据口输入数据
        MOV     [BX+ DI],AL     ;将接收到的字符送到缓冲区
        INC     DI              ;缓冲区指针下移一个单位
        IN      AL,CMDP         ;再读入状态字
        TEST    AL,38H          ;测试有无三种错误
        JNZ     ERROR           ;若有错误,转错误处理程序 ERROR
        LOOP    WAIT            ;如已输入 100 个字符,则继续进行数据处理
```

2) 发送数据

8251A 设置为异步传送方式,波特率因子为 64,偶校验,1 位停止位,7 位数据位。8251A 与外设有握手信号,采用查询方式发送数据。8251A 发送数据程序如下。

```
        CODE    SEGMENT
        ASSUMS  CS:CODE,DS:DATA,SS:STACK
START:  MOV     AX,DATA
        MOV     DS,AX
        MOV     AL,7BH          ;工作方式控制字
        OUT     CMDP,AL
        MOV     AL,37H          ;操作命令控制字
        OUT     CMDP,AL
WAIT:   IN      AL,CMDP
        AND     AL,01H          ;检查 TxRDY=1?
        JZ      WAIT
        MOV     AL,36H          ;输出的数据
        OUT     DATP,AL
        …
        CODE    ENDS
        END     START
```

3) 双机通信

实现 8251A 在两台计算机之间串行通信的接口连接如图 2-4-36 所示。

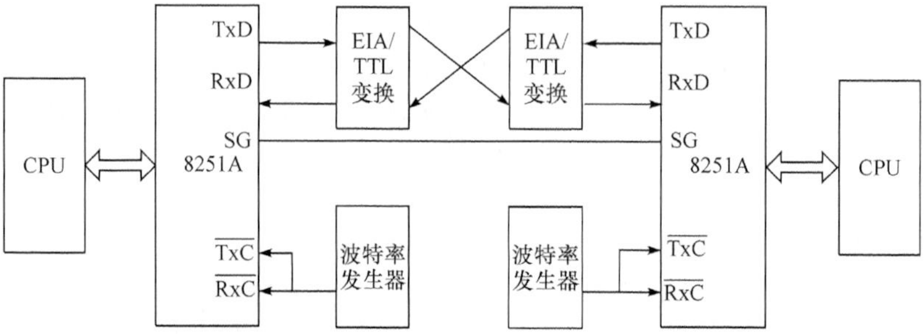

图 2-4-36　计算机之间串行通信接口连接

在甲、乙两台计算机之间进行串行通信，甲机发送，乙机接收。要求把甲机上开发的应用程序(其长度为 2DH)传送到乙机中。采用起止式异步方式，字符长度为 8 位，2 位停止位，波特率因子为 64，无校验，波特率为 4800。CPU 与 8251A 之间用查询方式交换数据。端口地址分配是：30AH 为命令/状态口，308H 为数据口。

由于 TTL 信号传输距离有限(一般不超过 3m)，串行通信一般采用 EIA/TTL 变换电路将 TTL 电平信号与 EIA 电平信号相互转换。EIA 电平规定："1"的逻辑电平在－3V～－15V 之间，"0"的逻辑电平在＋3V～＋15V 之间。4.4 节中介绍的 RS-232C 标准就是采用的 EIA 电平。

甲、乙两台计算机之间的硬件连接只需 TxD、RxD 和 SG 三根线连接就能通信。

软件编程：接收和发送程序分开编写，每个程序段中都包括 8251A 初始化、状态查询和 I/O 几部分。程序采用查询 I/O 方式，收/发程序中检查收/发准备好的状态是否置位，若置位就接收/发送 1 字节。

(1) 发送程序(略去 STACK 和 DATA 段)。

```
CSEG      SEGMENT
          ASSUME    CS:CSEG
TRA       PROC      FAR
START:    MOV       DX,30AH     ;控制口
          MOV       AL,00H      ;空操作
          OUT       DX,AL
          MOV       AL,40H      ;内部复位
          OUT       DX,AL
          NOP
          MOV       AL,0CFH     ;方式字(异步,2 位停止位,字符长度为 8 位,
                                ;无校验,波特率因子为 64)
          OUT       DX,AL
          MOV       AL,37H      命令字(RTS、ER、RxE、DTR 和 TxEN 均置位)
          OUT       DX,AL
          MOV       CX,2DH      ;传送字节数
```

```
        MOV     SI,300H     ;发送区首地址
L1:     MOV     DX,30AH     ;状态口
        IN      AL,DX       ;读状态,查状态位 D0(TxRDY)=1?
        TEST    AL,38H      ;查错误
        JNZ     ERR         ;转出错处理
        AND     AL,01H
        JZ      L1          ;发送未准备好,则等待
        MOV     DX,308H     ;数据口
        MOV     AL,[SI]     ;发送准备好,则从发送区取 1 字节发送
        OUT     DX,AL
        INC     SI          ;修改内存地址
        DEC     CX          ;字节数减 1
        JNZ     L1          ;未发送完,继续
ERR:    …                   ;错误处理
TRA     ENDP
CSEG    ENDS
        END     START
```

(2) 接收程序(略去 STACK 和 DATA 段)。

```
CSEG    SEGMENT
        ASSUME  CS:REC
REC     PROC    FAR
BEGIN:  MOV     DX,30AH     ;控制口
        MOV     AL,00H      ;空操作
        OUT     DX,AL
        MOV     AL,50H      ;内部复位,清除故障
        OUT     DX,AL
        NOP
        MOV     AL,0CFH     ;方式字
        OUT     DX,AL
        MOV     AL,14H      ;命令字(ER、RxE 置 1)
        OUT     DX,AL
        MOV     CX,2DH      ;传送字节数
        MOV     DI,400H     ;接收区首地址
L2:     MOV     DX,30AH     ;状态口
        IN      AL,DX       ;读状态,查状态位 D2(RxRDY)=1?
        TEST    AL,38H      ;查错误
        JNZ     ERR         ;转出错处理
```

```
        AND     AL,02H
        JZ      L2          ;接收未准备好,则等待
        MOV     DX,308H     ;数据口
        IN      AL,DX       ;接收准备好,则接收 1 字节
        MOV     [DI],AL     ;并存入接收区
        INC     DI          ;修改内存
        LOOP    L2          ;未接收完,继续
ERR:    …                   ;错误处理
REC     ENDP
CSEG    ENDS
        END     BEGIN
```

2.5 中 断 I/O

程序直接控制方式的 I/O 是 CPU 主动联络 I/O 接口或设备,以确认是否可以输入或输出。例如,在 2.4.2 小节中列举的使用 82C55 选通输入操作键盘的实例。在该实例中,程序查询 82C55 及其 IBF 位,以确定数据是否可从键盘得到。如果操作者以每秒一个字符的速度按键,那么在每次按键处理后,CPU 需要 1 秒钟的时间来等待另一个按键。这种处理方式非常浪费时间。因此,计算机设计者开发了另一种技术,即中断来处理这种情况。中断 I/O 是一个由 I/O 接口或设备硬件激发的过程,能够中断 CPU 当前正在执行的程序去完成 I/O 工作。对于相对 CPU 传输速率较低的 I/O 设备,中断特别有用。

与查询技术不同,中断在键盘操作者正在考虑接下来要按什么键的时候,允许 CPU 执行其他程序。一旦按下一个键,键盘编码器就会产生一个中断 CPU 的脉冲,告知 CPU 有按键输入。这样,CPU 一直执行其他程序,直到确实又有键按下时才读此键码,读出键码后返回被中断的程序。当操作者正在键入一个文档并考虑接下来按什么键时,CPU 还可以打印报告或完成任何其他任务。

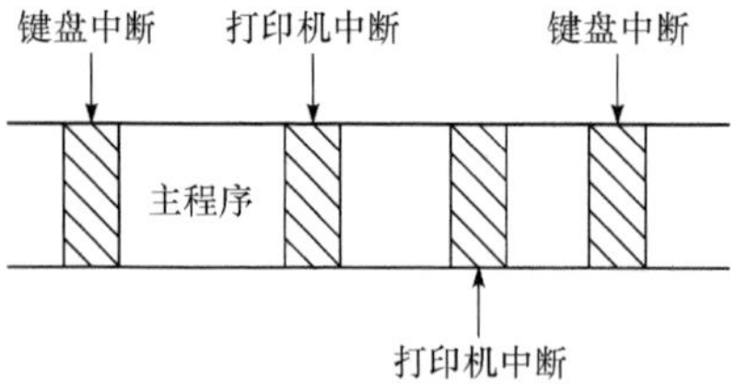

图 2-5-1 使用中断的系统程序运行图

图 2-5-1 给出了一条以时间为横坐标的程序执行线,表明打字员在键盘上键入数据,打印机从存储器取出数据以及一个正在执行的程序。该程序是主程序,它被每次键击和每个要在打印机上打印的字符所中断。注意,由键盘中断调用的键盘中断服务程序以及打印机中断服务程序只占用极少的执行时间。

2.5.1　8086 中断与简单扩展

8086 提供的硬件中断资源包括 2 个中断请求引脚(可屏蔽中断请求引脚 INTR 和非屏蔽中断请求引脚 NMI)和 1 个中断响应引脚($\overline{INTA}$,只响应由 INTR 输入的中断申请)。除此之外,8086 还提供了丰富的中断指令,为中断操作的软件处理提供支持。

1. 8086 中断管理与操作

1) 中断类型号

在一个存在多个中断源的系统中,当中断发生时,CPU 需要进行中断源的识别。只有知道了中断源,CPU 才能调用相应的中断服务程序来为其服务。为了标记这些中断源,设计者为系统中的每个中断源都指定了一个唯一的编号,称为中断类型号,或称中断号。

CPU 对中断源的识别就是获取当前中断源的中断类型号,在 8086 系统中获取中断类型号的方法有以下几种。

(1) 外部获取。所有通过可屏蔽中断请求引脚(INTR)向 CPU 发送的中断请求,都必须由外部中断相关的中断管理接口提供中断类型号。CPU 在准备响应 INTR 上的中断请求时,会通过 $\overline{INTA}$ 发中断响应信号,外部中断接口收到这个信号后,将相应的中断类型号通过数据总线(DB)发送给 CPU。

(2) 指令提供。中断指令产生的中断的中断类型号由指令本身提供。在中断指令 INTn 中,参数 n 即中断类型号。

(3) 内部生成。CPU 内部产生的中断,如除法错、单步中断、断点中断 INT 3、溢出中断 INTO 等的中断类型号都是由 8086 内部生成的。外部非屏蔽中断引脚 NMI 上请求的中断,其类型号也是由 CPU 内部自动提供的。

8086 系统中,中断类型号范围为 0～FFH,即最多可以有 256 个中断源。

2) 中断向量和中断向量表

中断过程实质上是主程序切换到中断服务程序的过程。CPU 在响应中断时,要执行该中断源对应的中断服务程序(或称为中断服务子程序),中断服务子程序和普通子程序(用 CALL 调用)的调用过程比较类似,都是暂停主程序的执行,转去执行一个子程序,完毕后返回主程序,所不同的是子程序入口地址的确定方法不同。

每个中断源都有唯一的中断类型号和中断服务程序入口地址。中断服务程序的入口地址称为中断向量。8086 中每个向量为 4 字节,前 2 字节包含中断服务程序的偏移地址,后 2 字节包含段地址。8086 将全部中断向量集中在一张表中,称为中断向量表。中断向量表就是中断类型号与其中断服务程序入口地址之间的关联表。8086 提供的中断向量表包含 256 个中断向量,存放在存储器的前 1024 字节中,地址为 0000:0000H ～ 0000:03FFH。CPU 中断向量表及中断向量内容如图 2-5-2 所示。

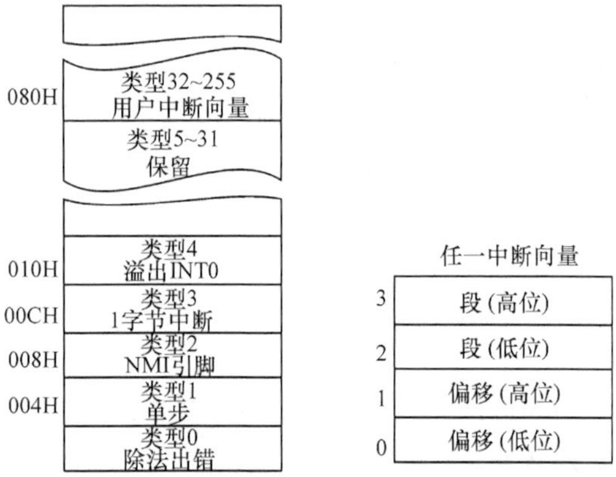

(a) CPU的中断向量表　　(b) 中断向量内容

图 2-5-2　CPU 的中断向量表及中断向量内容

Intel 保留前 32 个中断向量用于内部中断和将来扩展。最后 224 个向量可作为用户中断向量。8086 CPU 中提供了 5 个专用中断。

类型 0　除法出错,发生在除法结果溢出或试图除以 0 时。

类型 1　单步或陷阱,若陷阱标志(TF)被置位,则在每条指令执行后发生中断。一旦响应此中断,则 TF 位被清除,以使中断服务程序以全速执行(关于此中断的更多细节将在本节后面部分介绍)。

类型 2　非屏蔽硬件中断,若将 CPU 的 NMI 输入引脚由逻辑"0"置为逻辑"1"则产生此中断。此输入是非屏蔽的,这意味着它不能被禁止。

类型 3　1 字节中断,一个特殊的单字节指令(INT 3)使用该向量访问中断服务程序。INT 3 指令常用于在调试时存储程序的断点。

类型 4　溢出中断,INTO 指令的专用向量。如果存在溢出情况(溢出标志(OF)被置位),则 INTO 指令会中断正在执行的程序。

给定一个中断类型号,就可以根据中断向量表得到中断向量。CPU 获得中断类型号 $n(n=0\sim255)$后,通过简单的乘 4 操作就可得到中断向量在中断向量表里的存放地址。在中断响应时,CPU 根据中断类型号 n 将中断向量表中 $4\times n$ 地址开始的两个低字节单元的内容装入 IP 寄存器,再把两个高字节单元内容装入代码段寄存器 CS,从而转入中断服务程序。

8086 在复位时,中断向量表是空的。中断向量的装入(或称中断钩连——hook)只能由应用程序实现。为装入一个中断向量,程序必须寻址绝对存储器。下面以类型号为 40H 的中断为例,说明如何将其对应的中断向量装入中断向量表中。

```
;安装新中断向量 40H                        其中,INTR 为中断服务程序的首地址
CLD                                      ;设定 STOSW 指令增量方向
XOR         AX,AX
MOV         ES,AX                        ;指向 0 段
MOV         DI,100H                      ;4* 中断类型号
MOV         AX,OFFSET INTR               ;传送中断服务子程序的偏移地址
STOSW
MOV         AX,SEG INTR                  ;传送中断服务子程序的段地址
STOSW
```

3) 中断指令

8086 有 4 个软件中断指令:INT、INT 3、INTO 和 IRET。

(1) INT 指令。

INT 指令又称软中断指令,程序员可以使用 256 种不同的软中断指令。每个 INT 指令为 2 字节,第 1 字节是操作码,第 2 字节是表示中断类型号的操作数。操作数的范围是 0~255(00H~FFH)。例如,INT 10H 指令调用的中断服务程序的地址存储在 40H(10H×4)开始的存储单元中。

每次执行软中断指令时,操作顺序为:将标志寄存器压入堆栈,清除 TF 和 IF 标志位,将 CS 压入堆栈,从中断向量获取新的 CS 值,将 IP 压入堆栈,从中断向量中获取新的 IP 值,转移到由 CS 及 IP 寻址的新位置。INT 指令同远 CALL 指令类似,除了把 CS 和 IP 压入堆栈,还将标志寄存器压入堆栈。

INT 指令是一种调用系统功能的指令。系统过程(子程序)通常是被操作系统和应用软件共用的。通常包括控制打印机、视频显示器及磁盘驱动器等过程。

(2) INT 3 指令。

INT 指令存储在 2 字节的存储器中,唯一例外是 INT 3 指令。INT 3 指令是一个单字节指令。

通常在软件中插入一条 INT 3 指令是为了中断或中止程序的执行,这种功能称为断点中断。虽然任何软中断都能用来设置断点,但因为 INT 3 是单字节的,更适用于完成这个功能。断点中断有助于调试软件中的逻辑错误,在各种编程语言的开发环境中都具备这一功能。

(3) INTO 指令。

INTO 指令检查溢出标志(OF)。如果 OF=1,则 INTO 指令调用入口地址存于中断向量类型 4 中的过程。如果 OF=0,则 INTO 指令不执行任何操作,顺序执行程序中的下一条指令。

INTO 指令出现在有符号二进制数加减法的程序中。因为这些操作可能有溢

出，要用 JO 指令或 INTO 指令检测溢出条件。

(4) IRET 指令。

IRET 指令是一个特殊的返回指令，用于软件和硬件中断的返回。IRET 指令与 RET 很相似，都从堆栈中弹出返回地址。但又有不同，它还从堆栈中弹出标志寄存器 FLAGS。一个 IRET 指令从堆栈中弹出 6 字节：2 IP 字节、2 CS 字节以及 2 标志字节。

每次执行 IRET 指令时，从堆栈恢复 IF 和 TF 的内容。因为保护这些标志位的状态很重要。如果在中断服务过程之前是允许中断的，则 IRET 指令可以自动再允许中断，因为它恢复了标志寄存器。

4) 中断操作

当 CPU 执行完当前指令时，它按下面给出的顺序检查条件来确定一个中断是否有效：①单步中断；②NMI 引脚申请中断；③INTR 引脚申请中断；④INT 指令中断。

如果一个或多个中断条件出现，则以下事件序列发生。

(1) 标志寄存器的内容压入堆栈。

(2) 清除中断标志(IF)和陷阱标志(TF)。这样就禁止了 INTR 引脚和陷阱或单步功能。

(3) 代码段寄存器(CS)的内容压入堆栈。

(4) 指令指针(IP)的内容压入堆栈。

(5) 取出中断向量内容，然后送入 IP 和 CS 中。这样，下一条被执行的指令是中断服务程序的第一条指令。

一旦响应了中断，CPU 就将标志寄存器、CS 和 IP 的内容压入堆栈；清除 IF 和 TF；跳转到由中断向量寻址的服务程序。在标志被压入堆栈后，IF 和 TF 被清除。当在中断服务程序的末尾遇到 IRET 指令时，这两个标志回到中断前的状态。因此，如果在中断服务程序之前允许中断，那么通过服务程序末尾的 IRET 指令可自动再次允许中断。

返回地址(在 CS 和 IP 中)在中断期间被压入堆栈。有时，返回地址指向程序中的下一指令，有时指向程序中发生中断的地方。中断类型 0 压入堆栈的返回地址指向错误指令，而不是指向程序中的下一指令，这就使得中断服务程序在某些错误情况下有可能重新执行该指令。

5) 中断标志位与中断控制

中断标志(IF)和陷阱标志(TF)均在中断期间当标志寄存器内容压入堆栈后被清除。在图 2-1-3 中描述了标志寄存器的内容及 IF 和 TF 的位置。当 IF 被置位时，它允许 INTR 引脚产生一个中断；当 IF 被清除时，它阻止 INTR 引脚产生中断。当 TF=1 时，它在每条指令执行之后产生一个陷阱中断(类型 1)，这就是为什么陷阱常被称为单步的原因。当 TF=0 时,程序正常执行。TF 标志位用于调试。

中断标志分别由 STI 与 CLI 指令来置位和清除。设置中断标志指令(STI)把 1 放入 IF 标志位;清除中断标志指令(CLI)把 0 放入 IF 标志位。在软件中断服务程序中,把允许硬件中断作为第一步,这就是用 STI 指令实现的。在中断服务程序起始位置就允许中断的理由是,可能恰好有相关 I/O 设备中断需要及时处理。如果中断被禁止得太久,会导致某些严重的系统错误。

没有特殊的指令来置位和清除陷阱标志。下面给出了一个中断服务程序,通过置位程序内部堆栈的陷阱标志位而打开单步跟踪。

```
                        ;置位 TF,以便允许跟踪的过程
TRON      PROC      NEAR
          PUSH      AX                  ;保护寄存器
          PUSH      BP
          MOV       BP,SP               ;取 SP
          MOV       AX,[BP+ 8]          ;从栈堆获得标志
          OR        AH,1                ;置位 TF
          MOV       [BP+ 8],AX          ;保护标志
          POP       BP                  ;恢复寄存器
          POP       AX
          IRET
TRON      ENDP
```

下面给出了另一个中断服务程序,这个程序通过清除程序内部堆栈的陷阱标志位而关闭单步跟踪。

```
                                        ;清除 TF,禁止跟踪的过程
TROFF     PROC      NEAR
          PUSH      AX                  ;保护寄存器
          PUSH      BP
          MOV       BP,SP               ;取 SP
          MOV       AX,[BP+ 8]          ;取 TF
          AND       AH,0FEH             ;清 TF
          MOV       [BP+ 8],AX          ;保存标志
          POP       BP                  ;恢复寄存器
          POP       AX
          IRET
TROFF     ENDP
```

在这两个例子中,使用 BP 寄存器从堆栈中取出标志寄存器(默认情况下 BP 寻址堆栈段)。找到标志后,在从中断服务程序返回前将 TF 位置位或者清除。

IRET 指令以新的陷阱标志状态恢复标志寄存器。

2. 8086 硬件中断

如图 2-5-3 所示，8086 上只有 3 个与中断相关的引脚，两个输入一个输出。

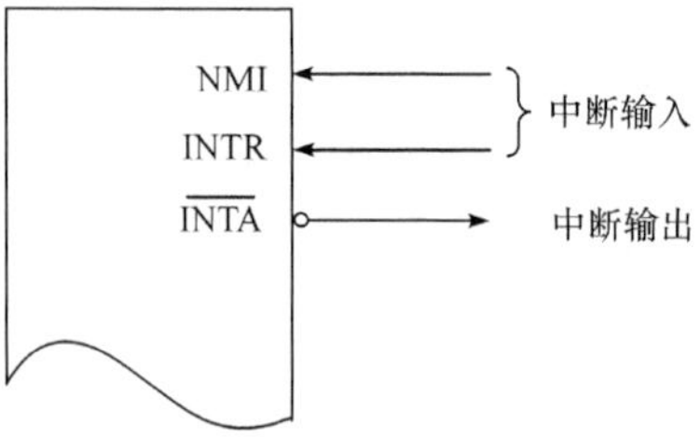

图 2-5-3　8086 的中断引脚

两个硬件中断输入引脚分别为非屏蔽中断(NMI)和中断请求(INTR)。一旦激活 NMI 输入，就发生类型 2 中断。INTR 输入的中断请求必须由外部提供中断类型号，来选择一个中断向量。INTR 引脚可选择任何中断向量，但由于 Intel 保留了 00H～1FH 之间的中断用于内部和将来扩展，所以，通常只使用 20H～FFH 之间的中断类型号。输出引脚 $\overline{INTA}$ 用于响应 INTR 上的中断请求，并将向量类型号加载到数据总线 D_7～D_0 上。

1) 非屏蔽中断

非屏蔽中断(NMI)是边沿触发输入，在上升沿(0 到 1 跳变)申请中断。在上升沿被识别之前，NMI 引脚必须保持至少两个时钟周期的逻辑“0”。在上升沿之后，NMI 引脚必须保持逻辑“1”，直到 CPU 识别到它。NMI 常用来检测系统故障，以便及时保护计算机硬件和重要数据。例如，计算机突然掉电时，存放在内存中的数据会由于来不及保存而丢失。

图 2-5-4 给出了一个掉电检测电路。电路中，一个光耦将 TTL 信号与交流电信号隔离。光耦的输出由施密特触发器反相器整形后，为由 74LS122 构成的可重触发单稳的触发输入端提供了一个 50Hz 的脉冲。通过选择 R 和 C 的值使得 74LS122 的有效脉冲宽度为 40ms(两个工频周期)。由于 74LS122 是可重触发的，所以只要交流电源一加上，50Hz 的触发脉冲使得 74LS122 的输出端 Q 总维持在逻辑“1”，$\overline{Q}$ 维持在逻辑“0”。如果交流电源出现故障，74LS122 接收不到触发脉冲，这意味着 Q 回到逻辑“0”而 $\overline{Q}$ 回到逻辑“1”，从而通过 NMI 引脚中断 CPU。

CPU 响应这个中断时，中断服务程序将重要数据存放到使用电池供电的存储器或 Flash ROM 中，避免由于掉电而带来数据的丢失。本系统假定系统电源有一个足够大的滤波电容器，在交流电源掉电后至少可提供 100ms 的电能。图 2-5-5 给出了一个电路，它在直流电源出故障后给存储器提供电源。这里，二极管用于将电源电压从直流电源切换到电池。由于存储器电路的电源被提升为＋5.0～＋5.7V，所以使用的二极管为标准硅二极管。电阻用来对电池涓流充电，电池可以是 NiCAD、锂或凝胶体电池。

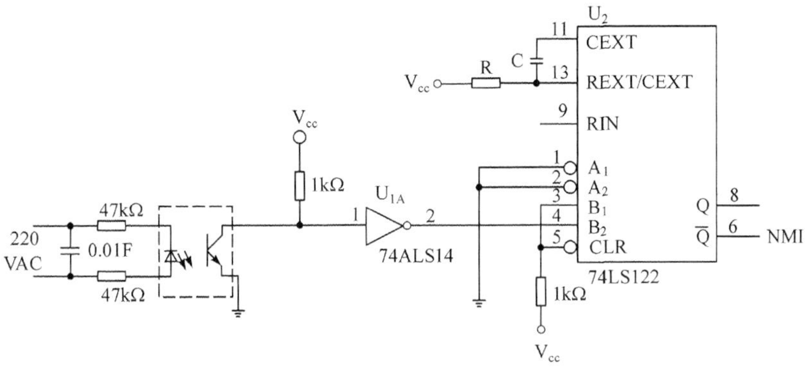

图 2-5-4　掉电检测电路

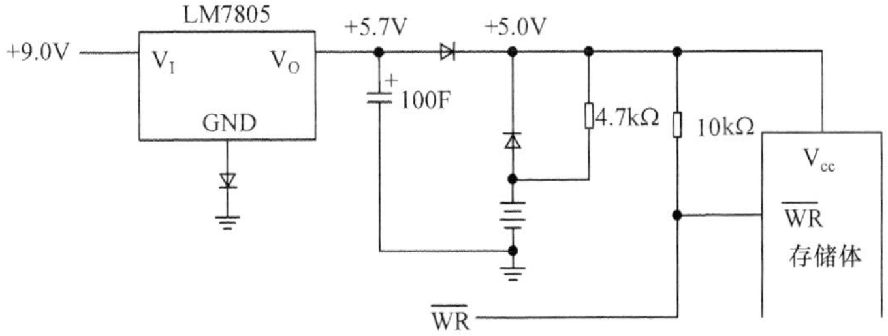

图 2-5-5　使用电池的电池备份存储器系统

当直流电源出故障时，电池给存储器件的 V_{cc}引脚提供一个低电压。大多数存储器件在 V_{cc}电压低到 1.5V 时仍能保持数据，所以电池电压只要大于 1.5V 即可。$\overline{WR}$引脚在电源停电期间被拉升到 V_{cc}，所以没有数据会写入存储器。

2）可屏蔽中断

可屏蔽中断是通过中断请求输入(INTR)引脚触发的。INTR 是电平敏感的，这意味着它必须保持逻辑“1”直到被识别。INTR 引脚由外部事件驱动，并在中断服务过程中被禁止输入。INTR 引脚的中断信号一旦被 CPU 接收，则 INTR 引脚的输入自动被禁止，并由中断服务程序末尾的 IRET 指令再次允许。

图 2-5-6 给出了 CPU 的 INTR 申请中断后 $\overline{INTA}$ 引脚响应中断的时序图。在中断响应过程中，8086 执行两个连续中断响应的总线周期。8086 在第一个周期的 T_2 状态开始，到第二个周期的 T_2 结束，发出一个 LOCK 信号。这样直到第二个周期结束都不会响应 HOLD 请求。在每一个总线周期，$\overline{INTA}$ 都会发出一个响应信号。8086 的中断响应过程和读总线周期相似，都将数据总线置为悬空状态(高阻态)。在第二个总线周期的 $\overline{INTA}$ 低电平，用于在数据总线 $D_7 \sim D_0$ 上接收中断类型号。

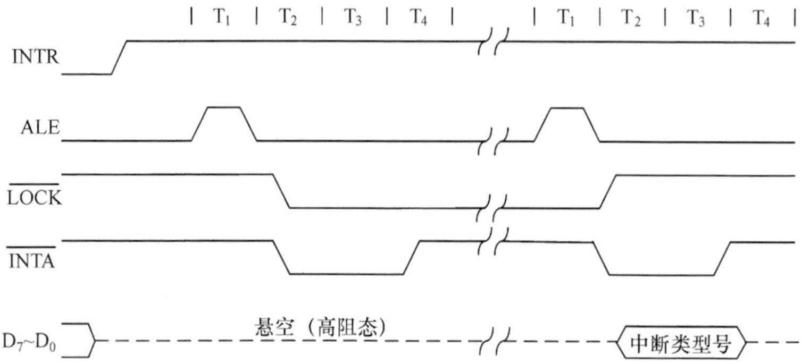

图 2-5-6　INTR 输入和 $\overline{INTA}$ 响应的时序图

根据 INTR 输入和 $\overline{INTA}$ 输出的时序，图 2-5-7 给出了一个简单电路，在响应 INTR 上输入的中断时，将中断向量类型号 FFH 加到数据总线上。电路中没有使用 $\overline{INTA}$ 引脚，使用电阻将数据总线 $D_7 \sim D_0$ 拉高，CPU 自动用中断类型号 FFH 响应 INTR 输入。这可能是响应 INTR 中断最经济的方法。在每一个总线周期，$\overline{INTA}$ 都会产生一个响应信号，只有第二个总线周期的 $\overline{INTA}$ 为低电平时，CPU 才将中断类型号读入。

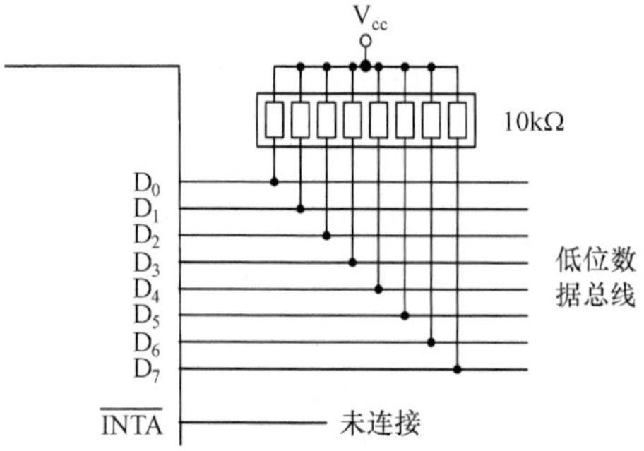

图 2-5-7　产生中断向量类型号 FFH 的简单方法

为了便于调整中断类型号，还可以将一个由 8 位跳线开关构成的中断类型号生成电路通过缓冲器(74LS244)连接到数据总线上。为了响应 INTR，利用 CPU 的 $\overline{INTA}$ 引脚输出使能信号控制三态缓冲输入的输出，从而将 8 位缓冲器将中断类型号加到数据总线上。图 2-5-8 显示了中断向量类型号 80H 是如何被 $\overline{INTA}$ 信号加到数据总线 $D_0 \sim D_7$ 上的。

实际应用中，常常需要边沿触发中断输入信号。图 2-5-9 使用 D 触发器将 INTR输入转换为边沿触发输入。这里，时钟输入变成了边沿触发的中断请求输入，清除输入用于在 CPU 输出 $\overline{INTA}$ 信号时清除中断请求。RESET 信号一开始就清除触发器，使得在系统刚上电时不申请中断。

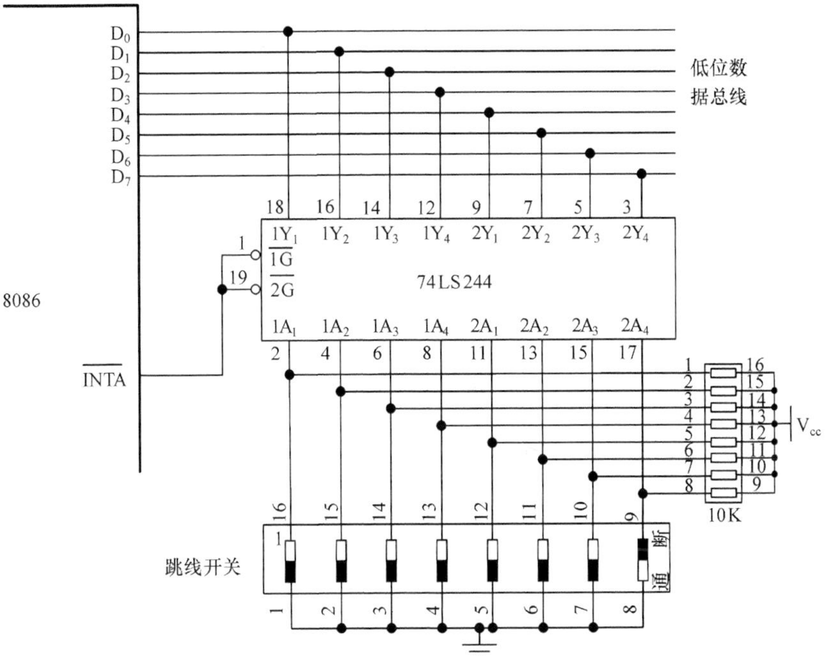

图 2-5-8　中断类型号可以设置的电路

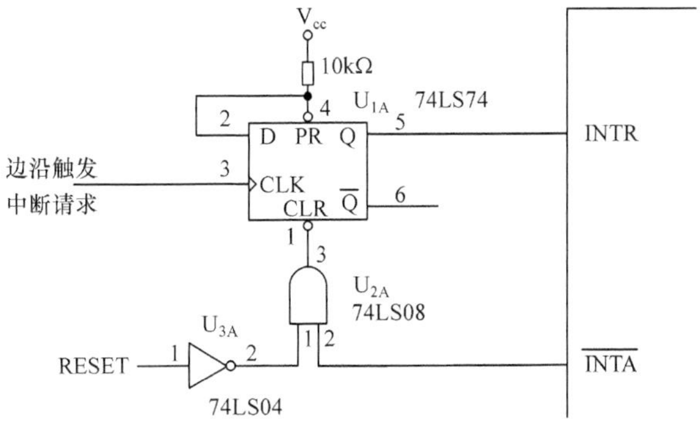

图 2-5-9　使用 D 触发器将 INTR 输入转换为边沿触发输入

图 2-5-10 给出了 82C55 使用中断向量 40H 与 CPU 和键盘的互连，74LS244 8 位缓冲器在 $\overline{INTA}$ 脉冲期间，给 CPU 提供中断向量类型号 40H，用于响应键盘中断。

82C55 由 GAL16V8(程序中未给出)译码，其 I/O 端口地址为 0500H、0502H、0504H 和 0506H，82C55 工作在方式 1(选通输入方式)下。一旦按下一个键，来自键盘的信号使数据被锁存到端口 A，并使 INTR(PC_3)变为逻辑“1”。INTR 输出(PC_3)通过 CPU 的 INTR 引脚申请一次中断，并维持高电平直到从端口 A 读出 ASCII 数据。换句话说，每次键入一个键，82C55 就通过 INTR 引脚申请一个类型 40H 的中断。

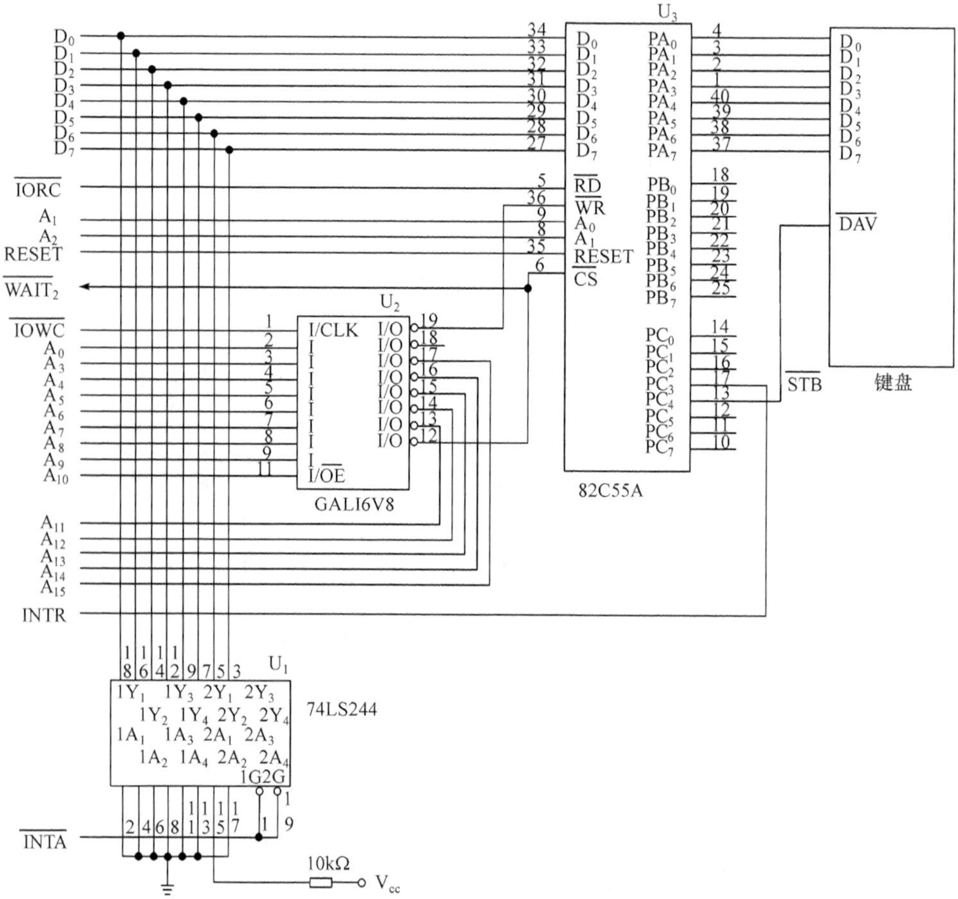

图 2-5-10　82C55 使用中断向量 40H 与 CPU 和键盘的互连

下面给出了键盘的中断服务程序。程序中在使用所有被中断影响的寄存器之前将它们的值保存到堆栈中。程序在代码段中定义了一个先进先出的循环队列(FIFO),并在初始化程序中(这里未给出)初始化 FIFO 的两个指针相等;通过 82C55 内部的 INTE 位允许 INTR 请求引脚。

```
;从图 2-5-10 的键盘中读键的中断服务程序
PORTA     EQU      500H                     ;82C55 端口 A
CNTR      EQU      506H                     ;82C55 控制端口
FIFO      DB       256DUP(?)                ;循环队列
INP       DB       ?                        ;输入指针
OUTP      DB       ?                        ;输出指针
KEY       PROC     FAR USES AX BX DI DX
          XOR      AX,AX
          MOV      AL,INP                   ;装载输入指针
```

```
            MOV     DI,AX
            MOV     AH,OUTP             ;装载输出指针
            INC     AL
            CMP     AH,AL
            JE      FULL                ;如果队列是满的
            MOV     INP,AL
            MOV     DX,PORTA
            IN      AL,DX               ;从 82C55 得到数据
            MOV     BX,FIFO
            MOV     CS:[BX+ DI],AL      ;把数据存到队列中
            JMP     DONE
FULL:       MOV     AL,8                ;禁止 82C55 中断
            MOV     DX,CNTR
            OUT     DX,AL
DONE:       IRET
KEY         ENDP
```

中断程序中使用了 AX、BX、DI 和 DX 四个寄存器,中断调用结束时寄存器中的内容将会改变。如果主程序也使用了其中的寄存器,就会出现问题。为此,在中断程序的开始将寄存器的内容压入堆栈中,在中断程序结束前再从堆栈中弹出。这一过程称为保护现场。程序定义中,USES AX BX DI DX 表示中断程序使用了 AX、BX、DI、DX 四个寄存器,在中断程序开始自动保护寄存器的内容,并在退出中断程序之前自动恢复寄存器的内容。当然,也可以在中断程序中采用压栈和弹栈指令完成寄存器内容的保护。

因为 8086 在调用该程序时已知道键盘数据是可用的,所以不再需要查询的环节。数据从键盘输入,然后存储到 FIFO 中(大多数键盘接口都包含一个 FIFO,如 PC 机中的键盘 FIFO 为 16 字节)。通过检查 INP+1 是否与 OUTP 相等判断 FIFO 是否满。如果 FIFO 已满(二者相等),则用 82C55 的置位/复位命令禁止中断,然后从中断返回。如果 FIFO 未满,则数据从端口 A 输入,且输入指针在返回之前加 1。

从 FIFO 读出数据时,首先通过比较两个指针以确定 FIFO 是否为空。如果指针相等,则 FIFO 为空,软件在 EMPTY 循环处等待,不断地测试指针。键盘中断程序将数据存入 FIFO 使其不再为空。

```
;从队列中读数据,并将它放在 AH 中返回的过程
 READ       PROC    FAR USES BX DI DX
EMPTY:      MOV     AH,INP              ;装载输入指针
            MOV     AL,OUTP             ;装载输出指针
            CMP     AL,AH
             JE     EMPTY               ;如果队列是空的
```

```
        XOR     AH,AH
        MOV     DI,AX
        MOV     BX,FIFO
        MOV     AH,CS:[BX+ DI]          ;得到数据
        MOV     AL,9                    ;允许 82C55 中断
        MOV     DX,CNTR
        OUT     DX,AL
        INC     OUTP
        RET
READ    ENDP
```

3. 8086 中断扩展

扩展 CPU 中断常见的方法有很多。下面介绍两种简单的方法:第一种通过对图 2-5-8 中电路做一些修改,配合软件可以方便地扩展 INTR 输入,使其能接收 7 个中断输入;第二种通过软件查询构成"菊花链"中断。

1) 使用 74LS244 扩展

把图 2-5-8 修改为图 2-5-11 的电路,即可提供最多 7 个外部中断输入。唯一的硬件改变是增加了一个 8 输入与非门,它在任一输入变为有效时给 CPU 提供 INTR 信号。

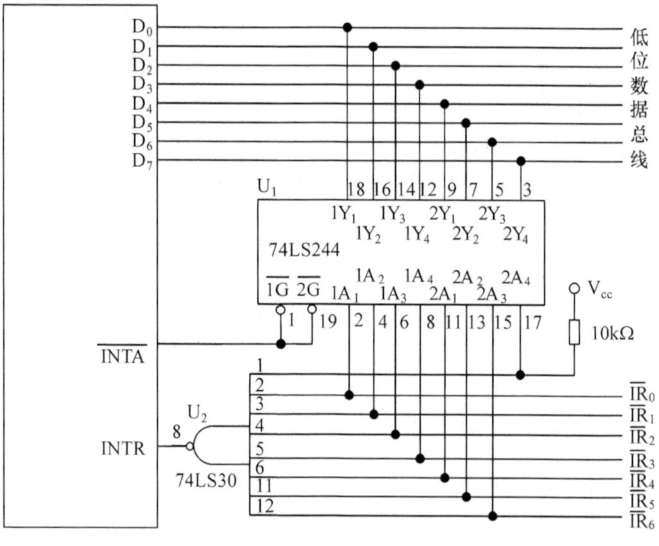

图 2-5-11　将 INTR 输入从 1 条中断请求线扩展到 7 条

如果任一输入变为逻辑"0",那么与非门的输出变为逻辑"1",并通过 INTR 引脚申请一次中断。在 $\overline{INTA}$ 脉冲期间读取的中断类型号取决于哪一条中断申请线

变为低电平。表 2-5-1 给出了图 2-5-11 的单个中断请求输入时的中断类型号。

表 2-5-1　图 2-5-11 的单个中断请求输入时的中断类型号

$\overline{IR_6}$	$\overline{IR_5}$	$\overline{IR_4}$	$\overline{IR_3}$	$\overline{IR_2}$	$\overline{IR_1}$	$\overline{IR_0}$	中断类型号
1	1	1	1	1	1	0	FEH
1	1	1	1	1	0	1	FDH
1	1	1	1	0	1	1	FBH
1	1	1	0	1	1	1	F7H
1	1	0	1	1	1	1	EFH
1	0	1	1	1	1	1	DFH
0	1	1	1	1	1	1	BFH

如果两个或多个中断请求输入同时有效,则产生一个新的中断类型号。例如,若 IR_0 和 IR_1 均有效,则产生的中断类型号为 FCH(252)。此时要解决优先权问题。如果 IR_0 输入有较高的优先权,则 IR_0 的中断向量存储在中断类型号 FCH 对应的中断向量表中。中断向量表的整个上半部分及其 128 个中断向量必须用来提供这 7 个中断请求输入的所有可能情况。这看起来似乎很浪费资源,但它却是一种低成本的中断扩展方法。

2) 菊花链中断

菊花链中断扩展在许多方面优于使用 74LS244 的中断扩展,这是因为它只需要一个中断向量。确定优先权的任务留给了中断服务程序。为菊花链设置优先权确实需要额外的软件执行时间,但一般来说这是扩展 CPU 中断结构的更好方法。

图 2-5-12 给出了产生一个 INTR 信号的菊花链,它有 2 个 82C55 外围设备接口,有 4 个 INTR 输出菊花链,并与 CPU 的单个 INTR 输入相连。如果 82C55 的 4 个 INTR 输出中的任何一个输出变为逻辑“1”,则 CPU 的 INTR 输入也变为逻辑“1”,从而产生一次中断。

当具有菊花链的 INTR 引脚确实变为高电平时,硬件没有直接指示哪个 82C55 的哪个 INTR 输出产生中断。定位哪个 INTR 输出变为有效的任务交给中断服务程序完成,它必须查询 82C55 以确定哪个输出引起了中断。

下面给出了响应菊花链中断请求的中断服务程序。该程序查询每个 82C55 和每个 INTR 输出以决定使用哪个中断服务程序。

```
;图 2-5-12 的菊花链中断服务程序
C1      EQU     504H                    ;第一个 82C55 的 C 端口
C2      EQU     604H                    ;第二个 82C55 的 C 端口
MASK1   EQU     1                       ;INTR A
MASK2   EQU     8                       ;INTR B
POLL    PROC    FAR USES AX DX
        MOV     DX,C1                   ;寻址第一个 82C55
```

```
        IN      AL,DX           ;取得端口 C
        TEST    AL, MASK1
        JNZ     LEVEL_0         ;如果 INTR A 是置位的
        TEST    AL,MASK2
        JNZ     LEVEL_1         ;如果 INTR B 是置位的
        MOV     DX,C2           ;寻址第二个 82C55
        IN      AL,DX           ;取得端口 C
        TEST    AL,MASK1
        JNZ     LEVEL_2         ;如果 INTR A 置位
        JMP     LEVEL_3         ;是 INTR B
POLL    ENDP
```

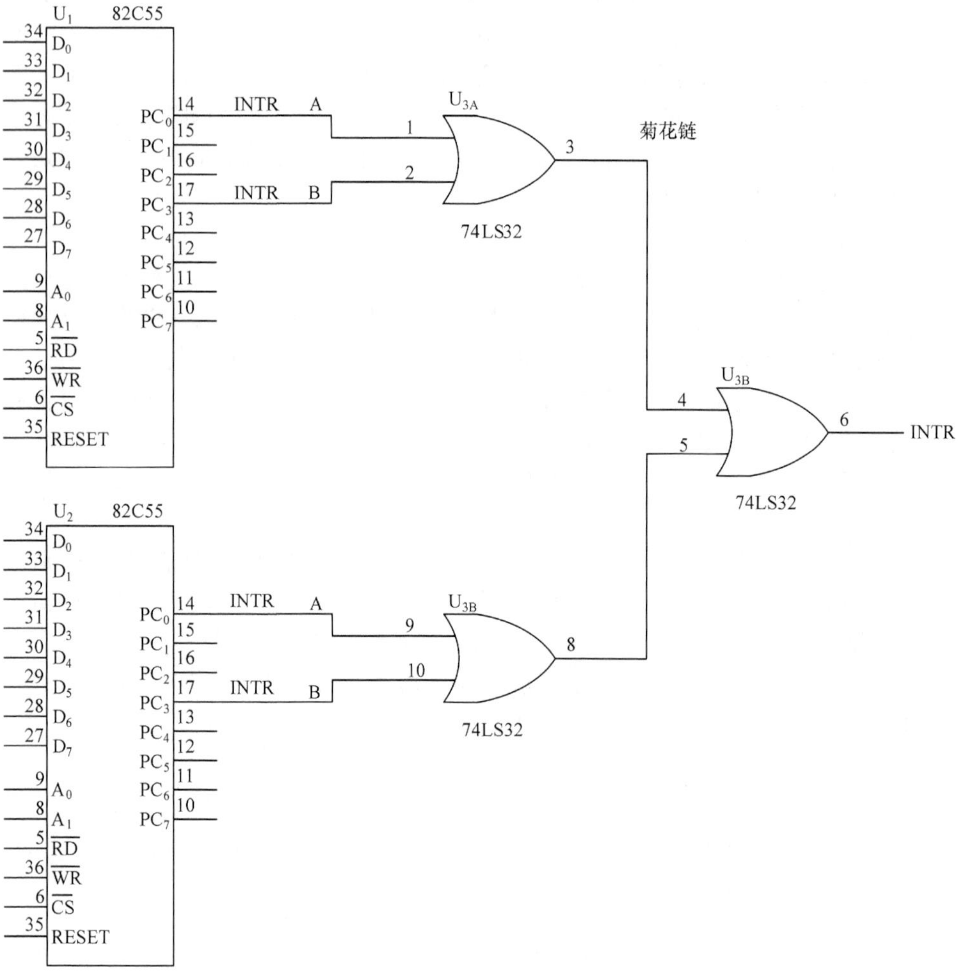

图 2-5-12　产生一个 INTR 信号的菊花链

2.5.2 可编程中断控制器 8259A

当要扩展更多的中断时，就需要集成度较高的中断控制器。8259A 是一款能管理 8 个中断的可编程中断控制器。在不增加其他电路的情况下，可采用 1 个主 8259A 和 8 个从 8259A 级联成 64 个优先级的中断管理系统。

1. 功能与引脚

1) 8259A 的功能

8259A 的内部结构和引脚图如图 2-5-13 所示。它有 8 条中断请求输入（IR_7 ~ IR_0）线，内部有 8 个主要的功能块。其中 3 个寄存器是可编程的，即用户可用程序访问它们，这 3 个寄存器都是 8 位的。

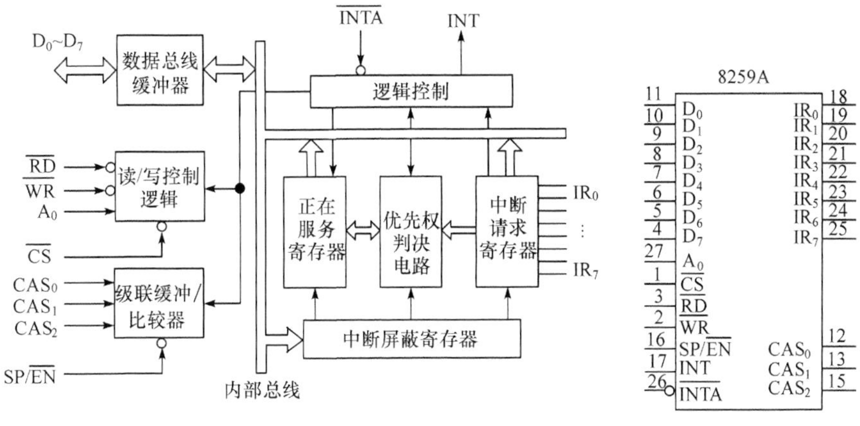

图 2-5-13 8259A 的内部功能和引脚图

(1) 中断请求寄存器(Interrupt Request Register，IRR)。

IRR 用来存放中断请求。某位为 1 表示相应的中断请求输入 IR 有请求，为 0 表示该中断请求输入无请求。一个中断请求有两种方式可以将 IRR 的某位置成"1"。一种是利用 IR 线由低到高的跳变，称为边沿触发方式。另一种要求 IR 线为高电平并保持到第一个中断响应信号 $\overline{INTA}$ 结束之前，称为电平触发方式。在电平触发方式下，要求中断请求得到响应之后请求输入端必须及时撤除高电平。如果在 CPU 进入中断处理过程并且开放中断前未去掉高电平信号，则可能引起不应该发生的第二次中断。相比之下，边沿触发方式用起来要方便一些。中断请求输入的触发方式由初始化命令字 ICW_1 来设置。

(2) 中断屏蔽寄存器(Interrupt Mask Register，IMR)。

IMR 存放着 8 个屏蔽位信息，某位为 0 表示对应 IR 的中断未被屏蔽，为 1 表示对应 IR 的中断被屏蔽。被屏蔽的中断请求不能参与中断判优，也不会向 CPU 提出中断请求。

(3) 正在服务寄存器(In-Service Register，ISR)。

ISR 存放着当前正在服务的所有中断级。某位为 1 表示相应的中断正在服务中。ISR 中可能有多位为 1，这表明当前出现了中断嵌套。

(4) 控制逻辑。

控制逻辑含一组初始化命令寄存器和一组操作命令寄存器，按预置的工作方式(初始化命令字)或程序员的干预(操作命令字)来管理 8259A 的全部工作。

(5) 优先权判决电路。

优先权判决电路对保存在 IRR 中的各种中断请求以及 IMR 的内容进行判断，确定出最高优先级，如果当前没有正在服务的中断或者它比当前正在服务的级别高，则在 CPU 中断响应期间把它选通至 ISR。简言之，在中断响应期间，优先权判决电路找出应该服务的中断，将 ISR 相应位置位。

(6) 级联缓冲/比较器。

级联是指使多片 8259A 连接起来，管理更多级中断。该功能部件在级联方式的主片-从片结构中用来存放和比较系统中各从片标志(ID)。

(7) 数据总线缓冲器。

数据总线缓冲器是 8259A 与系统数据总线的接口，它是双向三态缓冲器。所有 CPU 对 8259A 编程时的控制命令字都是通过它写入的；且 8259A 的状态信息以及中断响应期间的中断向量也是通过它提供给 CPU。

作为一个能与系统数据总线直接相连的芯片，都应设置数据总线缓冲器。在该芯片被选中时提供与系统数据总线的传送通道；在该芯片未被选中时使芯片内部的数据线与系统数据总线“脱开”(呈现高阻态)，这样不影响 CPU 与其他芯片的联系。

(8) 读/写控制逻辑。

该电路接收 CPU 的读/写命令，完成命令字的写入和状态字的读出等操作。

2) 8259A 的引脚

8259A 的各个引脚描述如下。

$D_7 \sim D_0$	数据总线，双向数据引脚通常与 8086 的低位数据总线相连。
$IR_7 \sim IR_0$	中断请求输入，用于申请一次中断。可以直接连接中断产生设备的中断输出或在多个 8259A 系统的一个从 8259A 的 INT 引脚相连。
$\overline{WR}$	写信号，与系统中的写选通信号相连。
$\overline{RD}$	读信号，与系统中的读选通信号相连。
INT	中断输出引脚，主 8259A 的 INT 与 CPU 的 INTR 引脚相连，从 8259A 的 INT 与主 8259A 的 IR 引脚相连。

$\overline{INTA}$	中断响应输入，与系统的中断响应信号相连。
A_0	地址输入，用于选择 8259A 内部不同的命令字。
$\overline{CS}$	片选，允许 8259A 进行编程与控制。
$SP/\overline{EN}$	从片编程/允许缓冲器(Slave Program/Enable Buffer)是一个双功能引脚。当 8259A 工作于缓冲方式下时，它是一个输出引脚，控制一个基于 CPU 的大系统中的数据总线收发器。当 8259A 工作于非缓冲方式下时，该引脚编程 8259A 为主片(SP=1)或从片(SP=0)
$CAS_2 \sim CAS_0$	级联(Cascade)线，级联系统中的多个 8259A。级联线用于从主 8259A 输出从片 ID 号，从而通知当前响应的中断来自哪一个从片。

2. 8259A 与 8086 连接

8259A 很容易与 8086 CPU 连接，除了 CS 引脚必须被译码，其他所有引脚都直接与 CPU 连接。

1) 单个 8259A 与 8086 连接

图 2-5-14 给出了单个 8259A 与 8086 CPU 的连接图。这里 $SP/\overline{EN}$引脚接高

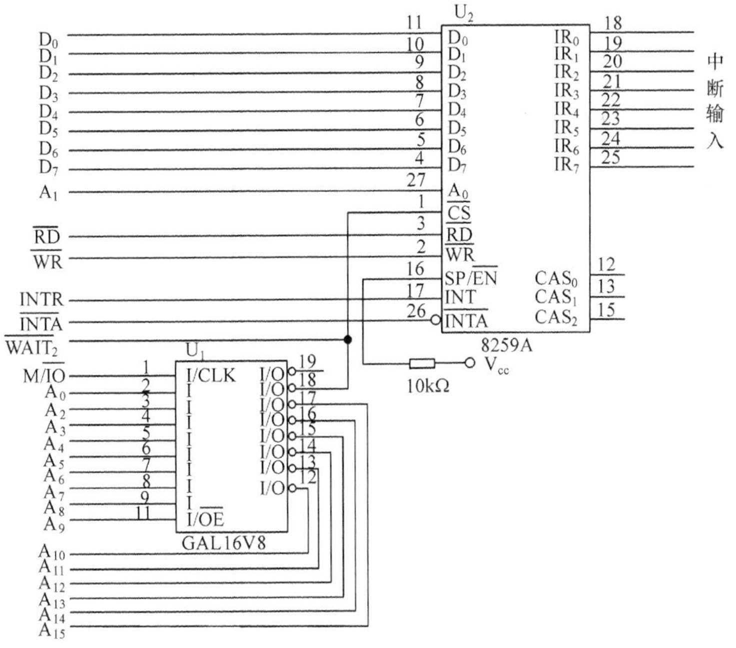

图 2-5-14　单个 8259A 与 8086 CPU 的连接图

电平，表明它是主 8259A。8259A 由 GAL16V8 译码(程序未给出)，其 I/O 端口地址为 0400H 和 0402H。与 2.4 节讨论的其他外围设备一样，如果与更高速度的 CPU 连接，8259A 需要等待状态。

2) 多个 8259A 级联

图 2-5-15 给出了两个 8259A 与 8086 CPU 的连接。主 8259A(U_1)的中断向量为 08H～0FH，端口地址分别为 0300H 和 0302H；从 8259A(U_2)则对应向量

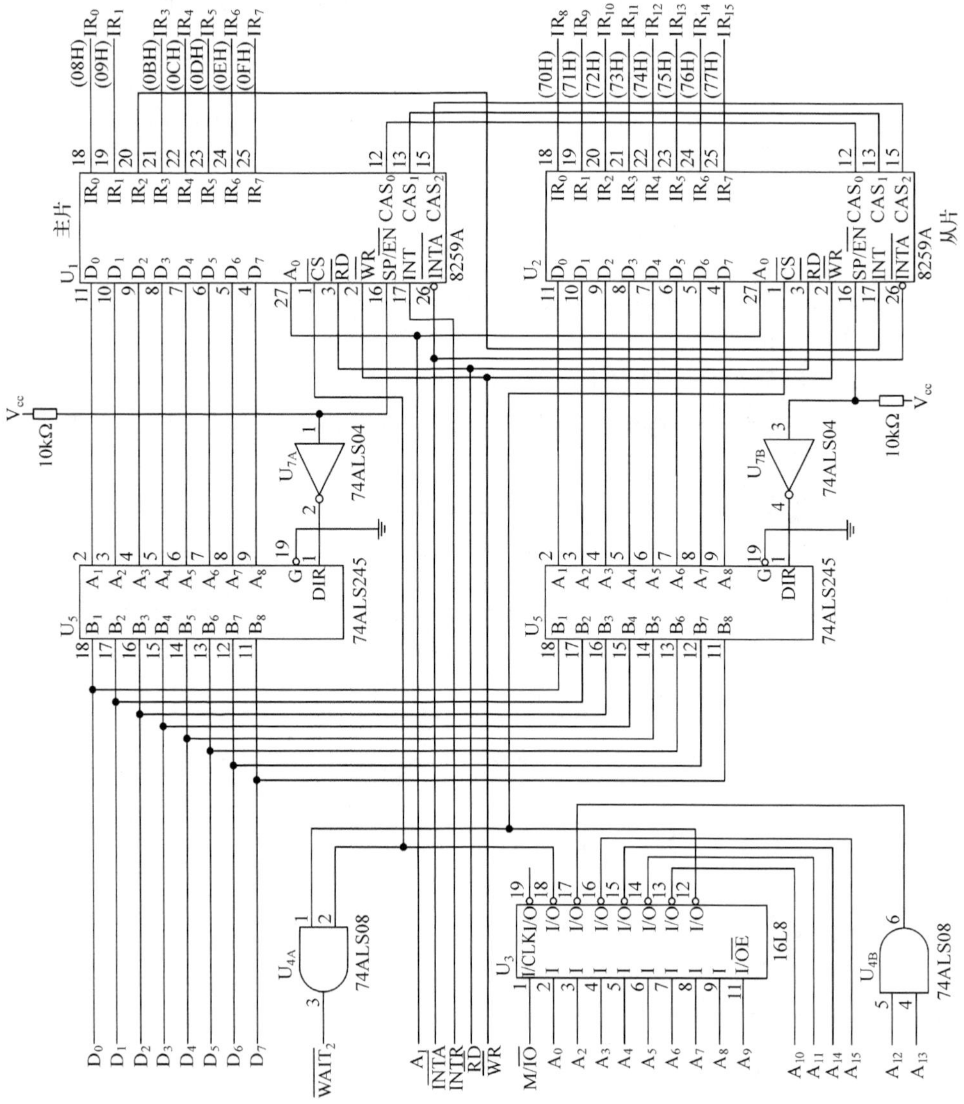

图 2-5-15　两个 8259A 与 8086 的连接

70H～77H 以及端口 0304H 和 0306H。为说明 8259A 上 SP/$\overline{EN}$引脚的用法，图中设计了数据总线缓冲器。

3. 编程 8259A

由于 8259A 是一个可编程的芯片，所有的工作方式都可以通过编程设置，用户可根据自己的需要选择相应的工作方式。从编程角度看，8259A 有 10 个可编程寄存器，可分成两组。一组是在内部结构框图（图 2-5-13）中明显表示的，它们是中断请求寄存器（IRR）、中断屏蔽寄存器（IMR）和正在服务寄存器（ISR）。这 3 个寄存器的作用前面已经介绍过。另一组在内部结构框图中没有表示出来，属于内部寄存器，它们是 4 个初始化命令寄存器和 3 个操作命令寄存器。在对 8259A 进行初始化编程时，要根据需要的工作方式写入相应的初始化命令字。一旦初始化完成，8259A 就按照这些初始化命令字来管理外部的 8 级中断。在 8259A 工作期间，可通过操作命令字对它进行必要的干预，使其改变某方面的工作方式。

1) 8259A 工作方式

8259A 对中断的管理涉及多个方面，因此它有多种工作方式，如中断嵌套方式、优先级管理方式、中断结束方式、屏蔽中断源方式等。

(1) 中断嵌套方式。

8259A 的嵌套方式有两种：一般全嵌套方式和特殊全嵌套方式。

① 一般全嵌套方式。

一般全嵌套方式是 8259A 最常用和最基本的一种嵌套方式，如果对 8259A 初始化后没有用操作命令字设置为其他嵌套方式，则 8259A 就自动按一般全嵌套方式工作。在这种方式下，在为某中断服务期间禁止同级和较低级的中断请求，而较高级的中断请求仍可经 INT 端向 CPU 提出。

② 特殊全嵌套方式。

特殊全嵌套方式与一般全嵌套方式的区别在于：在为某中断服务期间不禁止同级的中断请求，即允许同级的和较高级的中断进入。这种方式所要解决的问题是：在多片级联的情况下，当某从片的中断得到响应、进入中断服务期间，来自该从片的更高级的中断请求仍能为主 8259A 所识别（对主 8259A，同一从 8259A 的 8 个中断都是一个级别），并向 CPU 提出请求。所以，在级联的情况下，主片应设置为特殊全嵌套方式，从片一般设置为一般全嵌套方式。

(2) 优先级管理方式。

① 固定优先级。

这是大多数应用中采用的优先级方式。在该方式下，各中断源的优先级是固定的：IR_0 最高，IR_1 次之，然后依次降低级别。

② 优先级自动循环方式。

在该方式下，某一中断源的请求被响应后，其优先级自动降为最低，其他中断源的优先级也随之改变。例如，IR_4 提出请求并得到响应后，自动降为最低优先级，IR5 变为最高优先级，优先级从高向低依次为 IR_5、IR_6、IR_7、IR_0、IR_1、IR_2、IR_3、$1R_4$。

8259A 设置为优先级自动循环方式后，最初的优先级是：IR_0 最高、IR_7 最低，其他依此类推。

该方式适用于系统中多个中断源的优先级相等(难以分清它们的级别)的情况，使得各中断源的请求得到响应的机会均等。

③ 优先级特殊循环方式。

该方式是通过编程(OCW_2)人为地指定某个中断源的优先级降为最低，其他中断源的级别也随之改变。

(3) 中断结束方式。

当某一个中断请求被 CPU 响应后，该中断在 ISR 中的相应位被置位，表示 CPU 正在为该中断服务。在中断服务结束、中断返回之前的适当时刻应将该 ISR 位复位，否则 8259A 就不能响应该中断源新的请求。这项工作称为中断结束处理。中断结束的方式分自动结束和非自动结束两种，而非自动结束方式又有一般中断结束和特殊中断结束之分。

① 自动中断结束方式。

该方式需要通过 ICW_4 设置。设置成该方式后，对每一个中断，在中断响应时(对 8086，是在第二个中断响应周期的 $\overline{INTA}$ 的后沿时)，由 8259A 自动将 ISR 对应位清除。当然，为该中断的服务并不因此而受到影响。这种方式是为没有经验的程序员忘了在中断服务程序中给出中断结束命令而设立的。

② 一般中断结束方式。

这种方式配合一般全嵌套方式使用。采用这种方式反映在程序中是在具体的中断服务已做完、返回之前向 8259A 发一个一般中断结束命令，8259A 就将 ISR 中当前已置 1 的最高位复位。因为在一般全嵌套方式下，ISR 中当前已置 1 的级别最高的位对应了最后一次被响应和被处理的中断，也就是当前正在处理的中断，所以，将该位复位相当于结束了当前正在处理的中断。

③ 特殊中断结束方式。

在特殊全嵌套方式下，不能确定 ISR 中哪一位是最后置位的，即哪一个中断请求是最后被响应的，这时就要采用特殊中断结束方式。采用这种方式反映在程序中就是要发一条特殊中断结束命令，这个命令中指出了要清除哪个 ISR 位。特殊中断结束方式可理解成人为地将 ISR 中某一位复位。而一般中断结束方式要复位的 ISR 位是 8259A 自动寻找的。

在将主片设置成特殊全嵌套方式的情况下，从片可能出现中断嵌套，在从片的某中断服务结束时，必须用软件检查被服务的中断是否为该从片唯一的中断。为此，先向从 8259A 发一个一般的中断结束命令，清除已完成服务的 ISR 中优先级最高的位，然后再读出 ISR 的内容，检查它是否为 0，如果为 0，则向主 8259A 发一个中断结束命令，清除(主 8259A)ISR 中与该从片相对应的位(这一步不能忘记)；如果从 8259A 的 ISR 的内容不为 0，则不向主 8259A 发中断结束命令，该中断返回后，CPU 继续为该从片被打断的中断服务。

(4) 屏蔽中断源方式。

8259A 有两种屏蔽中断源方式：普通屏蔽方式和特殊屏蔽方式。前者用得较多，后者仅用于一些特殊应用场合。

① 普通屏蔽方式。

在普通屏蔽方式下，将中断屏蔽寄存器(IMR)的某位置 1，则它所对应的中断就被屏蔽，从而使这个中断请求不能由 8259A 送到 CPU。如果 IMR 某位置 0，则允许该中断起作用。

② 特殊屏蔽方式。

有些应用场合，希望一个中断服务程序能动态改变系统的优先权结构。例如，在执行中断服务程序的某一部分时，希望禁止较低级的中断请求，而在执行中断服务程序的另一部分时，又能够开放比本身级别低的中断。

为达到这样的目的，自然会想到使 IMR 中本身对应的位置 1，使本级中断受到屏蔽，从而为开放较低的中断提供可能。但是，这样做有一个问题：每当一个中断请求被响应时，就会使 ISR 对应位置 1，只要没有发出中断结束命令，8259A 就会禁止所有比它低的中断。所以，尽管当前处理的较高级的中断被屏蔽，但由于 ISR 位未被复位，较低级的中断请求在发出中断结束命令之前仍然不会得到响应。

因此引进了特殊屏蔽方式。设置了此方式后，使 IMR 某位置 1，就会同时使 ISR 的相应位复位。这样，可真正开放级别较低的中断。当然未被屏蔽的更高级中断也可以得到响应。

2) 命令字与状态字

8259A 由初始化命令字和操作命令字进行编程。初始化命令字(Initialization Command Word，ICW)在 8259A 能够工作之前被编程，用于规定 8259A 的基本操作。操作命令字(Operation Command Word，OCW)在正常操作过程中被编程，用于控制 8259A 的操作。除此之外，8259A 还有 3 个只读的状态寄存器。

(1) 初始化命令字。

当 A_0 引脚为逻辑 1 时，8259A 有 4 个初始化命令字(ICW)可供选择。当 8259A 刚上电时，它必须由 ICW_1、ICW_2 和 ICW_4 发送进来。如果 8259A 由 ICW_1 编程为级联方式，那么还必须编程 ICW_3。所以如果单个 8259A 用于系统中，则 ICW_1、ICW_2 和 ICW_4 必须被编程。如果级联方式用于系统中，那么所有 4 个 ICW

必须被编程。每个 ICW 描述如下。

ICW$_1$　编程 8259A 的基本操作。为编程此 ICW 用于 8086 操作，要将位 IC$_4$ 置为逻辑 1。位 ADI、A_7、A_6 和 A_5 对于 CPU 操作为无关项，它们仅用于 8259A 与 8 位 8085 CPU 一起使用时(本书未讨论)。此 ICW 通过编程 SNGL 位选择单个或级联操作。如果选择了级联操作，则还必须编程 ICW$_3$。LTIM 位确定中断请求输入是上升沿触发还是电平触发。

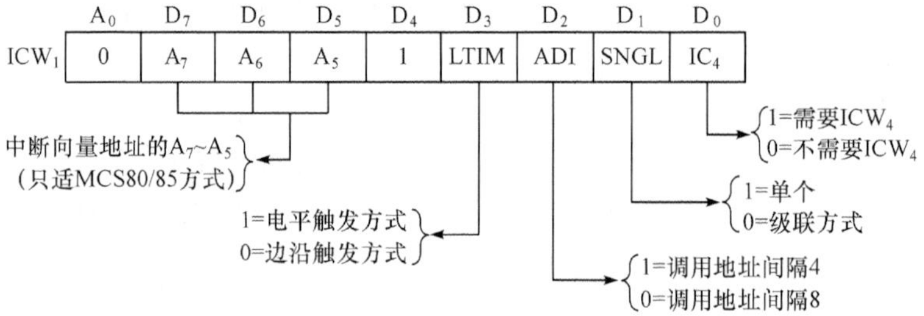

ICW$_2$　选择用于中断请求输入的向量号。例如，如果决定编程 8259A 使之工作在向量单元 08H～0FH，则将 08H 装入此命令字。同样，如果决定编程 8259A 使之工作在向量单元 70H～77H，则将 70H 装入此命令字。

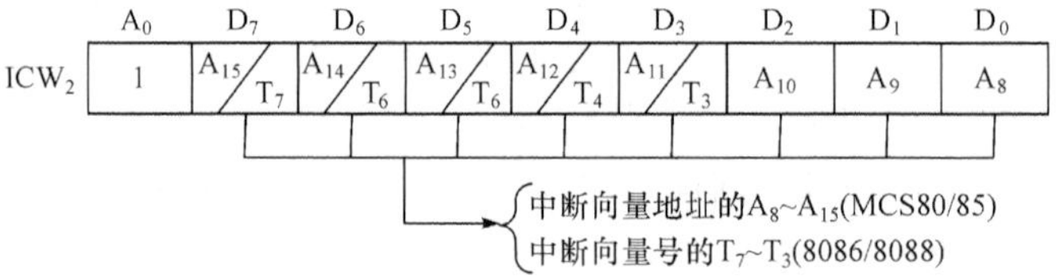

ICW$_3$　仅用于 ICW$_1$ 指示系统工作于级联方式下时。此 ICW$_3$ 表明从 8259A 在何处与主 8259A 相连。从片 ICW$_3$ 中设置从片与主片连接的 IR 号(从片 ID)。

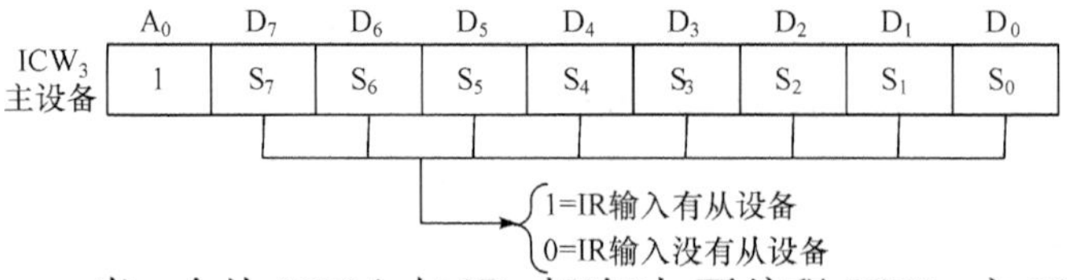

当一个从 8259A 与 IR$_2$ 相连时，要编程 ICW$_3$，主 8259A 将 04H 写入 ICW$_3$，从 8259A 将 02H 写入 ICW$_3$。假定有两个从 8259A 使用 IR$_0$ 和 IR$_1$ 与主 8259A 相连，则主 8259A 被编程为 ICW$_3$＝03H，一个从 8259A 被编程为 ICW$_3$＝00H，另一个从 8259A 被

编程为 ICW_3 = 01H。

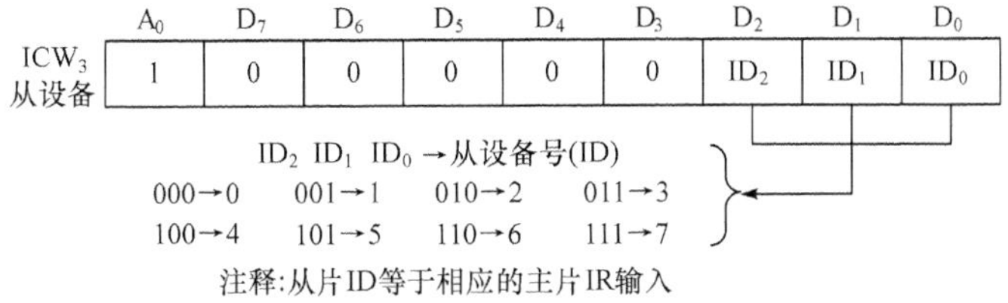

ICW_4　　被编程用于 8086 CPU,而在 8085 CPU 的系统中不被编程。最右边一位必须为逻辑 1,以选择与 8086～Pentium 4 CPU 一起工作,其余位编程如下。

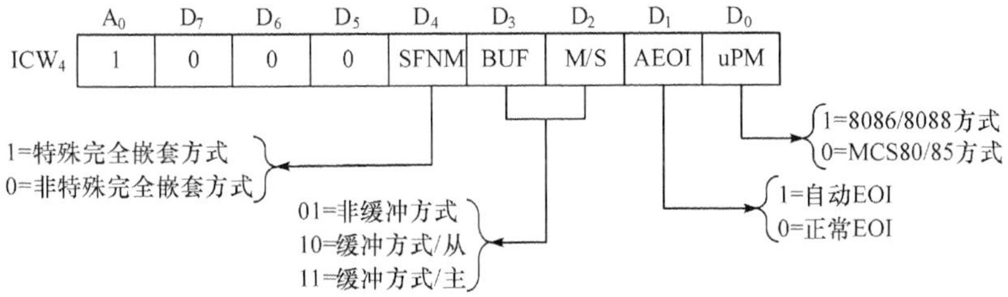

SFNM　　如果此位被置为逻辑 1,则选择 8259A 的特殊完全嵌套操作方式。这样就允许主 8259A 正在处理来自从 8259A 的一个中断时,可以识别从 8259A 输入的另一更高优先权的中断请求。一般方式下,一次只处理一个中断请求,其他中断请求均被忽略,直到完成这次中断处理。

BUF、M/S　缓冲器和主/从一起配合使用,以选择缓冲操作,或是 8259A 作为主片或从片的非缓冲操作。

AEOI　　选择中断的自动结束或正常结束(在操作命令字中讨论得更完整)。OCW_2 的 EOI 命令只用在 ICW_4 未选择 AEOI 方式时。如果选择了 AEOI,则中断自动复位中断请求位且不修改优先权。这是 8259A 首选的操作方式,它减少了中断服务程序的长度。

(2) 操作命令字。

一旦用 ICW 编程了 8259A,操作命令字(OCW)就用于控制 8259A 的操作。当 A_0 引脚为逻辑 0 时,除 OCW_1,其他 OCW 被选中;OCW_1 在 A_0 引脚为逻辑 1 时被选中。每个 OCW 的功能描述如下。

OCW_1　　用于设置和读取中断屏蔽寄存器。当一个屏蔽位被置位时,它将关闭(屏蔽)相应的中断输入。当读 OCW_1 时屏蔽寄存器就被读出。由于在 8259A 刚初始化时屏蔽位的状态是未知的，所以在初始化编程 ICW 之后必须编程 OCW_1。

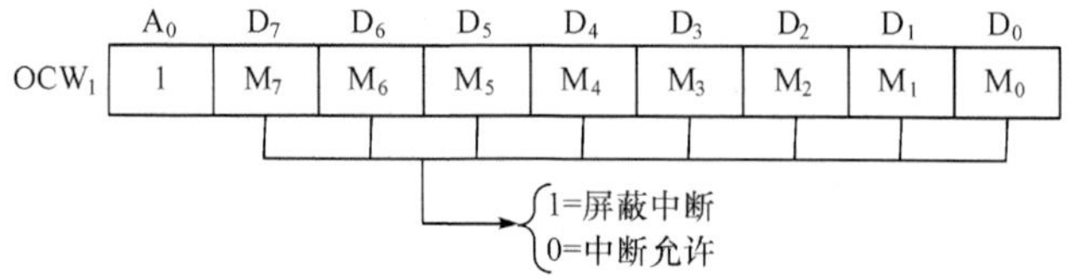

OCW_2　　仅当 8259A 未选择 AEOI 方式时被编程。在这种情况下，此 OCW 选择 8259A 响应中断的方式。

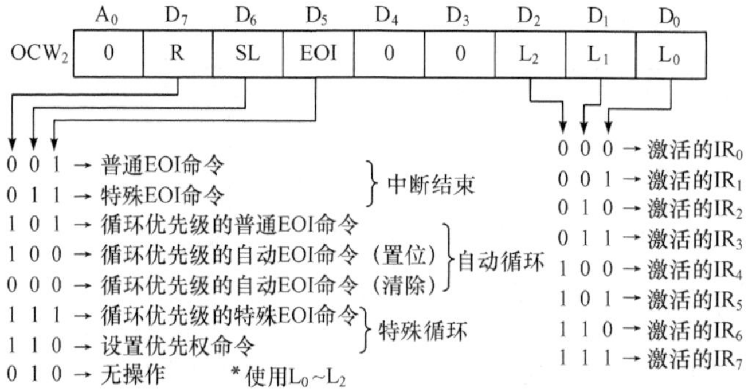

普通中断结束(End-of-Interrupt，EOI)命令：由中断服务程序发出的命令，标志中断的结束。8259A 自动确定哪一个中断电平有效并复位中断状态寄存器的正确位。复位状态位允许中断再次发生或较低优先权的中断生效。

特殊中断结束命令：允许一个特殊中断请求被复位的命令。其精确位置由 OCW_2 的 $L_2 \sim L_0$ 位确定。

循环优先权的普通 EOI 命令：功能与普通中断结束命令非常相似，只是它在复位中断状态寄存器位之后循环中断优先权。由此命令复位的中断变为最低优先权中断。例如，如果 IR_4 刚刚被此命令服务过，它就变为最低优先权中断输入，而 IR_5 变为最高优先权。

循环优先权的自动 EOI 命令：此命令选择具有循环优先权的自动 EOI。只在需要此方式时才将此命令发送给 8259A。如果必须关闭此方式，则使用清除命令。

循环优先权的特殊 EOI 命令：功能与特殊 EOI 命令相同，除了选择循环优先权。

设置优先权命令：允许编程人员使用 $L_2 \sim L_0$ 位设置最低优先权中断输入。

OCW_3　选择要读的寄存器、特殊屏蔽寄存器的操作以及查询命令。如果选择查询，则 P 位必须被置位并输出给 8259A，下一次读操作将读出查询字。查询字的最右边 3 位指示具有最高优先权的有效中断请求；最左边一位指示是否有中断，必须检查该位，以确定最右边 3 位是否包含有效信息。

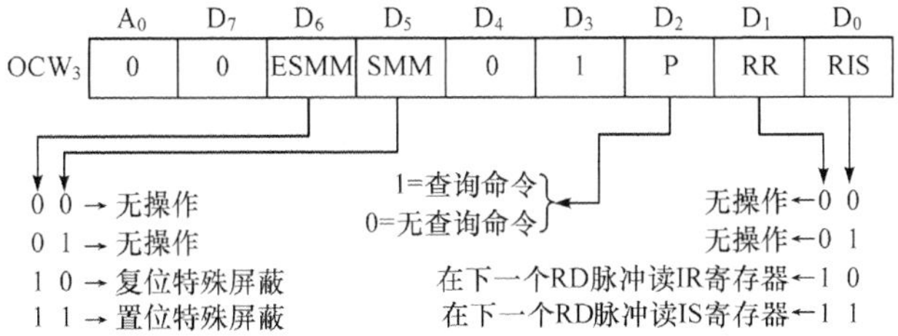

(3) 状态寄存器。

在 8259A 中有 3 个状态寄存器是可读的：中断请求寄存器(IRR)、服务寄存器(ISR)和中断屏蔽寄存器(IMR)(参见图 2-5-16，它对 3 个状态寄存器都可进行说明，因为它们均有相同的位结构)。IRR 是一个 8 位寄存器，指示哪些中断请求输入有效。ISR 是一个 8 位寄存器，包含正被服务的中断级。IMR 也是一个 8 位寄存器，保持中断屏蔽位并指示哪些中断被屏蔽。

图 2-5-16　8259A 服务寄存器(ISR)

IRR 和 ISR 均通过编程 OCW_3 读出，而 IMR 通过 OCW_1 读出。为了读 IMR，需使 $A_0=1$；为了读 IRR 或 ISR，需使 $A_0=0$。OCW_3 的位 D_0 和 D_1 选择 $A_0=0$ 时哪个寄存器(IRR 或 ISR)被读出。

3) 初始化实例

图 2-5-15 中，采用两片 8259A 级联，扩展成了具有 15 个中断输入的系统。主 8259A 的中断向量为 08H～0FH，从 8259A 则对应向量 70H～77H。为使 8259A 按照设定的方式工作，需要对两片 8259A 进行初始化，程序如下。

```
PIC11       EQU       300H        ;主 8259A 控制 A0=0
PIC12       EQU       302H        ;主 8259A 控制 A0=1
ICW11       EQU       19H         ;电平触发、级联、ICW4
```

```
ICW12     EQU     08H         ;中断类型(向量)号
ICW13     EQU     04H         ;IR2 级联设置
ICW14     EQU     0FH         ;缓冲主、自动 EOI
OCW11     EQU     00H         ;中断全部打开
PIC21     EQU     304H        ;从 8259A 控制 A0=0
PIC22     EQU     306H        ;从 8259A 控制 A0=1
ICW21     EQU     19H         ;电平触发、级联、ICW4
ICW22     EQU     70H         ;中断类型(向量)号
ICW23     EQU     02H         ;设备号 ID,与主片 IR2 关联
ICW24     EQU     0BH         ;缓冲从、自动 EOI
OCW21     EQU     00H         ;中断全部打开
INITPIC   PROC    FAR         ;图 2-5-15 中 8259A 的初始化子程序
          MOV     AL,ICW11    ;编程主 8259A 的 ICW1
          OUT     PIC11,AL
          MOV     AL,ICW21    ;编程主 8259A 的 ICW2
          OUT     PIC12,AL
          MOV     AL,ICW31    ;编程主 8259A 的 ICW3
          OUT     PIC12,AL
          MOV     AL,ICW41    ;编程主 8259A 的 ICW4
          OUT     PIC12,AL
          MOV     AL,OCW11    ;编程主 8259A 的 OCW1
          OUT     PIC12,AL
          MOV     AL,ICW21    ;编程从 8259A 的 ICW1
          OUT     PIC21,AL
          MOV     AL,ICW22    ;编程从 8259A 的 ICW2
          OUT     PIC22,AL
          MOV     AL,ICW23    ;编程从 8259A 的 ICW3
          OUT     PIC22,AL
          MOV     AL,ICW24    ;编程从 8259A 的 ICW4
          OUT     PIC22,AL
          MOV     AL,OCW21    ;编程从 8259A 的 OCW1
          OUT     PIC22,AL
          RET
INITPIC   ENDP
```

该程序的第一部分编程主 8259A，使其有 4 个 ICW 和 1 个 OCW，设置 8259A 工作在级联、中断向量 08H～0FH 及自动 EOI 方式下。第二部分编程从 8259A，使其有 4 个 ICW 和 1 个 OCW，设置 8259A 工作在级联、中断向量 70H～77H 及自动 EOI 方式下。

2.5.3　中断程序设计实例

1. 实时时钟

将 220V 交流电源转换为 50Hz TTL 信号的实时时钟电路如图 2-5-17 所示，它使用 50Hz 交流电源为 8086 的 NMI 中断输入引脚产生一个周期为 20ms 的中断请求信号。该电路将 220V 交流信号，经过检波、分压和整形后，加到 NMI 引脚上。在程序中，每 50 次 NMI 中断(间隔 20ms)将时间增加 1s，从而实现实时时钟的功能。

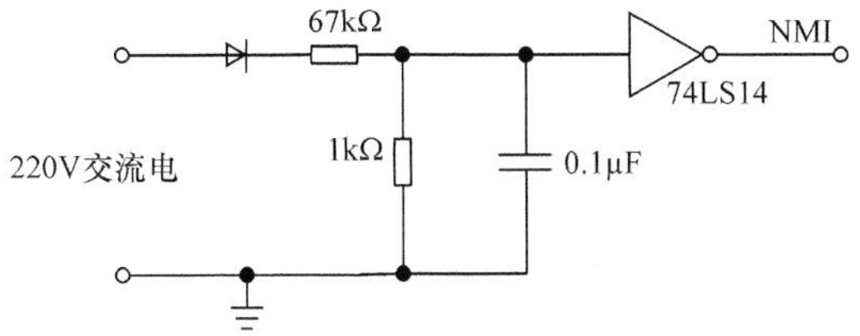

图 2-5-17　将 220V 交流电源转换为 50Hz TTL 信号的实时时钟电路

1) 中断服务程序

实时时钟软件包含每秒调用 50 次的中断服务子程序和更新时、分、秒计数值的子程序。下面列出了这两个子程序，时、分、秒以及 1/50 秒是采用 BCD 码计数的。

```
TIME    DB      ?                   ;1/50 秒计数器
        DB      ?                   ;秒计数器
        DB      ?                   ;分计数器
        DB      ?                   ;时计数器
TIMES   PROC    FAR USES AX SI      ;NMI 中断处理程序
        MOV     AH,50H              ;装入模 50
        MOV     SI,OFFSET TIME      ;寻址定时器
        CALL    UP                  ;1/50 秒计数器加 1
        JNZ     DONE
        MOV     AH,60H              ;装入模 60
        CALL    UP                  ;秒加 1
        JNZ     DONE
        CALL    UP                  ;分加 1
        JNZ     DONE
        MOV     AH,24H              ;装入模 24
        CALL    UP                  ;分加 1
DONE:   IRET
TIMES   ENDP
```

```
    UP      PROC      NEAR              ;增 1 子程序
            MOV       AL,CS:[SI]        ;得到计数器
            INC       SI                ;指向下一个计数器
            ADD       AL,1              ;计数值加 1
            DAA                         ;将它调整为 BCD 码
            MOV       CS:[SI-1],AL      ;保存计数值
            SUB       AL,AH             ;测试模
            JNZ       UP1
            MOV       CS:[SI-1],AL      ;清除计数
UP1:        RET
    UP      ENDP
```

2）中断钩连程序

8086 根据中断类型号，从中断向量表中得到中断向量（中断服务程序的首地址）。CPU 将中断向量装入 CS:IP 中，转入中断服务程序。由于 8086 复位后中断向量表是空的，所以必须程序实现中断向量的装入。下面给出了一个将中断向量装入中断向量表中的子程序。

```
;BL:中断类型(向量)号,DX:中断服务子程序的段地址,CX:中断服务程序的偏移地址
SETVECT     PROC      FAR USES AX BX DI      ;中断钩连子程序
            CLD                              ;设定 STOSW 指令增量方向
            XOR       AX,AX
            MOV       ES,AX                  ;指向 0 段
            MOV       AL,4
            MUL       BL                     ;中断类型号乘以 4
            MOV       DI,AX
            MOV       AX,CX                  ;传送中断服务子程序的偏移地址
            STOSW
            MOV       AX,DX                  ;传送中断服务子程序的段地址
            STOSW
            RET
SETVECT     ENDP
```

然后多次调用此子程序，实现各个中断类型号与相应的中断服务子程序的钩连。

```
MOV       BL,02H              ;中断 NMI 的类型号为 02H
MOV       CX,OFFSET TIMES     ;TIMES 为 NMI 的中断服务程序
MOV       DX,SEG TIMES        ;
CALL      SETVECT
```

8086 的中断程序管理非常灵活，它允许将不同的中断类型号与同一个中断服

务子程序钩连，从而实现不同的中断类型号共用同一个中断服务子程序；还允许在程序运行过程中重新钩连其他的中断服务子程序。而第 3 章介绍的 89C51，则不具备这些功能。

2. 基于中断的异步串行通信

在 2.4.4 小节中，串行控制器 8251A 的发送和接收数据是采用程序查询方式进行的。图 2-5-18 给出了中断方式下 8251A 与 8259A 的连接。来自 8251A 的 TxRDY 引脚与 8259A 的中断请求输入 IR_0 相连，RxRDY 引脚与中断请求输入 IR_1 相连。IR_0 中断发生在发送器准备发送另一字符时；IR_1 中断则发生在接收器已接收到一个字符时。

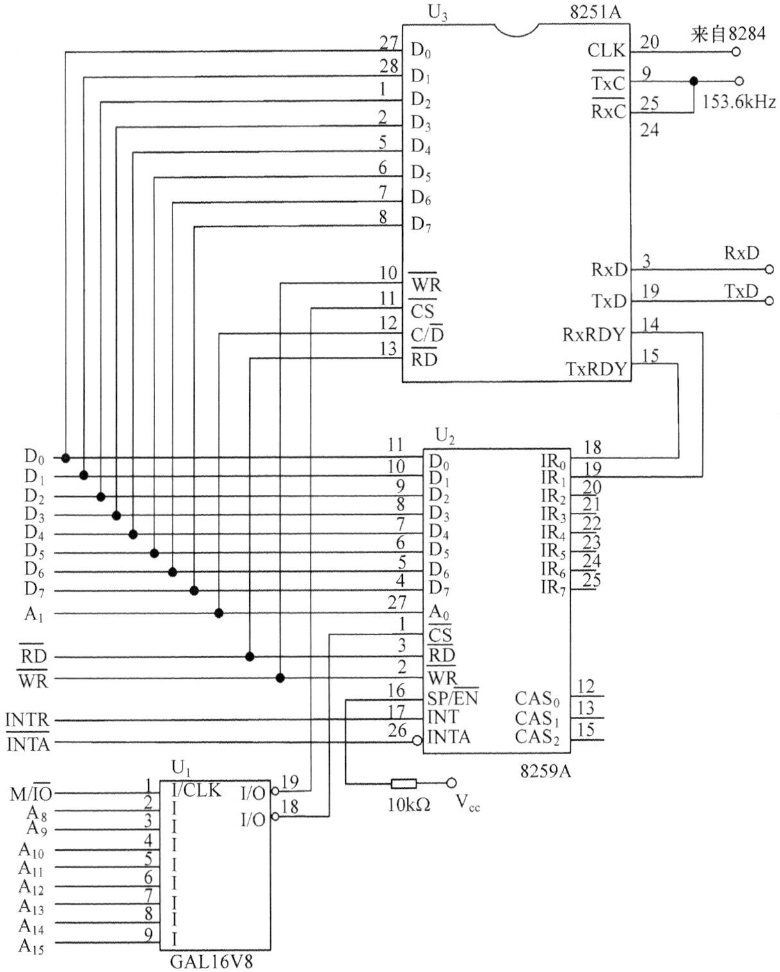

图 2-5-18　中断方式下 8251A 与 8259A 的连接

异步串行通信规约为数据位 8 位、无校验、停止位 1 位、波特率 2400。发送和接收中断类型号分别为 80H 和 81H。考虑到串行通信速度较慢，采用循环队列(FIFO)解决速度匹配问题。根据这些要求，下面定义了相关的符号和控制字，并将 FIFO 定义在代码段中。

```
PIC1    EQU    0100H          ;8259A 控制 A0=0
PIC2    EQU    0102H          ;8259A 控制 A0=1
ICW1    EQU    1BH            ;8259A ICW1
ICW2    EQU    80H            ;8259A ICW2
ICW4    EQU    3              ;8259A ICW4
OCW1    EQU    0FCH           ;8259A OCW1
DATP    EQU    0200H          ;8251A 数据端口
CMDP    EQU    0202           ;8251A 命令端口
WM      EQU    0DBH           ;8251A 工作方式字
OPW     EQU    37H            ;8251A 操作控制字
IFIFO   DB     DUP 1024(?)    ;接收队列
IIN     DW     ?
IOUT    DW     ?
OFIFO   DB     DUP 1024(?)    ;发送队列
OIN     DW     ?
OOUT    DW     ?
```

1）初始化软件

初始化软件开始部分编程 8251A 和 8259A，然后允许 8086 的 INTR 引脚，使中断可以生效。下面列出了编程这两个器件和允许 INTR 的程序。程序中使用了两个循环队列保存发送数据和接收的数据。

```
     START   PROC    NEAR        ;初始化程序
;为编程 8251A
             MOV     DX,CMDP
             MOV     AL,00H      ;空操作
             OUT     DX,AL
             MOV     AL,40H      ;内部复位
             OUT     DX,AL
             NOP
             MOV     AL,04FH     ;设置工作方式
             OUT     DX,AL
             MOV     AL,37H      ;设置操作控制字
             OUT     DX,AL
```

```
;编程 8259A
              MOV     DX,PIC1
              MOV     AL,ICW1              ;编程 ICW1
              OUT     DX,AL
              MOV     DX,PIC2
              MOV     AL,ICW2              ;编程 ICW2
              OUT     DX,AL
              MOV     AL,ICW4              ;编程 ICW4
              OUT     DX,AL
              MOV     AL,OCW1              ;编程 OCW1
              OUT     DX,AL
;初始化 FIFO
              XOR     AX,AX                ;
              MOV     IIN,AX               ;清空接收 FIFO
              MOV     IOUT,AX
              MOV     OIN,AX               ;清空发送 FIFO
              MOV     OOUT,AX
;中断钩连
              MOV     BL,80H               ;中断类型号 80H 为发送的类型号
              MOV     CX,OFFSET TRANS      ;TRANS 为发送中断服务程序
              MOV     DX,SEG TRANS         ;
              CALL    SETVECT
              MOV     BL,81H               ;中断类型号 81H 为接收的类型号
              MOV     CX,OFFSET RECV       ;RECV 为接收中断服务程序
              MOV     DX,SEG RECV          ;
              CALL    SETVECT
;开中断,
              STI                          ;允许 INTR 中断输入
              RET
START         ENDP
```

初始化功能实现后,最后不要忘记允许 CPU 的 INTR 引脚中断,一般称为开中断。INTR 引脚输入的中断是否被允许是由标志寄存器(FLAGS)中的中断标志位(IF)控制的,而 IF 又是由 STI 和 CLI 指令来置位和清除的,因此,开中断只需 STI 指令即可。实时时钟的实例中由于采用的不可屏蔽中断,所以没有开中断的环节。

2) 中断请求处理

(1) 接收数据。

由 8251A 接收的数据,存储到一个 FIFO 存储器中,等待主程序使用。设接收

数据的 FIFO 长度为 1KB,入队指针和出队指针分别为 IIN 和 IOUT。从 8251A 接收数据需要两个过程。一个过程在每次 INTR 引脚申请中断时读 8251A 的数据寄存器,并将其存储到 FIFO 存储器中,主程序从 FIFO 中读数据。

下面给出了从 FIFO 中读数据的子程序 READ。READ 过程将从 FIFO 中读出的一个字符放到 AL 中,如果 FIFO 为空,则该程序将进位标志 CF 位置 1。如果 AL 包含一个有效字符,则 CF 在从 READ 返回时被清除。

```
;返回值:CF=1 表示无数据;CF=0,返回值放在 AL
READ    PROC    FAR USES AX BX DI     ;从 IFIFO 读一个字符
        MOV     DI,IOUT               ;取数(出队)指针
        MOV     AX,IIN                ;存数(入队)指针
        CMP     AX,DI                 ;比较两指针
        JE      EMPTY                 ;如果 FIFO 为空
        MOV     BX,IFIFO
        MOV     AL,CS:[BX+ DI]
        INC     DI                    ;指向下 1 字节
        AND     DI,03FFH
        MOV     IOUT,DI               ;保存指针
        CLC                           ;清除进位标志 CF
        JMP     OVER
EMPTY:  STC                           ;置进位标志 CF
OVER:   RET
READ    ENDP
```

下面列出了 RECV 中断服务程序。每次发生此中断时,RECV 从 8251A 读出一个字符,并将该字符存入 FIFO。

```
RECV    PROC    FAR USE AX BX DI      ;接收中断服务子程序
        MOV     AX,IOUT               ;取数(出队)指针
        MOV     BX,IIN                ;存数(入队)指针
        MOV     DI,BX
        INC     BX
        AND     BX,03FFH
        CMP     AX,BX                 ;是 FIFO 满吗?
        JE      DONE                  ;如果满
        MOV     IIN,BX                ;保存输入指针
        MOV     DX,DATP
        IN      AL,DX                 ;读 8251A 接收器
        MOV     BX,IFIFO
```

```
         MOV     CS:[BX+DI],AL         ;将数据存在 FIFO 中
DONE:    MOV     DX,PIC2
         MOV     AL,20H                ;给 8259A 发 EOI 信号
         OUT     DX,AL
         IRET
RECV     ENDP
```

(2) 发送数据。

把数据发送给 8251A 的方式与接收方式相同,中断服务程序是从发送 FIFO(OFIFO)中取出发送数据的。下面列出了填充发送 OFIFO 的过程。

```
;把数据放在 OFIFO 中,以便由发送中断将它发送出去的过程
;AL=要发送的字符
SAVE     PROC      NEAR USES BX DI SI
         MOV       BX,OIN              ;输入指针
         MOV       SI,OOUT             ;输出指针
         MOV       DI,BX
         INC       BX
         AND       BX,03FFH
         CMP       BX,SI
         JE        DONE                ;如果满
         MOV       OIN,BX
         MOV       BX,OFIFO
         MOV       CS:[BX+DI],AL       ;将数据存在 FIFO 中
DONE:    RET
SAVE     ENDP
```

下面的 TRANS 是 8251A 发送器的中断服务子程序。每次从中断 FIFO 中取出 1 字节的数据,然后送到 8251A 中,被 8251A 发送出去。如果 FIFO 为空,则停止发送。

```
TRANS    PROC      FAR USES AX BX DI   ;发送中断服务子程序
         MOV       BX,OIN              ;装输入指针
         MOV       DI,OOUT             ;装输出指针
         CMP       BX,DI
         JE        DONES               ;如果空
         MOV       BX,OFIFO
         MOV       AL,CS:[BX+ DI]      ;取字符
         MOV       DX,DATP
         OUT       DX,AL               ;将它发送到 UART
```

```
        INC     DI
        AND     DI,03FFH
        MOV     OOUT,DI
DONES:  MOV     DX,PIC2
        MOV     AL,20H              ;给 8259A 发 EOI 信号
        OUT     DX,AL
        IRET
TRANS   ENDP
```

注意,第一个数据不能采用中断方式发出。为了启动中断,第一个数据只能采用查询方式发出,并由第一个数据发送结束产生的中断发送第二个数据,第二个数据发送结束产生的中断发送第三个数据,依此类推。

2.6 直接存储器存取

直接存储器存取(Direct Memory Access,DMA)技术提供了在 CPU 临时被禁止时直接对存储器的存取。DMA I/O 的数据传输速率很高,基于 DMA 的存储器与 I/O 设备之间的数据传输速率只受存储器件或 DMA 控制器限制。DMA 本来的含义和用法是用来在存储器与外部设备之间直接传送数据的,但随着大规模集成电路的发展,有的 DMA 控制器还能控制在任意两个设备之间交换数据,如外部设备与外部设备之间、存储器与存储器之间等。

有当今高速 RAM 器件的支持,DMA 传输速度可接近(32～150)MB/s。DMA 传输有很多用途,但更常见的是 DRAM 刷新、视频显示刷新屏幕以及磁盘存储器系统读和写。DMA 传输还用于高速的存储器到存储器的传输。

2.6.1 8086 与 DMA

1. 8086 CPU 对 DMA 的支持

8086 有两个控制信号用于请求和响应 DMA 传输。HOLD 引脚为输入引脚,用于请求 DMA 操作;HLDA 引脚为输出引脚,用于响应 DMA 操作。图 2-6-1 给出了这两个 DMA 控制引脚的典型时序图。

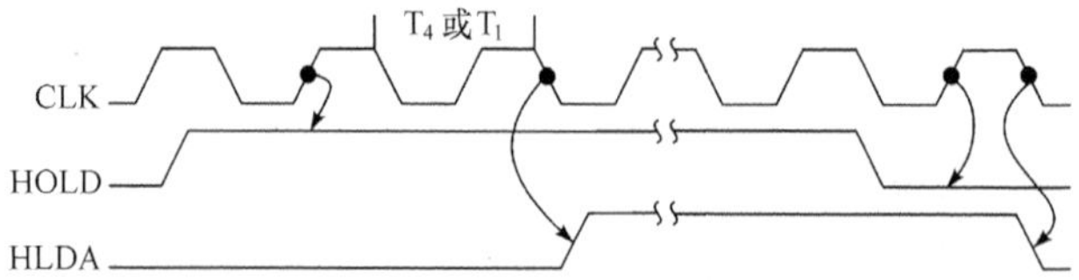

图 2-6-1 8086 CPU 的 HOLD 和 HLDA 引脚的典型时序图

一旦 HOLD 输入被置为逻辑 1，则请求 DMA 操作。CPU 在几个时钟内做出响应，它将正在执行的程序挂起，并将其地址、数据和控制总线置为高阻抗状态，释放出对系统总线的控制权。这种状态允许 I/O 设备或其他的 CPU 获得对系统总线的控制权，因此存储器的数据可以直接被存取。

正如图 2-6-1 所示，HOLD 在任何时钟周期的上升沿被采样。因此，HOLD 可以在 CPU 指令集里任何一个指令处于执行状态的任何时刻生效。一旦 CPU 识别出 HOLD 请求信号变为高电平，它就停止执行软件，并进入 HOLD 周期。特别指出的是，HOLD 输入比 INTR 和 NMI 中断输入的优先级更高，原因是中断在指令执行的末期生效，而 HOLD 在指令执行的中间生效。CPU 上唯一比 HOLD 优先级更高的引脚是 RESET 引脚，为保证复位，HOLD 输入在 RESET 期间不会生效。

HLDA 信号变为高电平表示 CPU 已将总线让出。在 HOLD 请求和 HLDA 响应之间的几个时钟周期的间隔中，CPU 将总线输出为高阻态。HLDA 输出信号给外部请求 DMA 操作的 I/O 设备，通知它们 CPU 已经放弃对存储区和 I/O 的控制权。因此，HOLD 输入可称为 DMA 请求输入，而 HLDA 输出可称为 DMA 允许信号。

2. 基本 DMA

DMA 传输通常发生在 I/O 设备与存储器之间，不需要 CPU 的干预。通常情况下，将数据从存储器传输给 I/O 设备称为 DMA 读操作，将数据从 I/O 设备传输给存储器称为 DMA 写操作。一个 DMA 读操作，将 $\overline{MRDC}$ 和 $\overline{IOWC}$ 信号同时被激活，使数据从存储器传输给 I/O 设备。同样，一个 DMA 写操作，将使 $\overline{MWTC}$ 和 $\overline{IORC}$ 信号同时被激活。在这两种操作中，存储器和 I/O 设备同时被控制，这样 8086 的 WR 和 RD 信号就不能满足 DMA 传输的要求。

为此，8086 需要用系统控制器或者如图 2-6-2 所示的电路来产生这些信号(74LS257 为带三态输出的 2 输入选择开关)，这也是为什么系统中要包含独立的存储器与 I/O 控制信号的原因(事实上，除了 8086，Intel 的 x86 系列 CPU 中都具有这些控制总线信号)。除此之外，在 DMA 传输期间，DMA 控制器还提供选择存储器单元的地址信号和一个用于选择 I/O 设备的 DACK 信号。

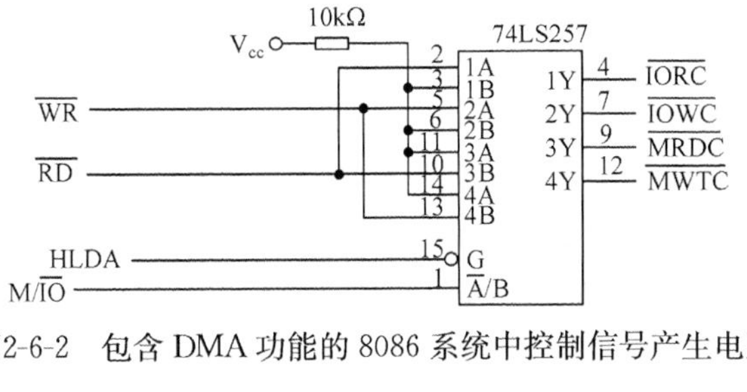

图2-6-2　包含 DMA 功能的 8086 系统中控制信号产生电路

3. DMA 传输控制

DMA 传输控制通常由专门的 DMA 控制器(DMA Controller,DMAC)完成。在 DMA 方式下,需要数据传送时,DMAC 向 CPU 提出申请,CPU 让出总线控制权,由 DMAC 直接控制地址总线、数据总线和控制总线,让存储器与高速的外部设备直接交换数据,CPU 不再干预,这样大大减少了中间环节,提高了数据传送速度,可达每秒几兆到几十兆字节。

1) DMAC 的基本功能

DMAC 实际上是一种具有单一功能的专用处理器,为了完成直接数据传送操作,DMAC 应具有以下基本功能。

(1) 能接受 CPU 的编程,以便进行功能设定。

(2) 能向 CPU 发出 DMA 请求信号。

(3) CPU 响应 DMA 请求之后,DMAC 能接管总线,进入 DMA 有效周期。

(4) 能向地址总线发出地址信号。

(5) 能向控制总线发出读或写的控制信号。

(6) 能控制传送的数据的字节数。

(7) 能判断 DMA 操作是否结束,结束时发出 DMA 结束信号,释放总线,以使 CPU 接管总线,恢复原来的操作。

2) DMAC 的工作过程

下面以外部设备将数据送入存储器为例来说明 DMAC 的工作过程。

(1) 首先 CPU 对 DMAC 进行功能设定,送入存储器的起始地址,数据长度等控制参数,然后外部设备向 DMAC 发出请求信号。

(2) DMAC 向 CPU 发出 DMA 请求。

(3) CPU 执行完现行的总线周期后,向 DMAC 发出响应请求的回答信号。

(4) CPU 将控制总线、地址总线、数据总线让出,由 DMAC 控制。

(5) DMAC 向外部设备发出 DMA 请求的回答信号。

(6) 进行 DMA 传送,即由 DMAC 发出 I/O 读信号把数据读到数据总线上,然后向地址总线发出存储器地址,向控制总线发出写控制信号,把数据总线上的数据写入指定的内存单元。

(7) 重复(6),直至设定的字节数传送完毕。

(8) DMA 撤除向 CPU 的请求信号,CPU 重新控制总线,正常运行重新开始。

数据传输速度由存储器件或 DMAC 决定。如果存储器速度为 100ns,则 DMA 传输以最多 1/100ns(即 10M/s)的速率进行。如果系统中 DMAC 最大速度为 5MHz,仍使用 100ns 存储器,则最大传输速率为 5MHz。

2.6.2　DMA 控制器 8237

Intel 8237 是一款典型的 DMAC,其工作是在存储器与 I/O 之间进行高速数据传输。8237 可以看成一个特殊用途的 CPU,为存储器和 I/O 提供 DMA 传输期间的控制信号及存储器地址信息。图 2-6-3 给出了 8237 可编程 DMAC 的逻辑框图和引脚图。

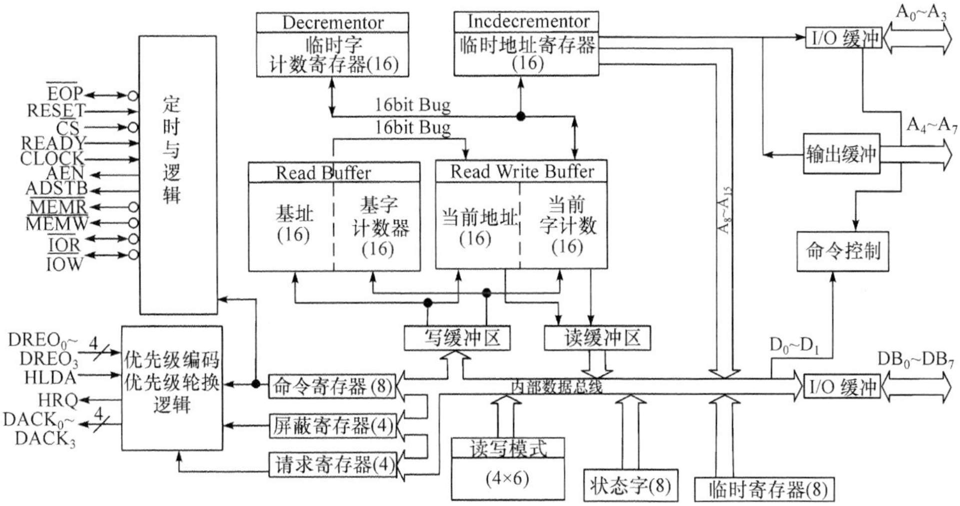

(a) 逻辑框图

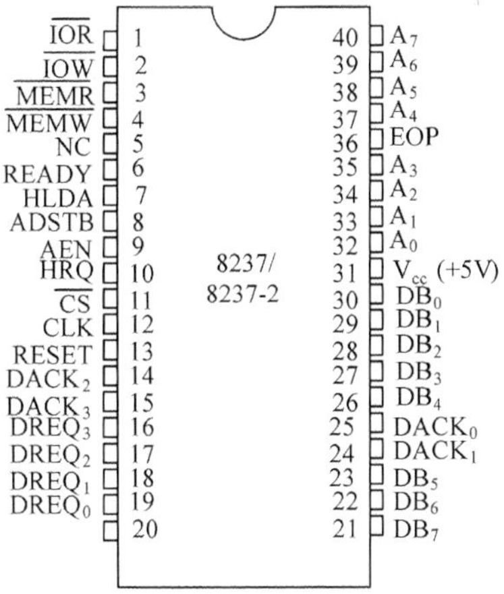

(b) 引脚图

图 2-6-3　8237 可编程 DMAC 的逻辑框图和引脚图

1. 功能与引脚

8237是一个4通道器件,它与8086 CPU兼容。8237可扩展为包含任意数目的DMA通道,尽管4个通道对许多小系统似乎已足够。8237能以最大1.6MB/s的速率进行DMA传输。每个通道能够寻址一个完整的64KB存储器段,并且一次编程可传输最多64KB数据。

1)引脚定义

CLK	时钟(Clock)输入与系统时钟信号连接,只需要该信号为5MHz或更低。在8086系统中,时钟必须反相,以保证8237正确工作。
$\overline{CS}$	片选(Chip Select)引脚允许8237进行编程。引脚通常与译码器的输出相连。译码器不使用8086控制信号M/$\overline{IO}$,因为它有新的存储器与I/O控制信号。
RESET	复位(Reset)引脚清除命令、状态、请求以及临时存储器。它还清除高/低触发器并设置屏蔽寄存器。该输入初始化8237,所以常被禁止,直到被另外编程。
READY	把逻辑0加到就绪(Ready)输入上则使8237进入等待状态,以等待较慢的存储器或I/O器件。
HLDA	保持响应(Hold Acknowledge)通知8237,CPU已放弃对地址、数据及控制总线的控制权。
$DREQ_3 \sim DREQ_0$	DMA请求(DMA Request)输入用于为4个DMA通道中的每一个请求DMA传输。由于这些输入的极性是可编程的,所以它们既可以是高有效输入也可以是低有效输入。
$DB_7 \sim DB_0$	数据总线(Data Bus)引脚与CPU的数据总线相连,并在DMAC编程期间使用。
$\overline{IOR}$	I/O读(I/O Read)是一个双向引脚,用于编程及DMA写周期期间。
$\overline{IOW}$	I/O写(I/O Write)是一个双向引脚,用于编程及DMA读周期期间。
EOP	过程结束(End-of-Process)是一个双向信号,用于输入时终止DMA过程,用于输出时通知DMA传输的结束。该输入常用于在DMA周期的末尾中断DMA传输。
$A_3 \sim A_0$	这些地址引脚(Address Pin)在编程期间选择内部寄存器,还在DMA操作期间提供部分DMA传输地址。
$A_7 \sim A_4$	这些地址引脚为输出引脚,在DMA操作期间提供部分

DMA 传输地址。

HRQ　保持请求(Hold Request)输出与 CPU 的 HOLD 输入相连,以请求 DMA 传输。

$DACK_3$～$DACK_0$　DMA 通道响应(DMA Channel Acknowledge)输出,响应一个通道的 DMA 请求。这些输出可编程为高有效或低有效信号。DACK 输出常用于在 DMA 传输期间选择 DMA 控制的 I/O 设备。

AEN　地址允许(Address Enable)信号允许 DMA 地址锁存器与 8237 的 DB_7～DB_0 引脚相连。它还用于禁止系统中任何与 CPU 相连的缓冲器。

ADSTB　地址选通(Address Strobe)与 ALE 功能相同,只是它用于 DMAC 在 DMA 传输期间锁存地址位 A_{15}～A_8。

$\overline{MEMR}$　存储器读(Memory Read)是一个输出信号,使存储器在 DMA 读周期期间读出数据。

$\overline{MEMW}$　存储器写(Memory Write)是一个输出信号,使存储器在 DMA 写周期期间写入数据。

2) 内部寄存器

CAR　当前地址寄存器(Current Address Register)用来保持用于 DMA 传输的 16 位存储器地址,每个通道都有用于此目的的当前地址寄存器。当在 DMA 操作中传输一字节数据时,CAR 加 1 或减 1,这取决于它是如何被编程的。

CWCR　当前字计数寄存器(Current Word Count Register)用于编程 DMA 操作中一个通道所传输的字节数(最多 64KB)。装入此寄存器的数比所传输的字节数少 1。例如,如果 10 被装入 CWCR,则在 DMA 操作期间传输 11 字节数据。

BA 和 BWC　基地址(Base Address)BA 和基字计数(Base Word Count) BWC 寄存器用于通道选择了自动初始化模式时。在自动初始化模式下,这些寄存器用于在 DMA 操作完成后对 CAR 和 CWCR 再装入。这就允许使用同一计数和地址从同一存储区域传输数据。

CR　命令寄存器(Command Register)编程 8237 DMAC 的操作。图 2-6-4 给出了命令寄存器的功能。

命令寄存器使用位 0 选择存储器到存储器的 DMA 传输模式。存储器到存储器 DMA 传输使用 DMA 通道 0 存放源地址,使用 DMA 通道 1 存放目的地址(类似于 MOVSB 指令的操作)。

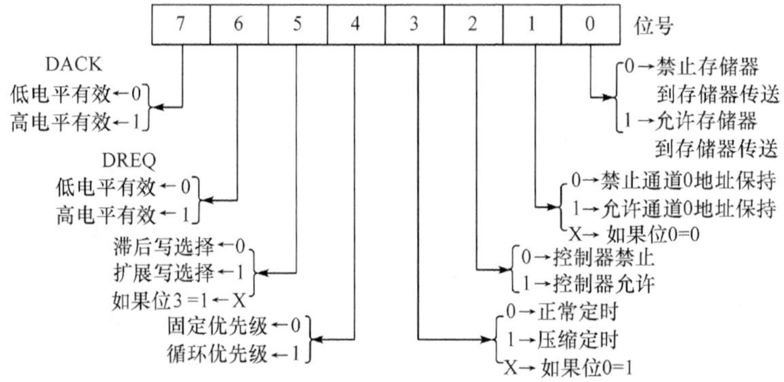

图 2-6-4　8237 命令寄存器

1 字节从由通道 0 访问的地址读出，并存入 8237 内部的暂存寄存器中。然后，8237 启动一个存储器写周期，此时暂存寄存器的内容被写入由 DMA 通道 1 选择的地址中。所传输的字节数由通道 1 计数寄存器决定。

通道 0 地址保持允许位(位 1)编程通道 0，使之用于存储器到存储器的传输。例如，如果必须用数据填充一个存储器区域，为了进行存储器到存储器传输，通道 0 可保持在同一地址，而通道 1 改变。这样就将由通道 0 寻址的内容复制到由通道 1 寻址的存储体中。

控制器允许/禁止位(位 2)打开和关闭整个控制器。正常和压缩位(位 3)决定一个 DMA 周期包含 2 个(压缩)还是 4 个(正常)时钟周期。位 5 用于正常时序中扩展写脉冲，使得在需要一个更宽写脉冲的 I/O 设备的时序中，写脉冲提前一个时钟出现。

位 4 选择 4 个 DMA 通道 DREQ 输入的优先级。在固定优先级方案中，通道 0 有最高优先级，而通道 3 有最低优先级。在循环优先级方案中，最近刚服务过的通道优先级最低。例如，如果通道 2 刚进行了 DMA 传输，则它呈现最低优先级，而通道 3 呈现最高优先级。循环优先级给所有通道以相等的优先级。

其余 2 位(位 6 和位 7)编程 DREQ 输入和 DACK 输出的极性。

MR　　模式寄存器(Mode Register)编程一个通道的操作模式。注意，每个通道有其自己的模式寄存器(图 2-6-5)，由位 1 和位 0

选择。模式寄存器的其余各位选择操作、自动初始化、加 1/减 1 以及通道的模式。校验操作产生 DMA 地址，但不产生 DMA 存储器和 I/O 控制信号。

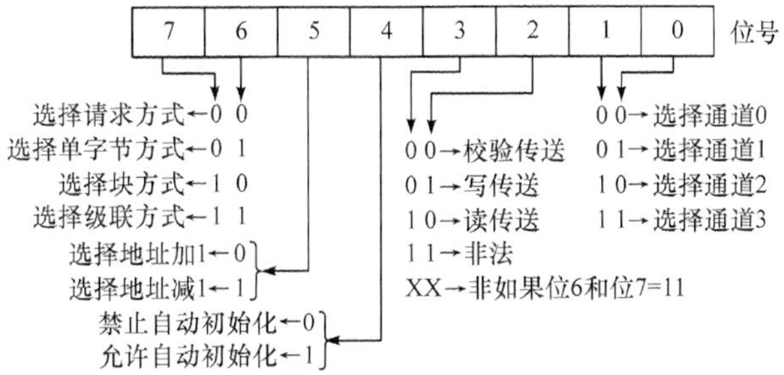

图 2-6-5　8237 模式寄存器

操作模式包括请求传输模式、单字节传输模式、块传输模式以及级联传输模式。请求传输模式用于传输数据，直到输入一个外部 EOP 信号，或 DREQ 输入变为无效时为止。单字节传输模式用于在传输每字节数据后释放 HOLD 信号，如果 DREQ 引脚保持有效，则 8237 通过连到 CPU HOLD 输入上的 DRQ 线再次请求 DMA 传输。块传输模式用于自动传输由通道的计数寄存器指示的字节数，在块传输模式中 DREQ 不需要保持有效。级联传输模式用于系统中存在不止一个 8237 时。

RR　　请求寄存器(Request Register)用于通过软件请求 DMA 传输(图 2-6-6)。这在存储器到存储器传输中非常有用，在这种情况下不能用外部信号启动 DMA 传输。

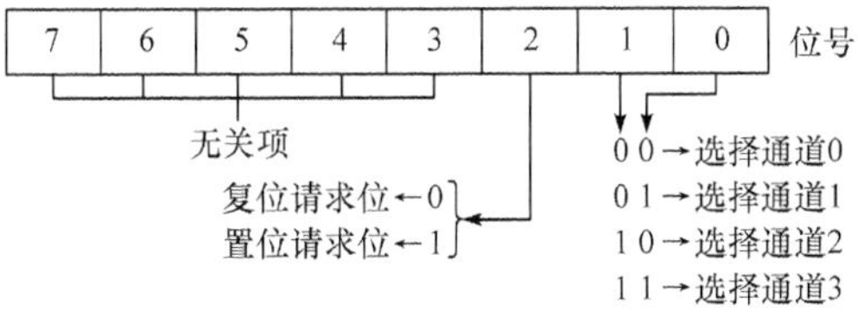

图 2-6-6　8237 请求寄存器

MRSR　　屏蔽寄存器置位/复位(Mask Register Set/Reset)用来设置或清除通道屏蔽，如图 2-6-7 所示。如果置位屏蔽位，则该通道的请求被禁止。RESET 信号置位所有通道的屏蔽位，以禁止它们的 DMA 请求。

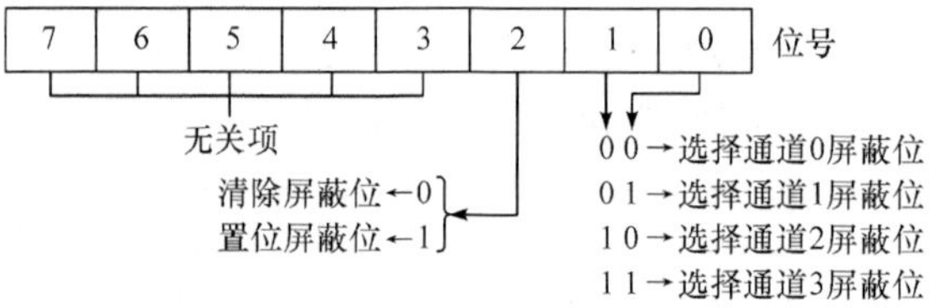

图 2-6-7　8237 屏蔽寄存器置位/复位模式

MSR　　屏蔽寄存器(Mask Register)见图 2-6-8,用一条命令清除或置位所有的屏蔽位,而不是像 MRSR 那样只对单独的通道操作。

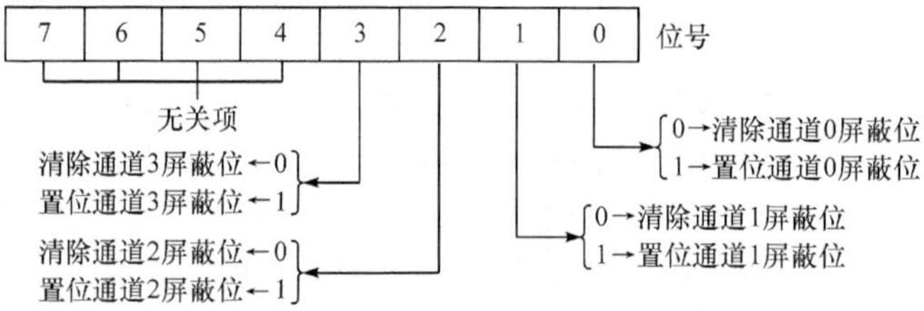

图 2-6-8　8237 屏蔽寄存器

SR　　状态寄存器(Status Register)显示了每个 DMA 通道的状态(图 2-6-9)。TC 位指示通道是否已达到其终点计数值(即传输完所有字节)。一旦达到终点计数值,则大多数操作模式的 DMA 传输被终止。请求位指示对于某给定通道的 DREQ 输入是否有效。

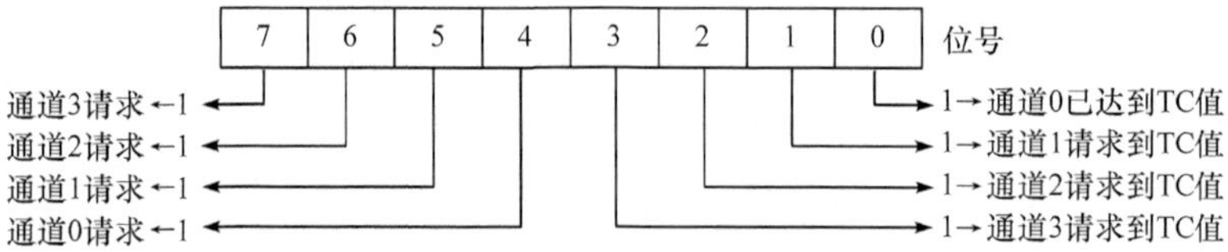

图 2-6-9　8237 状态寄存器

2. 软件命令

有 3 条软件命令用于控制 8237 的操作。这些命令与 8237 内部的各种控制寄存器不同,没有二进制位模式。一个对正确端口号的简单输出即可发出软件命令。表 2-6-1 给出了 8237 访问所有寄存器和软件命令的 I/O 端口分配。

表 2-6-1　8237 访问所有寄存器和软件命令的 I/O 端口分配

信号						操作	信号						操作
A_3	A_2	A_1	A_0	$\overline{IOR}$	$\overline{IOW}$		A_3	A_2	A_1	A_0	$\overline{IOR}$	$\overline{IOW}$	
1	0	0	0	0	1	读状态寄存器	1	1	0	0	0	1	非法
1	0	0	0	1	0	写命令寄存器	1	1	0	0	1	0	清除字节指针触发器
1	0	0	1	0	1	非法	1	1	0	1	0	1	读暂存寄存器
1	0	0	1	1	0	写请求寄存器	1	1	0	1	1	0	主清除
1	0	1	0	0	1	非法	1	1	1	0	0	1	非法
1	0	1	0	1	0	写单字节屏蔽寄存器位	1	1	1	0	1	0	清除屏蔽寄存器
1	0	1	1	0	1	非法	1	1	1	1	0	1	非法
1	0	1	1	1	0	写模式寄存器	1	1	1	1	1	0	写所有屏蔽寄存器位

软件命令的功能解释如下：①清除高/低触发器，清除 8237 内部的高/低（F/L）触发器。F/L 触发器选择在当前地址寄存器和当前计数寄存器中读/写哪 1 字节（低位或高位）。如果 F/L=0，则选中低位字节；如果 F/L=1，则选中高位字节。对地址寄存器和计数寄存器的任何读或写都将自动翻转 F/L 触发器。②主清除，与 8237 的 RESET 信号作用完全相同。像 RESET 信号一样，该命令禁止所有通道的 DMA 请求。③清除屏蔽寄存器，允许所有 4 个 DMA 通道。

3. 地址寄存器和计数寄存器

表 2-6-2　编程每个通道的计数和地址寄存器的 I/O 端口地址

通道	寄存器	操作	信号							内部触发器	数据总线 $DB_0 \sim DB_7$
			$\overline{CS}$	$\overline{IOR}$	$\overline{IOW}$	A_3	A_2	A_1	A_0		
0	基和当前地址	写	0	1	0	0	0	0	0	0	$A_0 \sim A_7$
			0	1	0	0	0	0	0	1	$A_8 \sim A_{15}$
	当前地址	读	0	0	1	0	0	0	0	0	$A_0 \sim A_7$
			0	0	1	0	0	0	0	1	$A_8 \sim W_{15}$
	基和当前字计数	写	0	1	0	0	0	0	1	0	$W_0 \sim W_7$
			0	1	0	0	0	0	1	1	$W_8 \sim W_{15}$
	当前字计数	读	0	0	1	0	0	0	1	0	$W_0 \sim W_7$
			0	0	1	0	0	0	1	1	$W_8 \sim W_{15}$

续表

通道	寄存器	操作	信号							内部触发器	数据总线
			$\overline{CS}$	$\overline{IOR}$	$\overline{IOW}$	A_3	A_2	A_1	A_0		$DB_0 \sim DB_7$
1	基和当前地址	写	0	1	0	0	0	1	0	0	$A_0 \sim A_7$
			0	1	0	0	0	1	0	1	$A_8 \sim A_{15}$
	当前地址	读	0	0	1	0	0	1	0	0	$A_0 \sim A_7$
			0	0	1	0	0	1	0	1	$A_8 \sim A_{15}$
	基和当前字计数	写	0	1	0	0	0	1	1	0	$W_0 \sim W_7$
			0	1	0	0	0	1	1	1	$W_8 \sim W_{15}$
	当前字计数	读	0	0	1	0	0	1	1	0	$W_0 \sim W_7$
			0	0	1	0	0	1	1	1	$W_8 \sim W_{15}$
2	基和当前地址	写	0	1	0	0	1	0	0	0	$A_0 \sim A_7$
			0	1	0	0	1	0	0	1	$A_8 \sim A_{15}$
	当前地址	读	0	0	1	0	1	0	0	0	$A_0 \sim A_7$
			0	0	1	0	1	0	0	1	$A_8 \sim A_{15}$
	基和当前字计数	写	0	1	0	0	1	0	1	0	$W_0 \sim W_7$
			0	1	0	0	1	0	1	1	$W_8 \sim W_{15}$
	当前字计数	读	0	0	1	0	1	0	1	0	$W_0 \sim W_7$
			0	0	1	0	1	0	1	1	$W_8 \sim W_{15}$
3	基和当前地址	写	0	1	0	0	1	1	0	0	$A_0 \sim A_7$
			0	1	0	0	1	1	0	1	$A_8 \sim A_{15}$
	当前地址	读	0	0	1	0	1	1	0	0	$A_0 \sim A_7$
			0	0	1	0	1	1	0	1	$A_8 \sim A_{15}$
	基和当前字计数	写	0	1	0	0	1	1	1	0	$W_0 \sim W_7$
			0	1	0	0	1	1	1	1	$W_8 \sim W_{15}$
	当前字计数	读	0	0	1	0	1	1	1	0	$W_0 \sim W_7$
			0	0	1	0	1	1	1	1	$W_8 \sim W_{15}$

表 2-6-2 给出了编程每个通道的计数和地址寄存器的 I/O 端口地址。注意 F/L 触发器的状态决定是 LSB 还是 MSB 被编程。如果不知道 F/L 触发器的状态，则计数和地址寄存器的编程就不会正确。DMA 通道在其计数和地址寄存器被编程之前必须被禁止，这一点也很重要。

编程 8237 需要 4 个步骤：①使用清除 F/L 命令来清除 F/L 触发器；②禁止通道请求；③编程地址寄存器的 LSB，然后是 MSB；④编程计数寄存器的 LSB 和 MSB。一旦这 4 个操作完成，则该通道被编程，并准备使用。在通道被允许和开始前，需要另外编程来选择操作模式。

4. 8237 与 8086 相连

图 2-6-10 给出了包含 8237 DMAC 的基于 8086 的系统。

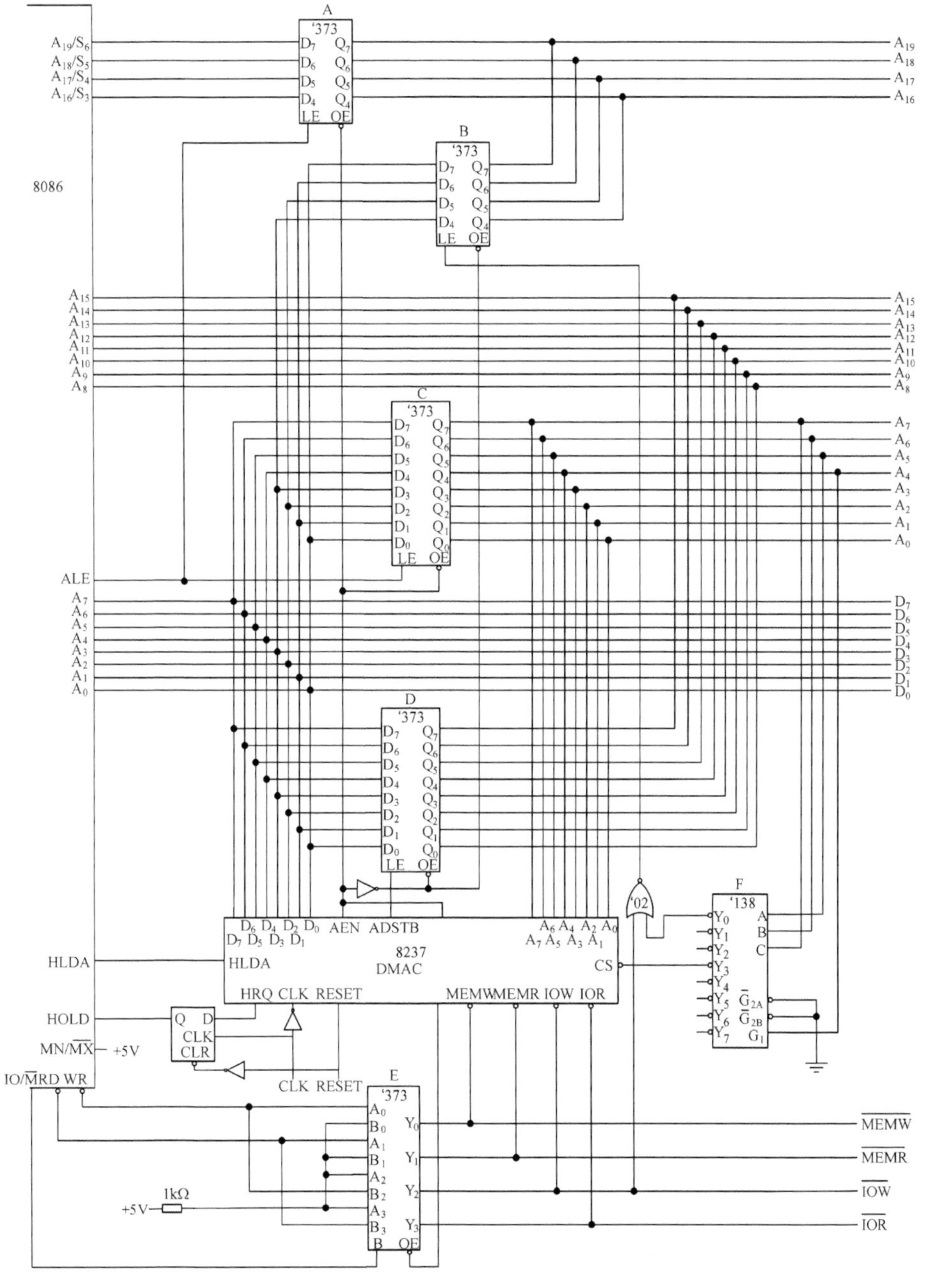

图 2-6-10　完整的 8086 最小模式 DMA 系统

8237 的地址允许(AEN)输出信号控制锁存器的输出引脚及 74LS257(E)的输出。在 8086 正常操作期间(AEN=0),锁存器 A 和 C 以及多路复用器(E)提供地址总线位 A_{19}～A_{16} 与 A_7～A_0。只要是 8086 控制系统,多路复用器就给系统提供控制信号。在 DMA 操作期间(AEN=1),锁存器 A 和 C 与多路复用器(E)一起被禁止。锁存器 D 和 B 现在提供地址总线位 A_{19}～A_{16} 与 A_{15}～A_8。地址总线位 A_7～A_0 直接由 8237 提供,它们是 DMA 传输地址的一部分。控制信号由 DMAC 提供。

8237 的地址选通输出(ADSTB)在 DMA 操作期间将地址(A_{15}～A_8)同步输入锁存器 D,使整个 DMA 传输地址出现在地址总线上。地址总线位 A_{19}～A_{16} 由锁存器 B 提供,在允许控制器进行 DMA 传输之前,锁存器 B 必须编程这 4 个地址位。8237 的 DMA 操作被限制为只传输处于同一个 64KB 存储器段中的不超过 64KB 的数据。

译码器(F)选择 8237 进行编程,同时把 4 位锁存器(B)作为地址位的最高 4 位。PC 中的锁存器称为 DMA 页面寄存器(8 位),用来存放 DMA 传输的地址位 A_{16}～A_{23}。还有一个高页面寄存器,但其地址是随芯片而定的。DMA 页面寄存器的端口号列在表 2-6-3 中(这些用于 Intel ISP)。本系统的译码器允许 8237 的 I/O 端口地址为 XX60H～XX7FH,I/O 锁存器(B)的端口地址为 XX00H～XX1FH。注意,译码器输出与信号组合在一起为锁存器(B)产生一个高电平有效的时钟。

表 2-6-3 DMA 页面寄存器的端口号

通道	端口号(A_{16}～A_{23})	端口号(A_{24}～A_{31})
0	87H	487H
1	83H	483H
2	81H	481H
3	82H	482H
4	8FH	48FH
5	8BH	48BH
6	89H	489H
7	8AH	48AH

在正常的 8086 操作期间,DMAC 与集成电路 B 和 D 被禁止。在一次 DMA 操作中,集成电路 A、C 和 E 被禁止,使 8237 可获得地址、数据和控制总线对系统的控制权。

在 PC 中,2 个 DMAC 的编程方式为:I/O 端口 0000H～000FH 用于 DMA 通道 0～3,端口 00C0H～00DFH 用于 DMA 通道 4～7。注意,第 2 个控制器只能在偶地址编程,所以通道 4 的基和当前地址寄存器编程在 I/O 端口 00C0H,而通道 4

的基和当前计数值寄存器编程在 I/O 端口 00C2H。页面寄存器保持 DMA 地址的地址位 A_{23}～A_{16}，它位于 I/O 端口 0087H(CH-0)、0083H(CH-1)、0081H(CH-2)、0082H(CH-3)、008BH(CH-5)、0089H(CH-6)及 008AH(CH-7)(注意，无通道 4)。页面寄存器的功能与本书中许多例子所描述的地址锁存器相同。

2.6.3 DMA 应用实例

1. 存储器到存储器的 DMA 传输

存储器到存储器传输甚至比自动重复的 MOVSB 指令功能更强大。8086 的 MOVSB 指令传输每字节需 4.2μs，而 8237 每字节仅需 2.0μs，比软件数据传输要快两倍多。

假定存储单元 10000H～13FFFH 中的内容要传输到存储单元 14000H～17FFFH 中，可以用一条重复串移动指令来实现，或者用 DMAC 以更快的速率来实现。下面给出了初始化 8237 以及图 2-6-12 中用于 DMA 传输所需的软件。该软件用于嵌入式应用。为了使其用于 PC 中，必须使用表 2-6-1 所示的页面寄存器的端口地址。

```
;用图 2-6-12 中 8237 DMA 控制器传送数据块的过程，
;这是一种存储器到存储器的块传送。
;调用参数：
;SI=源地址              DI=目的地址                   CX=计数
;ES=源和目的的段
LATCHB      EQU     10H                               ;锁存器 B
CLEAR_F     EQU     7CH                               ;F/L 触发器
CHO_A       EQU     70H                               ;0 通道地址
CH1_A       EQU     72H                               ;1 通道地址
CH1_C       EQU     73H                               ;1 通道计数
MODE        EQU     7BH                               ;模式寄存器
CMMD        EQU     78H                               ;命令寄存器
MASKS       EQU     7FH                               ;屏蔽字
REQ         EQU     79H                               ;请求寄存器
STATUS      EQU     78H                               ;状态寄存器
TRANS       PROC    FAR USES AX
            MOV     AX,ES                             ;编程锁存器 B
            MOV     AL,AH
            SHR     AL,4
            OUT     LATCHB,AL
```

```
        OUT     CLEAR_F,AL          ;清除 F/L 触发器
        MOV     AX,ES               ;编程源地址
        SHL     AX,4
        ADD     AX,SI               ;形成源偏移
        OUT     CHO_A,AL
        MOV     AL,AH
        OUT     CHO_A,AL
        MOV     AX,ES               ;编程目的地址
        SHL     AX,4
        ADD     AX,DI               ;形成目的偏移
        OUT     CH1_A,AL
        MOV     AL,AH
        OUT     CH1_A,AL
        MOV     AX,CX               ;编程计数
        DEC     AX                  ;调整计数
        OUT     CH1_C,AL
        MOV     AL,AH
        OUT     CH1_C,AL
        MOV     AL,88H              ;编程模式
        OUT     MODE,AL
        MOV     AL,85H
        OUT     MODE,AL
        MOV     AL,1                ;允许块传送
        OUT     CMMD,AL
        MOV     AL,0EH              ;0 通道解除屏蔽
        OUT     MASKS,AL
        MOV     AL,4                ;启动 DMA 传送
        OUT     REQ,AL
        .REPEAT                     ;等待直到 DMA 完成
        IN      AL,STATUS
        .UNTIL AL &1                ;直到 AL 位 0 为 1
        RET
TRANS   ENDP
```

编程 DMAC 需要几个步骤。5 位地址的最左边 1 位被送给锁存器 B，然后，在清除 F/L 触发器后对通道进行编程。注意，在存储器到存储器传输中使用通道 0 作为源，通道 1 作为目的。接着用比将要传输的字节数小 1 的数作为计数值进行

编程。下一步,对每个通道的模式寄存器编程,命令寄存器选择块移动,允许通道 0,并启动软件 DMA 请求。在从过程返回之前,测试状态寄存器的终点计数值 TC。回忆一下,TC 标志表明 DMA 传输已完成。TC 还禁止了通道请求,以防止另外的传输。

为使用同样的数据填充一段存储器区域,通道 0 的源寄存器被编程为在传输过程中指向同一地址,这是用通道 0 保持模式实现的。控制器将这一存储单元的内容复制到由通道 1 寻址的整个存储体中。这个功能非常有用。

例如,假设一个视频显示器必须被清除。这一操作可以由 DMAC 用通道 0 保持模式和存储器到存储器传输完成。如果视频显示器包含 80 列 25 行,则所有 2000 个显示位置都必须被设置为 20H(ASCII 空格)以清屏。

下面给出了一个过程,它清除由 ES:DI 寻址的一段存储器区域。CX 寄存器把要清除的字节数传输给 CLEAR 过程。该过程中命令寄存器被编程为保持通道地址。源地址被编程为与 ES:DI 地址相同,而目的地址被编程为比 ES:DI 地址高 1。

```
;用图 2-6-12 的 8237 DMA 控制器清除一个存储区的过程,
;这是一个 0 通道保持不变的存储器到存储器块传送。
;调用参数
;DI=被清除区的偏移地址
;ES=被清除区的段地址
;CX=被清除的字节数
LATCHB      EQU      10H              ;锁存器 B
CLEAR_F     EQU      7CH              ;F/L 触发器
CHO_A       EQU      70H              ;0 通道地址
CH1_A       EQU      72H              ;1 通道地址
CH1_C       EQU      73H              ;1 通道计数
MODE        EQU      7BH              ;模式寄存器
CMMD        EQU      78H              ;命令寄存器
MASKS       EQU      7FH              ;屏蔽寄存器
REQ         EQU      79H              ;请求寄存器
STATUS      EQU      78H              ;状态寄存器
ZERO        EQU      0H               ;零

CLEAR       PROC     FAR USES AX
            MOV      AX,ES            ;编程锁存器 B
            MOV      AL,AH
            SHR      AL,4
            OUT      LATCHB,AL
```

```
        OUT      CLEAR_F,AL     ;清除 F/L 触发器
        MOV      AL,CS:ZERO
        MOV      ES:[DI],AL     ;把零保存到第 1 字节
        MOV      AX,ES          ;编程源地址
        SHL      AX,4
        ADD      AX,DI          ;形成源偏移
        OUT      CHO_A,AL
        MOV      AL,AH
        OUT      CHO_A,AL
        MOV      AX,ES          ;编程目的地址
        SHL      AX,4
        ADD      AX,DI          ;形成目的偏移
        INC      AX
        OUT      CH1_A,AL
        MOV      AL,AH
        OUT      CH1_A,AL
        MOV      AX,CX          ;编程计数
        DEC      AX             ;调整计数
        DEC      AX
        OUT      CH1_C,AL
        MOV      AL,AH
        OUT      CH1_C,AL
        MOV      AL,88H         ;编程模式
        OUT      MODE,AL
        MOV      AL,85H
        OUT      MODE,AL
        MOV      AL,3           ;允许块保持传送
        OUT      CMMD,AL
        MOV      AL,0EH         ;0 通道解除屏蔽
        OUT      MASKS,AL
        MOV      AL,4           ;启动 DMA 传送
        OUT      REQ,AL
        .REPEAT  ;等待 DMA 完成
        IN       AL,STATUS
        .UNTIL   AL & 1         ;直到 AL 位 0 为 1
        RET
CLEAR   ENDP
```

2. DMA 处理的打印机接口

图 2-6-11 在图 2-6-10 的基础上增加了一些硬件，使之成为 DMA 处理的打印机接口。图中只增加了很少的附加电路就可用于与 Centronics 型并行打印机的接口。锁存器用于 DMA 传输期间当数据发送给打印机时捕获数据，在 DMA 操作期间传给锁存器的写脉冲，还产生给打印机的单脉冲数据选通信号 DS。在每次打印机准备好接收另外的数据时，打印机返回 ACK 信号。此电路中，ACK 信号用于通过触发器请求 DMA 操作。注意，并不是通过译码地址总线上的地址来选择 I/O 设备的。在 DMA 传输期间，地址总线包含存储器地址，但不能包含 I/O 端口地址。来自 8237 的输出信号取代 I/O 端口地址，通过一个或门选通写脉冲，从而选择锁存器。

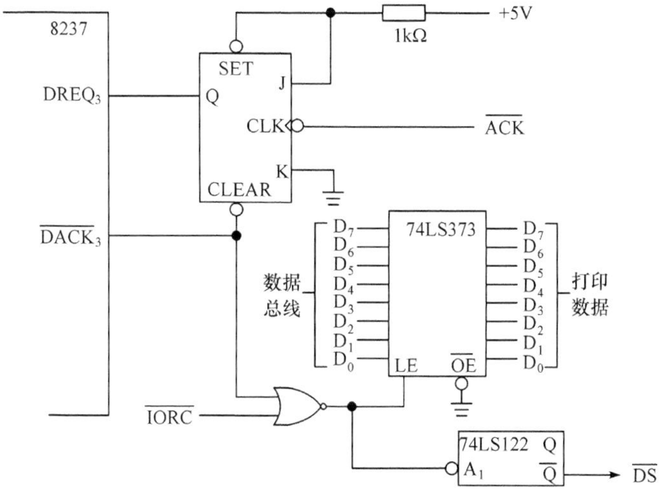

图 2-6-11　DMA 处理的打印机接口

控制该接口的软件非常简单，因为只需编程数据的地址及要打印的字符数。一旦编程，则通道请求被允许。当接口每次接收到打印机的 ACK 信号时，DMA 传输 1 字节数据给打印机接口。下面给出了打印当前数据段中数据的过程。该过程编程 8237，但实际上并不打印任何数据，打印由 DMAC 和打印机接口完成。

```
;通过图 2-6-11 中的打印机接口打印数据的过程
;调用参数:              BX=打印数据的偏移地址
;DS=打印数据的段地址                       CX=要打印的字节数
LATCHB     EQU          10H                ;锁存器 B
CLEAR_F    EQU          7CH                ;F/L 触发器
CH3_A      EQU          76H                ;0 通道地址
```

```
CH3_C     EQU     77H                  ;1 通道地址
MODE      EQU     7BH                  ;模式
CMMD      EQU     78H                  ;命令
MASKS     EQU     7FH                  ;屏蔽
REQ       EQU     79H                  ;请求寄存器

PRINT     PROC    FAR USES AX CX BX
          MOV     EAX,0
          MOV     AX,DS                ;编程锁存器 B
          SHR     EAX,4
          PUSH    AX
          SHR     EAX,16
          OUT     LATCHB,AL
          POP     AX                   ;编程地址
          OUT     CH3_A,AL
          MOV     AL,AH
          OUT     CH3_A,AL
          MOV     AX,CX                ;编程计数
          DEC     AX                   ;调整计数
          OUT     CH3_C,AL
          MOV     AL,AH
          OUT     CH3_C,AL
          MOV     AL,0BH               ;编程模式
          OUT     MODE,AL
          MOV     AL,0                 ;允许块保持传送
          OUT     CMMD,AL
          MOV     AL,7                 ;通道 3 解除屏蔽
          OUT     MASKS,AL
          RET

PRINT     ENDP
```

另外,还需要第二个过程以确定 DMA 操作是否完成。下面列出了测试 DMAC 以确定 DMA 传输是否完成的过程。在编程 DMAC 之前需调用 TEST_P 过程检查前一次传输是否完成。

```
;测试 DMA 操作是否完成的过程
STATUS    EQU     78H                  ;状态寄存器
TEST_P    PROC    NEAR USES AX
```

```
        .REPEAT
        IN        AL,STATUS
        .UNTIL AL & 8              ;直到 AL 的第 3 位为 1
        RET
TEST_P  ENDP
```

被打印的数据可以经过双重缓冲，首先将要打印的数据装入缓冲区 1，然后调用 PRINT 过程开始打印缓冲区 1 中的数据。由于编程 DMAC 只占用很少时间，所以在打印机接口和 DMAC 打印第 1 个缓冲区(缓冲区 1)中的数据时，第 2 个缓冲区(缓冲区 2)可用新的打印数据来填充。重复该过程直到所有数据打印完毕。

2.7　80x86 接口

随着电子技术的发展，8086 微处理器也在不断进步。从 8086 开始，经历了 80286、80386、80486、奔腾等，统称 80x86 系列微处理器。这个系列的微处理器的存储器结构和指令集都发生了很大的变化。其数据总线的宽度和字长经历了 16 位、32 位和 64 位，处理能力飞速发展。

从前几节的内容可以看出，采用 8086 CPU 建立计算机系统需要的外围接口种类繁多，接口电路非常复杂。并且随着 CPU 总线宽度的增加，这一问题越来越突出。为了解决这一问题，Intel 公司从设计 80386 开始，将 DMAC、中断控制器、定时器以及 CPU 正常工作所必需的复位电路、等待状态控制电路、动态存储器刷新电路以及内部总线仲裁电路等集成到一起，设计了多功能接口芯片 M82380。

M82380 的内部结构中包含：8 通道 DMAC、4 通道的 16 位定时/计数器、20 级中断控制器、等待状态发生器、CPU 复位控制逻辑、DRAM 刷新控制器。82380 的出现使得 CPU 的接口器件数量大为减少。解决了计算机系统中复杂的各种接口电路的连接问题和电能消耗问题，也降低了计算机系统的电路板面积。虽然后续的计算机中不再使用如 8254、8259、8237、8284 等器件，但多功能接口芯片中包含的各种功能与这些器件仍然兼容或是功能扩充。

为适应控制设备的要求，许多公司还将 CPU、外围接口电路甚至存储器等集成到一起，形成一种新的单片微型计算机，为一些领域的计算机应用提供了单片的解决方案。单片微型计算机内部集成了 CPU、存储器、中断控制器、定时器、简单并行接口和串行接口电路。在介绍 I/O 通道设计之前，先介绍一种在控制领域大量使用的单片机，即 89C51。

第 3 章　89C51 单片机及系统

单片机是将 CPU、RAM、ROM、定时器/计数器、并行 I/O 接口、串行接口等集成在一个超大规模集成电路上的单芯片微型计算机。

单片机可从不同方面进行分类：根据数据总线宽度可分为 8 位、16 位和 32 位机；根据存储器结构可分为哈佛结构和冯·诺伊曼结构；根据内嵌程序存储器的类别可分为 OTP、掩膜、EPROM/EEPROM 和闪存；根据指令结构又可分为 CISC 和 RISC 微控制器。本章以一款 8 位、哈佛结构、内含 Flash ROM 的微控制器 89C51 为基础，详细介绍其内部硬件资源、各功能部件的结构和原理。

3.1　89C51 的结构和原理

89C51 是一种低功耗、低电压、高性能的 8 位单片机。它采用了 CMOS 工艺和高密度非易失存储器技术，其引脚和指令都与 Intel 公司生产的 MCS-51 系列单片机兼容。片内的 Flash ROM 可反复擦写 1000 次以上，非常适合各种产品的开发，可方便地应用于各种检测和控制领域。

3.1.1　内部结构及特点

1. 基本组成

89C51 单片机的组织结构图如图 3-1-1 所示，其内部各硬件模块之间由内部总线相连接。

89C51 单片机包含下列部件。

(1) 1 个对外具有 64KB 的程序存储器和数据存储器寻址能力、支持 111 种汇编语言指令、兼容 MCS-51 内核的 8 位微处理器(CPU)。

(2) 1 个片内振荡器及时钟电路，最高允许振荡频率为 24MHz。

(3) 4KB 程序存储器(ROM)。

(4) 128 字节数据存储器(RAM)。

(5) 4 个可作为输入或输出的 8 位并行 I/O 接口(P_0～P_3)。

(6) 2 个 16 位定时器/计数器。

(7) 1 个全双工串行口。

(8) 5 个中断源、2 个中断优先级的中断控制器。

(9) 1 个支持位操作的布尔处理机(位处理器)。

(10) 21 个用于控制内部各功能部件的特殊功能寄存器 SFR(或称专用寄存器)。

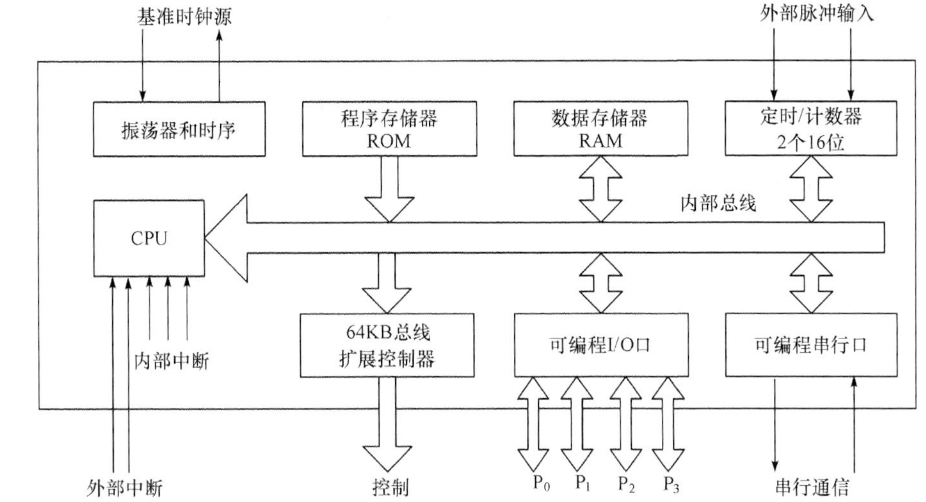

图 3-1-1　89C51 的组织结构图

存储器容量和定时器/计数器数量随子型号的不同而有变化

2. 内部结构

89C51 单片机内部结构如图 3-1-2 所示。

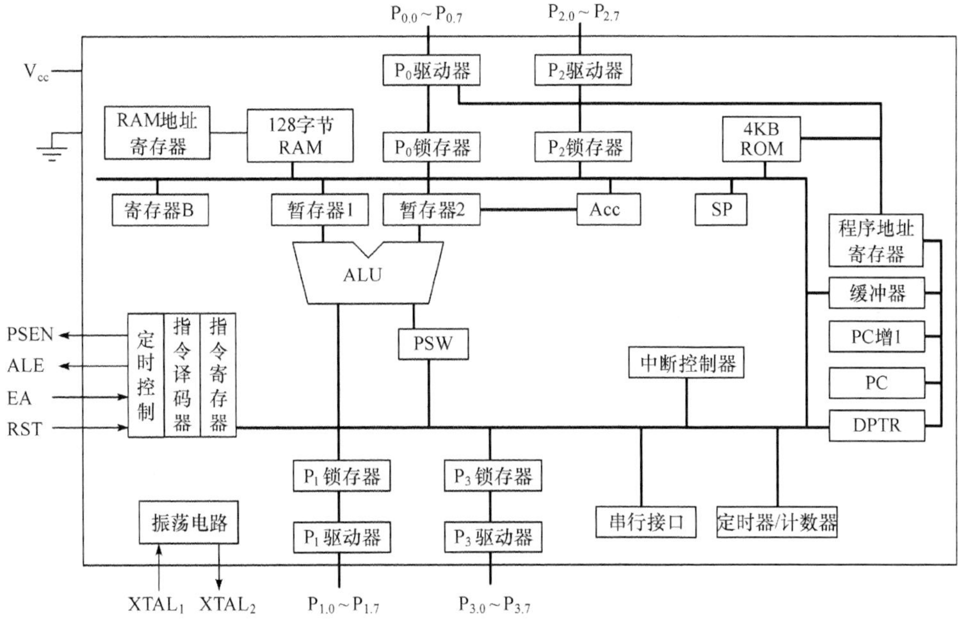

图 3-1-2　89C51 单片机内部结构

1) CPU

CPU是单片机的核心，由运算器和控制器组成，负责单片机的运算和控制。

(1) 运算器。

运算器包括一个可进行8位二进制数运算的算术逻辑单元(ALU)、暂存器1、暂存器2、8位的累加器Acc、寄存器B和程序状态字(PSW)等。

算术逻辑单元：可对4位(半字节)、8位(单字节)和16位(双字节)数据进行操作，能执行加、减、乘、除、加1、减1、BCD数的十进制调整及比较等算术运算和与、或、异或、求补及循环移位等逻辑操作。

累加器：累加器(Acc)是使用最频繁的一个专用寄存器。在算术和逻辑运算中，经常使用Acc作为一个操作数，并且保存运算结果。在某些操作中，必须要有累加器的参与，如对外部数据存储器的操作等。

程序状态字：写为PSW，8位，用来指示指令执行后的状态信息，相当于一般微处理器的状态寄存器。PSW中的各位状态供程序查询和判断使用，可构成程序的分支和转移。

寄存器B：8位寄存器，直接支持8位的乘除法运算，作为一个参与运算的操作数，并保存部分运算结果。当不进行乘除法时，也可作为通用寄存器。

另外，89C51单片机中还有一个布尔处理器，即位处理器，它以程序状态字中最高位C(即进位位)作为位累加器，专门用来进行位操作。能对可位寻址的空间地址进行置位、清零、取反、测试、位传送、位逻辑运算等操作。

(2) 控制器。

控制器包括程序计数器(PC)、指令寄存器(IR)、指令译码器(ID)、振荡电路及定时控制等。

PC：由两个8位计数器PCH和PCL组成。该寄存器中总是存放下一条要执行的指令的地址，改变PC的内容就可以改变程序执行的走向。PC对使用者是不可见的，也没有指令可以对PC进行赋值。单片机复位时，PC的初始值是0000H，因此第一条指令应该放置在0000H单元。执行对外部存储器或I/O接口操作时，PC的内容低8位从P_0口输出，高8位从P_2口输出。

既然不能用指令给PC赋值，那么它是如何运行的呢？在顺序执行指令时，每读取一个指令字节，PC就自动加1；而当响应中断、调用子程序和执行跳转指令时，PC的值要按一定规律变动，由系统硬件自动完成。

IR和ID：IR用于存放指令代码。CPU执行指令时，从程序存储器中读出的指令代码被送入IR，经ID译码后由定时控制电路发出相应的控制信号，完成指令功能。

振荡电路及定时控制：89C51单片机内部有振荡电路，只需外接石英晶体和频率微调电容(2个30pF左右的小电容)，频率范围为0～24MHz。该脉冲信号就是

89C51 工作的基本节拍，即时间的最小单位。

2) 存储器

89C51 单片机芯片上有两种存储器，一种是可编程、可电擦除的程序存储器，称为 Flash ROM；另一种是数据存储器(RAM)，可读可写，断电后 RAM 内容也会丢失。

(1) 程序存储器(Flash ROM)。

89C51 片内程序存储器容量为 4KB，地址范围是 0000H～0FFFH，用于存放程序和常数。

(2) 数据存储器(RAM)。

89C51 片内数据存储器容量为 128 字节，使用 8 位地址表达，范围是 00H～7FH，用于存放中间结果、数据暂存和数据缓冲等。在这 128 字节的 RAM 中，有 32 字节可指定为工作寄存器。这和一般微处理器不同，89C51 的片内 RAM 与工作寄存器都安排在一个队列里统一编址。

从图 3-1-2 中可以看到，89C51 内部还有 SP、DPTR、PSW、IE 等许多特殊功能寄存器，简称 SFR(Special Function Register)，这些 SFR(共 21 个)的地址紧随 128 字节片内 RAM 之后，离散地分布在 80H～0FFH 地址范围内。高 128 字节中有许多地址单元在物理上是不存在的，对它们进行读操作会得到不可预期的结果。

3) I/O 接口

89C51 有 4 个与外部交换信息的 8 位并行 I/O 接口，即 P_0～P_3。它们都是准双向端口，每个端口有 8 条 I/O 线，都可以输入或输出。这 4 个口都有端口锁存器地址，它们属于 SFR。

3.1.2　引脚及功能

89C51 单片机有 40 引脚双列直插(DIP)方式和 44 引脚方形封装方式，以 40 引脚的比较常见。图 3-1-3 给出了 DIP 方式的 89C51 单片机引脚配置图。

图 3-1-3(a)为按引脚排列的实际芯片配置情况，图 3-1-3(b)为按逻辑分类的示意图。一般习惯上，若给出芯片豁口，则表示引脚是按实际情况排列的；若无芯片豁口，则表示是按功能逻辑排列的。在电路设计中经常使用图 3-1-3(b)的方式来进行原理图设计，可使原理图更清晰明确。

89C51 单片机的 40 个引脚可大致分为三大类。

1. 电源、地和外接晶体引脚

V_{cc}：芯片电源，为＋5V。

V_{ss}：接地端。

$XTAL_2$：接外部晶体的一端。在单片机内部，它是振荡电路反相放大器的输

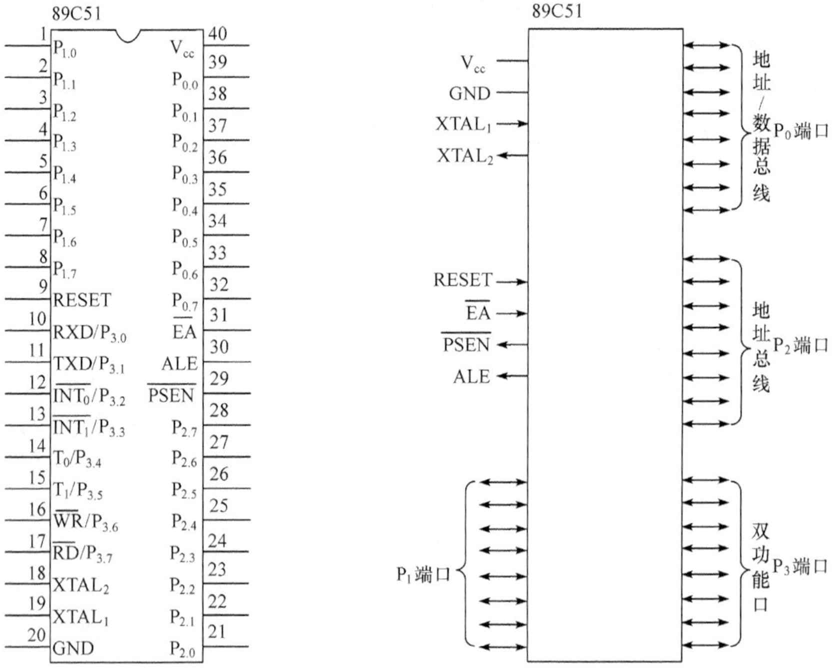

(a) 按引脚排列　　(b) 按逻辑分类

图 3-1-3　DIP 方式的 89C51 单片机引脚配置图

出端，振荡电路的频率就是晶体的固有频率。当采用外部时钟电路时，该引脚悬空。当单片机内部振荡电路正常工作时，可从这个引脚探查到振荡脉冲信号。

$XTAL_1$：接外部晶体的另一端。在单片机内部，它是振荡电路反相放大器的输入端。当采用外部时钟信号时，外部脉冲从该引脚输入。

2. I/O 引脚

共 4 个 8 位并行 I/O 口，分别命名为 P_0、P_1、P_2、P_3。

P_0 口（$P_{0.0}$～$P_{0.7}$）：P_0 口是漏极开路的 8 位准双向 I/O 端口。输出时，每位能驱动 8 个 TTL 负载。作为输入口使用时，要先向口锁存器写入全“1”，可实现高阻态输入，这就是准双向的含义。

在 CPU 访问片外存储器时，P_0 口分时提供低 8 位地址和作为 8 位双向数据总线。当作为地址/数据总线时，P_0 口不再具有 I/O 口特征，此时 P_0 口内部上拉电阻有效，不是开漏输出。

P_1 口（$P_{1.0}$～$P_{1.7}$）：P_1 口是带有内部上拉电阻的 8 位准双向 I/O 口。P_1 口的输出缓冲器能驱动 4 个 TTL 负载。

P_2 口（$P_{2.0}$～$P_{2.7}$）：P_2 口是带有内部上拉电阻的 8 位准双向 I/O 口。P_2 口的

输出缓冲器可驱动 4 个 TTL 负载。

在访问外部程序存储器或 16 位地址的外部数据存储器(如执行 MOVX@DPTR 指令)时,P_2 口送出高 8 位地址。在访问 8 位地址的外部数据存储器(如执行 MOVX @R0 指令)时,P_2 口引脚上的内容(即 P_2 口锁存器的内容)在访问期间保持不变。

P_3 口($P_{3.0}$~$P_{3.7}$):P_3 口是带有内部上拉电阻的 8 位准双向口。P_3 口的输出缓冲器可驱动 4 个 TTL 负载。在 89C51 中,P_3 口还有一些复用功能,见 3.1.4 小节。

3. 控制信号引脚

这类信号比较复杂,但非常重要,它们分别如下。

ALE:地址锁存允许信号,下降沿有效,输出。当 89C51 上电复位正常工作后,ALE 引脚不断输出正脉冲信号,大致是每个机器周期 2 个脉冲。CPU 访问片外存储器时,ALE 信号用于从 P_0 口分离和锁存低 8 位地址信息,其输出脉冲的下降沿用作低 8 位地址的锁存信号。平时不访问片外存储器时,ALE 引脚以振荡频率的 1/6 输出固定脉冲。但是当访问外部数据存储器时(即执行 MOVX 类指令),ALE 脉冲会有缺失,因此不宜用 ALE 引脚作为精确定时脉冲。ALE 端能驱动 8 个 TTL 负载。用示波器检测该引脚是否有脉冲输出,可大致判断单片机是否正常工作。

RESET:复位信号,高电平有效,输入。当这个引脚维持 2 个机器周期以上的高电平时,单片机就能完成复位操作。

$\overline{\text{PSEN}}$:程序存储器读选通,低电平有效,输出。当 89C51 从片外程序存储器取指令时,每个机器周期 $\overline{\text{PSEN}}$ 两次有效。$\overline{\text{PSEN}}$ 引脚也能驱动 8 个 TTL 负载。

$\overline{\text{EA}}$:片内、外程序存储器选择控制端,输入。

当 $\overline{\text{EA}}$ 接高电平时,CPU 先访问片内程序存储器,当程序计数器的值超过 4KB 范围时自动转去执行片外程序存储器的程序。

当 $\overline{\text{EA}}$ 端接地时,CPU 只访问片外 ROM,而无论是否有片内程序存储器。

3.1.3 时钟、时序与复位

89C51 与 8086 微处理器一样,从取指令到执行指令过程中的各种微操作,都按照一定的节拍有序地进行。89C51 单片机内有一个时钟发生器,通过外接晶振为 CPU 提供时钟。也可以由外部提供时钟输入。

1. 时钟电路

89C51 的时钟既可以选择外部时钟,也可以使用内部时钟发生器,通过外部附加晶体的形式而产生时钟。89C51 时钟电路如图 3-1-4 所示。

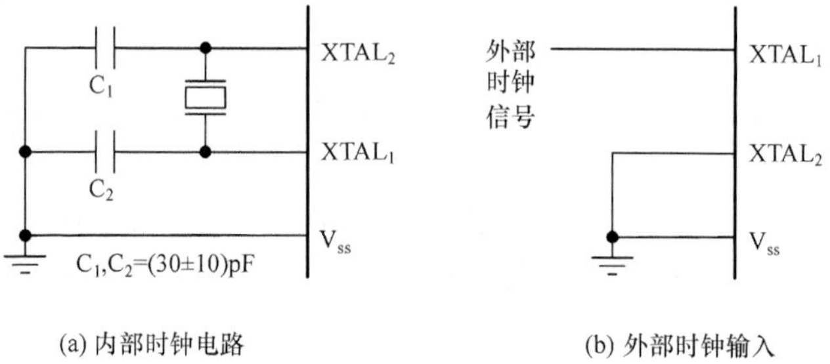

图 3-1-4　89C51 时钟电路

89C51 单片机内部有一个高增益反相放大器，用于构成振荡器。反相放大器的输入端为 $XTAL_1$，输出端为 $XTAL_2$，两端跨接石英晶体及两个起振电容就可以构成稳定的自激振荡器。电容器 C_1 和 C_2 的值通常取 30pF 左右，可稳定频率并对频率有微调作用，振荡脉冲频率范围为 0～24MHz。

2. 指令周期

如图 3-1-5 所示，时钟发生器是一个 2 分频的触发器电路，它将输入的时钟频率(或内部振荡器的信号频率)f_{osc}除以 2，向 CPU 提供两相时钟信号 P_1 和 P_2。时钟信号的周期称为状态周期 S，每 2 个振荡周期为一个 S 状态。在每个时钟周期的前半段，第一节拍 P_1 有效，而后半段是第二节拍 P_2 有效。

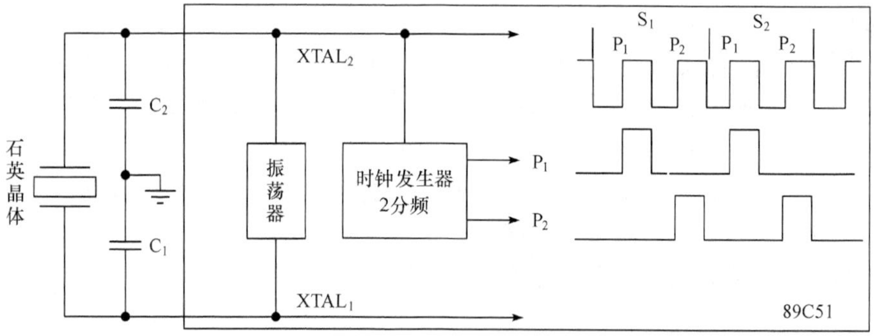

图 3-1-5　89C51 单片机的片内振荡器和时钟发生器

时钟周期又称 S 状态，它的两个节拍 P_1 和 P_2 是基本的控制节奏。如某个动作发生在 S_5P_2，就是指动作发生在一个机器周期的第 5 个时钟周期的后半段上。

CPU 访问存储器一次所需要的时间称为一个机器周期。如取指令、读写存储器等。89C51 单片机的机器周期长度是固定的，为 12 个振荡周期，或 6 个 S 状态。每个 S 状态可细分为 P_1 和 P_2 两个节拍。机器周期的长度仅与振荡晶体的固有频率有关，若振荡晶体为 12MHz，则机器周期恰好为 1μs。

单片机执行一条指令所需要的时间或机器周期数称为指令周期。视指令的复杂程度而有不同，分别可能是 1 周期、2 周期或 4 周期。单片机的汇编语言指令，多数是单周期或双周期指令，少部分是 3 周期的，只有乘除法是 4 周期的。

指令的执行速度与它所需的机器周期数直接有关，机器周期数少则执行速度快。在编程时，应注意优化程序结构和优选指令，尽量选用能完成同样功能而机器周期数少的指令。

图 3-1-6 表示了 89C51 单片机各种周期之间的关系。归纳起来，89C51 单片机的定时单位从小到大依次如下。

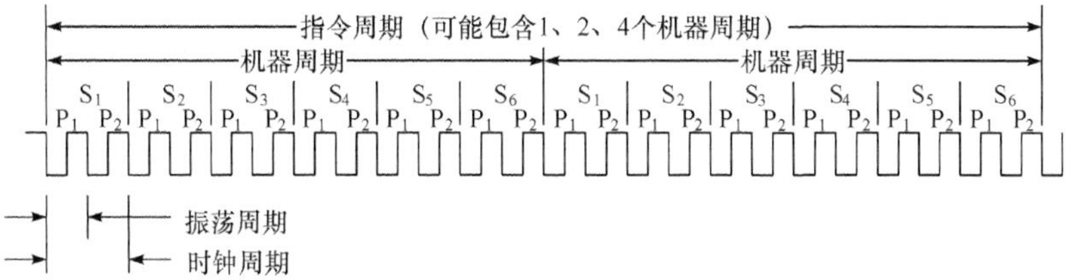

图 3-1-6　89C51 单片机各种周期之间的关系

振荡周期：由振荡晶体决定，是最小时间单位。

状态周期：即时钟周期，由两个振荡周期组成，称为一个 S 状态。

机器周期：固定由 12 个振荡周期或 6 个状态周期组成，可执行一次基本操作。

指令周期：执行一条指令所需要的时间，可能需要 1～4 个机器周期。

设单片机振荡晶体的频率 f_{osc}＝12MHz，则各周期数值分别如下。

$$振荡周期=1/f_{osc}=1/12\text{MHz}=0.083\mu s$$

$$状态周期=振荡周期\times 2=0.167\mu s$$

$$机器周期=12/f_{osc}=12/12\text{MHz}=1\mu s$$

$$指令周期=(1\sim 4)机器周期=(1\sim 4)\mu s$$

3. CPU 时序

每条指令的执行都包括取指和执行两个阶段。CPU 先从内部或外部程序存储器中取出指令，然后再执行。89C51 单片机的每个机器周期中包含 6 个 S 状态，每个状态划分为 2 个节拍。根据各种指令的复杂程度，每条指令形成的代码可有单字节、双字节或三字节。从执行速度上，有单周期、双周期甚至四周期指令。指令的字节数和执行的周期数之间没有必然联系，单字节和双字节指令都可能是单周期或双周期的，而 3 字节指令一定是双周期的，只有乘除法指令是 4 个周期的。

所谓时序，是研究某种操作有哪些控制和数据信号参与，这些信号动作的先后次序如何，以及信号是电平有效还是跳变边沿发生作用。在查看时序图时应注意纵向观察,了解各信号的配合关系。研究时序能更好地学习掌握单片机的工作原理,这种技能也对今后学习掌握其他单片机或接口电路有重要意义。

图 3-1-7 给出了 89C51 单片机几种指令的取指和执行的时序。最顶行给出了振荡器波形,它可以作为基本的时序参考。图中画出了 2 个机器周期的情况。一般情况下,在每个机器周期中 ALE 信号两次有效,第一次出现在 S_1P_2 和 S_2P_1 期间,第二次出现在 S_4P_2 和 S_5P_1 期间。ALE 是地址锁存允许信号,有效时刻发生在下降沿。

单周期指令的执行始于 S_1P_2,这时操作码被锁存到指令寄存器内,若是双字节指令则在同一机器周期的 S_4 读取第 2 字节。若是单字节指令,则在 S_4 仍有取指操作,但读入的内容被忽略,且程序计数器不加 1。图 3-1-7(a)、(b)分别给出了单字节单周期和双字节单周期指令的时序,都能在一个机器周期结尾处即 S_6P_2 时刻完成操作。图 3-1-7(c)是单字节双周期指令的时序,两个机器周期内执行了 4 次读操作码的操作,因为是单字节指令,所以后 3 次读操作都是无效的。图 3-1-7(d)给出了访问片外 RAM 的 MOVX 型指令的时序,它也是一条单字节双周期指令,在第一个机器周期 S_5 开始送出片外 RAM 地址后,进行读/写操作。读写期间在 ALE 端不输出有效信号,第二机器周期期间也不发生取指操作。本例包含对片外 RAM 的读或写两种操作情况。算术逻辑运算操作一般发生在节拍 1 期间,内部寄存器对寄存器的传送操作一般发生在节拍 2 期间。

4. 复位电路

1) 复位的意义和功能

89C51 单片机与其他微处理器一样,在启动时都需要复位,使 CPU 及系统各部件处于确定的初始状态,并从这个初始状态开始运行。单片机的复位信号来自外部,从 RESET 引脚进入芯片内的施密特触发器中。系统正常工作期间,如果 RESET 引脚上有一个高电平并维持 2 个机器周期以上,则可引起 CPU 复位。

复位引起 CPU 的初始化。其主要功能是把程序计数器的值初始化为 0000H,以便复位结束后从这个地址开始取指令。CPU 从冷态接电的启动复位常称为冷启动或上电复位。相应地,如果 CPU 在运行期间由于程序运行出错等造成系统死机,也可以通过复位使之激活,称为热启动。热启动有手动复位和看门狗复位两种方法。

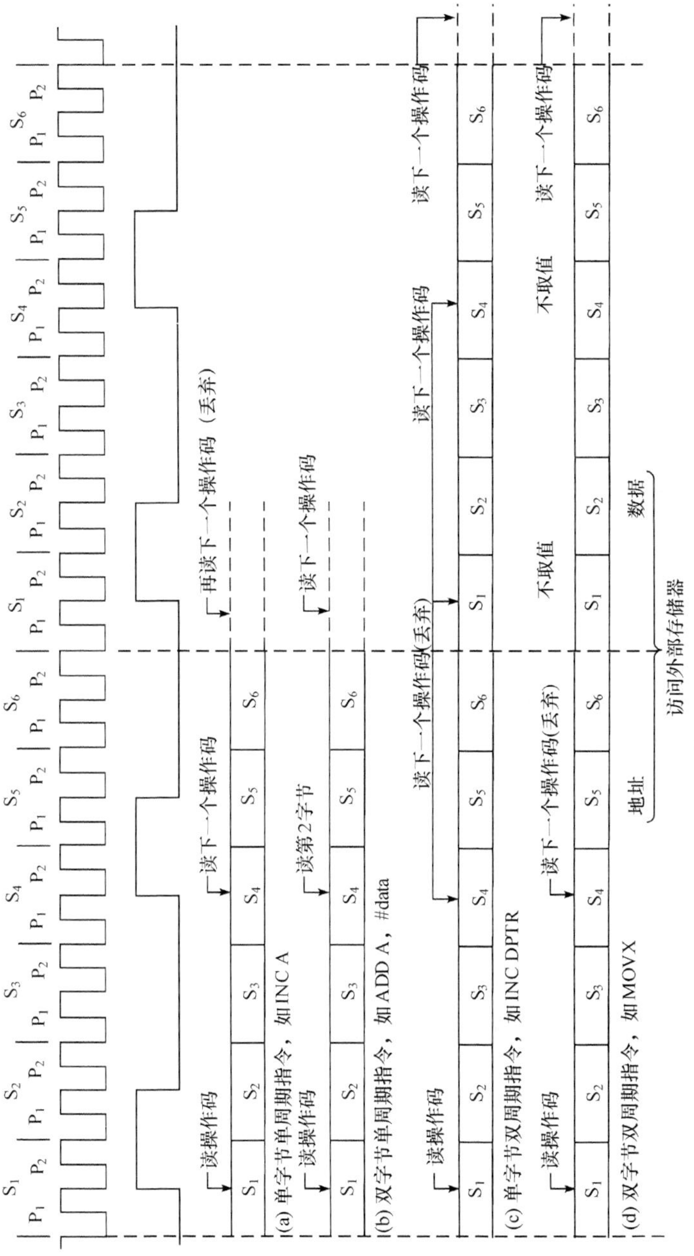

图 3-1-7 89C51 单片机几种指令的取指和执行的时序

复位期间,CPU 除对 PC 赋初始值 0000H,还对一些专用寄存器有影响,具体如下。

Aa：	00H	清零
PSW：	00H	默认选择工作寄存器 0 区
SP：	07H	堆栈指针初始值,可在复位后重新设置
$P_0 \sim P_3$：	FFH	端口初始状态,可为高阻输入
其他 SFR：	初始值为 00H	
片内 RAM：	不受复位影响	

对于片内 RAM 在复位后的情况需要特别留意。由于复位不影响内部 RAM,所以 RAM 中的内容要根据情况判定。如果是冷启动,则 RAM 中各单元是随机数;如果是热启动,则 RAM 中的内容不变,维持复位前的数据。这个特点可以被利用来判断复位源,见后面叙述。

熟知 SFR 的初始状态对编程很重要,而 I/O 口复位后为高电平的特征也必须在硬件设计时充分注意到。

2) 复位信号

RESET 引脚是复位信号输入端。复位信号是高电平有效的,其持续时间必须维持 2 个机器周期以上。若使用 12MHz 晶体,则复位信号高电平时间应超过 2μs,才能完成复位操作。

复位电路信号逻辑如图 3-1-8 所示,包括芯片内、外两部分。外电路产生的复位信号送到施密特触发器,再由片内复位电路在每个机器周期的 S_5P_2 时刻对施密特触发器的输出进行采样,然后才得到内部复位所需的信号。

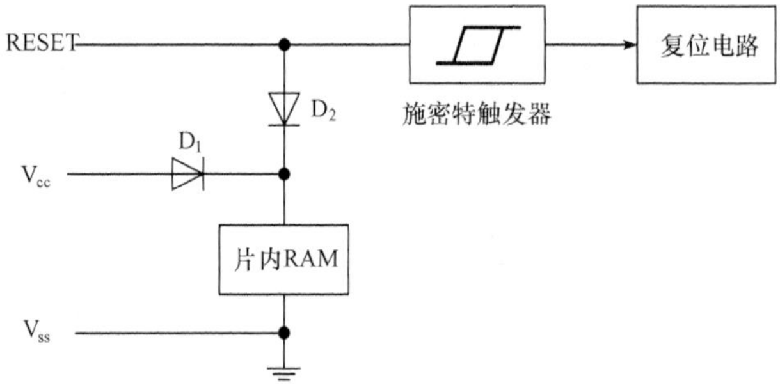

图 3-1-8　复位电路信号逻辑

3) 复位电路

复位操作有三种方式:上电自动复位、按键手动复位和看门狗自动复位。

(1) 上电自动复位。

上电自动复位是在施加电源瞬间通过 RC 电路来实现的,如图 3-1-9 (a)所示。

在通电瞬间，电源通过电容 C 和电阻 R 回路对电容充电，使 RESET 端出现如图 3-1-9 (b)所示的波形，经过施密特整形电路，可向内部复位电路提供一个正脉冲引起单片机复位。通常取 $R=1\text{k}\Omega$，$C=22\mu\text{F}$，就能可靠复位。如果系统中还有其他外围器件也需要复位信号，可以按图 3-1-9(c)所示加接一个门电路。

(2) 按键手动复位。

按键手动复位是指单片机在运行期间通过手动按钮使 CPU 强行复位，再从头开始运行。图 3-1-9(d)表示的是上电复位与手动复位结合的情况。

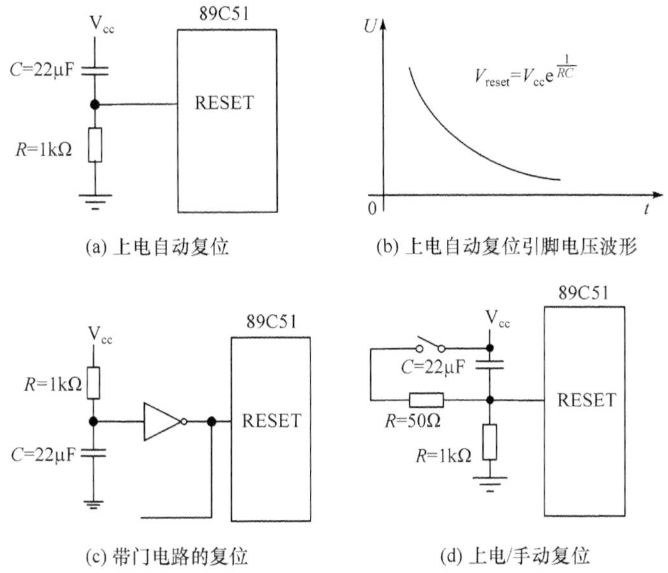

(a) 上电自动复位　(b) 上电自动复位引脚电压波形

(c) 带门电路的复位　(d) 上电/手动复位

图 3-1-9　各种复位电路

(3) 看门狗自动复位。

以单片机为核心的智能装置，应具有自动脱离死循环或死机的功能，这就是看门狗电路，又称 WatchDog。看门狗的设计理念是：设计一个硬件电路，在程序正常运行期间，只要定时发出清除信号(称为喂狗)，该电路就一直不产生复位信号；一旦程序不能正常运行，经过一定时间后(一般为几十毫秒到几秒)，看门狗电路会自动产生复位信号，产生复位信号促使单片机复位。看门狗的设计方法有很多，可使用外围芯片、利用单片机内部看门狗、利用单片机内部定时器中断等。图 1-2-14 给出的就是一个实用的看门狗电路。

3.1.4　程序设计资源

89C51 的程序设计资源由 21 个专用寄存器和 8 个工作寄存器构成。

1. 专用寄存器

专用寄存器又称特殊功能寄存器，它们离散地分布在 80H～FFH 地址空间内，只能用直接寻址方式进行访问。这些寄存器涉及对片上硬件资源的调度和控制，大体可分为两类：控制寄存器和计数寄存器。其中控制类的多数都能进行位操作，其地址的特点是低半字节为 0 或 8，详见表 3-1-1。

表 3-1-1 PSW 各位的含义及其格式

位地址	D_7	D_6	D_5	D_4	D_3	D_2	D_1	D_0
位名称	CY	AC	F_0	RS_1	RS_0	OV	—	P
位信息	进位位	半进位	用户标志	寄存器区选址		溢出标志	保留	奇/偶位

注：对所有可位寻址的专用寄存器，其最低位的位地址与其字节地址相同

1）累加器 Acc(0E0H)

累加器 Acc 是使用最频繁的 8 位 SFR，许多指令的操作数都包含累加器，算术和逻辑运算更离不开它。

2）寄存器 B(0F0H)

在乘、除法指令中用到寄存器 B。乘法指令用到两个操作数分别来自 A 和 B，乘积的高字节存放在 B，低字节存放在 A；除法指令中，A 中为被除数，B 中为除数，商存放在 A，余数存放在 B。

3）程序状态字(PSW)(0D0H)

PSW 是 8 位专用寄存器，它的各位包含了程序执行后的状态信息，供程序查询或判别用。各位的含义及其格式如表 3-1-1 所示。

CY：进位/借位标志。在执行加法或减法运算时，如果运算结果最高位向前发生进位或借位时，CY 位会被自动置位为 1，无论此前该位的值是什么；如果运算结果最高位无进位或借位，则 CY 清零，无论此前该位的值是什么。CY 的值总是反映最近一次加减法操作后的结果状态。CY 也是进行位操作时的位累加器，简写为 C。

AC：半进位标志或称辅助进位标志。当执行加法或减法操作时，如果低半字节(位 3)向高半字节(位 4)有进位或借位，则 AC 位将被硬件自动置位为 1，否则清零。

F_0：用户标志位。此位系统未占用，用户可以根据自己的需要对 F_0 的用途进行定义。

RS_1 和 RS_0：工作寄存器区选择位。这两位的值指定当前使用哪个工作寄存器区，可用指令改变其数值组合，以便切换工作寄存器区。数值组合与工作寄存器区的关系见表 3-1-2。

表 3-1-2　数值组合与工作寄存器区的关系

D_7			位地址				D_0	字节地址	SFR	寄存器名
$P_{0.7}$	$P_{0.6}$	$P_{0.5}$	$P_{0.4}$	$P_{0.3}$	$P_{0.2}$	$P_{0.1}$	$P_{0.0}$	80	P_0 *	P_0 口锁存器
87	86	85	84	83	82	81	80			
								81	SP	堆栈指针
								82	DPL	数据指针
								83	DPH	
SMOD								87	PCON	电源控制
TF_1	TR_1	TF_0	TR_0	IE_1	IT_1	IE_0	IT_0	88	TCON*	定时器控制
8F	8E	8D	8C	8B	8A	89	88			
GATE	$C/\overline{T}$	M_1	M_0	GATE	$C/\overline{T}$	M_1	M_0	89	TMOD	定时器方式
								8A	TL_0	T_0 低字节
								8B	TL_1	T_1 低字节
								8C	TH_0	T_0 高字节
								8D	TH_1	T_1 高字节
$P_{1.7}$	$P_{1.6}$	$P_{1.5}$	$P_{1.4}$	$P_{1.3}$	$P_{1.2}$	$P_{1.1}$	$P_{1.0}$	90	P_1 *	P_1 口锁存器
97	96	95	94	93	92	91	90			
SM_0	SM_1	SM_2	REN	TB_8	RB_8	TI	RI	98	SCON*	串行口控制
9F	9E	9D	9C	9B	9A	99	98			
								99	SBUF	收发缓冲器
$P_{2.7}$	$P_{2.6}$	$P_{2.5}$	$P_{2.4}$	$P_{2.3}$	$P_{2.2}$	$P_{2.1}$	$P_{2.0}$	A0	P_2 *	P_2 口锁存器
A7	A6	A5	A4	A3	A2	A1	A0			
EA			ES	ET_1	EX_1	ET_0	EX_0	A8	IE*	中断允许
AF	—	—	AC	AB	AA	A9	A8			
$P_{3.7}$	$P_{3.6}$	$P_{3.5}$	$P_{3.4}$	$P_{3.3}$	$P_{3.2}$	$P_{3.1}$	$P_{3.0}$	B0	P_3 *	P_3 口锁存器
B7	B6	B5	B4	B3	B2	B1	B0			
			PS	PT_1	PX_1	PT_0	PX_0	B8	IP*	中断优先级
—	—	—	BC	BB	BA	B9	B8			
CY	AC	F_0	RS_1	RS_0	OV	—	P	D0	PSW*	程序状态字
D7	D6	D5	D4	D3	D2	D1	D0			
								E0	A*	A 累加器
E7	E6	E5	E4	E3	E2	E1	E0			
								F0	B*	B 寄存器
F7	F6	F5	F4	F3	F2	F1	F0			

注：①带 * 号的 SFR 既可以字节寻址也可以位寻址；②寄存器 B 的字节地址和最低位的位地址都是 F_0，而 PSW D_5 位的 F_0 是其位名称而非地址，两者并无冲突；③定时器方式控制寄存器 TMOD，虽然给出了各位的名称，但它是不可位寻址的；④“—”表示该位无定义；⑤表中所有地址均为十六进制形式

单片机上电复位后，RS_1 和 RS_0 都为 0，因此默认使用工作寄存器 0 区。如果要改变当前工作寄存器区，可以采用字节操作或位操作两种方式，后者更快捷。这样的设置为程序中快速保护和恢复现场提供了便利。RS_1、RS_0 数值与工作寄存器区对应关系见表 3-1-3。

表 3-1-3　RS_1、RS_0 数值与工作寄存器区对应关系

RS_1	RS_0	选定工作寄存器区	片内 RAM 地址
0	0	0 区	00H～07H
0	1	1 区	08H～0FH
1	0	2 区	10H～17H
1	1	3 区	18H～1FH

OV：溢出标志位。当进行补码运算时，如果发生溢出，即表明运算结果超出了一字节补码能表达的数据范围－128～＋127，此时 OV 由硬件置位为 1；若无溢出，则 OV 为 0。具体是否溢出的判断方法是，若最高位和次高位不同时向前进位，则发生溢出，否则无溢出。每当进行运算时进位位和溢出位都进行客观变化，但是，进行无符号数运算时关注进位位，进行补码运算时关注溢出位。

PSW-1：保留位。单片机产品设计时有许多这类情况，凡是在某位置为短横线的情况，都是指该型号产品此位暂无定义。对无定义的位执行读操作会有不确定的结果，应避免。

P：奇偶校验位。每条指令执行后，该位始终反映累加器 A 中 1 的个数的奇偶性。如果 A 中 1 的个数为奇数，则 P=1，反之 P=0。此功能可以用于校验串行通信中数据传送是否出错，称为奇偶校验。

4) 堆栈指针(SP)(81H)

堆栈指针(Stack Pointer，SP)是 8 位的专用寄存器，它可以指向单片机片内 RAM 00H～7FH 的任何单元，因此堆栈的最大理论深度是 128 字节。系统复位后，SP 的初始值为 07H。

堆栈概念：堆栈是一类特殊 RAM，它遵从“后进先出”的法则，这种结构对于处理中断和子程序调用都非常方便。89C51 单片机的堆栈是向上生成的，在使用前应先对指针赋初始值。所谓向上生成，是指随着数据字节进入堆栈，堆栈的地址指针不断增大。堆栈操作有压栈和出栈两种。压栈时，指针先加 1，再把数据字节压入；出栈时，次序相反，是先弹出数据内容，指针再减 1。

影响堆栈的情况如下。

(1) 使用压栈和出栈指令，分别是 PUSH 和 POP，每次操作 1 字节。

(2) 当响应中断请求时，下一条要执行的指令代码地址自动压入堆栈，共 2 字节；且当中断返回时自动将所压入的 2 字节弹出堆栈回送给 PC。这个过程是系统自动完成的，无须程序干预。

(3) 当调用子程序时，调用指令之后的下一条指令地址自动进栈，共2字节；当子程序返回时该2字节自动弹出。

堆栈的作用：用压栈和弹栈指令进行快速现场保护和恢复；在中断和调用子程序时自动保护和恢复断点；利用堆栈传递参数。

5) 数据地址指针(83H、82H，高字节在前)

数据地址指针(Data Pointer，DPTR)是一个16位的专用寄存器，由高字节DPH和低字节DPL组成。DPTR可以作为一个16位寄存器使用，也可以按高低字节分别操作。DPTR的主要用途是当操作外部RAM或I/O端口时存放一个16位的地址。此外DPTR还可以作为查表操作时的基地址。

其他SFR在后续章节中介绍。除了这21个SFR，89C51单片机中还有一个16位的程序计数器，它是不可寻址的。

2. 工作寄存器

89C51单片机的工作寄存器共8个，编号分别为$R_0 \sim R_7$。工作寄存器在89C51的CPU指令系统的寻址中具有重要的作用，大部分的间接寻址、直接寻址都是由工作寄存器实现的。

89C51内部有4个通用工作寄存器区：区0～区3。每区都含有8个8位寄存器($R_0 \sim R_7$)。在某一时刻只有一个区是透明的，也就是程序可以访问。在程序中可以通过修改PSW中的RS_0、RS_1实现寄存器区的切换。在中断、子程序调用中，通过寄存器区的切换可以实现数据的快速保护，提高程序执行的效率。这样做在某种程度上也可以弥补89C51堆栈空间比较小的缺点。

这样就是位于区0。通常，主程序使用区0，低级中断程序使用区1，高级中断程序使用区2，区3作为备用。如果某些区不作为工作寄存器，也可以当作普通RAM单元使用。CPU复位后，默认寄存器区0为工作寄存器。

3.1.5 空闲和掉电方式

89C51单片机采用两种半导体工艺制造。一种是HMOS工艺，即高密度短沟道工艺；另一种是CHMOS工艺，即互补金属氧化物的MOS工艺。后者是COMS和HOMS的结合，除了保持HOMS的高速高密度特点，还具有COMS的低功耗特点。

89C51属于CHMOS工艺的单片机，运行功耗低，而且还提供两种节电工作模式，即空闲方式(Idle)和掉电方式(Power Down)，以便进一步降低功率消耗。89C51正常运行时消耗电流为20mA，在空闲方式下为5mA，而在掉电方式下降低为100μA。

图 3-1-10 为实现这两种节电方式的内部电路。可见，如果 $\overline{IDL}=0$，则 89C51 进入空闲运行方式。在这种方式下，振荡器继续运行，但时钟信号由于 $\overline{IDL}$ 的封锁而不提供给 CPU，只提供给外部中断、串行口和定时器等环节。这表明，CPU 在空闲方式下不再运行程序，因此可以极大地降低动态功耗；而各中断环节仍可运行，任何中断请求都能够使系统退出空闲方式。

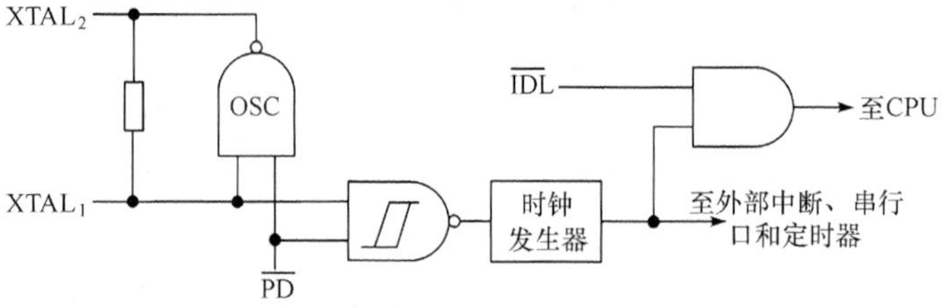

图 3-1-10　空闲和掉电方式

在掉电方式下，$\overline{PD}=0$，振荡器被彻底冻结，CPU 和各中断环节都不工作，功耗进一步降低，但唤醒方式只能是硬件复位。

图 3-1-10 中，$\overline{PD}$ 和 $\overline{IDL}$ 是专用寄存器 PCON 中控制位 PD 与 IDL 的反向输出端。

1. 方式设定

89C51 单片机的 SFR 中有一个电源控制器 PCON，其中低 2 位是设置掉电和空闲方式的。

图 3-1-11 给出了 89C51 单片机的电源控制寄存器图谱。HMOS 器件的 PCON 中只有最高位 SMOD 有意义，而 CHMOS 器件增加了后面 4 位。各位功能说明如下。

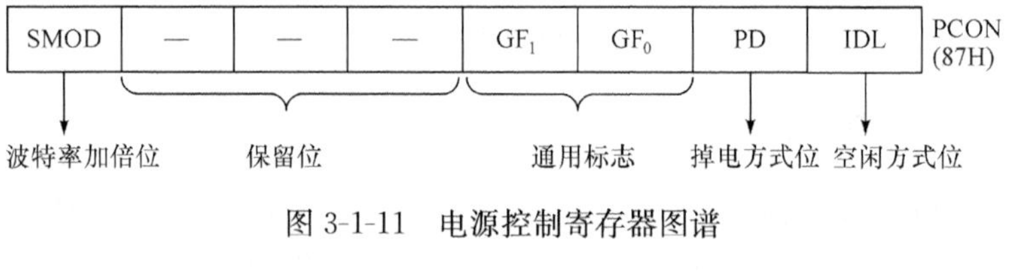

图 3-1-11　电源控制寄存器图谱

SMOD：串行通信波特率加倍位。

GF1 和 GF0：通用标志。

PD：掉电方式位，对此位置 1 则进入掉电方式。

IDL：空闲方式位，对此位置 1 则进入空闲方式。

需要注意，CPU 复位时，PCON＝00H；若 PD 和 IDL 同为 1，则 PD 优先；PCON 是不可位寻址的，必须按字节操作。

2. 空闲方式

当CPU执行IDL=1后，单片机就进入空闲方式。空闲方式又称等待方式或待机方式。在这种情况下，内部时钟不提供给CPU，只供给中断环节。由于系统电源存在，所以，虽然CPU不再执行程序，但是可保持内部现行状态。这包括堆栈指针、程序计数器、程序状态字、累加器Acc、内部RAM等的内容都保持不变，也维持I/O口的当前状态。在此期间，ALE和$\overline{PSEN}$信号维持高电平。

进入空闲方式后，有两种退出方法。一是当任何中断请求被响应都可以由硬件将IDL位清0，从而结束空闲方式。中断服务程序执行完毕返回时，返回点应是当时进入空闲方式设置语句IDL=1的下一条指令。

另一种退出方式是硬件复位。在空闲方式下，振荡器仍在运行，所以硬件复位只需要2个机器周期就能完成。来自RESET引脚上的复位信号直接将PCON字节清0，从而退出空闲状态，CPU从0000H开始执行指令。

通常，如果CPU可运行于间歇方式，定时地或者在外部随机事件发生时才简短操作，则可使用空闲方式。这能够大量地节省能源，特别适用于用电池供电的情况。

3. 掉电方式

当CPU执行一条置PD=1的指令后，系统就进入掉电运行方式。此时，内部振荡器停止工作，CPU不运行程序，其他部件也停止工作，但维持SFR和内部RAM的内容。ALE和$\overline{PSEN}$信号都为低电平。

只有硬件复位的方法能使系统退出掉电方式。复位后，SFR的内容将被重新初始化，但内部RAM的内容维持不变。

掉电方式适用于间歇运行且停顿时间较长的便携式仪器，可由人工按键的方式在运行和掉电方式之间来回切换。

3.1.6 工作模式

89C51可以工作在总线和非总线两种工作模式。89C51的部分引脚的结构决定了89C51可以工作在总线模式或非总线模式，甚至可以工作在混合模式。总线模式下，部分引脚作为总线输出引脚；而在非总线模式下，这些引脚作为并行I/O接口使用。为此，首先了解一下相关引脚的内部结构。

1. 相关引脚结构

1) $P_{0.X}$引脚结构及功能

图3-1-12画出了$P_{0.X}$(X为0,1,…,7,下同)引脚的结构。它由一个输出锁存

器、2 个三态输入缓冲器、输出驱动电路和控制电路组成。图中 1 和 2 是缓冲器，3 是逻辑非门，4 是逻辑与门。

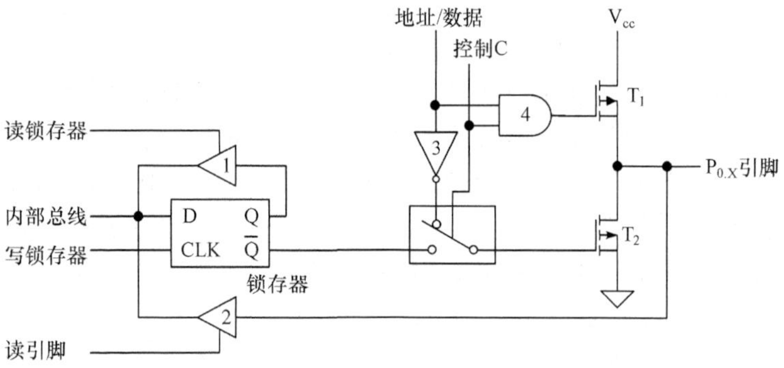

图 3-1-12　$P_{0.X}$引脚的结构

(1) $P_{0.X}$作为通用 I/O 引脚。

当 89C51 不需要输出总线，即 CPU 对片外进行读/写操作时，由硬件自动使控制线 C=0，封锁与门 4，使场效应管 T_1 截止。在无地址/数据信息输出的情况下，多路开关拨向 $\overline{Q}$ 端输出的位置，它把锁存器反向输出端与输出级 T_2 连通。此时 $P_{0.X}$引脚作为通用 I/O 引脚。

输出时，数据从内部总线经锁存器 D 输入端进入，从反向端 $\overline{Q}$ 输出，再经过输出级的 2 次反向，在外部引脚上得到正确的输出逻辑电平。注意此时输出是漏极开路的状态，对于这种情况下的应用，通常要在引脚外部加接 10kΩ 左右的上拉电阻。

输入时，通过读引脚指令（如 MOV A，P0）打开缓冲器 2 使外部引脚的状态经缓冲器进入内部总线到 CPU。若为读锁存器操作，则锁存器输出内容直接经缓冲器 1 读回。必须注意，如果某个口线为双向应用的，即时而输出，时而输入，则当从输出改为输入时必须先向口写 1，然后再进行输入操作。这是因为如果此前的输出数据为 0，则输出级处于导通状态，该引脚被强制钳位为低电平，它能把外设高电平信号强行拉低。为了避免读错信息，需要在进行输入前先向口写 1，关断输出级，使引脚处于高阻输入状态。

读锁存器的操作又称“读-修改-写”操作，它是以端口为目的的逻辑操作。这种指令（如 ANL P0，A）直接读锁存器而不是读端口引脚，可以避免读错引脚上的电平信号。例如，用一根 I/O 线驱动一个晶体管的基极，当向此口线输出 1 时，三极管导通并把引脚上的电平拉低。这时如果 CPU 读取引脚上的信息，就会把数据误读为 0；而如果从锁存器读取，就能获得正确的结果。

(2) $P_{0.X}$作为地址/数据总线。

当 89C51 单片机需要在外部扩展存储器或者并行 I/O 接口器件时，系统必须提供地址和数据总线。CPU 对片外存储器进行读/写操作时，由内部硬件自动使控制线 C=1，使与门 4 解锁，开关 MUX 拨向反相器 3 输出端，即图 3-1-12 所示情况。这时，外部引脚(经输出级 T_2)与锁存器反向输出端 $\overline{Q}$ 断开，而与地址/数据输出端连通。此时，$P_{0.X}$引脚作为分时复用低 8 位地址总线和数据总线的引脚，即 $AD_7 \sim AD_0$。

当输出低 8 位地址/数据信息时，MUX 开关把 CPU 内部地址/数据线输出的内容经反相器 3 与输出驱动场效应管 T_2 的栅极接通。输出信息经反相器 3 和输出级 T_2 的再次反向，使正确的信息出现在引脚上。$P_{0.X}$引脚作为总线应用时，T_1 和 T_2 构成推挽式输出驱动，无须外部上拉电阻，且驱动能力很强。

当输入 8 位数据时，这种情况是在读引脚信号有效时打开输入缓冲器 2，使外部数据进入内部总线。

$P_{0.X}$引脚既可作为一般的 I/O 引脚，又可作为地址/数据总线。不同应用情况下的硬件构成不同，因此呈现出不同的特点：作输出时，输出级是开漏电路，必须外接 10kΩ 上拉电阻；作输入时，必须先向引脚写 1，使 T_2 截止形成高阻输入状态才能正确读取输入电平。当 $P_{0.X}$引脚作为地址/数据总线使用时是推挽输出、高阻输入的，无须外接上拉电阻。当 $P_{0.X}$引脚被作为总线使用时，就不能再作为 I/O 引脚使用。

2) $P_{2.X}$引脚结构及功能

$P_{2.X}$引脚也是一个准双向引脚，其一个位的结构如图 3-1-13 所示。

$P_{2.X}$引脚与 P_0 引脚和 P_1 引脚有相似的部分，但又不尽相同。$P_{2.X}$引脚既可以作为通用 I/O 引脚，也可以作为高 8 位地址总线，因此它也有一个切换开关。当 CPU 对片外的存储器和 I/O 引脚进行读写操作时，开关倒向地址线端，这时 $P_{2.X}$ 引脚是地址总线，只输出高 8 位地址($A_{15} \sim A_8$)；当片外的存储器和 I/O 引脚进行读写操作时，开关倒向锁存器的 Q 输出端，这时 P_2 引脚可作为通用 I/O 引脚。在同一个系统中，$P_{2.X}$引脚只能定义为 I/O 引脚或者地址总线，不能二者兼得。

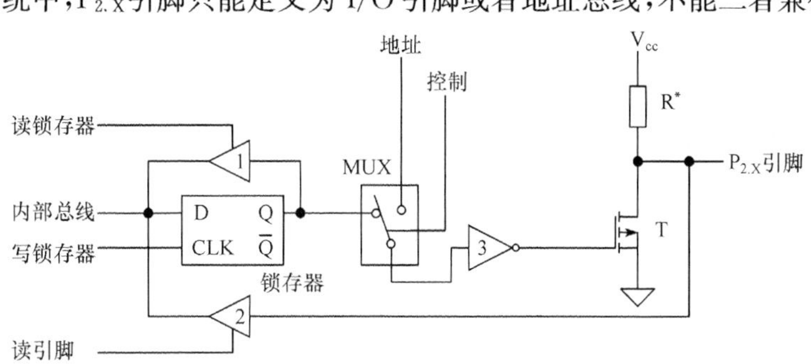

图 3-1-13　$P_{2.X}$引脚的结构

当 $P_{2.X}$引脚作为高 8 位地址总线使用时，是整个端口一起定义的，这时即使 8 条地址线没有用完，剩余的引脚线也不宜再作为 I/O 引脚线使用。

应注意 $P_{2.X}$引脚锁存器是从 Q 端输出的，为了逻辑的配合，在输出级到栅极控制端之间加了一个反向器。$P_{2.X}$引脚也是带有内部上拉电阻的。

在单片机应用系统设计中，若片内程序存储器空间满足需要，且片外数据存储器容量不超过 256 字节，则不需要高 8 位地址总线，这时就可以把 $P_{2.X}$引脚作为通用 I/O 引脚来使用。

3) $P_{3.X}$引脚结构及功能

$P_{3.X}$引脚是一个多功能引脚，其位结构如图 3-1-14 所示。$P_{3.X}$引脚的结构比前 3 个引脚显得复杂。它多出的与非门 3 和缓冲器 4 使得本引脚除了具有通用 I/O 引脚功能，还可以使用各引脚所具备的第二功能。与非门 3 是一个开关，输出时，它决定是输出锁存器 Q 端数据还是第二功能信号。如图 3-1-14 所示，当 W＝1 时，输出 Q 端信号；当 Q＝1 时，输出 W 线(即第二功能)信号。编程应用时，可不必考虑 $P_{3.X}$引脚某位应用于何种功能。当 CPU 对 $P_{3.X}$引脚进行专用寄存器寻址(字节或位)时，由内部硬件自动将第二功能输出线 W 置 1，这时 $P_{3.X}$引脚(或对应的引脚线)是通用 I/O 引脚(或 I/O 线)。当 CPU 不对 $P_{3.X}$引脚进行 SFR 寻址访问时，即用作第二功能时，由内部硬件自动对锁存器 Q 端置 1。

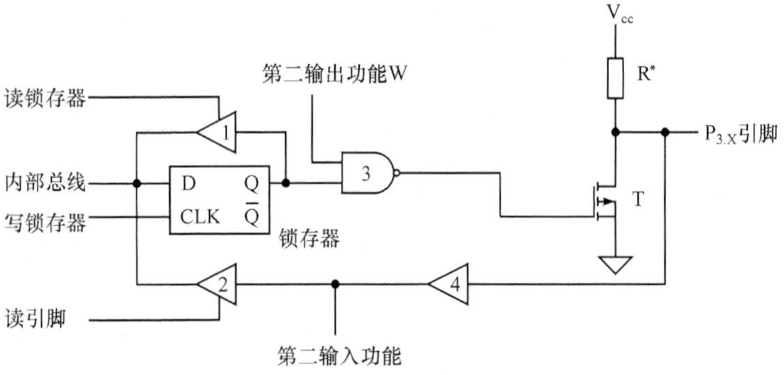

图 3-1-14　$P_{3.X}$引脚结构

(1) $P_{3.X}$引脚用作通用 I/O 引脚。

工作原理与 $P_{1.X}$引脚类似。当把 $P_{3.X}$引脚作为通用 I/O 引脚进行输出操作时，“第二输出功能”W 端保持高电平，与非门 3 的输出由锁存器输出状态决定。所以，锁存器输出端 Q 的状态可通过与非门(此时是一个反向器)送至输出级 T 并输出到引脚。

输入时，应先向引脚写 1，使场效应管 T 截止，可作为高阻输入。当 CPU 读引脚时，“读引脚”控制信号有效，引脚信息经缓冲器 4(常通)、缓冲器 2 送到 CPU。

(2) $P_{3.X}$引脚用作第二功能。

$P_{3.X}$引脚的第二功能是各引脚线单独定义的，且其输入或输出方向明确，见表3-1-4。

表 3-1-4　$P_{3.X}$引脚第二功能表

引脚号	引脚名称	第二功能
10	$P_{3.0}$	RXD(串行口接收输入)
11	$P_{3.1}$	TXD(串行口发送输出)
12	$P_{3.2}$	$\overline{INT}_0$(外部中断 0 输入)
13	$P_{3.3}$	$\overline{INT}_1$(外部中断 1 输入)
14	$P_{3.4}$	T_0(定时计数器 0 的外部时钟输入)
15	$P_{3.5}$	T_1(定时计数器 1 的外部时钟输入)
16	$P_{3.6}$	$\overline{WR}$(控制总线写信号输出)
17	$P_{3.7}$	$\overline{RD}$(控制总线读信号输出)

当某位被用作第二功能时，该位的锁存器 Q 端输出被内部硬件自动置为 1，使与非门 3 的输出只受“第二输出功能”W 端的控制。由表 3-1-4 可见，第二功能情况下数据方向为输出的有 TXD、$\overline{WR}$ 和 $\overline{RD}$ 3 个引脚，其他 5 个是输入的。输出时引脚上出现的是第二输出功能的数据状态。第二功能输入时，W 线和锁存器 D 端均为 1，所以输出级场效应管 T 截止，该位引脚为高阻输入状态。对于第二功能为输入的 RXD、$\overline{INT}_0$、$\overline{INT}_1$、T_0 和 T_1，执行其功能时读引脚信号无效，缓冲器 2 不开通。此时，第二功能输入信号经缓冲器 4 送入第二功能输入端。

4) $P_{1.X}$引脚结构及功能

$P_{1.X}$引脚是一个准双向通用 I/O 口，其一个位的结构见图 3-1-15。与 $P_{0.X}$引脚比较，$P_{1.X}$引脚无切换开关，其锁存器反向输出端直接连接到输出级场效应管 T 的栅极，并且具有内部上拉电阻 R^*。该上拉电阻实质上由两个场效应管并接在一起：一个为负载管，其电阻固定；另一个可工作在导通和截止两种状态下，使其总电阻值变化近似为 0 或阻值很大。这可以改善动态响应，使引脚上的电平在从 1 到 0 或从 0 到 1 的变化过程中速度很快。

在 $P_{1.X}$引脚中，每个位都可以独立定义为输入线或输出线。输出 1 时，将 1 写入口锁存器，锁存器的反向输出为 0，使输出级场效应管截止，引脚上输出为高电平逻辑。输出 0 时，输出级场效应管导通，则输出引脚为低电平。当进行输入操作时，也必须先向口写 1，使输出场效应管截止，实现高阻输入。CPU 读取 P_1 引脚状态时，其实就是读取外部引脚上的信息。外部引脚电平状态经输入缓冲器 2 进入 CPU。

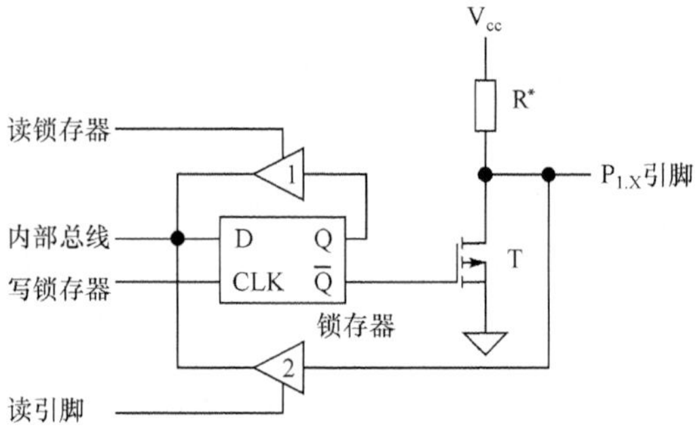

图 3-1-15　$P_{1.X}$引脚的结构

2. 总线模式

1）地址锁存

当 89C51 输出总线时，分时复用引脚的总线仅包括 $AD_0 \sim AD_7$，因此，仅需要一片 74LS373 锁存器来分离地址/数据总线（$AD_0 \sim AD_7$）。图 3-1-16 描述了 89C51 实现地址锁存所需的器件。

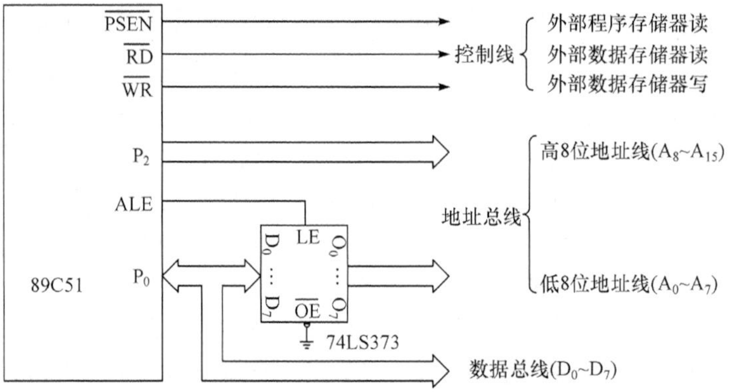

图 3-1-16　89C51 实现地址锁存所需的器件

在地址锁存允许引脚(ALE)变为逻辑 1 时，锁存器将输入传送到输出。当 ALE 变到逻辑 0 状态时，锁存器记忆 ALE 变到逻辑 0 时刻的输入。在这种情况下，$A_{10} \sim A_7$ 被存储在锁存器中，与 $A_8 \sim A_{15}$ 一起，产生了一个独立的地址总线 $A_0 \sim A_{15}$。

2）总线驱动

由于 89C51 内部集成的资源较多，一般情况下由它构成的系统外接器件数量不会多于 8 个，总线不需要驱动。为此，89C51 本身没有提供总线驱动用的引脚(类似 8086 的 DT/$\overline{R}$和$\overline{DEN}$等)。如果任一总线引脚上负载超过 8 个，则整个 89C51 的总线也必须驱动(或缓冲)。89C51 的总线驱动要比 8086 麻烦一些，读者自己考虑。

3. 非总线模式

非总线模式下，89C51 的内部总线不输出，因此，此时的总线引脚可以作为通用 I/O 引脚使用。I/O 引脚是一类重要硬件资源，89C51 单片机的 I/O 引脚数量较多，功能强劲，且各引脚既相似又不同。使用时应熟知各引脚的特点，充分发挥各自的长处。

89C51 单片机有 4 个 8 位并行 I/O 引脚，分别称为 P_0、P_1、P_2、P_3。共有 32 条 I/O 引脚线，每条 I/O 线都可以独立定义为输出或输入。每个端口都包括一个输出锁存器(即程序设计模型中的专用寄存器 P_0、P_1、P_2、P_3，在编程时使用)、一个输出驱动器和一个输入缓冲器。这 4 个 I/O 引脚既有相似的特征，也有功能和结构上的区别。

89C51 单片机输出时，是对口锁存器执行写操作，数据通过内部总线写入引脚锁存器，并通过输出级反映在外部引脚上。而读操作时有两种不同情况，分别称为读锁存器和读引脚。各 I/O 引脚每位的结构中，都有两个输入缓冲器，分别可将锁存器输出和外部引脚状态读回 CPU 中。一般情况下，锁存器输出端和外部引脚的状态应一致。但在一些特定情况下两者可能不一致，设置读锁存器功能就是为了防止出现误读的现象。

这 4 个 I/O 引脚都称为准双向 I/O 引脚。所谓准双向，是指输入输出状态间的切换是有附加条件的。具体为：当从输出改为输入时，要先向引脚写“1”。

P_0 引脚的输出级与其他引脚的结构不同，因此它们的负载能力和接口要求也各不相同。

(1) P_0 引脚的特殊性在于用作 I/O 时是开漏输出的，内部无上拉电阻。因此用作 I/O 引脚使用时通常要外接 10kΩ 的上拉电阻。当 P_0 用作地址/数据总线时则无须外接上拉电阻。P_0 引脚的每一位输出都可驱动 8 个 TTL 负载，它是各引脚中驱动能力最强的。

(2) P_1～P_3 引脚的输出级皆有内部上拉电阻，它们的每一位输出可驱动 4 个 TTL 负载。内部上拉电阻的阻值约为 40～100kΩ。通常不必再外接上拉电阻，但若为了增加驱动能力，也可以设置 10kΩ 的外接上拉。

89C51 的 I/O 引脚只能提供几毫安的电流(通常为 3～5mA)，如果要驱动大电流负载，要额外设计驱动电路。在驱动普通三极管的基极时，应在端口与三极管基极间串联一个电阻，以限制高电平输出时的电流。89C51 单片机各引脚特点如表 3-1-5 所示。

表 3-1-5　89C51 单片机各引脚特点

I/O 引脚	主要特点
P_0	准双向 I/O,开漏输出,需外接上拉电阻
P_1	准双向 I/O,内部上拉,驱动 4 个 TTL 负载
P_2	准双向 I/O,内部上拉,驱动 4 个 TTL 负载
P_3	准双向 I/O,内部上拉,驱动 4 个 TTL 负载

3.2　存储器与 I/O

在存储器与 I/O 组织结构上,89C51 与 8086 差异较大。89C51 的存储器结构采用哈佛结构,将程序存储空间和数据存储空间分开,单独寻址。而在 I/O 方面,则采用存储器映像 I/O 方式。89C51 的 I/O 与数据存储器统一编址。由于 89C51 不支持独立编址 I/O 方式,所以没有专用的 I/O 指令。

3.2.1　存储器与 I/O 组织

89C51 单片机的存储器在物理结构上分为程序存储器空间和数据存储器空间,共有 4 个空间:片内程序存储器和片外程序存储器空间,以及片内数据存储器和片外数据存储器空间。片内和片外分别指的是 89C51 的内部和外部。I/O 端口地址也包含在片外数据存储器空间范围之内。从编程者的角度看,89C51 单片机存储器(I/O)地址分为以下三种:

(1) 片内外统一编址的 64KB 程序存储器空间,16 位地址,地址范围 0000H～0FFFFH;

(2) 片外 64KB 数据存储器地址空间(含 I/O 端口),16 位,地址范围 0000H～0FFFFH;

(3) 片内数据存储器地址空间,8 位,地址范围 00H～7FH,容量为 128 字节。

89C51 单片机的存储器(含 I/O 端口)空间配置如图 3-2-1 所示,图中有几点说明。

(1) 如果将 $\overline{EA}$ 引脚接地,意味着程序全部保存在片外的程序存储器,地址空间为 0000H～FFFFH;如果将 $\overline{EA}$ 端接高电平,系统先执行片内程序存储器的 4KB 程序(0000H～0FFFH),再转去执行片外程序存储器的最多 60KB 程序(1000H～FFFFH)。

(2) 关于数据存储器,片内部分有 128 字节和 256 字节之分。52 子系列的片内 RAM 是 256 字节,其高 128 字节的地址与专用寄存器的地址空间重叠,这时要用指令的不同类型来分别寻址:对专用寄存器,只能用直接寻址方式;对高 128 字节 RAM，只能用寄存器间接寻址方式。另外，还需要注意到，片外 64KB 数据存储器空间还包含 I/O 端口地址在内。显然，对于单片机，I/O 端口数的理论上限可以是 64K 个。

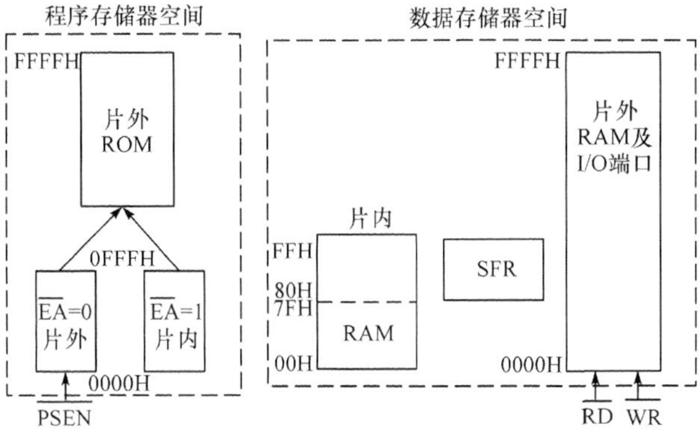

图 3-2-1　89C51 单片机的存储地址空间配置

(3) 对于程序存储器，片内和片外两部分在物理上是分离的，逻辑上是统一的。所谓逻辑上统一，是指它们的地址是连续安排的，片内部分为 0000H～0FFFH，片外部分紧接着为 1000H～0FFFFH，是一个统一的整体空间；而对于数据存储器，片内和片外两部分在物理上和逻辑上都是分开的。片内 128 字节的地址为 00～7FH，片外部分是 0000H～0FFFFH。

可以看到，这些地址空间有重叠的部分，那么如何区分这 3 个不同的地址空间呢？89C51 的指令系统设计了不同的数据传送指令：CPU 访问程序存储器时使用 MOVC 型指令，访问片外 RAM（以及 I/O 端口）时使用 MOVX 型指令，而访问片内 RAM 时使用 MOV 型指令。执行不同指令时，CPU 会发出不同的控制信号：访问片外 ROM 时发出 $\overline{\text{PSEN}}$ 信号，访问片外 RAM 或 I/O 时发出 $\overline{\text{RD}}$ 或 $\overline{\text{WR}}$ 信号，访问片内 RAM 时，不发出外部控制信号。在 C 语言中，则通过定义不同的存储空间实现。

1. 程序存储器空间

89C51 单片机存储器地址空间分为程序存储器（64KB ROM）和数据存储器（64KB RAM）。程序存储器用于存放程序和表格常数，通过 16 位程序计数器寻址，寻址能力为 64KB。执行指令时可以在 64KB 空间内任意跳转，但不能跳转到数据存储器空间。程序存储器是非易失性的，程序一旦写入，不会因停电而丢失。

89C51 片内的闪速程序存储器（Flash ROM）容量为 4KB，地址范围是 0000H～0FFFH；片外最多可扩充 60KB 的 ROM，地址范围为 1000H～0FFFFH，片内外统一编址。必须注意，程序存储器容量可以小于 64KB，但地址空间必须连续，中间不能有“空洞”。

当 $\overline{EA}$ 端接高电平时，89C51 的程序计数器在 0000H～0FFFH 范围内执行片内程序；当指令地址超过 0FFFH 后，就自动转向片外 ROM 去取指令。如果 $\overline{EA}$ 端接为低电平，则 89C51 放弃片内的 4KB 程序空间，CPU 只能从片外 ROM 中取指令，这时要求片外 ROM 地址从 0000H 单元开始。

程序存储器中有一些单元地址是留给系统使用的。如 0000H 为复位入口，单片机复位后，总是从这个地址开始执行程序，可安排一条短跳转指令跳过下面的中断入口，如跳转到 0030H。而 0003H～0023H 为各中断服务子程序入口，详见中断部分叙述。

2. 数据存储器空间

数据存储器 RAM 用于存放运算的中间结果、数据暂存和缓冲、状态标志等。

数据存储器空间也分为片内和片外两部分。片内存储器为 128 字节，地址是 8 位，范围为 00H～7FH；片外存储器为 64KB，16 位地址，范围为 0000H～0FFFFH。

1) 片内 RAM

89C51 单片机的片内数据存储器为 128B(89C52 为 256 字节)。这部分资源非常重要，工作寄存器区、位寻址区和堆栈都在这个区域内。片内 RAM 地址短，执行速度快，在用汇编语言编写的程序中约有 50％的指令要和这些寄存器打交道。除了上述比较特殊的用途，其他单元可用于存放运算的中间结果、数据暂存及缓冲等。

片内 128 字节 RAM 区的功能划分见图 3-2-2。00H～1FH 的 32 个单元为 4 个工作寄存器区。随后的 16 字节 20H～2FH 是可位寻址区，这些单元除了具有字节地址，每个单元(位)还有自己的位地址。从 20H 单元到 2FH 单元，位地址范围为 00H～7FH，恰好与整个 RAM 区的字节地址范围相重合。例如，字节地址为 20H 的单元，其位地址从低到高依次为 00H～07H，依此类推。可以通过指令类型来区分字节地址和位地址。单片机指令系统中有许多位操作指令，可以直接使用这些位地址，这能使许多复杂的逻辑关系运算变得十分简便。此外，在程序中也可以运用这些位地址设置状态变量，比使用字节地址更加节省硬件资源。例如，分别用位地址内容的 1 或 0 来代表定时时间到/未到，减法运算有借位/无借位，超报警限/未超限等。

89C51 单片机系统的堆栈也规定在这个 RAM 区域内。单片机复位后，堆栈指针的初始值为 07H。通常在主程序开始处用指令将堆栈指针转设到内部 RAM 较高的地址区域，以免影响工作寄存器各区的正常使用。

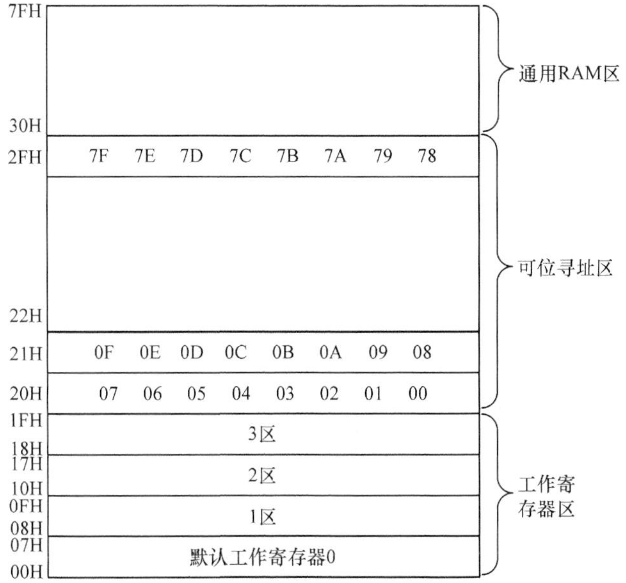

图 3-2-2 片内 128BRAM 区的功能划分

2）片外 RAM

当 89C51 系统的片内 RAM 不能满足要求时，可以扩展片外 RAM。片外 RAM 的最大扩展空间为 64KB，I/O 接口器件的端口地址也包含在这个空间里。

当片外扩展的 RAM 容量超过 256 字节时，要使用 P_0 口分时作为低 8 位地址线和双向数据总线，用 P_2 口传送高 8 位地址信息。图 3-2-3 是 89C51 单片机扩展 8KB 片外 RAM 的硬件连接图。

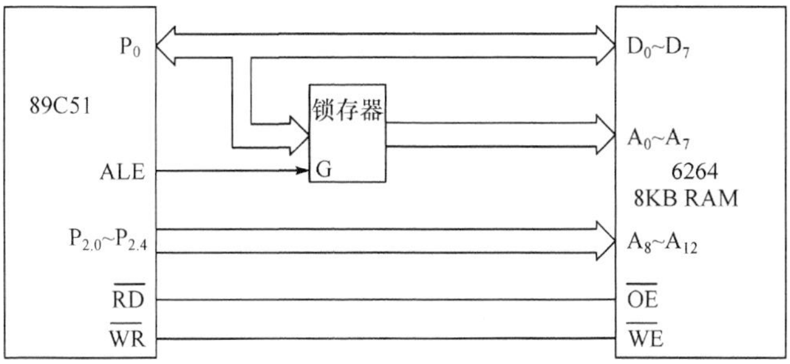

图 3-2-3 89C51 单片机扩展 8KB 片外 RAM 的硬件连接图

在图 3-2-3 的情况下，89C51 单片机的 P_0 口和 P_2 口都作为系统总线使用，不能再作为通用 I/O 口。其中 P_0 口既是系统的双向数据总线，又是低 8 位地址总线。必须注意，低 8 位地址和数据总线的分离是通过锁存器实现的，并且必须用单片机的 ALE 信号来控制锁存操作。系统的 16 位地址线由锁存器输出的低 8 位和

P_2 口输出的高 8 位联合组成。图 3-2-3 中扩展了 8KB 的片外 RAM，因此只使用了 P_2 口中的 5 条线即 $P_{2.0}$～$P_{2.4}$，但是这时 P_2 口剩余的 3 条线也不宜再作为 I/O 线使用。另外还可以看到，对片外 RAM 的读写操作要用到单片机的 $\overline{RD}$ 和 $\overline{WR}$ 控制信号。

3.2.2　程序存储器扩展

程序存储器是只读存储器，芯片上只有读控制信号，无写信号。由于 89C51 复位时程序指针（PC）被置为 0000H，所以，程序存储器的地址必须从 0000H 开始，并且必须连续。如果系统中只有一个 ROM 芯片，则其片选端可以接成常有效状态（这样会增加系统功耗）。

例 3-2-1　用 2 片 8KB 程序存储器扩展 16KB ROM。

解　系统连接如图 3-2-4 所示，其中 P_0 口提供系统数据总线接口，并通过锁存器分离后提供系统低 8 位地址线。P_2 口提供高 8 位地址线，其中 $P_{2.0}$～$P_{2.4}$ 连接到存储器芯片，$P_{2.5}$～$P_{2.7}$ 为系统剩余高位地址线，可作为译码器的编码输入信号。译码器的前 2 个输出信号连接到各程序存储器芯片片选端，并用单片机的 $\overline{PSEN}$ 作为读选通控制信号。

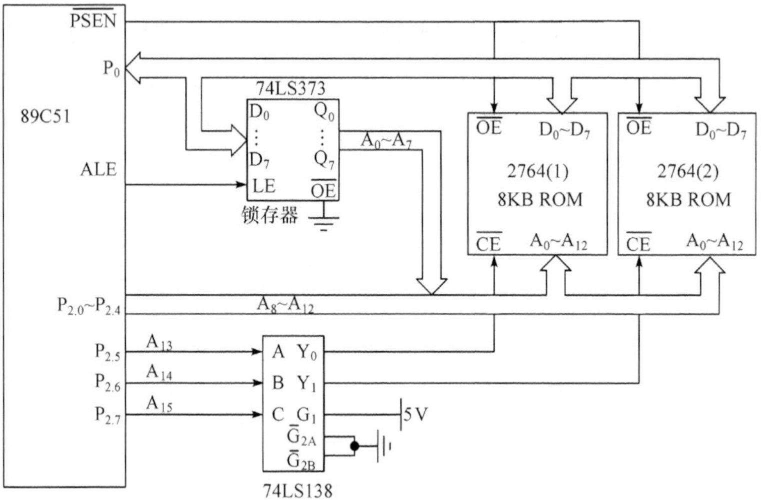

图 3-2-4　扩展 2 片 8KB 程序存储器

(1) 程序存储器 2764(1)的地址空间排定如下。

	A_{15}	A_{14}	A_{13}	A_{12}	…	A_0	地址
首地址	0	0	0	0	0	0	0000H

末地址	0	0	0	1	1	1	1FFFH

(2) 程序存储器 2764(2)的地址空间排定如下。

	A_{15}	A_{14}	A_{13}	A_{12}	…	A_0	地址
首地址	0	0	1	0	0	0	2000H
末地址	0	0	1	1	1	1	3FFFH

系统程序存储器操作空间为 0000H～3FFFH，共为连续的 16KB 空间，并且首地址是从 0000H 单元开始的，符合程序存储器空间的设计要求。

例 3-2-2　用 1 片 16KB 的 ROM 扩展外部程序存储器。

解　系统连接图如图 3-2-5 所示。

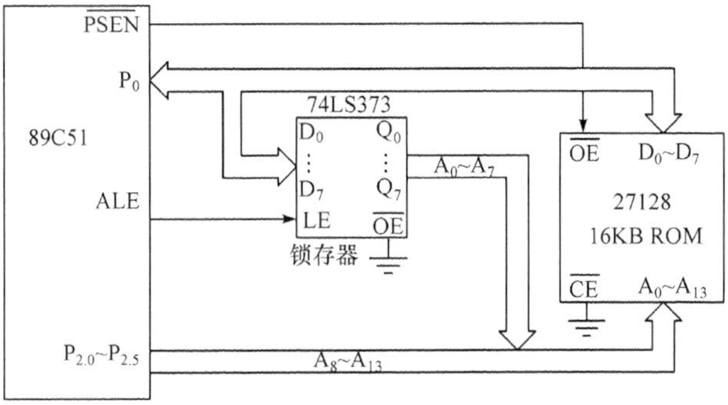

图 3-2-5　扩展 1 片程序存储器

当系统中只有 1 片外部程序存储器时，其片选端可以连接成常有效状态，且可不使用译码器芯片。此时系统中有 2 条剩余高位地址线 A_{14} 和 A_{15}，但它们是总线操作的一部分，不能再作为通用 I/O 引脚线使用。

在图 3-2-5 的情况下，剩余高位地址线 $P_{2.6}$、$P_{2.7}$ 对于操作片外程序存储器是无关的，在排定地址空间时应取为 0。

程序存储器地址空间为 0000H～3FFFH。

可见，在确定程序存储器容量的情况下，尽管有多种不同的组成方案，但仍以大容量芯片为佳，最好用 1 个芯片来实现。

3.2.3　数据存储器与 I/O 扩展

数据存储器 RAM 是一种随机存储器，其特征是可随时读写，并且不是非易失性的。在数据采集系统、报警记录系统等应用中可能要保存大量数据，需要扩展外部数据存储器。关于数据存储器的扩展，有几点需要说明。

(1) 数据存储器与 I/O 端口地址共享 64KB 空间。

(2) 数据存储器和 I/O 端口的地址不要求从 0000H 单元开始，也不要求连续。

(3) 理论上，RAM 空间可以与 ROM 空间分别设计，各有自己的独立 64KB 空间。但为了简化硬件电路，也经常不加区分地把它们设计在同一个译码电路中。

例 3-2-3 单片机系统有 8KB RAM、8KB ROM、4 个 I/O 接口器件，设计译码电路。

解 设计图如图 3-2-6 所示。

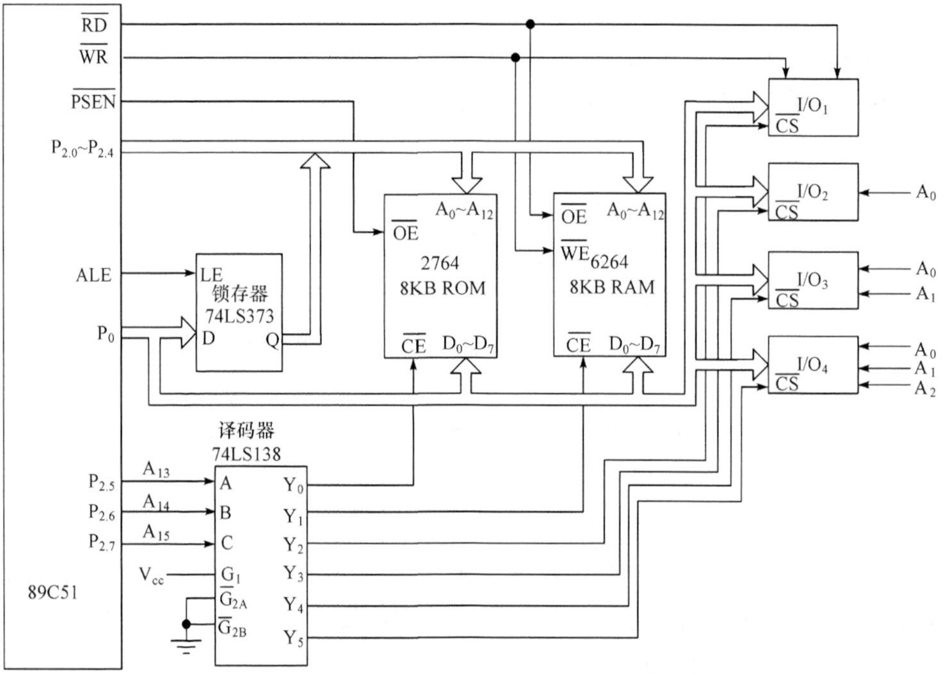

图 3-2-6 例 3-2-3 图

说明：①两类存储器共享同一个译码器输出，但两者控制信号不同，分别是 $\overline{PSEN}$、$\overline{RD}$ 和 $\overline{WR}$；②程序存储器保证了从 0000H 地址开始且连续；③I/O 接口器件的读写使用与 RAM 相同的控制信号；④I/O 接口器件上具有的低位地址线数量与该器件的可操作端口数有密切关系，$N=2^n$。

各器件的地址空间或端口地址如下。

(1) 程序存储器地址空间 0000H～1FFFH，共 8KB。

A_{15}　A_{14}　A_{13}　A_{12}　…　A_0　地址

首地址	0	0	0	0	0	0	0000H
末地址	0	0	0	1	1	1	1FFFH

(2) 数据存储器地址空间 2000H～3FFFH，共 8KB。

	A_{15}	A_{14}	A_{13}	A_{12}	…	A_0	地址
首地址	0	0	1	0	0	0	2000H
末地址	0	0	1	1	1	1	3FFFH

(3) I/O 器件 1 端口地址 1 个，地址无关位取为 0，端口地址为 4000H。

A_{15}	A_{14}	A_{13}	A_{12}	…	A_0	地址
0	1	0	0	0	0	4000H

(4) I/O 器件 2 端口地址为 6000H/6001H。

(5) I/O 器件 3 端口地址为 8000H～8003H。

(6) I/O 器件 4 端口地址为 A000H～A007H。

例 3-2-4　单片机系统有 16KB ROM、8KB RAM、8 个 I/O 接口器件，设计译码电路。

解　设计译码电路如图 3-2-7 所示。

说明：本例有两个难点，一是由于 16KB 存储器需要 14 条地址线，可作为系统地址译码的剩余地址线已经不足；二是系统还有多个 I/O 接口器件，单译码器无法给出足够的片选信号。解决方法是采用 2 级译码结构，给出足够的片选信号。应注意以下几点。

(1) 由于系统已占用 14 条地址线，所以前级译码器只有 2 个编码输入信号 A_{14} 和 A_{15}，为了正常使用 138 译码器，可将其编码端 C 接地，则只有 Y_0～Y_3 输出有效。

(2) 第二级译码器仅在前级译码器 Y_3 输出有效低电平时才满足工作条件，并结合编码输入端 A_8～A_{10} 的状态给出 8 个可用的译码输出信号 Y_0～Y_7。

(3) 前级译码器每个输出端的地址覆盖范围是 16KB，可作为 16K 或以下的存储器片选信号；第二级译码器每个输出端的地址覆盖范围是 256 字节，可作为各 I/O接口器件的片选信号。

(4) 第二级译码器的编码输入地址信号并非局限于 A_8～A_{10}，也可以是其他选择，只要能满足其输出端可覆盖足够宽的地址范围即可。

图示情况下，各器件的地址空间或端口地址排定如下。

(1) 程序存储器空间为 0000H～3FFFH，共 16KB。

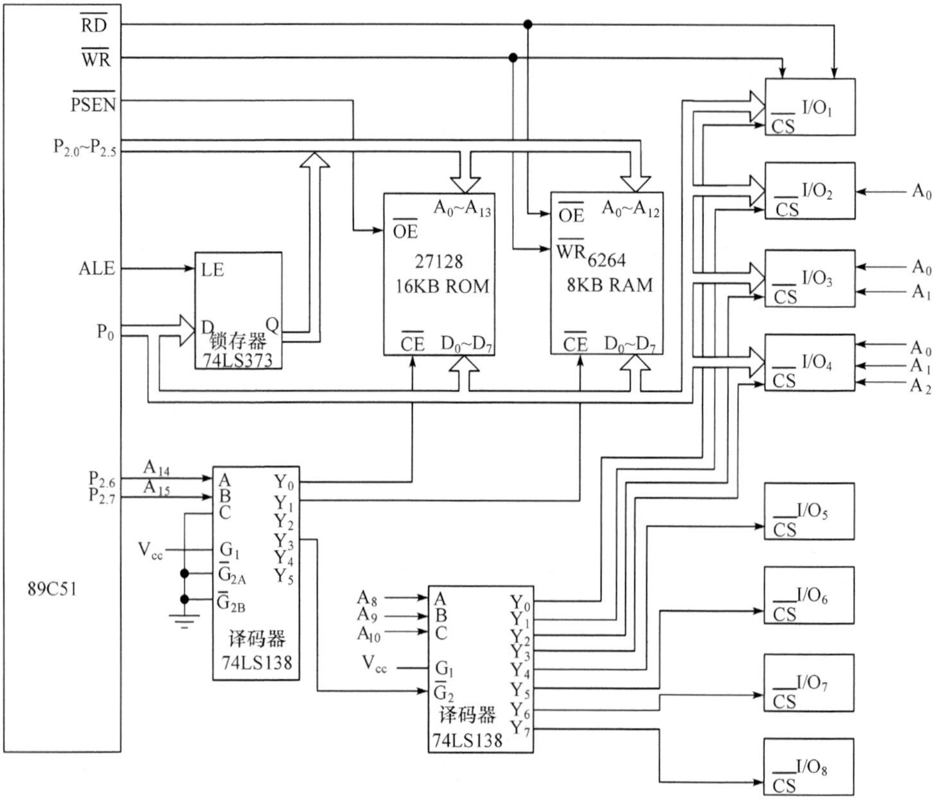

图 3-2-7　例 3-6-4 图

	A_{15}	A_{14}	A_{13}	A_{12}	…	A_0	地址
首地址	0	0	0	0	0	0	0000H
末地址	0	0	1	1	1	1	3FFFH

(2) 数据存储器空间为 4000H～5FFFH，共 8K。

	A_{15}	A_{14}	A_{13}	A_{12}	…	A_0	地址
首地址	0	1	0	0	0	0	4000H
末地址	0	1	0	1	1	1	5FFFH

注意：此时 A_{13} 为无关位，可取为 0，下同。

(3) I/O 器件 1 只有一个操作端口地址 C000H。

A_{15}	A_{14}	A_{13}	…	A_{10}	A_9	A_8	…	A_1	A_0	地址

1	1	0	X	0	0	0	X	X	0	C000H

(4) I/O 器件 2 有 2 个端口地址。

A_{15}	A_{14}	A_{13}	…	A_{10}	A_9	A_8	…	A_1	A_0	地址
1	1	0	X	0	0	1	X	X	0	C100H
1	1	0	X	0	0	1	X	X	1	C101H

(5) I/O 器件 3 有 4 个端口地址 。

A_{15}	A_{14}	A_{13}	…	A_{10}	A_9	A_8	…	A_1	A_0	地址
1	1	0	X	0	1	0	X	0	0	C200H
1	1	0	X	0	1	0	X	0	1	C201H
1	1	0	X	0	1	0	X	1	0	C202H
1	1	0	X	0	1	0	X	1	1	C203H

(6) 同理可写出其他 I/O 器件的端口地址。

I/O 器件 4　C300H～C307H；
I/O 器件 5　C400H；
I/O 器件 6　C500H；
I/O 器件 7　C600H；
I/O 器件 8　C700H。

局部译码方法的优点是设计灵活，能满足系统需要。由于有地址无关位的存在，它也会造成一些地址空间的浪费，但并不影响系统设计和应用。应注意到，存储器地址空间是连续分布的一大片地址空间，而 I/O 端口地址往往只有 1 个或几个。

3.3　MCS-51 指令系统

MCS-51 单片机的指令系统是一种简明易掌握、效率较高的指令系统。在 MCS-51 单片机的指令系统中共使用了 7 种寻址方式、42 种助记符来说明 33 种功能。这些助记符与寻址方式组合起来，形成 111 条指令，以完成算术逻辑运算、数据传送、位操作及程序分支转移等方面的工作。

MCS-51 单片机的指令系统中增添了丰富的位操作指令，由于有了丰富的位操作指令，位操作部件可以和这些指令结合起来，构成一个完整的位处理器(即布尔处理机)，从而大大提高了 MCS-51 单片机的位处理能力。指令系统中设计的这个处理布尔变量的指令子集，在设计需要大量处理位变量的程序时十分有效，可将大量的硬件组合逻辑用软件来代替。

3.3.1 指令系统的寻址方式

在 MCS-51 系列单片机的指令系统中寻址方式共有 7 种，可概括如下。

1. 立即寻址

立即寻址又称立即数寻址，它是在指令地址码中直接给出参加运算的操作数。如 MOV A，＃70H。这条指令的功能是将立即数 70H 传送到累加器 Acc 中。

2. 直接寻址

在直接寻址方式中，地址码给出的是参加运算的操作数地址。在 MCS-51 单片机中，直接地址只能用来表示特殊功能寄存器、内部数据存储器和位地址空间。其中特殊功能寄存器和位地址空间只能用直接寻址方式访问。如 ANL 70H，＃48H，表示 70H 单元中的数与立即数 48H 相“与”，其结果存放在 70H 单元中。其中 70H 为直接地址，表示内部数据存储器 RAM 中的一个单元。

3. 寄存器寻址

寄存器操作是对选定的工作寄存器 R_0～R_7、累加器 Acc、通用寄存器 B、地址寄存器和进位位 C 中的数进行操作。其中寄存器 R_7～R_0 由指令码的低 3 位表示，Acc、B、DPTR 及进位位 C 隐含在指令中，因此在 MCS-51 单片机的指令系统中，寄存器寻址也包含一个隐含寻址方式。

寄存器工作区的选择由状态寄存器 PSW 中的 RS_1、RS_0 来决定。指令操作数域指定的寄存器均指当前工作区中的寄存器，如 INC R0；(R0)＋1 →R0。

4. 寄存器间接寻址

在寄存器间接寻址方式中，地址码给出的是存放操作数地址的寄存器。在 MCS-51 单片机的指令系统中，可作为寄存器间接寻址的寄存器有工作寄存器 R_0～R_1、堆栈指示器 SP 和地址寄存器 DPTR。在指令助记符中，间接寻址用@来表示。如 ANL A，@R0，表示寄存器 R_0 中的数所指定的存储单元中的数和累加器 A 中的数相“与”，其结果存放在累加器 Acc 中。寄存器工作区由 RS_1、RS_0 决定。

5. 相对寻址

相对寻址是将程序计数器 PC 中的当前值与指令第 2 字节给出的数相加，其结果作为转移指令的转移地址。转移地址又称转移目的地址，PC 中的当前值称为基地址，指令第 2 字节给出的数称为偏移量。由于目的地址是相对于 PC 中的基地址的，所以这种寻址方式称为相对寻址。偏移量为带符号的数，所能表示的范围为＋127～－128。这种寻址方式主要用于转移指令，如 JC 80H；C=1 跳转。

表示若进位位 C 为 0，则 PC 中的内容不变，即不转移。若进位位 C 为 1，则以 PC 中的当前值为基地址，加上偏移量 80H 后所得的结果作为该转移指令的目的地址。

6. 变址寻址

在变址寻址方式中，地址码指定一个存放变址基值得变址寄存器。变址寻址时，偏移量与变址基值相加，其结果作为操作数的地址。在 MCS-51 单片机的指令系统中，变址寄存器有 PC 和 DPTR。如 MOVC A，@A＋DPTR。

表示累加器 Acc 为偏移量寄存器，其内容与 DPTR 中的内容相加，其结果作为操作数的地址，取出该单元中的数送入累加器 Acc。

7. 位寻址

位寻址是对一些内部数据存储器 RAM 和特殊功能寄存器进行位操作时的寻址。在进行位操作时，借助于进位位 C 作为位操作累加器，指令操作数域直接给出该位的地址，然后根据操作码的性质对该位进行位操作。位地址与字节寻址中的字节地址形式完全一样，主要由操作码加以区分，使用时须予以注意。

以上介绍了 MCS-51 单片机指令系统的 7 种寻址方式，概括如表 3-3-1 所示。

表 3-3-1　MCS-51 单片机寻址方式

序号	方式	使用的变量	寻址空间
1	立即寻址		程序存储器
2	直接寻址		内部 RAM 和特殊功能寄存器
3	寄存器寻址	R_7～R_0、A、B、C、DPTR	
4	寄存器间接寻址	@R0、@R1、SP	内部 RAM
		@R0、@R1、DPTR	外部 RAM
5	相对寻址	PC＋偏移量	程序存储器
6	变址寻址	A＋DPTR、A＋PC	程序/数据存储器
7	位寻址		内部 RAM 和特殊功能寄存器的位地址空间

3.3.2　指令系统的使用要点

用户在使用 MCS-51 单片机的指令系统开发应用软件时，要特别注意影响标志位指令的使用和主要的常用伪指令的使用。

1. 影响标志位的指令

MCS-51 指令系统中有一些指令的执行会影响标志位，指令中影响标志位的全部指令如表 3-3-2 所示。这些指令可供状态查询用，它们包括可直接用于进位位 C 的操作指令（如进位位的置位、传送、清零、逻辑操作指令），以及只影响进位标志的 CJNE、DA、RRC、RLC 四条指令，及加、减、乘、除指令。

表 3-3-2　影响标志的指令

指令＼标志	C	OV	AC	指令＼标志	C	OV	AC
ADD	X	X	X	CLR C	0		
ADDC	X	X	X	CPL C	X		
SUBB	X	X	X	ANL C,bit	X		
MUL	0	X		ANL C,/bit	X		
DIV	0	X		ORL C,bit	X		
DA	X			ORL C,/bit	X		
RRC	X			MOV C,bit	X		
RLC	X			CJNE	X		
SETB C	1						

注："X"表示根据运行情况，使该标志置位或复位

2. 主要的常用伪指令

MCS-51 指令系统之外，根据汇编语言的需要，还定义了一定数量的伪指令，这些伪指令提供汇编的控制信息，并不是 CPU 能执行的指令，常用的伪指令有如下几种。

1) 定位伪指令：ORG　m

m 为十进制或十六进制数。m 指出编译成机器语言的指令存储的起始地址。

2) 定义字节伪指令：DB　X1，X2，…，Xn

Xi 为单字节的十进制或十六进制数，也可以是两个单引号括起来的字符串，还可以是用户定义的数据符号，用于在程序中定义一个常数表。

3)定义字伪指令：DW　Y1，Y2，…，Yn

Yi 为双字节的十进制或十六进制数据，也可以是用户定义的地址符号，常用于定义一个地址表。

还有其他一些伪指令，需要时可参阅有关手册。

3.3.3　指令系统的分类总结

如果按功能分类，MCS-51 指令系统可分如下几类。

1. 数据传送类指令

如表 3-3-3 所示，数据传送类指令主要实现数据的传送。

表 3-3-3　数据传送类指令

助记符	功能说明	字节数	振荡周期
MOV　A, Rn	寄存器内容送入累加器	1	12
MOV　A,direct	直接地址单元中的数据送入累加器	2	12
MOV　A,@Ri	间接 RAM 中的数据送入累加器	1	12
MOV　A,＃data	立即数送入累加器	2	12
MOV　Rn,A	累加器内容送入寄存器	1	12
MOV　Rn,direct	直接地址单元中的数据送入寄存器	2	24
MOV　Rn,＃data	立即数送入寄存器	2	12
MOV　direct,A	累加器内容送入直接地址单元	2	12
MOV　direct,Rn	寄存器内容送入直接地址单元	2	24
MOV　direct,direct	送入直接地址单元内容送入另一直接地址单元	3	24
MOV　direct,@Ri	间接 RAM 中的数据送入直接地址单元	2	24
MOV　direct,＃data	立即数送入直接地址单元	3	24
MOV　@Ri,A	累加器内容送入间接 RAM 单元	1	12
MOV　@Ri,direct	直接地址单元数据送入间接 RAM 单元	2	24
MOV　@Ri,＃data	立即数送入间接 RAM 单元	2	12
MOV　DPTR,＃data16	16 位立即数送入地址寄存器	3	24
MOVC　A,@A+DPTR	以 DPTR 为基地址变址寻址单元中数据送入累加器	1	24
MOVC　A,@A+PC	以 PC 为基地址变址寻址单元中的数据送入累加器	1	24
MOVX　A,@Ri	外部 RAM(8 位地址)内容送入累加器	1	24
MOVX　A,@DPTR	外部 RAM(16 位地址)内容送入累加器	1	24
MOVX　@Ri,A	累加器内容送入外部 RAM(8 位地址)	1	24
MOVX　@DPTR,A	累加器内容送入外部 RAM(16 位地址)	1	24
PUSH　direct	直接地址单元中的数据压入堆栈	2	24
POP　direct	弹栈送入直接地址单元	2	24
XCH　A,Rn	寄存器内容与累加器内容交换	1	12
XCH　A,direct	直接存储单元内容与累加器内容交换	2	12
XCH　A,@Ri	间接 RAM 单元内容与累加器内容交换	1	12
XCHD　A,@Ri	间接 RAM 单元内容低半字节与累加器内容交换	1	12

2. 算数操作类指令

如表 3-3-4 所示,算数操作类指令主要实现数据的加、减、乘、除运算。

表 3-3-4 算数操作类指令

助记符	功能说明	字节数	振荡周期
ADD A,Rn	寄存器内容加到累加器	1	12
ADD A,direct	直接地址单元内容加到累加器	2	12
ADD A,@Ri	间接 RAM 内容加到累加器	1	12
ADD A,#data	立即数内容加到累加器	2	12
ADDC A,Rn	寄存器内容带进位加到累加器	1	12
ADDC A,direct	直接地址单元内容带进位加到累加器	2	12
ADDC A,@Ri	间接 RAM 内容带进位加到累加器	1	12
ADDC A,#data	立即数内容带进位加到累加器	2	12
SUBB A,Rn	累加器带借位减寄存器内容	1	12
SUBB A,direct	累加器带借位减直接地址单元内容	2	12
SUBB A,@Ri	累加器带借位减间接 RAM 中的内容	1	12
SUBB A,#data	累加器带借位减立即数	2	12
INC A	累加器内容加 1	1	12
INC Rn	寄存器内容加 1	1	12
INC direct	直接单元内容加 1	1	12
INC @Ri	间接 RAM 单元内容加 1	1	12
DEC A	累加器内容减 1	1	12
DEC Rn	寄存器内容减 1	1	12
DEC direct	直接单元内容减 1	1	12
DEC @Ri	间接 RAM 单元内容减 1	1	12
INC DPTR	地址寄存器 DPTR 内容加 1	1	24
MUL AB	A 乘以 B	1	48
DIV AB	A 除以 B	1	48
DA A	累加器十进制调整	1	12

3. 逻辑操作类指令

如表 3-3-5 所示,逻辑操作类指令主要实现数据的逻辑运算(与、或、异或、取反等)和移位运算等。

表 3-3-5　逻辑操作类指令

助记符	功能说明	字节数	振荡周期
ANL　A,Rn	累加器与寄存器相“与”	1	12
ANL　A,direct	累加器与直接地址单元相“与”	2	12
ANL　A,@Ri	累加器与间接 RAM 单元相“与”	1	12
ANL　A,#data	累加器与立即数相“与”	2	12
ANL　direct,A	直接地址单元与累加器相“与”	2	12
ANL　direct,#data	直接地址单元与立即数相“与”	3	24
ORL　A,Rn	累加器与寄存器相“或”	1	12
ORL　A,direct	累加器与直接地址单元相“或”	2	12
ORL　A,@Ri	累加器与间接 RAM 单元相“或”	1	12
ORL　A,#data	累加器与立即数相“或”	2	12
ORL　direct,A	直接地址单元与累加器相“或”	2	12
ORL　direct,#data	直接地址单元与立即数相“或”	3	24
XRL　A,Rn	累加器与寄存器相“异或”	1	12
XRL　A,direct	累加器与直接地址单元相“异或”	2	12
XRL　A,@Ri	累加器与间接 RAM 单元相“异或”	1	12
XRL　A,#data	累加器与立即数相“异或”	2	12
XRL　direct,A	直接地址单元与累加器相“异或”	2	12
XRL　direct,#data	直接地址单元与立即数相“异或”	3	24
CLR　A	累加器清“0”	1	12
CPL　A	累加器求反	1	12
RL　A	累加器循环左移	1	12
RLC　A	累加器带进位位循环左移	1	12
RR　A	累加器循环右移	1	12
RRC　A	累加器带进位位循环右移	1	12
SWAP　A	累加器半字节交换	1	12

4. 控制转移类指令

如表 3-3-6 所示，控制转移类指令主要实现程序流程的改变，如跳转、子程序调用等。

表 3-3-6 控制转移类指令

助记符	功能说明	字节数	振荡周期
ACALL addr11	绝对(短)调用子程序	2	24
LCALL addr16	长调用子程序	3	24
RET	子程序返回	1	24
RETI	中断返回	1	24
AJMP addr11	绝对(短)转移	2	24
LJMP addr16	长转移	3	24
SJMP rel	相对转移	2	24
JMP @A+DPTR	相对于 DPTR 的间接转移	1	24
JZ rel	累加器为零转移	2	24
JNZ rel	累加器非零转移	2	24
CJNE A,direct,rel	累加器与直接地址单元比较,不相等则转移	3	24
CJNE A,#data,rel	累加器与立即数比较,不相等则转移	3	24
CJNE Rn,#data,rel	寄存器与立即数比较,不相等则转移	3	24
CJNE @Ri,#data,rel	间接 RAM 单元与立即数比较,不相等则转移	3	24
DJNZ Rn,rel	寄存器减 1,非零转移	3	24
DJNZ direct,rel	直接地址单元减 1,非零转移	3	24
NOP	空操作	1	24

5. 布尔变量操作类指令

如表 3-3-7 所示,布尔变量操作类指令主要包括布尔数据的逻辑运算(与、或、取反等)指令和相关转移指令等。

表 3-3-7 布尔变量操作类指令

助记符	功能说明	字节数	振荡周期
CLR C	清进位位	1	12
CLR bit	清直接地址位	2	12
SETB C	置进位位	1	12
SETB bit	置直接地址位	2	12
CPL C	进位位求反	1	12
CPL bit	直接地址位求反	2	12
ANL C,bit	进位位与直接地址位相“与”	2	24
ANL C,/bit	进位位与直接地址位反码相“与”	2	24

续表

助记符		功能说明	字节数	振荡周期
ORL	C,bit	进位位与直接地址位相“或”	2	24
ORL	C,/bit	进位位与直接地址位反码相“或”	2	24
MOV	C,bit	直接地址位内容送入进位位	2	12
MOV	bit,C	进位位内容送入直接地址位	2	24
JC	rel	进位位为 1 则转移	2	24
JNC	rel	进位位为 0 则转移	2	24
JB	bit,rel	直接地址位为 1 则转移	3	24
JNB	bit,rel	直接地址位为 0 则转移	3	24
JBC	bit,rel	直接地址位为 1 则转移,该位清“0”	3	24

3.4　高级语言程序设计

在单片机程序设计中,编程语言常用的有两种:汇编语言和 C 语言。能够对 51 系列单片机硬件进行操作的 C 语言统称 C51 语言。

3.4.1　C51 语言概述

1. C51 语言的特点

C51 语言具有不依赖硬件条件、程序结构规范、程序可读性强、编程效率高、数据处理能力强及可移植性强等特点。单片机的 C51 语言编程与用汇编 ASM-51 编程相比,有如下优点。

(1) 不要求深入掌握单片机的指令系统,仅要求了解 8051 的存储器结构;
(2) 由编译器管理寄存器分配、不同存储器的寻址及数据类型等细节;
(3) 程序结构化,程序有规范的结构、可分为不同的函数;
(4) 程序的可读性强,将可变的选择与特殊操作组合在一起;
(5) 关键字及运算函数可用近似人的思维过程方式使用;
(6) 编程效率高,程序调试时间缩短;
(7) 数据处理能力强,具有包含许多标准子程序的库函数;
(8) 具有方便的模块化编程技术,已编好的程序可容易地植入新程序。

2. C51 语言与标准 C 语言的主要区别

C51 语言的语法规定、数据的运算操作、程序控制语句以及函数的使用与标准的 C 语言几乎没有明显的差别,它们的主要区别是它们所针对的硬件系统不同,具体如下。

(1) 头文件。由于 51 系列有不同的厂家、不同的系列产品，它们的内部资源，如定时器、中断、I/O 口数量以及功能是不同的，为了实现这些功能，只需将相应的功能寄存器的头文件加载在程序中，就可以实现它们所指定的功能。因此，C51 语言系列头文件体现了各系列芯片的不同功能。标准 C 语言对于 51 系列单片机中的特殊功能寄存器没有定义。

(2) 数据类型。在 C51 语言中增加了四种针对 51 系列单片机特有的数据类型，如 C51 定义的位型，可灵活地进行位操作。

(3) 存储空间。C 语言最初是为通用计算机设计的，在通用计算机中只有一个程序和数据统一寻址的内存空间；而 51 系列单片机有片内、片外程序存储器，还有片内、片外数据存储器，片内数据存储器还分直接寻址区和间接寻址区。使用不同的存储器直接影响程序的执行效率，C51 语言编程需指定变量的存储空间。标准 C 语言并没有提供这部分存储器的地址范围的定义。

(4) 存储模式。C51 语言中变量的存储模式是与 51 单片机的存储器紧密相关的，不同的模式对应不同的实际硬件系统，也将有不同的编译结果。

(5) 库函数。标准的 C 语言定义的库函数是按通用计算机来定义的，而 C51 语言中的库函数是按 51 单片机相应情况来定义的。如库函数 print、fscanf，在标准 C 语言中，这两个函数通常用于屏幕打印和接收字符；而在 C51 语言中，主要用于串行通信口数据的发送和接收。

(6) 程序结构。由于 51 单片机的硬件堆栈资源有限，它不允许太多的程序嵌套。标准 C 语言所具备的递归特性不被 C51 语言推荐使用。

在 C51 语言中，要使用递归特性，必须用 REENTRANT 进行声明才能使用。另外，51 系列单片机是 8 位机，C51 语言不支持 16 位字符，应尽可能选用无符号的字符类型，少用有符号及多字节类型，尽量避免浮点运算。

(7) 标准 C 语言没有处理单片机中断的定义，C51 语言中有专门的中断函数。

(8) 在 C51 语言中可以嵌入汇编语言。实时性或运算能力要求高的程序，如中断程序处理、数据采集程序、实时控制程序及实时的带符号或多位运算，可采用汇编语言嵌入 C 语言程序中进行处理。

(9) C51 语言编写单片机应用程序时，需根据单片机存储结构及内部资源定义相应的数据类型和变量，而标准 C 语言程序一般不需要考虑这些问题。

3. C51 语言程序的构成

一个 C51 语言程序是由一个名为 main 的主函数和若干个自定义函数(可缺省)组成的，其基本结构形式如下。

```
预处理命令(可选)                /* 用于包含头文件等 */
```

```
    全局变量说明                  /* 全局变量可被本程序的所有函数引用 * /
    自定义函数说明                /* 说明功能函数,以便调用 * /
main( )
    {
    数据说明部分                  /* 局部变量定义等 * /
    执行语句部分                  /* 输入/输出/计算 * /
    函数调用
  }
自定义函数(形式参数表)            /* 位置任意 * /
  {
    局部变量说明
    执行语句部分
  }
```

main 函数是整个程序的入口,程序的执行总是从 main 函数开始。

3.4.2　C51 语言基础

1. C51 语言的标识符

C 语言中的变量名、函数名、数组名、指针名、结构体名等都是由标识符命名的。标识符可以由字母、数字和下划线等组成,但第一个字符不能是数字。另外,C51 语言区分大小写(即大小写敏感)。在命名标识符时,最好能反映其功能用途,如 minValue。下面介绍在 C51 语言程序中的一些命名规则或习惯。

(1) 符号常量名全部用大写。当具有实际意义的符号常量命名含多个单词时,它们中间一般以下划线分开。

(2) 变量名一般小写。当有多个单词时也用下划线隔开,而且除第一个单词的其他单词一般开头字母大写。变量名通常加上表示数据类型的前缀,如"ucled"的前缀"uc"表示 unsigned char。对一些全局变量、静态变量等,一般以 g_和 s_等开头。如 static char s_Counter。

(3) 函数名首字母大写。当包含有多个单词时,每个单词首字母大写。如 char* SearchChar(char* pStr,char chr)。

注意标识符命名不得与标准 C 语言的关键字、C51 编译器扩展的关键字同名,因为关键字是有特殊含义的字符,是编译系统专用的。

2. C51 语言的运算符

C 语言的运算符可分为以下几类。

1) 算术运算符

用于各类数值运算,包括加法(+)、减法(-)、乘法(*)、除法(/)、求余(%)、自增(++)、自减(--)共七种。

自增/自减只能用于变量,不能用于表达式。如(i+j)++是非法的。若某变量自增/自减的同时还要参加其他运算,则前缀运算是先变化后运算,后缀运算是先运算后变化。

2) 关系运算符

用于比较运算。包括大于(>)、小于(<)、大于等于(>=)、小于等于(<=)、等于(==)和不等于(!=)六种。

注意:

(1) 由于C语言中采用整型数表示逻辑值(0表示假,非0表示真),所以,C51编译器不能检查出 if(x = y)与 if(x==y)的区别,使用时要注意;

(2) a≤x≤b之类算式的正确写法是 a<=x && x<=b,错误写法是 a<=x<=b。

3) 逻辑运算符

用于逻辑运算。包括与(&&)、或(‖)、非(!)三种。

4) 位操作运算符

参与运算的量,按二进制位进行运算。包括位与(&)、位或(|)、位取反(~)、位异或(∧)、位左移(≪)、位右移(≫)六种。

用移位操作代替一些复杂运算,是非常简单的。如 b=b/4 可以改为 b≫2。

按位与常用来将某些位清零,按位或常用来将某些位置1,按位异或常用来将某些位取反。≪、≫用来将一个数的各二进制位全部左移或右移若干位;移位后空白位补0,而溢出的位舍弃。在单片机控制系统中,位操作可以直接对某一位进行操作。例如

```
porta= (porta & 0xbf)|0x04;  //将porta的第6位清0,第2位置1。
```

关于位操作的几点注意事项如下。

(1) 位操作只能是整型或字符型数,不能为实型数据。

(2) 位操作运算符与关系逻辑运算符不同,其中关系逻辑运算符结果不是0就是1,通常用在条件语句中;位运算是按位对变量进行运算,但并不改变参与运算的变量的值。如果要求按位改变变量的值,则要利用相应的赋值运算。

(3) 位操作比算术运算的速度快,应尽量使用位操作运算;

(4) 移位不同于循环,从一端移位并不送回到另一端去,移去的位永远丢失,同时在另一端补0。

(5) 移位运算并不改变原变量本身,除非将移位的结果赋给另一变量。

5) 赋值运算符

用于赋值运算,分为简单赋值(=)、复合算术赋值(+=、-=、*=、/=、%

=)和复合位运算赋值(&=、|=、∧=、≫=、≪=)三类共十一种。

6) 条件运算符

这是三目运算符,用于条件求值,条件运算式的一般格式为

条件表达式? 表达式 1 :表达式 2

7) 逗号运算符

用于将若干独立的表达式隔开,并依次计算各表达式的值。

8) 指针运算符

用于取内容(*)和取地址(&)两种运算。

9) 求字节数运算符

用于计算数据类型所占的字节数(sizeof)。

10) 特殊运算符

强制类型转换运算符()、下标[]、成员(→或.)等。

11) 各运算符的优先级

(1) 最高级:强制类型转换运算符(())、数组([])、结构(→或.)。

逻辑非(!)、按位取反(~)、自增(++)、自减(--)、指针(*、&)、长度计算(sizeof)、乘(*)、除(/)、取模(%)

加(+)、减(-)

左移(≪)、右移(≫)

小于(<)、小于等于(<=)、大于(>)、大于等于(>=)

等于(==)、不等于(!=)

按位与(&)

按位异或(∧)

按位或(|)

逻辑与(&&)

逻辑或(‖)

条件运算(?)

赋值(=)、复合赋值(+=、-=、*=、/=)

(2) 最低级:逗号。

在表达式求值时,先按运算符的优先级别高低次序执行。如果在一个运算对象两侧的运算符的优先级别相同,则按规定的结合方向处理。

例如,由于"*"比"+"的优先级高,所以 x=*p + 1 表示 p 指向存储单元的内容加 1 后赋值给变量 x;而 x =*(p + 1) 表示 p+1 指向存储单元的内容赋值给变量 x。

由于"++"与"*"优先级相同,所以*pa++表示先取出 pa 指向存储单元的内容,然后 pa 指向下一个单元;而*(pa)++表示将 pa 指向存储单元的内容加 1。

3. C51 语言的流程控制语句

1) 分支控制语句

(1) if 语句。

用 if 语句可以构成分支结构。它根据给定的条件进行判断,以决定执行某个分支程序段。C 语言的 if 语句有三种基本形式。

① 第一种形式。

语法格式为

```
if(表达式)
{语句};
```

其语义是:如果表达式的值为真,则执行其后的语句,否则不执行。其执行流程可表示为图 3-4-1。

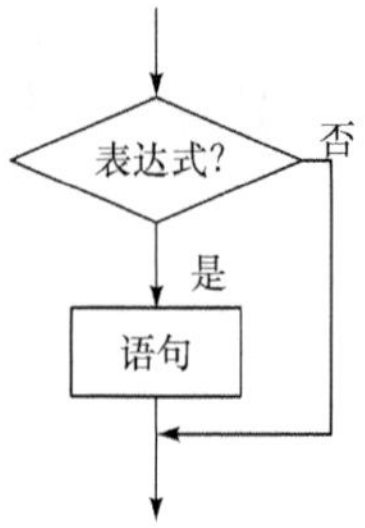

图 3-4-1 if 语句流程

② 第二种形式。

语法格式为

```
if(表达式)
{语句 1};
else
{语句 2};
```

其语义是:如果表达式的值为真,则执行语句 1,否则执行语句 2 。其执行流程可表示为图 3-4-2。

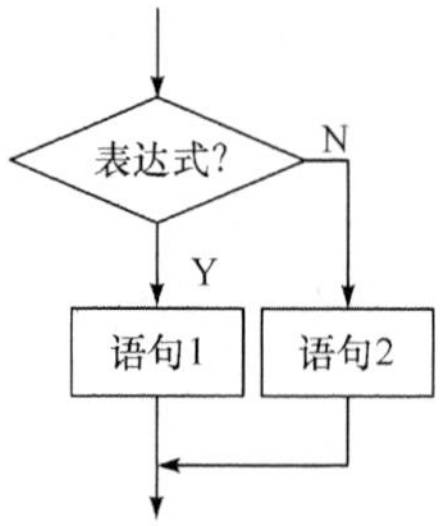

图 3-4-2 if-else 语句流程

③ 第三种形式为 if-else-if。

语法格式为

```
if(表达式 1)
  {语句 1;}
else if(表达式 2)
  {语句 2;}
…
else if(表达式 m)
  {语句 m;}
```

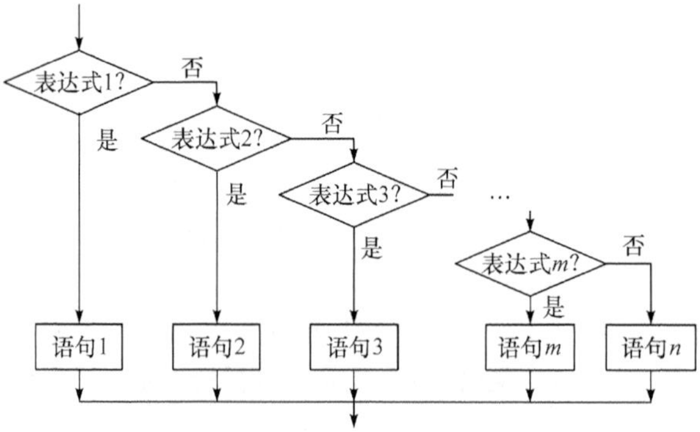

图 3-4-3 if-else-if 语句流程

```
else
  {语句 n;}
```

其语义是：依次判断表达式的值，当某个表达式的值为真时，则执行其对应的语句，然后跳到整个 if 语句之外继续执行程序。如果所有的表达式均为假，则执行语句 n。然后继续执行后续程序。if-else-if 语句的执行流程如图 3-4-3 所示。

在 if 语句中又含有一个或多个 if 语句，这种情况称为 if 语句的嵌套。if 语句通过嵌套可以实现多分支结构，但结构复杂。

(2) switch 语句。

switch 是 C 语言提供的专门处理多分支结构的语句。switch 语句的一般形式为

```
switch(表达式)
    {
    case 常量表达式 1: {语句 1;} break;
    case 常量表达式 2: {语句 2;} break;
    …
    case 常量表达式 n: {语句 n;} break;
    default:           {语句 n+1;} break;
    }
```

其语义是：计算表达式的值，并逐个与其后的常量表达式值相比较，当表达式的值与某个常量表达式的值相等时，则执行其后的语句，然后因遇到 break 而退出 switch 语句。如表达式的值与所有 case 后的常量表达式均不相同，则执行 default 后的语句。

2) 循环控制语句

循环结构的特点是：在给定条件成立时，反复执行某程序段，直到条件不成立。它包含四个部分：条件初始化、工作部分、条件修正、条件判断。C 语言的循环语句主要有 while、do-while、for。直到型和当型两种循环结构的程序框图如图 3-4-4 所示。

(1) while 语句。

while 语句的执行过程为：首先进行条件初始化，然后进行条件判断，当结果为真(非 0)时，执行工作部分语句。while 语句的形式为

```
条件初始化
while(条件判断)
    {
    工作部分
    条件修正
    }
```

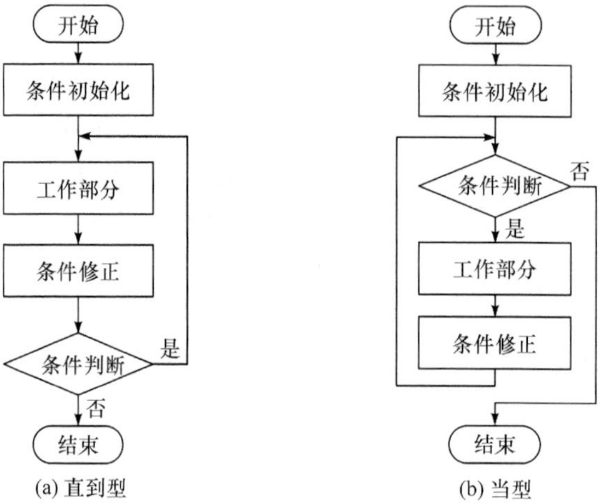

图 3-4-4　两种循环结构程序框图

while 语句可以多重嵌套使用,要求通过花括号来分隔循环体,以提高程序的可读性和可靠性。

(2) do-while 语句。

do-while 语句的执行过程为:先执行循环中的语句,然后再判断条件表达式是否为真,如果为真则继续循环;如果为假,则终止循环。因此,do-while 循环至少要执行一次循环语句。do-while 语句的形式为

```
条件初始化
do {
    工作部分
    条件修正
    }
while(条件判断);
```

(3) for 语句。

for 语句的一般形式为

```
for(条件初始化;条件判断;条件修正)
{
    工作部分
}
```

for 语句的执行步骤如下。

① 先进行条件初始化。

② 判断条件是否满足给定的循环条件。若其值为真(非 0),则执行 for 语句

中指定的内嵌语句，然后执行下面第③步；若其值为假（0），则结束循环，转到第⑤步。

③ 进行条件修正。

④ 转回上面第②步继续执行。

⑤ 循环结束，执行 for 语句下面的一个语句。

在一个循环的循环体中又允许包含一个完整的循环结构，这种结构称为循环的嵌套。外面的循环称为外循环，里面的循环称为内循环，如果在内循环的循环体内又包含循环结构，就构成了多重循环。在 C51 语言中，允许三种循环结构相互嵌套。

3.4.3　C51 语言的变量定义

1. 变量定义格式

变量在使用之前必须先进行定义，指出变量的数据类型和存储模式，以便编译系统为它分配相应的存储单元。变量的定义格式为

［存储类别］　数据类型　［存储空间］　变量名称；

格式中，除了数据类型和变量名是必要的，其他都是可选项。其中，数据类型和存储空间的定义顺序可以互换，但尽量不要这样做。如定义 data char x 与 char data x，但一般不建议使用前者。

2. 存储类别

1）变量的作用域

C 语言中所有的量都有自己的作用域。变量说明的方式不同，其作用域也不同。C 语言中的变量，按作用域范围可分为两种，即全局变量和局部变量。

全局变量指在程序开始处或各个功能函数的外面定义的变量。其作用域分两种情况：

（1）在程序开始处定义的变量对于整个程序都有效，可供程序中所有函数共同使用；

（2）在各功能函数外面定义的全局变量只对从定义处开始之后的各个函数有效，只有从定义处之后的那些函数才可以使用变量，定义处前面的函数不能使用。

全局变量的应用：

① 可用于在函数之间共享大量的数据；

② C51 语言程序多使用全局变量传递参数。全局变量一般在源文件的开始部分或在头文件中定义。

局部变量是指函数内部或复合语句（以花括号括起来的一段程序）内定义的变量。所有形参都是局部变量。其作用域：局部变量只在本函数或本复合语句内才能使用，在此之外不能使用（视为不存在），main 函数也不例外。

注意：局部变量可以与全局变量同名，但在这种情况下，局部变量的优先级较高，而同名的全局变量在该功能函数内被暂时屏蔽。

由于 C51 编译器总是尝试在寄存器里保持局部变量，所以，尽可能使用局部变量，如 for 和 while 循环中的计数变量。

2）变量的存储方式和生存期

变量的生存期为变量值存在的时间，从变量值存在的作用时间（即生存期）角度来分，可以分为静态存储方式和动态存储方式。

静态存储变量通常在变量定义时就分配存储单元并一直保持不变，直至整个程序结束。静态存储变量与程序“共存亡”。全局变量即属于此类存储方式。

动态存储变量是在程序执行过程中，使用它时才分配存储单元，使用完毕立即释放。动态存储变量与函数“共存亡”。函数的形参、局部变量均属于此类存储方式。

存储类别是指数据在内存中存储的方法，具体包括自动的（auto）、寄存器的（register）、静态的（static）、外部的（extern）4 种。存储类别决定了变量的“寿命”（何时“生”，何时“灭”）。根据变量的存储类别，可以知道变量的作用域和生存期。

未说明存储类别时，函数内定义的变量默认为 auto 型变量；函数外定义的变量默认为 extern 型变量。

（1）自动变量 auto。

在函数或复合语句内，凡未加存储类别说明的变量均视为自动变量。也就是说自动变量可省去说明符 auto。自动变量的作用域是函数体或复合语句内部。自动变量在编译时根据其数据类型动态分配存储空间。

自动变量的优点：

① 不同的函数或复合语句中允许使用同名的变量而不会混淆；

② 同一内存区可被不同变量反复使用。

例 3-4-1　auto 型变量举例。

```
void main()
{   char i;   i=15;
    { char i;   i=2;
      print("in block i=% d\n", i);
    }
    print("out block i=% d\n", i);
}
```

程序结果输出是：

```
in block i=2
out block i=15
```

（2）寄存器变量 register。

为了提高程序运行速度，C 语言允许将局部变量的值存放在 CPU 中的寄存器中，这种变量称为“寄存器变量”，用关键字 register 声明。但是，C51 语言编译器编译时会自动识别程序中使用频率最高的变量，并自动将其作为寄存器变量，用户可以无需专门声明，因此不建议使用 register 来定义变量。

(3) 静态变量 static。

静态变量是指从程序执行开始至结束，始终占用存储空间的变量。它又分为静态局部变量和静态全局变量。静态局部变量是在函数内部定义的，其作用域只是定义该变量的函数内部，而它的生存期为整个源程序。虽然静态局部变量在函数调用结束后仍然存在，但其他函数仍不能引用。

静态局部变量与自动变量的比较如下。

① 静态局部变量属于静态存储方式，在程序执行完成后其存储空间并不释放，而且其值保持不变。而自动变量(即动态局部变量)属于动态存储方式，在程序执行完毕后其存储空间被释放。

② 静态局部变量在编译时分配存储空间和初始化，仅初始化一次，再次函数调用时使用上次调用结束时的数值；自动变量在函数被调用时分配存储空间和初始化，每次函数调用时都需要初始化，即每调用一次函数重新赋一次初值。

③ 如果在定义局部变量时不赋初值，则对静态局部变量，编译时自动赋初值 0 (对数值型变量)或空字符(对字符变量)。而对自动变量，如果不赋初值则它是一个不确定的值。

当多次调用一个函数且要求在调用之间仍能保留变量的值时，可考虑采用静态局部变量，自动变量无法做到这一点。

例 3-4-2　静态局部变量的定义。

```
fun(int a)                main( )
    {                         {
    auto b=0;                 int a= 2, i, ans;
    static c=3;               for(i= 0; i< 3; i+ + )
    b=b+1;                    ans= fun(a);
    c=c+1;                    }
    return(a+b+c);
    }
```

每次执行函数 fun(int a)后，变量 c 中的值都会被保存起来，最终 ans 的值为 9。

静态全局变量是在函数外部定义的，只能在被定义的源文件内使用，其数值可为该源文件中的所有函数共享，退出该文件后，虽然变量的值仍然保持着，但不能被其他源文件引用。

将局部变量定义为静态变量，是改变了它的存储方式，即改变了它的生存期；把全局变量声明为静态变量，是改变它的作用域，限制了它的使用范围。

(4) 外部变量 extern。

凡是在所有函数之前，在函数外部定义的变量都是外部变量，定义时可以不写

extern 说明符。外部变量即全局变量，它的作用域为从变量的定义处开始，到其所定义源文件的结尾。在此作用域内外部变量可以被程序中各个函数所引用。

如果想在定义点之前的函数引用全局变量，则应该在引用之前用关键字 extern 对该变量作“外部变量声明”，表示该变量是一个已经定义的全局变量。有了此声明，就可以从“声明”处起，合法地使用该全局变量。

用 extern 来声明全局变量，可以扩展全局变量的作用范围。C51 语言编译器用工程文件来组织多个源程序文件。如果一个工程文件包含了两个源程序文件，而这两个源程序文件用到了同一个全局变量 Sum，那么不可以在这两个源文件中都定义 Sum，否则在进行程序链接时会出现“重复定义”的错误。正确的做法是在任意一个源文件中定义：char Sum，而在另一个源文件中用 extern 对 Sum 进行外部变量声明：extern Sum。在编译链接时，C51 语言编译器就会知道 Sum 是一个已在另一个源文件中定义的全局变量，并将此文件所定义的变量 Sum 的作用域扩展到当前源文件。在当前文件中可以合法地引用 Sum 变量。

上述各类变量之间的关系总结如下。

局部变量
- auto（默认）、register　所在函数调用结束时，其值自动消失
- static　所有函数调用结束，其值仍保留

全局变量
- extern（默认）允许本源文件中其他函数及其他源文件使用
- static 只限本源文件中使用

3. 数据类型

在定义变量时，必须要声明变量的数据类型，编译器会在单片机存储器中分配给变量合适的空间。数据类型不同，所占据的空间就不同。为了合理使用单片机的存储空间，编程时就要设定合适的数据类型。C51 语言的数据类型如表 3-4-1 所示。

表 3-4-1　C51 语言数据类型

数据类型		长度	值域
位型	bit	1 位	0 或 1
字符型	signed char	1 字节	−128～+127
	unsigned char	1 字节	0～255
整型	signed int	2 字节	−32768～+32767
	unsigned int	2 字节	0～65535
	signed long	4 字节	−2147483648～+2147483647
	unsigned long	4 字节	0～4294967295

续表

数据类型		长度	值域
实型	float	4 字节	$1.176\times10^{-38}\sim3.40\times10^{38}$
指针型	data/idata/ pdata	1 字节	1 字节地址
	code/xdata	2 字节	2 字节地址
	通用指针	3 字节	第 1 字节为储存器类型编码 2,3 字节为地址偏移量
访问特殊功能寄存器的数据类型	sbit	1 位	0 或 1
	sfr	1 字节	0～255
	sfr16	2 字节	0～65535

在 C51 语言编译器中，整型(int)和短整型(short)相同，浮点型(float)和双精度浮点型(double)相同。因此，在用 C51 语言进行编程时通常不使用 double 和 short 对变量进行定义。选择数据类型的一般原则如下。

(1) 尽可能地减少程序中使用的数据类型的种类，以免导致 C51 语言编译器相应地增加所调用的库函数的数量，使运行速度变慢或出现程序装不进代码区的情况。

(2) 如果程序中可以不需要负整数，那么可以把变量都定义成无符号类型的。因为程序要对 signed 的符号进行判断和处理，影响运算速度。

(3) 无论何时，应尽可能地选择 char、unsigned char 或 bit 数据类型，它们只占用 1 字节或 1 位；对于某些标志位，应使用 bit 或 sbit，而不是 unsigned char。

(4) 尽量避免使用实型数。32 位实型数会浪费大量的存储器资源和程序执行时间。

关于数据类型的几点说明。

在 C51 语言程序中，有可能会出现在运算中数据类型不一致的情况。C51 语言允许任何标准数据类型的隐式转换，隐式转换的优先级顺序为

bit → char → int → long → float → signed → unsigned

也就是说，当 char 型与 int 型进行运算时，先自动对 char 型扩展为 int 型，然后与 int 型进行运算，运算结果为 int 型。C51 语言除了支持隐式类型转换，还可以通过强制类型转换符“()”对数据类型进行人为的强制转换。

C51 语言除了拥有 C 语言的所有标准数据类型，针对 51 单片机的结构，还扩充了四种数据类型，分别是 bit、sbit、sfr、sfr16。

4. C51 语言变量的存储空间

变量的存储空间指的是变量所在的 51 单片机的存储区域。它与 51 单片机实

际存储空间的对应关系如表 3-4-2 所示。

表 3-4-2 C51 语言存储空间标识符

标识符	存储空间
code	变量存储在程序存储器中
data	变量存放在内部数据存储器低 128 字节的存储单元中
bdata	变量存放在内部数据存储器的 0x20～0x2F 可位寻址区
idata	变量存放在整个 256 字节的内部数据存储器中
xdata	变量存放在外部数据存储器(64KB)中
pdata	变量存放在外部数据存储器当前页中

1) data 区

由于对 data 区的访问速度最快,所以常将使用频率较高的变量放在 data 区。定义为 data 存储空间的变量主要存储于内部 RAM 的通用寄存器区和用户 RAM 区,而 51 单片机常使用默认的或指定的寄存器组来传递参数,这样 data 区至少失去了 8 字节的空间;另外用户 RAM 区还常用来设置堆栈,两个原因使 data 区存储空间非常有限,所以要注意节约使用 data 区。

2) bdata 区

bdata 区实际是 data 中的可位寻址区,在该区中声明的变量可以单独访问字节中的每一位。bdata 类型的变量必须定义为全局变量。如果定义的变量与位操作有关,要使用 bdata 来定义,这对访问状态寄存器的特定位是十分有用的。

例 3-4-3 bdata 区举例 1。

```
unsigned char bdata status_byte;   /* 在位寻址区定义无符号字符变量 */
unsigned int bdata status_word;    /* 在位寻址区定义无符号整型变量 */
sbit stat_flag=status_byte^4;      /* 把 status_byte 的第 4 位设为位变量 */
if(status_word^15)                 /* 如果第 15 位置位,则… */
   {
       …
   }
stat_flag = 1;                     /* 位变量置位 */
```

51 编译器不允许在 bdata 区中定义 float 型和 double 型的变量。如果想对浮点数的每位寻址,可以通过包含 float 和 long 的联合来实现。

例 3-4-4 bdata 区举例 2。

```
typedef  union                   /* 定义联合体类型 */
     {
     unsigned  long  l_value;    /* 定义无符号长整型变量,32 位 */
     float  f_value;             /* 定义浮点型变量,32 位 */
```

```
    }bit_lf;                    /* 联合体名 * /
bit_lf  bdata  u_float;         /* 在 bdata 区中声明联合体 * /
sbit  float_ld =  u_float^31    /* 定义位变量名 * /
```

3）idata 区

idata 区指内部的 256 字节的存储区，前 128 字节和 data 型的 128 字节完全相同，只是访问的方式不同。idata 型使用寄存器作为指针进行寻址，即在寄存器中设置 8 位地址，进行间接寻址。

8051 派生系列最多可以有 256 字节的内部数据存储区，其中低 128 字节可直接寻址，高 128 字节(0x80～0xFF)只能间接寻址。

idata 区也可存放使用比较频繁的变量，idata 型存取速度比 data 型慢，但和外部存储器寻址比较，它的指令执行周期和代码长度都比较短。idata 区可以定义浮点型变量，如

```
float idata outp_value;
```

4）pdata 和 xdata 区

pdata 和 xdata 用于对外部数据存储器进行读/写操作。当使用 xdata 型定义变量时，C51 语言编译器会将其定位在外部 RAM 空间，该空间位于外扩的 8KB、16KB、32KB 或 64KB RAM 芯片中。其最大可寻址范围为 64KB。pdata 类型存储在分页寻址的外部 RAM 的一页内，一页为 256 字节。使用时首先由 P_2 引脚输出高 8 位地址即页地址，以确定使用的是哪一页；然后由 P_0 引脚输出低 8 位地址，以选择该页中的具体存储单元，共有 256 个单元。

对 pdata 区寻址只需要装入 8 位地址，对 xdata 区寻址需装入 16 位地址，显然 pdata 型存取速度比 xdata 型快。

5）code 区

当使用 code 存储空间定义数据时，编译器会将其定义在程序空间(ROM 或 EPROM)。程序存储器除了存放程序代码，还可以存放程序中用到的一些常量，如数据表、状态表等。定义时用存储空间标识符 code，程序运行过程中不可改变用 code 定义的变量的值。

常用 code 定义比较大的常量数组，定义在程序存储区中的数组在编译时要进行初始化，例如

```
unsigned char code string[]="Good Morning";
unsigned char code my_data[]={0x00, 0x01, 0x02, 0x03, 0x04};
```

在实际使用上述几种存储空间时，因为访问内部 RAM 要比访问外部 RAM 快，所以应将使用频率较高的变量或临时性变量放在内部 RAM 中，将规模较大的或不常用的数据置于外部 RAM 中。

6）存储空间的选择原则

对经常使用和计算频繁的数据，应使用内部 RAM，尽量先使用内部直接寻址存储器(data)，其次设定变量为间接寻址存储器(idata)，在内部 RAM 不够的情况下，才使用外部 RAM，优先使用 pdata。

变量的存储空间定义举例。

```
unsigned char data sys_status=0;        /* 定义 sys_status 为无符号字符型变量，
                                           该变量位于 data 区中且初值为 0 * /
bit bdata flags;                        /* 定义 flags 为位变量，该变量定位在内部
                                           RAM 中的位寻址区* /
unsigned char xdata table[100];         /* 定义一个 100 个字节的无符号字符一维
                                           数组变量，定位在外部 RAM 中 * /
unsigned char code table[10]={0x3f,     /* 数组 table 定位在片外 ROM  * /
0x06, 0x5b, 0x4f, 0x66, 0x6d, 0x7d,
0x07, 0x7f, 0x6f };
```

注意：定义变量时也可以缺省“存储空间”，缺省时 C51 语言编译器将按编译时使用的存储模式来规定默认存储空间，确定变量的存储器空间。

5. C51 语言的指针类型

指针就是存储单元地址，存储这个地址的变量称为指针变量。那么，一个指针变量的值就是某个内存单元的地址。通常所说的指针就是指“指针变量”。在 C51 语言程序中定义指针的目的，是通过指针去访问内存单元。

由于 C51 语言是面向 51 单片机硬件的，而 51 单片机的不同存储空间有不同的地址范围，即使对于同一内部 RAM，又有三种访问方式。因此在指针类型的定义中，要指明被指变量的数据类型和存储空间，以及指针变量本身的存储空间(因为指针变量本身也是一个变量，同样也需要存储空间，因此需要指明其存储空间)。C51 编译器支持两种指针类型：一个是指向特定存储区的指针，称为基于存储器的指针；另一个是能适于指向任何存储空间的指针，称为通用指针(或一般指针)。

指针变量的定义格式为

[存储空间 1]　数据类型　[存储空间 2]　* 指针变量名

或

数据类型　[存储空间 1]　* [存储空间 2]　指针变量名

其中，在没有“存储空间 1”选项时，定义为通用指针；在有此选项时，则定义为基于存储器的指针。

数据类型是该指针变量所指向的变量的类型。

“存储空间 1”用于指定该指针变量所指向变量的存储空间，为可选项。如果缺省“存储空间 1”可选项，在编译时根据编译模式，确定该指针变量指向变量所在的默认存储区。

“存储空间 2”用于指定指针自身的存储空间，如果缺省“存储空间 2”可选项，根据编译模式确定该指针所在的默认存储区域。如无规定编译模式，通常放在 data 区。

需要注意的是，指针变量的数据长度由被指变量的存储空间决定，可以认为被指变量的存储空间就是对指针变量长度的声明。例如，被指变量存储空间为 data，则其存于内部 RAM，指向它的指针变量长度为 1 字节。若被指变量存储空间为 xdata，则其存于外部 RAM，访问时用 DPTR 作地址寄存器，于是对应指针变量的长度为 2 字节。

1）基于存储器的指针

在定义一个指针时，若给出了它所指变量的存储空间，则该指针是基于存储器的指针。基于存储器的指针只用来访问 8051 存储区中的变量。基于存储器的指针在存储时占用 1 字节（idata*，data*，pdata*）或 2 字节（code*，xdata*）。

由于基于存储器的指针所指变量的存储空间位置在编译时就已经确定，所以运行速度比较快。使用基于存储器的指针可以显著地提高 8051 C 语言程序的运行速度。但它所指变量的存储空间是确定的，故其兼容性不够好。

用基于存储器的指针可以高效地访问对象，且只需 1～2 字节，使用基于存储器的指针能够节省较多时间。

基于存储器的指针定义举例。

```
long code * xdata mypointer;
```

指针变量 mypointer 指向程序存储区的长整型数据。其自身存于外部数据存储区，指针长度为 2 字节。

```
char xdata * data pdx;
```

定义指针 pdx 指向外部 RAM 的字符型数据，但是指针 pdx 本身存放在内部 RAM 中。这是较常用的声明方式，可以提高指针访问外部数据的效率。此定义还可以写为

```
data char xdata * pdx;
```

2）通用指针

在定义一个指针时，若未给出它所指变量的存储空间，则该指针是通用指针。通用指针的声明与标准 C 语言中指针的声明相同，但在 C51 语言中还可以声明指

针的存储空间。通用指针默认存储在内部 RAM 的 data 区，如果想指定指针的存储位置，可以在 * 后加上存储空间。通用指针可以访问存储器空间中任何位置的变量。通用指针在内存中占用 3 字节(如表 3-4-3 所示)。

表 3-4-3 通用型指针各字节含义

第 1 字节	第 2 字节	第 3 字节
存储空间编码	指针存储地址的高 8 位	指针存储地址的低 8 位

其中，第 1 字节为指针的存储空间编码(在编译时由编译模式的默认值确定)，如表 3-4-4 所示；第 2、3 字节为指针自身的存储空间的高 8 位地址和低 8 位地址。

表 3-4-4 通用指针的存储空间编码

存储空间	idata/data/bdata	xdata	pdata	code
值	0x00	0x01	0xFE	0xFF

注意：使用其他类型值可能会导致随机的程序动作。

由于通用指针所指对象的存储空间位置只有当程序执行的时候才能确定，编译器在编译期间无法优化存储器的访问方式，必须生成通用代码以保证能对任意空间的对象进行存取，所以，通用指针产生的 C 语言源代码的执行速度较慢。

通用指针说明举例。

```
data char * pd;          /* 通用指针 pd 存于 data 区，指针长度 3 字节。* /
```

通用指针可以用来访问所有类型的变量，而无论变量存储在哪个存储空间中。因而许多库函数都使用通用指针。通过使用通用指针，一个函数可以访问数据，而不用考虑它存储在什么存储器中。

3) 通用指针与基于存储器的指针转换规则

当通用指针 GP 作为一个实参传递给形参为基于存储器的指针的函数时，指针转换规则如下。

GP→xdata/code：使用 GP 的偏移部分(2 字节)。

GP→idata/data/ pdata：使用 GP 偏移部分的低字节，高字节不用。

当基于存储器的指针作为一个实参传递给形参为一般指针的函数时，指针转换规则如下。

xdata→GP：一般指针的存储器类型编码被设定为 0x01，使用 xdata* 的双字节偏移量。

code→GP：一般指针的存储器类型编码被设定为 0xFF，使用 code* 的双字节的偏移量。

idata/data →GP：一般指针的存储器编码被设定为 0x00，指针的 1 字节偏移量被转换为 unsigned int 类型。

pdata→GP：一般指针的存储器类型编码被设定为 0xFE，指针的 1 字节偏移量被转换为 unsigned int 类型。

注意：为了防止在传递参数的时候造成指针类型错误，在调用函数前，最好进行必要的外部函数声明(extern …)，或引用相应的头文件(#include …)说明所有函数原型，或者在函数调用填写参数的时候加上数据类型转换。

6. C51 语言变量的编译模式

编译模式是指编译环境中默认的变量的存储空间。在定义变量时若略去存储空间标识符，编译系统将按照存储模式所规定的默认存储区来指定变量的存储区域。C51 语言编译器支持三种存储模式：SMALL、COMPACT 和 LARGE，分别对应于三种缺省存储空间。三种存储模式描述如下。

SMALL 模式：称为小存储模式，在 SMALL 模式下，编译时，变量被默认在片内 RAM 中，存储器类型为 data。采用 SMALL 模式的优点是访问速度快，效率高，缺点是由于存储空间有限，需要节约使用存储空间，所以 SMALL 模式只适用于规模较小的程序。

COMPACT 模式：称为紧凑存储模式，在 COMPACT 模式下，编译时，变量被默认在外部 RAM 一页(256 字节)中，存储器类型为 pdata。采用 COMPACT 模式的优点是存储空间较 SMALL 模式宽裕，缺点是访问速度要慢些，但相对于 LARGE 模式访问速度要快。

LARGE 模式：称为大存储模式，在 LARGE 模式下，编译时，变量被默认在外部 RAM 的 64KB 字节空间，存储器类型为 xdata。采用 LARGE 模式的优点是存储空间大，可存变量多，缺点是访问速度慢。

变量的默认存储空间可用三种方法进行设定。

方法 1：在程序的第一句加预处理命令，来指定变量的存储模式，如 #pragma compact。

方法 2：在 C51 语言编译器选项中设定存储模式。具体操作是从菜单栏“Project”的下拉菜单中选“Opinions for Target”，在弹出窗口中点选“Target”选项卡，在 “Memory Model” 下拉列表中选择默认的存储模式。

方法 3：用 C51 语言对 xxx. c 源文件进行编译时，使用编译控制命令，如 C51 xxx. c COMPACT。

为了提高系统运行速度，建议在编写源程序时，把存储模式设定为 SMALL，再在程序中把 xdata、pdata 和 idata 等类型变量进行专门声明。

3.4.4　C51 语言的函数

从用户使用角度划分，函数分为库函数和用户定义函数。

库函数是编译系统为用户设计的一系列标准函数，用户只需调用即可，而无需自己去编写这些复杂的函数。要使用其中的某类函数必须先使用 #include 包含对该类函数声明的头文件，然后才能调用。例如，在主程序开始包含 #include 〈math. h〉命令，程序中即可引用 sqrt、cos、sin、log 等数学类函数。库函数的调用方式：函数名(参数)。

用户自定义函数是用户根据任务编写的函数。用户自定义函数有 3 种形态：函数定义、函数调用和函数说明。函数定义规定函数类型、函数名和函数功能，相当于汇编中的一个子程序；函数调用相当于调用子程序语句，使用所定义的函数实现其功能；函数定义和函数调用不分先后，但若调用在定义之前，那么在调用之前必须先进行函数说明。函数说明是一个没有函数体的函数定义，而函数调用则要求有函数名和实参数表。

函数从参数形式上又可分为无参函数和有参函数。无参函数中无形式参数定义；有参函数中定义形式参数，调用时调用函数用实际参数代替形参，调用完返回结果给调用函数。函数的定义格式如下。

```
[存储类别]  返回值类型 函数名(带类型说明的形参表)[修饰符]
{
函数体语句;
…
 }
```

1. 函数的存储类别

函数的存储类别有两个：static 和 extern。

static 表示所定义的函数仅能被本文件中定义之后的部分调用，本文件中定义前的部分及其他文件都不能调用本函数。如果一个函数仅被同一程序文件中的其他函数调用，就可以将这个函数声明为 static。

定义 static 函数的好处：① 其他源文件中可以定义相同名字的函数，不会发生冲突；② static 函数不能被其他源文件所用。

extern 是定义函数的默认值，一般都省去，表示所定义的函数全程序可见，本文件和其他文件都可调用。但本文件中此函数定义前的部分及其他文件在调用前，应先声明此函数，声明格式与定义格式相同。使用 extern 声明，能够在一个文件中调用其他文件的函数，即把被调用函数的作用域扩展到本文件。

2. 返回值类型

有返回值函数必须在函数定义和函数说明中明确函数返回值的类型，如 bit、unsigned char、char 及指针等各种数据类型，也可以是用户自定义的结构体(struct)或共用体(union)，还可以是 void 类型(无返回值)。若没有指定函数的返回值类型，默认返回值则为整型。

函数的返回值是通过函数中的 return 语句获得的，return 语句格式为

```
return (变量或常数);
```

当函数没有返回值时，要用关键字 void 明确说明。

3. 形式参数表

形式参数是指调用函数时要传入函数体内参与运算的变量，形式参数表依次列出各个形式参数的名字，并指明形参类型，各形参间用逗号“，”隔开。表中不得指明形参的存储空间，因为参数传递区由编译时的存储模式指定。无返回值类型的函数形参表为空或写 void，即( )或(void)。

```
//有形参函数                            //无形参函数
int func(char a, int data * b)          void func( void )
   {                                    {
     …                                    …
   }                                    }
```

4. 修饰符部分

修饰符部分主要用来指定函数的编译模式、指定该函数是否为中断函数(interrupt n)、指定寄存器组(using m)以及指定该函数是否为重入函数(reentrant)。

1) 函数的编译模式

函数的编译模式用来指定函数的参数和局部变量的存储器空间。同变量的存储模式一样，有 SMALL、COMPACT 和 LARGE 三种模式。在函数定义中，在函数名后、函数体前加上具体模式名即可。

SMALL 模式：函数的参数和局部变量默认在内部 RAM 中。

COMPACT 模式：函数的参数和局部变量默认在外部 RAM 的页内。

LARGE 模式：函数的参数和局部变量默认在外部 RAM 的 64KB 范围。

例如

```
int fun1( int i, int j ) large    /* large说明参数传递在外部RAM中完成 * /
   {
```

```
return( i+ j );
}
```

注意:在指定函数的编译模式后,全局定义的编译模式对本函数将无效。

2) 重入函数

reentrant 项表示本函数为重入函数。如果函数是可重入的,当该函数正在被执行时,可以再次被调用。在标准 C 语言中,函数默认都是可重入的,因为系统具有足够大的堆栈空间。但 51 单片机的内部 RAM 空间(可存放堆栈)非常有限,因此,C51 语言函数默认是不可重入的。

C51 语言编译器为定义为可重入函数构造了一种模拟堆栈(相对于系统堆栈或是硬件堆栈),通过这个模拟堆栈来完成参数传递和存放局部变量。根据编译时采用的存储模式,模拟堆栈区可位于 idata 区或外部 RAM(pdata 或 xdata)中,如表 3-4-5 所示。

表 3-4-5 不同存储模式对应的模拟堆栈区

存储模式	模拟堆栈区
SMALL	间接访问的内部 RAM(idata),栈区最大为 256B
COMPACT	分页寻址的外部 RAM(pdata),栈区最大为 256B
LARGE	外部 RAM(xdata),栈区最大为 64KB

重入函数可被递归调用和多重调用而不用担心变量被覆盖,因为每次函数调用时的局部变量都会被单独保存。使用重入函数会消耗较多的存储器资源,所以应尽量少用或不使用重入函数。

例 3-4-5 重入函数举例。

```
long  factorial(int n) reentrant
  {
  long  result;
   if(n==0) result=1;
  else result= n* factorial(n-1);
  return (result);
  }
```

```
main()
 {
  long x;
   x=factorial(10);
 }
```

例中,函数 factorial 为重入函数,用来实现阶乘运算,x 的最终结果为 10!。

3) 中断函数

C51 语言编译器允许在 C51 源程序中通过 interrupt 关键字创建中断服务函数,其定义为

```
void 函数名()  interrupt n  [using m]
```

(1) interrupt n 项表明本函数为中断函数。对应中断发生时，该中断函数被自动调用。中断函数不能带有参数，也没有返回值。用户在主程序或函数中不能调用中断函数。n 为中断源的编号，即中断号，由它告诉 C51 语言编译器中断函数的入口地址。51 单片机各中断源(详见 3.4.1 节)对应的中断号如表 3-4-6 所示。

表 3-4-6　各中断源对应的中断号

中断源	外部中断 0	定时器 0 溢出	外部中断 1	定时器 1 溢出	串行口中断
编号	0	1	2	3	4

注意：CPU 响应中断后会自动从入口地址跳转到中断服务函数的实际地址。

(2) using m 项用于定义中断服务函数所使用的工作寄存器组，可以省略此项。如果不用 using m 选项，C51 语言编译器在编译程序时会自动分配工作寄存器组。m 用来指定该中断服务函数要使用的工作寄存器组号，取值为 0～3，对应使用 8051 的 4 个寄存器组，默认使用寄存器组 0。注意：指定工作寄存器组后，所有被中断调用的函数必须使用同一个寄存器组，否则参数传递就会发生错误。

编写中断服务函数时有一个原则，在中断服务函数中不要写过多的处理语句。一般能在主函数中完成的功能都不在中断函数中写。

使用 C51 语言编写中断服务函数，无需关心 Acc、B、DPH、DPL 和 PSW 等寄存器的保护，C51 语言编译器会根据这些寄存器的使用情况在目标代码中自动加入压栈和出栈操作。

5. C51 语言的库函数

C51 语言编译器提供了丰富的可直接调用的库函数资源，包括 I/O 引脚操作、内存分配、字符串操作、数据类型转换和数学计算等库函数。使用这些库函数可以简化程序设计，加快程序执行速度，提高编程效率。需要注意的是，这些库函数是厂家针对 51 单片机的硬件特点开发的，与标准 C 语言的库函数有很大的区别。下面介绍几类重要的库函数。

1) I/O 函数库

I/O 函数主要用于数据通过串口的输入和输出操作，C51 语言的 I/O 库函数的原型声明包含在头文件 stdio. h 中。由于这些 I/O 函数使用了 8051 单片机的串行接口，所以在使用之前需要先进行串口的初始化。典型的 I/O 函数如 printf 函数通过串口输出数据和字符串；scanf 函数从串口获得输入的数据和字符串。

2) 内部函数库

内部函数库提供了循环移位和延时等操作函数。内部函数的原型声明包含在头文件 intrins. h 中。典型的内部函数如下。

crol，_cror_：将无符号字符型变量循环左移/右移 n 位后返回。

irol,_iror_:将无符号整型变量循环左移/右移 n 位后返回。

nop:空操作函数,执行它没有任何实质性操作,仅延时一个机器周期。

testbit:位测试函数,测试该位变量并跳转同时清除,相当于汇编语言指令 JBC。

循环左移函数_crol_、_irol_的函数原型格式为

```
unsigned char _crol_( unsigned char val, unsigned char n ) ;
unsigned int _irol_( unsigned int val, unsigned int n ) ;
```

其中,参数 val 为待移位的变量;参数 n 为欲移位的位数。对于无符号字符型变量,n 取值为 0 ~7;对于无符号整型变量,n 取值为 0 ~15。函数返回值是变量移位后的结果。

空操作函数_nop_的函数原型格式为 void _nop_(void)。

位测试函数_testbit_的函数原型格式为 void _testbit_(bit x)。

其中,参数 x 为待测试位变量。参数和函数返回值必须是位变量。如果测试位变量 x 置位则函数返回 1,同时将该位复位为 0,否则返回 0。该函数只能用于可直接寻址的位,不可以在表达式中使用。通过进位位 CY 反映位变量 x 是 0 还是 1。

例 3-4-6 内部库函数举例。

```
void main( void )
   {
   bit flag;
   flag = 1;                                          /* 置位位变量 * /
   if( _testbit_( flag )) printf(“Bit was set \n” );   /* 测试位变量 * /
   printf(“Bit was clear \n” );
   }
```

例 3-4-7 P_1 口接 8 个发光二极管,编程实现发光二极管的流水点亮。

```
#include<reg51.h>
#define uchar unsigned char
#define uint unsigned int
uchar led;
void DelayMs(uint i)
  {
   uint j;
   for(; i! = 0; i- - )
     {
     for(j= 100; j! = 0; j- - );
     }
  }
void main(void)
 {

 led= 0xfe;
 while(1)
   {
     P1= led;
     DelayMs(100);
     led= _crol_(led,1);
   }
 }
```

3.4.5　C51 语言与汇编语言的混合编程

有时,用汇编语言来编写代码比 C51 语言更加有效率,而且在对时间要求很严格的时候,用 C 语言来编程不是很保险,这时需要用汇编语言来完成相应操作。但是,又不希望仅因为这样一小部分就把整个程序都用汇编语言来做,这时,就必须用汇编语言和 C51 语言联合起来实现相应操作。

一般情况下,不同公司的编译器和汇编器无法做到混合编程,因此混合编程应使用同一公司的汇编器和编译器。

混合编程中,关键是入口参数(即函数参数)和出口参数(即函数返回值)的传递。它们必须有完整的约定,否则传递的参数在汇编程序中取不到。两者语言必须使用同一个规则。由于汇编编程可以灵活控制,所以混合编程时,汇编语言应向 C51 语言看齐,按照 C51 语言的规定进行。所以首先应搞清 C5 语言函数参数传递的规则。

由于 8051 堆栈深度有限,所以 C51 语言不用堆栈传递参数,而使用寄存器或固定存储器传递,这是与标准 C 语言的不同之处。出口参数全部用寄存器传递。而入口参数具体是用寄存器还是存储器,可用编译控制命令 regparms 或 noregparms 指定,如 C51 语言源文件中加预处理命令 # pragma regparms,则用寄存器传递参数。

1. 函数名的转换

为了使汇编语言程序和 C51 语言程序能够兼容,必须为汇编语言程序模块指定名字。汇编语言子程序的取名由 C51 语言函数编译时生成的函数名决定。

C51 语言程序编译成目标文件后,其中的函数名依据其定义的性质不同会转换为不同的函数名,因此在 C51 和汇编语言程序的相互调用时,要求汇编语言程序必须遵循这种函数名的转换规则,否则,将无法调用到所需的函数或出现错误。C51 语言函数编译时按表 3-4-7 所示规则自动转换函数名,然后才能与汇编程序进行混合连接。

表 3-4-7　C51 语言函数与汇编函数名转换关系

C51 语言函数声明	转换后汇编语言符号名	解释
void func(void)	FUNC	无参数或参数不经寄存器传递时,函数名只是简单的转为大写形式
void func(char)	_FUNC	参数经寄存器传递时,函数名加入"_"字符前缀
void func(void) reentrant	_? FUNC	可再入函数采用堆栈传递参数,函数名加上"_?"字符前缀

2. C51 语言函数及其相关段的命名规则

C51 语言编译器的编译过程是，先将 C51 语言源文件编译为目标代码(. obj 文件)，然后再通过链接器产生最终可执行的 . hex 文件。目标代码将其中的程序代码、数据、常量放在不同的“段”中，保存程序的段称为“代码段”，保存数据的段称为“数据段”，最终目标代码经过链接器按照“段”的要求转换为程序和数据地址固定的可执行文件。

一个 C51 语言源程序文件被编译后，其中的每一个函数以“? PR ? 函数名? 模块名 ?”为名的命名规则被分配到一个独立的 CODE 段中；每一个函数中的变量也将采用类似的命名规则来建立数据段，并将变量分配其中，见表 3-4-8。同时编译器将为 bit 型参数或其他类型参数按“? 函数名 ? BIT”或“? 函数名? BYTE”的命名规则提供在段中的起始位置。

表 3-4-8　各种存储模式下 C51 语言函数及其中局部变量的转换规则

段的内容	段类型(存储区)	段名
程序代码	CODE	? PR ? 函数名 ? 模块名 ?（所有存储模式）
局部变量	DATA	? DT ? 函数名 ? 模块名 ?（SMALL 模式）
	PDATA	? PD ? 函数名 ? 模块名 ?（COMPACT 模式）
	XDATA	? XD ? 函数名 ? 模块名 ?（LARGE 模式）
局部 bit 变量	BIT	? BI ? 函数名 ? 模块名 ?（所有存储模式）
常量	DATA	? DT ? 函数名 ? 模块名 ?（SMALL 模式）

这些段是公开的，因而它们的地址可被其他模块访问。

3. 入口参数的传递

C51 语言函数通过寄存器传递参数，由于这种方式不需将参数写入存储器和从存储器中读出，所以传递速度快。但最多只能传递三个参数，并选择规定的寄存器，见表 3-4-9。汇编语言通过这些规定的寄存器传递参数给 C 语言程序。

表 3-4-9　参数传递的寄存器选择

参数个数	char	int	long,float	通用指针
第 1 个参数	R_7	R_6,R_7	R_4～R_7	R_1,R_2,R_3
第 2 个参数	R_5	R_4,R_5	R_4～R_7	R_1,R_2,R_3
第 3 个参数	R_3	R_2,R_3	无	R_1,R_2,R_3

依据所传递参数的类型，C51 语言自动决定采用哪些寄存器来传递参数。

例 3-4-8 入口参数的传递举例。

```
func1(int a)                        //参数 a 在 R6、R7 中传递
func2(int b, int c, int * d)        //b 在 R6、R7 中传递,c 在 R4、R5 中传递,d 在 R1、R2、
                                    //R3 中传递
```

对于要传递多于 3 个参数的函数,有两种处理方法:①利用编译控制命令 # pragma noregparms,使所有参数传递都发生在固定的存储区域。所使用的存储空间依赖于所选择的存储模式,在 SMALL 模式下,参数传递在内部 RAM 中完成;在 COMPACT 模式和 LARGER 模式下,参数的传递要在外部 RAM 中完成。这种参数传递技术的优点是传递途径非常清晰,缺点是传递速度慢。②在 C51 源程序中定义一个存储空间为 code 的数组,那么参数传递就在程序存储区进行。

另外,应合理安排参数的顺序以便尽可能用寄存器传递参数。如 func4(int g, long h, char i),g 在 R_6、R_7 中传递,而 h 和 i 只能在参数传递段中传递。但若定义时交换 h 和 i 的次序:func4(int g, char i, long h),则 i 在 R_5 中传递,只有 h 在存储区中传递。

4. 出口参数的传递

在函数或子程序返回时,所要返回的数据的传递与参数传递不同,返回值只能用寄存器传递,即汇编语言通过寄存器传递给 C 语言的返回值。表 3-4-10 为函数返回值使用的寄存器列表。

表 3-4-10 函数返回值使用的寄存器列表

返回值	所用寄存器	说明
bit	C 累加器	
char/unsigned char	R_7	单字节由 R_7 返回
int/unsigned int	R_6,R_7	双字节由 R_6 和 R_7 返回,高位在 R_6,低位在 R_7
long/unsigned long	R_4~R_7	
float	R_4~R_7	32 位 IEEE 格式,指数和符号位在 R_7 中
指针	R_1~R_3	存储器类型放在 R_3 中,高位在 R_2,低位在 R_1

供 C51 语言调用的汇编子程序在返回数值时须遵循此规定,将相应的返回值按格式要求写入规定的寄存器。

5. 在 C51 语言程序中嵌入汇编语言指令

在把汇编语言程序加入 C 语言程序之前,须使汇编语言和 C51 语言程序一样具有明确的边界、参数、返回值和局部变量;必须为汇编语言编写的程序段指定段名并进行定义;如果要在它们之间传递参数,则必须保证汇编语言程序用来传递参

数的存储区和C51语言函数使用的存储区是一样的。在C51语言中使用汇编语言有三种方法。① 在C51语言函数中直接插入汇编语句。它是利用编译控制命令＃pragma asm(用来标志所插入的汇编语句的起始位置)和＃pragma endasm(用来标志所插入的汇编语句的结束位置),这两条命令必须成对出现,并可以多次出现。在C51语言程序中不对插入的汇编代码做任何的处理。② 按照C51语言接口规则,编写汇编模块。③ 使用SRC控制命令。先用C51语言写出程序的主体,然后用SRC控制指令编译产生asm文件,进一步修改这个asm文件即得到所要的汇编函数。该方法使编译器自动完成各种段的安排,提高了汇编程序的编写效率。本小节仅介绍第1种方法的使用。

在C51语言嵌入汇编代码主要是为了实现延时或处理中断,通常是在汇编程序简练,且内部没有复杂跳转时采用。在C语言文件中嵌入汇编代码的格式如下。

```
# pragmaASM
;汇编程序代码
# pragmaENDASM
```

这种方法是通过asm和endasm告诉C51语言编译器,中间的汇编代码行不用再编译为汇编行。注意:C51语言编译器的默认设置不支持asm和endasm,采用本法进行混合编程,需要在.c文件的option设置中,允许用伪指令asm和endasm选项。

例3-4-9 在C51语言程序中嵌入汇编语言指令举例。

```
# include <reg51.h>
void main(void)
{
        P2=1;
        # pragma asm
        MOV R7, # 10
        DEL:MOV R6, # 20
        DJNZ R6, $
        DJNZ R7, DEL
        # pragma endasm
        P2=0;
}
```

6. 在C51语言程序中调用汇编语言子程序

C51语言程序调用汇编语言子程序时,被调用的汇编语言子程序的名字(指存盘文件名)、段名、参数传递方式、返回值的传递都要按相应的规则进行,否则将无法完成调用或是无法正常传递参数及返回值。为了能在 C51 语言程序中调用,需用伪指令将汇编子程序模块化。有关伪指令如下。

(1) PUBLIC。

用来声明可被其他模块使用的公共函数名,起程序连接作用。指令格式为

```
PUBLIC 函数名[,函数名,函数名,…]
```

其中,函数名必须是在模块内定义过的。

(2) SEGMENT。

用来声明一个再定位段和一个可选的再定位类型。指令格式为

```
再定位段名 SEGMENT 段类型
```

其中,“再定位段名”用于指明所声明的段;“段类型”用于指定所声明的段将存放的存储空间,可用的段类型有 CODE、XDATA、DATA、IDATA 和 BIT。

再定位段的特征是,程序和数据在其分别所对应的存储单元中的存储地址是浮动的、可重定义的、相对可变的。再定位段的地址需要链接器分配。

(3) RSEG。

用于选择一个已在前面定义过的再定位段作为当前段。指令格式为

```
RSEG 段名
```

其中,段名必须是在已声明过的再定位段。

汇编模块的编写格式如下。

(1) 利用伪指令 PUBLIC 将汇编模块声明为公共函数。

(2) 使用伪指令 SEGMENT 在程序存储区中将汇编语言子程序定义为再定位程序段,该程序段的段类型为 CODE,以保证汇编程序段使用的存储区和 C51 语言程序使用的存储区是一样的。

(3) 用伪指令 RSEG 选择已声明过的再定位程序段作为当前段,其后紧跟汇编程序。

(4) 用伪指令 END 结束汇编语言程序。

注意:C51 语言程序在调用汇编语言子程序之前,必须先在 C51 语言程序中使用 extern 声明汇编子程序,此声明与其他 C51 语言源文件中的函数声明完全相同。

主程序采用 C51 语言编写。

```
# include  <reg51.h>
# include  <absacc.h>
# define uint unsigned int
```

```
# define uchar unsigned char
# define PORT XBYTE[0xffc0]
extern delay(uchar x);                    /* 声明外部汇编函数 delay * /
void out( uchar state)
   {
   char code table[]={0x0a, 0x09, 0x05, 0x06};
   P1=table[state];
   PORT=table[state];
   delay(8);                               /* 调用汇编子程序 delay * /
   }
```

延时函数采用汇编语言编写。

```
PUBLIC _DELAY              ;声明子程序_DELAY为公用,可供C模块调用
                           ;DELAY前面的“_”符号表示该函数含有通过寄存器传
                             递的参数
DELAYPRSEGMENT CODE        ;在程序存储区中定义段,段名为DELAYPR
RSEG DELAYPR               ;该段可被链接器放置在任何地方
_DELAY:                    ;程序段开始
        MOV A, R7          ;延时外循环次数
        JZ    EXIT
        MOV R0, # 250      ;延时内循环次数
DLY:    NOP
        NOP
        DJNZ R0, DLY       ;250×4μs =1000μs
        DJNZ R7, _DELAY
EXIT:   RET
       END
```

下面是混合编程传递的参数多于3个的编程方法举例。C语言程序向汇编子程序传递6个char型参数,汇编子程序完成6个数相加并返回结果(设结果<512)。

主函数:main. c。

```
# pragma code SMALL                /* 编译时采用SMALL模式 * /
# define uchar unsigned char
# define uint unsigned int
AddFunc(uchar x1, uchar x2,uchar x3, uchar x4, uchar x5, uchar x6);
main()
{
     uint  result;
     result =  AddFunc(1,2,3,4,5,6);
```

```
    while(1);                         /* 为方便观察设此死循环 * /
}
```

汇编子程序:Addfunc.asm。由于传递参数较多,故需定义参数传递段。C51 语言编译器默认用寄存器传递参数,汇编语言程序模块名为_AddFunc。

```
AddFunc_PR SEGMENT  CODE
AddFunc_DT SEGMENT     DATA
PUBLIC_AddFunc,? _AddFunc? BYTE
RSEG AddFunc_DT
? _AddFunc? BYTE: /* 建立数据段 * /
v_a:          DS  1
v_b:          DS  1
v_c:          DS  1
v_d:          DS  1
v_e:          DS  1
v_f:          DS  1
RSEG  AddFunc_PR
_AddFunc:
    MOV  A, R7
    ADD  A, R5
    ADD  A, R3
    ADD  A, v_d
    ADD  A, v_e
    ADD  A, v_f
    MOV  R7, A
    MOV  A, # 0
    RLC  A
    MOV R6, A
    RET
    END
```

7. 汇编语言程序中调用 C51 语言函数

在以汇编语言为主体的程序开发过程中,如果涉及复杂的数学运算,往往需要借助 C 语言工具所提供的运算库函数和强大的数据处理能力,这就要求在汇编语言中调用 C 语言函数。在汇编语言程序中调用 C 语言函数与在 C51 语言程序中调用汇编语言子程序的原理相同。

除非用 static 声明,否则 C51 语言函数和全局变量在编译时就默认为 public 属性,因此在汇编语言中只需要用 extern 声明这些符号即可。注意声明函数名时须按照 C51 语言函数名到汇编语言符号名的转换规则进行。

需要参数传递区时,要用“EXTERN ? 函数名? BYTE”将其声明。若有局部位参数传递时,则要用“EXTERN ? 函数名? BIT”声明位传递区(注:这里的“函数名”是 C51 语言函数名在汇编中的符号名)。

C51 语言全局变量在编译时的声明并没有其数据类型的信息,因此在汇编程序中要注意其数据类型。C51 语言函数在编译时被声明的参数传递区只是声明了各首址“? 函数名? BYTE”,不包含各参数的顺序及数据类型的信息,因此汇编语言程序向 C51 语言函数传递时要注意。

3.4.6 C51 语言访问硬件资源

1. 专用功能寄存器的定义

89C51 的大部分硬件资源的操作是通过专用寄存器(表 3-1-1)实现的。为此,

C51 语言使用扩展的数据类型 sfr、sfr16 对专用寄存器的访问操作。

1）数据类型 sfr

sfr 用来定义 8 位专用寄存器，占用 1 字节存储单元，语法为

```
sfr 名字=地址;
```

通过 sfr 定义了专用寄存器标识符与其地址的对应关系。sfr 后面必须跟一个标识符作为专用寄存器名，名字可任意取。而等号后面的地址必须是常数，不允许是带有运算符的表达式。这个常数值的范围只能位于内部数据存储器的 0x80～0xFF。

例如

```
sfr P1 =0x90;      /* 并行 I/O 口 P1, 地址为 90h * /
sfr P3=0xB0;       /* 并行 I/O 口 P3, 地址为 0B0h * /
```

2）数据类型 sfr16

sfr16 为 16 位专用寄存器的数据声明，占用 2 个存储单元，利用它可以访问单片机内部的所有 2 字节的专用寄存器。标准 51 单片机只有一个 16 位专用寄存器，即 DPTR，实际上 DPTR 是两个地址连续的 8 位寄存器 DPH 和 DPL 的组合，所以它可以分开定义 DPH 和 DPL，也可用 sfr16 定义 16 位寄存器。

大多数 8051 派生出的单片机使用两个地址连续的 8 位专用寄存器指定 16 位专用寄存器。例如，8052 单片机中的定时/计数器 T_2 由连续的 0xCC 和 0xCD 的 2 字节组成，定义为

```
sfr16 T2 =  0xCC;     /* T2:T2 低 8 地址为 0CCH, T2 高 8 位地址为 0CDH* /
```

其中，等号后面是 T_2 的低字节地址，其高字节地址直接位于物理低位地址之上。

注意：C51 语言编译器在头文件中定义了全部 sfr 和 sfr16 变量。

在 C51 语言编译器中并没有预先定义专用寄存器，为了方便使用，C51 语言编码器对单片机所有的专用寄存器进行了 sfr、sfr16 定义，放在一个 reg51. h 的头文件中。使用专用寄存器时，只要在 C51 语言源程序的开始处加上包含语句 #include 〈reg51. h〉，就可以直接引用专用寄存器名。引用时，专用寄存器名称一定要大写。

2. 位变量的定义

89C51 具有位操作功能，因此，C51 语言提供了位数据类型。

1）一般位变量定义

用于定义 51 单片机内部数据存储器的 0x20～0x2F 单元的可寻址位（共 128 位），它还可以定义函数的返回值。定义格式为

```
bit 变量名;
```

在使用 bit 定义变量时,应省去存储空间,因为位变量一定位于可位寻址区,其位地址由 C51 语言编译器在 00H～7FH 范围自动分配。位型变量的值只能是"0"或"1"。

注意:① 明确指定使用寄存器组(using n)的函数不能返回 bit 类型的数据,在这种情况下,编译器会识别出来并产生一个错误信息。② 不可以用 bit 类型来声明指针和数组,因为在 C51 语言中位数组和位指针是非法的。例如

```
bit * ptr;            /* 非法* /
bit ware [5];         /* 非法* /
```

2) 特殊位变量定义

(1) 定义专用寄存器中的可寻址位。

在 89C51 的 21 个专用寄存器中有 11 个寄存器具有位寻址能力,这些寄存器的字节地址都能被 8 整除,即字节地址是以 8 或 0 为尾数的。通常把专用寄存器的各个二进制位称为特殊功能位,用 sbit 定义特殊功能位的方法有如下三种。

方法 1:sbit 位名=专用寄存器名^位的位置。使用该方法之前,需用关键字 sfr 定义可位寻址的专用寄存器。位的位置是一个 0～7 之间的常数。例如

```
sfr PSW =0xD0;
sbit OV = PSW^2;
sbit CY =PSW^7;
```

方法 2:sbit 位名=字节地址^位位置。字节地址是指可位寻址的专用寄存器的地址,该值必须在 0x80～0xFF 之间,并能被 8 整除。例如

```
sbit EA =0xA8^7;
```

方法 3:sbit 位名=位地址。这种方法是将位的绝对地址赋给位变量,位地址必须位于 0x80～0xFF 之间。例如

```
sbit EA=0xAF;
```

访问特殊功能位时的几点注意事项。

① 51 单片机中的专用寄存器区有位名称的各位,已被预先定义放在文件 reg5x. h 中,源文件包含此头文件后便可在程序中直接引用位名称(位名称必须大写),无须再用 sbit 定义。

例如

```
# include <reg51. h>
RS1=1;
RS0=0;
```

② 定义专用寄存器中无位名的可寻址位，需 2 步：第 1 步，在程序中包含头文件 〈reg51. h〉；第 2 步，用 sbit 声明某一个专用寄存器中的某一位。例如

```
# include  <reg51.h>
sbit P1_1 = P1^1;       /*  P1_1 为 P1 口的第 1 位 * /
sbit Acc7 =Acc^7;       /*  Acc^7 定义为累加器 A 的第 7 位 * /
```

除了 P_0、P_1、P_2、P_3 口及累加器 Acc 的所有特殊功能位在 reg51. h 已定义。

③ 特殊功能位代表了一个独立的声明类，它不能与 bit 声明进行互换。

(2) 访问 8051 内部 RAM 中的可寻址位。

C51 语言编译器提供了一个 bdata 存储空间，允许将具有 bdata 类型的变量放入片内可位寻址 RAM 区(0x20～0x2F)中，该变量既可以字节寻址也可以位寻址，将这样的变量称为可位寻址对象。用 sbit 可以定义可位寻址对象的位，操作步骤：首先定义字节变量(即可位寻址对象)的数据类型和存储空间，然后使用 sbit 定义可独立寻址访问的对象位。例如

```
unsigned char bdata status;     /*  status 定义为无符号字符变量 * /
sbit stat_flag =  status ^7;    /*  stat_flag 定义为 status_byte 的第 7 位 * /
```

3. 对存储器的绝对地址访问

存储器绝对地址的访问包括内部 RAM、外部 RAM 访问，C51 语言提供了 3 种访问绝对地址的方法。

1) 关键字_at_定位

在一些情况下，希望把一些变量定位在 51 单片机某个固定地址空间上。C51 语言专门提供了一个关键字_at_，对指定的存储器空间的绝对地址进行访问，一般格式为

```
[存储类别]  数据类型  存储空间 变量名   _at_   地址常数
```

或者

```
数据类型  [存储空间]  变量名   _at_   地址常数
```

其中，存储类别表示变量的存储类别，如果省略该选项，则按存储类别规定的默认存储空间确定变量的存储空间；数据类型为 C51 语言支持的数据类型；地址常数用于指定变量的绝对地址，必须位于有效的存储器空间之内，C51 语言编译器会检查非法的地址指定。在 C51 语言中，用_at_定位全局变量存放的首地址。

例如，下面的语句将无符号字符型数组 dis_buff 定义在首地址为 0x1000 的外部 RAM。

```
unsigned char xdata dis_buff[20] _at_ 0x1000;
```

在使用关键字_at_进行绝对地址访问时需要注意：

(1) 绝对地址的变量不可以重新分配地址空间；

(2) bit 型函数及变量不能定位在绝对地址；

(3) C51 语言编译时变量的定位最好由编译器完成，因此，编程人员不要轻易使用绝对地址定位变量。

2) 指针定位

指定存储区的指针所指对象具有明确的存储空间，可以访问 data 区、idata 区、code 区、xdata 区及 pdata 区。通过指针访问绝对地址的步骤如下。

(1) 定义指向存储器的指针变量；

(2) 给指针变量赋值，将指针指向某地址；

(3) 给指针变量指向的存储单元赋值。

例 3-4-10　指针定位举例。

```
unsigned char volatile xdata * pr;   /* 定义外部 RAM 的指针变量 * /
    pr=0x1000;                        /* 给指针变量赋地址 * /
    * pr=0x55;                /* 给外部 RAM 地址是 1000H 的存储单元写入 0x55 * /
```

C51 语言提供了一组宏，定义了指向 code、data、pdata 和 xdata 空间绝对地址为 0 的指针。

```
#define CBYTE ((unsigned char volatile* )0x50000L)
#define DBYTE ((unsigned char volatile* )0x40000L)
#define PBYTE ((unsigned char volatile* )0x30000L)
#define XBYTE ((unsigned char volatile* )0x20000L)
#define CWORD ((unsigned int volatile* )0x50000L)
#define DWORD ((unsigned int volatile* )0x40000L)
#define PWORD ((unsigned int volatile* )0x30000L)
#define XWORD ((unsigned int volatile* )0x20000L)
```

其中，CBYTE 以字节形式对 code 区寻址；DBYTE 以字节形式对 data 区寻址；PBYTE 以字节形式对 pdata 区寻址；XBYTE 以字节形式对 xdata 区寻址；CWORD 以字形式对 code 区寻址；DWORD 以字形式对 data 区寻址；PWORD 以字形式对 pdata 区寻址；XWORD 以字形式对 xdata 区寻址。

这些宏放在 absacc.h 文件中，使用时须用预处理命令把该头文件包含到文件中，形式为 #include〈absacc.h〉。利用绝对宏可对不同的存储区的存储单元进行访问。由于 C 语言中指针和数组是等价的，所以用 XBYTE 或 PBYTE 进行绝对地址访问时可以采用的形式为

宏名[地址常数]

例 3-4-11 从单片机 ROM 的 30H 单元中读出数据，给内部 RAM 的 50H 单元，然后再从内部 RAM 的 50H 单元将该数据写入外部 RAM 的 1000H 单元中。

```
# include< absacc.h>
# define a CBYTE[0x30]
# define b DBYTE[0x50]
# define c XBYTE[0x1000]
void main()
      {
      b =a;
      c =b;
      }
```

4. 对 I/O 口的绝对地址访问

51 系列单片机采用存储器映像 I/O 方式，因此，对 I/O 端口的绝对地址访问与外部 RAM 访问相同。

例如

```
unsigned char volatile xdata P8255A _at_ 0x8000; /* 为端口 8000H 定义一个变
                                                    量 P8255A* /
# defineP8255B XBYTE[0x8001]                  /* 为端口 8001H 定义一个宏
                                                P8255B* /
```

注意，在对 I/O 端口的访问时，必须使用关键字 volatile。它保证 C51 语言编译器不会优化掉对端口的必要操作。这也是 absacc.h 中的宏定义中都使用了 volatile 的原因。

3.5 89C51 集成 I/O 资源

3.5.1 中断控制器

1. 中断结构和中断控制

89C51 单片机的硬件设计包含了完整的中断管理系统，即包括 5 个中断源，2 个优先级、系统和各中断源的允许控制，以及相关的专用寄存器等。

89C51 单片机的中断结构如图 3-5-1 所示。图中从左到右分别表示引起中断的请求源、中断请求标志位、总允许控制、源允许控制、优先级结构和软件查询序列。

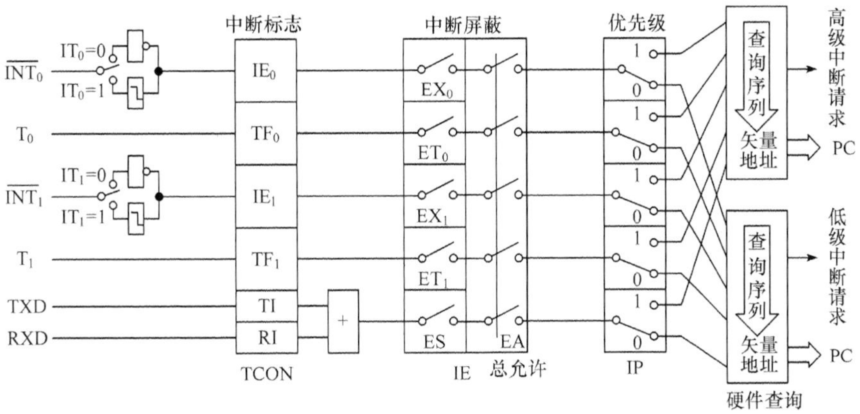

图 3-5-1　89C51 单片机的中断结构

1）中断源概述

89C51 的 5 个中断源分别如下。

① $\overline{INT_0}$:外部中断 0 请求,外部引脚 $P_{3.2}$的负跳变或低电平触发。

② T_0:定时器/计数器 0 溢出中断请求。

③ $\overline{INT_1}$:外部中断 1 请求,外部引脚 $P_{3.3}$的负跳变或低电平触发。

④ T_1:定时器/计数器 1 溢出中断请求。

⑤ TXD/RXD:串行口中断请求,当串行口完成一帧数据的发送或接收时触发。

通常把 $\overline{INT_0}$ 和 $\overline{INT_1}$ 称为外部中断,定时器/计数器溢出称为内部中断,每个中断源都对应一个中断请求标志位。但串行口中断是一个中断源对应两个标志位,这些标志位分别存在于专用寄存器 TCON 和 SCON 中。当发生中断请求时,对应的标志位置位,并锁存在相应的专用寄存器位地址中。当中断源被允许时,能够自动触发 CPU 产生中断请求;当不允许中断时,这些标志位也可以供软件查询。

2）中断控制寄存器

89C51 单片机有 4 个与中断管理有关的专用寄存器,分别为定时器控制寄存器 TCON(用 6 位)、串行口控制器 SCON(用 2 位)、中断允许寄存器 IE 和中断优先级寄存器 IP。这些寄存器中,TCON 和 SCON 只有一部分位与中断控制有关,IE 和 IP 中也有一些未定义位,使用时应加以注意。

(1) 中断请求标志位。

TCON 是定时器/计数器 T_0 和 T_1 的控制寄存器,同时也锁存 T_0 和 T_1 的溢出中断标志以及外部中断 0 和 1 的中断标志。TCON 的位定义如下。

各控制位的意义如下。

8FH ← 88H　位地址

TF_1		TF_0		IE_1	IT_1	IE_0	IT_0	88H字节地址

TF_1:定时器/计数器 T_1 的溢出中断请求标志位。当启动 T_1 运行后,T_1 计数寄存器从初始值开始加 1 计数。当计数器加满溢出时,由硬件自动使 TF_1 置位,并向 CPU 发出中断请求。CPU 响应中断后,硬件会自动清除 TF_1 标志,使之清 0。

TF_0:定时器/计数器 T_0 的溢出中断标志位,意义同 TF_1。

IE_1:外部中断 1 的中断请求标志位。当检测到外部中断引脚上存在有效的中断请求信号时(低电平或负跳变),由硬件自动使 IE_1 置位并向 CPU 请求中断。当 CPU 响应该中断请求后,由硬件自动清除 IE_1 标志,使之清 0。

IT_1:外部中断 1 的中断触发方式控制位。

$IT_1=0$ 时,外部中断 1 程控为电平触发方式。CPU 在每个机器周期的 S_5P_2 期间采样外部中断 1 外部引脚的输入电平。若该引脚为低电平则使 IE_1 置位,若为高电平则该位清 0。

$IT_1=1$ 时,外部中断 1 程控为边沿触发方式。CPU 在每个机器周期的 S_5P_2 期间采样外部中断引脚的输入电平。若在相邻的两个机器周期采样过程中,一个机器周期采样到高电平,接着的下一个机器周期采样到低电平,则可确认一次负跳变,硬件自动使 IE_1 置位。直到 CPU 响应中断时,才由硬件自动使 IE_1 清 0。

设计者可自行决定采用何种触发方式。但是,一般来说要考虑到引起外部中断的外设产生触发信号的类型。例如,打印机发出的中断请求往往是电平信号,当它不忙时总是处于低电平,可设置为电平触发;而键盘操作一般只有短时间的低电平,则可设置为边沿触发。

IE_0:外部中断 0 的中断请求标志位,意义同 IE_1。

IT_0:外部中断 0 的中断触发方式控制位,意义同 IT_1。

TCON 的说明:两个空白格是定时器/计数器运行控制位,见后面叙述;串行中断标志不在这个寄存器中。

这些位通常由系统使用,用户无须处理。但有时也可以作为软件查询标志。例如,启动定时器后,不允许中断,可以用程序指令来判断定时器溢出标志何时从 0 变为 1。

(2) SCON 中的串行通信中断标志。

SCON 是串行口控制寄存器,它的低 2 位锁存串行口的接收中断标志 RI 和发送中断标志 TI,两个标志的位置如下。

TI:串行口发送中断请求标志。CPU 把一个字节的数据写入发送缓冲器 SBUF 就启动发送过程。每当发送完一帧数据后,硬件就自动使 TI 置位。但

						99H	98H	位地址
						TI	RI	98H字节地址

CPU 响应中断时并不自动清除 TI，必须用指令进行清除。

RI：串行口接收中断标志。在串行口允许接收时，每接收到一个串行帧，硬件会自动使 RI 标志置位。CPU 响应中断时也不会自动清除 RI 标志，也必须用指令清除。

要特别注意 TI 和 RI 必须用指令清除的特点。如果因为疏忽而在编程中没有进行标志清除，就会发生误触发中断的情况。

(3) 中断请求允许控制。

89C51 单片机使用中断允许寄存器 IE 实现对中断源的开放或屏蔽。寄存器 IE 的位定义如下。

AFH ←							A8H	位地址
EA			ES	ET_1	EX_1	ET_0	EX_0	A8H字节地址

89C51 单片机对中断源的控制分为总允许和源允许两个级别。回顾图 3-5-1 可以看到，总允许位相当于一个总开关，它的主要用途是快速地完全关闭所有中断源。在单片机应用程序中经常有临时关闭全部中断源的需求，如果此时有若干中断源是允许的，则利用总允许位实现全体中断源的关闭比逐个关闭各中断源简捷得多。而一个中断源的允许却要求两个条件同时成立，既要求系统是开放中断的(总允许)，又要求源也是允许的。在中断允许控制字中，最高位为总允许控制位，2 个空格表示无定义，后 5 位对应 5 个中断源的控制状态，为 1 表示允许。

EA：总允许位。EA=1，系统开中断，各中断请求是否允许由各中断源控制位的状态决定。EA=0，系统关中断，任何中断请求都不会被响应。

ES：串行口中断允许位。ES=0 禁止串行口中断；ES=1 允许串行口中断。

ET_1：定时器/计数器 1 溢出中断允许位。$ET_1=0$ 禁止 T_1 中断；$ET_1=1$ 允许 T_1 中断。

EX_1：外部中断 1 中断允许位。$EX_1=0$ 禁止外部中断 1 中断；$EX_1=1$ 则允许其中断。

ET_0：定时器/计数器 0 溢出中断允许位。$ET_0=0$ 禁止 T_0 中断；$ET_0=1$ 允许 T_0 中断。

EX_0：外部中断 0 中断允许位。$EX_0=0$ 禁止外部中断 0 中断；$EX_0=1$ 则允许其中断。

例 3-5-1　设系统要求允许外部中断 0 和定时器/计数器 1 中断，禁止其他中断，试编程实现。

方法 1:使用字节操作指令。

方法 2:使用位操作指令。

```
IE=0x89;
EX0=1;     /*  允许外部中断 0 中断 * /
ET1=1;     /*  允许 T1 中断   * /
EA =1;     /*  总开中断   * /
```

比较上述两种方法,可知字节操作很快捷,但可读性较差,不容易从 89H 的表面情况看出操作意义;位操作较烦琐,但操作目的明确,可读性好。

(4) 中断优先级控制。

89C51 单片机的中断系统有两个优先级,每个中断源都可以用软件编程指定为高优先级中断或者低优先级中断。中断系统有两个不可寻址的"优先级生效"触发器,一个指出 CPU 是否正在执行高优先级的中断服务程序,另一个指出 CPU 是否正在执行低优先级中断服务程序。这两个触发器为 1 时,则分别屏蔽所有同级或低级中断请求。另外,89C51 单片机的专用寄存器中有一个优先级控制器 IP,用来管理对中断优先级的定义。

BCH ←—— B8H 位地址

			PS	PT_1	PX_1	PT_0	PX_0	B8H字节地址

IP 寄存器的高 3 位无定义,低 5 位分别对应各中断源的优先级控制位,置 1 有效。各位的意义如下。

PS:串行口中断优先级控制位。

PT_1:定时器/计数器 T_1 中断优先级控制位。

PX_1:外部中断 1 中断优先级控制位。

PT_0:定时器/计数器 T_0 中断优先级控制位。

PX_0:外部中断 0 中断优先级控制位。

单片机复位后,IP 为 0,所有中断源均为低优先级。若要使某个或某几个中断源为高优先级,可以使相应的控制位置位。设置优先级的操作可以在系统初始化时,也可以在任何需要时进行,并可根据需要随时变更。由于同级中断源不能互相打断,而高级中断能打断低级中断(称为中断嵌套),所以把所有中断源都定义为高优先级没有任何意义。通常系统中只指定一个最紧急的中断源为高优先级,如很多情况下把系统的串行中断定义为最高优先级。另外,为避免其他中断请求长时间被阻断,应使中断服务程序尽可能简短,以不超过毫秒数量级为宜。

当多个同级中断请求同时发生时,由内部硬件查询序列决定响应顺序。表 3-5-1给出了同优先级情况下的中断响应查询顺序。

表 3-5-1　同优先级情况下的中断响应查询顺序

符号	中断名称	查询级别	应用举例
INT_0	外部中断 0	最高	掉电/键盘/打印机
T_0	定时计数器 0	↓	系统定时/对外部脉冲技术
INT_1	外部中断 1	↓	同 INT_0
T_1	定时计数器 1	↓	同 T_0
TI/RI	串行口中断	最低	串行通信

采用中断优先级控制可实现下述功能。

① 同级中断按内部查询次序排队。

有时系统中会出现 2 个以上中断源同时发生中断请求的情况。表 3-5-1 所示的查询次序是系统硬件事先规定好的，如果希望排在后面的中断源能不受阻碍地得到响应，就可以把该中断源设置为高优先级。否则，系统会按照查询次序逐个地响应各中断请求。通常，受阻断的中断请求会被挂起，表示该中断请求暂时不能被接受，但请求标志保持有效。当条件允许时，这个中断请求仍可被 CPU 接受，但可能会滞后一段时间。

② 利用高级中断实现中断嵌套。

当 CPU 正在处理一个低级中断请求时，可能出现另一个高级中断请求。这时 CPU 会暂时停止正在执行的低级中断服务程序，保护当前断点，转去响应和执行高级中断请求。高级中断请求服务程序执行完毕后，再继续执行刚才被打断的低级中断服务程序。这种情况称为中断嵌套，其过程如图 3-5-2 所示。

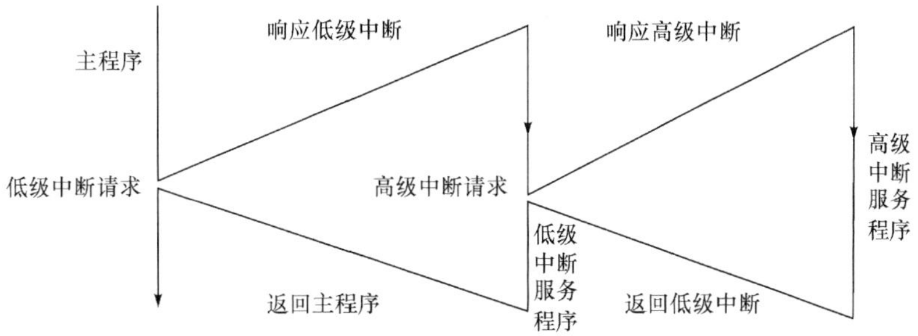

图 3-5-2　中断嵌套过程示意

应该注意，在系统中同时存在低级中断请求和高级中断请求的情况下，应该为各级别的中断服务程序分别设置一个工作寄存器区。习惯上，主程序使用工作寄存器区 0，低级中断服务程序使用区 1，高级中断服务程序使用区 2。还要指出，主程序、低级中断子程序和高级中断子程序都可以调用各自的子程序，但必须分别对应自己的工作寄存器区。

另外，由于每级中断都要保护 2 字节返回地址并入栈保护若干资源(通常要保护的内容有累加器 Acc、寄存器 B、PSW、DPTR 等)，所以应合理预留堆栈空间。

例 3-5-2　89C51 的串行口设置为高优先级，其他中断源为低优先级，试对寄存器 IP 进行设置。

解　用字节操作为 IP = 0x10；用位操作为 PS=1。

说明：上电复位后，各中断源初始状态都是低优先级的，所以在初始化程序中只对高优先级进行设置即可。

例 3-5-3　设单片机系统中有高级中断和低级中断，子程序嵌套最多 8 层，试推测堆栈的预留深度。

解　对于每级中断，应预留字节数为 2+5=7(断点地址 2 字节加保护现场 5 字节)；对于有高级中断的情况，上述字节数需要加倍，此时中断系统共需 7×2=14 字节；对于子程序，每嵌套一层需要保留返回地址 2 字节，总共需要 8×2=16 字节；为两级中断程序调用子程序预留 6 字节。

所以，堆栈深度约为 Σ=14+16+6=36(字节)。

C51 语言编译系统会自动计算所需的堆栈深度并设置堆栈指针，编程人员可以不考虑堆栈的预留深度。

2. 中断响应及处理过程

单片机对中断请求的管理方法是，在每个机器周期的最后一个 S 状态即 S_6 期间查询中断请求标志，在下一个机器周期的 S_1 中响应相应的中断请求，并进行中断处理。

中断处理过程可分为 4 个阶段：中断请求、中断响应、中断处理和中断返回。CPU 执行程序时，在每个机器周期的最后一个 S 状态检测是否有中断请求，如果有中断请求，则相应的中断标志位置位。CPU 检测到中断请求标志后，如果中断是允许的，就进入中断响应阶段；如果没检测到中断请求或者中断被禁止，就继续执行下一条指令。

在中断响应阶段，如果有多个中断源，CPU 要判断哪个中断源的优先级高，优先响应优先级高的中断请求，并阻断同级或低级的中断请求。硬件产生中断程序的调用。

1) 中断响应条件

(1) 当前无同级或高级中断在进行中；

(2) 当前机器周期是一条指令的最后一个周期；

(3) 当前执行的指令不是 RETI 或访问 IE 和 IP 的指令；

(4) 中断是允许的(包括总允许和源允许)。

例如,CPU 对外部中断 0 的响应,当采用边沿触发方式时,CPU 在每个机器周期的 S_5P_2 期间采样外部输入引脚 $\overline{INT_0}$。如果在相邻的两次采样中,第一次采样到 $\overline{INT_0}=1$,紧接着第二次采样到 $\overline{INT_0}=0$,则硬件将专用寄存器 TCON 中的 IE_0 置位,请求中断。IE_0 的状态会一直保持下去,直到 CPU 响应该中断请求。进入中断服务程序时,才由硬件自动将 IE_0 清除。由于外部中断每个机器周期被采样一次,所以输入的高电平或低电平信号必须保持至少一个机器周期,才能保证被采样到。

对中断响应条件的解释如下。

(1) 如果中断请求发生时已经有同级或高级中断在运行,则该中断请求不会被立即响应,必须等待同级或高级中断服务程序执行完毕后才能被接受。

(2) 断点地址必须是一条完整指令的起始地址。如果一条指令尚未执行完毕(如双周期指令只执行了一个周期),就接受中断请求,则返回后无法继续执行刚才指令未完成的部分,而且可能由于误将指令操作数当作操作码而造成整个程序的混乱。

(3) 当执行 RETI 指令时,系统正在将断点的 PC 值出栈。如果此时再接受中断请求,会发生断点保护的混乱。因此要求在执行 RETI 指令时如果发生中断请求,必须执行完 RETI 指令后再执行一条返回点处的主程序指令,才能接受新的中断请求。否则,系统会误将"RETI"指令后面的一条指令的地址当作返回点。至于对 IE 和 IP 操作,是因为这些操作可能对中断源系统的管理作出改变,如对中断请求的关闭或优先级的改变。这些操作完成后,再执行一条指令才能生效。

(4) 中断必须是允许的,毋庸赘述。

2) 中断响应的自主操作过程

89C51 单片机的 CPU 在每个机器周期的 S_5P_2 期间顺序采样每个中断源,CPU 在随后的机器周期最后一个 S 状态按优先级顺序查询中断标志。如果查到某个中断标志为 1,则将在下一个机器周期的 S_1 期间按优先级进行中断处理。中断系统通过硬件自动将相应的中断入口地址送入 PC 中,以便转移到相应的中断服务程序。这个过程由单片机硬件系统自动进行,用户无法察觉。

89C51 单片机的中断服务系统中有两个不可编程的"优先级生效"触发器。一个是"高优先级生效"触发器,用来指示正在进行高级中断服务,并阻止其他一切中断请求;另一个是"低优先级生效"触发器,用来指示正在进行低优先级中断服务,并阻止同级别的其他中断请求,但不阻止高级中断请求。单片机一旦响应中断,首先会置位相应的中断"优先级生效"触发器,然后由硬件执行一条长调用指令 LCALL,把下一条要执行的指令地址压入堆栈,并把对应的中断服务程序入口地址送入 PC,则 CPU 就会跳转到该入口地址处开始执行程序。

CPU 响应中断后，应撤除中断请求标志，否则会引起再次中断。在 89C51 单片机的 5 个中断源中，2 个定时器/计数器溢出中断请求标志在中断响应后会自动清除，边沿触发方式下的外部中断请求标志也会在响应后自动清除。串行口发送和接收中断标志 TI 和 RI 不能被硬件自动清除，必须通过执行指令来清除，称为软件清除。至于电平触发方式下的外部中断请求，由于只要外部引脚保持低电平就会使相应的中断请求标志维持有效，所以即使清除了该中断标志也不能防止再次发生中断请求。这可以通过在外部增加硬件（如 D 触发器）来自动撤销外部中断请求信号。

CPU 响应中断时，系统会自动保存断点地址，但不会保护其他寄存器内容。接受中断请求后，将对应中断源对应的中断向量（中断服务程序的入口地址）装入 PC，使程序转向该中断地址单元，开始执行中断服务程序。各中断源及其对应的入口地址见表 3-5-2。89C51 的中断向量与 8086 有所不同，其各个中断源的中断向量都是固定的。因此，程序不能修改中断向量。

表 3-5-2　中断源及其对应的入口地址

中断源	中断向量	中断号
外部中断 0	0003H	0
定时器 0	000BH	1
外部中断 1	0013H	2
定时器 1	001BH	3
串行口	0023H	4

注：对于 89C52 子型号，增加了定时器/计数器 T_2，其中断入口地址为 002BH

从表 3-5-2 中可见，各中断源入口地址之间只相距 8 字节。C51 语言编译系统自动在入口地址处安排一条长跳转指令，使中断服务程序转移到 64KB 空间的任何其他地方。

3）中断响应时间

中断请求可能发生在任何时刻，而 CPU 可能运行于任何状态下，因此从发生中断请求到 CPU 接受这个请求所经历的时间是不同的。现在以外部中断 1 电平触发方式为例来说明中断响应的延迟时间范围。

在机器周期的 S_5P_2 期间，$\overline{INT_1}$ 引脚的低平被锁存到 TCON 寄存器的 IE_1 标志位，CPU 在下一个机器周期才查询这个值。如果符合中断响应条件，将执行一条硬件长调用指令 LCALL，使程序转移到中断服务程序的入口地址 0013H，LCALL 指令自身需要 2 个机器周期。因此，从外部中断 1 发出中断请求到开始执行中断服务程序，至少要延迟 3 个机器周期（图 3-5-3）。

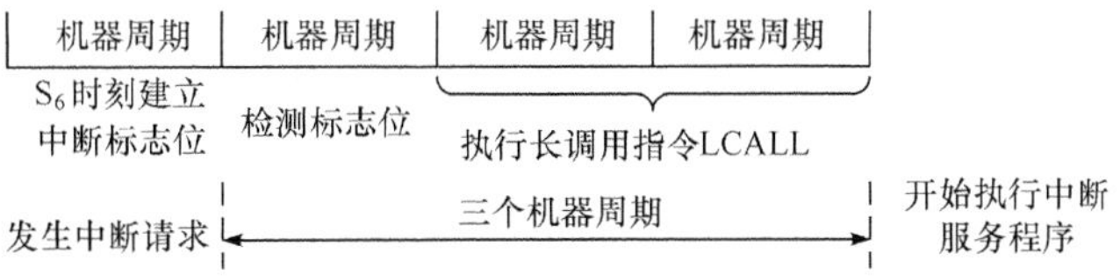

图 3-5-3　单独中断源最快的中断响应情况

若发生中断请求时 CPU 处于不能立即响应的状态,则响应时间会加长。假定系统中只有一个中断请求是允许的,那么,最坏的情况是,发生中断请求时正在执行 RETI 指令,随后的一条指令是最长的 4 周期指令(如乘除法指令),则需要在 3 个机器周期的基础上再增加 5 个机器周期。因此,最长的时间延迟是 8 个机器周期。结论为:如果系统中只有一个中断源,则中断响应延迟时间为 3～8 个机器周期。如果系统中还有其他同级或高级中断源,那么响应时间不能确定,得等待当前的中断服务程序执行完毕后才能响应本次中断请求(图 3-5-4)。

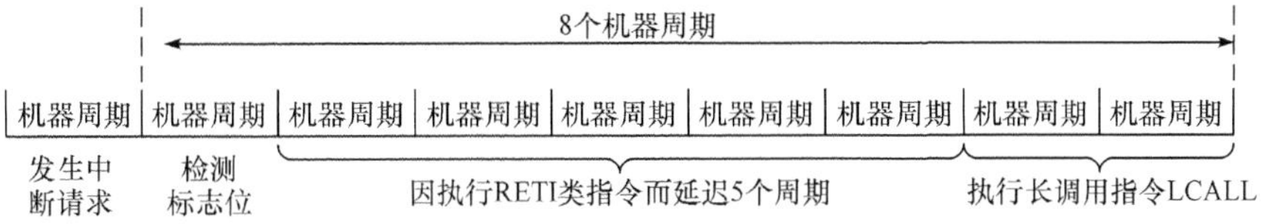

图 3-5-4　单独中断源最慢的中断响应情况

必须对中断响应时间不确定这种情况给以充分注意。例如,如果利用定时器实现本地时钟,即使定义为最高优先级也可能发生走时误差。

3. 中断编程

与中断相关的程序主要有两部分:初始化程序和中断服务子程序。在 C51 语言中分别以函数的形式出现。初始化子程序为普通函数,而中断服务子程序则是中断函数,二者在形式上是不同的。

1) 初始化程序

一般情况下,初始化子程序只在系统复位后执行一次,通常完成的任务如下。

(1) 设置中断请求标志位;

(2) 设置中断优先级寄存器;

(3) 设置中断允许寄存器,开中断。

2) 中断服务子程序

编写中断服务程序的注意事项如下。

(1) 标记中断函数的中断号和工作寄存器区;

(2) 中断程序应尽可能简短;

（3）注意清除必要的中断请求标志位；

（4）必要时对某些中断源进行关闭，并在返回前再打开。

例 3-5-4　如图 3-5-5 所示电路，单片机连接打印机，$\overline{INT_0}$引脚连接的按键为启动打印键，采用边沿触发方式。在启动打印后，每发送一个字符就返回主程序，打印机的忙状态（高有效）作为中断请求信号，电平触发方式。数据锁存器的地址设为 2000H，每次向打印机送 20 个打印字符。字符放在数组 ucPrintBuf 中。

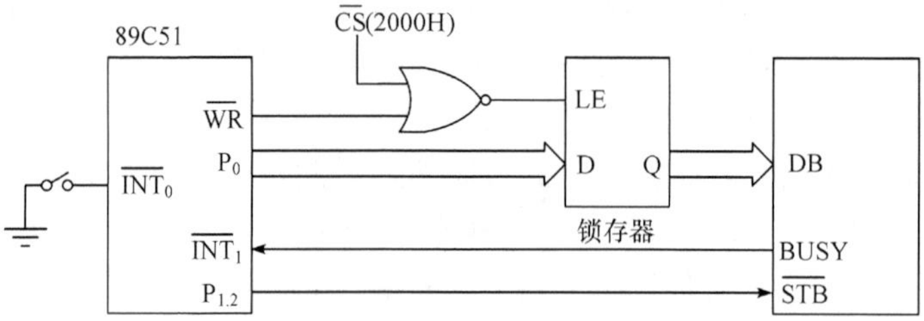

图 3-5-5　单片机以中断方式管理打印机

C 语言程序如下。

```
#include<reg51.h>
#include<intrins.h>
sbit P1_2 = P1^2;
unsigned char volatile xdata pPrintPort _at_ 0x2000;          //定义打印端口
unsigned char xdata ucPrintBuf[20];
unsigned char xdata Pointer;
void main()
  {
   Pointer=0;
   IT0=1;                       //设置外部中断 0 边沿触发方式
   IT1=0;                       //允许外部中断 1 电平触发方式
   EX0=1;                       //允许外部中断 0 输入
   EX1=1;                       //允许外部中断 1 输入
   EA=1;                        //开总中断
   while(1);                    //等待中断发生
   }
void INIT0Fun() interrupt 0
   {
   pPrintPort=ucPrintBuf[Pointer++];      //发送第一个字符
   P1_2=0;                      //在 P1.2 变低
   _nop_();                     //延时一个机器周期
   P1_2=1;                      //在 P1.2 变高
```

```
    }
void INIT1Fun() interrupt 2
    {
     if(Pointer<20)
        {
         pPrintPort=ucPrintBuf[Pointer++];      //发送第 Pointer 个字符
         P1_2=0; _nop_(); P1_2=1;      //在 P1.2 变低产生一个 STB 低脉冲
        }
    }
```

4. 外部中断源的扩展

89C51 单片机有两个外部中断源 $\overline{INT}_0$ 和 $\overline{INT}_1$ 。在有些情况下，外部中断源显得不足，通常要进行扩展。

如果系统中有多个外部中断请求源(如有 5 个按键)，可以按照它们的重要性排队，将最紧急的中断源直接连接到单片机的一个外部中断输入端 $\overline{INT}_0$ 。对于其他外部中断源(如其他 4 个按键)，可以用“线与”的方法通过 4 输入与门连接到单片机的另一个外部中断输入引脚 $\overline{INT}_1$ 并同时连接到单片机的 4 个 I/O 引脚。具体电路如图 3-5-6 所示。

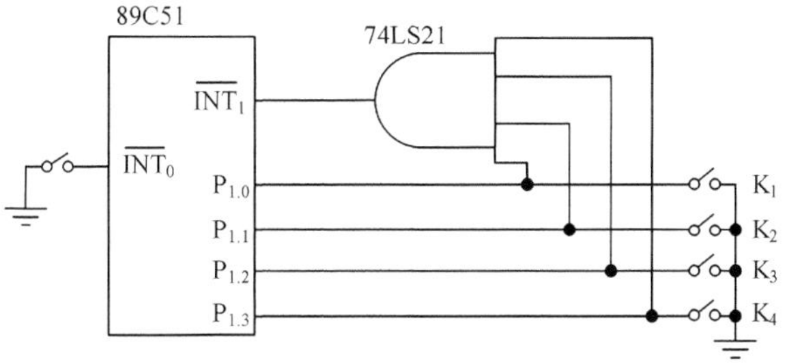

图 3-5-6　利用“线与”法扩展外部中断源

图 3-5-6 中，74LS21 是一个双 4 输入与门电路，这里只使用该芯片 50%的资源。关注 $\overline{INT}_1$ 的运行情况：当 $K_1 \sim K_4$ 4 个按键都不按下时，与门的所有输入端都为高电平，与门输出也是高电平，$\overline{INT}_1$ 信号无效，对应无中断请求的情况；若 $K_1 \sim K_4$ 中有任何一个按键被按下，与门将输出低电平，引起 $\overline{INT}_1$ 引脚出现中断请求。在 $\overline{INT}_1$ 中断服务程序中查询 P_1 口低 4 位的电平状况，可确定是哪个按键被按下，进而执行该按键对应的服务请求。注意这种查询工作只在确定有按键操作发生时才进行，因此查询效率为 100%，这种处理方法称为查询与中断相结合。本例中，增加了一个硬件芯片，获得了 4 个外部中断源。原则上，用这种方法可以

扩展更多的外部中断源。

例 3-5-5 查询与中断相结合的管理程序如下。

```
# include<reg51.h>
unsigned char key;
sbit P1_0=P1^0;
sbit P1_1=P1^1;
sbit P1_2=P1^2;
sbit P1_3=P1^3;
void main(void)
    {
    EX0=1;  EX1=1;EA=1;
    for(;;){;  }        //循环等待中断
    }
void exint0(void) interrupt 0
    {
    …
    }
void exint1(void) interrupt 2
    {
    P1=0xff;
    if ( P1_0= =0 )   {…}
    if ( P1_1= =0 )   {…}
    if ( P1_2==0 )   {…}
    if ( P1_3==0 )   {…}
    }
```

在使用这种方法扩展外部中断源时还要考虑中断请求信号的维持时间问题。例如,外部中断源是按键请求,则通常这个中断请求低电平信号可维持大约100ms。只要单片机能在100ms内响应该请求,就能保证在中断程序中查询到正确的按键发生位置。如果是其他类型的中断源,信号维持时间较短且不是最高优先级,则有可能发生响应中断后查不到具体中断源位置的情况。

3.5.2 定时器/计数器

89C51单片机片上有两个16位的加1定时器/计数器,称为 T_0 和 T_1。它们硬件结构相同,功能上略有差异,都能用作定时器和外部脉冲计数器。89C51区分定时和计数比较特殊。定时/计数工作本质都是对脉冲计数。如果脉冲来自单片机外部,则认为是计数器方式;如果脉冲来自片内,则认为是定时。

89C51 定时器运行的基础是振荡周期，实质是其 12 分频即机器周期。因此定时精度与系统主频有关，例如，主频为 12MHz，则定时精度就是一个机器周期，即 1μs。而定时器单次运行所能实现的最大定时间隔，对于 16 位定时方式下，则为 65536×1μs＝65.536ms。

当用作计数器时，单片机对外部输入脉冲的识别方法是：在一个机器周期检测到高电平，在下一个机器周期检测到低电平，则可确认引脚上的一次负跳变，计数器加 1。因此可以推知，引脚上的脉冲频率应不高于主频的 1/24。例如，主频为 12MHz，则外部脉冲频率应不超过 500kHz。不仅如此，对外部脉冲的电平宽度也应提出限制，即脉冲宽度（正脉冲或负脉冲）不得小于一个机器周期的宽度，否则有可能丢失脉冲，如图 3-5-7 所示。

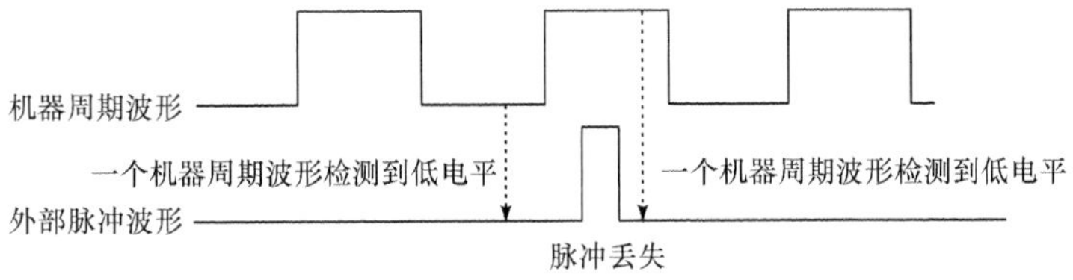

图 3-5-7　外部脉冲宽度不足一个机器周期造成的脉冲丢失

89C51 单片机中设置有专门管理定时器/计数器的专用寄存器，包括一个方式控制寄存器 TMOD 和 4 个计数寄存器 TL_0、TH_0、TL_1 及 TH_1。定时器/计数器的运行既可以采用程序查询方式，也可以采用中断方式。

1. 89C51 定时器/计数器功能

图 3-5-8 给出了 89C51 单片机的定时器/计数器 T_0 和 T_1 的硬件结构。两个 16 位定时器都是加 1 计数器，它们都分别由高低字节组成，命名为 TH_0、TL_0、TH_1 和 TL_1。定时器/计数器在本质上都是对脉冲计数，但可以用软件选择脉冲源。如图中所示，如果选择定时器方式，即 $C/\overline{T}=0$，脉冲来自系统振荡器和分频电路，是对机器周期进行计数。由于机器周期的宽度固定，所以可实现精确定时。如果选择计数器方式，即 $C/\overline{T}=1$，则脉冲源来自外部引脚 T_0 或 T_1。

设置为定时器方式时，89C51 单片机片内振荡器输出经过 12 分频后输入定时器，也就是每个机器周期将使定时器 T_0（或 T_1）加 1，直至加满后再加 1 发生溢出。双字节计数寄存器的最大值是 FFFFH，即 65535。在初始值为 0 的情况下，当第 65536 个计数脉冲到来时发生溢出。溢出可使专用寄存器 TCON 中的 TF 位置 1，这可以由软件查询，也可以产生中断请求。当单片机采用 12MHz 晶体时，一个机器周期恰好是 1μs，用作精确定时很方便，也很准确。此时定时器的时间分辨率为 1μs，最大定时间隔为 65.536ms。因为是加 1 计数，所以初始计数值 0000H 将

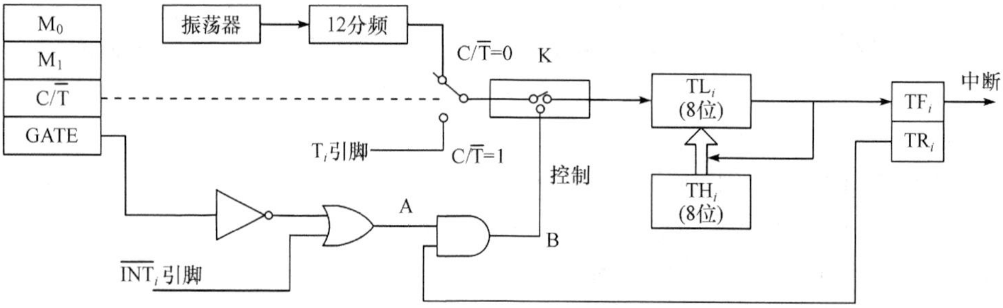

图 3-5-8　89C51 单片机的定时器/计数器 T_0 和 T_1 的硬件结构

导致最大定时间隔。

设置为计数器方式时，通过引脚 T_0 或 T_1 接入外部脉冲。计数器捕捉外部脉冲的下降沿，每当发生负跳变时计数器加 1。CPU 在每个机器周期的 S_5P_2 期间采样外部引脚的电平状态，若一个机器周期检测到高电平，下一个机器周期检测到低电平，则确认一次负跳变，计数器加 1。在随后机器周期的 S_3P_1 期间计数寄存器内容更新。

定时器/计数器在使用前先要指定工作方式，并对计数寄存器装载初始值，然后启动运行。如果在整个工作过程中不改变工作方式，则只需要在系统初始化时指定一次工作方式即可，但装载计数初始值和启动运行是每次都需要的（自动重装载方式除外）。在运行期间 CPU 仍然正常执行程序，定时器/计数器与 CPU 并行工作，互不干扰，直至发生溢出，才可能中断 CPU 的当前操作。可见，定时器/计数器的运行效率很高。

定时器/计数器有 4 种工作方式，T_0 和 T_1 的方式 0、1、2 相同，方式 3 不同。

2. 定时器/计数器的方式控制

定时器/计数器的相关 SFR 比较多，编程应用也较复杂。

1）工作方式寄存器 TMOD

TMOD 用于控制 T_0 和 T_1 的工作方式，高半字节对应 T_1，低半字节对应 T_0。TMOD 虽然是控制寄存器，但它的字节地址是 89H，不可位寻址，只能字节操作。各位的意义如下。

D_7	D_6	D_5	D_4	D_3	D_2	D_1	D_0
GATE	$C/\overline{T}$	M_1	M_0	GATE	$C/\overline{T}$	M_1	M_0
T_1				T_0			

GATE：门控位。此位涉及定时器/计数器启动运行控制条件，若 GATE=1，则定时器/计数器的启动受到外部引脚电平的控制。只有当外部引脚 $\overline{INT_0}$ 或

$\overline{\text{INT}}_1$ 电平为高时才能用软件启动。若 GATE＝0，则定时器/计数器的启动不受外部引脚控制。这种功能可以用来检测外部引脚高电平的宽度，见后面叙述。

$C/\overline{T}$：定时器/计数器方式选择位。

$C/\overline{T}=0$，设置为定时器方式，脉冲源来自片内振荡器信号的 12 分频，即对机器周期计数；

$C/\overline{T}=1$，设置为计数器方式，脉冲源来自外部引脚（T_0 或 T_1）。

M_1 和 M_0：运行方式选择位。这两位共有 4 种编码，对应 4 种工作方式，见表 3-5-3。

表 3-5-3　M_1 和 M_0 对应的 4 种工作方式

M_1	M_0	工作方式	功能描述
0	0	0	13 位计数器
0	1	1	16 位计数器
1	0	2	8 位自动重装载计数器
1	1	3	定时器 0：分成两个 8 位计数器 定时器 1：停止计数

例如，设要使 T_0 工作于定时器方式，运行不受外部引脚控制，使 T_1 工作于计数器方式，运行不受外部引脚控制，选择 16 位计数方式，则可构造控制字为

$$\text{TMOD}=01010001=51\text{H}$$

如果只使用其中一个定时器，另一个不使用，则可不对相关的位赋值。例如，只使用 T_0 作为 16 位定时器，运行受外部引脚控制，则控制字为 TMOD＝00001001＝09H。

2）控制寄存器 TCON

定时器/计数器的控制寄存器的字节地址为 88H，既可字节寻址也可位寻址。它的低 4 位涉及中断管理，高 4 位分别是定时器/计数器启动控制位和溢出标志位，如下所述。

8FH ← 88H　位地址

TF_1	TR_1	TF_0	TR_0	IE_1	IT_1	IE_0	IT_0	88H字节地址

TCON 中高 4 位的定义分别如下。

TF_1：T_1 溢出标志。当 T_1 溢出时，由硬件自动使中断请求标志 TF_1 置位为 1，并向 CPU 申请中断。当 CPU 响应中断进入中断服务程序后，TF_1 被硬件自动清 0。当不使用中断方式时，TF_1 也可用软件查询。

TR_1：T_1 运行控制位。可通过指令使 TR_1 置位或清 0 来启动或停止 T_1。在程序中可用指令“SETB　TR1”使 TR_1 置位，从而启动 T_1 开始计数运行。当执行

指令“CLR　TR1”时，可立即停止 T_1 的运行。

TF_0：T_0 溢出标志，其功能和操作情况同 TF_1。

TR_0：T_0 运行控制位，其功能和操作情况同 TR_1。

单片机复位时，TOCN＝00H。

3）计数寄存器

89C51 单片机的定时器/计数器是 16 位的，T_0 和 T_1 各有两个 8 位计数寄存器，分别为 TH_0、TL_0、TH_1、TL_1。它们属于专用寄存器（SFR），只能字节寻址，不能位操作。以 T_0 的计数寄存器为例展开说明如下。

D_7	D_6	D_5	D_4	D_3	D_2	D_1	D_0

TH_0(字节地址8CH)

D_7	D_6	D_5	D_4	D_3	D_2	D_1	D_0

TL_0(字节地址8AH)

（1）读写操作时，要按字节进行，没有高低字节次序要求。例如，要写入计数值 3CB0H：

先写高字节

```
TH0=0x3C; //先写入高字节
TL0=0xB0;//后写入低字节
```

先写低字节

```
TL0=0xB0;//先写入低字节
TH0=0x3C; //后写入高字节
```

通常在计算出计数值后，转换为十六进制形式，这样比较容易分为 2 字节。

（2）读出计数器数值结果时，仍然是按高低字节的形式，如果要换算成十进制数据，可以简单计算：计算结果（双字节数）＝ $TH_0 \times 256 + TL_0$。

3. 定时器/计数器的 4 种工作方式

定时器/计数器有 4 种不同的运行方式，这为应用提供了很大的灵活性。但是这 4 种方式的使用频率不尽相同。在计数器方式下，主要使用方式 1；对于定时器方式，4 种方式各有特点。一般认为方式 0 可包含于方式 1 中，方式 3 只适用于 T_0，而此时 T_1 不可用。

1）方式 0

当 M_1M_0 为 00 时，定时器/计数器被设置为方式 0，这时其逻辑结构框图如图 3-5-9 所示。

方式 0 是 13 位定时器/计数器，由低 5 位和高 8 位组成。低字节寄存器 TL_i 的有效数位是 $D_0 \sim D_4$，当低字节寄存器内容达到 2^5 时向高字节进位并将自身清 0。此时计数寄存器结构如下所示。其中 i 为 0 或 1，表示同时适用于定时器/计数器 T_0 和 T_1。

图 3-5-9 中，$C/\overline{T}$ 位控制的电子开关决定了定时器/计数器的工作方式。

（1）$C/\overline{T}=0$，电子开关打在上面位置，T_i 为定时器工作方式，以振荡器的 12

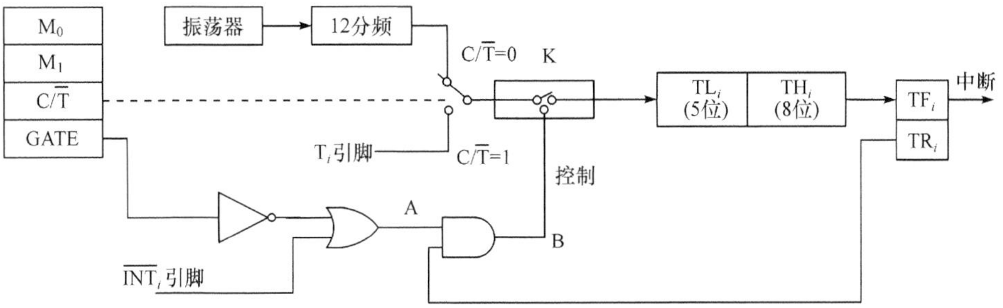

图 3-5-9　定时器/计数器方式 0 逻辑结构框图

TH_i							
D_7	D_6	D_5	D_4	D_3	D_2	D_1	D_0

TL_i							
—	—	—	D_4	D_3	D_2	D_1	D_0

分频后的脉冲信号作为计数信号，振荡器 12 分频就是系统的机器周期。

(2) $C/\overline{T}=1$，电子开关打在下面位置，T_i 为计数器工作方式，计数脉冲信号从单片机外部引脚 T_i 输入，当引脚发生负跳变时，计数器加 1。

GATE 位的状态决定了定时器/计数器的运行是否受外部引脚 $\overline{INT_i}$ 的控制，具体如下。

(1) GATE=0，图 3-5-9 中的 A 点固定为高电平，B 点电平只取决于 TR_i 的状态。$TR_i=1$，B 点为高电平，控制电子开关 K 闭合，启动定时器/计数器运行；$TR_i=0$，则停止运行。简言之，如果 GATE=0，则定时器/计数器的运行只受触发位 TR_i 的控制，与外部引脚 $\overline{INT_i}$ 无关。

(2) GATE=1，这时 B 点电平受到 TR_i 和外部引脚 $\overline{INT_i}$ 的双重控制，只有当 $\overline{INT_i}=1$ 且 $TR_i=1$ 时，定时器/计数器才能够启动。如果在定时器/计数器运行期间 $\overline{INT_i}$ 跳变为低电平，则运行会立即停止。这个机制可以被用来检测外部引脚 $\overline{INT_i}$的正脉冲宽度。

在方式 0 下，低字节计数寄存器最大装载值为 1FH。若常数初始值为 0，则最大记录脉冲数为 $2^{13}=8192$；若主频为 12MHz，则最大定时间隔为 8.192ms。

2) 方式 1

当 $M_1M_0=01$ 时，定时器/计数器工作于方式 1，这时等效电路类似于图 3-5-9，但其 TL_i 是 8 位的。方式 1 是最常使用的一种方式，其运行机理和计数初始值计算都比较便于理解和掌握。方式 1 是 16 位定时器/计数器，由低 8 位和高 8 位组成。低字节寄存器 TL_i 的有效数位是 $D_0\sim D_7$，当低字节寄存器内容达到 2^8时向高字节进位并将自身清 0。此时计数寄存器结构如下所示。其中 i 为 0 或 1，表示同时适用于定时器/计数器 T_0 和 T_1。

方式 1 时，关于定时或计数方式选择、GATE 位的控制作用、启动和停止条件

TH_i								TL_i							
D_7	D_6	D_5	D_4	D_3	D_2	D_1	D_0	D_7	D_6	D_5	D_4	D_3	D_2	D_1	D_0

以及溢出中断等都与方式 0 相同。

用于定时器方式时，时间常数装载值最小为 0，最大为 65535。定时器/计数器的计数寄存器是向上加 1 计数的，在作为定时器应用时，其定时时间和所装入的初始值之间的关系为

$$T=(2^{16}-\text{初始值 }X)\times\text{机器周期 }t$$

3）方式 2

当 M_1M_0 为 10 时，定时器/计数器工作于方式 2。方式 2 称为计数值可重新装载的 8 位定时器/计数器，其等效电路如图 3-5-10 所示，它把 16 位定时器/计数器配置成一个可以自动重新装载常数的 8 位定时器/计数器。其运行特点是：当低字节计数寄存器加满溢出时，不仅使溢出中断标志位 TF 置位，而且还是一种触发机制，能把高字节寄存器中的数值重新装载到低字节寄存器中。可理解为：TL 用作运行的 8 位计数器，TH 用作保存初始值，可以不断地循环往复，而且不需要单片机的干预。方式 0 和方式 1 在溢出后，计数寄存器数值为全 0，如果要连续循环运行，就得重新用程序语句装载常数和启动操作。相比之下，方式 2 的特殊运行方式可使程序设计更简洁。

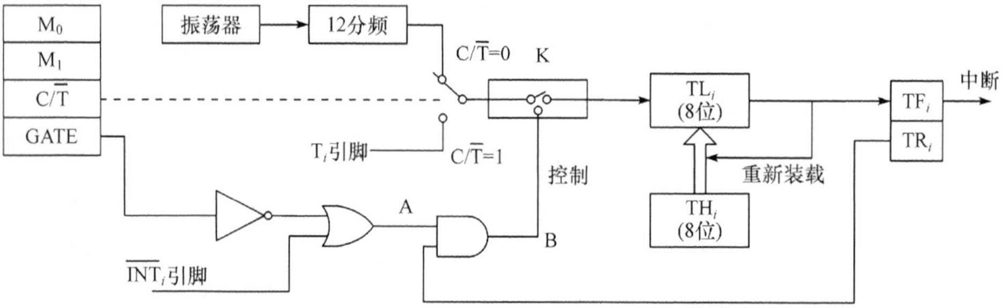

图 3-5-10 定时器/计数器方式 2 结构的等效电路

在方式 2 情况下，程序初始化时给计数寄存器高低字节都装入相同的数值。这样，一旦启动，就可以不断地循环运行。用作定时器时，其计数常数与定时时间的关系为

$$T=(2^{8}-8\text{ 位初始值})\times\text{机器周期 }t$$

式中，T 为定时时间，t 为机器周期长度。在这种方式下，最大定时间隔发生在计数初始值为 0 的情况，此时的定时间隔为 256 个机器周期。若振荡频率为 12MHz，则此值为 256μs。

方式 2 的重要特征在于可以省去指令中重新装载计数初始值的语句，并且其溢出率（每秒钟溢出的次数）可以作为串行通信中的时间节拍，即作为波特率发生

器。读者应牢记:串行通信的波特率是利用 T_1 的定时器方式 2 实现的。T_0 无波特率发生器功能。

4）方式 3

当 M_1M_0 为 11 时,定时器/计数器工作于方式 3。方式 3 是为了增加一个附加的 8 位定时器/计数器。方式 3 只适用于 T_0,T_1 不能工作于方式 3(此时 T_1 可以用来作为串行口波特率发生器)。

当 TMOD 的低 2 位为 11 时,T_0 工作于方式 3,此时各引脚与 T_0 的逻辑关系如图 3-5-11 所示。定时器/计数器 T_0 分为两个独立的 8 位计数器:TL_0 和 TH_0,TL_0 使用 T_0 的状态控制位 $C/\overline{T}$、GATE、TR_0、$\overline{INT_0}$,而 TH_0 被固定为一个 8 位定时器(不能作为计数器),并使用定时器 T_1 的状态控制位 TR_1,同时占用定时器 T_1 的中断请求标志 TF_1。

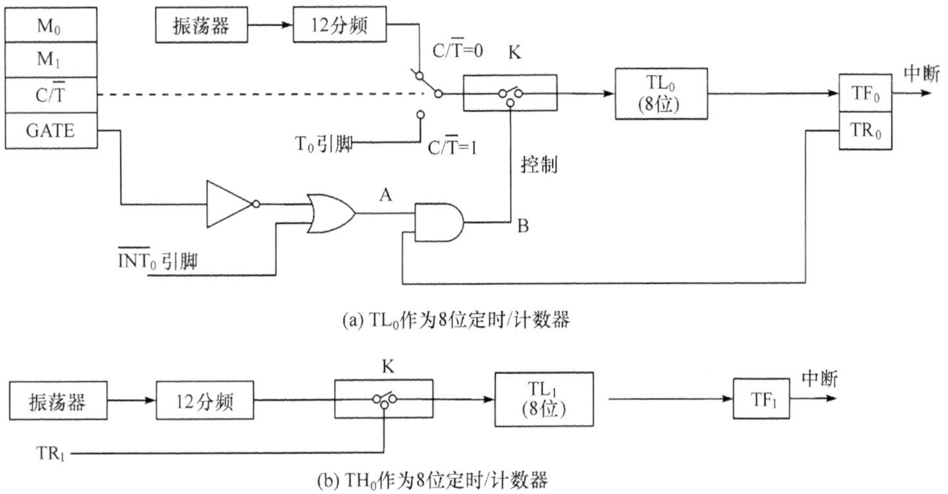

(a) TL_0作为8位定时/计数器

(b) TH_0作为8位定时/计数器

图 3-5-11　T_0 工作于方式 3 时与各引脚的逻辑关系

5）工作方式小结

一般情况下,当 T_1 用作串行口的波特率发生器时,T_0 才工作于方式 3。T_0 处于工作方式 3 时,T_1 可工作在方式 0、1 或 2,用来作为串行口的波特率发生器,或不需要中断的场合,具体分析如下。

(1) T_1 工作于方式 0。

T_1 的控制字中 M_1M_0 为 00 时,T_1 工作于方式 0,如图 3-5-12 所示。

(2) T_1 工作于方式 1。

当 T_1 控制字中 M_1M_0 为 01 时,T_1 工作于方式 1,如图 3-5-13 所示。

(3) T_1 工作于方式 2。

当 T_1 控制字中 M_1M_0 为 10 时,T_1 工作于方式 2,如图 3-5-14 所示。

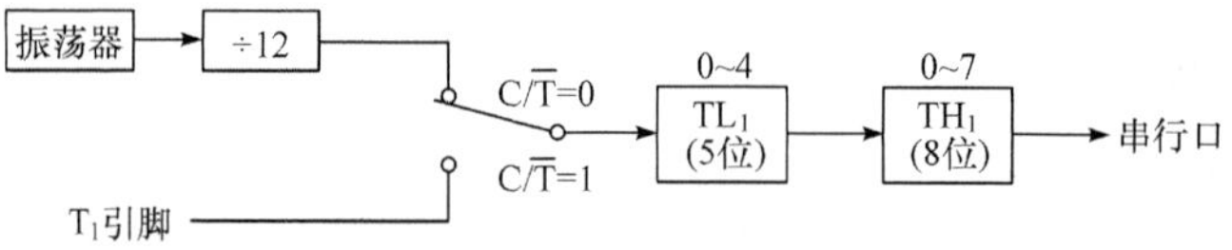

图 3-5-12　T_0 工作在方式 3 时，T_1 工作于方式 0 示意图

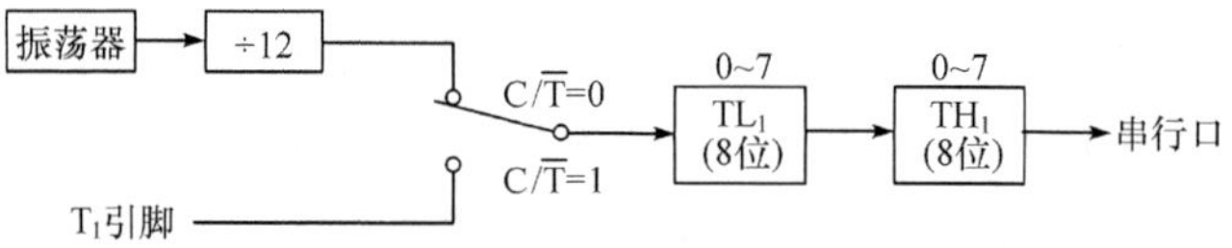

图 3-5-13　T_0 工作在方式 3 时，T_1 工作于方式 1 示意图

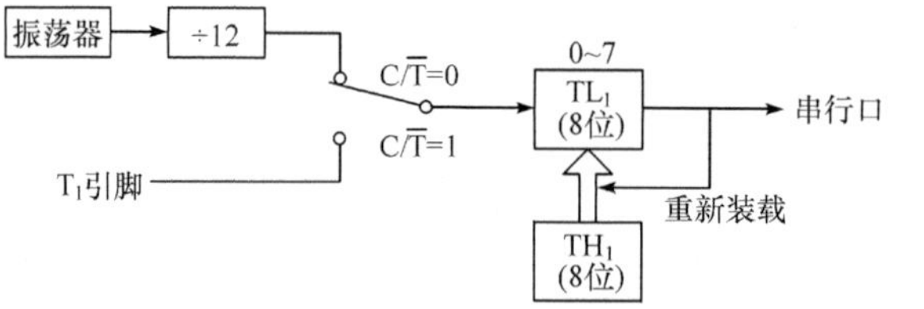

图 3-5-14　T_0 工作在方式 3 时，T_1 工作于方式 2 示意图

当 T_1 控制字中 M_1M_0 为 11 时，T_1 停止工作，即 T_1 不能工作于方式 3。

在 T_0 工作于方式 3 时，T_1 的控制条件只有两个，即 C/$\overline{T}$ 和 M_1M_0。C/$\overline{T}$ 选择是定时方式还是计数器方式，M_1M_0 选择 T_1 的工作方式。

4. 关于计数初始值的计算

定时器/计数器 T_0 和 T_1 都有一个 16 位的计数寄存器，分为高低两个字节，分别是 TH_0、TL_0、TH_1 和 TL_1。编程时，读写操作必须按字节进行。它们的运行机理是：事先按照一定规则计算并写入 16 位的数据初始值，启动运行后，每个脉冲负跳变后在初始值基础上加 1，直到溢出。溢出后是否产生中断请求，计数寄存器是否归 0，在不同方式下有所不同。为了叙述方便，把计数初始值称为定时常数和计数常数。

1）定时常数的计算

可以把计数寄存器设想为一个盛水的容器，所装载的常数初始值是容器开始运行时的水面高度，从开始到溢出所经历的时间是从当前水面到瓶口的距离（这段时间对应的数值乘以机器周期）。这里假定单片机主频一律为 12MHz。

（1）方式 0 的定时常数计算。

方式 0 是 13 位定时器/计数器，如果设置定时初始值为 0，可实现最大定时时

间 8192μs。若要实现 8192μs 以内的任意定时时间，则可进行计算，具体公式为

$$T=(2^{13}-X)\times t$$

式中，t 为机器周期。

参见图 3-5-15，若要求定时 5000μs，则常数装载值 X 计算如下。

由

$$0.005=(8192-X)\times 10^{-6}$$

解得

$$X=8192-0.005\times 10^{6}=8192-5000=3192=0C78H$$

由于低字节只有 5 位有效数位，所以定时器低字节写入 18H，高字节写入 63H。可以这样理解：从定时器开始运行到溢出，总共经过了 5000 个脉冲，而每个脉冲的宽度是一个机器周期，在 12MHz 下恰好为 1μs，即定时器运行 5000μs 后溢出。

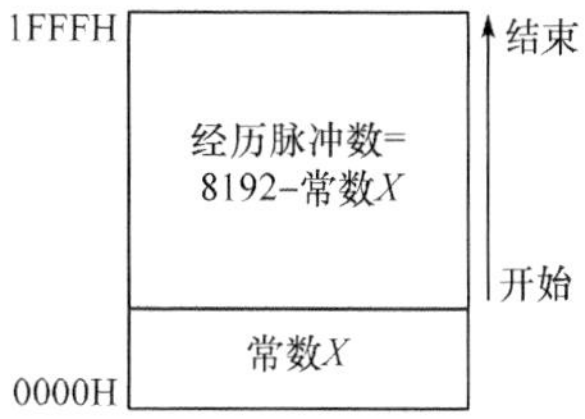

图 3-5-15　方式 0 定时常数计算图例

(2) 方式 1 的定时常数计算。

方式 1 是 16 位定时器/计数器，如设置定时常数初始值为 0，可实现最大定时间隔 65536μs。若要实现 65536μs 以内的任意定时时间，则可进行计算，具体公式为

$$T=(65536-X)\times t$$

式中，t 为机器周期。

参见图 3-5-16，若要定时 20ms，则可计算

$$X=65536-0.02\times 10^{6}=65536-20000=45536=0B1E0H$$

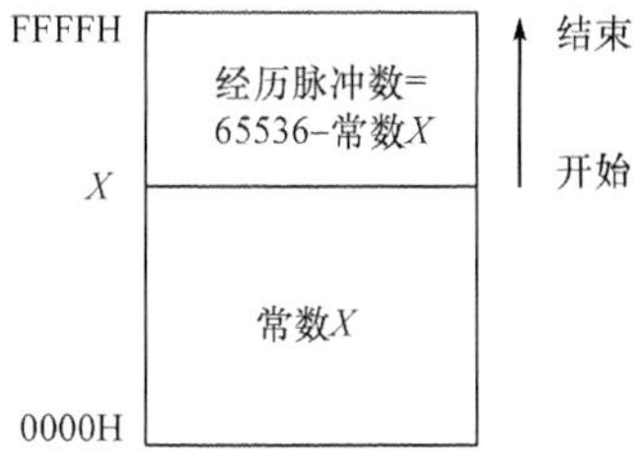

图 3-5-16　方式 1 定时常数计算图例

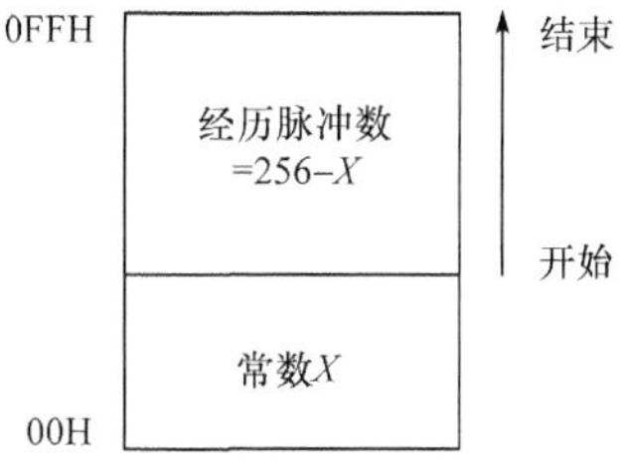

图 3-5-17　方式 2 定时常数计算图例

(3) 方式 2 的定时常数计算。

方式 2 是 8 位常数重装载的定时器/计数器，如果设置定时初始值为 0，可实现最大定时间隔 256μs。参见图 3-5-17，若要定时 6μs，则可简单计算为

$$X=256-6=250=0FAH$$

T_0 方式 3 也是 8 位定时器/计数器，作为定时器时其常数计算方法同方式 2。

2）计数常数的设置

作为计数器应用时，情况与定时器不尽相同，常数计算或设置方法也有区别。

（1）初始值为 0 的情况。

在外部脉冲事件记录、V/F 型 A/D 转换数据获取等应用中，一般要结合定时器联合应用，即在一个确定的时间间隔内记录脉冲的个数。这时可取计数初始值为 0。在启动定时器的同时也启动计数器，当定时时间到时停止计数，读出计数寄存器的结果就可得到此期间记录到的脉冲个数。图 3-5-18 给出了在规定时间内记录脉冲数的示意图。

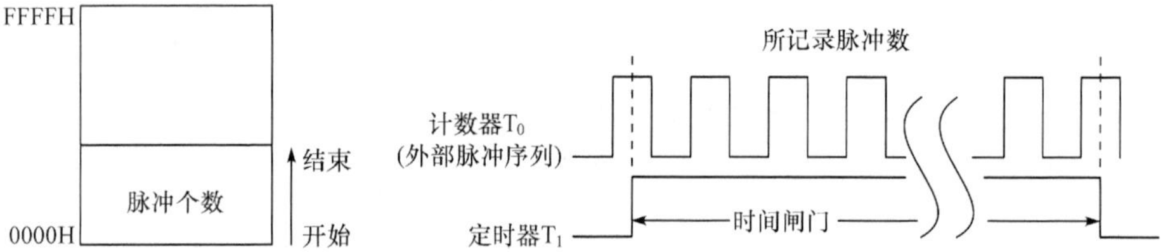

图 3-5-18　在规定时间内记录脉冲数示意图

在这种应用中，时间闸门内记录到的负跳变次数就是所得结果，其原理性误差为±1LSB。显然脉冲频率越高，闸门时间越长，则相对误差越小。但是，应保证在定时期间所记录的脉冲数不会超过 65536 个。这个条件通常会自然得到满足：外部脉冲的最高输入频率不允许超过振荡频率的 1/24，即不超过机器周期的 1/2。因此，即使采用最大定时时间（从初始值 0 到溢出），计数结果的最大数字也只可能达到满量程的一半（32768）。

（2）初始值为定值的情况。

有时计数器自主运行，不依赖定时器，并可产生中断请求。例如，在包装生产线上，每 100 个工件为一个批次。利用红外线等技术可使每个工件通过检测位置时发出一个脉冲，利用单片机的计数器功能，使得每检测到 100 个脉冲时发出一组控制动作（如运输皮带暂停、打包、换包装箱等），即可完成自动包装任务。

图 3-5-19　计数常数初始值为固定值的情况

参考图 3-5-19，以计数器方式 1 为例，如例 3-5-5 中要求每隔 100 个脉冲中断一次 CPU，则可计算常数初始值如下。

设预定脉冲数为 100，常数初始值为 X。则根据图 3-5-19，直接计算为

$$X=65536-100=65436=0FF9CH$$

需要注意，当数值加到 65535 时，定时器/计数器并不溢出，只有再加一个脉冲才发生溢出。

在包装生产线的例子中，不宜使用方式 2，请

考虑为什么。

5. 定时器/计数器的应用

例 3-5-6　设振荡频率为 12MHz，利用 $P_{1.0}$ 输出 50Hz 方波，其周期为 20ms，正负电平各为 10ms。

解　可以用 T_1 实现 10ms 定时，定时到时使 $P_{1.0}$ 引脚电平取反，然后构成无条件循环。设定时器为定时方式 1，求定时 10ms 的时间常数装载值

$$
\begin{aligned}
X &= 2^{16} - T/t = 2^{16} - T \times f \\
&= 65536 - (0.01 \times 12 \times 10^6 / 12) \\
&= 65536 - 10000 = 55536 = 0D8F0H
\end{aligned}
$$

式中，$f = 1/t$。

应注意，在计算时间常数时，有一个对 2^{16} 求补的过程。结果如图 3-5-20 所示。

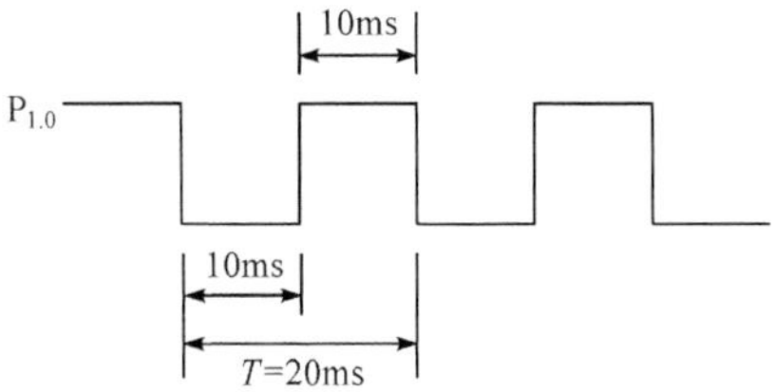

图 3-5-20　在 $P_{1.0}$ 引脚上的输出波形

程序片段如下。

```
# include<reg51.h>
sbit P1_0=P1^0;
void main(void)
  {
  TMOD=0x10 ;              //设置定时器工作方式
  TR1=1;                   //启动定时器
  for (;;)
    {
    TH1=0xD8;
    TL1=0xF0;
    while (! TF1) ;        //等待定时器溢出
    TF1=0;
    P1_0=! P1_0;
    }
 }
```

例 3-5-7　利用定时器 T_1 对外部引脚脉冲事件计数，每当达到 100 个脉冲时将 $P_{1.0}$引脚电平取反。

解　外部脉冲连接到引脚 $P_{3.5}$，即 T_1 的外部脉冲输入引脚。由于计数上限为 100 个脉冲，为快捷可采用计数器方式 2。当计数值满 100 时产生溢出中断，在中断服务程序中将 $P_{1.0}$取反一次。由于方式 2 的常数在溢出时会重新装载，所以启动后不必再重装。

方式控制字为 TMOD=01100000H，不使用 T_0 时可使低 4 位取 0。

计数常数计算为

$$X=2^8-100=156=9CH$$

程序片段如下。

```
# include<reg51.h>
sbit P1_0=P1^0;
void main (void)
{
  TMOD=0x60;
  TL1=0x9C;
  TH1=0x9C;
  IE=0x88;
  TR1=1;
  while (1);
  }
//中断服务程序
void Time1_1( ) interrupt 3
    {
     P1_0=! P1_0;
     }
```

该程序运行后，可在 $P_{1.0}$引脚上观测到方波脉冲。

例 3-5-8　利用定时器实现软时钟。

解　以 50ms 为基本定时单位，另设置时分等各变量，按照走时规律，每当 1s 到时对秒加 1，当满 60s 时，分加 1 并将秒清 0；当满 60min 时，小时加 1 并将分清 0；当小时满 24 时，时分秒单元全部清 0。这种方法可称为相对时钟或本地时钟，也可以扩充到日、月、年。

在主程序中设置定时器 T_1 为定时器方式 1，装载定时 50ms 计数值，设置小时、分钟和秒的默认值，系统开中断，并启动 T_1 开始运行。在中断程序中完成 1s 的累计计算和对分、小时的进位计算。

初始化程序如下。

```
# include<reg51.h>
unsigned char num,sec,min,hour;
void main(void)
   {
    num=sec=min=hour=0;
    TMOD=0x10;
    TH1=0x3c;
    TL1=0xb0;
    EA=1;
    ET1=1;
    TR1=1;
    while(1) ;              //等待中断
    }
```

中断程序如下。

```
void Time1(void) interrupt 3 using 1
   {
    TH1=0x3c;               //设置计数初始值
    TL1=0xb0;
    num+ + ;
    if(num==20)             //计数到 1 秒?
        {
        num=0;
        sec++ ;
        if(sec==60)         //秒计数到 60?
          {
          sec=0;
          min+ + ;
          if(min==60)       //分计数到 60?
              {
              min=0;
              hour+ + ;
              if(hour==24) hour=0;
              }
           }
        }
    }
```

6. 运行中读取定时器/计数器

单片机读取定时器/计数器数值有两种情况：一种是当定时器/计数器停止运行后，此时读取的次序和读高低字节的间隔都无关紧要；另一种是定时器/计数器在运行中读取，这时要特别注意，某些情况下可能读错。因为 CPU 不可能同时读取高字节和低字节内容。例如，先读 TL_i，后读 TH_i，由于定时器在连续运行，读 TH_i 之前恰好发生 TL_i 向 TH_i 进位，则读得的 TL_i 结果就完全错误。同理，先读取 TH_i 后读取 TL_i 也可能发生类似错误。

解决这种问题的方法是：先读 TH_i，后读 TL_i，再读 TH_i。若两次读得的 TH_i 相同，则可确定读取结果正确。如果两次读取的 TH_i 不同，则放弃本次读取结果，再重复一次读取过程。理论上，第二次读取结果肯定是正确的，原因是：单片机执行读操作的时间是几微秒，而定时器/计数器低字节向高字节进位的间隔至少是 256μs(12MHz 主频下)。下面是以定时器 T_0 为例的程序示例。

```
void unsigned int rdtime(void)
    {
    unsigned char K1,K2,K3;
    K1=TH0;
    K2=TL0;
    K3=TH0;
    if(K1! =K3)             //判断是否发生进位
        {
            K1=TH0;         //重读一遍
            K2=TL0;
        }
    return K1 * 256+K2;
    }
```

3.5.3 串行通信口

1. 串行口结构

89C51 单片机芯片上有一个全双工的串行接口，能同时进行数据的串行发送和接收。它具有 4 种运行模式，既可以作为通用异步收发器进行远距离数据通信，也可以作为同步移位寄存器使用；既支持点对点通信，也支持多机通信网络；既可以用定时器产生可变的波特率，也可以使用固定波特率。多种运行模式提供了应用上的灵活性，使之具有广泛的适应范围。

1）内部硬件结构

89C51 单片机上有一个全双工的通用异步收发器(Universal Asynchronous Receiver/Transmitter，UART)；有三个相关的专用寄存器，分别为串行口工作方式寄存器 SCON、串行收发缓冲器 SBUF、电源控制器 PCON；外部引脚上有专门的发送引脚 TXD 和接收引脚 RXD；内部有利用定时器 T_1 产生波特率的特殊机制。

89C51 的串行口内部结构如图 3-5-21 所示。串行发送与接收的速率与移位时钟同步。89C51 用定时器 T_1 作为波特率发生器，T_1 的溢出率(即每秒钟溢出的次数)经 2 分频(或不分频)后，再经过 16 分频作为串行发送和接收的移位时钟脉冲。移位时钟脉冲的速率就是波特率。

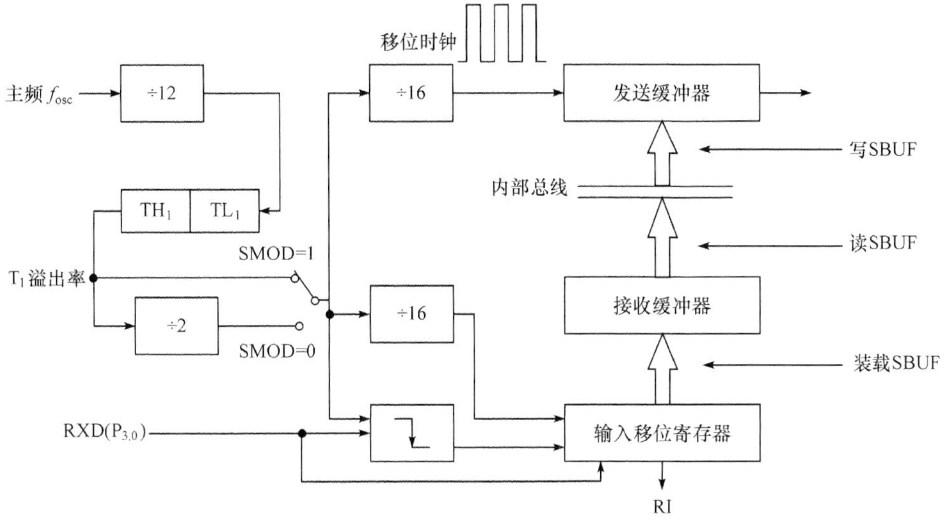

图 3-5-21　串行口内部结构

考察图 3-5-21 时还应注意如下几点。

(1) 虽然 SBUF 只有一个操作地址，但物理上有 2 个寄存器，分别是发送缓冲器和接收缓冲器，CPU 通过读和写来区分操作哪一个：写发送缓冲器，读接收缓冲器。

(2) SMOD 的取值有使波特率加倍的作用，故称为波特率加倍位，为 1 有效。

(3) 接收时，完整收到的字节装载到接收缓冲器并产生中断标志，同时输入移位寄存器腾空准备接收下 1 字节。此期间 CPU 必须读取接收缓冲器的内容，否则，当输入移位寄存器完整接收下 1 字节后会自动装载到接收缓冲器，并覆盖前 1 字节，造成不可恢复的数据丢失。正是由于串行通信接收过程中读取接收数据的紧迫性，许多系统才把串行接收中断定义为高级中断。

由此可见，尽管 89C51 单片机的串行口是高标准的全双工方式，但硬件资源配置有限，并没有设计足够大的接收缓冲器。这就要求 CPU 必须在串行通信过程中收到每个字节后都要立即处理，从而降低了 CPU 的管理效率。试想，如果单片机中开辟一个较大的接收缓冲区，那就不需要每字节都立即处理，只要数据块传送完毕一次性处理即可，那会大大提高 CPU 处理通信任务的效率。

向发送缓冲器 SBUF 写入 1 字节数据就立即启动发送过程，并在 TXD 引脚上从最低位开始向外发送，发送完毕后中断标志 TI 置位为“1”。由于发送过程是由 CPU 控制的，只要在发送完毕前不写入下 1 字节，就不会发生数据重叠错误，所以不需要双发送缓冲器。为了防止发送字节被意外覆盖，CPU 在向 SBUF 写入 1 字节后，再发送后续字节前要查询发送结束标志 TI。当 1 字节完整发出后，TI=1，可作为发送后续字节的判据。

当通信对方发送数据时，起始位的负跳变启动接收方输入移位寄存器的移位操作。当连续收到 8 位数据并开始接收停止位时，如果此时允许接收控制位 REN=1，则将收到的 1 字节数据装载到接收缓冲器中并将接收中断标志 RI 置位为“1”。当 CPU 执行读缓冲器操作时就从该缓冲器中读出所接收到的字节内容。

需要注意，TI 和 RI 中断请求标志都不会因响应中断而自动清除，必须用指令语句来清除，例如，可执行 TI=0 或 RI=0 语句来实现。

串行口相关的专用寄存器有 3 个，分别是串行通信控制寄存器 SCON、串行口收发缓冲器 SBUF 和电源控制器 PCON。其中 SBUF 是一个数据寄存器，PCON 中只有最高位是波特率加倍位，最重要的是控制寄存器 SCON。SCON 不仅设置串行口的运行方式，还包含发送接收中断标志、接收允许位、收发的第九位数据等信息。

2）相关寄存器

(1) 串行通信控制寄存器 SCON。

这个寄存器是可位寻址的，字节地址 98H，格式如图 3-5-22 所示。

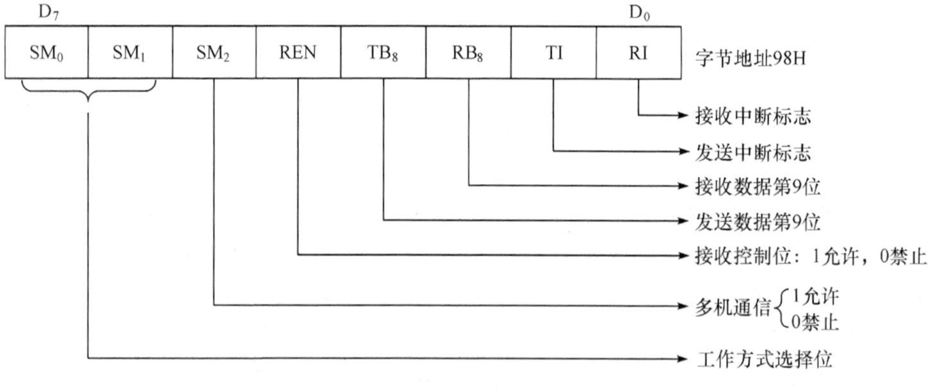

图 3-5-22　串行通信控制寄存器 SCON 格式

① SM_0、SM_1 位：串行口工作方式选择位。共有 4 种通信方式，如表 3-5-4 所示。各种不同方式之间，通信方式、帧长度、波特率和是否支持多机通信等方面不

尽相同。

表 3-5-4　串行口的工作方式

SM_0	SM_1	工作方式	同步/异步	帧长度	波特率	支持多机通信
0	0	方式 0	同步移位	8 位	主频/12	不支持
0	1	方式 1	异步	10 位	定时器 T_1 控制	不支持
1	0	方式 2	异步	11 位	主频/32(或 64)	支持
1	1	方式 3	异步	11 位	定时器 T_1 控制	支持

② SM_2 位：多机通信控制位，主要应用于方式 2 和方式 3。

如果 $SM_2=1$，允许多机通信。在多机通信应用场合，要使用发送或接收的第 9 位数据 TB_8 或 RB_8。在主从式多机通信中，主机发送 $TB_8=1$ 表示本帧是地址帧，发送 $TB_8=0$ 表示本帧是数据帧。多机通信时，所有从机的 SM_2 位都置位为 1。主机先发送地址帧，即数据字节为从机号，且第 9 位 TB_8 为 1。所有从机都会收到该字节，且第 9 位进入 RB_8 位。各从机核对地址信息，只有地址相符的从机使本机的 SM_2 位清除为 0，其他从机保持 $SM_2=1$，这就完成了选呼过程。随后主机发送数据信息且第 9 位 $TB_8=0$，只有 $SM_2=0$ 的从机可接收这些随后数据信息，而其他从机不会被中断。

在方式 1，只支持点对点通信。若某通信方的 $SM_2=1$，则只有当接收到有效停止位后才置位接收中断标志 RI。

在方式 0，SM_2 位必须为 0。

③ REN 位：允许接收控制位，可由软件控制。REN=1 允许接收，REN=0 禁止接收。

④ TB_8 位：发送的第 9 位(即紧跟数据位 D_7 后面的位，也可称为 D_8 位)数据。在方式 2 或方式 3 中使用该位，以区别地址帧或数据帧。$TB_8=1$ 表示该字节为地址字节，$TB_8=0$ 表示该字节为数据字节。由于写入 SBUF 就启动发送过程，所以应先用软件装载 TB_8，再将字节写入 SBUF。如果在点对点通信中要采用奇偶校验侦错方式，也可以使用方式 2 或 3，利用 TB_8 发送奇偶校验位，接收方利用 RB_8 进行接收校验。

在方式 0 和方式 1 中，不使用 TB_8。

⑤ RB_8 位：接收到的第 9 位数据，在方式 2 或方式 3 中使用该位。若为多机通信，$RB_8=1$ 表示接收到地址字节，$RB_8=0$ 表示接收到数据字节。若为双机通信，则 RB_8 为接收到的奇偶校验位。

在方式 1 中，如果 $SM_2=0$，则 RB_8 中存放的是收到的停止位；在方式 0 中，不使用 RB_8 位。

⑥ TI 位：发送中断标志。在方式 0 串行发送第 8 位结束或其他方式下开始

发送停止位时由硬件置位。TI=1 可作为中断请求标志，也可由软件查询。TI=1 表示“发送缓冲器已空”，提示 CPU 可以发送下 1 字节。中断响应并不能自动清除 TI，为了避免出错，必须用软件清除该位。

⑦ RI 位：接收中断标志。在接收到一帧有效数据后由硬件置位。在方式 1、2、3 中，接收到停止位中间时由硬件置位 RI。RI=1 表示已经接收到一个完整数据帧并装载到输入缓冲器 SBUF 中，CPU 可以读取。RI 可作为中断请求标志，也可以由软件来查询。和 TI 标志一样，RI 标志也不能因中断响应而自动被清除，也需要用软件指令来清除，以便准备接收下一帧数据。

串行口中断与其他中断源的区别在于，引起中断的因素有两个，而中断入口地址只有一个 0023H。CPU 响应中断时，并不能区分是发送中断还是接收中断。因此在进入串行通信中断服务程序后，需要用软件来判别究竟是发送中断还是接收中断。对于全双工的单片机，也可能发生发送和接收中断同时出现的情况。因为发送是主动的，而接收是被动的，为了避免丢失接收数据，应先查询和处理接收中断请求，然后才处理发送中断请求。

(2) 串行口收发缓冲器 SBUF。

这是个不可位寻址的数据寄存器，字节地址 99H。

发送缓冲器和接收缓冲器在物理上是各自独立存在的，但它们共享同一个操作地址。CPU 利用操作类型来区分它们：读操作时是读接收缓冲器，写操作时是写输出缓冲器。

(3) 电源控制器 PCON。

电源控制 PCON 中只有最高位 SMOD 与串行口运行有关，如下所示。

D_7	D_6	D5	D_4	D_3	D_2	D_1	D_0	
SMOD								B7H字节地址

结合图 3-5-21 可知，SMOD=1 可使波特率加倍，在串行口方式 1、3 下，按 T_1 溢出率计算的波特率将被加倍。复位时，SMOD 位为 0。

2. 工作方式

1) 串行口方式 0

方式 0 是同步移位寄存器方式，其特点是：从 RXD 引脚输出串行数据，TXD 引脚输出同步移位时钟信号。本方式不适用于远距离串行数据通信，只适合扩展并行 I/O 口。

例如，可以用 74LS164 和 74LS165 芯片分别扩展并行输出口和输入口。方式 0 情况下，每字节数据为 8 位，无起始位和停止位，波特率固定为主频/12。图 3-5-23和图 3-5-24 分别表示串行口方式 0 发送电路及时序和用串入并出移位寄存器 74LS164 扩展并行输出口的情况，图 3-5-25 和图 3-5-26 分别表示方式 0 接收电路及时序和用并入串出移位寄存器 74LS165 扩展输入并行口的情况。

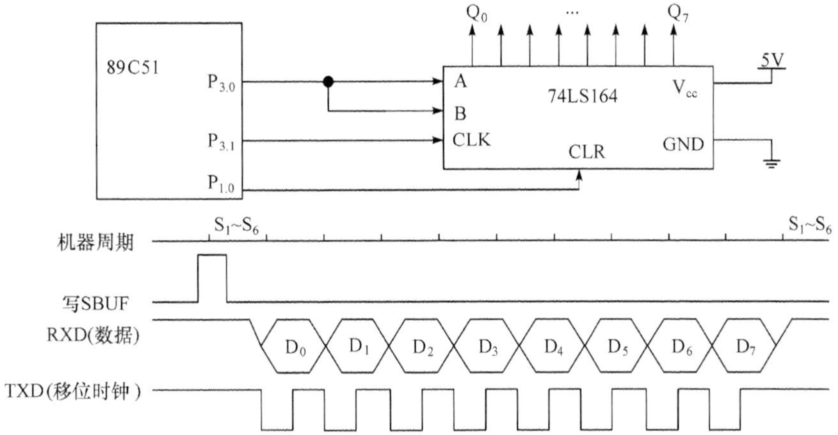

图 3-5-23　方式 0 发送电路及时序

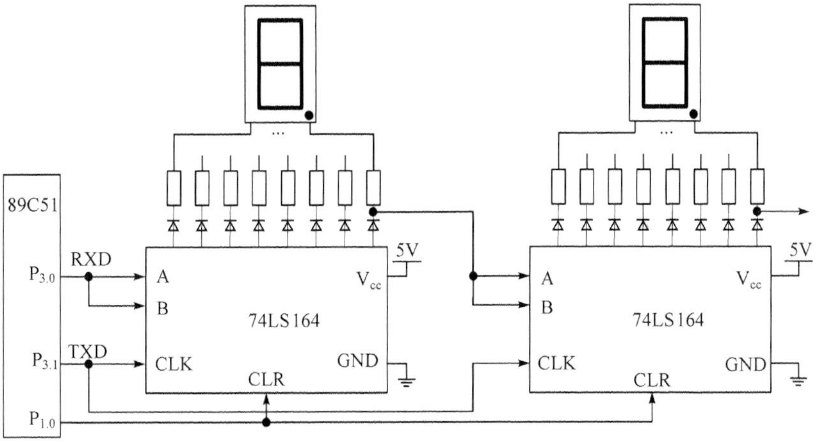

图 3-5-24　方式 0 扩展并行输出口应用示例

发送时，当待发送的字节数据写入发送缓冲器 SBUF 后，数据从最低位开始，按主频 1/12 的速率顺次出现在 RXD 引脚上，并且每发送 1 位，TXD 输出一个同步脉冲，发送完毕后 TI=1。

接收时，用软件置位 REN，即开始接收。如图 3-5-25 所示，外设的 8 个数据状态以串行的方式输入单片机的串行口输入缓冲器中，并可中断 CPU 读取该数据。

应用背景：可用扩展的输出口驱动 LED 数码管显示器，如图 3-5-24 所示。用扩展的输入口去处理键盘输入之类的需求，如图 3-5-26 所示。其中输出口的扩展可以级联，利用单片机的少量硬件资源扩展更多的 I/O 口线。图 3-5-24 给出了级

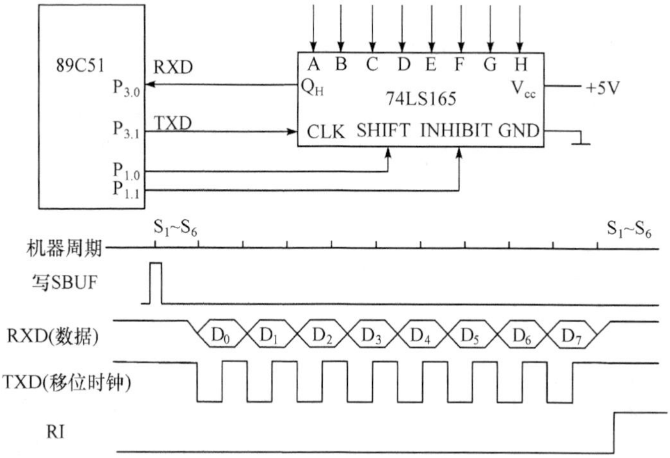

图 3-5-25　方式 0 接收电路及时序

联的情况。此外，如果希望保留单片机的串行口资源，也可以用任意 I/O 口线代替 RXD 和 TXD，用软件来模拟串行口方式 0 的操作功能。例如，用 $P_{1.0}$ 代替 RXD，用 $P_{1.1}$ 代替 TXD。当然这样做的代价是增大软件开销，但可以保留串行口的重要资源，因此是值得的。

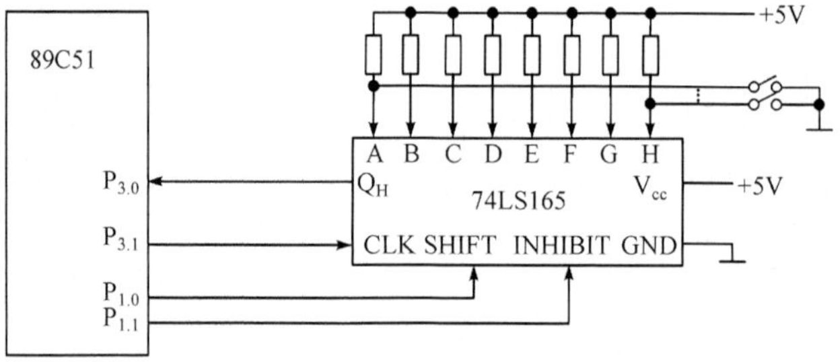

图 3-5-26　方式 0 扩展并行输入口应用示例

2）串行口方式 1

方式 1 是 10 位的 UART，TXD 发送数据，RXD 接收数据。帧格式由 1 个起始位、8 个数据位和 1 个停止位构成。在接收时停止位进入接收方 SCON 中的 RB_8 位。在方式 1 下，可根据通信距离等因素调整波特率的高低，此时使用定时器 T_1 作为波特率发生器。方式 1 的发送和接收串行帧格式如图 3-5-27 所示。

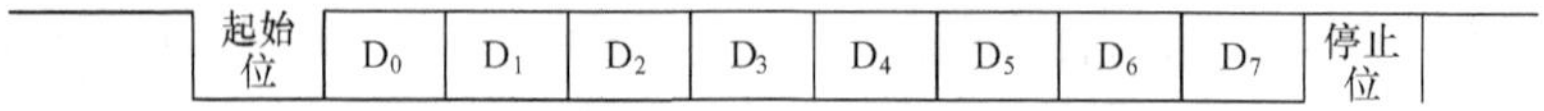

图 3-5-27　方式 1 串行帧格式

方式 1 下，数据从 TXD 引脚输出。当数据写入发送缓冲器 SBUF 中后，就启动发送过程。数据位在引脚上停留的时间取决于所设定的波特率。当全部 8 位数据发送完毕后，TI=1，可向 CPU 请求中断，或者作为软件查询标志，CPU 在发送后续字节前应先清除该标志。方式 1 的发送时序如图 3-5-28(a)所示。

在接收方，数据从 RXD 引脚输入。在 REN=1 的条件下，数据位按照设定的波特率从低到高依次进入接收移位寄存器。CPU 将每个数据位宽度分为 16 等份，并在第 7、8、9 等份处采样 RXD 引脚电平，依三中取二的原则(例如，采样 3 次，其中 2 次为高电平，1 次为低电平，则确认为高电平)对数据位电平进行判断，能较好地去除干扰的影响。当确认了起始位后就开始接收一帧数据。当一帧数据接收完毕后，在允许接收且 RI=0 的条件下，所接收到的 8 位数据从输入移位寄存器装载到输入缓冲器，并置位接收中断标志 RI。方式 1 的接收时序如图 3-5-28(b)所示。

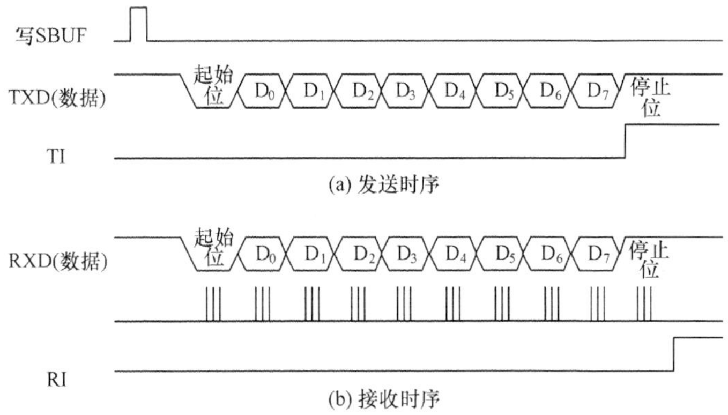

(a) 发送时序

(b) 接收时序

图 3-5-28　串行口方式 1 的时序

3) 串行口方式 2 和方式 3

方式 2 和方式 3 都是 11 位异步通信方式，它们的共同特点是发送和接收时具有第 9 位数据，正确运用 SM_2 位能实现多机通信。两者的不同点是，方式 2 的波特率是固定的，方式 3 的波特率由定时器 T_1 的溢出率决定，可由用户在很宽的范围内选择，以适应不同通信距离和应用场合的需要。这两种串行帧格式相同，都是 11 位，其中一个起始位，8 个数据位，一个可编程设置的第 9 位，一个停止位。发送时，第 9 位数据按需要装载到 TB_8；接收时，第 9 位数据进入 RB_8。方式 2 和方式 3 的串行帧格式如图 3-5-29 所示。

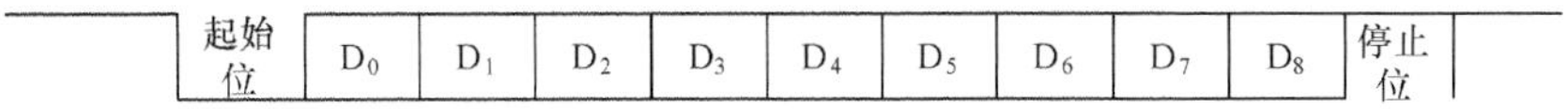

图 3-5-29　方式 2 和方式 3 串行帧格式

图 3-5-29 中，第 9 位(D_8)在发送时是 TB_8，接收时是 RB_8。应注意，因为写入

SBUF 就启动发送，因此应先装载 TB_8，然后再执行字节写入 SBUF 的操作。发送过程中，先发送数据字节最低位，接着次低位，…，发送完 D_7 位后，串行口自动提取 TB_8 紧跟在 D_7 位后发送出去。发送完毕后，TI 标志置位，向 CPU 请求中断，也可以作为软件查询标志。串行口方式 2 或方式 3 的发送时序如图 3-5-30(a)所示。

接收时，置 REN=1 允许接收。当检测到 RXD 引脚有一个负跳变时，开始接收 9 位串行数据，这些数据位顺次进入移位寄存器。当满足 RI=0 且 RB_8 与 SM_2 位同为 0 或同为 1 时，前 8 位数据送入 SBUF，附加的第 9 位数据送入 RB_8，并置位 RI=1。若不满足该条件，则本次接收无效，RI 也不置位。串行口方式 2 或方式 3 的接收时序如图 3-5-30(b)所示。

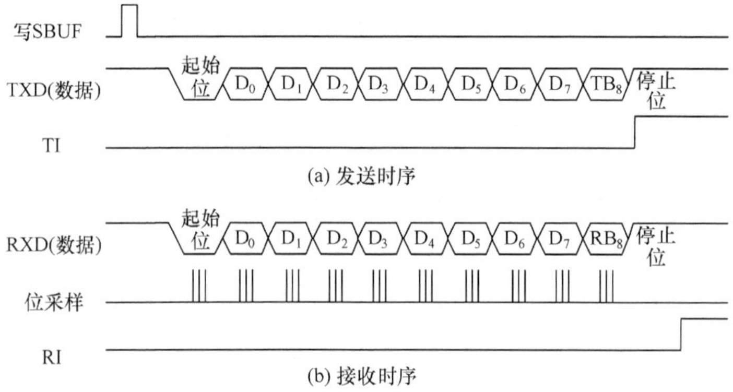

图 3-5-30　串行口方式 2 和方式 3 的时序

3. 波特率设定和计算

在串行通信中，收发双方(或多机通信场合的主机和各从机)必须采用相同的通信速率，即波特率。如果波特率有偏差将影响通信的成功率，如果误差大于 2% 则通信不会成功。串行口的 4 种工作方式中，方式 0 和方式 2 的波特率是固定的，而方式 1 和方式 3 的波特率是可设置的，由定时器 T_1 的溢出率来决定。

(1) 方式 0。

串行口工作在方式 0 时，波特率固定为振荡频率的 1/12，且不受 SMOD 位的控制。若主频 f_{osc}=12MHz，则波特率为 $f_{osc}/12$=1Mbit/s。

(2) 方式 2。

串行口工作于方式 2 时，也采用固定波特率，并与 SMOD 位的取值有关，具体波特率公式为

$$波特率=2^{SMOD}\times f_{osc}/64$$

若 f_{osc}=12MHz，取 SMOD=0 时，波特率=187.5kbit/s；取 SMOD=1 时，波

特率=375kbit/s。

(3) 方式 1 和方式 3。

方式 1 和方式 3 的波特率设置方法相同，它们都利用定时器 T_1 工作于定时方式 2 并装载适当的时间常数来获得。寄存器 PCON 中的最高位 SMOD 称为波特率加倍位，在利用公式计算所得的波特率基础上，如果设置 SMOD=1，则波特率可加倍。定时器 T_1 用作波特率发生器时的运行状况如图 3-5-31 所示。

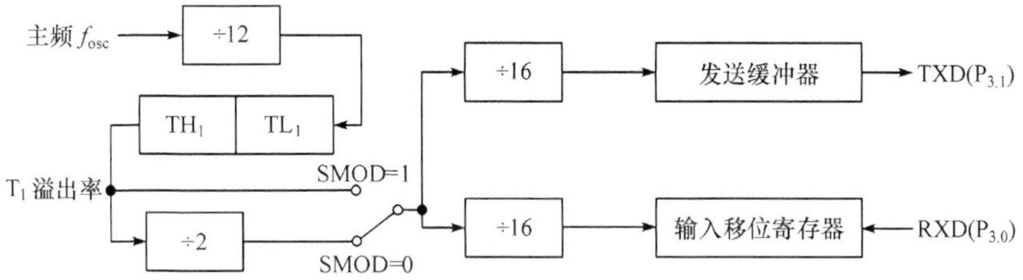

图 3-5-31　定时器 T_1 用作波特率发生器时的运行状况

波特率计算公式为

$$\text{波特率}=\frac{2^{SMOD}}{32}\times\frac{f_{osc}}{12\times(256-X)}$$

式中，SMOD=1 时，所计算的波特率可加倍；f_{osc} 是系统主频，即振荡器频率；X 是定时器 T_1 方式 2 下的时间常数装载值。

注意，应设置 T_1 为定时器方式 2，即 8 位常数重装入方式，并且不允许 T_1 中断。如果要产生很低的波特率，可以考虑使用定时器方式 1，即 16 位定时器方式，但由于常数不能重新装入，必须使用中断方式，所以容易产生波特率误差。

根据上述公式，可以解出时间常数装载值的表达式为

$$X=256-\frac{f_{osc}\times(SMOD+1)}{384\times\text{波特率}}$$

例 3-5-9　单片机主频为 12MHz，用 T_1 定时器方式 2 作为波特率发生器，求波特率为 2400bit/s 时的时间常数装载值。

解　取 SMOD=1，有

$$X=256-(12\times10^6\times2)/(384\times2400)\approx229.958\approx230=E6H$$

因为定时常数只能是整数，因此会带来波特率误差，将所求得的常数值代回公式中验算，可知实际波特率为 2403.84615…。

波特率百分比误差为

$$\delta=\frac{|2403.84615-2400|}{2400}\times100\%=0.16\%$$

例 3-5-10　单片机主频为 4MHz，求波特率 4800 时 T_1 的时间常数装载值。

解　取 SMOD=1，有

$$X=256-(4\times10^{6}\times2)/(384\times4800)=251.6597\approx252=\text{FCH}$$

此时实际波特率为 5208bit/s,误差达到 8.5%。

需要注意,如果通信双方使用相同的波特率,尽管这个波特率与标称值有偏差,但通信双方无相对误差,则通信仍可正常进行。但是,如果这样的单片机装置与具有标准波特率的计算机进行通信,就会因为波特率的误差而导致通信失败。

例 3-5-11 单片机主频为 11.0592MHz,采用 T_1 定时器方式 2 作为波特率发生器,求波特率为 2400 时的时间常数。

解 取 SMOD=1,根据公式,有

$$X=256-\frac{11059200\times2}{384\times2400}=232.00000=\text{E8H}$$

本例中求得整数形式的波特率不是偶然的。可以证明,在采用如 1.2kbit/s、2.4kbit/s、3.8kbit/s、9.6kbit/s 等标称波特率时,由于使用 11.0592MHz 振荡晶体,所以计算所得的时间常数装载值必然为整数,即波特率误差为 0。

选择 11.0592MHz 的振荡晶体可满足产生精确波特率的要求。但是也有不利的方面,此时机器周期不再是精确的 1μs,而是大约 1.0841μs,因此不易进行精确定时。在实际使用中,经常根据已知波特率和振荡频率来计算定时器 T_1 的初始值。为避免复杂计算,可将常用的波特率和初始值之间的关系列成表格查用,如表 3-5-5 所示。

表 3-5-5 常用波特率与初始值关系表

波特率/(bit/s)	f_{osc}/MHz	SMOD 位	定时器 T_1		
			$C/\overline{T}$	工作方式	初始值
方式 0: 1M	12	×	×	×	×
方式 0: 0.5M	6	×	×	×	×
方式 2: 375k	12	1	×	×	×
方式 2: 187.5k	6	1	×	×	×
方式 1 或 3 :62.5k	12	1	0	2	FFH
19.2k	11.0592	1	0	2	FDH
9.6k	11.0592	0	0	2	FDH
3.8k	11.0592	0	0	2	FAH
2.4k	11.0592	0	0	2	F4H
1.2k	11.0592	0	0	2	E8H
137.5	11.0592	0	0	2	1DH
9.6k	6	1	0	2	FDH

续表

波特率/(bit/s)	f_{osc}/MHz	SMOD 位	定时器 T_1		
			$C/\overline{T}$	工作方式	初始值
3.8k	6	0	0	2	FDH
2.4k	6	0	0	2	FAH
1.2k	6	0	0	2	F4H

4. 编程举例

例 3-5-12　89C51 以串行口方式 1 发送 buffer 中的 5 字节数据，波特率设定为 2.4kbit/s(设单片机主频为 11.0592MHz)。

解　串行口方式控制字为 01010000B(方式 1，允许接收，不使用 SM_2 位)，设置 T_1 为定时器方式 2，查表可知取 SMOD＝0 时计数初始值为 0F4H，TMOD 控制字为 00100000B(T_1 定时器方式 2，运行不受外引脚控制)。

方法 1：主程序调用发送子程序，连续发送 5 字节。

```
unsigned char buffer[]={1,2,3,4,5};
void main(void)
    {
    TMOD=0x20;
    SCON=0x50;
    TH1=0xf4;
    TL1=0xf4;
    TR1=1;
    send();
    }
```

```
void send(void)
  {
   unsigned char i;
   for (i=0; i < 5; i++)
        {
         SBUF=buffer[i];
         while ( ! TI );TI=0;
        }
  }
```

在这种编程方法中，主程序调用发送子程序，并在子程序中通过查询等待将 5 待发送字节全部发送出去才返回。该方法编程简单，便于理解，但由于字节间的查询等待而花费许多时间。如果发送的数据字节很多，则时间浪费很大。

方法 2：以中断方式发送各字节数据。

解题思路：在调用发送子程序时，只发送首字节，其他字节在中断程序中完成。建立发送任务标志和发送计数器，任务完毕后清除标志。

```
unsigned char buffer[]= {1,2,3,4,5};
unsigned char pointer=0;
void main(void)
```

```
    {
    TMOD=0x20;  SCON=0x50;
    TH1=0xF4;  TL1=0xF4;                          //设置定时器计数值
    TR1=1;                                        //启动定时器
    ES=1;       EA=1;                             //开中断
    SBUF=buffer[0];                  //发送第 1 字节,此字节发送完毕才能产生中断
    while(1)  ;
    }
void UART_Interrupt_Send(void)  interrupt 4 using 1  //串口中断服务程序
    {
    if(TI)
        { TI=0;                                   //判断是否为发送中断
            pointer++ ;
            if(pointer<5)SBUF=buffer[pointer];    //发送 1 字节数据
        }
    }
```

串行口中断可能是由发送中断或接收中断引起的,所以应在中断服务程序开始处进行判断,再发送。此方式时间的节省在于发送字节写入 SBUF 后立即从中断返回而不必等待该字节发完。假设采用的波特率是 2400bit/s,则方式 1 下每发送 1 字节大约需要 3.17ms,全部 5 字节大约用时 20.8ms。若采用方法 1,这 20ms 将全部消耗掉。而采用方法 2,则在这 20ms 期间,CPU 大约可执行上万条汇编语言指令(平均每条指令约 1.5 个机器周期)。如果数据包很大,则时间的节省很惊人。虽然响应中断和执行中断程序也会耗时,但由于指令执行速度很快,所以这些语句的执行时间可以忽略。

例 3-5-13　89C51 以串行口方式 1 接收数据,并存入数组中,波特率设定为 2.4kbit/s(设单片机主频为 11.0592MHz)。

解　串行口方式控制字为 01010000B(方式 1,允许接收,不使用 SM_2 位),设置 T_1 为定时器方式 2,查表可知取 SMOD=0 时计数初始值为 F4H,TMOD 控制字为 00100000B(T_1 定时器方式 2,运行不受外引脚控制)。

程序清单(只给出串行中断接收部分)如下。

```
unsigned char revpointer=0;
unsigned char buf[20];
void UART_Interrupt_Receive(void)  interrupt 4 using 1  //RI 中断服务程序
    {  RI=0;
       buf[revpointer]=SBUF;
```

```
    revpointer++ ;
}
```

如果串行通信数据字节数不多,也可以在中断程序中通过查询连续接收后续的 4 字节,具体编程请读者自行完成。

第 4 章　I/O 通道设计

前几章中主要介绍了计算机的体系结构和计算机系统的硬件及软件的设计方法。当将计算机用于控制时，计算机和被控对象之间需要传送一些重要的信息。因此，在用于控制的计算机系统中，除了 CPU、存储器以及总线、接口，还要包括计算机和被控对象之间信息传输的通道，即 I/O 通道(图 4-0-1)。

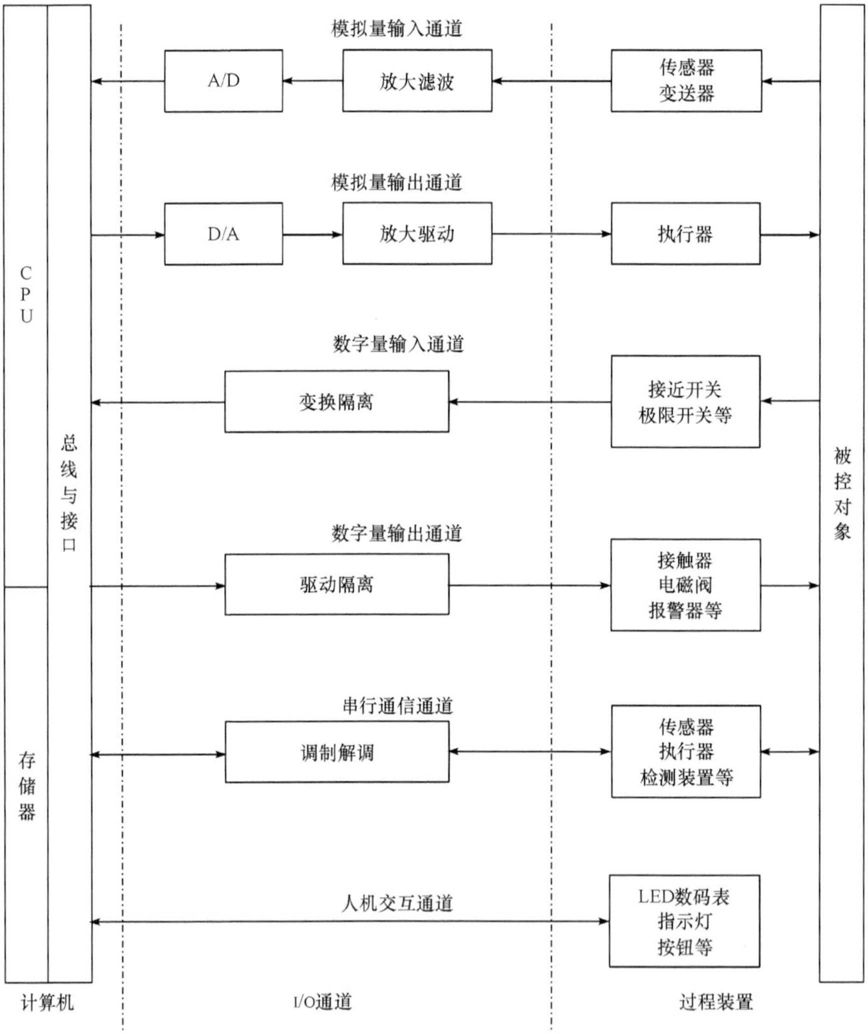

图 4-0-1　面向控制的计算机系统硬件组成示意图

关于工业控制领域信号传输的协议种类有很多。有模拟信号的传输协议和数字信号的传输协议。本章主要介绍几种工业控制中常用的信号 I/O 通道的设计，并讨论几种常用的工业设备之间的通信方式(RS232、RS485/422、电流环)和计算机控制系统中常用的芯片级通信方式(I^2C、SPI)。最后，介绍人机交互通道(键盘和显示器)接口设计方法。

4.1　数字量 I/O 通道技术

数字量的输入与输出，从原理上讲十分简单。CPU 只要通过对输入信息分析是"1"还是"0"，即可知开关是合上还是断开。如果控制某个执行器的工作状态，只需送出"0"或"1"，即可由操作机构执行。但是由于工业现场存在着电、磁、振动、温度等各种干扰及各类执行器所要求的开关电压量级及功率不同，所以在接口电路中除根据需要选用不同的元器件，还需要采用各种缓冲、隔离与驱动措施。

4.1.1　电平变换

微处理器或接口器件多是 TTL 或 TTL 兼容的电路(通常情况下，电压范围 0.0～0.8V 为逻辑 0，即低电平；3.6～5.0V 为逻辑 1，即高电平)。输入设备的信号如果是 TTL 或 TTL 兼容的电路，可直接与微处理器及其接口部件相连。当输入设备的信号不是 TTL 及其兼容信号，则需要进行处理。例如，在工业领域，设计数字量输入通道的目的是检测各种设备(如电机、接触器、继电器等)的状态(如运行、停止、通断、故障等)，这些状态一般通过一个机械开关转换成 24V 的数字信号。而对于计算机系统，不能接收 24V 的信号，所以必须采用电平变换电路。

1. 电平转换要考虑的问题

1) 电平兼容

解决电平转换问题，最根本的就是要解决逻辑器件接口的电平兼容问题。除了考虑器件的最大、最小电压承受能力，还要考虑电平兼容的两个原则，即输出方高电平输出的最小值(VOH)要大于输入方高电平输入的最小值(VIH)；输出方低电平输出的最大值(VOL)要小于输入方低电平输入的最大值(VIL)。

当然，考虑抗干扰能力，还必须有一定的噪声容限，即

$$(VOH-VIH)>VN+$$
$$(VOL-VIL)<VN-$$

式中，VN＋和 VN－表示正负噪声容限。

只要掌握这个原则，熟悉各类器件的 I/O 特性，可以很自然地找到合理方案。

2）速度/频率

某些转换方式影响工作速度，所以必须注意。由于转换电路中电阻、电容的存在，通过电阻给负载电容充电，必然会影响信号跳变速度。为了提高速度，就必须减小电阻，这又会造成功耗上升。因此速度问题的关键就是对负载电容的充电能力。

3）阻抗匹配

电路需要一定的电流驱动能力，实际上也就是阻抗匹配问题。

2. 常用电平转换方法

1）电阻分压法

采用两个电阻分压可以实现电平的转换，这也是最简单的分压方式。但这种方式的带负载能力较弱。如果后续电路要求电平转换电路的输出负载较小，电阻分压法就会出现输出电平降低的问题。电阻分压法电平转换电路如图 4-1-1 所示。

2）晶体管法

就是一个双极型三极管或 MOSFET，C/D 极接一个上拉电阻到正电源，输入电平很灵活，输出电平大致就是正电源电平。也可以采用 OC/OD 门电路器件＋上拉电阻的方法，适用于器件输出刚好为 OC/OD 的场合。图 4-1-2 是一种利用晶体管和上拉电阻实现的电平变换电路，将 V_{in} 转换成 TTL 电平信号。

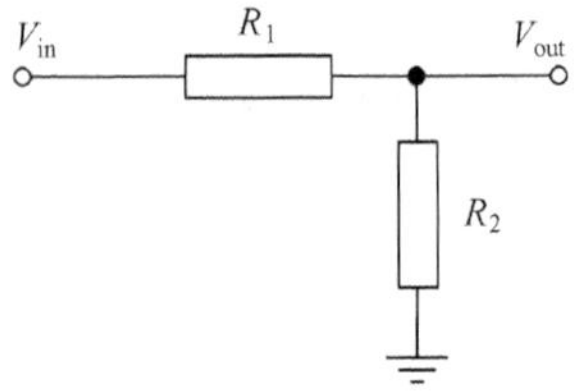

图 4-1-1　电阻分压法电平转换电路

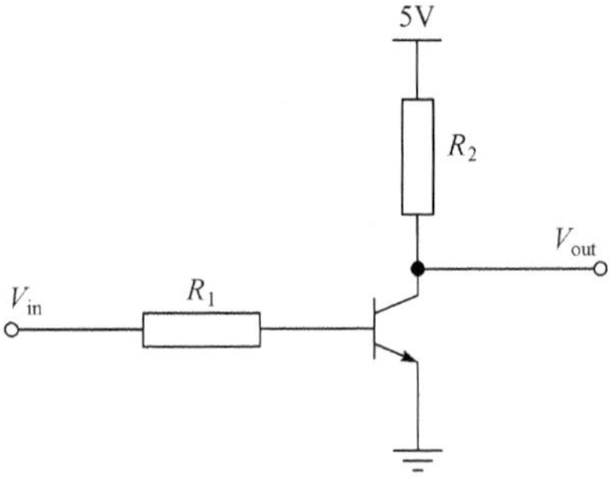

图 4-1-2　利用晶体管和上拉电阻实现的电平变换电路

3）集成电路法

可以采用一些专用的集成电路实现电平的变换，如 MAX232 等。

4.1.2　信号隔离

在许多应用中，数据链路之间需要（甚至是必要的）非直接的（导电）连接，从而在提供数据的同时避免来自系统某一部分的危险电压（或电流）对其另外部分造成破坏。造成这种破坏性失效的原因可能是电源质量低劣、接地故障、雷击和浪涌等。此外，通信节点的间距可能相当大，常由不同区域的 AC 插座来给这些节点供电，这些区域之间的电位差(可能含有 DC 偏压、50Hz 的 AC 谐波和各种瞬态噪声分量)也会造成破坏。

因此，需要采用隔离技术，在允许两点之间有数据或功率传送的前提下，避免电流流过。一般在两种情况下会采用隔离技术：一是在有可能存在损坏设备或危害人员的潜在电流浪涌时，如医疗上的应用、电机控制、总线隔离等方面；二是必须避免存在不同地电位和分裂的接地回路的互连。

1. 隔离参数

1) 隔离等级(隔离电压)

绝缘体的隔离等级(又称隔离电压)是一个短时间内系统抗共模电压能力的量度。通常根据 50Hz 或 60Hz 有效值来衡量，是器件在 1min 内承受输入与终端输出之间高压的能力。一般隔离设备的隔离电压是 2.5kV。有的设备会达到 3.75kV 或者更高。隔离电压不能衡量器件长时间承受安全电压的能力，那是工作电压或额定电源电压来描述的。

2) 额定工作电压

额定工作电压定义了稳定工作状态下器件能够承受的一个长时间持续的最大电压，一般为 100～600V。

3) 瞬态共模抑制能力

一个隔离器的瞬态共模抑制能力衡量了当维持正确的信号传输的时候输入和输出部分之间的瞬态共模影响。很多隔离器件对此参数没有相应规定，有规定的范围也是 5～25kV/μs。

2. 常用隔离方法

数字量输入通道常用的隔离方法主要有光隔离和磁隔离两种。

1) 光隔离技术

光隔离主要采用光电耦合器进行隔离。光耦合技术是在透明绝缘隔离层(如空气间隙)上的光传输，以达到隔离目的。光耦合器一般由三部分组成：光的发射、光的接收及信号放大。输入的电信号驱动发光二极管(LED)，使之发出一定波长的光，被光探测器接收而产生光电流，再经过进一步放大后输出。这就完成了电-光-电的转换，从而起到输入、输出、隔离的作用。

光耦合技术的主要优点是：光具有对外部电子或磁场内在的抗扰性，而且，光耦合技术允许使用恒定信息传输。光耦合器的不足之处主要体现在速度限制、功耗以及 LED 老化上。

(1) 光耦合器技术参数。

光耦合器的技术参数主要有发光二极管正向压降 V_f、正向电流 I_f、电流传输比 CTR、输入级与输出级之间的绝缘电阻、集电极-发射极反向击穿电压 V(BR)CEO、集电极-发射极饱和压降 V_{ce}(sat)。此外,在传输数字信号时还需考虑上升时间、下降时间、延迟时间和存储时间等参数。电流传输比是光耦合器的重要参数,通常用直流电流传输比来表示。当输出电压保持恒定时,它等于直流输出电流 I_c 与直流输入电流 I_f 的百分比。光耦合器的技术参数详见表 4-1-1。

表 4-1-1 光耦合器参数表

类别	参数名称	符号	描述
输入特性	正向工作电压 (Forward Voltage)	V_f	V_f 是指在给定的工作电流下,LED 本身的压降。常见的小功率 LED 通常以 I_f=20mA 来测试正向工作电压,当然不同的 LED,测试条件和测试结果也会不一样
	反向电压 (Reverse Voltage)	V_r	是指 LED 所能承受的最大反向电压,超过此反向电压,可能会损坏 LED。在使用交流脉冲驱动 LED 时,要特别注意不要超过反向电压
	反向电流 (Reverse Current)	I_r	通常指在最大反向电压情况下,流过 LED 的反向电流
	允许功耗 (Maximum Power Dissipation)	P_d	LED 所能承受的最大功耗值。超过此功耗,可能会损坏 LED
	中心波长 (Peak Wave Length)	λ_p	是指 LED 所发出光的中心波长值。波长直接决定光的颜色,对于双色或多色 LED,会有几个不同的中心波长值
	正向工作电流 (Forward Current)	I_f	I_f 是指 LED 正常发光时所流过的正向电流值。不同的 LED,其允许流过的最大电流也会不一样
	正向脉冲工作电流 (Peak Forward Current)	I_{fp}	I_{fp}是指流过 LED 的正向脉冲电流值。为保证寿命,通常会采用脉冲形式来驱动 LED,通常 LED 规格书中给中的 I_{fp}是以 0.1ms 脉冲宽度,占空比为 1/10 的脉冲电流来计算的
输出特性	集电极电流 (Collector Current)	I_c	光敏三极管集电极所流过的电流,通常表示其最大值
	集电极-发射极电压 (C-E Voltage)	V_{ceo}	集电极-发射极所能承受的电压
	发射极-集电极电压 (E-C Voltage)	V_{eco}	发射极-集电极所能承受的电压
	反向截止电流	I_{ceo}	发光二极管开路,集电极至发射极间的电压为规定值时,流过集电极的电流为反向截止电流
	C-E 饱和电压 (C-E Saturation Voltage)	V_{ce} (sat)	发光二极管工作电流 I_f 和集电极电流 I_c 为规定值时,并保持 $I_c/I_f \leqslant CTR_{min}$时($CTR_{min}$在被测管技术条件中规定)集电极与发射极之间的电压降

续表

类别	参数名称	符号	描　述
传输隔离特性	电流传输比 (Current Transfer Radio)	CTR	输出管的工作电压为规定值时，输出电流和发光二极管正向电流之比为电流传输比 CTR
	上升时间 (Rise Time)	T_r	光耦合器在规定工作条件下，发光二极管输入规定电流 I_{fp}的脉冲波，输出端管则输出相应的脉冲波，从输出脉冲前沿幅度的 10%到 90%，所需时间为脉冲上升时间 T_r。从输出脉冲后沿幅度的 90%到 10%，所需时间为脉冲下降时间 T_f
	下降时间 (Fall Time)	T_f	
	入出间隔离电压 (Isolation Voltage)	V_{io}	光耦合器输入端和输出端之间绝缘耐压值
	入出间隔离电容 (Isolation Capacitance)	C_{io}	光耦合器件输入端和输出端之间的电容值
	入出间隔离电阻 (Isolation Resistance)	R_{io}	半导体光耦合器输入端和输出端之间的绝缘电阻值

(2) 光耦隔离电路设计。

使用光电耦合器主要是为了提供输入电路和输出电路间的隔离，在设计电路时，必须遵循下列原则：所选用的光电耦合器件必须符合国内和国际的有关隔离击穿电压的标准，如 4N××系列(如 4N25、4N26、4N35)光耦合器，TLP521 系列光耦合器等。

对于微机系统，数字量输入通道的隔离电路一般有两个作用，一是电气上的隔离，起到保护作用；另一个是电平转换，一般将电平幅度较高的数字量信号转换成 CPU 或接口电路可以识别的电平幅度(例如，对于 5V 系统，一般为 5V 电平；对于 3V 系统，一般为 3V 电平)。典型的光耦隔离电路如图 4-1-3 所示。

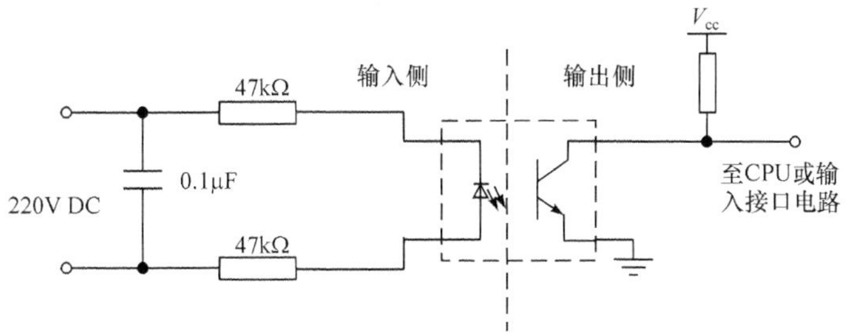

图 4-1-3　典型的光耦隔离电路

利用光电隔离器实现输出端的通道隔离时，还需注意被隔离的通道两侧必须单独使用各自的电源。即用于驱动发光管的电源与驱动光敏管的电源不应是共地的电源，对于隔离后的输出通道必须单独供电，否则，如果使用同一电源，外部干扰信号可能通过电源串到系统中来。如图 4-1-4 所示,这样就失去了隔离的意义,正确的隔离如图 4-1-5 所示。

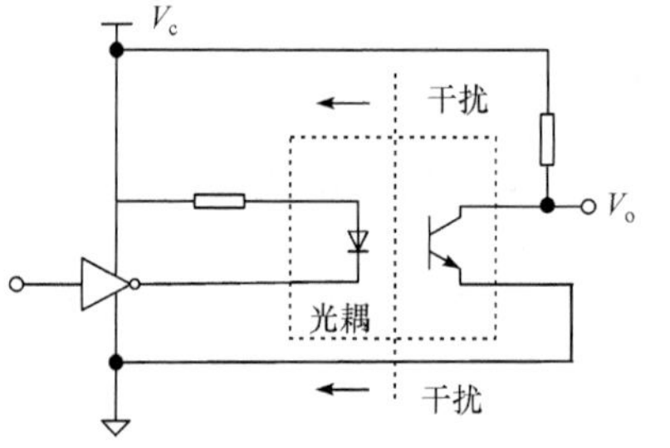

图 4-1-4 不正确的隔离

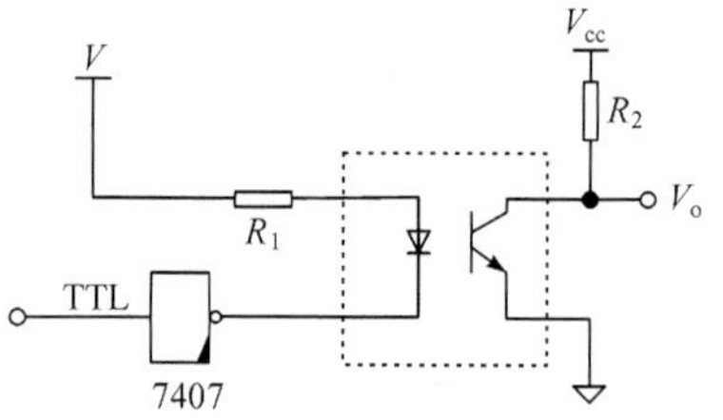

图 4-1-5 正确的隔离

当然,这里所讲的单独供电,可以是单独使用不同的电源,也可用 DC-DC 变换的方法往输出端提供一个与光耦输入端隔离的电源。

对于如图 4-1-6 所示的电路,将电平幅度为 V_{dc}的信号,经过光电隔离后,转成 V_{cc}幅度的电平信号。各个电阻选取的计算步骤如下。

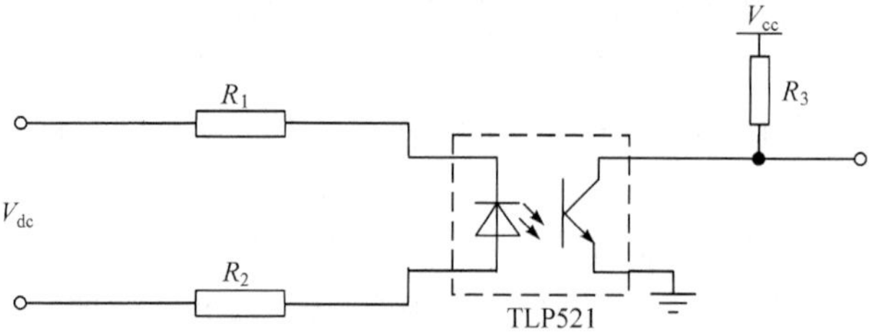

图 4-1-6 输入通道典型光电隔离电路

第 1 步:根据 V_{cc}和 R_3,计算光耦的输出电流。考虑到当光导通时,电路输出应该为低电平,此时 V_{cc}应该全部落到 R_3 上,有

$$I=\frac{V_{cc}-V_{ce}}{R_3}$$

饱和时光耦的饱和压降忽略不计,则有

$$I\approx\frac{V_{cc}}{R_3}$$

第 2 步:查看光耦的数据手册,可知该器件的最小电流传输比为 CTR_{min}。为保证光耦驱动时饱和,则输入回路的电流 I_{in}为

$$I_{in}\geqslant\frac{I}{CTR_{min}}$$

第 3 步:查看光耦的数据手册,可知该器件的最大正向压降为 V_f^{max},为保证 I_{in}

的电流，R_1+R_2 的值应该为

$$R_1+R_2\leqslant\frac{V_{dc}-V_f^{max}}{I_{in}}$$

第 4 步：考虑电源波动和电阻精度的因素，实际的 R_1+R_2 的电阻取值建议减少 20%左右，即

$$R_1+R_2\approx\frac{0.8\times(V_{dc}-V_f^{max})\times CTR_{min}\times R_3}{V_{cc}}$$

当输入电压较低时，一般将 R_1+R_2 选为一个电阻。当输入电压比较高（如 110～220V）时，为安全考虑，一般取为

$$R_1=R_2=\frac{R_1+R_2}{2}$$

2）磁隔离技术

磁隔离技术使用两个线圈之间的变化磁场在一个隔离层上进行信号的传输。最常见的例子就是变压器。

根据数字信号编解码的不同，主要有脉冲调制和射频调制两种。

采用脉冲调制方法实现数字隔离的代表是磁耦隔离器。磁耦隔离器是基于芯片尺寸变压器的磁耦合器，由于磁耦隔离器的目的是将输入和输出信号隔离开来，所以变压器初级端电路与变压器次级端电路必须在隔离的芯片上。变压器本身可以放置在任意芯片上，也可以放在第三个芯片上。

磁隔离变压器采用平面结构，在晶圆钝化层上使用 CMOS 金属和金构成。金层下有一个高击穿的聚酰亚胺层，将顶部的变压器线圈与底部的线圈隔离开来。连接顶部线圈和底部线圈的 CMOS 电路为每个变压器及其外部信号之间提供接口。晶片级信号处理提供了一种在单个芯片中集成多个隔离通道以及其他半导体功能的低成本的方法。这种磁隔离技术消除了与光耦合器相关的不确定的电流传送比率、非线性传送特性以及随时间漂移和随温度漂移问题，功耗降低了 90%，并且无需外部驱动器或分立器件。

磁耦隔离器的一个显著特点是能够将发送和接收通道集成在同一个封装中。由于磁隔离变压器本身是双向的，所以只要将合适的电路放置在变压器的任意一边，信号就可以按照任意方向通过。按照这种工作方式，可采用多种收发通道配置来提供多通道隔离器。

ADI 的 ADuM 磁隔离芯片是最早使用电磁隔离技术的低功耗隔离器，用的是磁耦合技术，主要有 ADuM5401 系列、ADuM1301 系列、ADuM1201 系列等。

4.1.3　信号驱动

1. OC 门驱动

对于低压情况下开关量控制输出，可采用晶体管、OC 门或运放等方式输出，如驱动低压电磁阀、指示灯、直流电机等。需注意的是，在使用 OC 门时，由于其为集电极开路输出，在其输出为“高”电平状态时，实质只是一种高阻态，必须外接上拉电阻，此时的输出驱动电流主要由 V_c 提供，只能直流驱动并且 OC 门的驱动电流一般不大，在几十毫安量级，如果被驱动设备所需驱动电流较大，则可采用三极管输出驱动方式，如图 4-1-7 所示。

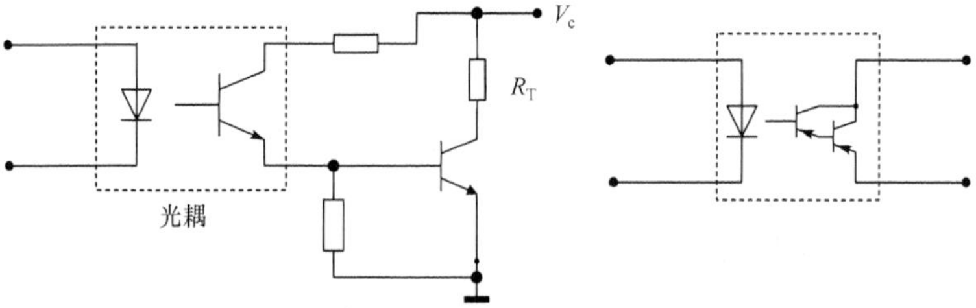

图 4-1-7　三极管输出驱动

2. 继电器驱动

继电器方式的开关量输出，是目前最常用的一种输出方式，一般在驱动大型设备时，往往利用继电器作为测控系统输出到输出驱动级之间的第一级执行机构，通过第一级继电器输出，可完成从低压直流到高压交流的过渡，如图 4-1-8 在经光隔离后，直流部分给继电器供电，而其输出部分则可直接与 220V 市电相接。

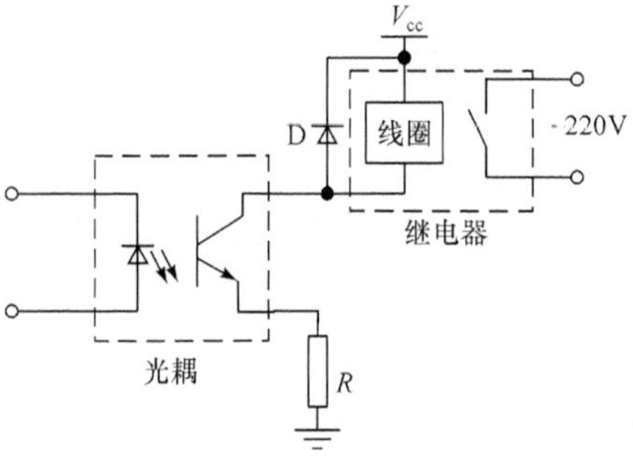

图 4-1-8　继电器输出接口

继电器输出也可用于低压场合。与晶体管等低压输出驱动器相比，继电器输出时输入端与输出端有一定的隔离功能，但由于采用电磁吸合方式，在开关瞬间，触点容易产生火花从而引起干扰；对于交流高压等场合使用，触点也容易氧化；由于继电器的驱动线圈有一定的电感，在关断瞬间可能会产生较大的电压，所以在对继电器的驱动电路上常反接一个保护二极管用于反向放电。

不同的继电器，允许驱动电流也不一样，在电路设计时可适当加一限流电阻，如图 4-1-8 中的电阻 R，当然，在该图中是用达林顿输出的光隔直接驱动继电器，而在某些需较大驱动电流的场合，则可在光耦与继电器之间再接一级三极管以增加驱动电流。

1）继电器的主要电气参数

各种继电器的参数在生产厂提供的产品手册或产品说明书中都有说明，但一般只关心下列几个主要的电气参数。

(1) 线圈电源和功率：指继电器线圈电源是直流还是交流，以及线圈消耗的额定功率。一般用于微机控制系统的初级输出，其驱动端线圈常用直流型。

(2) 额定工作电压或额定工作电流：指继电器正常工作时线圈需要的电压或电流值。一般同一种型号系列的继电器都有不同的额定工作电压或额定工作电流，以适应不同电路的需要。

(3) 线圈电阻：指线圈的电阻值。利用该值和额定工作电压，就可知其额定工作电流，反之亦然。

(4) 吸合电压或电流：指继电器能产生吸合动作的最小电压或电流，其值一般为额定电压或电流值的 75%左右。例如，JZC-21F/006-1H 继电器，其额定电压为 6V，而吸合电压为 4.5V。一般来讲，仅给继电器加吸合电压，其工作是不可靠的。

(5) 释放电压或电流：继电器两端的电压或电流减小到一定数值时，继电器就从吸合状态转换到释放状态，释放电压或电流是指产生释放动作的最大电压或电流，其值往往比吸合电压小得多，因此继电器类似于一种带大回差电压的施密特触发器。

(6) 接点负荷：指接点的负载能力。因为继电器的接点在切换时能承受的电压和电流值是有限的。如 28V(DC)×10A、220V(AC)×5A 等，当继电器工作时其电流和电压都不应超过此值，否则会影响甚至损坏接点。一般同一型号系列的继电器的接点负荷值都是相同的。

(7) 机械寿命：接点空载时动作次数，一般在 10^7 左右。

(8) 电气寿命：接点满载时动作次数，一般在 10^5 左右。

2）继电器的选用

在选用继电器时，一般应考虑下列因素。

(1) 继电器额定工作电压的选择。

其值应等于或小于继电器线圈控制电路的电压。在继电器驱动时，还要考虑其额定工作电流是否在所设计的驱动电路输出电流的范围之内，必要时可增加一级驱动或增加一级中间继电器。

(2) 接点负荷的选择。

根据电路所需驱动的外设，选择合适的负荷，主要从被驱动设备工作电压的大小、类型和工作电流大小来考虑。

(3) 接点的数量和种类。

同一系列的继电器接点和接点类型可有不同，如有单刀双掷、双刀双掷、三刀双掷等。可根据需要选择，以充分利用各组接点，达到简化控制线路、缩小体积的目的。

(4) 其他。

有关继电器的体积、封装形式、工作环境、绝缘能力以及吸合和释放时间等因素，在继电器选择时也应一并考虑。在各种参数均能符合要求的情况下，选用性能价格比高的产品。

表 4-1-2 为 JZC-21F 小型继电器的部分电气参数，可供读者参考。

表 4-1-2　JZC-21F 小型继电器的部分电气参数表

规格代号	额定电压(V_{dc})	线圈电阻/Ω	吸合电压/V	释放电压/V	节点负荷	线圈消耗功率/W
JZC-21F/003	3	25	2.25	0.36		
JZC-21F/005	5	70	3.75	0.60		
JZC-21F/006	6	100	4.5	0.72	28V(DC)3A	
JZC-21F/007	9	225	6.75	1.08	120V(AC)3A	0.36
JZC-21F/012	12	400	9.00	1.44	220V(AC)1.5A	
JZC-21F/024	24	1600	18.00	2.88		
JZC-21F/048	48	6400	36.00	5.76		

3. 可控硅(晶闸管)驱动

可控硅是一种大功率半导体器件，可分为单向可控硅和双向可控硅，在微机测控系统中，可作为大功率驱动器件，具有用较小功率控制大功率、开关无触点等特点，在交直流电机调速系统、调功系统、随动系统中有着广泛的应用。

1) 单向可控硅(SCR)

单向可控硅的表示符号如图 4-1-9 所示，它有三个引脚，其中 A 为阳极，K 为阴极，G 为控制极，通常大功率的单向可控硅 A 和 K 极引脚较粗。对于螺旋式的封装，常用 A 脚与散热端固定，G 脚一般较细。更大容量的单向可控硅一般采用平极式，可带风冷散热器或水冷散热器，小容量的单向可控硅外形与大功率整流二极管相似，只是多一个引脚。

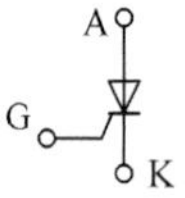

图 4-1-9　单向可控硅表示符号

从单向可控硅的结构看，它与二极管有些相似，但在其两端加以正向电压而控制极不加电压时，并不导通，正向电流很小，处于正向阻断状态，如果此时在控制极与阳极间加上正向电压，则可控硅导通，正向压降很少，此时即使撤去控制电压，其仍能保持导通状态，因此，利用切断控制电压的办法不能关断负载电流。只有当阳极电压降到足够小，以致阳极电流降到一定值以下时，负载回路才能阻断。若在交流回路中使用，如作为大功率整流器件时，当电流过零进入负半周时，能自动关断，如果到正半周要再次导通，必须重新施加控制电压。

由于单向可控硅具有单向导通功能，所以在控制中多使用于直流大电流场合，或作为双向可控硅控制端输入器件。在交流场合一般用于大功率场合。

在选用单向可控硅时，应注意下列参数。

(1) 额定电压 V_0。

通常把断态重复峰值电压 V_{drm} 和反向重复峰值电压 V_{rrm} 中较小的一个数值作为该型号器件的额定电压。由于瞬时过电压会使可控硅遭到破坏，选用时，额定电压值应为正常工作峰值电压的 2～3 倍作为安全系数。

(2) 额定通态平均电流 I_f。

在规定环境温度及标准散热条件下，允许通过工频正弦半波电流的平均值称为额定通态平均电流。由于单向可控硅过载能力小，应选用额定通态平均电流 I_f 为其正常工作平均电流的 1.5～2 倍，以留有一定的余量。

(3) 掣住电流。

可控硅从断态转换到通态，去掉触发信号之后，维持器件导通所需的最小通态电流，它是由断态到通态的临界电流。

(4) 维持电流 I_h。

在室温和控制极断路的情况下，可控硅已触发导通，再从较大的通态电流降至维持通态所必需的最小电流，所以是由通态到断态的临界电流。对同一可控硅，其值约为掣住电流的 1/4～1/2。

(5) 浪涌电流 I_{fsm}。

结温为额定值时，在工频正弦半周内，器件能承受的最大过载电流，在器件的寿命期内，浪涌次数有一定的限制。

(6) 控制极触发电压 V_g、电流 I_g。

在规定的环境温度和阳-阴间加一定正向电压的条件下，使可控硅从阻断状态转变为导通状态所需要的最小控制极直流电压和电流，称为触发电压、触发电流。一般 V_g 为 1～5V，I_g 为几十到几百毫安，为保证可靠触发，实际值应大于额定值。

另外，控制极的瞬时最大电压、电流和平均功率也有一定的限制。

(7) 控制极反向电压。

一般控制极所加反向电压不得超过某定值(如 10V)，以免损坏控制结，为了防止反向电压过大，可在控制极反向并联一个二极管；为了防止受干扰而产生误触发，一般常在控制极加上一个小的负电压。

可控硅的其他参数如开关时间等，在选用时也应一并注意。如果将两个单向可控硅并联反接，也可代替双向可控硅在某些场合使用。

2）双向可控硅(TRIAC)

如果将两个反向并联的单向控制硅制作在同一硅片上，则组成一个双向可控硅，其符号如图 4-1-10 所示。这种可控硅具有双向导通功能，其通断情况由控制极 G 决定，当 G 上无信号时，MT_1 与 MT_2 间呈高阻态，管截止；而当 MT_1 与 MT_2 之间加一大于阈值的电压(一般大于 1.5V)时，就可利用控制端 G 的电压来使管导通。但需注意的是，当双向可控硅接有感性负载时，电流与电压间有一定的相位差，在电流为零时，反向电压可能不为零，且超过转换电压，使管子反向导通，故要管子能承受这种反向电压，并在回路中加 RC 网络加以吸收。尽管双向可控硅正、反相均能导通，但在实际使用时，不建议将其两端调换使用。

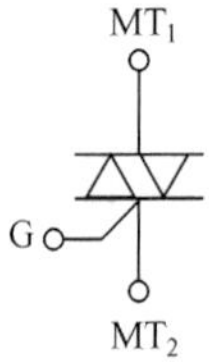

图 4-1-10　双向可控硅表示符号

由于双向可控硅具有双向导通功能，能在交流、大电流场合使用，且开关无触点，所以在工业控制领域有着极为广泛的应用，下面介绍这种器件的接口方法。

图 4-1-11 为一可控硅温度控制器电路，从 S 端输入变换后的电压信号，利用比较器的输出端翻转来控制双向可控硅的导通，从而达到温度控制的目的。

由于双向可控硅的广泛应用，也已有与之配套的光电隔离器产品，这种器件一般称为光耦合双向可控硅驱动器，如图 4-1-12 所示。与一般的光隔的不同点在于其输出部分是一硅光敏双向可控硅，一般还带有过零触发检测器(图 4-1-12 中的 A)，以保证在电压接近零时触发可控硅。

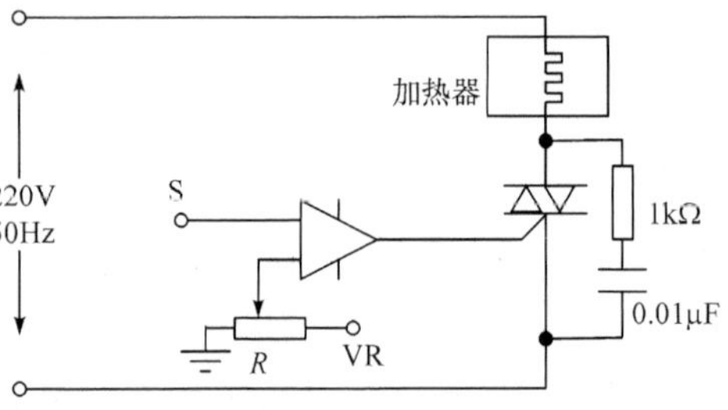

图 4-1-11　双向可控硅输出驱动温控电路

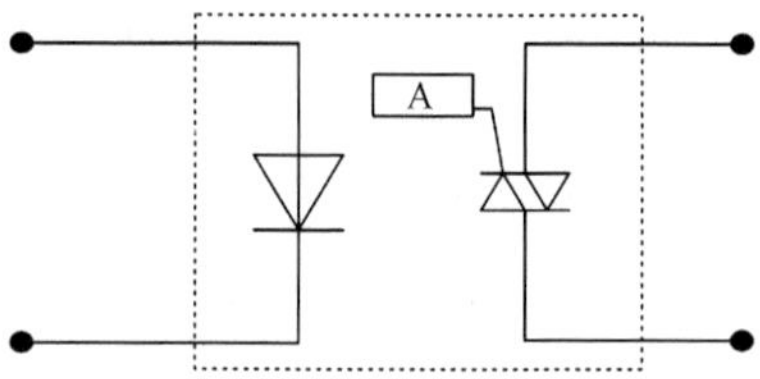

图 4-1-12　光耦合双向可控硅驱动器

常用的有 MOC3000 系列等，运用于不同负载电压使用，如 MOC3011 用于交流 110V，而 MOC3041 等可用于交流 220V。图 4-1-13 为这两类光隔与双向可控硅的接口电路。

不同的光隔，其输入端驱动电流也不一样，MOC3011 的驱动电流仅为 15mA，

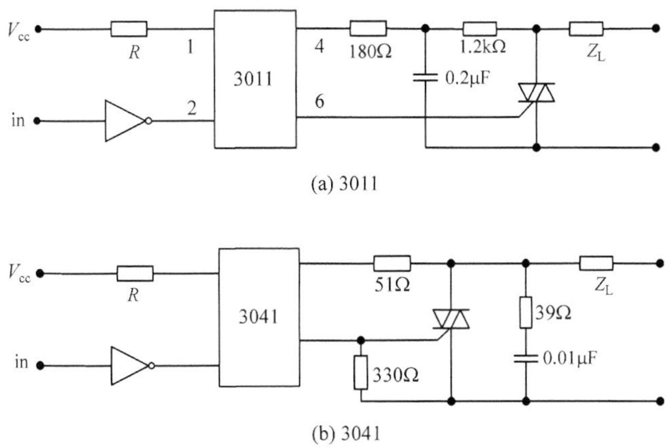

图 4-1-13　MOC3011/3041 接口电路

因此,在驱动回路中可加一限流电阻 R,一般在微机测控系统中,其输出可用 OC 门驱动,在光隔输出端,与双向可控硅并联的 RC 是为了在使用感性负载时吸收与电流不同步的过压;而门极电阻则是为了提高抗干扰能力,以防误触发。

4. 固态继电器驱动

固态继电器(SSR)是近年发展起来的一种新型电子继电器,其输出利用晶体管或可控硅驱动,无触点。SSR 控制电流小,用 TTL、HTL、CMOS 等集成电路或加简单的辅助电路就可直接驱动,适宜在微机系统中作为输出通道的控制元件。与普通的电磁式继电器和磁力开关相比,具有无机械噪声、无抖动和回跳、开关速度快、体积小、质量轻、寿命长、工作可靠等特点,并且耐冲击、抗潮湿、抗腐蚀,因此其已逐渐取代传统的电磁式继电器和磁力开关作为开关量输出控制元件。固态继电器可分为直流型(DC-SSR)和交流型(AC-SSR)两类。

1) 直流型 SSR

直流型 SSR 又可分为三端型和二端型,其中二端型是近年发展起来的多用途开关,图 4-1-14即这种 SSR 的原理图和外引脚图,这种 SSR 主要用于直流大功率控制场合。

由 DC-SSR 的原理图可知,其输入端为一光隔,因此可用 OC 门或晶体管直接驱动,驱动电流一般小于 15mA,输入电压为 4～32V,因此在电路设计时可选用适当的电压和限流电阻 R;其输出端为晶体管输出,输出断态电流一般小于 5mA,输出工作电压为 30～180V(5V 开始工作),开关时间小于 20μs,绝缘度为 7500V/s。因此,在具体选用时,可根据不同需要,选用合适的类型。

图 4-1-15 为一直流型 SSR 典型接线图,此处所接为感性负载,对一般电阻型负载,可直接加负载设备。

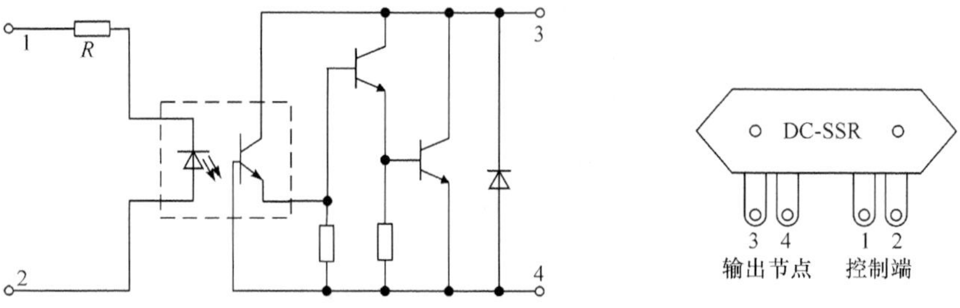

(a) 原理图　　(b) 外引脚图

图 4-1-14　直流 SSR 原理图和外引脚图

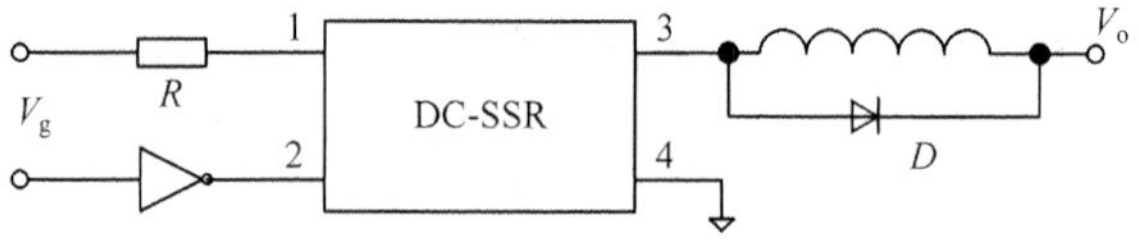

图 4-1-15　直流型 SSR 典型接线图

2）交流型 SSR

交流型 SSR 又可分过零型和移相型两类，它用双向可控硅作为开关器件，用于交流大功率驱动场合，图 4-1-16 为其原理图，外引线图类同于图 4-1-14。

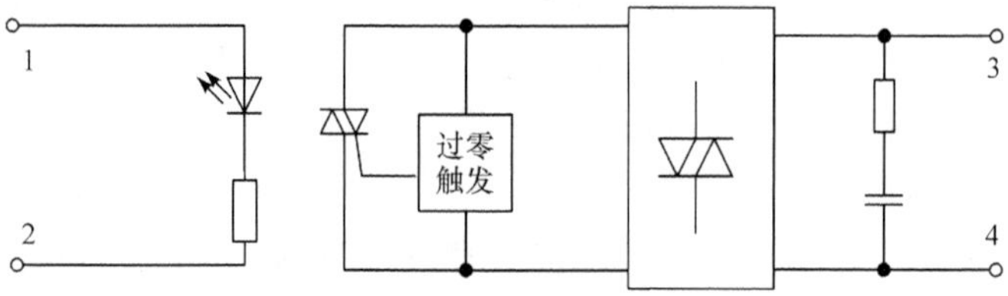

图 4-1-16　交流 SSR 原理图

对于非过零型 SSR，在输入信号时，无论负载电源电压相位如何，负载端立即导通；而过零型必须在负载电源电压接近零且输入控制信号有效时，输出端负载电源才导通。而当输入端的控制电压撤销后，流过双向可控硅电流负载为零时才关断。

对于交流型 SSR，其输入电压为 4 ～32V，开关时间小于 200μs，输入电流小于 500mA，因此对其驱动可加接一晶体管直接驱动；输出工作电压为交流，可用于 380V、220V 等常用市电场合，输出断态电流一般小于 10mA。由于采用电子开关（可控硅）作为开关器件，存在通态压降和断态漏电流。SSR 的通态压降一般小于 2V，断态漏电流通常为 5～10mA，因此在使用中要考虑这两项参数，否则在控制小功率执行器时容易产生误动作。

一般在电路设计时，应使 SSR 的开关电流至少为断态电流的 10 倍，负载电流若低于该值，则应并联电阻，以提高开关电流，如图 4-1-17 所示，当使用感性负载时，也可采用这种方法，以避免误动作。

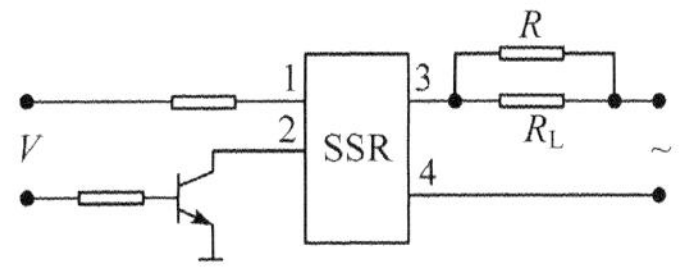

图 4-1-17　交流 SSR 用于小负载接线

根据上面的有关双向可控硅的分析可知，SSR 的输出端必须加接压敏电阻等过压吸收元件；其电压的选择可取电源电压有效值的 1.6～1.9 倍，市场上也可直接买到适用于 380V 或 220V 等交流负载的 SSR。在使用 SSR 时，还需注意其使用温度一般在－40～＋80℃，过高的温度下使用会使 SSR 的负载能力下降；另外，输出端负载短路会造成流经 SSR 的电流过大而造成损坏，而在使用电加热器件时，也要注意其开始时的过流对 SSR 造成的冲击，一般可采用熔断丝等措施来实现过流保护。

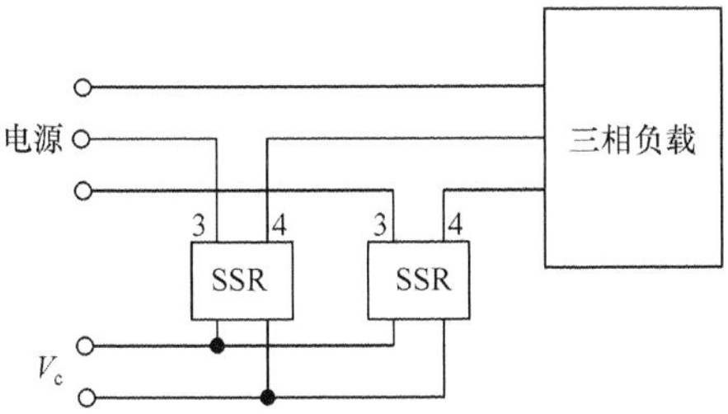

图 4-1-18　交流 SSR 控制三相负载

图 4-1-18 为利用交流 SSR 控制三相负载的情况，驱动电流已增加，对于三相四线制的接法，也可使用三个 SSR 对三路相线进行控制。当固态继电器的负载驱动能力不能满足要求时可外接功率扩展器，如直流 SSR 可外接大功率晶体管、单向可控硅驱动，交流 SSR 可采用大功率双向可控硅驱动。

为增加电路的可靠性，保护 SSR，在驱动感性负载时也可在 SSR 输出端再外接 RC 吸收回路和压敏电阻，图 4-1-19 为利用 SSR 控制单向交流电机正反转电路，其中由 R_P、C_P 组成吸收回路，R_M 为压敏电阻。

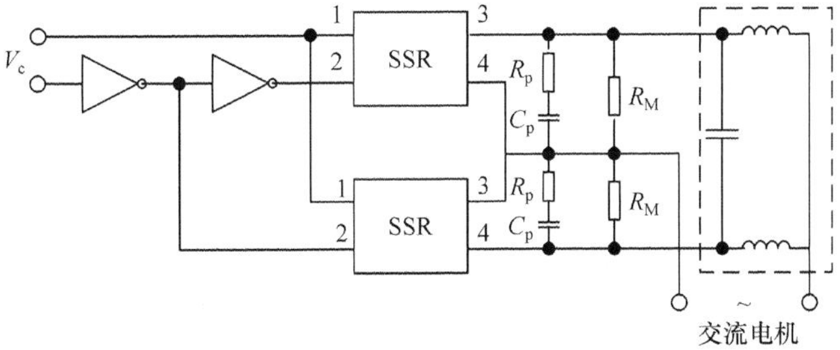

图 4-1-19　SSR 控制单向交流电机正反转

在进行具体电路设计时，可根据需要选择固态继电器的类型和参数，在参数选择时尤其要注意其输入电流和输出负载驱动能力。

5. 集成功率电子开关驱动

这是一种可用 TTL、HTL、DTL、CMOS 等数字电路直接驱动的直流功率电子开关器件，具有开关速度快、无触点、无噪声、寿命长等特点，常用于微电机控制、电磁阀驱动等场合，在微机测控系统中也用于取代机械触点或继电器作为开关量输出器件，常用的有 TWH8751、TWH8728 等，图 4-1-20 为其外引脚图，在使用时需外接电源，其中 S_T 为控制端。

集成功率电子开关一般用于直流和电流不大(一般在几安以下)场合，有时也可在交流场合使用；需要注意的是，这是一种逻辑开关，而不是模拟开关，其输出受控制端和输入端的限制，一般控制端为低电平时工作，此时输出极是否导通，受输入端控制。图 4-1-21 是利用 TWH8751 作为直流开关的输出接口。

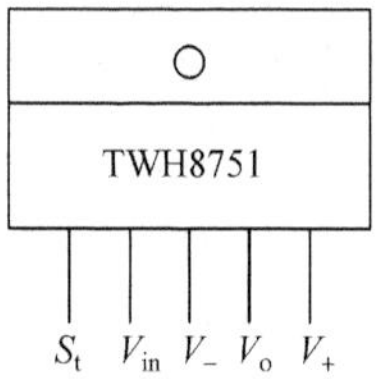

图 4-1-20　TWH8751 外引脚图

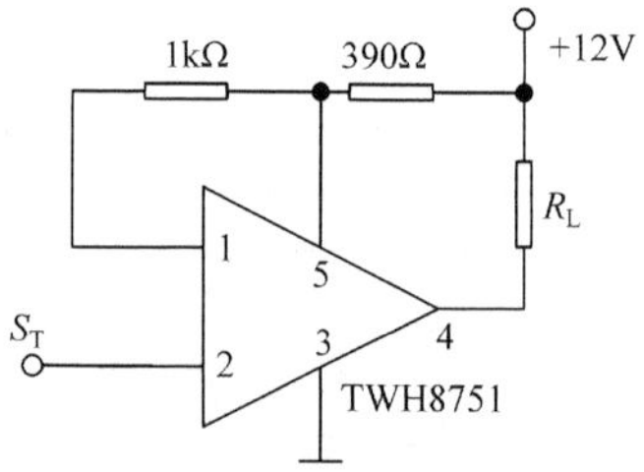

图 4-1-21　TWH8751 作为直流开关的输出接口

4.1.4　数字量通道设计实例

1. 步进电机控制

步进电机是经常连接到计算机系统上的一种设备。步进电机是数字电机，当它在 360°内旋转时，是不连续步进移动的。一个便宜的普通步进电机大约每步移动 15°，而一个较贵的、高精度步进电机每步移动 1°。所有步进电机都是通过许多磁极和传动装置来转动的。图 4-1-22 给出了一个显示全步运转的步进电机。步进电机可以随着电枢(永久磁铁)的旋转到达 4 个不同的位置。

图 4-1-23 给出了一个采用 82C55 控制步进电机的电路。电路可以控制电机的电枢逆时针旋转或顺时针旋转。电路中，82C55 的端口 A 工作于方式 0 的输出口。82C55 通过 GAL16V8 与 89C51 CPU 相连接，其 I/O 端口号为 40H～43H。GAL16V8 的程序如下。

```
--VHDL code for the decoder of Figure 4-1-23
library ieee;
use ieee.std_logic_1164.all;
```

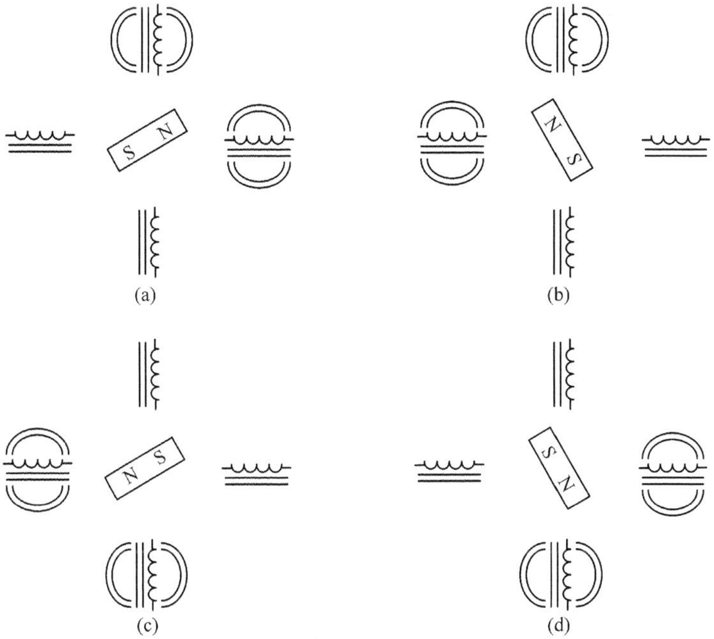

图 4-1-22　显示全步运转的步进电机

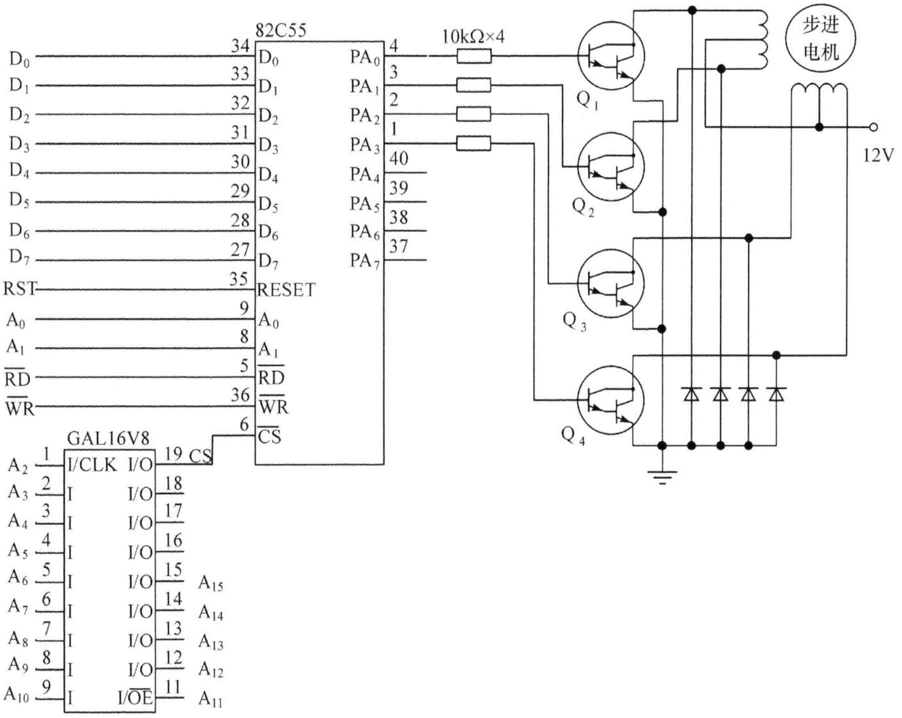

图 4-1-23　采用 82C55 控制步进电机

```
entity DECODER_11_11 is
    port
    (
    A15,A14,A13,A12,A11,A10,A9,A8,A7,A6,A5,A4,A3,A2:
    in STD_LOGIC;CS: out              STD_LOGIC
    );
end;
architecture V1 of DECODER_11_11 is
Begin
    CS <=A15 or A14 or A13 or A12 or A11 or A10 or A9 or
    A8 or A7 or not A6 or A5 or
    A4 or A3 or A2;
end V1;
```

下面是驱动该电机的简单程序。该程序被调用时，CX 保持步进数和旋转方向。若 CX>8000H，则电机按逆时针方向旋转；若 CX<8000H，则电机按顺时针方向旋转。去掉 CX 最高位，其余 15 位是步进数。注意，该过程使用了一个时间延迟（未给出）来产生 1ms 的时间延迟。这个时间延迟允许步进电机电枢有足够的时间移动到下一个位置。

```
unsigned char POS;                                //当前电机位置
unsigned char ST[]={0x33,0x66,0xCC,0x99 };        //每一步需要导通的达林顿管
unsigned char volatile xdata P8255A_at_0x40; //定义一个变量 P8255A 指向端口 40H
                                                  //控制步进电机的过程
void STEP(unsigned int CX)
 {
 unsigned int i;
 unsigned int sts;
 if(CX>0x8000)
   {                                              //逆时针旋转
   sts=CX & 0x7fff;
   for(i=0;i <sts;i++)
     {
     POS=(POS+3) % 4;                             //按照 3、2、1、0 的顺序打开三极管
     P8255A=ST[POS];
     Delay();                                     //延时 1ms
     }
   }
 else
   {                                              //顺时针旋转
```

```
    sts=CX & 0x7fff;
    for(i=0;i <sts;i++)
      {
      POS=(POS+1) % 4;                          //按照 0、1、2、3 的顺序打开三极管
      P8255A=ST[POS];
      Delay();                                  //延时 1ms
      }
    }
  }
```

步进电机也可以按半步模式运转，这样每个序列需要 8 步。这是通过使用半步模式的全步序列来实现的，半步是通过给全步中的一个线圈通电获得的。半步允许电枢位于 0°、90°、180°和 270°，半步位置码为 11H、22H、44H 和 88H。一个完整的 8 步序列是 11H、33H、22H、66H、44H、0CCH、88H 和 99H。该序列既可从查找表输出，也可由软件产生。

2. 直流电机控制

直流电机(Direct Current Machine)是指能将直流电能转换成机械能的旋转电机。

图 4-1-24 给出了使用 8254 定时器控制电机速度和方向的电路。通过 8254、触发器、驱动电路和电机连接。电机控制器电路的工作比较简单，如果 74ALS112 的 Q 输出为逻辑 1，则 Q_2 基极通过基极上拉电阻被拉到＋12V，Q_1 基极为断路。

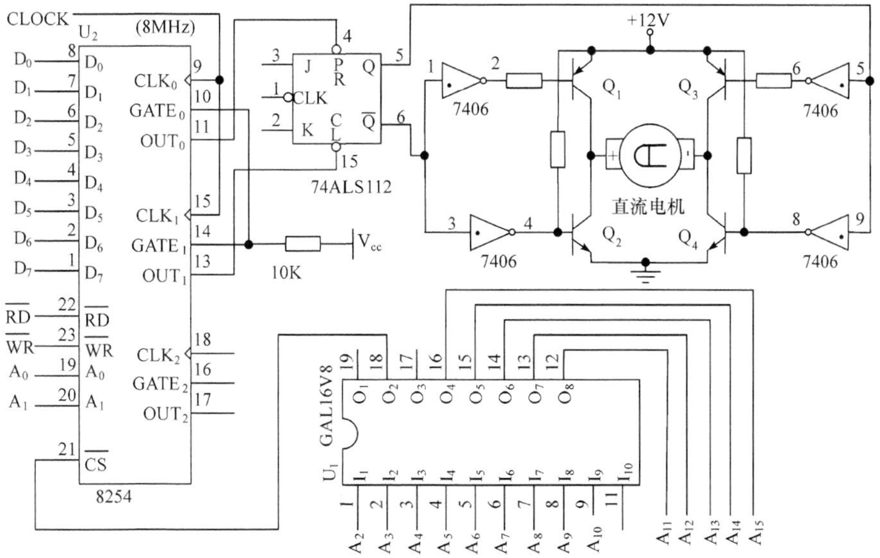

图 4-1-24　使用 8254 定时器控制电机速度和方向的电路

7406 为集电极开路反相器

这意味着 Q_1 断开时 Q_2 导通，电机的正端接地。Q_3 和 Q_4 的基极通过反相器被拉为低电平，使得 Q_3 导通或 Q_4 断开，从而使电机的负端接＋12V。因此触发器的 Q 输出为逻辑 1 时使电机的负端接＋12V 而正端接地。这种连接使电机向前旋转。如果触发器 Q 输出的状态变为逻辑 0，那么晶体管的条件正好相反，电机的正端接＋12V 而负端接地，这使得电机按相反方向旋转。

如果触发器的输出在逻辑 1 和 0 之间交替变化，则电机在每个方向上以不同的速度旋转。如果 Q 输出的占空比为 50%，则电机根本不会旋转，且展示出某个保持扭矩，这是因为有电流流过电机。图 4-1-25 给出了图 4-1-24 所示电路中几个时序图及其对电机速度和方向的影响。注意每个计数器是如何在不同位置产生脉冲从而改变触发器 Q 输出的占空比的，这个输出也被称为脉冲宽度调制。

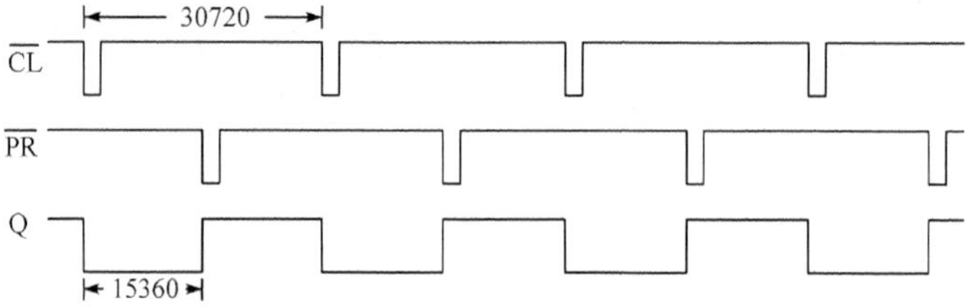

(a) 不旋转(占空比=50%)

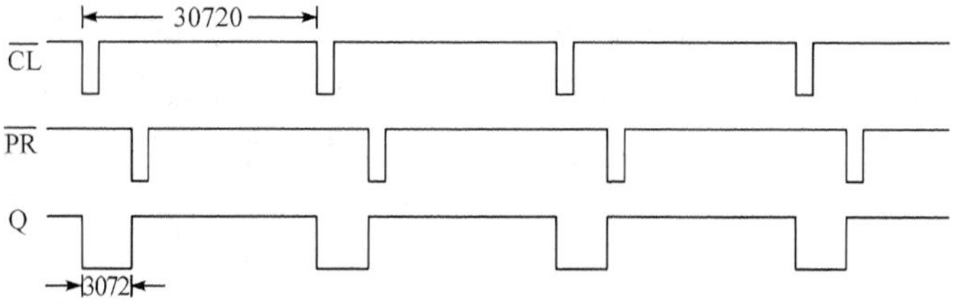

(b) 反向高速旋转(占空比>50%)

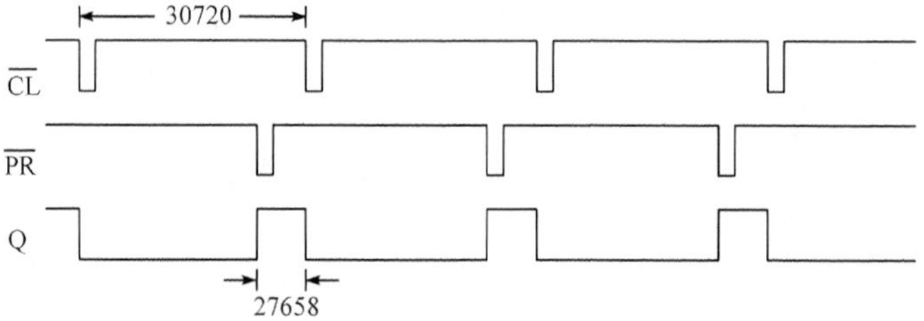

(c) 正向高速旋转(占空比<50%)

图 4-1-25　图 4-1-24 所示电路中几个时序图及其对电机速度和方向的影响

为了产生这些波形，计数器 0 和 1 均被编程为对输入时钟(CLK)进行 30720 分频(分频后脉冲频率为 260.42Hz)。通过改变计数器 1 相对计数器 0 开始计数的时间来改变 Q 的占空比，这样就改变了电机的方向和速度。但为何用 30720 来分频 8MHz 时钟呢? 因为分频比 30720 可被 256 整除，所以设计一个短程序即可允许 256 种不同的速度，也为电机产生了一个大约 260Hz 的基本工作频率，这么低的频率足以驱动电机。工作频率保持在 60～1000Hz 是非常重要的。

下面给出了控制电机速度和方向的 C51 语言程序。调用该函数时，速度由 SP 中的值控制。由于用 8 位数表示速度，那么停止电机的 50%占空比所需计数值为 128。调用该过程时，通过改变 SP 中的值可以调整电机速度和方向，改变 SP 中的数可以使电机在每个方向上增速。当 SP 中的值接近 00H 时，电机开始反向增加速度；当 SP 中的值接近 FFH 时，电机开始正向增加速度。

```
  #define   BCD(x)   ((x)<<0)
  #define   BIN    0                          //二进制计数
  #define   BCD    1                          // BCD码计数
  #define   MODE(x)   ((x)<<1)
  #define   M0    0                           //模式 0
  #define   M1    1                           //模式 1
  #define   M2    2                           //模式 2
  #define   M3    3                           //模式 3
  #define   M4    4                           //模式 4
  #define   M5    5                           //模式 5
  #define   RW(x)   ((x)<<4)
  #define   RW0    0                          //锁存计数器
  #define   RW1    1                          //只读/写低 8 位
  #define   RW2    2                          //只读/写高 8 位
  #define   RW3    3                          //先读/写低 8 位,再读/写高 8 位
  #define   SC(x)   ((x)<<6)
  #define   T0    0                           //计数器 0
  #define   T1    1                           //计数器 1
  #define   T2    2                           //计数器 2
  #define   T3    3                           //控制标识码
unsigned char volatile xdata CNT0 _at_ 0x700;
unsigned char volatile xdata CNT1 _at_ 0x701;
unsigned char volatile xdata CNTR _at_ 0x703;
unsigned int xdata COUNT= 30720;
//图 4-1-24 电机连接和方向控制的程序
//调用该程序时,SP 内容决定电机速度和方向,SP 的值在 00H～FFH 之间
void SPEED(unsigned char SP)
  {
  unsigned int CNTV,actV;
  CNTV= COUNT-120 * (unsigned int)SP;       //计算的计数值,30720=120×256
```

```
CNTR=SCT(T0) | RW(RW3) | MODE(M2);          //设置定时器 0 工作方式,分频器方式
CNTR=SCT(T1) | RW(RW3) | MODE(M2);          //设置定时器 1 工作方式
CNT1=COUNT % 256;                           //设置定时器 1 初始值,低 8 位
CNT1=COUNT / 256;                           //设置定时器 1 初始值,高 8 位
    do{                                     //等待计数器 1 达到计算的计数值
    actV=CNT1;                              //读取计数器 1 的计数值(一直在变)
    actV+=CNT1 * 256;
    } while(actV<CNTV);
CNT0=COUNT % 256;                           //设置定时器 0 初始值,低 8 位
CNT0=COUNT / 256;                           //设置定时器 0 初始值,高 8 位
}
```

SPEED 函数首先计算计数器。相对计数器 1 启动的计数值来调整 Q 的波形,这是通过 30720 减去 AH 与 120 的乘积来实现的。需要这么做是因为计数器为减法计数器,它在重新启动前从编程的计数值开始计数,直到 0。下一步,计数器被编程为计数值 30720,并开始为触发器产生清除波形。计数器 1 启动后,它被读取并与计算的计数值相比较,一旦达到此值,则计数器 0 以 30720 的计数值开始启动计数。从此时开始,两个计数器连续产生清除和设置波形,直到该过程再次被调用,以调整电机的速度和方向。

4.2　模拟量 I/O 通道技术

在工业控制和参数测量时,经常遇到有关的参量是一些连续变化的物理量。如温度、速度、流量、压力等。这些量有一个共同的特点,即都是连续变化的,这样的物理量称为模拟量。

用计算机处理这些模拟量时,一般先利用各种元件(称为传感器)把它们变成模拟电流和模拟电压,然后再将模拟电流或模拟电压转化为数字量。

为了把模拟电流或模拟电压转化为数字量,一般分两步进行。先是对模拟电流或电压采样,得到与此电流或电压相对应的离散脉冲序列,然后用模/数转换器将离散脉冲变为离散的数字信号,这样就完成了模拟量与数字量的转换。这两个步骤就是采样保持和模/数转换。

可见,数/模(D/A)转换是模/数(A/D)转换的逆过程。这两个互逆的转换过程通常出现在一个控制系统中。在如图 4-1 所示的图中,可以看到模/数转换器(ADC)和数/模转换器(DAC)在计算机控制系统中的位置。

4.2.1　模拟量输出通道

对于控制过程,最终目的是要根据当时现场情况进行控制。执行器可接收的

信号通常为模拟信号。而计算机内部运行的都是数字量，为此，需要模拟量输出通道实现二者的匹配。

1. 电阻网络型 DAC

1) R-$2R$ T 型电阻网络

图 4-2-1 所示为一个有 8 个分支的 R-$2R$ T 型电阻网络示意图，网络中只有两种电阻，即 R 和 $2R$。那么节点 H 的右边为两个 $2R$ 的电阻并联，它们的等效电阻为 R，节点 G 右边也是两个 $2R$ 的电阻并联，结果等效电阻也是 R，依此类推，最后，在 A 点等效于一个数值为 R 的电阻连在电压 V_{REF} 上。这样，就很容易算出，A 点、B 点、C 点、…、G 点、H 点的电位分别为

$$V_{REF},\frac{1}{2}V_{REF},\frac{1}{4}V_{REF},\cdots,\frac{1}{64}V_{REF},\frac{1}{128}V_{REF}$$

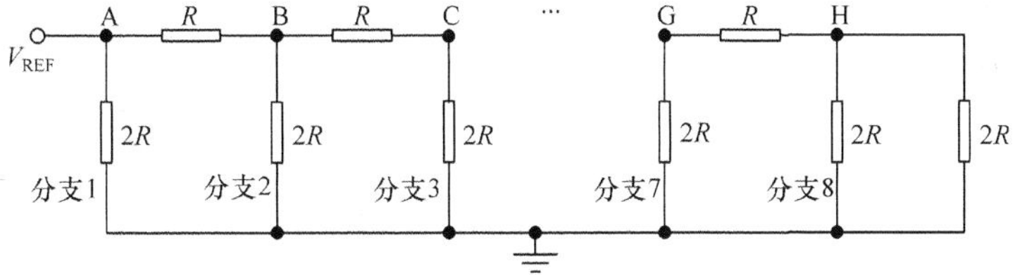

图 4-2-1　8 个分支的 R-$2R$ 型电阻网络示意图

这些节点向下的 $2R$ 电阻支路，即分支 1、分支 2、分支 3、…、分支 7、分支 8 上的电流分别为

$$\frac{V_{REF}}{R}\times\frac{1}{2},\frac{V_{REF}}{R}\times\frac{1}{4},\frac{V_{REF}}{R}\times\frac{1}{8},\cdots,\frac{V_{REF}}{R}\times\frac{1}{128},\frac{V_{REF}}{R}\times\frac{1}{256}$$

统一写为

$$128\times\frac{V_{REF}}{256\times R},64\times\frac{V_{REF}}{256\times R},32\times\frac{V_{REF}}{256\times R},\cdots,2\times\frac{V_{REF}}{256\times R},1\times\frac{V_{REF}}{256\times R}$$

即

$$2^7\times\frac{V_{REF}}{256\times R},2^6\times\frac{V_{REF}}{256\times R},2^5\times\frac{V_{REF}}{256\times R},\cdots,2^1\times\frac{V_{REF}}{256\times R},2^0\times\frac{V_{REF}}{256\times R}$$

可以看出每个的电流具有 2^n 的权重，符合二进制数的形式。采取如图 4-2-2 所示方式，在每个 $2R$ 电阻支路上加一个单刀双掷开关，从左向右依次编号为 K_1，K_2，…，K_8。每个开关都有一个数字信号控制，当控制信号为“1”时，电流汇入 I_{OUT1}；当控制信号为“0”时，电流汇入 I_{OUT2}。

如果将右下方的两个端点 OUT1 和 OUT2 接地，这样，就很容易算出 I_{OUT1} 为

$$I_{OUT1}=\frac{V_{REF}}{256\times R}\times(2^7\times K_1+2^6\times K_2+\cdots+K_8)$$

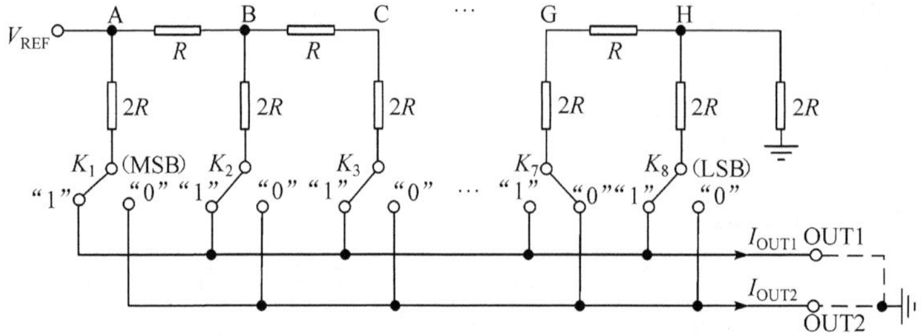

图 4-2-2　加入开关的 R-2R 电阻网络示意图

式中，$K_1, K_2, \cdots, K_8$ 分别表示 8 个开关的控制信号的值。而 $2^7 \times K_1 + 2^6 \times K_2 + \cdots + K_8$ 正好是由开关状态（"0""1"）按顺序组成的二进制序列所代表的数值，取十进制数 $D = 2^7 \times K_1 + 2^6 \times K_2 + \cdots + K_8$，则有

$$I_{OUT1} = \frac{V_{REF}}{256 \times R} \times D$$

可见，电流 I_{OUT1} 和开关状态所表示的二进制数有关。当电阻 R、电压 V_{RFF} 一定时，输出电流与二进制数 D 成正比。从而实现了数字量 D 到模拟量电流 I_{OUT1} 的转换。R-2R 电阻网络的这种工作方式又称电流模式。

同理可得

$$I_{OUT2} = \frac{V_{REF}}{R} \times \frac{255 - D}{256}$$

2）电阻网络的输出

在 R-2R 电阻网络中，满足 I_{OUT1} 与 D 为线性关系的前提是端点 OUT1 和 OUT2 接地。然而，这样的电路电流是不能输出的。为解决这一问题，通常采用如图 4-2-3 所示的运算放大器电路将电流信号转换成电压信号。

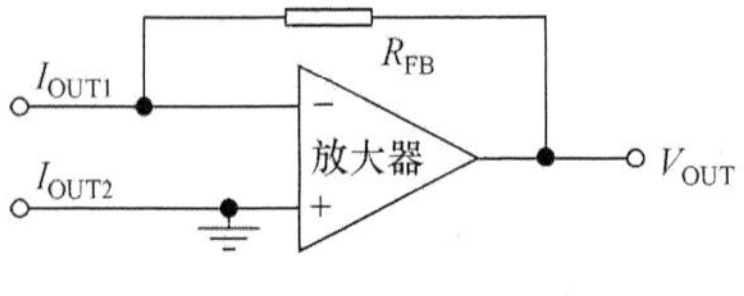

图 4-2-3　R-2R 电阻网络电流输出转电压输出

根据运算放大器输入端"虚短"和"虚断"的特点。I_{OUT1} 通过运算放大器的反向输入端与地"虚短"。又由于运算放大器的反向输入端"虚断"，使得电流全部流经 R_{FB}，则输出为

$$V_{OUT} = -\frac{V_{REF} \times R_{FB}}{256 \times R} \times D$$

如图 4-2-4 电路所示，R-2R 电阻网络还可以反向工作，即以 OUT1 和 OUT2 作为输入，以 V_{REF} 作为输出。

当 OUT1 和 OUT2 端与一个精密电压源 V_{DC} 相连时，来计算一下 V_{REF} 的输出是多少。

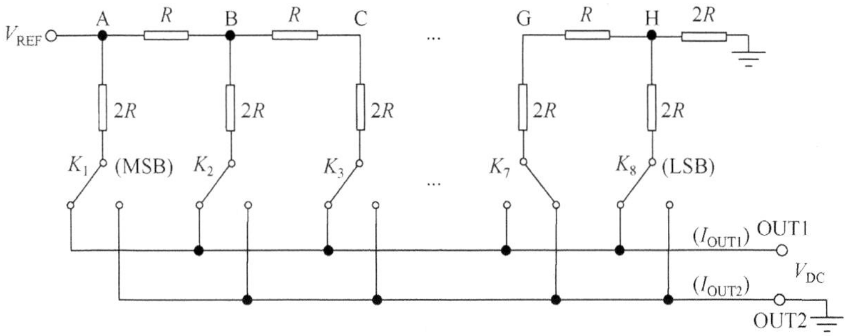

图 4-2-4　R-$2R$ 电阻网络的电压模式

根据戴维南定理：对于任意含独立源、线性电阻的单口网络（二端网络），都可以用一个电压源与电阻相串联的单口网络（二端网络）来等效。这个电压源的电压，就是此单口网络（二端网络）的开路电压，这个串联电阻就是从此单口网络（二端网络）两端看进去，当网络内部所有独立源均置零以后的等效电阻。

因此，H 点等效电压源和等效电阻为

$$V_H=\frac{V_{DC}\times K_8}{2},\quad R_H=2R/\!/2R=R$$

G 点等压源和等效电阻为

$$V_G=\frac{V_{DC}\times K_7+V_H}{2}=\frac{V_{DC}}{4}\times(2\times K_7+K_8)$$

$$R_G=(R_H+R)/\!/2R=R$$

依此类推，A 点的等效电压源为

$$\begin{aligned}V_{REF}&=\frac{V_{DC}}{256}\times(128K_1+64K_2+32K_3+\cdots+2K_7+K_8)\\&=\frac{V_{DC}}{256}\times(2^7\times K_1+2^6\times K_2+2^5\times K_3+\cdots+2^1\times K_7+2^0\times K_8)\end{aligned}$$

即

$$V_{REF}=\frac{D}{256}\times V_{DC}$$

可见，电压 V_{REF} 与开关状态所表示的二进制数 D 呈正比关系。R-$2R$ 电阻网络的这种工作方式称为电压模式。

3）基于电阻网络的 DAC

DAC0830 是一种常用的低成本 DAC。它内部集成了一个 8 分支的 R-$2R$ T 型电阻网络（图 4-2-5）。为了保证电阻精度，还将电阻 R_{FB} 集成到了内部，并取 $R_{FB}=R=15\text{k}\Omega$。

为方便与总线连接，DAC 内部集成了锁存器。锁存器的输出控制电阻网络上的开关，从而可以接收外部的数字量信号，并将其转换成电流信号。

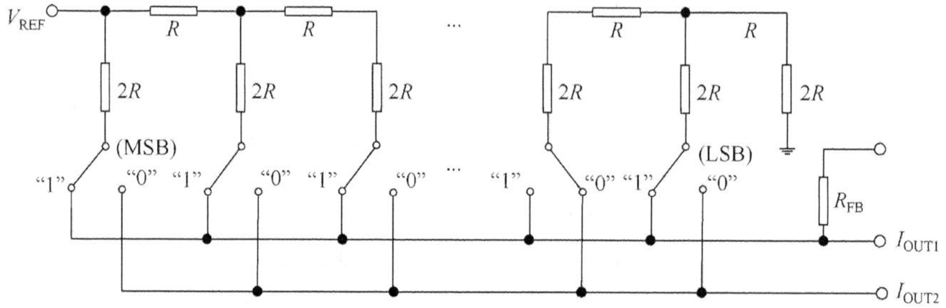

图 4-2-5 DAC0830 的 R-$2R$ 电阻网络

这样，当采用如图 4-2-6 所示的电路转换成电压输出时，输出电压表示为

$$V_{OUT}=-\frac{V_{REF}}{R}\times\frac{D}{256}\times R_{FB}=-\frac{D}{256}\times V_{REF}$$

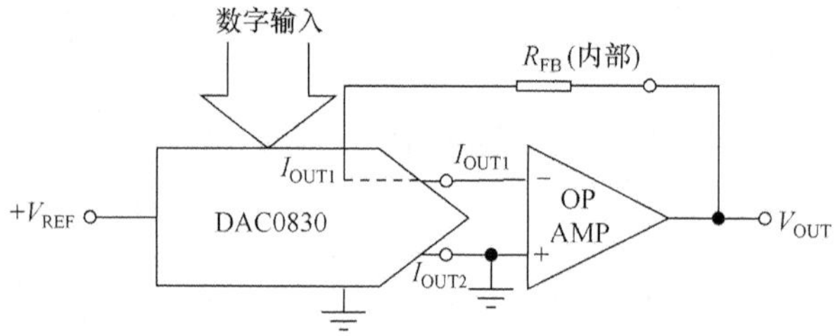

图 4-2-6 DAC0830 的电压输出电路

由于 DAC0830 是一个 8 位转换器，它的输出阶梯电压定义为$-V_{REF}$(参考电压)除以 256 所得的商。例如，若参考电压为-5.0V，则其输出阶梯电压(数字量 1 个数对应的电压)为$+0.0195$V。注意，输出电压与参考电压极性相反。如果输入 10010010_2 加到该器件上，则输出电压将是阶梯电压与 10010010_2 的乘积，为$+2.852$V。将参考电压改为-5.1V，则阶梯电压变为$+0.0199$V。阶梯电压也常被称为转换器的分辨率。图 4-2-7 给出了 DAC0830 的引脚图。

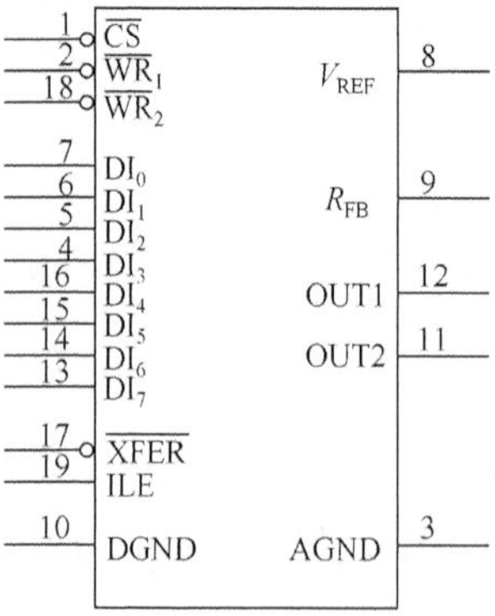

图 4-2-7 DAC0830 的引脚图

(1) DAC0830 的内部结构。

图 4-2-8 给出了 DAC0830 的内部结构。注意该器件包含 2 个内部锁存器，第一个是保持寄存器，而第二个与 R-$2R$ 内部 T 型网络转换器相连。两个锁存器允许保持 1 字节的同时转换另 1 字节，有效地提高了转换速度。另外，有了两级锁存器后，在多个

DAC 并行工作时，可利用第二级锁存器的锁存信号来实现多个转换器的同步输出。在多数情况下，禁止第一个锁存器，只使用第二个锁存器将数据输入转换器中，这是通过 ILE 置为逻辑 1 并将 CS(片选)置为逻辑 0 来实现的。

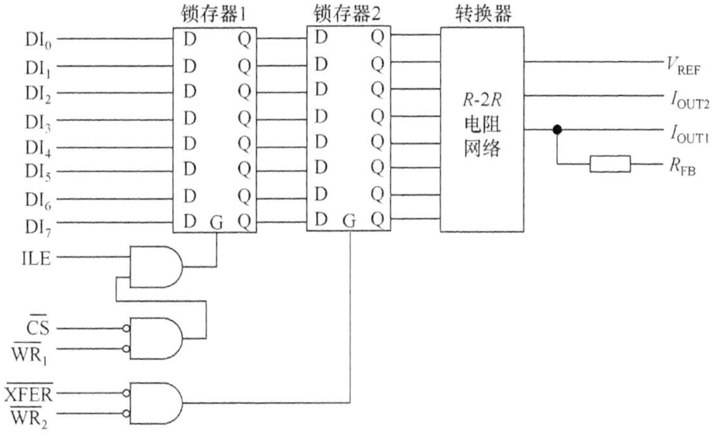

图 4-2-8　DAC0830 的内部结构

DAC0830 中的两个锁存器均为透明锁存器，即当锁存器的输入 G 为逻辑 1 时，数据通过锁存器，而当输入 G 变为逻辑 0 时，数据被锁存或保持。转换器有一个参考输入引脚(V_{REF})建立满量程电压。如果－10V 被加在 V_{REF} 引脚上，则满量程(11111111_2)输出电压为＋10V。转换器内部 R-$2R$ 电阻网络的输出为 I_{OUT1} 和 I_{OUT2}，可以采用运算放大器 741(或类似的器件)转换成电压输出。

(2) DAC0830 与 CPU 的连接。

DAC0830 与 89C51 CPU 的连接如图 4-2-9 所示。这里，GAL16V8 用来译码

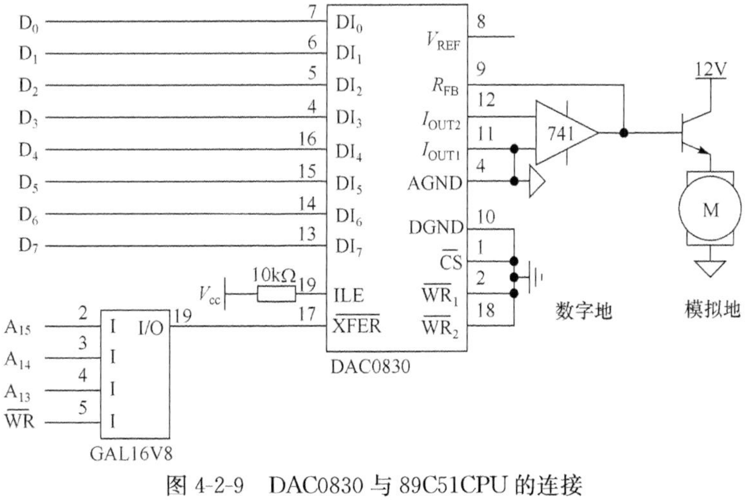

图 4-2-9　DAC0830 与 89C51CPU 的连接

DAC0830，其端口地址为 E000H。一旦执行了向 E000H 地址的一个写操作，则数据总线 $AD_0 \sim AD_7$ 的内容传送给 DAC0830 中的转换器。运算放大器 741 的输出提供给由达林顿三极管构成的驱动器，以驱动一个 12V 直流电机。

2. PWM 型 DAC

采用脉宽调制(Pulse-Width Modulated，PWM)信号来实现 D/A 转换也是一种常用的方法。

1) 理论分析

(1) 基本原理。

周期一定、占空比可调的 PWM 方波信号，大多采用低通滤波器实现 D/A 转换。通过采用低通滤波器滤掉 PWM 输出的高频部分，保留低频的直流分量，即可得到对应的 D/A 转换输出，低通滤波器的带宽决定了 DAC 的带宽的范围。

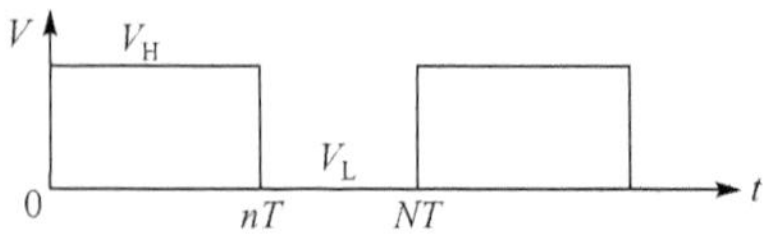

图 4-2-10　PWM 信号

图 4-2-10 所示的 PWM 信号可以用分段函数表示为

$$f(t)=\begin{cases}V_H, & kNT \leqslant t \leqslant nT+kNT \\ V_L, & kNT+nT \leqslant t \leqslant NT+kNT\end{cases}$$

式中，T 是计算机中计数脉冲的基本周期，即计算机每隔 T 时间记一次数(计数器的值增加或者减少 1)，N 是 PWM 波一个周期的计数脉冲个数，n 是 PWM 波一个周期中高电平的计数脉冲数，V_H 和 V_L 分别是 PWM 波中高低电平的电压值，k 为整个周期波序号，t 为时间。为了对 PWM 信号的频谱进行分析，以下提供了一个设计滤波器的理论基础。傅里叶变换理论指出，任何一个周期为 T 的连续信号，都可以表达为频率是基频的整数倍的正、余弦谐波分量之和。把分段函数展开为傅里叶级数，得

$$f(t)=\left[\frac{n}{N}(V_H-V_L)+V_L\right]+2\,\frac{V_H-V_L}{\pi}\sin\left(\frac{n}{N}\pi\right)\cos\left(\frac{2\pi}{NT}t-\frac{n\pi}{N}k\right)$$
$$+\sum_{k=2}^{\infty}2\,\frac{V_H-V_L}{\pi}\left|\sin\left(\frac{n\pi}{N}k\right)\right|\cos\left(\frac{2\pi}{NT}kt-\frac{n\pi}{N}k\right)$$

式中，第一个方括号为直流分量，第二项为第一次谐波分量，第三项为大于一次的高次谐波分量。当 n 从 0 到 N 变化时，则直流分量在 $V_L \sim V_H$ 变化，这正是电压输出的 DAC 所需要的。因此，如果能把除直流分量的谐波过滤掉，则可以得到从 PWM 波到电压输出 DAC 的转换，即 PWM 波可以通过一个低通滤波器进行调解。第二项的幅度和相角与 n 有关，频率为 $1/(NT)$，该频率是设计低通滤波器的依据。如果能把 1 次谐波很好地过滤掉，则高次谐波就应该基本不存在了。

根据上述分析可以得到如图 4-2-11 所示的从 PWM 到 DAC 输出信号处理方

块图，根据该方块图可以有许多电路实现方法，在单片机的应用中还可以通过软件的方法进行精确度调整和误差的进一步校正。

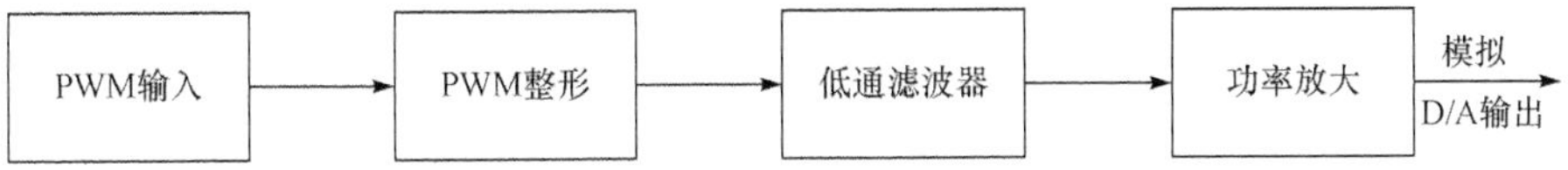

图 4-2-11　从 PWM 到 DAC 输出信号处理方块图

（2）分辨率与误差。

PWM 到 DAC 输出的误差来源受两方面制约：决定 DAC 分辨率的 PWM 信号的基频和没有被低通滤波器滤除的纹波。

在 DAC 的应用中，分辨率是一个很重要的参数，分辨率计算直接与 N 和 n 的可能变化有关，计算公式为

$$R_{\mathrm{bits}}=\log_2\left(\frac{N}{n_{\min}}\right)$$

式中，R_{bits}是分辨率；$n_{\min}$是 n 的最小变化量（表 4-2-1）。

表 4-2-1　PWM 参数

PWM 参数 N	PWM 参数 n 的最小变化量	DAC 分辨率/位
256	1	8
1024	1	10
16384	1	14
65535	2	15

可以看出，N 越大，DAC 的分辨率越高，但是 NT 也越大，PWM 的周期也就越大，即 PWM 的基频降低。但是，基频降低，1 次谐波周期也就越大，相当于 1 次谐波的频率也越低，也就会有更多的谐波通过相同的带宽的低通滤波器，需要截止频率很低的低通滤波器，造成输出的直流分量的纹波更大，导致 DAC 转换的分辨率降低，DAC 输出滞后也将增加。所以，单纯降低 PWM 信号的频率也不能获得较高的分辨率。一种解决方法就是使 T 减小，即减小单片机的计数脉冲宽度（这往往需要提高单片机的工作频率），在不降低 1 次谐波频率的前提下提高精度。在实际中，T 的选取受单片机时钟和 PWM 后续电路开关特性的限制。如果在实际中需要微秒级的 T，则后续电路需要选择开关特性很好的器件，以减小 PWM 波形的失真。

通过以上分析可知，基于 PWM 输出的 DAC 转换输出的误差，取决于通过低通滤波器的高频分量所产生的纹波和 PWM 信号的高电平稳定度两个方面。为获得最佳的 DAC 转换效果，在选取 PWM 信号的频率时要适当折中：太小，分辨率

高，但滤波器需要更低的截止频率，同时限制了输入 PWM 信号的变化频率；太大，则分辨率下降。

(3) 系统频率。

通常 PWM 信号需要的输出频率等于 DAC 的更新频率，因为可以将 PWM 信号占空比的每一次变化等效于一次 D/A 转换的采样。

PWM 定时器所需的频率取决于 PWM 信号频率和所需的分辨率，即

$$F_{\mathrm{clock}} = F_{\mathrm{PWM}} \times 2^n$$

式中，F_{clock}是 PWM 定时器频率，F_{PWM}是 PWM 信号的频率，也就是 D/A 转换的更新频率，n 是所需的比特分辨率。

如果采用 8bit PWM DAC 来产生一个 250Hz 的正弦波和 125Hz 的斜坡信号。采样频率为 8kHz，即每个正弦波周期采样 32 个值或每个斜坡周期采样 64 次。而每次采样需要 256 次计数，因此，所需要的 PWM 时钟频率为 2.048MHz (250×32×256)。

设计中，PWM 信号的频率应高于正弦波频率或产生该信号的带宽。因为 PWM 信号的频率越高，对滤波器的阶数要求就越低，越容易确定合适的滤波器。

2) 实现电路

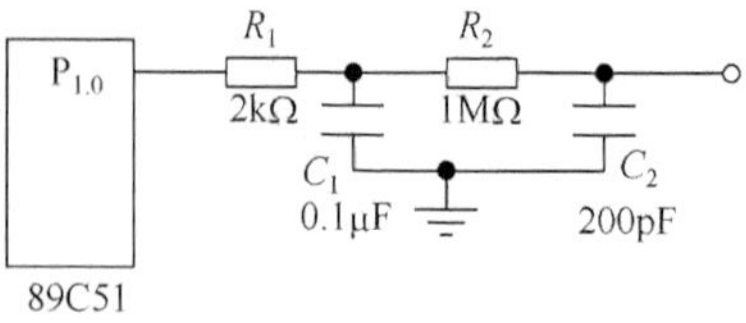

图 4-2-12　用 PWM 实现 DAC 外围电路

如图 4-2-12 所示，用 PWM 实现 DAC 外围电路比较简单，实际上外围电路就是 RC 低通滤波器。对于没有 PWM 输出的数字电路，通常采用定时器实现 PWM 生成器。

(1) PWM 发生。

对于像 89C51 这样没有 PWM 功能模块的单片机，只能采用定时器实现 PWM。实现 PWM 功能需要两个定时器。实现程序如下。

```
sbit PWMOUT=P1^0;                    //PWM 输出口
unsigned char PWM=0x7f;              //PWM 值
void main()                          //单片机时钟频率为 fosc=11.0592MHz
{
    TMOD=0x21;                       //定时器 T1 方式 2,自动重装载
                                     //定时器 T0 方式 1,16 位计数器
    TH0=0xfc;                        //设置 PWM 周期为 1ms
    TL0=0x66;
    ET0=1;
    ET1=1;
    EA=1;
    TR0=1;
```

```
    while(1==1);
    }
void timer0(void) interrupt 1
    {                                   //定时器 0 中断服务程序,每个 PWM 周期中
                                        //断一次,T0=(2^16-X0)×12/fosc
    TH0=0xfc;
    TL0=0x66;
    TH1=PWM;
    TR0=1;
    TR1=1;                              //同时启动两个定时器
    PWMOUT=1;                           //PWM 输出高电平
    }
void timer1(void) interrupt 3           //定时器 1 中断服务程序,PWM 高电平维持
    {
                                        //时间到中断,T0=(2^8-X1)×12/fosc
    TR1=0;
    PWMOUT=0;                           //PWM 输出低电平
    }
```

(2) 滤波器设计。

对输出采用了结构简单的 RC 滤波器,如图 4-2-13 所示。之所以采用这种结构,一是因为 RC 滤波器结构简单,二是为了实现低功耗,尽量避免采用有源器件。

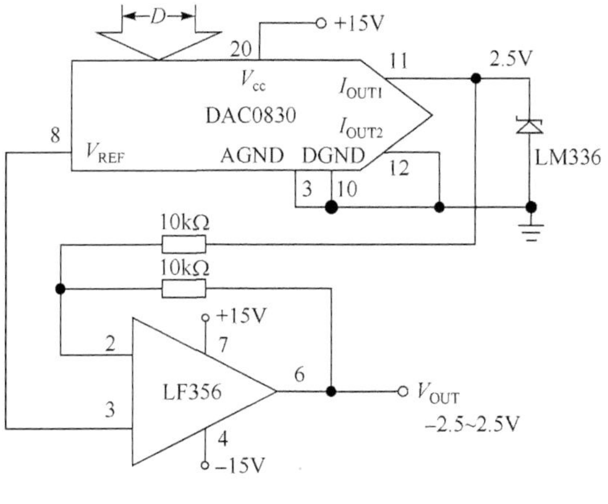

图 4-2-13　双极性电压输出

滤波器采用一个双极点级联 RC 滤波器。如果滤波器阶数过高,可以采用提

高抽样频率的办法来降低滤波器阶数。滤波器的截止频率 f_c 的计算公式为

$$f_c=2\frac{1}{2\pi RC}$$

式中，$RC=R_1C_1=R_2C_2$。

当 $R_2\gg R_1$ 时滤波器的响应较好。但是如果截止频率很接近信号带宽边沿，将会导致相当大的衰减。因此为了减小滤波器的衰减，截止频率应该大于信号带宽边沿，但是要远小于 PWM 信号的频率。

如果产生直流电平，滤波器仅是用来储存电荷的，而不像交流信号滤波器那样用来滤波。因此可以采用简单的单级 RC 滤波器。

3. 输出信号转换

1）双极性电压输出

如图 4-2-13 所示，利用 DAC0830 内部的 R_{FB} 与 LM336 产生标准的 2.5V 参考电压，电阻网络工作于电压输出模式。V_{REF} 输出经减法器后变为双极性。电压输出值为

$$V_{OUT}=2.5\times\left(\frac{2\times D}{256}-1\right)=2.5\times\left(\frac{D}{128}-1\right)$$

可以看出，当数字量输入 $D=0$ 时，输出电压为 -2.5V；当数字量输入 $D=128$ 时，输出电压为 0V；当数字量输入 $D=255$ 时，输出电压为近似为 $+2.5$V。

2）电流输出电路

图 4-2-14 为一个将 PWM 输出转换为电流输出的电路。周期为 T 的 PWM 信号经过光耦隔离，经过阻容滤波器转换成电压信号。最后经过电压转电流电路转换为电流信号。要保证光耦输出的 PWM 信号的电平幅度准确比较困难，为此，电路采用恒流源经光耦将电压 PWM 信号转为电流 PWM 信号。

电路左下部分为恒流源电路，假设 PWM 信号的宽度为 Δt，经过 RC 阻容滤波后，电容 C 两端的电压平均值为

$$\overline{V}_C=I_BR_P\frac{\Delta t}{T}$$

考虑到 $V_{W_L}=V_C$，则有

$$I_L=V_{W_L}/W_L=\frac{I_BR_P\Delta t}{W_LT}=k\Delta t$$

输出电流为

$$I_L'=I_L=k\Delta t$$

可以看出，当 PWM 信号的占空比为 0%时，输出电流为 0。通过调整 W，可将当 PWM 信号的占空比为 100%时的电流输出为 20mA。

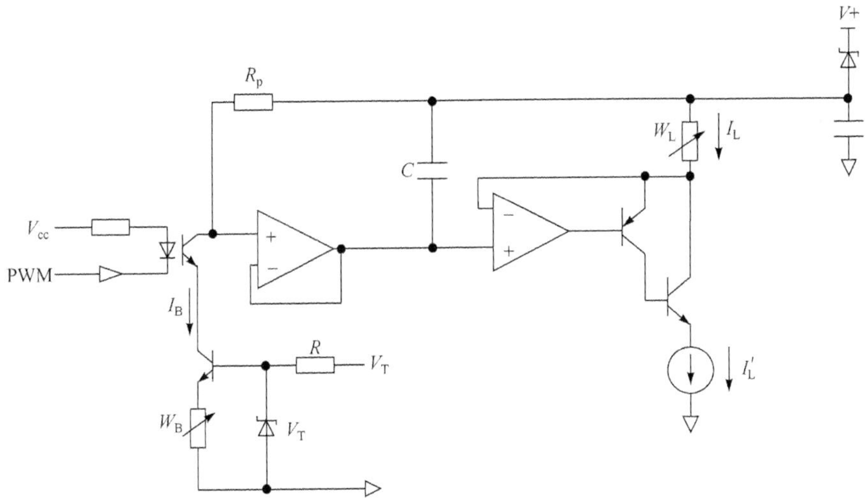

图 4-2-14　将 PWM 输出转换为电流输出电路

3）两线制输出电路

所谓两线制，是与四线制对应的，这是电子放大器在仪表中广泛应用的结果。放大的本质就是一种能量转换过程，这就离不开供电。最先出现的是四线制的仪表，即两根线负责电源的供应，另外两根线负责输出信号（如电压、电流等）。当输出的信号采用直流 4～20mA 时（即输出 4mA 对应工程量的最小值，20mA 对应工程量的最大值），仪表就可实现两线制，即只用两根线，这两根线既作为仪表输出信号用，又为仪表提供电源。

因为要实现两线制仪表变送器，必须同时满足以下条件。

(1) $V \leqslant E_{min} - I_{max} \times R_{LMAX}$。

仪表输出端电压 V 等于规定的最低电源电压减去电流在负载电阻和传输导线电阻上的压降。

(2) $I \leqslant I_{min}$。

仪表的正常工作电流必须小于或等于仪表的最小输出电流。

(3) $P \leqslant I_{min} \times (E_{min} - I_{min} \times R_{LMAX})$。

仪表的最小消耗功率不能超过上式，通常小于 90mW。其中，E_{min} 为最低电源电压，对二线制仪表采用的 24V 电源，电源允许波动 5%，即

$$E_{min} = 24 \times (1 - 5\%) = 22.8V$$

$$I_{max} = 20mA$$

$$I_{min} = 4mA$$

$$R_{LMAX} = 250\Omega + \text{传输导线电阻}$$

图 4-2-15 为一个由数字量控制的两线制 4～20mA 输出电路。图中，LM329D

是 6.9V 精密稳压管，两个串联为 DAC0830 提供 13.8V 的电源电压。LM334 为可调整电流源，通过外接 20Ω 的电阻，可以输出大约 3.3mA 的电流，它一方面为 DAC0830 提供电源电流，另一方面保证 LM334 从电源要求的电流小于 4mA。LM334 使得电路的工作电压范围可达 16～55V，从而满足两线制仪表电源的要求。

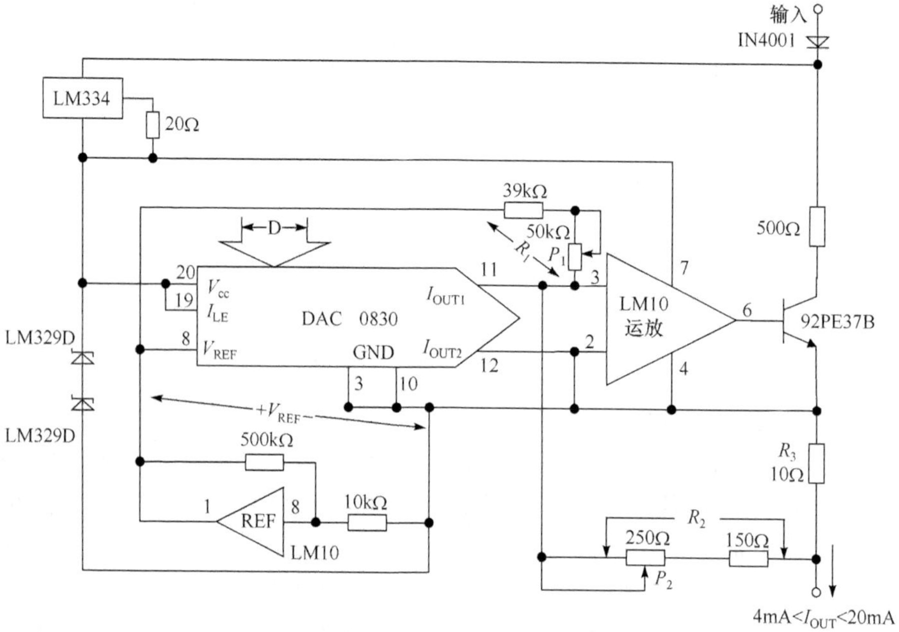

图 4-2-15　由数字量控制的两线制 4～20mA 输出电路

LM10 中包含一个运算放大器和一个参考电源。电路中将输出参考电压经 500kΩ 和 10kΩ 电阻分压后，与内部的 200mV 基准电源比较，调整参考电压。因此，V_{REF}可以稳定在 10V。

根据运放输入端“虚短”，可知 R_1 两端的电压为 V_{REF}。由电路图可知，R_2 上的电流等于同一节点上的 R_1 上的电流与 I_{OUT1}的和，有

$$I_{R_2}=V_{REF}\left(\frac{1}{R_1}+\frac{D}{256R}\right)$$

又根据运放输入端“虚短”，R_2 两端的电压与 R_3 两端的电压相等，则有

$$I_{OUT}=I_{R_2}\times\left(1+\frac{R_2}{R_3}\right)$$

因此，总的电流输出为

$$I_{OUT}=V_{REF}\left(\frac{1}{R_1}+\frac{D}{256R}\right)\times\left(1+\frac{R_2}{R_3}\right)$$

当数字量 $D=0$ 时，希望电路输出 4mA；当数字量 $D=255$ 时，希望电路输出

20mA。根据电流输出公式，得

$$\begin{cases} 4\text{mA}=V_{\text{REF}}\left(\dfrac{1}{R_1}\right)\times\left(1+\dfrac{R_2}{R_3}\right) \\ 20\text{mA}=V_{\text{REF}}\left(\dfrac{1}{R_1}+\dfrac{255}{256R}\right)\times\left(1+\dfrac{R_2}{R_3}\right) \\ V_{\text{REF}}=10\text{V}, R_3=10\Omega, R=15\text{k}\Omega \end{cases}$$

联立求解，可以得出：$R_1\approx 67\text{k}\Omega$、$R_2\approx 270\Omega$。

为使电路输出准确，令数字量 $D=255$ 时，调整 P_2，使得电路输出 20mA；然后令数字量 $D=0$ 时，调整 P_1，使得电路输出 4mA。反复几次即可。

4.2.2 模拟量输入通道

用计算机处理模拟量时，需要将电流或电压等模拟信号转化为数字量，即模/数(A/D)转换。模数转换由模数转换器(ADC)实现，它是模拟量输入通道必不可少的。

1. 逐次逼近式 ADC

1）逐次逼近式 A/D 转换原理

逐次逼近式是使用最多的一种 A/D 转换方法。逐次逼近式 A/D 转换时，用 DAC 的输出电压来驱动运算放大器的反相端。并用一个逐次逼近寄存器存放转换好的数字量，转换结束时，将数字量送到缓冲寄存器中，如图 4-2-16 所示。

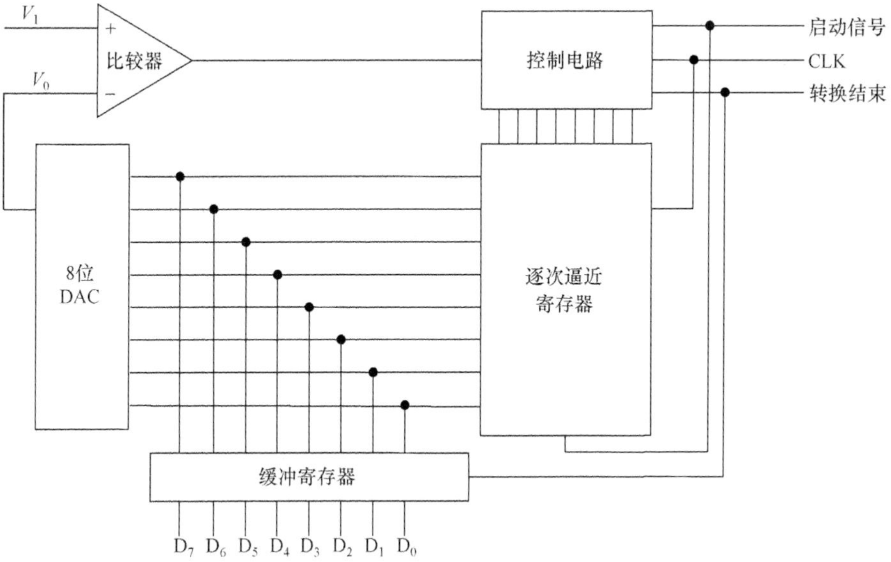

图 4-2-16　逐次逼近式 A/D 转换

当启动信号由高电平变为低电平时，逐次逼近寄存器清 0，这时，DAC 输出电压 V_0 也为 0，当启动信号变为高电平时，转换开始，同时，逐次逼近寄存器进行计数。

逐次逼近寄存器工作时从最高位开始，通过设置试探值来进行计数。具体讲，在第一个时钟脉冲时，控制电路把最高位送到逐次逼近寄存器，使它的输出为 10000000_2，这个输出数字一出现，DAC 的输出电压 V_0 就成为满量程值的 128/255。这时，如果 V_0 大于 V_1，作为比较器的运算放大器的输出就成为低电平，控制电路据此清除逐次逼近寄存器中的最高位；如果 V_0 小于或等于 V_1，则比较器输出高电平，控制电路最高位的 1 保留下来。

如果最高位保留下来，那么，逐次逼近寄存器的内容为 10000000_2，下一个时钟脉冲使次低位 D_6 为 1，于是，逐次逼近寄存器的值为 11000000_2，DAC 的输出电压 V_0 到达满量程值的 192/255。此后，如果 V_0 大于 V_1，则比较器输出为低电平，从而使次高位 D_6 复位；如果 V_0 小于 V_1，则比较器输出为高电平，从而保留次高位 D_6 为 1。在下一个时钟脉冲对 D_5 位置 1，然后根据对 V_0 和 V_1 的比较，决定保留还是清除 D_5 位上的 1。重复上述过程，直到 $D_0=1$，再与输入电压比较。经过 N 次比较以后，逐次逼近寄存器中得到的值就是转换后的数据。

转换结束以后，控制电路送出一个低电平作为结束信号，这个信号的下降沿将逐次逼近寄存器中的数字量送入缓冲寄存器，从而得到数字量输出。

从上面可以看到，用逐次逼近法时，首先将最高位置 1，这相当于取得最大允许电压的 1/2 与输入电压比较。如果搜索值在最大允许电压的 1/2 范围中，那么，最高位置 0，此后，次高位置 1，相当于在 1/2 范围中再进行对半搜索。如果搜索值超过最大允许电压的 1/2 范围，那么，最高位和次高位均为 1，这相当于在另外一个 1/2 范围中再进行对半搜索。因此，逐次逼近法也常称为二分搜索法或对半搜索法。

用逐次逼近法时，如果设计合理，用 8 个时钟脉冲就可以完成 8 位转换，在比较差的设计中，需要用几个时钟脉冲完成置位、复位，这样转换时间会长一些。但是，总体来说，用逐次逼近法进行 A/D 转换的速度是很快的。

2）ADC0804

一种普遍使用且成本较低的 ADC 是 ADC0804，它属于除精度所有特性都相同的一个转换器系列。该器件与大多数 CPU 如 Intel 系列兼容。尽管还有更快的 ADC，并且有比 8 位更高的分辨率，但该器件在许多不需要高精度的应用中仍是理想器件。ADC0804 最多需要 100μs 将模拟输入电压转换为数字输出码。

图 4-2-17 给出了 ADC0804 的引脚图。为使转换器工作，$\overline{WR}$ 引脚加负脉冲，$\overline{CS}$ 同时接地，从而启动转换进程。由于此转换器需要相当长的时间进行转换，所以用标志为 INTR 的引脚发信号通知转换结束。

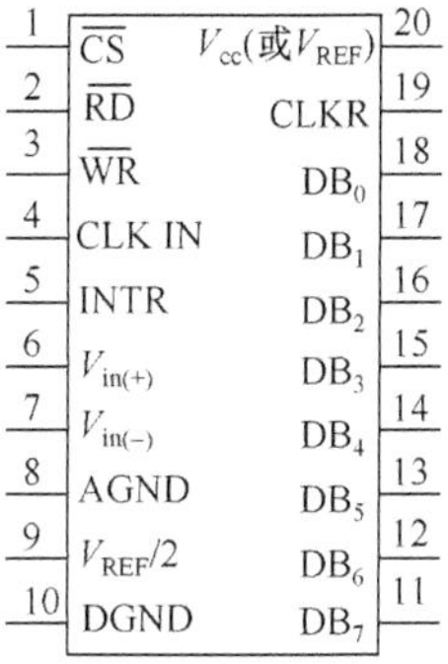

图 4-2-17　ADC0804 的引脚图

图 4-2-18 为 ADC0804 的时序图，显示了控制信号的交互作用。可以看出，这里用 $\overline{WR}$ 脉冲启动转换器，等待 INTR 回到逻辑 0 电平后，才从转换器读出数据。如果使用一个允许至少 100μs 的时间延迟，则无须测试 INTR 引脚。另一选择是将 INTR 引脚与一个中断输入相连，从而在转换完成后产生一个中断。

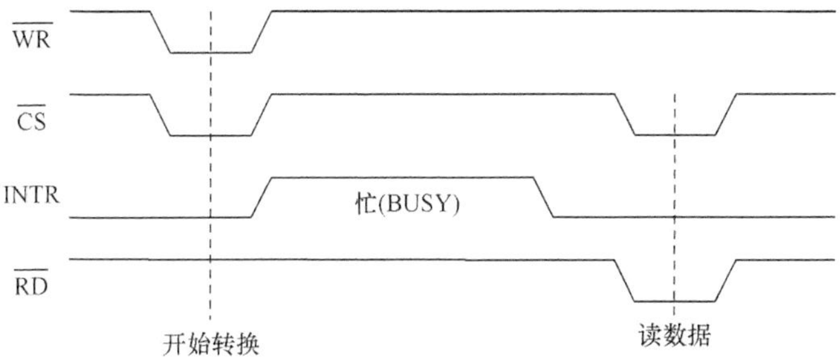

图 4-2-18　ADC0804 的时序图

(1) 模拟输入信号。

在 ADC0804 与 CPU 连接之前，必须理解模拟输入。ADC0804 有两个模拟输入：$V_{in(+)}$ 和 $V_{in(-)}$。如图 4-2-19 所示，这两个输入与一个内部运算放大器相连，构成差动输入。运算放大器的输出信号给内部 ADC。图 4-2-19 给出了两种输入方式。

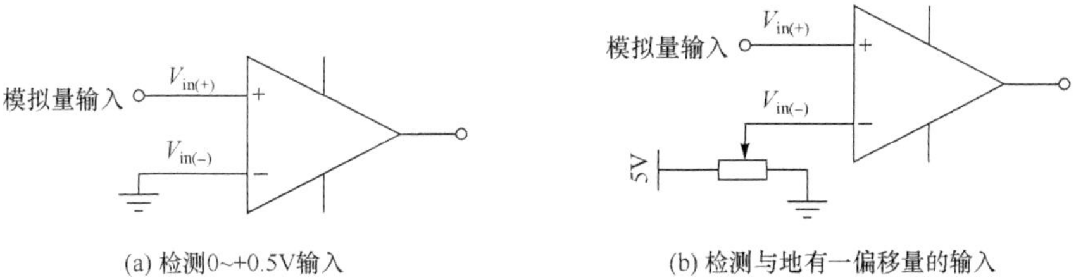

图 4-2-19　ADC0804 转换器的模拟输入

第 1 种方式见图 4-2-19(a)，输入一个在 0～+5.0V 变化的单端输入电压信号；第 2 种方式见图 4-2-19(b)，通过在 $V_{in(-)}$ 引脚上加一个可变电压，实现对

$V_{in(+)}$参考地的调整。

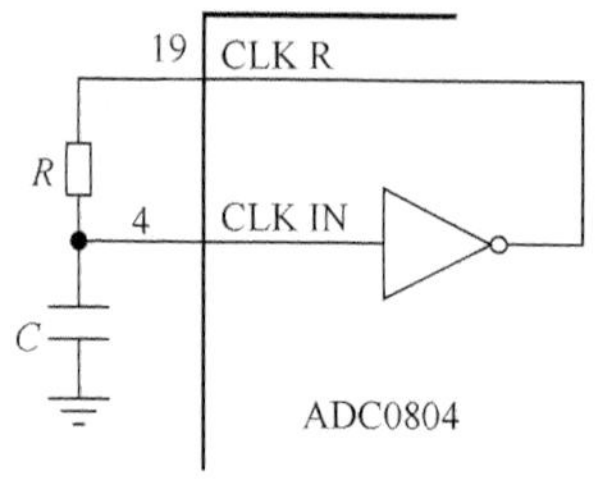

图 4-2-20　RC 电路构成的 ADC0804 时钟电路

(2) 产生时钟信号。

ADC0804 需要一个时钟源才能工作。时钟可以是加在 CLK IN 引脚上的一个外部时钟,也可以由一个 RC 电路产生。时钟频率的允许范围为 100～1460kHz,使用尽可能接近 1460kHz 的频率是最为理想的,这样转换时间可达到最小。

如果时钟由 RC 电路产生,则将 CLK IN 和 CLK R 引脚与 RC 电路相连,如图 4-2-20 所示。使用这种连接,时钟频率计算公式为

$$f_{CLK}=\frac{1}{1.1RC}$$

(3) ADC0804 的应用。

图 4-2-21 所示为 ADC0804 的一个简单应用的电路。ADC0804 的参考电源有两种选择,当 $V_{REF}/2$ 引脚悬空时,内部采用 V_{cc} 的一半作为参考电源,否则以 $V_{REF}/2$ 引脚的输入作为参考电源。本例中此引脚悬空,也就是选择了电源 $V_{cc}/2$ 作为参考电源。

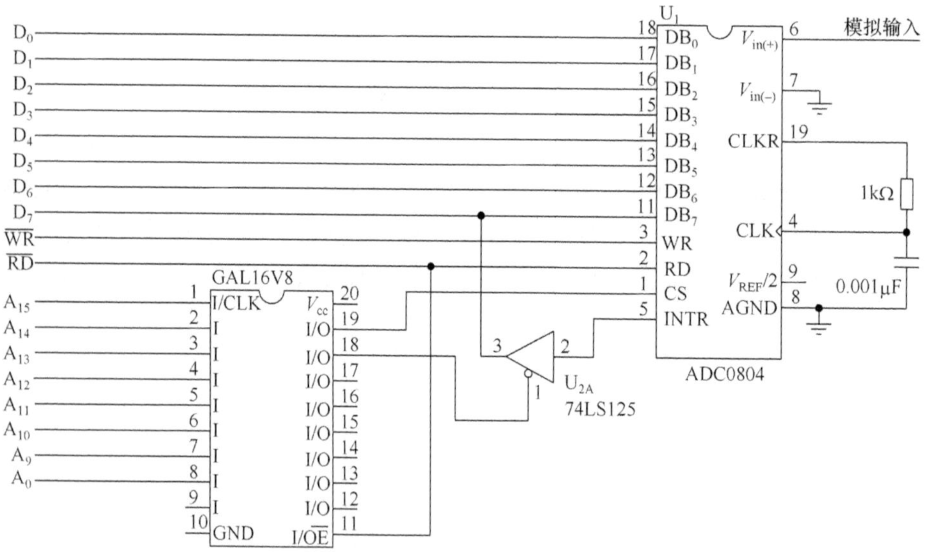

图 4-2-21　ADC0804 与 CPU 的连接

采用 74LS125 三态门电路构造一个状态端口,将 INTR 信号引到数据总线 D_7 线上。假定经过 GAL16V8 译码后,ADC0804 的 8 位数据端口地址为 E000H,状

态端口地址为 E001H。下面给出了一个 C51 语言函数 ADCX,实现启动 A/D 转换、从 ADC 中读出转换结果的功能。程序中,状态端口的最高位(即 INTR 引脚)一直被查询,直到 A/D 转换结束(INTR 变为逻辑 0)。然后读出转换的数字量并返回。

从模/数转换器中读取数据并返回的函数如下。

```
unsigned charvolatile xdata data _at_ 0xe000;
    unsigned char volatile xdata comm _at_ 0xe001;
    unsigned char ADCX(void)
    {
    data=0;                              //启动 A/D 转换
    while ((comm && 0x80)==0x80);        //判断转化是否结束
    return dat;                          //返回转换结果
    }
```

3) ADC 的操作

对于 ADC,与计算机系统连接时,除了总线,一般还会涉及启动转换信号和转换结束信号。A/D 芯片和系统连接时,就要考虑这些信号的连接问题。

(1) 启动转换信号。

ADC 接收启动信号的方式有两种:引脚方式和端口(内部寄存器)方式。

有些 A/D 转换芯片的启动转换的引脚要求用电平作为启动信号,如 AD570、AD571、AD572。对这类芯片,整个转换过程都必须保证启动信号有效,如果中途撤走启动信号,就会停止转换而得到错误结果,为此,CPU 一般要采用并行接口来对 A/D 芯片发出启动信号,或者用 D 触发器使启动信号在 A/D 转换期间保持有效电平。另外一些 A/D 转换芯片则要求用脉冲信号来启动,如 ADC0804、ADC0809、ADC1210,对这种芯片,可以采用 CPU 执行输出指令时发出的片选信号和写信号来产生启动脉冲,开始 A/D 转换。

对于以命令端口的形式提供启动转换接口的 ADC,在其内部有一个端口(寄存器)或端口的一个二进制位被定义为启动转换命令。通过程序向这个端口写入相应的状态就可以启动一次 A/D 转换。

(2) 转换结束信号。

A/D 转换结束时,A/D 转换芯片会在响应的引脚或者状态端口指示转换结束,用以通知 CPU 可以读取转换数据。

CPU 一般可采用 3 种方式和 ADC 进行联络来实现对转换数据的读取。

第一种是程序查询方式。这种方式是在启动 ADC 以后,程序不断读取 A/D 转换结束信号,如果发现结束信号有效,则认为完成第一次转换,因而用输入指令读取数据。

第二种是中断方式。用这种方式时，把转换结束信号作为中断请求信号，送到中断控制器的中断请求输入端。实际上，有一些 A/D 转换芯片正是用 INTR 来标出转换结束信号端的。这种方式只适用于具有转换结束指示引脚的芯片。

第三种是固定的延迟程序方式。用这种方式时，要预先精确地知道完成一次 A/D 转换所需的时间。这样，CPU 发出启动命令之后，执行一个固定的延迟程序，此程序执行完时，A/D 转换也正好结束，于是 CPU 读取数据。

如果 A/D 转换的时间比较长，或者同时有几件事情需要 CPU 处理，那么，用中断方式效率较高，因为在 A/D 转换期间，CPU 可以处理其他事情。但是，如果 A/D 转换时间比较短，中断方式就失去了优越性，因为响应中断、保留现场、恢复现场、退出中断这一系列环节所花去的时间将和 A/D 转换的时间相当，所以，此时可用非中断方式来实现转换数据的读取。

2. 双积分式 ADC

双积分式 A/D 转换的电路原理如图 4-2-22(a)所示。电路中的主要部件包括积分器、比较器、计数器和标准电压。

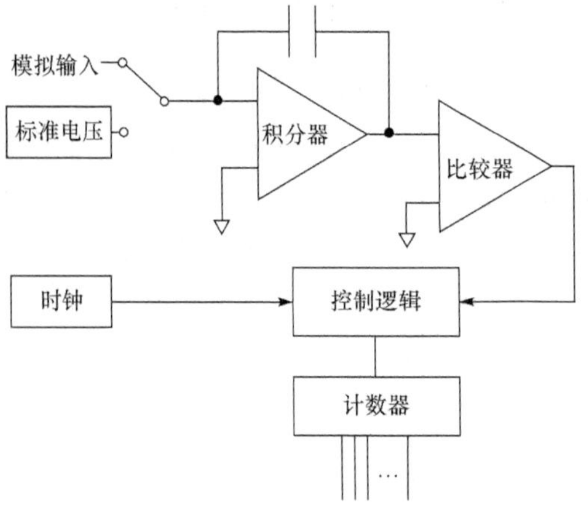

(a) 电路工作原理

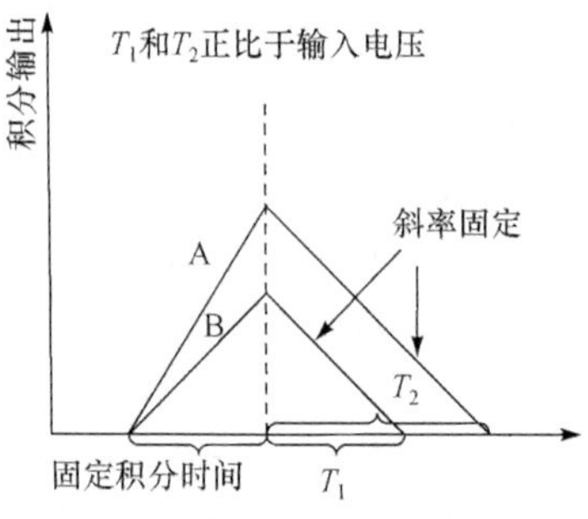

(b) 双积分原理

图 4-2-22　双积分式 A/D 转换

一开始，电路对输入的未知模拟量进行固定时间积分，然后转换为对标准电压进行反相积分，如图 4-2-22(b)所示。反相积分进行到一定时候，便返回起始值。可以看出，对标准电压进行反相积分的时间 T 正比于输入模拟电压，输入模拟电压越大，反相积分所需时间越长，因此，只要用标准的高频时钟脉冲测定反相积分时间，就可以得到输入模拟电压所对应的数字量，即实现了 A/D 转换。

双积分式 A/D 转换的优点是精度高、干扰小，但是速度慢。

3. V/F 式 ADC

电压-频率(V/F)式 ADC 是把输入的模拟电压信号转换成与之成正比的频率信号。因为输出是一串脉冲，易于传输、隔离和检出。检出 V/F 式 ADC 的频率信号通常采用计数的方式，等同于积分器，所以它具有较高的抗干扰能力，特别是对交流噪声具有较强的抑制力。V/F 式 ADC 由两部分构成：V/F 转换器和计数器。前者实现电压和频率的转换，后者通过对频率信号的计数实现 A/D 转换。

1) V/F 转换

V/F 转换通常由专门的电路实现。例如，AD654 是一种廉价的 V/F 式转换器。它由低温漂输入放大器、精密振荡器系统和大电流输出级组成，使用时只需一个 RC 网络，就可设置高达 500kHz 任何满量程频率及 ±30V 的满量程输入。低温漂(4μV/℃)输入放大器允许直接输入小信号，可以提供高达 250MΩ 输入电阻。输出级为宽范围开路式集电极输出，可提供足够电流使 TTL、CMOS、光电耦合器或脉冲变压器工作。由于使用频率输出，所以 AD654 特别适合需要隔离的场合，以提高系统的抗干扰能力。

图 4-2-23 是基于 AD654 的 V/F 转换电路。电路的输入范围为 0～1V，满量程(1V)时的输出频率为 100kHz，这个电路只需要 5V 供电即可工作。图中为正输入连接方式，输出频率与输入电压之间的关系为

$$f_{OUT}=\frac{V_{IN}}{10R_TC_T}$$

为保证精度，电阻电容应使用低温漂元器件。电容 C_T 要使用聚苯乙烯、聚丙烯、聚四氟乙烯之类的电容，以保证 V/F 转换的线性。

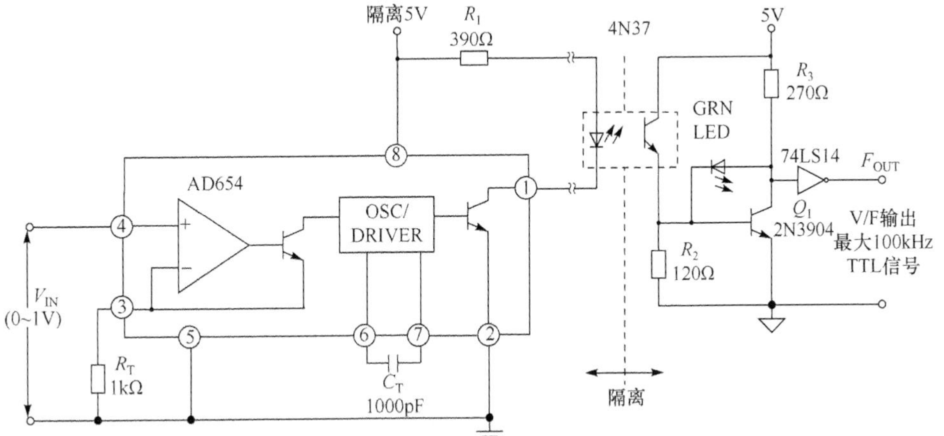

图 4-2-23　基于 AD654 的 V/F 转换电路

由于 AD654 频率较高,在光电隔离时最好使用高速光耦。经过光电隔离后的脉冲信号会含有杂波和毛刺,因此,需要使用 74LS14 之类的施密特门电路对其进行整形,去除杂波和毛刺,以免造成后续计数器的误计数。

2) 计数

计算机中,测量频率有测频率法和测周期法两种。测量频率主要是在单位定时时间里对被测信号脉冲进行计数;测量周期则是在被测信号一个周期时间里对某一基准时钟脉冲进行计数。由于 V/F 转换电路的输出频率一般都能达到几十千赫兹以上,周期最大也就是几十微秒。准确测量其周期对硬件要求比较高,因此一般采用计数方式测量其频率。频率信号经过隔离后转换成 TTL 信号,可以直接连接到计数器(如 8253、8051 等)的时钟输入引脚。

在单位时间 T_S 内计数,计数器的计数值为

$$D = \mathrm{int}\left(\int_0^{T_S} f_{OUT}\mathrm{d}t\right) = \mathrm{int}\left(\int_0^{T_S} \frac{V_{IN}}{10R_T C_T}\mathrm{d}t\right)$$

式中,int()函数表示取整,因为计数值只能是整数。可以看出,计数值是输入电压的积分。如果在时间 T_S 内输入电压 V_{IN} 保持恒值,则计数值为

$$D=\mathrm{int}\left(\frac{V_{IN}T_S}{10R_T C_T}\right)$$

即计数值与输入电压成正比。例如,对图 4-2-23 所示的 V/F 转换电路,如果输入电压为 1V,计数时间为 100ms,那么计数值为 10000。这样根据计数值可以得出输入电压值。例如,计数值为 5000,对应的电压输入为 0.5V。一般直接将计数值视为 V/F 式 ADC 的转化结果。

实现 V/F 式 ADC 至少需要两个定时/计数器。一个用于对频率 f_{OUT} 脉冲进行计数,另一个用于对计数时间 T_S 进行定时。图 4-2-24 为由一片 8254 中的两个定时/计数器实现的 V/F 式 ADC。定时/计数器 1 负责计数,对 V/F 转换电路的输出频率脉冲进行计数。定时/计数器 0 工作于方式 0,负责定时。其输入为 1MHz 的时钟,当计数值初始值为 0 时,可以定时最大时间 65.536ms。定时/计数器 0 的输出经过非门取反后,作为定时/计数器 1 的门控信号,控制定时/计数器 1 是否计数。定时/计数器 1 可以工作于受门控信号控制计数的方式 2、3、4。V/F 式 ADC 与计算机系统的接口实际上就变成了定时/计数器的接口。定时/计数器的接口在前面的章节中已经详细讨论过,这里就不再赘述。

V/F 式 ADC 的启动实际上就是定时器和计数器的启动。启动过程要完成以下几个操作:计数器清零,定时器设置定时初始值,启动定时器和计数器。转换结束的信号实际上就是定时时间到的信号。由于 V/F 式 ADC 的转换时间比较长(一般需要几十毫秒),因此往往采用中断方式读取转换结果。

V/F 式 ADC 的转换结果与计数时间 T_S 成正比,较长的计数时间会导致更高

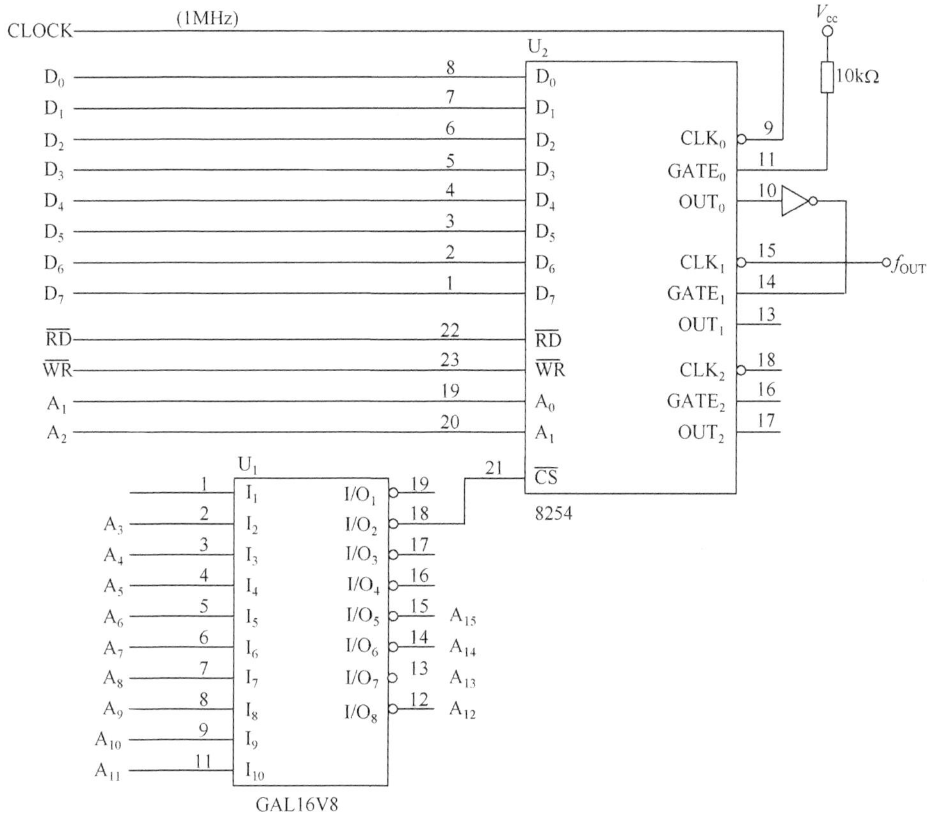

图 4-2-24　由一片 8254 中的两个定时/计数器实现的 V/F 式 ADC

的分辨率。由于计数值是输入电压在计数时间 T_S 内进行积分的结果，会对计数时间 T_S 内所产生的模拟信号的变化进行积分，这有助于消除噪声对计数结果的干扰。因此，计数时间 T_S 通常选取为电网交流电(工频干扰信号)周期的整数倍。另外，计数时间 T_S 的精度也直接关系到转换结果的精度。当采用定时器定时计数时间 T_S 时，要注意定时精度，也就是定时器输入时钟的频率问题。

4. Σ-Δ 式 ADC

越来越多的应用，如过程控制、称重等，都需要高分辨率、高集成度和低价格的 ADC。新型 Σ-Δ 转换技术恰好可以满足这些要求。Σ-Δ 转换器中的模拟部分非常简单(类似于一个 1 位 ADC)，而数字部分要复杂得多，按照功能可划分为数字滤波和抽取单元。由于更接近一个数字器件，Σ-Δ 式 ADC 的制造成本非常低廉。

1) Σ-Δ 式 ADC 工作原理

Σ-Δ 式 ADC 本质上是一种过采样转换器，尽管过采样只是成就整体性能的多种技术中的一种。总的说来，Σ-Δ 式 ADC 是利用分辨率非常低(1 位)的 ADC 以极高采样速率对模拟信号进行数字化处理。但通过将过采样技术与噪声整形和数字滤波技术结合使用，使有效分辨率得以提高。然后，通过抽取过程降低 ADC 输出端的有效采样速率。1 位量化器和 DAC 的线性度使 Σ-Δ 式 ADC 表现出极佳的微分和积分线性度，并且不必像其他 ADC 架构那样需要调整。Σ-Δ 式 ADC 工作原理涉及的关键概念包括过采样、噪声整形(使用 Σ-Δ 调制器)、数字滤波和抽取。

(1) 过采样。

首先，考虑一个传统 ADC 的频域传输特性。输入一个正弦信号，然后以频率 f_s 采样。按照 Nyquist 定理，采样频率至少两倍于输入信号。对于一个 N 位的 ADC，信号噪声比(SNR)可由公式 SNR＝(6.02N＋1.76)dB 求出。为了改善 SNR 和更为精确地再现输入信号，对于传统 ADC，必须增加位数。

如果将采样频率提高一个过采样系数 k，即采样频率为 kf_s，会发现噪声基线降低了，SNR 值未变，但噪声能量分散到一个更宽的频率范围。Σ-Δ 式 ADC 正是利用了这一原理，具体方法是紧接着 1 位 ADC 之后进行数字滤波将大部分噪声滤掉。一个 1 位 ADC 的 SNR 为 7.78dB(6.02＋1.76)，每 4 倍过采样将使 SNR 增加 6dB，SNR 每增加 6dB 等效于分辨率增加 1 位。这样，采用 1 位的 ADC 进行 64 倍过采样就能获得 4 位的分辨率；而要获得 16 位的分辨率就必须进行 4^{15} 倍过采样，这是不切实际的。Σ-Δ 式 ADC 采用噪声成形技术消除了这种局限，每 4 倍过采样系数可增加高于 6dB 的信噪比。

(2) 噪声形成。

通过图 4-2-25 所示的一阶 Σ-Δ 调制器的工作原理，可以理解噪声形成的工作机制。Σ-Δ 调制器包含一个差分放大器、一个积分器、一个比较器以及一个由 1 位 DAC(一个简单的开关，可以将差分放大器的反相输入接到正或负参考电压)构成的反馈环。反馈 DAC 的作用是使积分器的平均输出电压接近比较器的参考电平。调制器输出中“1”的密度将正比于输入信号，如果输入电压上升，比较器必须产生更多数量的“1”，反之亦然。积分器用来对误差电压求和，对于输入信号表现为一个低通滤波器，而对于量化噪声则表现为高通滤波。这样，大部分量化噪声就

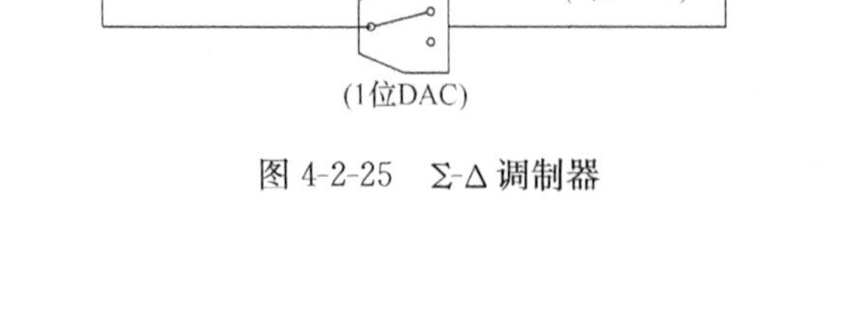

图 4-2-25　Σ-Δ 调制器

被推向更高的频段。和前面的简单过采样相比,总的噪声功率没有改变,但噪声的分布发生了变化。

现在,如果对噪声形成后的 Σ-Δ 调制器输出进行数字滤波,将有可能消除比简单过采样中更多的噪声。这种调制器(一阶)在每两倍的过采样率下可提供 9dB 的 SNR 改善。

在 Σ-Δ 调制器中采用更多的积分与求和环节,可以提供更高阶数的量化噪声成形。例如,一个二阶 Σ-Δ 调制器在每两倍的过采样率可改善 SNR 15dB。图 4-2-26显示了 Σ-Δ 调制器的阶数、过采样率和能够获得的 SNR 三者之间的关系。

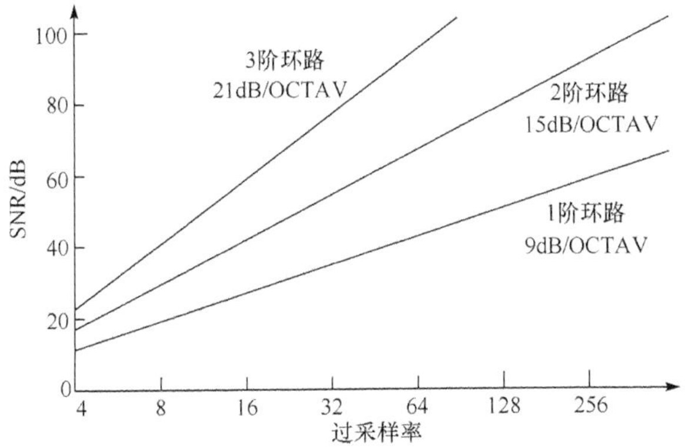

图 4-2-26　阶数、过采样率与 SNR 的关系

(3) 数字滤波和抽取。

Σ-Δ 调制器以采样速率输出 1 位数据流,频率可高达兆赫兹量级。数字滤波和抽取的目的是从该数据流中提取出有用的信息,并将数据速率降低到可用的水平。Σ-Δ 式 ADC 中的数字滤波器对 1 位数据流求平均,去除带外量化噪声并改善 ADC 的分辨率。

Σ-Δ 式 ADC 中广泛采用的滤波器拓扑是 $SINC^3$,一种具有低通特性的滤波器。这种滤波器的一个主要优点是具有陷波特性,可以将陷波点设在和电力线相同的频率,抑制其干扰。陷波点直接相关于输出数据速率(转换时间的倒数)。$SINC^3$ 滤波器的建立时间三倍于转换时间。例如,陷波点设在 50Hz 时(60Hz 数据速率),建立时间为 3/(60Hz)=50ms。有些应用要求更快的建立时间,而对分辨率的要求较低。对于这些应用,新型 ADC 如 MAX1400 系列允许用户选择滤波器类型 $SINC^1$ 或 $SINC^3$。$SINC^1$ 滤波器的建立时间只有一个数据周期,对于前面的例子则为 1/(60Hz)=16.7ms。由于带宽被输出数字滤波器降低,输出数据速率降低于原始采样速率,但仍满足 Nyquist 定律。这可通过保留某些采样而丢弃其余采样来实现,这个过程就是所谓的按 M 因子“抽取”。M 因子为抽取比例,可以是任何整数值。在选择抽取因子时应该使输出数据速率高于两倍的信号带宽。这样,如果以 f_s 的频率对输入信号采样,滤波后的输出数据速率可降低至 f_s/M,而不会丢失任何信息。

2) 双通道、低成本 Σ-Δ 式 ADC CS5550

工业过程控制、电子秤、温度和压力测量仪表等应用要求 ADC 能以 16 位或更高的分辨率对低频信号(通常小于 10Hz)进行数字化处理。Σ-Δ 式 ADC 除了具有成本更低、尺寸更小的特点,低频 Σ-Δ 式 ADC 还能提供片上数字滤波以及系统的自校准功能。采样速率允许处理最高 10Hz 带宽的信号,而且与传统积分式 ADC 相比,Σ-Δ 式 ADC 能在宽得多的频率变化范围内保持工频抑制特性。CS5550 是一款应用比较广泛的低频 Σ-Δ 式 ADC。

(1) CS5550 引脚与结构。

CS5550 是一个包含两个 Σ-Δ 式 ADC 和一个串行接口的高度集成的 Σ-Δ 式 ADC。CS5550 具有方便的片上 AC/DC 偏移和增益校准功能,包含一个可与控制器双向通信的串行接口、一个可用于增益补偿的片上温度传感器。CS5550 内部结构如图 4-2-27 所示,引脚结构如图 4-2-28 所示。

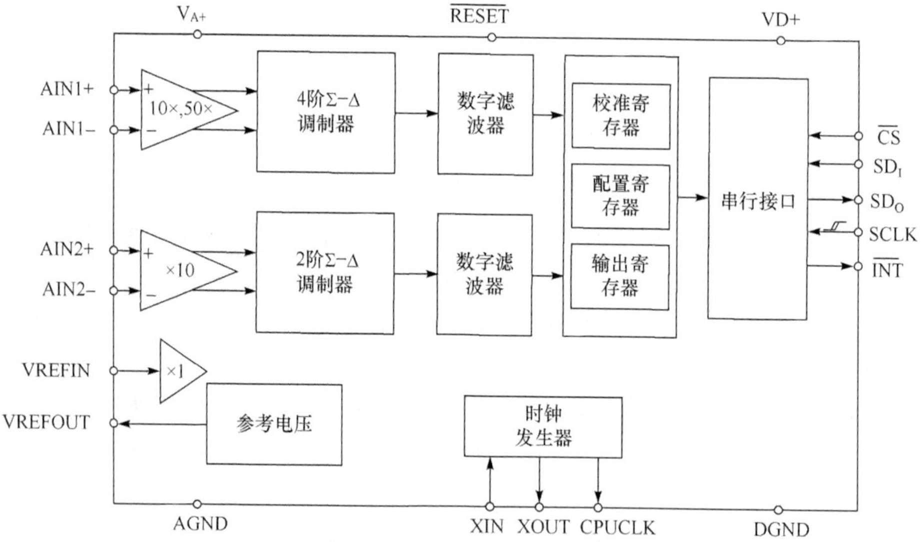

图 4-2-27　CS5550 内部结构图

(2) CS5550 与 CPU 的连接。

CS5550 提供了一个与 SPI(详见 4.4.2 节)兼容的三线式串行接口。对于像 89C51 一样没有 SPI 接口的单片机,可以采用通用 I/O 口模拟 SPI 总线。图 4-2-29 给出了 CS5550 与 89C51 连接的例子。采用通用 I/O 口模拟 SPI 总线,需要软件实现时序上的连接，在4.4.2节中将给出模拟SPI的程序。

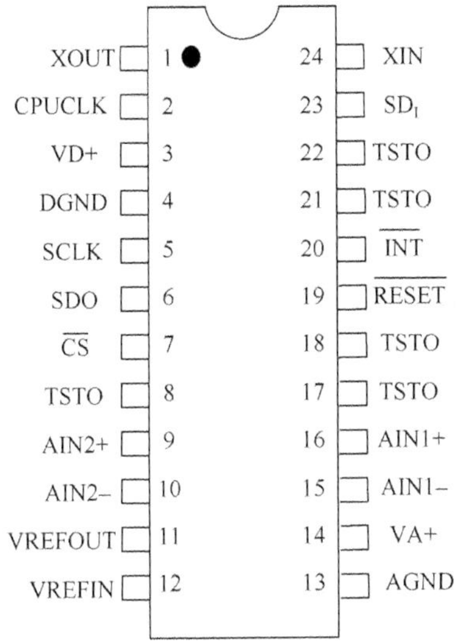

图4-2-28 CS5550引脚图

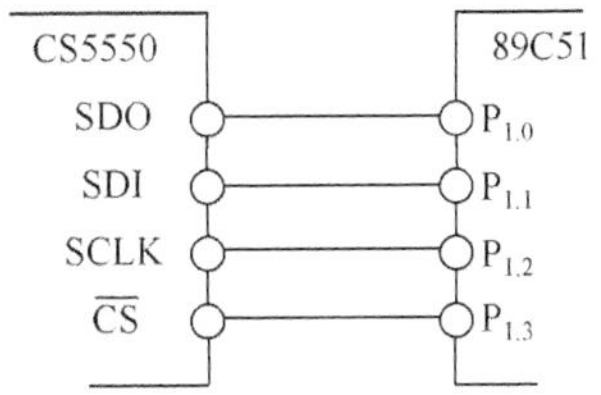

图4-2-29 CS5550与89C51的连接

5. A/D转换的启动与结果读取

1）启动信号

通常ADC需要外部信息来启动转换。启动方式有两种：电信号启动和命令启动。

电信号启动可分为电平信号启动和脉冲信号启动。有些A/D转换芯片要求用电平作为启动信号，如AD570、AD571、AD572，对这类芯片，整个转换过程都必须保证启动信号有效，如果中途撤走启动信号，那么就会停止转换而得到错误结果。为此，CPU一般要通过并行接口来对A/D芯片发启动信号，或者用D触发器使启动信号在A/D转换期间保持有效电平。另外一些A/D转换芯片要求用脉冲信号来启动，如ADC0804、ADC0809、ADC1210，对这种芯片，通常用CPU执行输出指令时发出的片选信号和写信号即可在片内产生启动脉冲，从而开始转换。

对于V/F式ADC，由于控制V/F转换相对麻烦一些，所以，一般通过向计数器发出允许计数命令（即通过门控信号允许脉冲进入计数器）来启动A/D转换。注意，为保证技术结果的准确性，在启动前一定要将计数值清“0”。

命令启动是通过向ADC的内部寄存器发送启动命令来实现的。通常通过程序将内部寄存器的某一位置1来启动转换。这种方式在串行接口方式的ADC中比较常见。

2）转换数据的读取

A/D 转换结束时，A/D 转换芯片会输出转换结束信号，通知 CPU 读取转换数据。

CPU 一般可采用四种方式和 ADC 进行联络来实现对转换数据的读取。

第一种是程序查询方式。这种方式就是在启动 ADC 以后，程序不断读取 A/D 转换结束信号，如果发现结束信号有效，则认为完成第一次转换，因而用输入指令读取数据。

第二种是中断方式。用这种方式时，把转换结束信号作为中断请求信号，送到中断控制器的中断请求输入端。

第三种是 CPU 等待方式。这种方式利用 CPU 的 READY 引脚的功能，设法在 A/D 转换期间使 READY 处于低电平，以使 CPU 停止工作，转换结束时，则使 READY 成为高电平，CPU 读取转换数据。

第四种是固定的延迟程序方式。用这种方式时，要预先精确地知道完成一次 A/D 转换所需时间。这样，CPU 发出启动命令之后，执行一个固定的延迟程序，此程序执行完时，A/D 转换也正好结束，于是，CPU 读取数据。

如果 A/D 转换的时间比较长，或者同时有几件事情需要 CPU 处理，那么，用中断方式效率较高，因为在 A/D 转换期间，CPU 可以处理其他事情。但是，如果 A/D 转换时间比较短，中断方式就失去了优越性，因为响应中断、保留现场、恢复现场、退出中断这一系列环节所花去的时间将和 A/D 转换的时间相当，所以，此时可用非中断方式来实现转换数据的读取。

6. 采样保持电路

在实际系统中用到 A/D 转换时，如果 ADC 的转换速度比模拟信号高许多倍，那么，模拟信号可以直接加到 ADC。但是，如果模拟信号变化比较快，那么，为了保证转换精度，就要在 A/D 转换之前加上采样保持电路，使得在 A/D 转换期间输入模拟信号保持不变。

采样保持电路有两种工作状态，一种是采样状态，一种是保持状态。在采样状态，输出随输入而变化，增益为 1；在保持状态，输出保持为某个值。

图 4-2-30 为采样保持电路的原理图，从图中可看到，采样保持电路由输入缓冲放大器、输出缓冲放大器、保持电容和状态监测开关组成，两个放大器的增益均为 1。采样保持电路先按采样方式工作，此时，开关闭合，输入放大器的输出端给电容快速充电。然后进入保持方式，此时开关断开，由于运算放大器的输入阻抗很高，所以流入 A_2 的电流几乎为 0，这样，电容保持充电时的最终电压值，从而保证电路输出端的电压值维持不变。这便是采样保持电路的采样功能和保持功能。

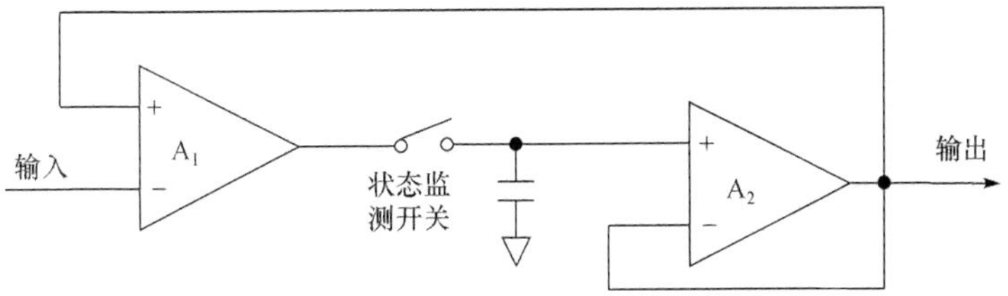

图 4-2-30　采样保持电路的原理图

随着集成度的提高，采样保持电路大多与 ADC 集中在一个芯片中。一般情况下不再需要单独设计采样保持电路。

7. 模拟信号的调理

信号调理电路往往是把来自传感器的模拟信号变换为用于数据采集、控制过程、执行计算显示读出和其他目的的数字信号。

模拟传感器可测量很多物理量，如温度、压力、力、流量、运动、位置、pH、光强等。但是传感器信号不能直接转换为数字数据，因为传感器输出是相当小的电压、电流，因此，在变换为数字数据之前必须进行调理。

调理就是对模拟信号进行放大、隔离、滤波等处理，使其适合 ADC 的输入。然后，ADC 对模拟信号进行数字化，并把数字信号送到微控制器或其他数字器件，以便用于系统的数据处理。

1）放大

放大器提高输入信号电平以更好地匹配 ADC 的范围，从而提高测量精度和灵敏度。此外，使用放置在更接近信号源或转换器的外部信号调理装置，可以通过在信号被环境噪声影响之前提高信号电平来提高测量的信噪比。考虑阻抗匹配，放大一般通过放大器实现。为了适应计算机处理多种输入信号的需求，仪用放大器是测量系统中常采用的一种信号放大电路。仪用放大器由于可以测量噪声环境下的微小信号，具有很高的共模抑制比，所以在医用设备、数据采集、检测和控制电子设备等方面都得到了广泛的应用。

大多数仪用放大器采用 3 个运算放大器排成两级：一个由两运放组成的前置放大器，后面跟一个差分放大器。前置放大器提供高输入阻抗、低噪声和增益。差分放大器抑制共模噪声，还能在需要时提供一定的附加增益。

图 4-2-31 所示为仪用放大器的内部结构。它由运放 A_1、A_2 按同向输入接法组成第一级差分放大电路，运放 A_3 组成第二级差分放大电路。在第一级电路中，V_{I1}、V_{I2}分别加到 A_1 和 A_2 的同向端，R_g 和 R_5、R_6 组成的反馈网络，引入了负反馈。由 A_1、A_2 虚短可得 $V_{I1}=V_2$，$V_{I2}=V_3$。

由 A_1、A_2 虚断可得

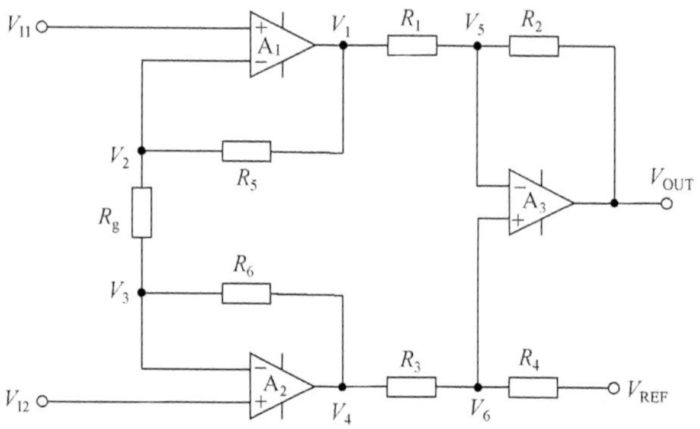

图 4-2-31　仪用放大器的内部结构

$$V_1-V_4=\frac{R_g+R_5+R_6}{R_g}\times(V_2-V_3)$$

又由 A_3 虚断可得

$$\frac{V_{OUT}-V_5}{V_5-V_1}=\frac{R_2}{R_1}$$

整理得

$$V_5=\frac{R_1}{R_1+R_2}\times\left(\frac{R_2}{R_1}V_1+V_{OUT}\right)$$

同理

$$\frac{V_{REF}-V_6}{V_6-V_4}=\frac{R_4}{R_3}$$

整理得

$$V_6=\frac{R_3}{R_3+R_4}\times\left(\frac{R_4}{R_3}V_4+V_{REF}\right)$$

由 A_3 虚短可知 $V_5=V_6$。则整理以上公式，可得

$$V_{OUT}=\frac{R_3(R_1+R_2)}{R_1(R_3+R_4)}\times\left(\frac{R_4}{R_3}V_4+V_{REF}\right)-\frac{R_2}{R_1}V_1$$

整理后可得

$$V_{OUT}=\left(\frac{R_2}{R_1}+1\right)\left(\frac{\frac{R_4}{R_3}}{\frac{R_4}{R_3}+1}\right)V_4-\frac{R_2}{R_1}V_1+\left(\frac{R_2}{R_1}+1\right)\left(\frac{\frac{R_4}{R_3}}{\frac{R_4}{R_3}+1}\right)V_{REF}$$

式中，如果选取电阻满足$\frac{R_2}{R_1}=\frac{R_4}{R_3}$ 的关系，则输出电压可化简为

$$V_{OUT}=\frac{R_2}{R_1}(V_4-V_1)+\frac{R_2}{R_1}V_{REF}$$

因此，有

$$V_{OUT}=-\frac{R_2}{R_1}\left[\frac{R_g+R_5+R_6}{R_g}(V_2-V_3)\right]+\frac{R_2}{R_1}V_{REF}$$

为了使电路对称，提高仪用放大器性能，选取电阻应满足 $R_5=R_6$ 的关系，且 V_{REF}通常接地，当对仪用放大器进行电路调零时，才会将 V_{REF}赋予一定电压。最终得到输出电压的关系式为

$$V_{OUT}=-\frac{R_2}{R_1}\left(1+\frac{2R_5}{R_g}\right)(V_{I1}-V_{I2})$$

电压增益则为

$$A_v=\frac{V_{OUT}}{V_{I1}-V_{I2}}=-\frac{R_2}{R_1}\left(1+\frac{2R_5}{R_g}\right)$$

从式中可看到，根据选取电阻的比例关系 R_2/R_1 和 R_5/R_g，来达到不同的信号放大比例要求。因此，电阻的选取是仪用放大器设计最重要的环节之一。大部分仪用放大器芯片，考虑到电路的稳定和安全，只将 R_g 设置成可调，而将 R_1～R_6 的阻值固定。

2）隔离

隔离的信号调理设备通过使用变压器、光或电容性的耦合技术，无需物理连接即可将信号从它的源传输至测量设备。除了切断接地回路，隔离也阻隔高电压浪涌以及较高的共模电压，这样既可保护操作人员，也可保护测量设备。

模拟信号的隔离的方法主要有如下几种。

(1) 线性光耦隔离。

线性光耦的隔离原理与普通光耦没有差别，只是将普通光耦的单发单收模式稍加改变，增加一个用于反馈的光接收电路用于反馈。这样，虽然两个光接收电路都是非线性的，但两个光接收电路的非线性特性都是一样的，这样，就可以通过反馈通路的非线性来抵消直通通路的非线性，从而达到实现线性隔离的目的。图 4-2-32为线性光耦 HCNR200/201 的内部框图。

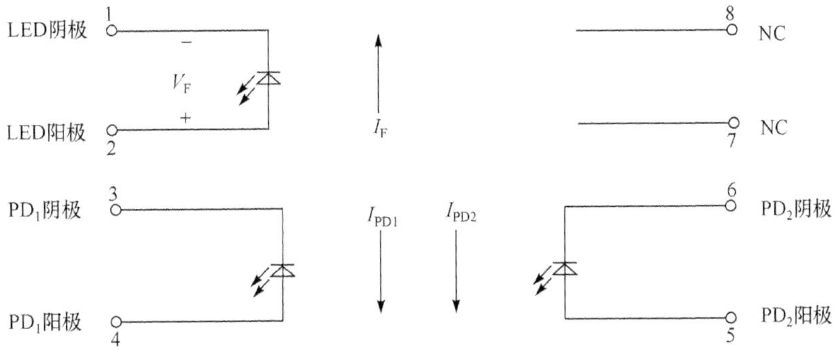

图 4-2-32　线性光耦 HCNR200/201 的内部框图

其中，1、2 引脚作为隔离信号的输入，3、4 引脚用于反馈，5、6 引脚用于输出。1、2 引脚之间的电流记作 I_F，3、4 引脚之间和 5、6 引脚之间的电流分别记作 I_{PD1} 与 I_{PD2}。输入信号经过电压-电流转化，电压的变化体现在电流 I_F 上，I_{PD1} 和 I_{PD2} 基本与 I_F 呈线性关系，线性系数分别记为 K_1 和 K_2，即 $K_1=\frac{I_{PD1}}{I_F}$，$K_2=\frac{I_{PD2}}{I_F}$。

从上面可以看出，和普通光耦一样，线性光耦真正隔离的是电流，要想真正隔离电压，需要在输出和输出处增加运算放大器等辅助电路。HCNR200/201 典型的一种应用如图 4-2-33 所示：输入端电压为 V_{IN}，输出端电压为 V_{OUT}，光耦保证的两个电流传递系数分别为 K_1、K_2。

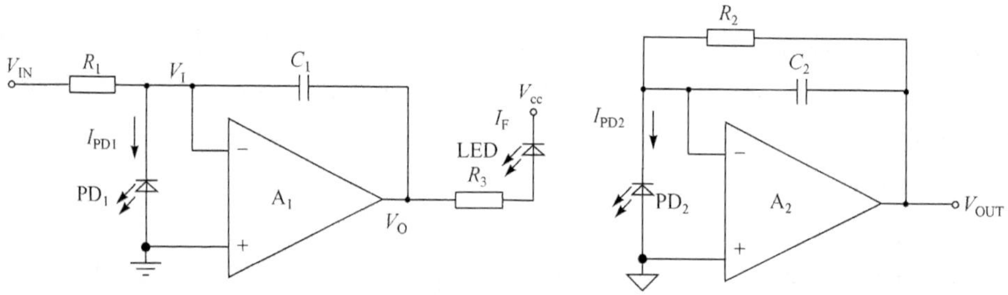

图 4-2-33　基本电路

设放大器负端的电压为 V_I，输出端的电压为 V_O，在不饱和的情况下二者满足下面的关系为

$$V_O=V_O^0-GV_I$$

式中，V_O^0 是在运放输入差模为 0 时的输出电压，G 为运放的增益，一般比较大。忽略运放负端的输入电流，则通过 R_1 的电流为

$$I_{PD1}=\frac{V_{IN}-V_I}{R_1}$$

通过 R_3 两端的电流为

$$I_F=\frac{V_{cc}-V_O}{R_3}$$

式中，V_{cc}为光耦 2 脚的电压，考虑到 LED 导通时的电压基本不变，这里作为常数对待。根据光耦的特性，即 $K_1=\frac{I_{PD1}}{I_F}$。可得

$$K_1=\frac{I_{PD1}}{I_F}=\frac{R_3(V_{IN}-V_I)}{R_1(V_{cc}-V_O^0+GV_I)}$$

经变形，可得

$$V_I=\frac{R_3V_{IN}-K_1R_1(V_{cc}-V_O^0)}{K_1R_1G+R_3}$$

将其代入

$$I_F=\frac{V_{cc}-V_O}{R_3}=\frac{V_{cc}-V_O^0+GV_I}{R_3}$$

进一步可得

$$I_F=\frac{(V_{cc}-V_O^0)R_3+GR_3V_{IN}}{R_3K_1R_1G+R_2R_3}$$

考虑到 G 特别大,则可以进行以下近似

$$I_F\approx\lim_{G\to\infty}\frac{(V_{cc}-V_O^0)R_3+GR_3V_{IN}}{R_3K_1R_1G+R_2R_3}=\frac{V_{IN}}{K_1R_1}$$

这样,输出与输入电压的关系为

$$V_{OUT}=I_{PD2}R_2=K_2I_FR_2=\frac{K_2R_2}{K_1R_1}V_{IN}$$

可见,当电阻 R_1 和 R_2 一定时,真正影响放大倍数的不是 K_1 和 K_2,而是它们的比值。由于芯片的设计能够保证 K_1 和 K_2 相等,即 $K_2/K_1=1$,线性光耦隔离电路能达到满意的线性度。当选则 $R_1=R_2$ 时,电路达到只隔离不放大的目的。

(2) 飞电容隔离。

图 4-2-34 是一个飞电容隔离的示意图。K_1 是一个双刀双掷开关。当开关切换到 V_I 侧时 V_I 给电容 C_1 充电或放电,经过一个短暂的过渡过程以后,电容两端的电压应该与 V_I 相同。当开关切换到 V_O 侧时,如果负载阻抗达到无穷大,由于电容 C_1 的蓄能功能,V_O 应该与切换前的 V_I 相等。从而完成 V_I 的隔离转换功能。

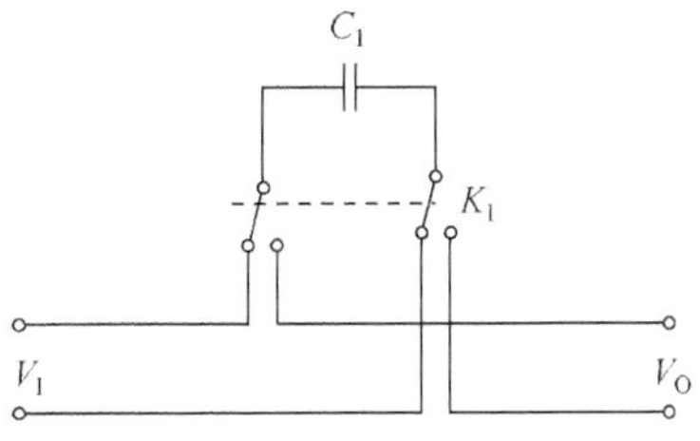

图 4-2-34　飞电容隔离示意图

飞电容隔离方式适合采用速率不是很高的直流信号的隔离。对于多路电流方式(如 4～20mA)输出的信号,一般的隔离措施很难解决共地的问题,飞电容方式就非常简单,而且直接消除了共模干扰信号。而对于多路同一信号源被多个系统采样的应用方式,飞电容同样是解决这一问题的利器。

对于难以共地的多个信号源进行隔离,模拟开关是不能采用的。而对于一般的模拟隔离方式,由于信号本身没有共地点,必须配置多个隔离电源,系统复杂且昂贵。对于电流输出的信号源,多数模拟信号隔离方式还要克服共模信号的抑制问题。飞电容方式没有隔离电源,可有效消除共模干扰,电路简单,容易实现较高的可靠性。在对慢速变化的直流信号进行隔离时,特别是对那些多个系统采样同一个信号源的场合,对信号源的精度几乎不产生影响。飞电容方式的另外一个优点是不再需要采样保持电路,对于多路信号的同时采样也非常容易实现。飞电容方式的采样速率受限于开关的动作频率和信号回

路的时间常数。在工程应用中，采样速率一般会在每秒几千赫兹以下。这是限制飞电容方式应用领域的主要因素。

(3) 隔离放大器隔离。

采用上述几种隔离技术而集成的隔离放大器，具有性能稳定，线性度良好，大多数都能达到或远远低于 0.1%，有些甚至能达到 0.01%。选用隔离放大器成本要高一些。

(4) DA/AD+数字隔离。

这是一种将模拟量隔离转换为数字量隔离的方法。首先将模拟信号变为数字信号，然后采用数字信号隔离技术，最后再将数字信号复原成模拟信号。这种隔离方法电路比较复杂，但从隔离效果上讲，应该是一种比较合理的隔离方式。

3) 滤波

经典滤波的概念是根据傅里叶分析和变换提出的一个工程概念。根据高等数学理论，任何一个满足一定条件的信号，都可以看成由无限个正弦波叠加而成的。换句话说，就是工程信号是不同频率的正弦波线性叠加而成的，组成信号的不同频率的正弦波称为信号的频率成分或称为谐波成分。只允许一定频率范围内的信号成分正常通过，而阻止另一部分频率成分通过的电路，称为滤波器或滤波电路。

滤波电路通过选择不同的频率成分来实现信号滤波。当允许信号中较高频率的成分通过滤波器时，这种滤波器称为高通滤波器。当允许信号中较低频率的成分通过滤波器时，这种滤波器称为低通滤波器。当只允许信号中某个频率范围内的成分通过滤波器时，这种滤波器称为带通滤波器。滤波器的行为特性通常用幅度-频率(简称幅频)特性图描述，理想滤波器的幅频特性如图 4-2-35 所示。图中，ω_1 和 ω_2 称为滤波器的截止频率。

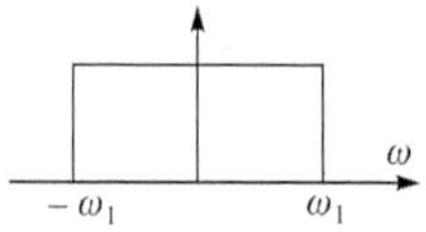

(a) 低通滤波

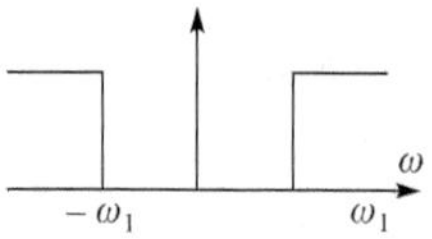

(b) 高通滤波

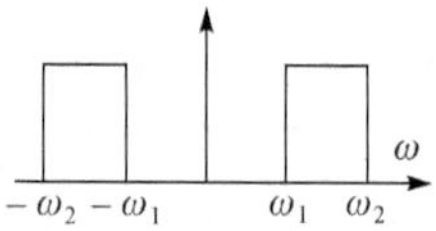

(c) 带通滤波

图 4-2-35 理想滤波器的幅频特性

对于滤波器，增益幅度不为零的频率范围称为通频带，简称通带，增益幅度为零的频率范围称为阻带。例如，对于低通滤波器，从 $-\omega_1$ 到 ω_1 之间，称为低通滤波器的通带，其他频率部分称为阻带。通带所表示的是能够通过滤波器而不会产生衰减的信号频率成分，阻带所表示的是被滤波器衰减掉的信号频率成分。通带内信号所获得的增益，称为通带增益，阻带中信号所得到的衰减，称为阻带衰减。在工程实际中，一般使用 dB 作为滤波器的幅度增益的单位。

从实现方法上看，滤波器分为两种，即由阻容电路构成的无源滤波器和由阻容电路与运算放大器构成的有源滤波器。下面主要介绍有源滤波器的实现。

（1）低通滤波器。

低通滤波器的基本电路特点是只允许低于截止频率的信号通过。

① 一阶低通 Butterworth 滤波电路。

用运算放大器可以设计两种一阶 Butterworth 滤波电路的电路。图 4-2-36 是反相输入的一阶低通滤波器，实际上就是一个积分电路，其分析方法与一阶积分电路相同。

图 4-2-37 是同相输入的一阶低通滤波器。根据给定的电路图，可得

$$V_O(s)=\left(1+\frac{R_2}{R_1}\right)\frac{1}{sRC+1}V_I(s)=\frac{R_1+R_2}{R_1RC}\frac{1}{s+\frac{1}{RC}}V_I(s)$$

对于滤波器，更关心的是正弦稳态时的行为特性，利用拉氏变换与傅氏变换的关系，有

$$\frac{V_O(\mathrm{j}\omega)}{V_I(\mathrm{j}\omega)}=\frac{R_1+R_2}{R_1RC}\frac{1}{\mathrm{j}\omega+\frac{1}{RC}}$$

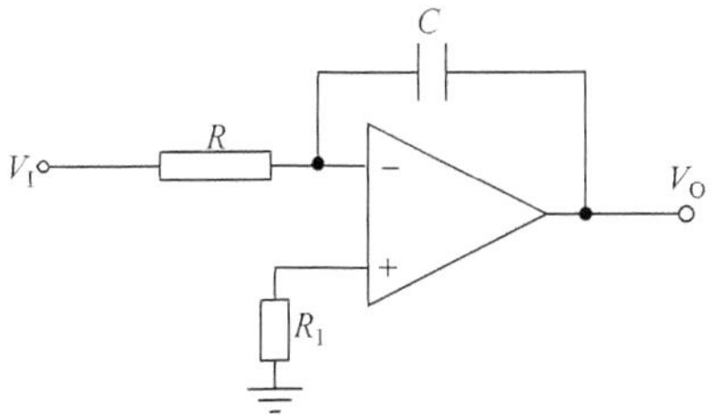

图 4-2-36　反相输入的一阶低通滤波器

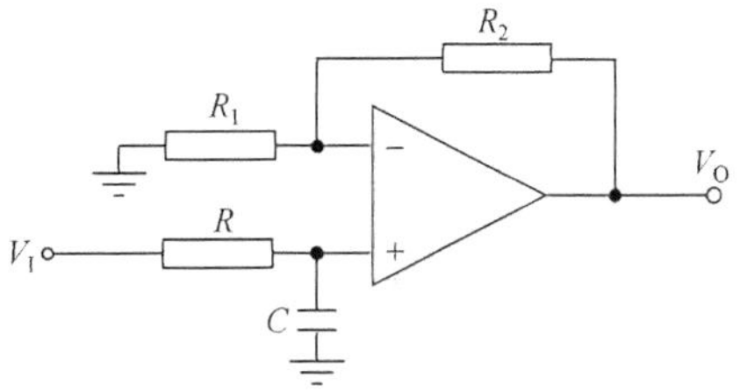

图 4-2-37　同相输入的一阶低通滤波器

② 二阶低通 Butterworth 滤波电路。

图 4-2-38 是用运算放大器设计的二阶低通 Butterworth 滤波电路。二阶 Butterworth 低通滤波电路直接采用频域分析方法，得

$$\frac{V_O(s)}{V_I(s)}=\frac{k/(R^2C^2)}{s^2+s\left(\frac{3-k}{RC}\right)+\frac{1}{R^2C^2}}$$

式中，$k=1+R_1/R_2$。令 $Q=1/(3-k)$，$\omega_0=1/RC$，则可以写为

$$\frac{V_O(s)}{V_I(s)}=\frac{k\omega_0^2}{s^2+s\frac{\omega_0}{Q}+\omega_0^2}$$

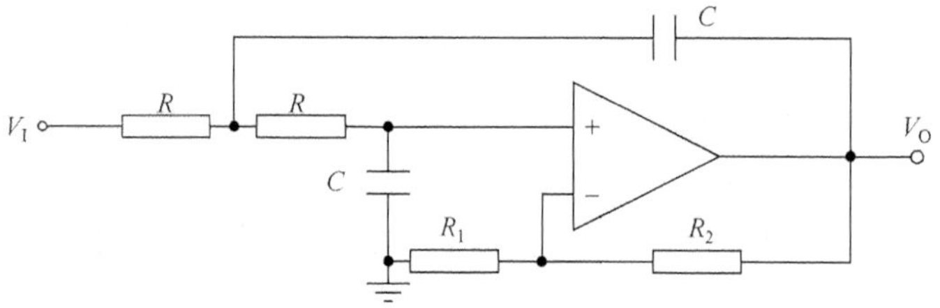

图 4-2-38　二阶低通 Butterworth 滤波电路

式中，k 相当于同相放大器的电压放大倍数，称为滤波器的通带增益，ω_0 称为特征角频率，Q 称为品质因数。品质因数 Q 表明滤波器通带的状态。一般要求 $Q=0.707$。由此可得

$$Q=\frac{1}{3-\left(1+\frac{R_1}{R_2}\right)}=\frac{R_2}{2R_2-R_1}$$

这就是二阶 Butterworth 滤波器电压增益的计算公式。令 $Q=0.707$，得

$$0.414R_2=0.707R_1$$

通常把最大增益倍数所对应的信号频率称为截止频率，这时滤波器具有 3dB 的衰减。利用滤波器幅频特性的概念，可以得到截止频率 $\omega_0=\omega=1/(RC)$，即

$$f=1/2(\pi RC)$$

(2) 高通滤波器。

高通滤波器的特点是，只允许高于截止频率的信号通过。图 4-2-39 是二阶 Butterworth 高通滤波器电路的理想物理模型。直接采用频域分析方法，并令 $k=1+R_1/R_2$，$Q=1/(3-k)$，$\omega_0=1/RC$，则可以得到二阶 Butterworth 高通滤波电路的传递函数为

$$\frac{V_O(s)}{V_I(s)}=\frac{ks^2}{s^2+s\frac{\omega_0}{Q}+\omega_0^2}$$

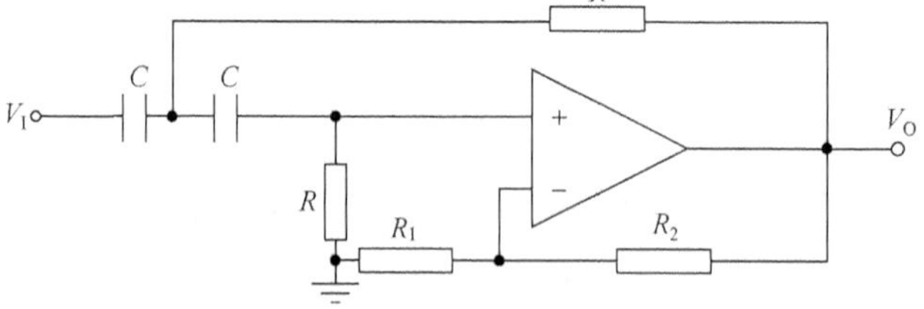

图 4-2-39　二阶 Butterworth 高通滤波电路的理想物理模型

考虑正弦稳态条件下，$s=j\omega$，得

$$\frac{V_O(j\omega)}{V_I(j\omega)}=\frac{-k\omega^2}{(\omega_0^2-\omega^2)+j\omega\frac{\omega_0}{Q}}$$

二阶 Butterworth 高通滤波器的频率响应特性与低通滤波器相似，当 $Q>0.707$ 或 $Q<0.707$ 时，通带边沿处会出现不平坦现象。有关根据品质因数 Q 计算电路电阻参数 R_1 和 R_2 的方法与二阶低通滤波器的计算相同。

同样，利用滤波器幅频特性的概念，可以得到截止频率 $\omega_0=\omega=1/(RC)$，即 $f=1/(2\pi RC)$。

4）信号转换

在工业生产过程中，需要检测和控制的参数多种多样。主要有温度、流量、压力、质量等。通常这些物理量通过传感器变为电信号，如电压、电流和电阻等。一般的 ADC 都要电压输入，为保证测量的精度，各种电信号都要转换成 ADC 所支持范围的电压信号。下面介绍几种信号转换方法(假设后续连接的 A/D 输入范围为 0～2.5V)。

(1) 电流转电压。

在工业控制中，4～20mA 电流是最常见的信号远传标准。各种传感器和变送器将物理量信号转变成电流信号。电流的 mA 值代表物理量的大小。图 4-2-40 是电流转电压原理图。该电路将 4～20mA 电流转换成电压信号，并迁移到 0.1～2.4V。

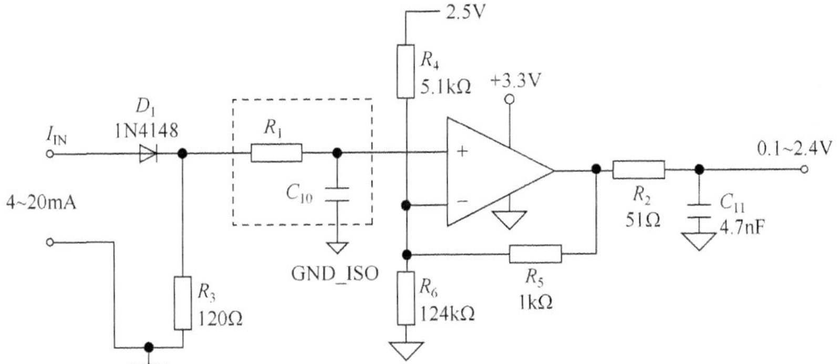

图 4-2-40　电流转电压原理图

电路的输出为

$$V_{OUT}=I_{IN}R_3\left(1+\frac{R_5}{R_4/\!/R_6}\right)-V_{REF}\frac{R_5}{R_4}$$

$$=I_{IN}^{*}R_3\left(1+\frac{R_5}{R_4/\!/R_6}\right)+4\times R_3\left(1+\frac{R_5}{R_4/\!/R_6}\right)-V_{REF}\frac{R_5}{R_4}$$

式中

$$I_{IN}=I_{IN}^{*}+4,\quad R_4 /\!/ R_6=\frac{R_4\times R_6}{R_4+R_6}$$

电路增益(单位为 V/mA)为

$$A=\frac{\Delta V_{OUT}}{\Delta I_{IN}}=\frac{(2.4-0.1)}{(I_{IN}^{*})_{max}}=\frac{2.3}{16}=143.75=R_3\left(1+\frac{R_5}{R_4 /\!/ R_6}\right)$$

单极点的 RC 滤波器(R_2/C_{11})可以降低输出的带外噪声。滤波器的截止频率设计为 664kHz。另外一个可选的滤波器(R_1/C_{10}) 可以降低滤波器的截止频率,适合于低频的工业噪声。

(2) 电阻转电压。

Pt100 热电阻在 0～300℃温度范围内的阻值为 100～212.5Ω。通过测量 Pt100 的电阻值,通过电阻值与温度的转换公式,可以得到温度值。电阻不能直接测量,通常将电阻转换为电压信号,然后再通过 ADC 编程计算机可以处理的数字量。

测量电阻阻值时,在电阻上加一个激励电流,通过测量电阻两端的电压,然后采用欧姆定律可以计算出电阻值。由于 Pt100 在 0～300℃温度范围内的阻值比较小,在工业应用中,导线比较长(可达几百米),所以必须去掉导线电阻对电阻测量的影响。因此,设计如图 4-2-41 所示的电路,此电路是一个单电源供电的测量电路。电路将 100～212.5Ω 的电阻 $R_x=R_0+\Delta R$ 转换成满足 ADC 需要的 0.1～2.4V 电压。图 4-2-41 中 U1C 和 R_1 构成一个恒流源电路,为 Pt100 提供激励电流。U1D 测量导线上的电压,最后通过 U1A 构成的减法器得到 Pt100 电阻值对应的电压。

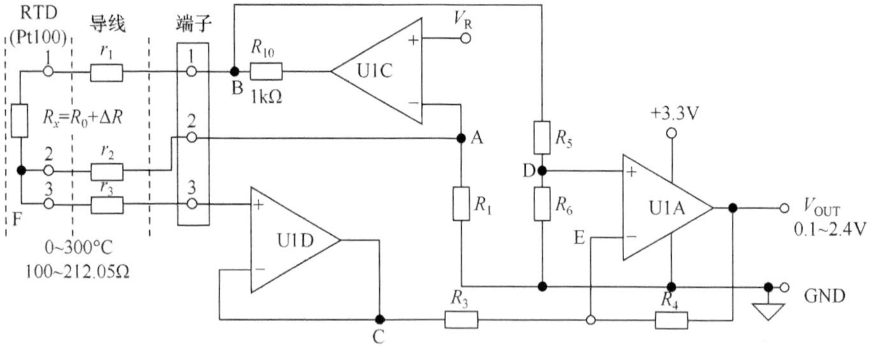

图 4-2-41　电阻转电压原理图

根据运放的两个输入端虚短特性,A 点电压 $V_A=V_R$,那么流经 R_1 的电流

$I_{R_1}=\dfrac{V_R}{R_1}$，得 B 点电压为

$$V_B=\frac{V_R}{R_1}(r_1+R_x+r_2+R_1)$$

F 点电压为

$$V_F=\frac{V_R}{R_1}(r_2+R_1)$$

由于 U1D 的输入阻抗很大，流经 r_3 的电流为 0，则 C 点电压 $V_C=V_F$。

减法器 U1A 的输出为

$$V_{OUT}=\frac{V_R}{R_1}(r_1+R_x+r_2+R_1)\frac{R_6}{R_5+R_6}\left(1+\frac{R_4}{R_3}\right)-\frac{V_R}{R_1}(r_2+R_1)\frac{R_4}{R_3}$$

选择 $R_1=R_0$，并且导线电阻 $r_1=r_2$，当选择 $R_6=R_5\ \dfrac{R_4/R_3}{2+R_4/R_3}$ 时，包含 r_1 和 r_2 的项的系数为 0。这样就消除了导线电阻对输出电压产生的误差，得

$$V_{OUT}=\frac{V_R}{2R_0}\times\frac{R_4}{R_3}\times\Delta R$$

这表明了通过调整 R_4/R_3 可以将增益调整到合适的数值。

根据转换要求，增益为

$$G=\frac{V_R}{2R_0}\times\frac{R_4}{R_3}=\frac{V_{OUT}}{\Delta R}=\frac{2.4\text{V}-0.1\text{V}}{112.05\Omega-0\Omega}=20.53\text{mA}$$

假定流经 Pt100 的电流 $I_{R_x}=1\text{mA}$，考虑 $R_1=R_0=100\Omega$，则有

$$V_R=I_{R_1}\times R_1=I_{R_x}\times R_1=0.1\text{V}$$

因此

$$\frac{R_4}{R_3}=\frac{2R_0}{V_R}\times G=2\times\frac{100\Omega}{0.1\text{V}}\times 20.53\text{mA}=41.06$$

可以选择

$$R_3=1\text{k}\Omega,\quad R_4=41\text{k}\Omega。$$

选择 $R_5=2R_3$ 为 $2\text{k}\Omega$ 的电阻，则有

$$R_6=R_5\ \frac{R_4/R_3}{2+R_4/R_3}=2\text{k}\Omega\times\frac{41.06}{2+41.06}=1.907\text{k}\Omega$$

Pt100 在 0℃，即 100Ω 时，输出电压 $V_{OUT}=0\text{V}$，与设计要求不符，电路必须加一个偏置电压。一个简单的办法是通过将 R_1 选定为比 R_0 略小，从而将输出电压平移一点。

分别将 100Ω 和 212.05Ω 两个电阻接入输入端。假设两个电阻对应的 ADC 的数字量输出分别为 CD_1 和 CD_2。有

$$GF=\frac{212.05\Omega-100\Omega}{CD_2-CD_1}$$

这样，根据 A/D 转换的结果CD_x 计算 Pt100 的阻值公式为

$$R_x=100\Omega+GF(CD_x-CD_1)$$

5) 多路复用

多路复用技术是一种多个被测量信号分时复用一个模拟量输入通道的技术。通过多路复用技术，一个测量系统可以将多路信号传输至同一个 ADC，通过分时复用 ADC 实现信号的数字化测量。对于测量通道数量较大的情况，这是一种节省成本的设计方式。

8. 标度变换

标度变换就是将不具有量纲的数字量转换成具有量纲的工程量数值的过程，又称工程转换。常见的标度转换有两种：线性标度转换和非线性标度转换。

1) 线性标度转换

当被测参数的变化量与 A/D 转换结果的数字值的变化量呈正比关系(图 4-2-42)时，这种关系可以表示为

$$\frac{y-A_0}{A_m-A_0}=\frac{x-N_0}{N_m-N_0}$$

式中，A_0 为参数量程的起点值，一次测量仪表的下限；A_m 为参数量程的终点值，一次测量仪表的上限；y 为参数测量值，工程量；N_0 为量程起点对应的 A/D 转换后的值，仪表下限对应的数字量；N_m 为量程终点对应的 A/D 转换后的值，仪表上限对应的数字量；x 为测量值对应的 A/D 转换后的值。

进行适当的整理，得到数字量到工程量的标度转换公式为

$$y=A_0+(A_m-A_0)\frac{x-N_0}{N_m-N_0}$$

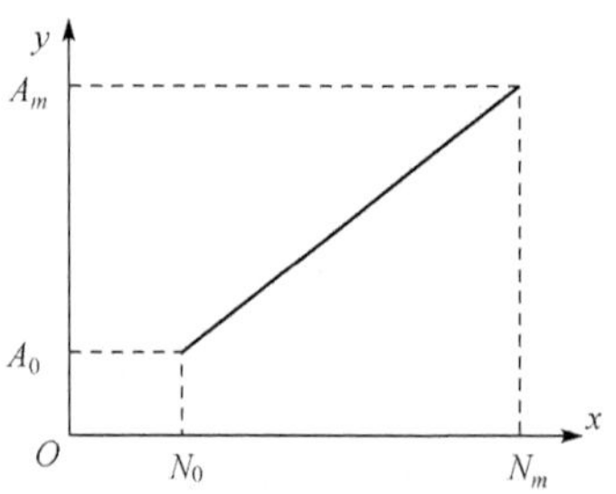

图 4-2-42　线性函数标度转换曲线

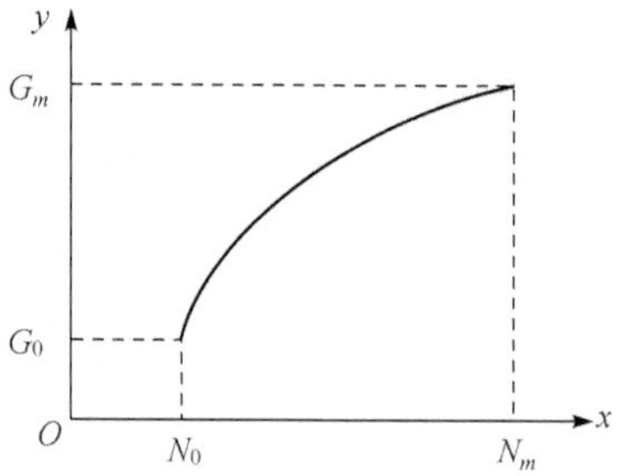

图 4-2-43　差压值数字量与实际流量关系曲线

令

$$a_1=\frac{(A_m-A_0)}{N_m-N_0},\quad a_0=A_0-\frac{(A_m-A_0)N_0}{N_m-N_0}$$

得

$$y=a_1x+a_0$$

式中，a_1 和 a_0 称为转换系数。

2）非线性标度转换

从模拟量输入通道得到的有关过程参数的数字信号与该信号所代表的物理量不一定呈线性关系，则其标度变换公式应根据具体问题进行分析。由于非线性标度转换没有统一的数学模型，其标度转换应根据具体问题分别对待，此处介绍几种方法供读者使用时参考。

（1）公式法。

同线性仪表的标度转换方法一样，首先找出被测参数对应的标度转换公式，然后根据该公式编制出相应的函数，从而实现被测参数的标度转换。

例如，在测量流体的流量时，由于已知流量与被测流体流过节流装置时的前后压力差的平方根成正比，即 $G=k\sqrt{\Delta P}$，图 4-2-43 是经差压变送器测量得到的差压值数字量与实际流量的关系曲线，可以看到两者之间呈如图 4-2-43 所示的非线性关系。

因此就可以得到测量流量的标度转换公式为

$$G_x=G_0+(G_m-G_0)\sqrt{\frac{N_x-N_0}{N_m-N_0}}$$

按照此公式编制的转换程序可以实现流体流量的标度转换。

（2）分段线性化。

许多传感器测出的数据与实际的参数为非线性关系，但它们的函数关系无法用一个简单的函数表示，或者该解析式难以直接计算，这时可采用分段线性化来实现非线性标度变换。

设被测参数对应的标度转换公式为

$$y=f(x)$$

式中，y 为参数测量值（工程量）；x 为测量值对应的 A/D 转换后的值。

根据泰勒公式，如果 f 在闭区间$[a,b]$上 n 阶连续可导，且在(a,b)上 $n+1$ 阶可导。则任意 $x\in[a,b]$，有下列关系成立，即

$$f(x)=f(a)+\frac{f'(a)}{1!}(x-a)+\frac{f''(a)}{2!}(x-a)^2+\cdots+\frac{f^{(n)}(a)}{n!}(x-a)^n+R_n(x)$$

如果闭区间$[a,b]$足够小，则近似可以写为

$$f(x)=f(a)+\frac{f'(a)}{1!}(x-a)$$

即在闭区间$[a,b]$内可以近似看成线性。

分段线性化就是将整个输入域分成若干个闭区间，每个区间内近似为线性，从而在各个闭区间内采用线性方法进行标度转换，标定转换系数。

在实际使用时，可根据需要采用分段变换以降低多项式次数和提高变换精度（如分段线性化）。并且还可以采用二次变换。即第一次采用线性变换，其系数 a_0 和 a_1 可以任意修改，以修正传感器或其他电路的偏差，因为即使两个同型号传感器，它们的传输特性也可能不完全一致，故需要先用修改 a_0 和 a_1 来补偿更换传感器的差异，然后再进行非线性标度转换。

4.2.3 A/D 与 D/A 的选择

A/D 和 D/A 的选择主要考虑几个重要的性能指标，包括精度、分辨率、转换速率以及接口方式和模拟信号。

1. 精度

由于模拟量是连续的，而数字量是离散的，所以，一般是某个范围中的模拟量对应某一个数字量。这就是说，在 A/D 转换时，模拟量和数字量之间并不是一一对应的关系。例如，有一个 ADC，从理论上，模拟量 5V 电压对应数字量 800H，但是，实际上 4.997V、4.998V、4.999V 也对应数字量 800H，这样就有一个转换精度问题。

转换精度反映 ADC 的实际输出接近理想输出的精确程度。A/D 转换的精度通常是用数字量的最低有效位(LSB)来表示的。设数字量的最低有效位对应模拟量 Δ，这时，Δ 称为数字量的最低有效位的当量。

如果模拟量在$\pm\frac{\Delta}{2}$范围内都产生相应的唯一的数字量，那么，这个 ADC 的精度为$\pm$0LSB。

如果模拟量在$+\frac{3\Delta}{4}$和$-\frac{3\Delta}{4}$范围中都产生相同的数字量，那么，这个 ADC 的精度为$\pm\frac{1}{4}$LSB，这是因为和精度为$\pm$0LSB（误差范围为$\pm\frac{\Delta}{2}$）的 ADC 相比，现在这个 ADC 的误差范围扩展了$\pm\frac{\Delta}{4}$。

类似的道理，如果模拟量在$+\Delta$ 到$-\Delta$ 范围中都产生相同的数字量，那么这个 ADC 的精度为$\pm\frac{1}{2}$LSB，因为和精度在$\pm$0LSB 的 ADC 相比，现在模拟量的允许误差范围扩展了$\pm\frac{1}{2}\Delta$。

DAC 的转换误差是以最大的静态转换误差的形式给出的，这个转换误差应包括非线性误差、比例系数误差以及漂移误差等综合误差。它反映了实际输出电压与理论输出电压之间的接近程度。转换精度通常用最低有效位(LSB)的 1/2 或全标输出电压的百分数来表示。例如，一个 8 位的 DAC，其精度可表示为 LSB/2，也可以表示为 0.195%。一般转换误差的工程估值=分辨率×量程×1/2。

2. 分辨率

ADC 的分辨率是输出数字量变化一个相邻数码所需模拟电压的变化量，定义为满刻度电压与 2^n-1 的比值，其中，n 为 ADC 的位数。例如，具有 12 位分辨率的 ADC 能够分辨出满刻度的 $\frac{1}{2^{12}-1}$ 或满刻度的 0.0244%。一个 10V 满刻度的 12 位 ADC 能够分辨输入电压变化的最小值为 2.44mV。

DAC 的分辨率是指所能分辨的最小电压增量。它反映了 DAC 对微小输入量变化的敏感性。分辨率的高低通常用二进制输入量的位数来表示，例如，分辨率是 8 位、10 位、12 位等。有时，也用最小输出电压与最大输出电压之比的百分数来表示。例如，对于 8 位 DAC，其分辨率为 $\frac{1}{2^8-1}=\frac{1}{255}\approx 0.392\%$；对于 10 位 DAC，其分辨率为 $\frac{1}{2^{10}-1}=\frac{1}{1023}\approx 0.098\%$。当满量程输出电压为 5V 时，一个 10 位 DAC 能分辨的电压为 $5\times 0.098\% \approx 4.9$mV，8 位 DAC 能分辨的电压为 $5\times 0.392\% \approx$ 19.6mV。显然，分辨率越高，转换时对应数字输入信号最低位的模拟输出信号电压的数值越小，也就越灵敏。

应该指出，分辨率和转换误差是两个不同的概念。分辨率是指转换过程中所能分辨的最小值，而转换误差是指转换后所得的实际值相对于理论值的接近程度。对于分辨率很高的转换器并不一定具有很高的转换精度。

3. 转换速率

ADC 的转换速率就是能够进行重复数据转换的速度，即每秒转换的次数。而完成一次 A/D 转换所需的时间(包括稳定时间)为转换时间，它是转换速率的倒数。

对于一个理想的 DAC，其数字输入信号从一个二进制数变到另一个二进制数时，其输出模拟信号电压应立即从原来的输出电压跳到与新的数字信号相对应的新的输出电压。但是，在实际的 DAC 中，电路中的电容、电感和开关电路会引起电路时间延迟。所谓转换时间是指 DAC 中的输入代码有满刻度值的变化时，其输出模拟信号电压或模拟电流达到满刻度值 LSB/2 时所需要的时间。不同型号的 DAC,其转换时间不同,一般从几微秒到几毫秒。输出形式是电流的,其 DAC 的转换时间是很短的;输出形式是电压的,DAC 的主要转换时间是输出运算放大器所需的响应时间。

4. 接口方式

目前的 ADC 和 DAC 与 CPU 的接口方式分为两类:并行接口和串行接口。

具有并行接口的转换器一般与计算机的总线相连。对于 ADC 要考虑输入缓冲问题,如果 ADC 的接口不具有缓冲功能,则需要添加三态电路进行缓冲。对于 DAC 则要考虑锁存问题。

串行接口通常采用 I^2C 或 SPI 接口,由于串行接口节省了集成电路的引脚,在高分辨率 ADC 中应用得比较多。串行接口在 4.4.2 节中将有详细的介绍。

5. 模拟信号

ADC 的输入模拟电压分为单端输入和差分输入,DAC 的模拟量输出信号则分为电压信号和电流信号。

4.2.4 高精度测量

1. 基准电源

在 ADC 中,通常需要一个稳定的电压源作为基准源。ADC 的输入电压与基准源的输出电压进行比较以确定适当的数字输出。理想的电压基准源应该具有完美的初始精度,并且在负载电流、温度和时间变化时电压保持稳定不变。

1) 选择基准源的指标

(1) 功耗。

如果设计中等精确度的系统,例如,一个高效率、±5%电源或者是需要很小功率的 8 位数据采样系统,可以使用 MAX6025 或 MAX6192 这类器件。这两个器件都是 2.5V 的基准源,最大消耗电流为 35μA。它们的输出阻抗非常低,因此基准电压几乎完全不受 I_{out}影响。

(2) 供出和吸入电流。

另一个指标是基准源供出和吸入电流的能力。大多数应用都需要电压基准源为负载供电,当然,要求基准源有能力提供负载所需的电流。它还需要提供所有的 I_{bias}或漏电流 D,这些电流之和有时会超过负载电流。

(3) 温漂。

温漂通常是一个可校准的参数。它一般是可重复性的误差。通过校准或从以前得到的特性中查找取值可以实现这一误差的修正。

校准对于高分辨率系统是非常有用的。对一个 16 位系统,如果要在整个商用温度范围(0～70℃,以 25℃为基准点)保持精度在±1LSB 以内,该基准源的漂移必须小于 1ppm/℃,ΔV=1ppm/℃×5V×45℃=255μV(其中,1ppm=10^{-6})。相同的温度漂移扩展到工业温度范围下只能适用于 14 位系统。

(4) 噪声。

噪声通常是随机热噪声,也可能包含闪烁噪声和其他的寄生噪声源。一般选择噪声对 A/D 转换引入的噪声小于 1LSB 的基准源。虽然可以用多次采样然后取平均的方法减小噪声,但会增加处理器的工作负担、提高系统的复杂度和成本。

(5) 输出电压温度迟滞。

该参数定义为在参考温度下(25℃)由于温度连续偏移(从热到冷,然后从冷到热)所引起的输出电压的变化。这一效应将导致负面影响,因为它的幅度直接与系统所处环境的温度偏移成比例。在许多系统中,这种误差一般不具有可重复性,受 IC 电路设计和封装的影响。

(6) 长期稳定性。

这个参数定义为电压随时间的变化,它主要是由封装或系列器件中的管芯应力或离子迁移引起的。注意保持电路板的洁净度,这也是一个影响长期稳定性的因素,尤其是它会随温度和湿度的变化而变化,这一影响有时比器件内在稳定性的影响还要大。长期稳定性通常定义在 25℃参考温度下。

2) 两种常用基准源电路

(1) 齐纳二极管。

LM236/LM336 集成电路是精密的 2.5V 并联稳压器,其工作部分相当于一个低温度系数的、动态电阻为 0.2Ω 的 2.5V 齐纳二极管,其中的微调端(adj)可以使基准电压和温度系数得到微调。它的典型性能参数如下。

① 低温度系数:6mV/9mV/18mV。

② 工作电流范围宽度:300μA～10mA。

③ 动态电阻:0.2Ω。

④ 最大正向电流:10mA。

⑤ 最大反向电流:15mA。

图 4-2-44 是 LM336 系列的基本应用电路。图 4-2-44(a)中的 10kΩ 电位器可用来调节击穿电压而不影响器件的温度系数。如图 4-2-44(b)所示,10kΩ 电位器的上、下端各串联一个硅二极管时,可以改善温度系数。当电压调到 2.490V 时,温度系数最小。

(2) 外加离子注入结型场效应管。

ADR441 也是一款输出 2.5V 的基准电压源。由于采用温度漂移曲线校正和 XFET(外加离子注入结型场效应管)专利技术,ADR441 电压随温度变化非线性度得以大大降低。XFET 基准电压源的噪声性能优于掩埋齐纳二极管基准电压

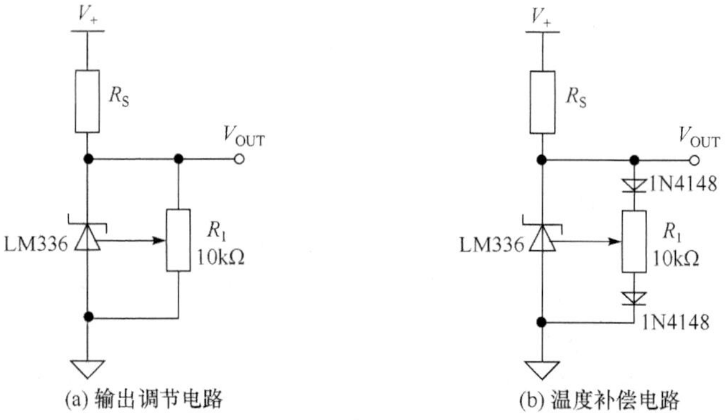

图 4-2-44　LM336 系列的基本应用电路

源，且所需的电源电压裕量较小(0.5V)。这些特性相结合，使 ADR441 非常适合高端数据采集系统中的精密信号转换。ADR441 源电流输出最高达 10mA，最大吸电流能力为－5mA 。它还具有调整引脚，可以在 0.5%范围内调整输出电压，而性能不受影响。ADR441 基本应用电路如图 4-2-45 所示。

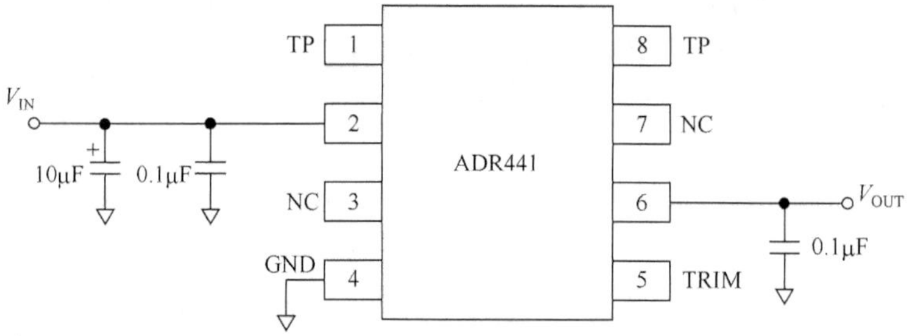

图 4-2-45　ADR441 基本应用电路

TP 为测试引脚，不连接；NC 为空引脚

ADR441 的典型性能参数如下。

① 噪声(0.1～10Hz)：1.2μV 峰峰值。

② 输出精度：2.499～2.501V。

③ 温度漂移：可达 3ppm/℃。

④ 输入范围：V_{OUT}＋(500mV～18V)。

⑤ 输出电流：源电流 10mA、吸电流－5mA。

⑥ 温度范围：－40～＋120℃。

ADR441 需要在输入和输出端使用 0.1μF 电容以稳定工作。尽管不是工作必需的，但在输入端采用 10μF 电容可以提高线路电压瞬态性能。

ADR441 具有一个 Trim 引脚，该引脚使用户可以在有限范围内调整器件的输出电压。这样,通过将一个电位计连接在输出和地之间,将调整端连接至 Trim 引脚,可以调整基准电压源的误差和总体系统误差。图 4-2-46 所示为 ADR441 优化的调整配置。R_1 允许输出微调,但并不一定是必需的。R_p 应足够大,以保证输出电流不会超过 ADR441 的最大输出电流。

使用调整功能对 ADR441 的温度性能的影响可以忽略。但是,所有电阻都必须是低温度系数电阻,否则会产生误差。

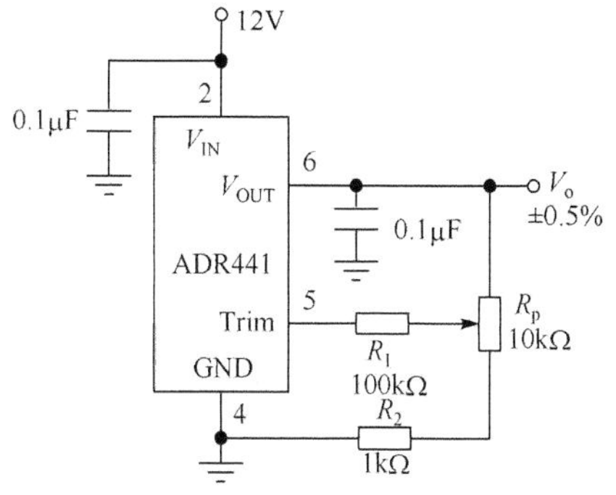

图 4-2-46　ADR441 优化的调整配置

2. 标定

在设计模拟量输入通道时,由于电阻阻值等原因,电路的放大倍数很难做到与设计目标完全相同。必然会带来测量误差。通常采用校准的方法解决这一问题。校准的过程通常称为标定。

标定的基本思想就是找到显示示值 x 和真实值 y 之间的某种函数关系 $y=f(x)$,以尽可能地降低二者之间的误差,使最终的示值与真实值一致。找到函数 $f(x)$后,将示值通过 $f(x)$计算,得到与真实值非常接近的新示值。因此,标定并不能提高模拟量输入通道的测量精度,而是提高了显示示值的精度。常用的标定方法有线性标定和非线性标定两种。

1) 线性标定

线性标定是假定显示示值和真实值之间为线性函数关系,即 $y=f(x)=a_0+a_1x$。通过 $n(n>1)$个不同的测量点,分别记录示值与真实值$\{x_i,y_i\}$,$i=1,2,\cdots,n$。

标定的目标是使各个测量点的示值误差尽可能小。为此,引入一个残差指标,即

$$R^2(a_0,a_1)\equiv\sum_{i=1}^{n}[y_i-(a_0+a_1x_i)]^2$$

标定的目标就是寻找合适的标定参数 a_0 和 a_1,使得 R^2 最小。这样,标定变成了一个求极值的优化问题。根据数学知识,得 R^2 最小的条件是

$$\frac{\partial R^2}{\partial a_i}=0,\quad i=0,1$$

即

$$\frac{\partial R^2}{\partial a_0}=-2\sum_{i=1}^{n}[y_i-(a_0+a_1x_i)]=0$$

$$\frac{\partial R^2}{\partial a_1}=-2\sum_{i=1}^{n}[y_i-(a_0+a_1x_i)]x_i=0$$

整理得到二元一次方程组

$$a_0n+a_1\sum_{i=1}^{n}x_i=\sum_{i=1}^{n}y_i$$

$$a_0\sum_{i=1}^{n}x_i+a_1\sum_{i=1}^{n}x_i^2=\sum_{i=1}^{n}x_iy_i$$

求解方程组,可得标定参数

$$a_0=\frac{\sum_{i=1}^{n}y_i\sum_{i=1}^{n}x_i^2-\sum_{i=1}^{n}x_i\sum_{i=1}^{n}x_iy_i}{n\sum_{i=1}^{n}x_i^2-\left(\sum_{i=1}^{n}x_i\right)^2},\quad a_1=\frac{n\sum_{i=1}^{n}x_iy_i-\sum_{i=1}^{n}x_i\sum_{i=1}^{n}y_i}{n\sum_{i=1}^{n}x_i^2-\left(\sum_{i=1}^{n}x_i\right)^2}$$

2) 非线性标定

通常采用多项式法进行非线性标定。多项式法是采用一个 k 次的多项式来逼近测量通道输入与输出之间的函数 $f(x)$。进行多项式标定时,根据所需要的精度决定多项式的次数 k ,得到一个多项式

$$y=a_0+a_1x+a_2x^2+\cdots+a_kx^k$$

然后选取 $n(n>k)$个测量点,得到 n 组示值和真实值的数据。满足多项式

$$\begin{cases}y_1=a_0+a_1x_1+a_2x_1^2+\cdots+a_kx_1^k\\ \vdots\\ y_i=a_0+a_1x_i+a_2x_i^2+\cdots+a_kx_i^k\\ \vdots\\ y_n=a_0+a_1x_n+a_2x_n^2+\cdots+a_kx_n^k\end{cases}$$

残差指标定义为

$$R^2=\sum_{i=1}^{n}[y_i-(a_0+a_1x_i+a_2x_i^2+\cdots+a_kx_i^k)]^2$$

为使 R^2 最小,需使 $a_0,a_1,\cdots,a_k$ 的偏导分别为 0,得

$$\frac{\partial R^2}{\partial a_0}=-2\sum_{i=1}^{n}[y_i-(a_0+a_1x_i+a_2x_i^2+\cdots+a_kx_i^k)]=0$$

$$\frac{\partial R^2}{\partial a_1}=-2\sum_{i=1}^{n}[y_i-(a_0+a_1x_i+a_2x_i^2+\cdots+a_kx_i^k)]x_i=0$$

$$\vdots$$

$$\frac{\partial R^2}{\partial a_k}=-2\sum_{i=1}^{n}[y_i-(a_0+a_1x_i+a_2x_i^2+\cdots+a_kx_i^k)]x_i^k=0$$

得

$$
\begin{aligned}
a_0 n + a_1 \sum_{i=1}^{n} x_i + \cdots + a_k \sum_{i=1}^{n} x_i^k &= \sum_{i=1}^{n} y_i \\
a_0 \sum_{i=1}^{n} x_i + a_1 \sum_{i=1}^{n} x_i^2 + \cdots + a_k \sum_{i=1}^{n} x_i^{k+1} &= \sum_{i=1}^{n} x_i y_i \\
&\vdots \\
a_0 \sum_{i=1}^{n} x_i^k + a_1 \sum_{i=1}^{n} x_i^{k+1} + \cdots + a_k \sum_{i=1}^{n} x_i^{2k} &= \sum_{i=1}^{n} x_i^k y_i
\end{aligned}
$$

写成范德蒙矩阵形式(Vandermonde Matrix)为

$$
\begin{bmatrix}
n & \sum_{i=1}^{n} x_i & \cdots & \sum_{i=1}^{n} x_i^k \\
\sum_{i=1}^{n} x_i & \sum_{i=1}^{n} x_i^2 & \cdots & \sum_{i=1}^{n} x_i^{k+1} \\
\vdots & \vdots & & \vdots \\
\sum_{i=1}^{n} x_i^k & \sum_{i=1}^{n} x_i^{k+1} & \cdots & \sum_{i=1}^{n} x_i^{2k}
\end{bmatrix}
\begin{bmatrix} a_0 \\ a_1 \\ \vdots \\ a_k \end{bmatrix}
=
\begin{bmatrix}
\sum_{i=1}^{n} y_i \\
\sum_{i=1}^{n} x_i y_i \\
\vdots \\
\sum_{i=1}^{n} x_i^k y_i
\end{bmatrix}
$$

求解上式,得到参数 $a_0, a_1, \cdots, a_k$。

可以看出,当 $k=1$ 时,与线性变换方法是一致的。这种标定是最简单、最实用的一种非线性变换方法,它适用于大多数的应用场合。一般情况下,模拟量输入通道的非线性不是很强,通常多项式的阶次选择为 $k \leqslant 2$,否则标定效果可能会更差。

在实际使用时,如果标度变换是线性的形式,则标定和标度变换通常合并到一起同时进行。基于实测数据通过标定的方法得到标度转换的参数。如果标度变换是非线性的形式,可以采用先标定后变换的方式。即第一次采用线性标定,校准测量通路的测量,然后再采用非线性标度变换,得到工程量。

3. 自校正测量

在精确测量中,测量电路的非线性、温度漂移、时间漂移等引入的测量误差会影响测量精度。虽然采用高精度的运放、ADC 等电路使精度得到提高,但往往成本较高。放大器的放大倍数与反馈电阻精度相关,为了实现高精度测量,往往需要高精度的电阻。为此,往往采用自校正测量电路。

如图 4-2-47 所示的电路中,待测电压信号 U_X 和多个基准电压 U_{Ri} $(i=0,1,2,\cdots,n)$ 通过模拟开关的输入到放大器,放大后经过 ADC 转换成数字量,进入计算机。切换模拟开关分别对待测电压信号 U_X 和基准电压 U_{Ri} 进行测量。

设各基准电压 U_{Ri} 对应的 A/D 转换结果为 D_{Ri},待测电压 U_X 对应的 A/D 转换结果为 D_X,作 n 次多项式拟合

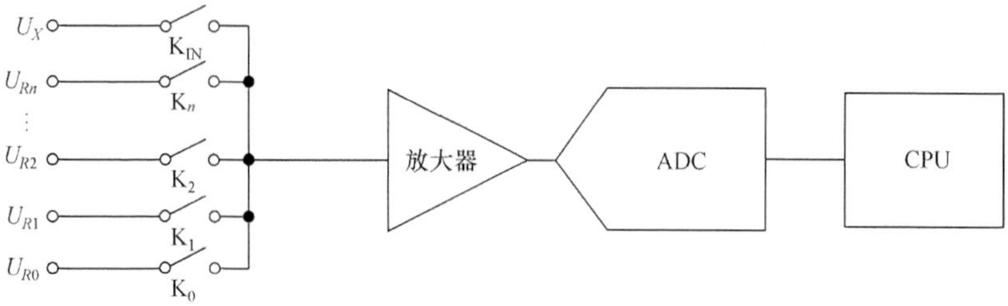

图 4-2-47　自校正测量电路原理图

$$\begin{cases} U_{R0}=a_0+a_1D_{R0}+a_2D_{R0}^2+\cdots+a_nD_{R0}^n \\ U_{R1}=a_0+a_1D_{R1}+a_2D_{R1}^2+\cdots+a_nD_{R1}^n \\ \vdots \\ U_{Rn}=a_0+a_1D_{Rn}+a_2D_{Rn}^2+\cdots+a_nD_{Rn}^n \end{cases}$$

设 $\boldsymbol{A}=[a_0 \quad a_1 \quad a_2 \quad \cdots \quad a_n]^{\mathrm{T}}$，通过求解方程组，可得

$$\boldsymbol{A}=(\boldsymbol{D}_R^{\mathrm{T}}\boldsymbol{D}_R)^{-1}\boldsymbol{D}_R^{\mathrm{T}}\boldsymbol{U}_R$$

式中，$\boldsymbol{U}_R=[U_{R0} \quad U_{R1} \quad U_{R2} \quad \cdots \quad U_{Rn}]^{\mathrm{T}}$，$\boldsymbol{D}_R=\begin{bmatrix} 1 & D_{R0} & D_{R0}^2 & \cdots & D_{R0}^n \\ 1 & D_{R1} & D_{R1}^2 & \cdots & D_{R1}^n \\ \vdots & \vdots & \vdots & & \vdots \\ 1 & D_{Rn} & D_{Rn}^2 & \cdots & D_{Rn}^n \end{bmatrix}$。

因此，可以通过以下多项式求得待测电压 U_X 为

$$U_X=a_0+a_1D_X+a_2D_X^2+\cdots+a_nD_X^n$$

当测量电路的线性较差时，利用多个基准进行上式校正可以消除其非线性误差。对于温度漂移、时间漂移对测量带来的影响，可采用定时测量各基准，进而更新多项式的系数，来完成误差的校正。通过此方法可以较好地校正非线性、温度漂移以及时间漂移带来的误差。

但由于电路及计算的复杂性，n 不宜过大。一般 U_{R0} 取为模拟地，当测量电路为线性时，可取 $n=1$，即仅用一个基准校正，此时可得

$$U_X=a_0+a_1D_X=\frac{(D_X-D_{R0})}{(D_{R1}-D_{R0})}U_{R1}$$

即仅对零点及量程进行校正。当测量电路的非线性不大时，可取 $n=2$，除了零点校正值 a_0、量程校正系数 a_1，还考虑了二次系数 a_2，可满足一般非线性补偿要求。

4.2.5　模拟通道设计实例

重量、力的测量无论在工业还是民用中都是常见的，它们的测量大多是通过应变式传感器实现的。下面以应变式传感器测量为例，介绍模拟量通道的设计。

1. 应变式传感器

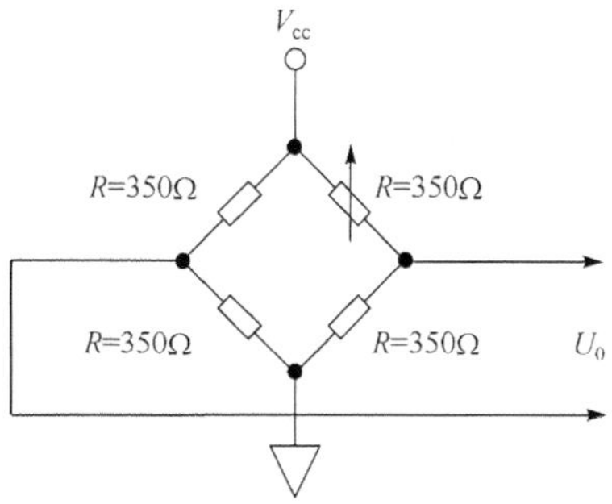

图 4-2-48　应变式传感器

应变式传感器(图 4-2-48)是一种用金属弹性体将力转换为电信号的功能元件,一般由电阻应变计、弹性体、传输电路三部分组成。

应变式传感器通过安装在弹性体敏感表面的电阻应变计组成的惠斯通电桥,在外加电源的激励下,实现"力→应变→电阻→电信号变化"四个转换环节转化的一种力敏传感器。传感器的输出电压为 $U_0=KV_{cc}\varepsilon$。其中,V_{cc} 为电桥的激励电压;ε 为外加力;K 为系数。

2. 信号放大

应变式传感器的输出电压信号值比较小,通常为几毫伏。但是共模电压可达到激励电压的一半,对放大器提出了较高的要求。

AD8226 的低失调和整个频率范围内的高共模抑制比使之成为桥式测量应用的绝佳选择。AD8226 是一款低成本、宽电源电压范围的仪表放大器,仅需要一个外部电阻来设置增益,增益范围为 1～1000。它被设计为可工作于各种信号电压的情况下。宽输入范围和轨到轨输出使信号可充分利用供电轨。由于输入范围能够降到负电源电压以下,所以无需双电源便可放大接近地电压的小信号。该器件采用±1.35～±18V 的双电源供电或 2.2～36V 单电源供电。除具有宽工作电压范围,它还能处理超出供电轨的电压。例如,采用±5V 电源供电时,输入端的电压即使达到±35V 也保证不会损坏该器件。最小及最大输入偏置电流特性有利于开路故障检测。

如图 4-2-49 所示,应变式传感器可以直接与仪用放大器 AD8226 的输入端连接。

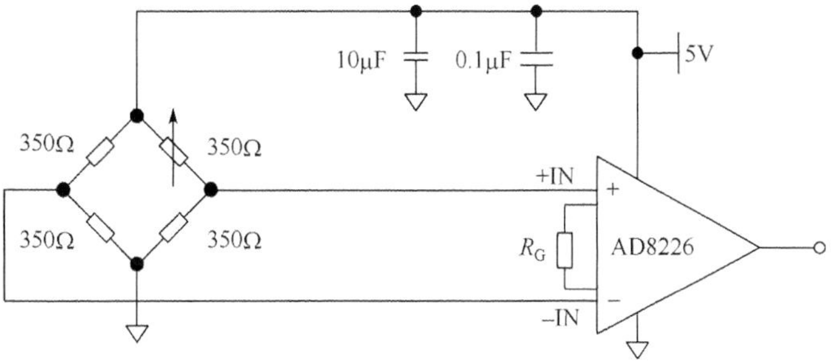

图 4-2-49　电桥测量原理图

应该在尽可能靠近各电源引脚处放置一个 0.1μF 的电容。如图 4-2-49 所示，离该器件较远的位置可以用一个 10μF 钽电容。大多数情况下，其他精密集成电路可以共享该电容。

3. 差分输出

应变式传感器的输出是差分输出的，其输出极可能是正电压，也可能是负电压。为了便于测量，将放大器的输出也设计成差分输出方式。差分输出是由 AD8226 的基准引脚实现的，此引脚可以将输出信号偏移到精确的中间电平。例如，可以将一个电压源与 REF 引脚相连，对输出进行电平转换，使 AD8226 可以驱动单电源 ADC。REF 引脚由 ESD 二极管保护，该引脚不应超出 $+V_S-0.3$V 或 $-V_S+0.3$V。

为获得最好的性能，REF 引脚的源阻抗应保持在 2Ω 以下。在 AD8226 内部，基准引脚 REF 位于一个 50kΩ 电阻的一端。REF 引脚附加到这个 50kΩ 电阻的阻抗会导致连接到正输入端的信号被放大。由附加电阻 R_{REF} 造成的放大可以根据 $2(50\text{k}\Omega+R_{REF})/(100\text{k}\Omega+R_{REF})$ 进行计算。只有正信号路径会被放大；负路径不受影响。这种不均衡的放大作用会降低共模抑制比(CMRR)。

图 4-2-50 显示如何将 AD8226 配置为真正的差分输出。这个电路的好处是直流差分精度取决于 AD8226 而不是运算放大器或者电阻。此外，这个电路利用了 AD8226 对其基准电压相关的输出电压的精确控制。虽然运算放大器的直流性能和电阻匹配会影响直流共模输出精度，但是这样的误差可以被信号链路上的下一个器件抑制，因此它对整个系统精度的影响很小。

放大器的差分输出为

$$V_{diff}=V_{OUT+}-V_{OUT-}=K_m\times(V_{IN+}-V_{IN-})$$

式中，K_m 为放大器的增益。

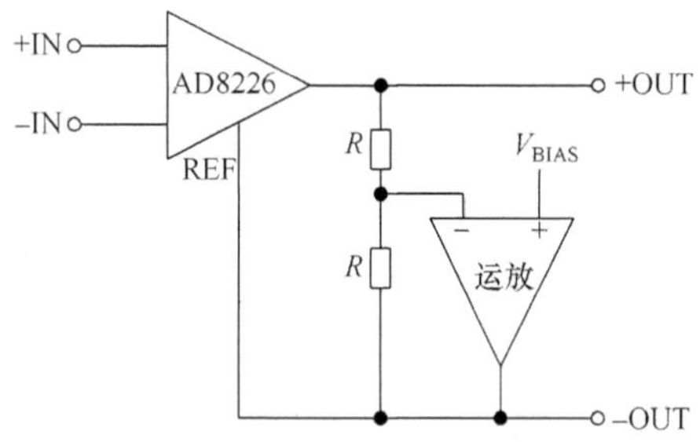

图 4-2-50　差分输出原理图

放大器的共模输出为

$$V_{CM}=(V_{OUT+}+V_{OUT-})/2=V_{BIAS}$$

为获得最好的交流性能，使用具有至少 2MHz 增益带宽和 1V/μs 压摆率的运算放大器。从电阻到运算放大器反相端的走线长度越短越好。这一节点上过大的电容会导致电路的不稳定。如果电容不可避免，那要使用更低的电阻值。

4. A/D 转换

采用 16 位的电容型逐次逼近型 ADC AD7684 实现模拟量到数字量的转换。AD7684 是一款具有 SPI 接口的真正差分输入的转换器。非常适合应变传感器的信号处理。

AD8226 的差分输出信号经过跟随放大器的阻抗匹配后，直接输入 AD7684。ADC 的数字量输出为

$$D=\frac{K_m U_0}{V_{\mathrm{REF}}}\times(2^{16}-1)=\frac{K_m K V_{\mathrm{cc}}\varepsilon}{V_{\mathrm{REF}}}\times(2^{16}-1)$$

用电桥的激励电源分压得到 ADC 的参考电源，即 $V_{\mathrm{REF}}=K_x V_{\mathrm{cc}}$，可得

$$D=\frac{K_m K\varepsilon}{K_x}\times(2^{16}-1)$$

可以看出，ADC 的输出数字量与参考电源、激励电源无关，可以抵消掉激励电源和参考电源的扰动对测量精度的影响。这样，即使不采用高精度的参考电源和激励电源，也能实现高精度的测量。应变式传感器测量的总体电路如图 4-2-51 所示。

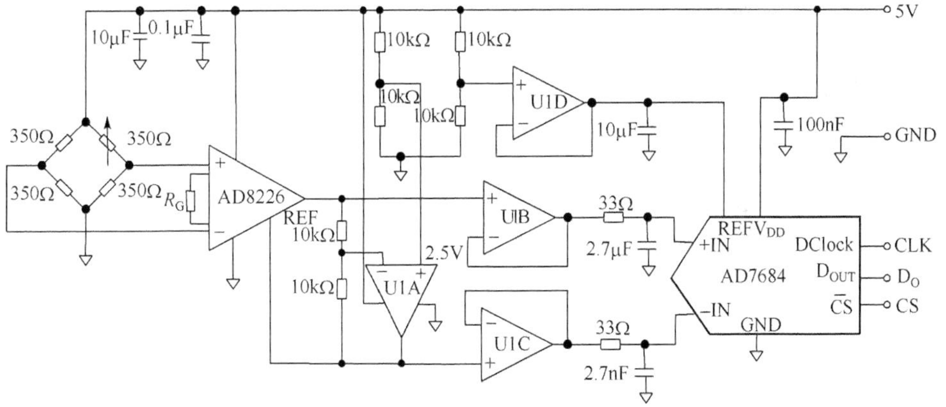

图 4-2-51　应变式传感器测量的总体电路

4.3　人机交互通道技术

4.3.1　键盘设计

1. 键盘的基本原理

键盘是微型计算机不可缺少的输入设备，人们通过它往计算机传递信息。

最简单的键盘结构如图 4-3-1 所示，其中，每个键对应 I/O 端口的一位，没有按键按下时，各位均处于高电位。当有一个键按下时，就使对应位接地而成为低电

位，而其他位仍为高电位，这样，CPU 只要检测到某一位为“0”，便可判别出对应键已经按下。

但是，用图 4-3-1 的结构来设计键盘有一个很大的缺点，就是当键盘上的键较多时，引线太多，占用的 I/O 端口也太多。例如，一个有 64 个键的键盘，采用这种方法来设计时，就需要 64 条连线和 8 个 8 位并行端口。所以，这种简单结构只用在仅有几个键的小键盘中。

通常使用的键盘结构是矩阵式的，如图 4-3-2 所示。

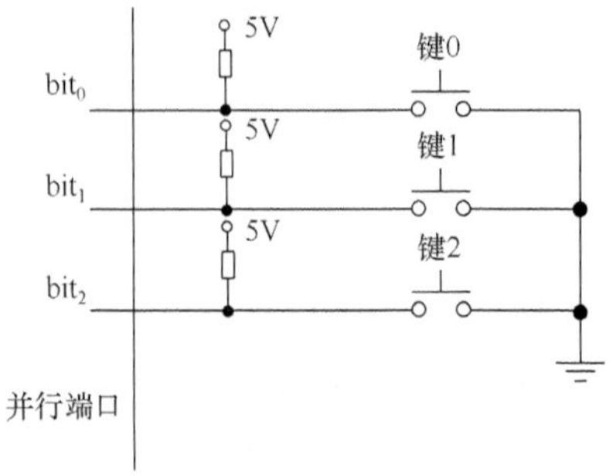

图 4-3-1　最简单的键盘结构

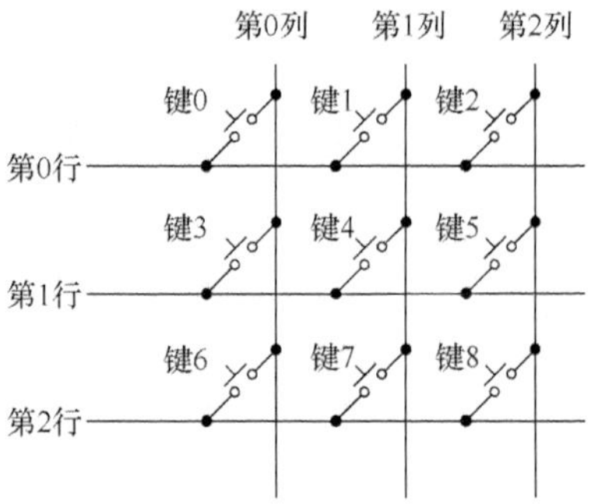

图 4-3-2　键盘的矩阵式结构

设有 $m \times n$ 个键，那么，采用矩阵式结构以后，便只要 $m+n$ 条引线就行了。例如，有 $8\times8=64$ 个键，那么，只要用两个并行端口和 16 条引线便可以完成键盘的连接。

以 $3\times3=9$ 个键为例，简略地说明矩阵式结构键盘的工作原理。如图 4-3-2 所示，这个矩阵分为 3 行 3 列，如果第 4 号键按下，则第 1 行线和第 1 列线接通而形成通路。如果第 1 行线接低电位，则由于键 4 的闭合，会使第 1 列线也输出低电位。矩阵式键盘工作时，就是按照行线和列线上的电平来识别闭合键的。

2. 键的识别

为了识别键盘上的闭合键，通常采用两种方法，一种称为行扫描法，另一种称为行反转法。

1) 行扫描法的原理

行扫描法识别闭合键的原理如下：先使第 0 行接地，其余行为高电平，然后看第 0 行是否有键闭合，这是通过检查列线电位来实现的，即第 0 行接地时，看是否有哪条列线变成低电平。如果有某条列线变为低电平，则表示第 0 行和此列线相交的位置上的键被按下；如果没有任何一条列线为低电平，则说明第 0 行上没有键被按下。此后，再将第 1 行接地，然后检测列线中是否有变为低电平的线。如此往下逐行扫描，直到最后一行。在扫描过程中，当发现某一行有键闭合时，也就是列线输入中有一位为 0 时,便在扫描中退出,而将输入值进行移位,从而确定闭合键所在的列线位置。根据行线位置和列线位置,便能识别此刻闭合的到底是哪一个键。

实际上,一般先快速检查键盘中是否有某个键已被按下,然后,再确定具体按下了哪一个键。为此,可以先使所有各行同时输出为低电平,再检查是否有列线也处于低电平。这时,如果列线上有一位为 0,则说明必有键被按下,但是,还不能确定所闭合的键处在哪一行上,于是再用扫描法来确定具体位置。

图 4-3-3 是一个 8×8=64 键的键盘,将行线和一个并行输出端口相接。CPU 每次使并行输出端口的某一位为 0,便相当于将某一行线接地,而其他位为 1,则相当于使其他行线处于高电平,为了检测列线上的电位,将列线和一个并行输入端口相接,CPU 只要读取输入端口中的数据,就可以设法判别出第几号键被按下。

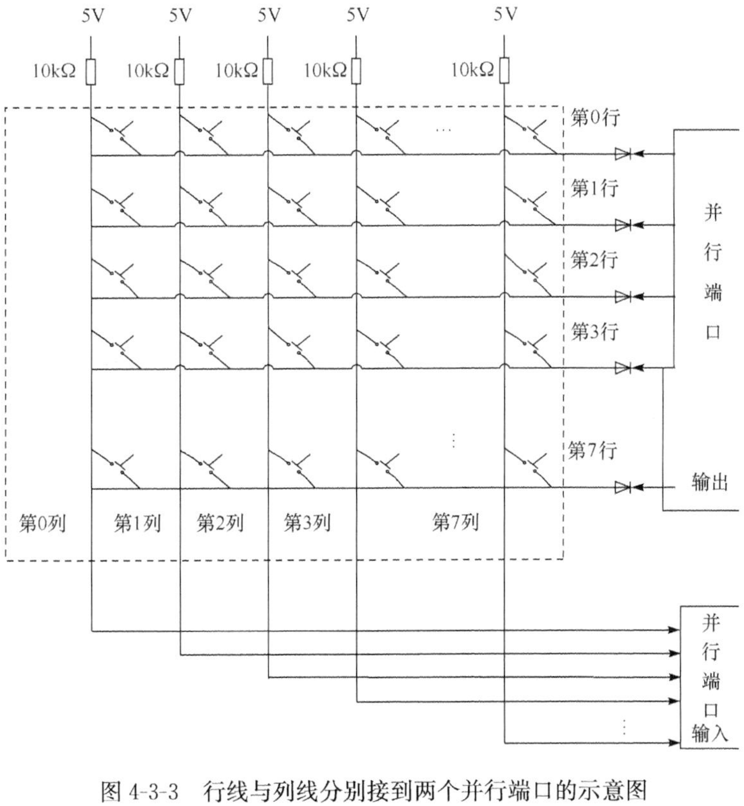

图 4-3-3　行线与列线分别接到两个并行端口的示意图

从上面的原理中知道,基本的键盘扫描程序中第一步应该是判断是否有键被按下。为此,使输出端口的各位均输出为 0,即相当于将各行都接地。然后,从输入端口读取数据,如果读得的数据不是 FFH,则说明必有列线处于低电平,从而可以断定必有某键被按下。此时,为了消除键的抖动,所以调用延迟程序,然后再判别具体按下的到底是哪个键。如果读得的数据是 FFH,则程序在循环中等待。

定义端口程序如下。

```
unsigned char volatile xdata ROWPORT  _at_  0xe000;     //行输出端口
unsigned char volatile xdata COLPORT  _at_  0xe001;     //列输入端口
```

可以采用如下程序查询是否有按键。

```
ROWPORT=0x00;                      //往所有行线上输出低电平
while(COLPORT==0xff);             //读取列值,直到有列线处于低电平
```

键盘扫描程序的第二步是判断哪一个键被按下。这段程序的流程如图 4-3-4 所示。

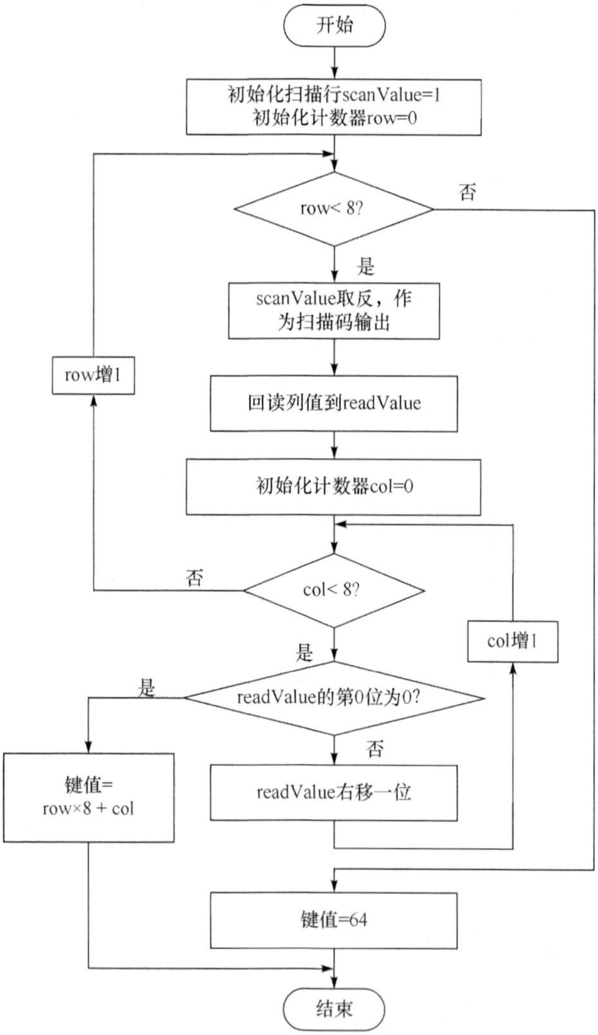

图 4-3-4　用行扫描法判断闭合键的流程

从流程图中可以看到,开始时,程序将计数器值设置为键盘行的数目,然后设置扫描初值。扫描初值 11111110 使第 0 行为低电位,而其他行为高电位。输出扫描初值以后,马上读取列线的值,看是否有列线处于低电位,若无,则将扫描初值循环左移一位,变为 11111101,这样,使第 1 行为低电位,而使其他行为高电位。同时使键号成为 8,即从第 2 行上第 1 个键开始检查,此外,计数值减 1。如此下去,一直查到计数值为 0。

如果在此过程中,查到有某一列线为低电位,则将列线数据保留,并右移一位,使进位位相当于第 0 列线的状态。如果此位为低电位对应值为 0,则相当于第 0 列线上的 0 号键(在第二次循环中为 8 号键等)闭合;否则,继续循环右移。由于已经确定了此行上有一键闭合,所以,一定可以在列线中检查出某列处于低电位。

根据上面流程编写的程序如下。

```
byte Read_key(void)     //返回键值=行* 8+列,若无键按下,则返回 64
  {
  unsigned char row,col;
  unsigned char scanValue,readValue;
  scanValue=1;          //设置初始扫描码
  for(row= 0; row < 8; row ++)          //行扫描循环,每个循环输入一位为 0
    {
      ROWPORT=~ scanValue;              //向第 k 行线上输出低电平
      readValue=COLPORT;
      for(col=0; col <8; col++)         //查询列输入
        {
    if(readValue & 0x01==0)           //查询第 m 位是否为 0,即是否有键按下
            return(row * 8+col);
        readValue=readValue>>1;
        }
      scanValue=scanValue<<1;
    }
  return(64);
  }
```

2) 行反转法的原理

行反转法也是识别闭合键的常用方法,它的原理如下所述。为了叙述方便,以 4×4=16 键的键盘为例,图 4-3-5 是行反转法的工作示意图。

从图中可以看到,用行反转法识别闭合键时,要将行线接一个并行口,先让它工作在输出方式,将列线也接到一个并行口,先让它工作在输入方式。程序使 CPU 通过输出端口往各行线上全部送低电平,然后读入列线的值。如果此时某一

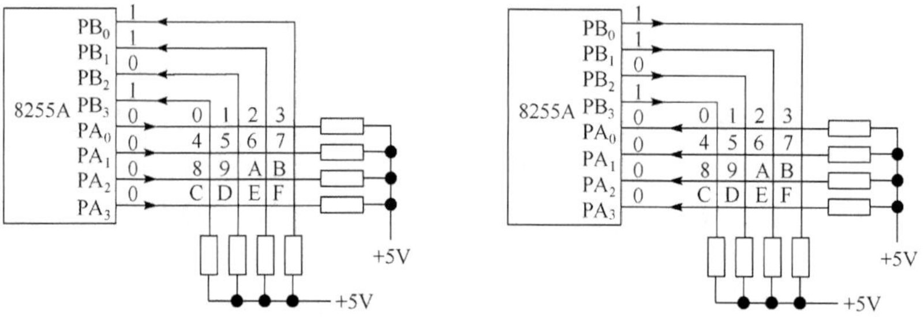

(a) 行线输出，列线输入　　(b) 列线输出，行线输入

图 4-3-5　行反转法的工作示意图

个键被按下，则必定会使某一列线值为 0。然后，程序再对两个并行端口进行方式设置，使接行线的并行端口工作在输入方式，而使列线的并行端口工作在输出方式，并且将刚才读得的列线值从所接的并行端口输出，再读取行线的输入值，那么，闭合键所在的行线上的值必定为 0。这样，当一个键被按下时，必定可以读得一对位移的行值和列值。

如图 4-3-5 中标号为 5 的键闭合，则第一次往行线输出全 0 后，读得列值为 1011，第二次从列线输出刚才读得的值 1011 后，会从行线上读得行值 1101，于是，行值和列值合起来得到一个数值 11011011，即 DBH，这个值对应了键 5，它一定是唯一的。因此，根据读得的行值和列值为 DBH 便可确定按下的为键 5。在程序设计时，将各个键对应的代码放在一个表中，程序通过查表来确定具体按下的为哪一个键。

用行反转法来确定具体闭合键时，如果遇到多个键闭合的情况，则输入的行值或者列值中一定有一个以上的 0，而由程序预先建立的键值代码表中不会有这样的值，因而，可以判断为重键而重新查找，所以，用这种方法可以很方便地解决重键问题。

如图 4-3-6 所示，设用 8255A 的端口 A 连接行线，用端口 B 连接列线，则用行反转法判别闭合键的流程如图 4-3-7 所示。

下面是用 C51 语言编写的用行反转法识别闭合键的程序清单。

```
unsigned char ROW,COL;            //键扫描返回行值和列值
void Read_key(void)
{
  unsigned char i,j;
  PORT1=0x82;    //PORT1 是 8255A 的控制口地址，
                 //设控制字，A 口为输出，B 口为输入
  PORTA=0x00;    // A 口输出全 0
  ROW=PORTB;     //回读
```

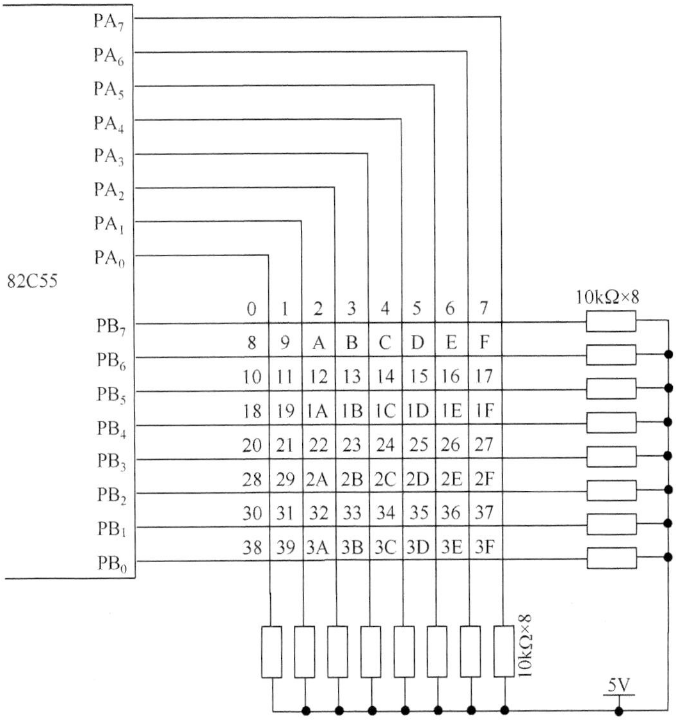

图 4-3-6　行反转法的键盘连接

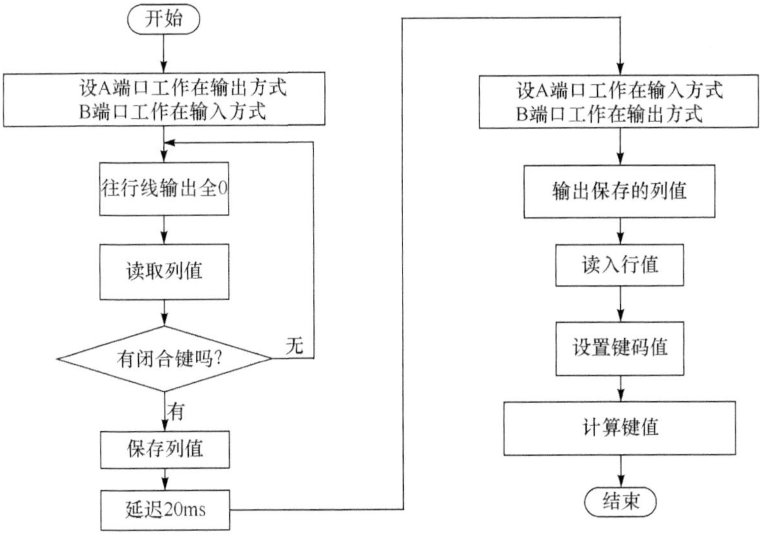

图 4-3-7　用行反转法判别闭合键的流程

```
    if(ROW != 0xff)  //是否有按键按下
    {
      Delay();
      PORT1=0x90;     //行反转
      PORTB=ROW;      //输出回读值
      COL=PORTA;
      …  //ROW 为 0 的位对应按键的行信息,COL 为 0 的位对应按键的列信息
    }
  }
```

得到行值列值后和键码表进行比较查询,以确定具体的键值。

3. 抖动和重键问题的解决

在键盘设计时,除了对键码的识别,还有两个问题需要解决,一个是抖动问题,另一个是重键问题。

当用手按下一个键时,往往出现所按键在闭合位置和断开位置之间跳几下才稳定到闭合状态的情况;在释放一个键时,也会出现类似的情况,这就是抖动。抖动的持续时间随操作员而异,但是通常总是不大于 10ms。很容易想到,抖动问题不解决就会引起对闭合键的错误识别。

用软件的方法可以很容易地解决抖动问题,这就是通过延迟来等待抖动消失之后,再读入键码。在前面行扫描法和反转识别法闭合键的程序中可以看到,就是用这种方法来消除抖动的。

所谓重键就是指有两个或多个键同时闭合。出现重键时,如果用行扫描法或行反转法来读取键码值,必然出现读取值中有一个以上的 0,于是就产生了到底是否给予识别和识别哪一个键的问题。

实际上,通常遇到的是两键相重的情况,细分起来,如图 4-3-8 所示,有如下几种重键情况(图中阴影部分为闭合或断开时的抖动)。

① A 键先按后放,B 键后按先放;

② A 键先按先放,B 键后按后放;

③ A 键、B 键同时按下,但 A 键先放。

对重键问题的处理一般采用两种方法,一种为连锁法,一种为巡回法。

1) 连锁法

用连锁法处理重键的原则是,在所有键释放后,只承认此后闭合的第一个键,对此键闭合时按下的其他键均不进行识别,直到所有键释放以后,才读入下一个键。

按照连锁法的原则,如果只按下一个 A 键,那么,在程序测得 A 键闭合之后,

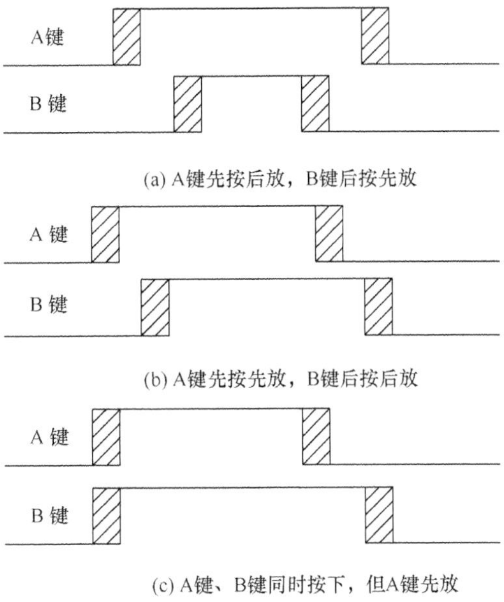

图 4-3-8 重键的几种情况

延迟 20ms 去除抖动。然后再进行检测，则 A 键必然被识别，这是最理想的情况。

遇到图 4-3-8(a)这种情况，即 A 键先按后放，B 键后按先放，则读入 A 键，而不读入 B 键。如果是图 4-3-8(b)的情况，即 A 键先按先放，而 B 键后按后放，按照连锁法的思想，应该识别 A 键而不读 B 键。但是，在有些微型计算机系统中，也将这种情况看成想闭合 B 键而不小心带下了 A 键，所以将 A 键作为无效，而将 B 键读入，这样做尽管和连锁法的基本原则稍有不符，但如果其他情况大体按连锁法处理，仍不失为连锁法。

如果 A、B 两键同时按下，而 A 键先释放，如图 4-3-8(c)所示的情况。则连锁法认为这是违章操作而造成两键同时按下，所以，将两键都舍弃不读。但是在实际的系统程序设计时，也有人将这种情况认为是操作员想按下 B 键而带下了 A 键，因而读入 B 键。另外，还有人将软件先识别出的那个键(可能是 A，也可能是 B)读入，而将另一个键舍弃。

图 4-3-9 是连锁法识别重键的程序流程图。

设采用 4×4=16 键的小键盘，用 8255A 端口 A($PA_7 \sim PA_4$)连接行线，作为输出口，用端口 B($PB_7 \sim PB_4$)连接列线，作为输入口。

程序一开始调用键盘扫描程序检查有无键闭合。如有键被按下，则 AL 中为键的行列值，而键闭合标志单元置为 FF；如没有键闭合，则 AL 中的键行列值为 FF，而键闭合标志为 0。

当只有一个键闭合时，来看看程序如何执行。

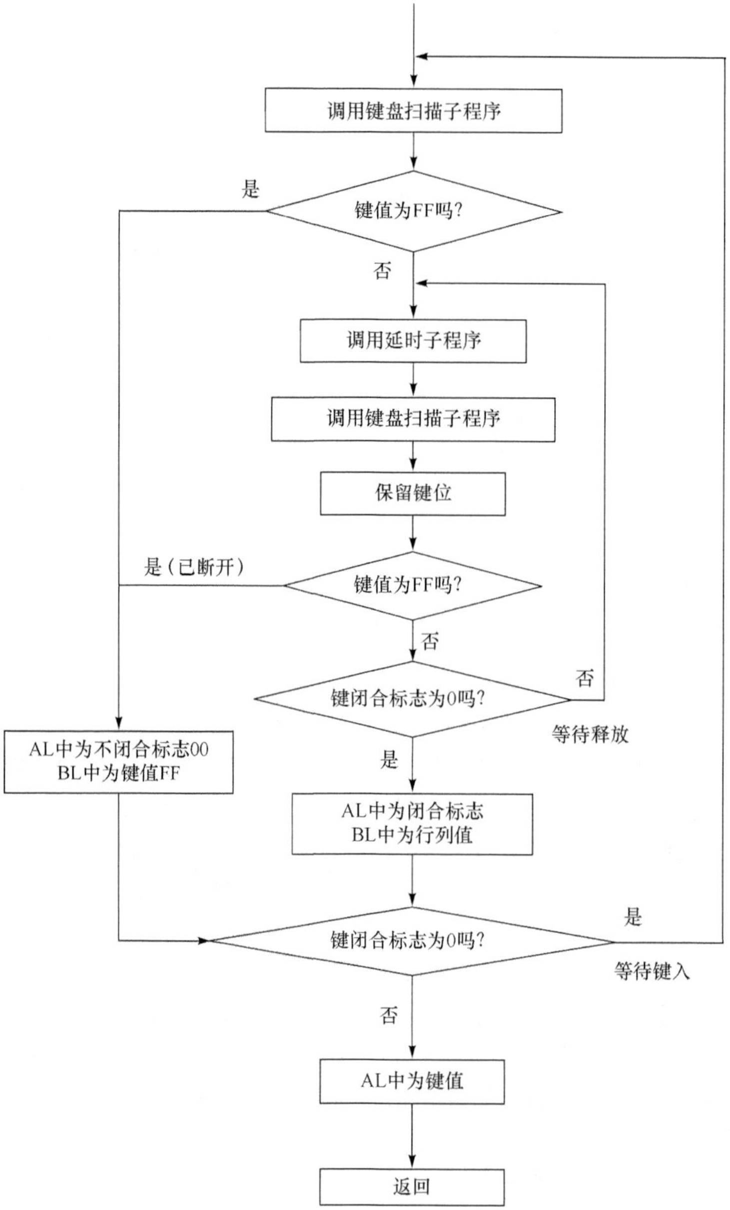

图 4-3-9 连锁法识别重键程序流程图

例如,只有 A 键闭合。当第一次用键盘扫描程序扫描时,会测得有键闭合,所以调用延迟程序去除抖动,等待抖动消失以后,再调用键盘扫描程序检测,此时保留行值和列值。如果键仍闭合,则继续延迟,直到测得键标志为 0,即不闭合时,才退出循环,程序将此作为一次成功键而保留行列值,且将键闭合标志置为 FF。重新对键进行判别时，会再次调用键盘扫描程序，然后又询问是否有键闭合，如有闭合键，则调用延迟程序后，再查是否有闭合键。如仍有闭合键，则接着测试键闭合标志，由于此时键闭合标志为 FF，所以，会通过循环不断调用延迟程序，直到闭合键释放以后，才将闭合键标志清 0。所以，在进入连锁程序时，如果前面的闭合键没有释放，则程序会自动等待，直到闭合键释放后，才又等待下一个键的闭合，并对它进行判别。

有一个较少遇到的特殊情况，就是在调用键盘扫描程序时，正好遇到一个键释放时产生低电平列值，于是，就又进入等待释放循环，假如确实是释放过程中的抖动，那么，经过执行延迟程序后，便会发现此键已经断开，于是程序将键闭合标志置成 0，从而等待下一个键的闭合。上面是有关正常键的判别过程，从分析中可见，此程序对正常键是能正确识别的。

对于 A 键先按后放，B 键后按先放的重键情况。此后程序会先找到 A 键，读入相应值，并将闭合标志置为 FF(表示已闭合)，由于此程序总测得有闭合键(可能是 A 键闭合，也可能是 A 键和 B 键都闭合)，所以，会按照等待释放的分支执行，也就是说，B 键的闭合并没有影响程序的执行路径和标志状态，也没有影响行列值。在 A 键被释放以后，程序在 AL 寄存器中保留行列值作为返回参数而返回。

对于 A 键先按先放，B 键后按后放的重键情况，程序会先找到 A 键，并将键闭合标志置为 FF。所以，和上一种重键情况一样，在一个时间段中，由于 A 键闭合或者 A 键、B 键同时闭合，也可能是由于 B 键闭合，程序会总是测得有闭合键。因此，闭合键标志不会是 0，于是，执行等待释放的分支程序。只是这里 B 键为后释放，因此，程序要等 B 键被释放后才退出循环。而在等待释放循环中，由于 A 键先释放，故读得 B 键。

当 A 键和 B 键同时闭合时，按照这个连锁法程序流程，在等待释放键的循环中，先释放的那个键被舍弃，后释放的键被读入。

可见，上面的流程可以比较好地处理各种重键情况。

2) 巡回法

巡回法识别重键的思想是：等前面所识别的键被释放以后，就可以对其他闭合键进行识别。

具体地讲，在只有 A 键闭合的情况下，当然读入 A 键。如果 A 键先按后放，B 键后按先放，那么由于采用巡回法时，只有在 A 键释放以后才会识别其他键，所以对 B 键不予识别。如果 A 键先按先放，B 键后按后放，且 A 键和 B 键不在同一行上，则巡回法认为这是正常快速操作，所以，对两键均读入。如果 A 键、B 键同时被按下，但 A 键后释放，B 键先释放，而 A 键处于较小行号上，则只有 A 键被读入；但如果 A 键处于较大行号上，则由于它后释放，所以会使 A 键、B 键均被读入。

从上面所述的巡回法对各种重键的处理过程中，可以看出，巡回法比较适合快速键入操作。图 4-3-10 中给出了巡回法识别闭合键的流程图。下面根据流程来分析利用巡回法是如何处理重键问题的。

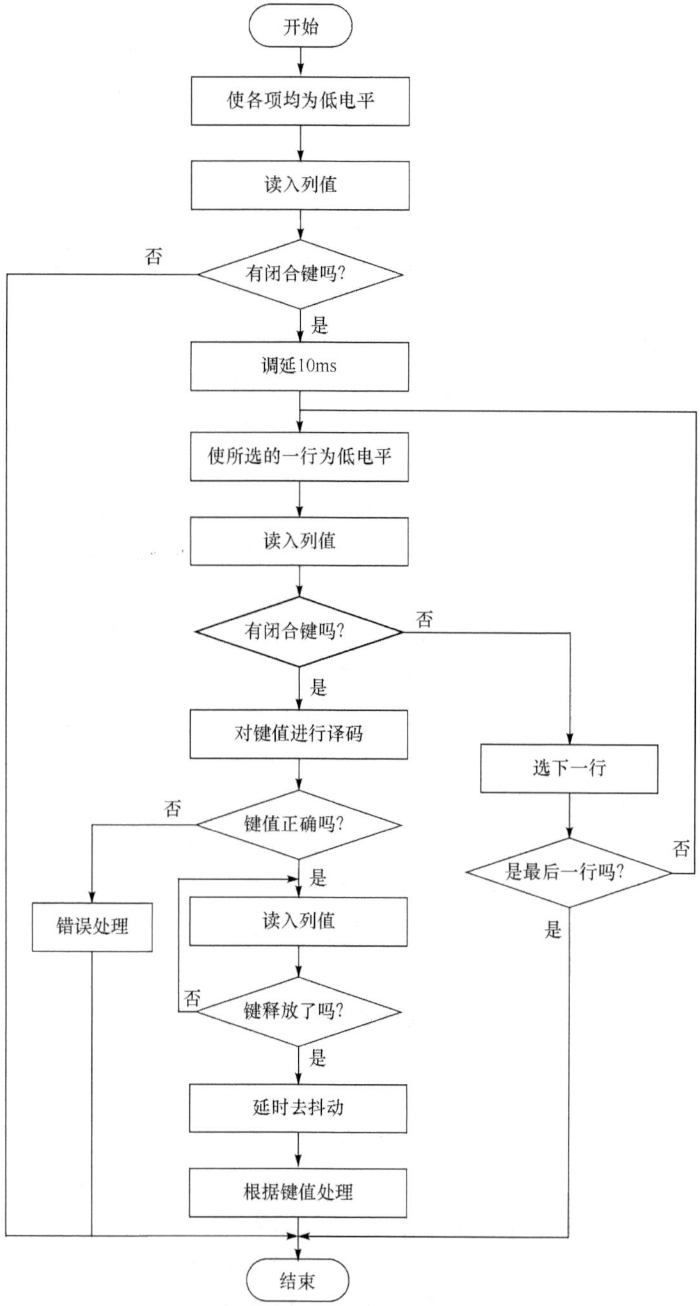

图 4-3-10　巡回法识别闭合键的流程图

当只有 A 键闭合时,程序通过使所有行为低电平,再读入列值,来判别出有键按下,延迟一定时间以后,再进行逐行扫描,并读取列值,便可判别此键的位置,从而对键做出识别。此后,便等待闭合键的释放,即对闭合键所在行固定输出为低电平,而对其他行输出高电平。程序不断读取列值,如列值表明仍有键闭合,则继续循环,直到检测出键已断开时,再延迟一定时间等待抖动消失。

对于 A 键先按后放、B 键后按先放的重键情况,巡回法程序会先识别 A 键,然后键入等待释放的循环。如果 A 键和 B 键在同一行上,那么,在等待释放循环中,由于 A、B 键的同时闭合,程序会读得错误的列值,但是这个列值并不保留,所有对 A 键的识别不会受影响,而 B 键则被舍弃。

对于 A 键先按先放,B 键后按后放的重键情况,可以分为两种情况来分析,一种情况是 A 键和 B 键在同一行上,另一种情况是 A 键和 B 键不在同一行上。

当 A 键和 B 键在同一行时,程序当然对先按下的 A 键作识别,此后等待键的释放。和 A 键先按后放的重键情况类似,在等待释放的过程中,尽管由于 A 键、B 键的同时闭合以及 B 键的闭合使程序会读入错误的列值,但此列值并不保留,所以并不影响 A 键的键值。于是,在这种情况下,程序读入 A 键而舍弃 B 键。

当 A 键和 B 键不在同一行上时,由于 A 键先按下,所以先读得 A 键的值。在等待 A 键释放的过程中,只要 A 键释放,即使其他行上有 B 键闭合,程序读得的列值仍会表明 A 键已释放,于是进入键命令处理。当再次进入巡回法程序时,由于另一行上的 B 键还未释放,所以程序在这种情况下会读得 B 键的键值,然后等待 B 键的释放。所以,当 A 键和 B 键不在同一行上时,一个先按先放,一个后按后放,程序会按照两键闭合的顺序而先后读入。

当 A、B 两键同时闭合,但 B 键先释放,A 键后释放时,可以分为三种情况。一种情况是 A 键和 B 键同行不同列;另一种情况是 A、B 两键同列不同行;还有一种情况是两键既不同列,也不同行。下面来分析一下这三种情况下键的识别情况。

当 A 键和 B 键处于同一行时,在两键同时闭合的情况下,程序会同时扫描到两键。这样,读得的列值中会有两个 0,于是,得到的键值和键代码表中列出的任何一个值均不同,因此,键译码程序会将此作为错误来处理,将此值舍弃。

当 A 键和 B 键处于同列不同行时,如果两键同时闭合,那么,程序将读取所在行序号较小的那个键。在等待此键释放之后,如果另一个键还处于闭合状态,那么再次扫描时,第二个键也被读入,如果在等待较小行序号上那个键释放过程中,另一个键先释放了,那么,先释放的那个键就被舍弃不读。

当 A 键和 B 键既不同行也不同列时,如果两键同时闭合,那么,和两键同列不同行的情况类似,程序也会先读入较前面一行上的键。如果后一行上的那个键晚释放,那么,通过对键识别程序的再次调用,另一个键也被读入。

4.3.2 显示技术

1. LED 显示

在任何计算机系统中，显示设备是不可缺少的输出设备。一般计算机系统都配置 CRT 显示器，即阴极射线管，通常称为屏幕，计算机系统通过屏幕将处理结果以字符或图形形式显示出来。在一些专用的计算机系统中，特别是用在实时控制、过程控制中的微机系统中，或用单板机、单片机组成的控制系统中，往往只需要数字显示功能，这时用七段（或八段）数码管或液晶显示器就够了，这样可以使系统成本低、体积小、功耗小、可靠性高。

1) LED 显示器的结构

七段（或八段）数码管(Light Emitting Diode，LED)，是在单板机、单片机系统中普遍采用的显示器件。LED 的结构如图 4-3-11 所示。七段数码管由七个发光二极管组成，七个发光二极管的不同组合，可以显示 0～9 和 A～F 的数码。而八段数码管比七段数码管多一个发光二极管，在显示一些数字（如 4）或字母时更美观一些。

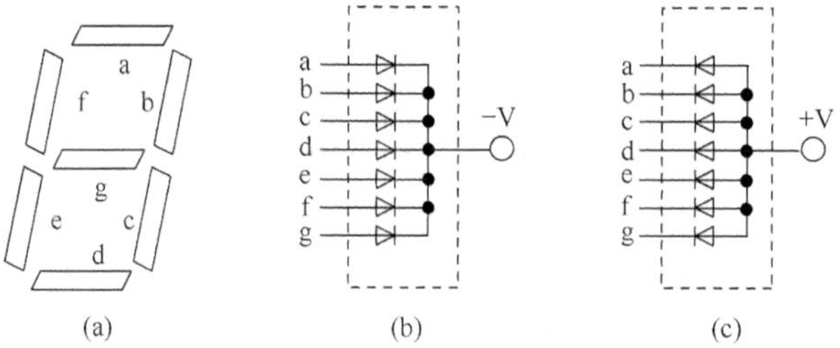

图 4-3-11　LED 的结构

LED 数码管分为共阴极和共阳极两种结构。所谓共阴极是指数码管中的所有发光二极管的阴极连接在一起，在电路中连接低电平，当每段的阳极端变为高电平时，相应的二极管就发光。而共阳极数码管中的所有发光二极管的阳极连接在一起，在电路中连接高电平，当每段的阴极端为低电平时，相应的二极管就发光。

将数码管连接进电路中时，其 a、b、c、d、e、f、g 端分别对应于系统的数据总线的 D_0～D_6，而 D_7 不使用或对应于数码管的小数点。因此，要使数码管显示某个数码，在 a～g 端加以“高”或“低”电平，即使数据总线 $D_i=1$ 或 $D_i=0$，七段数码管的字符编码如表 4-3-1 所示。

表 4-3-1　七段数码管的字符编码

字符	编码							字符	编码						
	g	f	e	d	c	b	a		g	f	e	d	c	b	a
0	0	1	1	1	1	1	1	8	1	1	1	1	1	1	1
1	0	0	0	0	1	1	0	9	1	1	0	1	1	1	1
2	1	0	1	1	0	1	1	A	1	1	1	0	1	1	1
3	1	0	0	1	1	1	1	b	1	1	1	1	1	0	0
4	1	1	0	0	1	1	0	C	0	1	1	1	0	0	1
5	1	1	0	1	1	0	1	d	1	0	1	1	1	1	0
6	1	1	1	1	1	0	1	E	1	1	1	1	0	0	1
7	0	0	0	0	1	1	1	F	1	1	1	0	0	0	1

2) LED 显示器接口

由多个 LED 组成的显示器的接口方法有两种:动态驱动法和静态驱动法。

(1) 动态驱动法。

动态驱动法采用一般的锁存器或并行接口电路,连接数码管显示器,如图 4-3-12所示。本例中使用并行接口电路 8255A。图中用 8255A 的 A 口连接所有数码管的 a～g 端,控制数码管显示数字,而用 8255A 的 B 口连接各数码管的阴极端,控制数码管是否显示数字,即控制哪个数码管显示数字。要显示的数字编码送到 8255A 的 A 口时,这个数字的编码加到所有数码管上,而哪一位数码管显示这个数字,取决于 8255A 的 B 口的控制,即 8255A 的 B 口的输出使哪一位数码管的共阴极端接为低电平。如让显示器的所有数码管同时显示数字,则利用人的视觉暂留现象,使数码管轮流显示本身应显示的数字,6 个数码管循环显示一遍不能超过人的视觉暂留时间,即 1/24s(41ms),对于每个数码管显示数字 1～6ms,这样

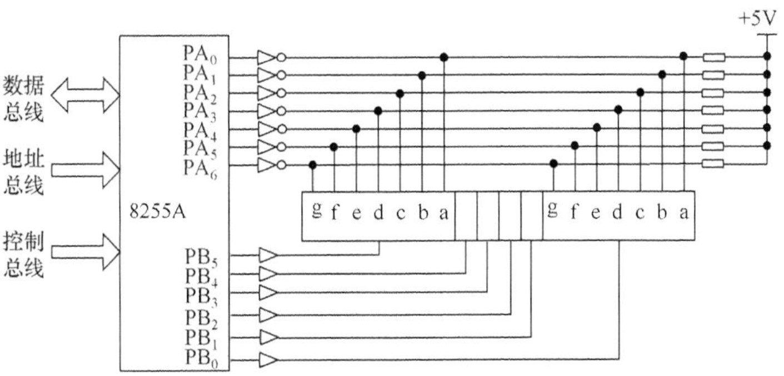

图 4-3-12　动态驱动 LED 显示器接口

使人们前一次看到的某数码管显示数字，然后熄灭，到下一次在重新显示该位数字，中间经过约30ms，所以给人的感觉是连续显示。

对于图4-3-12的显示器接口电路，其显示程序如下。

```
unsigned charvolatile xdata  SEGA  _at_ 0xf000        //8255A的A口地址
unsigned charvolatile xdata  DIGA  _at_ 0xf001        //8255A的B口地址
void DISP(unsigned int dat)  //在数码管上显示dat中的数据
  {
  unsigned char code SEGTAB {3FH,60H,5BH,4FH,66H,6DH,7DH,07H,7FH,6FH,77H,
  7CH,39H,5EH,79H,71H,00H };  //译码表
  unsigned char DISMEM[6];//各位显示的数字存放在DISMEM中
  unsigned char i,j,k; int m;
  for(i= 0;i<6;i++)   //将dat中数据的各个位分别放入DISMEM数组中
  {
    DISMEM[5 -i]=dat %  10;
    dat=dat /10;
  }
  k=0x20;
  for(i=0; i<6; i++)  //显示数组中的各个位
      {
      DIGA=~k;                      //选通第i位的数码管
      SEGA=SEGTAB[DISMEM[i]];      //送要显示数字对应的七段代码
      Delay();                      //根据视觉暂留现象,延时应在40ms以上
      k>>=1;
      }
  }
```

动态驱动法要求主程序将要显示的数字放入显示存储单元，每个存储单元的低4位放要显示的数字，由显示程序从显示存储单元依次取出，转换为七段代码，送至数码管的阳极端，同时选择相应的数码管，循环执行以维持同时显示。这种方法的优点是硬件电路简单，缺点是程序复杂，增加了CPU的负担，且一旦显示程序停止执行，则数码管熄灭(最多有一个数码管显示数字)。

(2) 静态驱动法。

静态驱动法是通过硬件线路锁存显示数字，通过专用的带有驱动器的LED译码器将要显示的0～9的数字译为七段代码，并驱动数码管，如要实现上述6个数码管的显示器，其接口电路如图4-3-13所示。图中用3个74LS273锁存器，每个锁存器保存两位BCD码数据，其输出接至7447译码驱动器的输入端，7447的输出端接至数码管的阳极端，而数码管的阴极端接地。要显示的数据直接送入

74LS273 锁存即可显示,直至更新 74LS273 的数据。向显示器输入非 BCD 码数据时,可熄灭显示器。

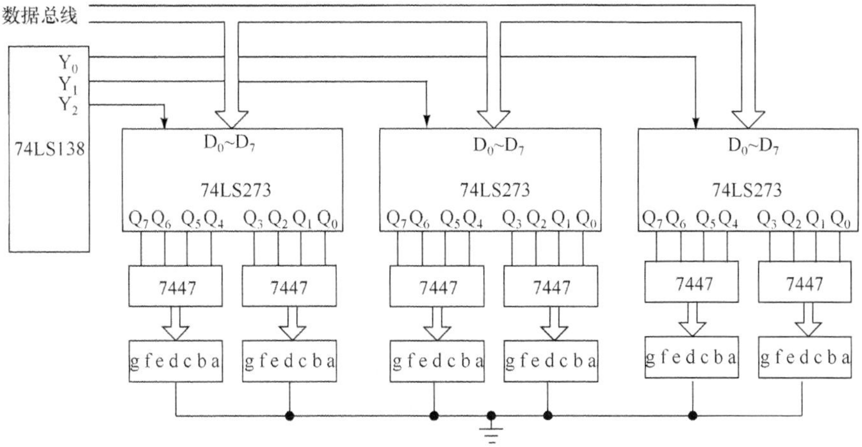

图 4-3-13 静态驱动 LED 显示器接口

静态驱动法的优点是编程简单,CPU 负担轻,缺点是硬件线路较复杂。静态驱动法还可采用可编程键盘/显示器接口电路 HD7279 芯片实现。

2. 液晶显示和控制

液晶是介于固体和液体之间的一种有机化合物,它和液体一样可以流动,又具有类似于晶体的某些光学特性,即在不同方向上它的电气效应不同。利用这种特性可制成液晶显示器(Liquid Crystal Display,LCD)。LCD 具有体积小,质量轻,微功耗等特点,弥补了 LED 显示器效果不够美观、不能显示图形和汉字等缺点。其应用非常广泛,从家用电器到工业用品乃至军工用品,在显示器方面都有 LCD 的应用,也是计算机应用系统的一种常用人机接口形式。

1) LCD 的基本结构及工作原理

LCD 的结构如图 4-3-14 所示,主要由液晶材料、上下电极、上下电极基板、上下偏振片以及反射板构成。由于液晶具有一定的光学特性,如各向异性、双折射等,在电场的控制下晶体排列发生变化,因此折射率随之改变。当上下电极之间加一定的电压时,晶体的排列方向改变,入射光无法到达反射板而形成反射光,呈现

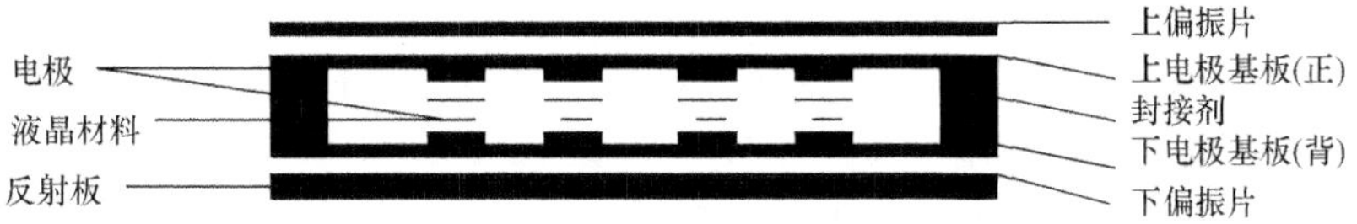

图 4-3-14 LCD 的结构

黑色;或者发生散射而呈现不同的颜色。根据这一特性,可制成不同类型的显示器。

这种显示器可在低电压(3～6V)、低功耗(0.3～100mW)的条件下工作,可与CMOS电路直接匹配。

LCD本身不发光,需借助于自然光或外光源才能显示字符或图像。依靠自然采光方式结构简单,价格低廉,但是在自然光暗淡时效果欠佳。依靠外光源方式是在显示屏两边都设有作为光源的灯管,而在液晶显示屏背面有一块背光板(或称匀光板)和反光膜,背光板是由荧光物质组成的,可以发射光线,其作用主要是提供均匀的背景光源。

2) LCD的驱动方式

LCD的驱动方式一般有静态驱动和动态(时分割)驱动两种。

静态驱动方式:类似于LED驱动方式,即逐个驱动所有段电极,所有字段电极和背电极(即公用电极)之间仅在显示时才施加电压(通常为4V或5V),施加电压的某段会呈现出黑色。注意所施加的电压必须周期地改变极性。

动态驱动方式:类似于CRT的扫描驱动方式。当LCD上显示像素众多时,如点阵型LCD,为了节省庞大的硬件驱动电路,将显示像素排列成矩阵结构。液晶显示的动态驱动法是循环地给一组背电极施加选择脉冲,同时所有为显示数据的段电极给出相应的选择或非选择的驱动脉冲,从而实现某行所有显示像素的显示功能,这种行扫描是逐行顺序进行的,循环周期很短,使得液晶显示屏上呈现出稳定的图像。

3) LCD显示模块

LCD控制电路结构复杂,与液晶屏之间的连线很多,为了方便应用,提高显示器的可靠性,LCD通常与控制器、背光源等制成一体,称为液晶显示模块(Liquid Crystal Display Module,LCM)。以LCM的形式提供给使用者的好处是,用户使用时不必过多关注控制电路的内部结构和工作原理,主要考虑如何编程操作,降低了使用难度。

各种型号的LCM通常是按照显示字符的行数或液晶点阵的行、列数来命名的。例如,LCD1602模块,“16”表示液晶屏每行可显示16个字符,“02”代表液晶屏可以显示2行;RT12864Hz模块,12864的意思是液晶屏由128列、64行组成,即共有128×64个点来显示各种图形。

(1) LCM的结构。

LCM将液晶显示器、控制器、点阵驱动器、背光源和外部连接端口等组装在一起,作为一个独立部件使用。其内部结构图如图4-3-15所示。

LCM的功能特点主要取决于其控制器,例如,控制芯片HD44780是字符型液晶显示控制器的代表电路,它只能控制显示ASCII字符;控制芯片ST7920是点阵图形型液晶显示控制器的代表电路,它可以控制显示数字、字符、汉字和图形。注意:这两种类型的控制芯片都内置有驱动器。控制器通常采用控制指令集进行控制显示。

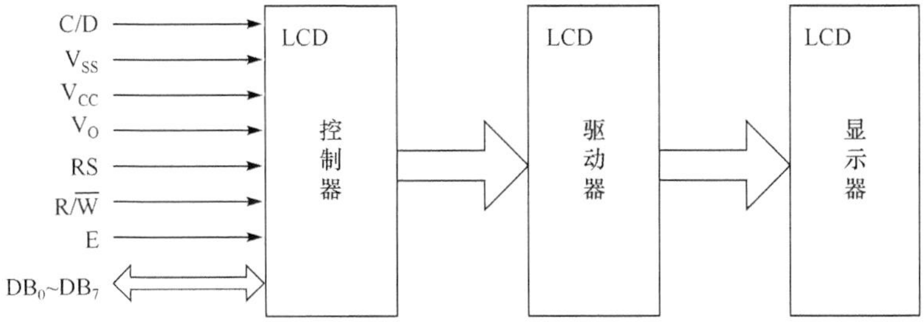

图 4-3-15 LCD 内部结构图

LCM 只留有一个接口与外部通信。LCM 模块通过这个接口接收显示的命令和数据,并按命令和数据的要求进行显示;外围电路通过这个接口读出显示模块的工作状态和显示数据。

(2) LCM 的分类。

根据 LCM 显示内容的不同,LCM 可以分为下列三种。

① 笔段型。

笔段型 LCM 的显示器是以长条笔画状显示像素组成的,它只能显示数字以及一些特殊的字符。这种显示模块成本比较低,适用于仅需要显示数字的场合。

② 点阵字符型。

点阵字符型 LCM 的显示器由 5×7、5×8 或 5×11 的一组组像素点阵列排列组成,每组为 1 位,每位间有一定的间隔,每行间也有一定的间隔,所以不能显示图形。字符型液晶显示器件,可以分行显示数字和字符,也可显示少量自定义符号。目前市场上主要有 LCD1601/02、LCD0801/02 等型号的字符型 LCM。

③ 点阵图形型。

点阵图形型 LCM 的显示屏也是由行列矩阵像素构成的,但点阵像素连续排列,行和列在排布中均没有空隔。因此可以显示连续、完整的图形。行列点阵中任意一个点的显示或不显示可以通过程序控制。它不仅可以显示数字和字符,而且可以显示汉字和图形,达到图文并茂的效果。

(3) 液晶显示控制驱动器。

LCM 一般都内置有 LCD 控制芯片,主要用于控制液晶的显示,它采用控制指令集进行控制显示。LCD 控制芯片内部一般都含有驱动器、显示缓冲区以及字符发生器。例如,HD44780 控制驱动器用于控制点阵字符型 LCM 的显示,虽然已具有驱动 40×16 点阵液晶像素的能力,但还可以通过外接驱动器扩展 360 列驱动;

ST7920 控制驱动器用于点阵图形型 LCM 的显示。

3. LCM RT12864Hz 简介

RT12864Hz 是一种具有并行、串行两种控制方式，内含有简体中文字库的点阵图形 LCM，液晶屏为 128×64 点阵，采用 ST7920 点阵 LCD 控制/驱动器，5V 电压驱动，带背光，具有专用指令集，可完成文本显示或图形显示的功能设置，以及实现画面卷动、光标、闪烁等功能。模块由 20 个引脚与外界电路相连。利用该模块灵活的接口方式和简便、方便的操作指令，可构成全中文人机交互图形界面。

1) 控制电路的结构

控制电路主要由显示数据存储器(DDRAM)、字符发生器、指令寄存器(IR)、数据寄存器(DR)、地址计数器(AC)、忙标志(BF)、绘图 RAM(GDRAM)和光标/闪烁控制电路组成。

(1) 显示数据存储器：用来存储所要显示数据的编码。

(2) 字符发生器：存储不同的点阵字符图形。其中字符发生器 HCGROM 存储 128 个 ASCII 字符的编码(8×16 点阵)，如图 4-3-16 所示；字符发生器 CGROM 存储 8192 个中文汉字的编码(16×16 点阵)；字符发生器 CGRAM 存储用户自定义字符(16×16 点阵)。

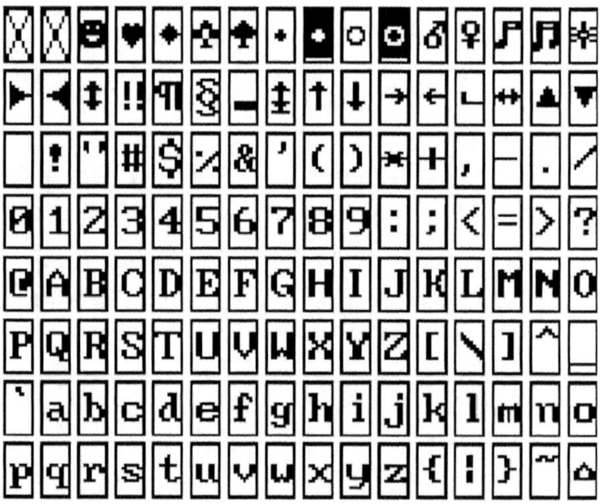

图 4-3-16　8×16 半宽字型表

一个 ASCII 字符用 1 字节 16 进制数表示编码，编码范围为 02H ～7FH。一个汉字用 2 字节 16 进制数表示编码，编码范围为 A1A0H ～F7FEH，写入显示数据存储器时，先写入高 8 字节，再写入低 8 字节。自定义字符用 2 字节 16 进制数表示编码，且仅有四组编码 0000H、0002H、0004H 及 0006H。

(3) 指令寄存器:用来存放单片机要写给 LCM 的指令码,8 位。

(4) 数据寄存器:用来存储单片机要写到显示数据存储器或 CGRAM 的数据,或存储单片机要从显示数据存储器或 CGRAM 读出的数据,因此数据寄存器可视为一个数据缓冲器。

只要先把欲存放数据的地址写入指令寄存器,再把欲显示的数据写入数据寄存器,数据寄存器就会自动把数据传送至相对应的显示数据存储器或 CGRAM。

(5) 地址计数器:用来指示欲存取数据的显示数据存储器或 CGRAM 的地址。地址设定指令可把所设定的地址由指令寄存器传送至地址计数器内。每当存取 1 字节的数据时,地址计数器的内容就会自动加 1。

(6) 忙标志:用于状态字检测。BF=1 时,表明 LCM 正在进行内部操作,不能接收单片机送来的指令或数据。由于单片机处理一个指令的时间很短,只需几微秒左右,而 LCM 需要 40μs ～1.64ms 的时间,单片机要写数据或指令到 LCM 之前,必须先查看忙标志是否为 0。

(7) 绘图 RAM:提供 128×8 字节记忆空间,最多控制 64×256 点二维绘图缓冲空间。

(8) 光标/闪烁控制电路:产生光标或使光标在显示位置处闪烁,显示位置为地址计数器中的显示数据存储器地址。

2) 接口信号说明

RT12864Hz 液晶模块共有 20 个引脚,各引脚功能如表 4-3-2 所示。

表 4-3-2　RT12864Hz 液晶模块的引脚及功能

引脚号	引脚名称	方向	功能说明
1	V_{SS}	—	模块的电源地
2	V_{DD}	—	模块的电源正端
3	V_0	—	LCD 驱动电压输入端
4	RS(CS)	H/L	并行的数据/指令选择信号;串行的片选信号
5	R/W(SID)	H/L	并行的读写选择信号;串行的数据口
6	E(SCLK)	H/L	并行的使能信号;串行的同步时钟
7	DB_0	H/L	数据 0
8	DB_1	H/L	数据 1
9	DB_2	H/L	数据 2
10	DB_3	H/L	数据 3
11	DB_4	H/L	数据 4
12	DB_5	H/L	数据 5

续表

引脚号	引脚名称	方向	功能说明
13	DB_6	H/L	数据 6
14	DB_7	H/L	数据 7
15	PSB	H/L	并/串行接口选择：H 为并行；L 为串行
16	NC		空脚
17	$\overline{RET}$	H/L	复位 低电平有效
18	NC		空脚
19	LED_A	—	背光源正极(LED0V)
20	LED_K	—	背光源负极(LED+5V)

其中有 8 条数据线，5 条控制线，3 条电源线，2 条背光电源线，2 条没定义。通过 RS、R/W 及 E 引脚控制 RT12864Hz 的读/写操作，并用 RS、R/W 两引脚进行片内 I/O 口寻址。只有在 E 为高电平时，才能进行读操作或写操作，在其下降沿锁存数据。

3) 并行基本操作时序

RT12864Hz 模块的 DB_0～DB_7 与单片机的数据总线相连时，单片机将其作为片外 I/O 端口，控制器采用并行控制方式，读写操作时序如下。

读状态字：当 RS=L、R/W=H、E=H 时，由 DB_0～DB_7 输出状态字。DB_7 为忙标志的内容，DB_6～DB_0 为地址计数器的内容。

写指令：当 RS=L、R/W=L、E 为上升沿时，指令码输入 DB_0～DB_7 引脚上；E 为下降沿时，就会把在 DB_0～DB_7 引脚上的数据送入指令寄存器。

写数据：当 RS=H、R/W=L、E 为上升沿时，数据加载到 DB_0～DB_7 引脚上；E 为下降沿时，就会把在 DB_0～DB_7 引脚上的数据存入数据寄存器。

读数据：当 RS=H、R/W=H、E=H 时，单片机会将数据寄存器内的数据由 DB_0～DB_7 输出。

4) 指令详解

RT12864Hz 的基本指令集如表 4-3-3 所示。

表 4-3-3 RT12864Hz 基本指令集

指令	指令码										功能说明
	RS	RW	DB_7	DB_6	DB_5	DB_4	DB_3	DB_2	DB_1	DB_0	
清屏	0	0	0	0	0	0	0	0	0	1	将显示数据存储器填满“20H”，地址计数器被清零
光标归位	0	0	0	0	0	0	0	0	1	X	地址计数器被清零，光标回原点；该指令不改变显示数据存储器的内容

续表

指令	指令码										功能说明
	RS	RW	DB_7	DB_6	DB_5	DB_4	DB_3	DB_2	DB_1	DB_0	
置输入方式	0	0	0	0	0	0	0	1	I/D	S	读写数据时，设置光标、显示字符移动的方式
显示状态开/关	0	0	0	0	0	0	1	D	C	B	控制显示器 ON 或 OFF，控制光标 ON 或 OFF，决定光标是否闪烁
光标/字符移位	0	0	0	0	0	1	S/C	R/L	X	X	光标/字符向左或向右滚动一个字符位，不影响显示数据存储器
功能设定	0	0	0	0	1	DL	X	RE	X	X	选择基本/扩充指令集，设置控制器的控制方式
设置 CGRAM 地址	0	0	0	1	AC_5	AC_4	AC_3	AC_2	AC_1	AC_0	将 6 位的 CGRAM 地址写入地址计数器中，随后是对 CGRAM 的读/写操作
设置显示数据存储器地址	0	0	1	AC_6	AC_5	AC_4	AC_3	AC_2	AC_1	AC_0	将 7 位的显示数据存储器地址写入地址计数器中，随后是对显示数据存储器的读/写操作
读忙标志及地址计数器值	0	1	BF	AC_6	AC_5	AC_4	AC_3	AC_2	AC_1	AC_0	读取忙碌标志，以确认内部动作是否完成，同时读出地址计数器中地址
写数据到 RAM	1	0	D_7	D_6	D_5	D_4	D_3	D_2	D_1	D_0	将编码、自创字符、图形存入显示数据存储器、CGRAM、绘图 RAM
读 RAM 的值	1	1	D_7	D_6	D_5	D_4	D_3	D_2	D_1	D_0	从显示数据存储器/CGRAM/绘图 RAM 中读出数据，仅用于并行方式

RT12864Hz 扩充指令集如表 4-3-4 所示。

表 4-3-4　RT12864Hz 扩充指令集

指令	指令码										功能说明
	RS	RW	DB_7	DB_6	DB_5	DB_4	DB_3	DB_2	DB_1	DB_0	
待命模式	0	0	0	0	0	0	0	0	0	1	进入待命模式后，任何其他指令都可以终止待命模式，不影响 RAM
卷动地址或 RAM 地址选择	0	0	0	0	0	0	0	0	1	SR	SR=1：允许输入垂直卷动地址
反白选择	0	0	0	0	0	0	0	1	R_1	R_0	选择 4 行中的任一行作反白显示，并可决定反白与否（不适用该模块）
睡眠模式	0	0	0	0	0	0	1	SL	X	X	SL=1：脱离睡眠模式 SL=0：进入睡眠模式
扩充功能设定	0	0	0	0	1	1	X	RE	G	0	RE=1：扩充指令集 RE=0：基本指令集 G=1：绘图显示 ON G=0：绘图显示 OFF

续表

指令	指令码										功能说明
	RS	RW	DB_7	DB_6	DB_5	DB_4	DB_3	DB_2	DB_1	DB_0	
设定 IRAM 地址或卷动地址	0	0	0	1	AC_5	AC_4	AC_3	AC_2	AC_1	AC_0	SR=1：AC_5～AC_0 为垂直卷动地址 SR=0：AC_3～AC_0 为 ICON IRAM 地址
设定绘图 RAM 地址	0	0	1	AC_6	AC_5	AC_4	AC_3	AC_2	AC_1	AC_0	设定 CDRAM 地址，先设垂直位址 AC_6～AC_0（0～63），再设定水平位址 AC_3～AC_0（0～15）

对 RT12864Hz 模块的操作是通过控制器 ST7920 提供的命令实现的，控制命令分为基本指令集（共 11 条指令）和扩充指令集（共 7 条指令）两类，通过设置“功能设定指令”中的 RE 位来区分，当 RE=0 时为基本指令集模式；当 RE=1 时为扩充指令集模式。

5）显示坐标关系

（1）图形显示坐标。

RT12864Hz 模块规定水平方向 X 以字节单位，垂直方向 Y 以位为单位，图形显示坐标如图 4-3-17 所示。

在更改绘图 RAM 时，由扩充指令设定绘图 RAM 地址。先设垂直地址，再设水平地址（连续写入 2 字节的数据来完成垂直与水平的坐标地址），再写入高 8 位、低 8 位的数据到绘图 RAM 中，而地址计数器会自动加一。

整个写入绘图 RAM 的具体步骤如下。

① 关闭绘图显示功能。

② 将垂直坐标 Y(0～63)写入绘图 RAM 地址。

③ 将水平坐标 X(0～15)写入绘图 RAM 地址。

④ 将 D_{15}～D_8 写入 RAM 中（写入第 1 字节）。

⑤ 将 D_7～D_0 写入到 RAM 中（写入第 2 字节）。

⑥ 打开绘图显示功能。

注意：液晶屏幕只用到绘图 RAM 的 0～31 行存储空间，其中 X 坐标的 0～7 对应屏幕的上半部分，8～15 对应屏幕的下半部分。

（2）汉字显示坐标。

RT12864Hz 液晶一共可以显示 4 行，每行可以显示 8 个汉字或 16 个字符，每一个汉字位置都有固定的地址，设置不同的地址即可在不同的位置上显示汉字或字符。汉字显示坐标如表 4-3-5 所示。

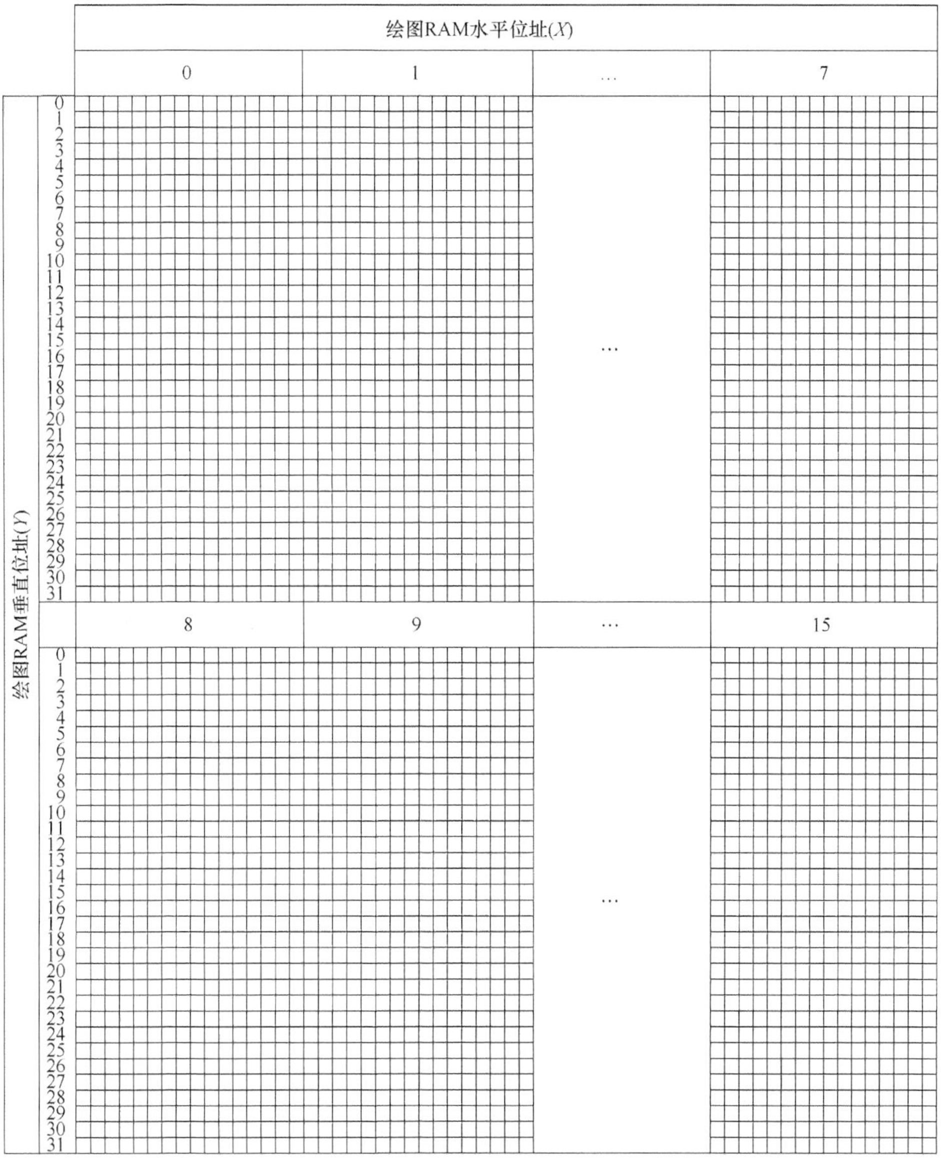

图 4-3-17　图形显示坐标

表 4-3-5　汉字显示坐标

Y 坐标	X 坐标							
1 行	80H	81H	82H	83H	84H	85H	86H	87H
2 行	90H	91H	92H	93H	94H	95H	96H	97H
3 行	88H	89H	8AH	8BH	8CH	8DH	8EH	8FH
4 行	98H	99H	9AH	9BH	9CH	9DH	9EH	9FH

6) LCM 显示字符的操作

(1) 液晶模块初始化。

液晶模块上电后,CPU 必须先对液晶模块初始化,然后液晶模块才能使用。初始化内容包括清屏、功能设置、显示与不显示设置等。

(2) 液晶模块显示字符。

在显示文本时,先写入显示数据存储器地址,再写入待显示字符。当模块在接受指令前,单片机必须先确认模块内部处于非忙碌状态,即读取忙标志时忙标志需为 0,方可接受新的指令;如果在送出一个指令前并不检查忙标志,那么在前一个指令和这个指令中间必须延迟一段较长的时间,即等待前一个指令确实执行完成。

4.3.3 专用键盘显示电路

HD7279 是一片具有串行接口的,可同时驱动 8 位共阴极数码管(或 64 只独立 LED)的智能显示驱动芯片,该芯片同时还可以连接多达 64 键的键盘矩阵,单片机可完成 LED 显示、键盘接口的全部功能。HD7279 引脚图如图 4-3-18 所示。

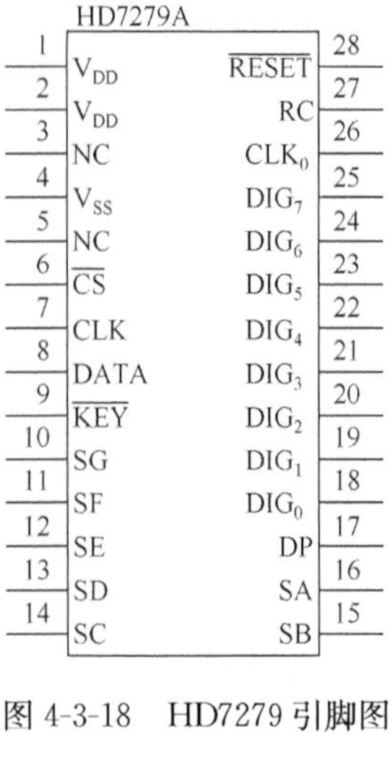

图 4-3-18 HD7279 引脚图

HD7279 内部含有译码器,可直接接受 BCD 码或 16 进制码,并具有 2 种译码方式(见后面介绍)。此外,还具有多种控制指令,如消隐、闪烁、左移、右移、段寻址等。

HD7279 具有片选信号,可方便实现多余 8 位的显示或多余 64 键的键盘接口。

(1) 串行接口,无需外围元件可直接驱动 LED。

(2) 各位独立控制译码/不译码及消隐和闪烁属性。

(3) (循环)左移(右移)指令。

(4) 具有段寻址指令,方便控制独立 LED。

(5) 64 键键盘控制器,内含去抖电路。

(6) 有 DIP 和 SOIC 两种封装可供选择。

1. 引脚说明

HD7279 引脚及说明如表 4-3-6 所示。

表 4-3-6 HD7279 引脚及说明

引脚	名称	说明
1,2	V_{DD}	正电源
3,5	NC	无连接,必须悬空
4	V_{SS}	接地

续表

引脚	名称	说明
6	$\overline{CS}$	片选输入端,此引脚为低电平时,可向芯片发送指令及读取键盘数据
7	CLK	同步时钟输入端,向芯片发数据及读取键盘数据时,此引脚电平上升沿表示数据有效
8	DATA	串行数据 I/O 端,当芯片接受指令时,此引脚为输入端;当读取键盘数据时,此引脚在"读"指令最后一个时钟下降沿变为输出端
9	$\overline{KEY}$	按键有效输出端,平时为高电平,当检测到按键时,此引脚变为低电平
10~16	SG~SA	段 g~段 a 驱动输出
17	DP	小数点位驱动输出
18~25	DIG_0~DIG_7	数字 0~数字 7 驱动输出
26	CLK_0	振荡输出端
27	RC	RC 振荡器连接端
28	$\overline{RESET}$	复位端

2. 控制指令

HD7279A 的控制指令分为两大类,即纯指令和带数据的指令。

1) 纯指令

(1) 复位(清除)指令 A4H:当 HD7279A 收到该指令后,将所有的显示清除,所有设置的字符消隐、闪烁等属性也被一起清除。指令执行后,芯片所处状态与系统上电后的状态一样。

(2) 测试指令 BFH:该指令使所有 LED 全部点亮,并处于闪烁状态,主要用于测试。

(3) 左移指令 A1H:是所有的显示自右向左移动一位(包括处于消隐状态的显示位),但对所有各位的消隐及闪烁属性不变。移动后,最右一位为空(无显示)。例如,原显示为

4	2	5	2	L	P	3	9

其中,第 2 位"3"和第 4 位"L"为闪烁显示,执行左移指令后,显示变为

2	5	2	L	P	3	9	

第 2 位"9"和第 4 位"P"为闪烁显示。

(4) 右移指令A0H:与左移指令类似,但其移动为自左向右移动,移动后,最左边一位为空。

(5) 循环左移指令 A3H:与左移指令类似,不同之处在于移动后原最左边一位(第 8 位)的内容显示于最右位(第 1 位)。在上例中,执行完循环左移指令后的显示为

2	5	2	L	P	3	9	4

第 2 位“9”和第 4 位“P”为闪烁显示。

(6) 循环右移指令 A2H:与循环左移指令类似,但移动方向相反。

2) 带数据的指令

(1) 下载数据且按方式 0 译码。

D_7	D_6	D_5	D_4	D_3	D_2	D_1	D_0	D_7	D_6	D_5	D_4	D_3	D_2	D_1	D_0
1	0	0	0	0	a_2	a_1	a_0	DP	X	X	X	d_3	d_2	d_1	d_0

X=无影响。

命令由 2 字节组成,前半部分为指令,其中 a_2、a_1、a_0 为地址位,具体分配如表 4-3-7所示(显示位编号见典型应用电路图)。

表 4-3-7　指令表(a_2、a_1、a_0)

a_2	a_1	a_0	显示位
0	0	0	1
0	0	1	2
0	1	0	3
0	1	1	4
1	0	0	5
1	0	1	6
1	1	0	7
1	1	1	8

d_3~d_0 为数据,收到此指令时,HD7279A 按表 4-3-8 规则(译码方式 0)进行译码。

表 4-3-8　指令译码表(方式 0)

$d_3\sim d_0$	d_3	d_2	d_1	d_0	7 段显示	$d_3\sim d_0$	d_3	d_2	d_1	d_0	7 段显示
00H	0	0	0	0	0	08H	1	0	0	0	8
01H	0	0	0	1	1	09H	1	0	0	1	9
02H	0	0	1	0	2	0AH	1	0	1	0	—
03H	0	0	1	1	3	0BH	1	0	1	1	E
04H	0	1	0	0	4	0CH	1	1	0	0	H
05H	0	1	0	1	5	0DH	1	1	0	1	L
06H	0	1	1	0	6	0EH	1	1	1	0	P
07H	0	1	1	1	7	0FH	1	1	1	1	空(无显示)

小数点的显示由 DP 位控制，DP=1 时，小数点显示，DP=0 时，小数点不显示。

(2) 下载数据且按方式 1 译码。

D_7	D_6	D_5	D_4	D_3	D_2	D_1	D_0	D_7	D_6	D_5	D_4	D_3	D_2	D_1	D_0
1	1	0	0	1	a_2	a_1	a_0	DP	X	X	X	d_3	d_2	d_1	d_0

X=无影响。

此条指令与上一条指令基本相同，所不同的是译码方式，该指令的译码按表 4-3-9 进行。

表 4-3-9　指令译码表(方式 1)

$d_3\sim d_0$	d_3	d_2	d_1	d_0	7 段显示	$d_3\sim d_0$	d_3	d_2	d_1	d_0	7 段显示
00H	0	0	0	0	0	08H	1	0	0	0	8
01H	0	0	0	1	1	09H	1	0	0	1	9
02H	0	0	1	0	2	0AH	1	0	1	0	A
03H	0	0	1	1	3	0BH	1	0	1	1	B
04H	0	1	0	0	4	0CH	1	1	0	0	C
05H	0	1	0	1	5	0DH	1	1	0	1	D
06H	0	1	1	0	6	0EH	1	1	1	0	E
07H	0	1	1	1	7	0FH	1	1	1	1	F

(3) 下载数据但不译码。

D_7	D_6	D_5	D_4	D_3	D_2	D_1	D_0	D_7	D_6	D_5	D_4	D_3	D_2	D_1	D_0
1	0	0	1	0	a_2	a_1	a_0	DP	a	b	c	d	e	f	g

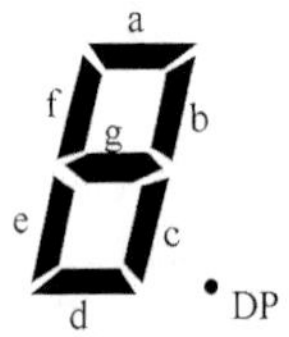

图 4-3-19　7 段 LED 数码管

其中，a_2、a_1、a_0 为地址位(参见“下载数据且译码”指令)，A～G 和 DP 为显示数据，分别对应 7 段 LED 数码管的各段(图 4-3-19)，相应数据为 1 时，该段点亮，否则不亮。

(4) 闪烁控制 88H。

D_7	D_6	D_5	D_4	D_3	D_2	D_1	D_0	D_7	D_6	D_5	D_4	D_3	D_2	D_1	D_0
1	0	0	0	1	0	0	0	d_8	d_7	d_6	d_5	d_4	d_3	d_2	d_1

此命令控制各个数码管的闪烁属性。d_1～d_8 分别对应数码管 1～8。0＝闪烁，1＝不闪烁。开机后，缺省状态为各位均不闪烁。

(5) 消隐控制 98H。

D_7	D_6	D_5	D_4	D_3	D_2	D_1	D_0	D_7	D_6	D_5	D_4	D_3	D_2	D_1	D_0
1	0	0	1	1	0	0	0	d_8	d_7	d_6	d_5	d_4	d_3	d_2	d_1

此命令控制各个数码管的消隐属性。d_1～d_8 分别对应数码管 1～8。1＝显示，0＝消隐。当某一位被赋予消隐属性后，HD7279A 在扫描时将跳过该位，因此在这种情况下无论该位写入何值，均不会被显示，但写入的值将被保留，在将该位重新设置为显示状态后，最后一次写入的数据将被显示出来。当需要用到全部 8 个数码管显示的时候，将不用的位设置为消隐属性，可以提高显示的亮度。

注意：至少应该有一位保持显示状态，如果消隐控制指令中的 d_1～d_8 全部为 0，该指令将不被接受，HD7279A 保持原来的消隐状态不变。

(6) 段点亮指令 E0H。

D_7	D_6	D_5	D_4	D_3	D_2	D_1	D_0	D_7	D_6	D_5	D_4	D_3	D_2	D_1	D_0
1	1	1	0	0	0	0	0	X	X	d_5	d_4	d_3	d_2	d_1	d_0

此位段寻址指令，作用为点亮数码管中指定的段，或 LED 矩阵中某一指定的 LED。指令中，X＝无影响；d_0～d_5 为段地址，范围 00H～3FH，具体分配为：第一个数码管的 G 段地址为 00H，F 段地址为 01H，…，A 段地址为 06H，小数点 DP 地址为 07H。第 2 个数码管依此类推。

(7) 段关闭指令 C0H。

D_7	D_6	D_5	D_4	D_3	D_2	D_1	D_0	D_7	D_6	D_5	D_4	D_3	D_2	D_1	D_0
1	1	0	0	0	0	0	0	X	X	d_5	d_4	d_3	d_2	d_1	d_0

段寻址指令,作用为关闭(熄灭)数码管中的某一段,指令结构与"段点亮指令"相同,见前面。

(8) 读键盘数据指令 15H。

D_7	D_6	D_5	D_4	D_3	D_2	D_1	D_0	D_7	D_6	D_5	D_4	D_3	D_2	D_1	D_0
0	0	0	1	0	1	0	1	d_7	d_6	d_5	d_4	d_3	d_2	d_1	d_0

该指令从 HD7279A 读出当前的按键码。与其他指令不同,此指令的前 1 字节 00010101B 为微控制器传送到 HD7279A 的指令,而后 1 字节 $d_0 \sim d_7$ 则为 HD7279A 返回的按键代码,其范围是 0～3FH(无键按下时为 0FFH),各键代码的定义见典型应用电路图,图中键号为代码。

此命令的前半段,HD7279A 的 DATA 引脚处于高阻输入状态,以接受来自微处理器的指令;在指令后半段,DATA 引脚从输入状态转为输出状态,输出键盘代码的值。故微处理器连接到 DATA 引脚的 I/O 口应有一个从输出到输入的转换过程。

当 HD7279A 检测到有效的按键时,KEY 引脚从高电平变为低电平,并一直保持到按键结束。在此期间,如果 HD7279A 收到"读键盘数据指令",则输出当前按键的键盘代码;如果收到"读键盘数据指令"时没有按键,HD7279A 将输出 FFH。

3. 典型应用

HD7279 的典型应用如图 4-3-20 所示。HD7279A 应连接共阴极数码管。应用中,无需用到的键盘和数码管可以不连接,省去数码管或对数码管设置消隐属性均不会影响键盘的使用。

如果不用键盘,则典型电路图中连接到键盘的 8 只 10kΩ 电阻和 8 只 100kΩ 下拉电阻均可以省去。如果使用了键盘,则电路中的 8 只 100kΩ 下拉电阻均不得省略。除非不接入数码管,否则串入 DP 及 SA～SG 连线的 8 只 200Ω 电阻均不能省去。

实际应用中,8 只下拉电阻和 8 只键盘连接位选线 $DIG_0 \sim DIG_7$ 的电阻(以下简称位选电阻),应遵从一定的比例关系,下拉电阻应大于位选电阻的 5 倍而小于 50 倍,典型值为 10 倍。下拉电阻的取值范围是 10～100kΩ,位选电阻的取值范围是 1～10kΩ。在不影响显示的前提下,下拉电阻应尽可能取较小的值,这样可以提

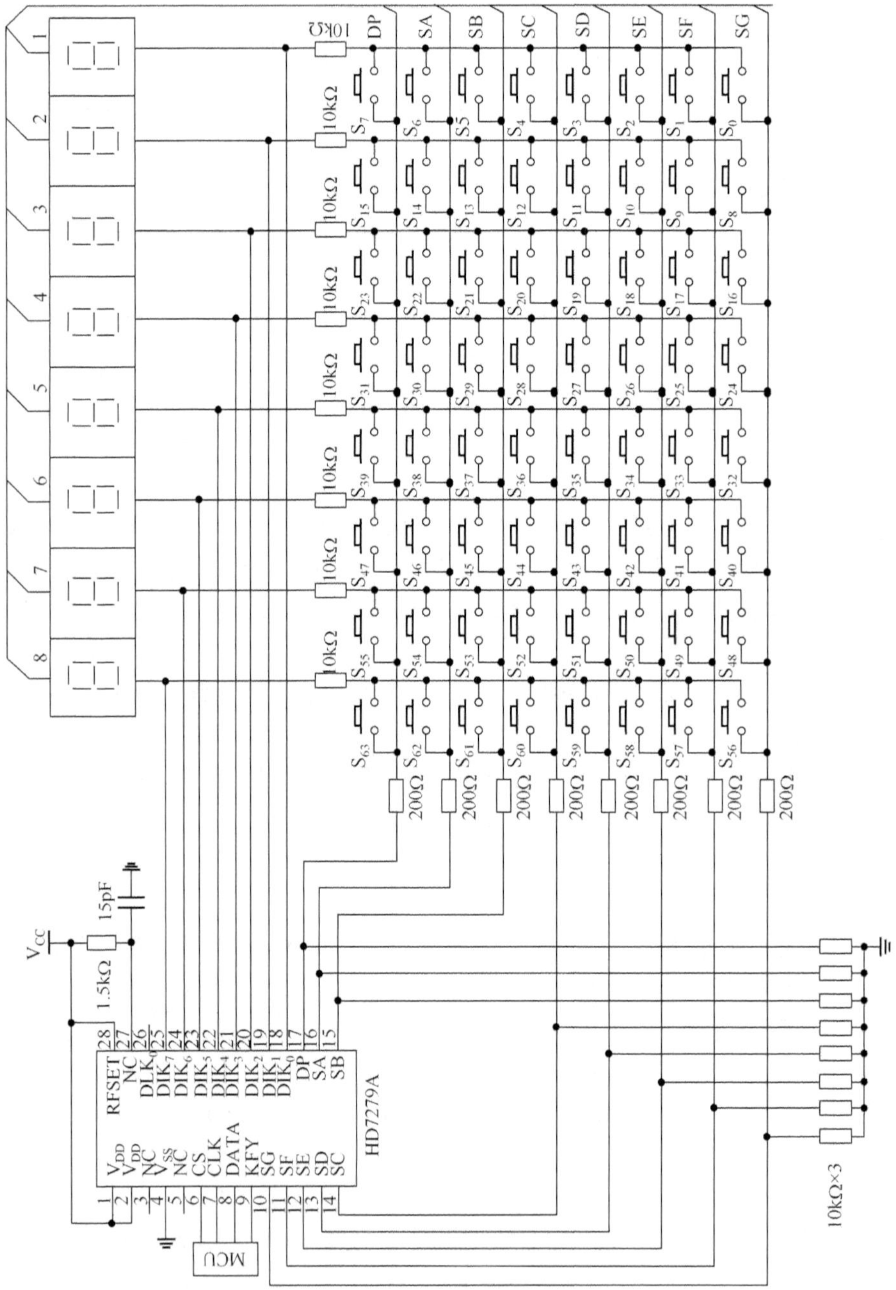

图 4-3-20　HD7279 的典型应用

高键盘部分的抗干扰能力。

因为采用循环扫描方式，如果采用普通的数码管，亮度可能不够，采用高亮度或超高亮度数码管，可以解决这个问题。数码管的尺寸亦不宜选得过大，一般字符高度不宜超过 1in(1in≈2.54cm)，如果使用大型数码管，应使用适当的驱动电路。

HD7279A 需要一外接的 RC 振荡电路以供系统工作，典型值为 $R=1.5\text{k}\Omega$，$C=15\text{pF}$。如果芯片无法正常工作，请首先检查此振荡电路。在印刷电路板布线时，所有元件尤其是振荡电路元件应尽量靠近 HD7279A，并使连线最短。

HD7279A 的 RESET 复位端一般应用情况下，可以直接与正电源连接，在需要较高可靠性的情况下，可以连接一外部复位电路或直接由 MCU(单片机)控制。在上电或 RESET 端由低变高后，HD7279A 大约需要经过 18～25ms 的时间才会进入正常工作状态。

上电后，所有显示均为空，所有显示位的显示属性均为“显示”及“不闪烁”。当有键按下时，KEY 引脚输出变为低电平，此时如果接受“读键盘指令”，HD7279A 将输出所按下键的代码。

在接口程序中，应尽可能减少 CPU 对 HD7279A 的访问次数，以提高程序的效率。

因为芯片直接驱动 LED 数码管，电流较大，且为动态扫描方式，故如果该部分电路电源连线较细较长，可能会引入较大的电源噪声干扰，将 HD7279A 的正负电源端上并入去耦电容可以提高电路的抗干扰能力。

注意：如果有 2 个键同时按下，HD7279A 将只能给出其中一个键的代码，因此，HD7279A 不适于应用在需要 2 个键或 2 个以上键同时按下的场合。

4.4 串行通信通道技术

4.4.1 设备间的异步通道设计

1. 工业控制中常用物理层标准

在工业控制、智能仪表等领域中，常使用简便易用的异步串行通信方式作为数据交换的手段。但是，在工业控制等环境中，常会有电气噪声干扰传输线路，使用 TTL 电平通信时经常因外界的电气干扰而导致信号传输错误。另外，TTL 通信的最大传输距离在不增加缓冲器的情况下只可以达到几米。因此，为了解决上述问题，各种通信标准应运而生。常见的通信标准有 RS-232C、RS-485、RS-422 以及电流环等。

1) RS-232C

RS-232C 是 1969 年由电子工业协会(EIA)公布的标准，RS 是推荐标准(Recommended Standard)的缩写。为了确保正确的发送二进制数据和正确的执行设备控制，RS-232C 标准为数据和管制信号提供了电压标准及范围。当 RS-232C 的线路上没有通信的数据信号时，DTE 端的发送信号保持－15V 的电压。

(1) RS-232C 标准。

RS-232C 接口电平如图 4-4-1 所示，交换电压标准如表 4-4-1 所示。RS-232C 标准规定电缆长度限定在 15m 以内，串行数据传输速率的范围为 0～20000bit/s。这一规定足以覆盖个人计算机使用的 50～9600bit/s 范围。电缆长度也足以满足大多数个人计算机通信的要求。

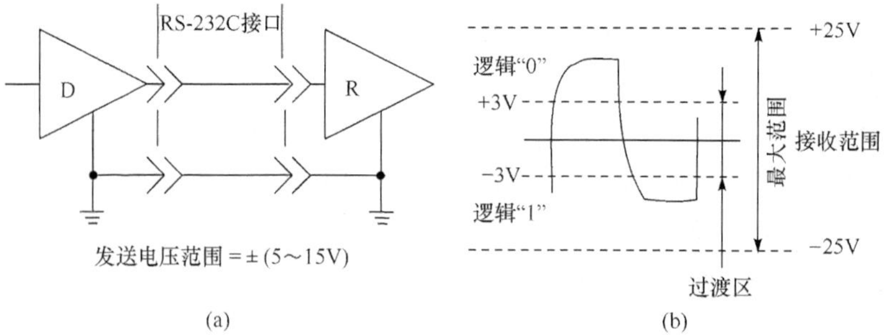

图 4-4-1　RS-232C 接口电平

表 4-4-1　交换电压标准

电压	逻辑状态	信号状态	接口控制功能
＋5～＋15V	0	间隔	接通
－5～－15V	1	标志	断开

RS-232C 标准规定设备间使用带“D”型 25 针连接器的电缆通信。但目前已经很少有人使用 25 针 D 型连接器，一般都是使用 9 针 D 型连接器。

RS-232C 的数据线有 2 根：发送数据线 TxD 和接收数据线 RxD。与逻辑地线 SG 结合起来工作，足以实现全双工和半双工的信息传输。RS-232C 的控制线是为建立通信连接和维持通信连接而使用的信号，一般与调制解调器连接时使用。

对数据线上所传输的数据格式、RS-232C 标准并没有严格的规定。所传输的数据速率是多少、有无奇偶校验位、停止位为多少、字符代码采用多少位等问题，应由发送方与接收方自行商定，达成一致的协议。RS-232C 标准 9 针连接器引脚如表 4-4-2 所示。

表 4-4-2　RS-232C 标准 9 针连接器引脚定义

引脚	名称	缩写	信号方向	说明
1	Data Carrier Detect	DCD	从 DCE 至 DTE	数据载波检测
2	Received Data	RxD	从 DCE 至 DTE	接收数据线
3	Transmitted Data	TxD	从 DTE 至 DCE	发送数据线
4	Data Terminal Ready	DTR	从 DTE 至 DCE	数据终端准备好
5	Signal Ground	SG		信号逻辑地线
6	Data Set Ready	DSR	从 DCE 至 DTE	数据设备(DCE)准备好
7	Request to Send	RTS	从 DTE 至 DCE	请求发送
8	Clear to Send	CTS	从 DCE 至 DTE	允许发送
9	Ring Indicator	RI	从 DCE 至 DTE	振铃指示

RS-232C 标准最初是为远程通信连接数据终端设备（Data Terminal Equipment，DTE)与数据通信设备(Data Communicate Equipment，DCE)而制定的。RS-232C 标准中所提到的“发送”和“接收”，都是站在 DTE 立场上来定义的。此标准制定时并未考虑计算机系统的应用要求，因此，除了接收和发送信号线，标准中还有几条联络控制信号线。

数据发送准备好(Data Set Ready，DSR)有效时状态，表明 DCE 处于可以使用的状态。数据终端准备好(Data Terminal Ready，DTR)有效时状态，表明数据终端可以使用。这两个信号有时连到电源上，一上电就立即有效。这两个设备状态信号有效，只表示设备本身可用，并不说明通信链路可以开始进行通信，能否开始进行通信要由下面的控制信号决定。

请求发送(Request to Send，RTS)用来表示 DTE 请求 DCE 发送数据，即当终端准备要接收 DCE 传来的数据时，使该信号有效，请求 DCE 发送数据。它用来控制 DCE 是否要进入发送状态。允许发送(Clear to Send，CTS)用来表示 DCE 准备好接收 DTE 发来的数据，是与请求发送信号 RTS 相应的信号。当 DCE 准备好接收终端传来的数据，并向前发送时，使该信号有效，通知终端开始沿发送数据线 TxD 发送数据。

这对 RTS/CTS 请求应答联络信号是用于半双工 DCE 系统中发送方式和接收方式之间的切换。在全双工系统中，因配置双向通道，故不需要 RTS/CTS 联络信号，使其变高。

数据载波检测(Data Carrier Detect，DCD)用来表示 DCE 已接通通信链路，告知 DTE 准备接收数据。当本地的 DCE 收到由通信链路另一端(远地)的 DCE 送来的载波信号时，使 DCD 信号有效，通知终端准备接收，并且由 DCE 将接收下来的载波信号解调成数字量数据后，沿接收数据线 RxD 送到终端。

振铃指示(Ring Indicator,RI):当 DCE 收到交换台送来的振铃呼叫信号时,使该信号有效(ON 状态),通知终端,已被呼叫。

上述控制信号线何时有效、何时无效的顺序表示了接口信号的传送过程。例如,只有当 DSR 和 DTR 都处于有效状态时,才能在 DTE 和 DCE 之间进行传送操作。若 DTE 要发送数据,则预先将 DTR 线置成有效状态,等 CTS 线上收到有效状态的回答后,才能在 TxD 线上发送串行数据。这种顺序的规定对半双工的通信线路特别有用,因为半双工的通信才能确定 DCE 已由接收方向改为发送方向,这时线路才能开始发送。

在一些工业控制系统中,往往是计算机和计算机之间传送信息,两者都是 DTE。通信双方可能出现一方使用这些联络控制信号而另外一方不使用的情况。为解决这一问题,通常在不使用方将 DSR 与 DTR、RTS 与 CTS 直接短接。

(2) RS-232C 通道设计。

图 4-4-2 为基于 MAX232 的 RS-232C 接口电路,实现与 PC 的通信。由于 PC 端使用联络控制信号线,所以,分别将 DSR 与 DTR、RTS 与 CTS 短接。图中还采用从 DTR 和 RTS 信号线上窃电技术,为 MAX232 提供 5V 电源。

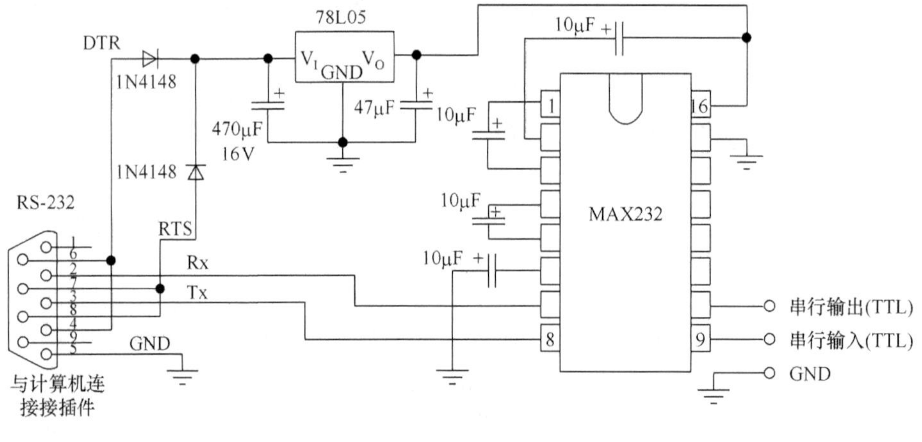

图 4-4-2　基于 MAX232 的 RS-232 接口电路

MAX232 芯片是美信(MAXIM)公司专为 RS-232C 标准串口设计的单电源电平转换芯片,使用+5V 单电源供电。它符合所有的 RS-232C 技术标准,只需要单一+5V 电源供电、片载电荷泵具有升压、电压极性反转能力,片外最低只需 4 个电容即可产生+10V 和−10V 电压 V+、V−。MAX232 内部集成 2 个 RS-232C 驱动器。

该电路将 TTL 电平的串行通信输出信号转换成 RS-232C 电平信号,并将 RS-232C 电平的串行输入信号转换成 TTL 电平。在一些不适用调制解调器(Modem)的简单应用中,RS-232C 通信只采用 3 条线(串行输入、串行输出和地),因此这个电路可以满足简单通信的需要。

2）RS-485

随着通信技术的发展，对通信速率的要求越来越高，距离要求越来越远。根据 RS-232C 标准，他的最高传输速率为 20kbit/s 时，最远距离仅为 15m，当然在使用中也可达到 60m，但这远远不能满足上述发展对速度及距离所提出的新的要求。美国电子工业协会于 1977 年在 RS-232C 基础上提出了改进的标准 RS-449，现在的 RS-422 和 RS-485 都是从 RS-449 派生出来的。RS-422 和 RS-485 的差别只有一点，RS-422 支持全双工通信，而 RS-485 只支持半双工通信。RS-485 标准只规定了平衡发送器和接收器的电特性，而没有规定接插件、传输电缆和应用层通信协议。

（1）RS-485 标准。

RS-485 标准与 RS-232C 不一样，数据信号采用差分传输方式（Differential Driver Mode），又称平衡传输，它使用一对双绞线（一线定义为 A，另一线定义为 B），如图 4-4-3(a)所示。

通常情况下，发送器 A、B 之间的正电平在＋2～＋6V，是一个逻辑状态；负电平在－6～－2V，是另一个逻辑状态。另有一个接地信号 C。在 RS-485 器件中，一般还有一个“使能”控制信号。“使能”信号用于控制发送器与传输线的切断与连接，当“使能”端起作用时，发送器处于高阻态，称为“第三态”，它是有别于逻辑“1”与“0”的第三种状态。

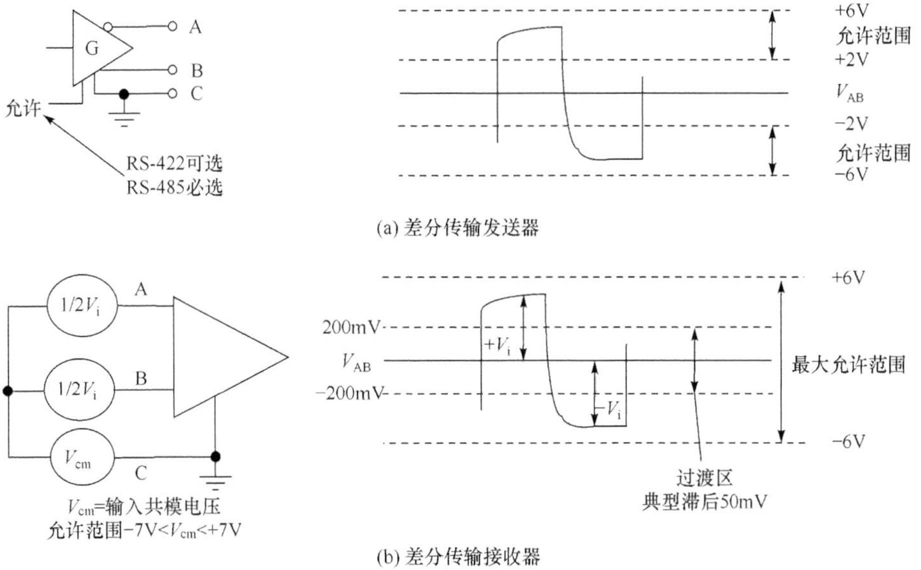

(a) 差分传输发送器

(b) 差分传输接收器

图 4-4-3　差分传输收发器

对于接收器,也作出与发送器相对的规定,收、发端通过平衡双绞线将 A-A 与 B-B 对应相连。当在接收端 A-B 之间有大于+200mV 的电平时,输出为正逻辑电平;小于−200mV 时,输出为负逻辑电平。在接收器的接收平衡线上,电平范围通常在 200mV 至 6V 之间,参见图 4-4-3(b)。

定义逻辑 1(正逻辑电平)为 B>A 的状态,逻辑 0(负逻辑电平)为 A>B 的状态,A、B 之间的压差不小于 200mV。

RS-485 标准的最大传输距离约为 1219m,最大传输速率为 10Mbit/s(表 4-4-3)。

表 4-4-3　RS-485 通信标准

规格	TIA/EIA-485
传输模式	平衡
电缆长度@90kbit/s	1200m
电缆长度@10Mbit/s	15m
数据传输速度	10Mbit/s
最大差动输出	±6V
最小差动输出	±1.5V
接收器敏感度	±0.2V
发送器负载	60Ω
最大发送器数量	32 单位负载
最大接收器数量	32 单位负载

通常,RS-485 网络采用平衡双绞线作为传输媒体。平衡双绞线的长度与传输速率成反比,只有在 20kbit/s 速率以下,才可能使用规定最长的电缆长度。只有在很短的距离下才能获得最高速率传输。一般来说,15m 长双绞线最大传输速率仅为 1Mbit/s。

注意:并不是所有的 RS-485 收发器都能够支持高达 10Mbit/s 的通信速率。如果采用光电隔离方式,则通信速率一般还会受到光电隔离器件响应速度的限制。

RS-485 网络采用直线拓扑结构,需要安装两个终端匹配电阻,其阻值要求等于传输电缆的特性阻抗(一般取值为 120Ω)。在短距离或低波特率波数据传输时可不需终端匹配电阻,即一般在 300m 以下、19200bit/s 不需终端匹配电阻。终端匹配电阻安装在 RS-485 传输网络的两个端点,并联连接在 A-B 引脚之间。

RS-485 标准通常被用作一种相对经济、具有相当高噪声抑制、相对高的传输速率、传输距离远、宽共模范围的通信平台。同时,RS-485 电路具有控制方便、成本低廉等优点。

在过去的 20 年里,建议性标准 RS-485 作为一种多点差分数据传输的电气规范,被应用在许多不同的领域,作为数据传输链路。目前,在我国应用的现场网络中，RS-485 半双工异步通信总线也是被各个研发机构广泛使用的数据通信总线。但是基于在 RS-485 总线上任一时刻只能存在一个主机的特点，它往往应用在集中控制枢纽与分散控制单元之间。典型多节点 RS-485 网络如图 4-4-4 所示。

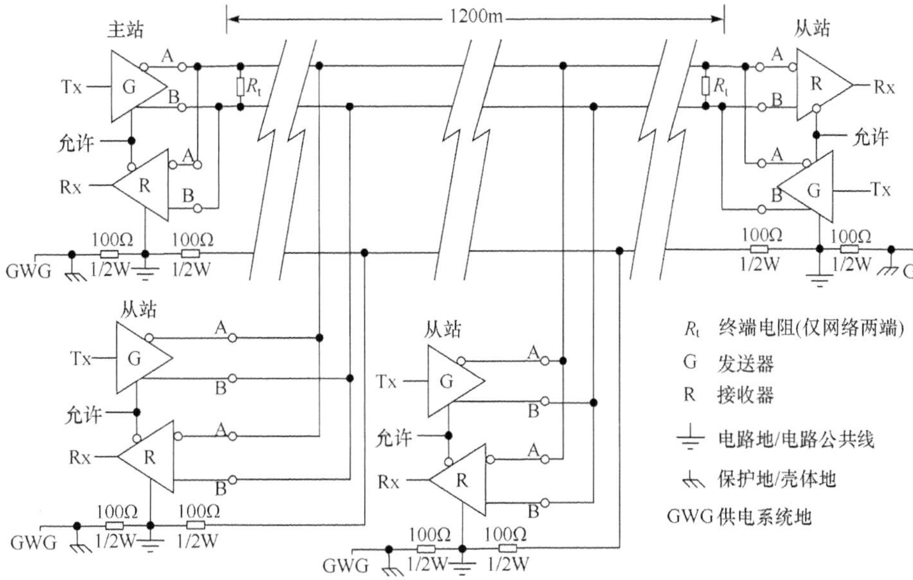

图 4-4-4　典型多节点 RS-485 网络

(2) RS-485 通道设计。

输出电路的设计要充分考虑到线路上的各种干扰及线路特性阻抗的匹配。由于工程环境比较复杂，现场常有各种形式的干扰源，所以 RS-485 总线的传输端一定要加有保护措施。在电路设计中采用稳压管 D_1、D_2 组成的吸收回路，也可以选用能够抗浪涌的 TVS 瞬态杂波抑制器件，或者直接选用能抗雷击的 RS-485 芯片（如 SN75LBC184 等）。

考虑到线路的特殊情况（如某一台分机的 RS-485 芯片被击穿短路），为防止总线中其他分机的通信受到影响，在 75176 的 RS-485 信号输出端串联了两个 20Ω 的电阻 R_{10}、R_{11}。这样分机的硬件故障就不会使整个总线的通信受到影响。

在应用系统工程的现场施工中，由于通信载体是双绞线，它的特性阻抗为 120Ω 左右，所以线路设计时，在 RS-485 网络传输线的始端和末端应各接一只 120Ω 的匹配电阻（如图 4-4-5 中 R_8），以减少线路上传输信号的反射。

由于 RS-485 芯片的特性，接收器的检测灵敏度为±200mV，即差分输入端 $V_A-V_B \geqslant +200$mV 时，输出逻辑 1；$V_A-V_B \leqslant -200$mV 时，输出逻辑 0；而 A、B 端电位差的绝对值小于 200mV 时，输出为不确定。如果在总线上所有发送器被禁止时，接收器输出逻辑 0，这会误认为通信帧的起始引起工作不正常。解决这个

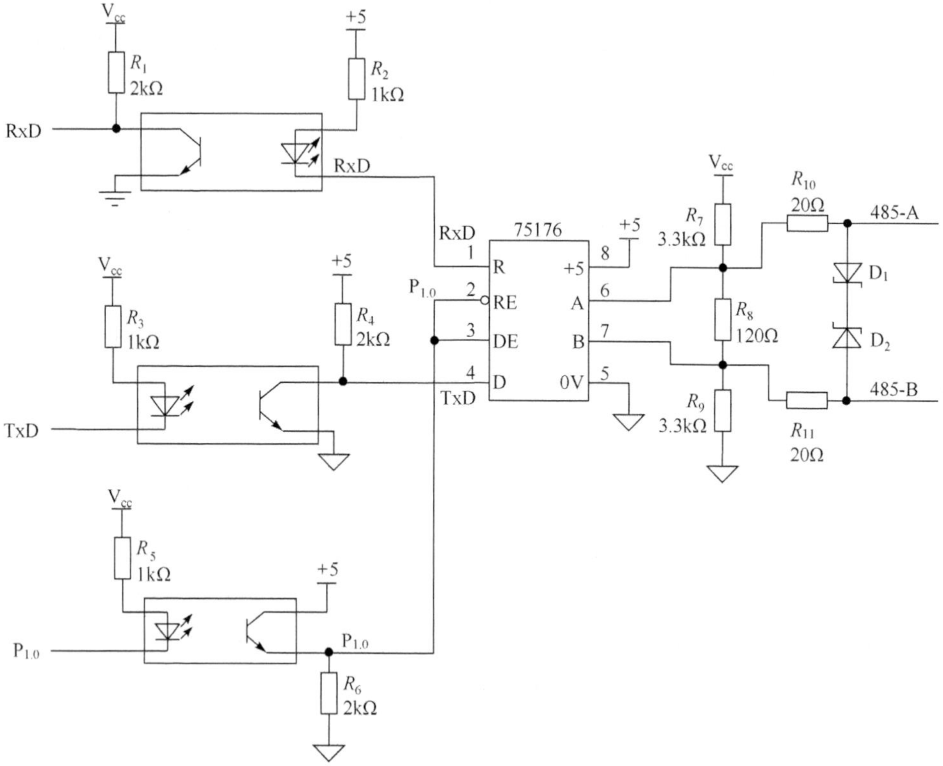

图 4-4-5　RS-485 通道设计

问题的办法是人为地使 A 端电位高于 B 端电位，这样 RxD 的电平在 RS-485 总线不发送期间（总线悬浮时）呈现唯一的高电平，接口就不会被误中断而收到乱字符。通过在 RS-485 电路的 A、B 输出端加接上拉、下拉电阻 R_7、R_9，即可很好地解决这个问题。

在应用系统中，由于要对现场情况进行实时监控及响应，通信数据的波特率往往做得较高（通常都在 4800 波特以上）。限制通信波特率提高的“瓶颈”，并不是现场的导线（现场施工一般使用 5 类非屏蔽双绞线），而是在与通信接口进行信号隔离的光耦电路上。此处采用 TIL117。电路设计中可以考虑采用高速光耦，如 6N137、6N136 等芯片，也可以优化普通光耦电路参数的设计，使之能工作在最佳状态。例如，电阻 R_2、R_3 如果选取得较大，将会使光耦的发光管由截止进入饱和变得较慢；如果选取得过小，退出饱和也会很慢。所以这两只电阻的数值要精心选取，不同型号的光耦及驱动电路使得这两个电阻的数值略有差异，这一点在电路设计中要特别慎重，不能随意，通常由实验来定。

由于应用系统中，主机与分机相隔较远，通信线路的总长度往往超过 400m，而分机系统上电或复位又常不在同一个时刻完成。如果在此时某个 75176 的 DE 端电位为“1”，那么它的 RS-485 总线输出将会处于发送状态，也就是占用了通信总线，这样其他的分机就无法与主机进行通信。这种情况尤其表现在某个分机出现异常的情况下(死机)，会使整个系统通信崩溃。因此在电路设计时，应保证系统上电复位时 75176 的 DE 端电位为“0”。对于像 8031 那样在复位期间 I/O 口输出高电平的通信电路，图 4-4-5 电路的接法有效地解决了复位期间分机“咬”总线的问题。

3) RS-422

RS-422 标准的全称是“平衡电压数字接口电路的电气特性”，它定义了接口电路的电气特性。图 4-4-6 是典型的 RS-422 四线接口。实际上还有一根信号地线，共 5 条通信线。

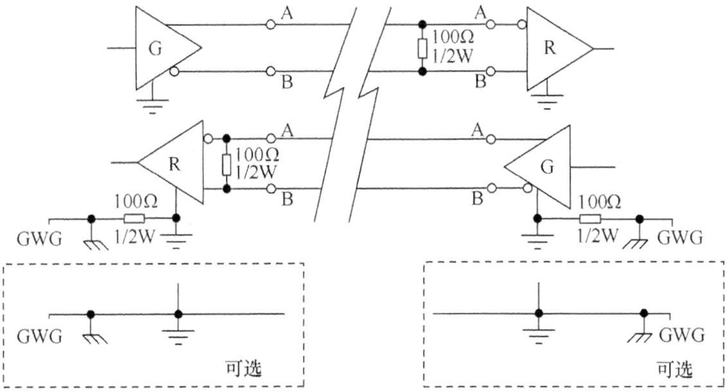

图 4-4-6　典型的 RS-422 四线接口

由于 RS-422 接收器采用高输入阻抗，所以比 RS-232 具有更强的驱动能力。故允许在相同传输线上连接多个接收节点，最多可接 10 个节点。即一个主设备(Master)，其余为从设备(Salve)，从设备之间不能通信，所以 RS-422 支持点对多点的双向通信。接收器输入阻抗为 4kΩ，故发送端最大负载能力是 10×4kΩ+100Ω(终接电阻)。RS-422 四线接口由于采用单独的发送和接收通道，所以不必控制数据方向，各装置之间任何必需的信号交换均可以按软件方式(XON/XOFF 握手)或硬件方式(一对单独的双绞线)实现。典型多节点 RS-422 网络如图 4-4-7 所示。

RS-422 的最大传输距离约为 1200m，最大传输速率为 10Mbit/s。其平衡双绞线的长度与传输速率成反比，在 20kbit/s 速率以下，可达到最大传输距离。一般 100m 长的双绞线上所能获得的最大传输速率仅为 1Mbit/s。RS-422 需要安装一个终接电阻，要求其阻值约等于传输电缆的特性阻抗(一般取值为 120Ω)。在短

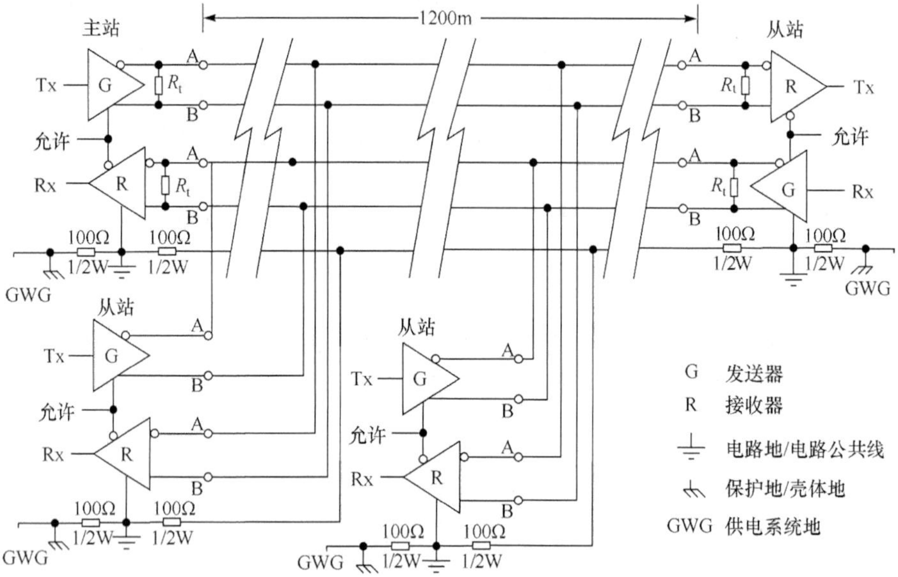

图 4-4-7 典型多节点 RS-422 网络

距离或低波特率数据传输时可不安装终接电阻，即一般在 300m 以下不安装终接电阻。终接电阻安装在传输电缆的最远端。

4）电流环

20mA 电流环是目前串行通信广泛使用的一种接口电路，其原理如图 4-4-8 所示。图中的发送＋、发送－、接收＋、接收－四根线组成一个输入电流回路，一个输出电流回路。当发送数据时，根据数据的逻辑 1、0，使回路有规律地形成通、断状态（图中用开关示意）。

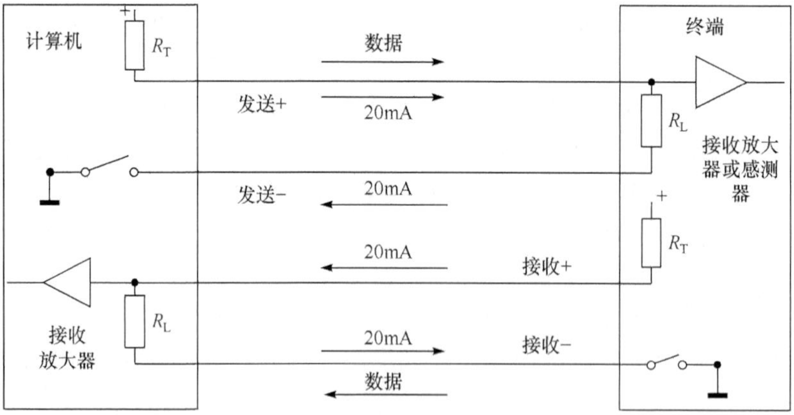

图 4-4-8 20mA 电流环原理图

由于 20mA 电流环是一种异步串行接口标准，所以在每次发送数据时必须以无电流的起始作为每一个字符的起始位，接收端检测到起始位时便开始接收字符数据。

图 4-4-9 和图 4-4-10 都是一个实用的 20mA 电流环接口线路图。它是一个加上光电隔离的电流环传送和接收电路。在发送端，将 TTL 电平转换成环路电流信号，在接收端又转换成 TIL 电平。

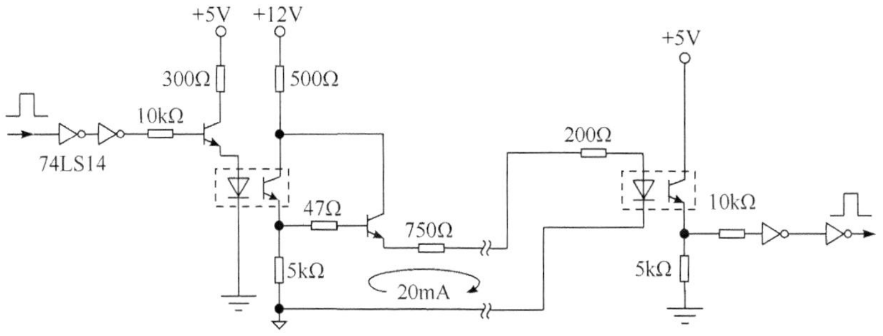

图 4-4-9　20mA 电流环接口

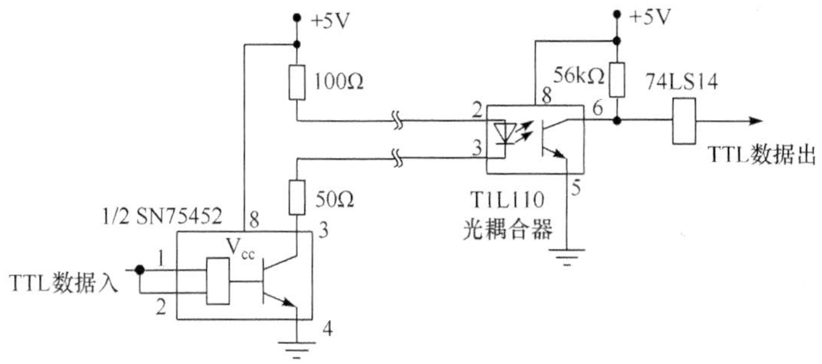

图 4-4-10　集成芯片构成的 20mA 电流环接口电路

电流环串行通信接口的最大优点是低阻传输线对电气噪声不敏感，而且易实现光电隔离，因此在长距离通信时要比 RS-232C 优越得多。

这几种通信标准的比较如表 4-4-4 所示。

表 4-4-4　几种通信标准比较

标准	RS-232C	RS-422	RS-485
工作方式	单端	差分	差分
节点数	1 收 1 发	1 发 10 收	1 发 32 收
最大传输电缆长度	50ft	4000ft	4000ft
最大传输速率	20kbit/s	10Mbit/s	10Mbit/s
最大驱动输出电压	－25～＋25V	－0.25～＋6V	－7～＋12V

续表

标准		RS-232C	RS-422	RS-485
发送器输出信号电平（负载最小值）	负载	±5～±15V	±2.0V	±1.5V
发送器输出信号电平（空载最大值）	空载	−25～+25V	±6V	±6V
发送器负载阻抗		3～7kΩ	100	54
摆率（最大值）		30V/μs	N/A	N/A
接收器输入电压范围		±15V	−10～+10V	−7～+12V
接收器输入门限		±3V	±200mV	±200mV
接收器输入电阻		3～7kΩ	4kΩ（最小）	≥12kΩ
发送器共模电压		—	−3～+3V	−1～+3V
接收器共模电压		—	−7～+7V	−7～+12V
常用器件		MAX232A		75176

2. MODBUS 通信协议

MODBUS 通信协议是由 Modicon 在 1979 年发明的，是全球第一个真正用于工业现场的总线协议，也是全球工业领域最流行的协议。MODBUS 没有规定物理层标准，支持传统的 RS-232C、RS-422、RS-485 和以太网设备。许多工业设备，包括 PLC、DCS、智能仪表等都在使用 MODBUS 协议作为他们之间的通信标准。有了它，不同厂商生产的控制设备可以连成工业网络，进行集中监控。MODBUS 协议决定了每个控制器需要知道它们的设备地址，识别按地址发来的消息，决定要产生何种行动。如果需要回应，控制器将生成应答并使用 MODBUS 协议发送给询问方。MODBUS 协议包括 ASCII、RTU、TCP 等。

MODBUS 的 ASCII、RTU 协议规定了消息和数据的结构、命令和应答的方式，数据通信采用 Master/Slave 方式，Master 端发出数据请求消息，Slave 端接收到正确消息后就可以发送数据到 Master 端以响应请求；Master 端也可以直接发消息修改 Slave 端的数据，实现双向读写。

1）协议描述

MODBUS 协议定义了一个与基础通信层无关的简单协议数据单元（PDU）。特定总线或网络上的 MODBUS 协议映射能够在应用数据单元（ADU）上引入一些附加域。通用 MODBUS 数据帧如图 4-4-11 所示。

启动 MODBUS 事务处理的客户机创建 MODBUS 应用数据单元。功能码向服务器指示将执行哪种操作。当在网络上通信时，MODBUS 协议决定了每个控

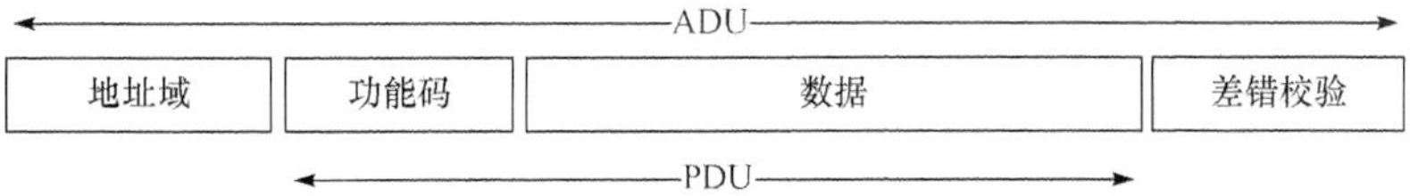

图 4-4-11　通用 MODBUS 数据帧

制器要知道它们的设备地址，识别按地址发来的消息，决定要产生何种行动。如果需要回应，控制器将生成应答并使用 MODBUS 协议发送给询问方。

MODBUS 协议建立了客户机启动的请求格式。用 1 字节编码 MODBUS 数据单元的功能码域。有效的码字范围是十进制 1～255(128～255 为异常响应保留)。当从客户机向服务器设备发送报文时，功能码域通知服务器执行哪种操作。

MODBUS 协议通过向一些功能码加入子功能码来定义多项操作。从客户机向服务器设备发送的报文数据域包括附加信息，服务器使用这个信息执行功能码定义的操作。这个域还包括离散项目和寄存器地址、处理的项目数量以及域中的实际数据字节数。

在某种请求中，数据域可以是不存在的(长度为 0 字节)，在此情况下服务器不需要任何附加信息。功能码仅说明操作。

如果在一个正确接收的 MODBUS ADU 中，不出现与请求 MODBUS 功能有关的差错，那么服务器至客户机的响应数据域包括请求数据。如果出现与请求 MODBUS 功能有关的差错，那么域包括一个异常码，服务器应用能够使用这个域确定下一个执行的操作。

例如，客户机能够读一组离散量输出或输入的开/关状态，或者客户机能够读/写一组寄存器的数据内容(图 4-4-12)。

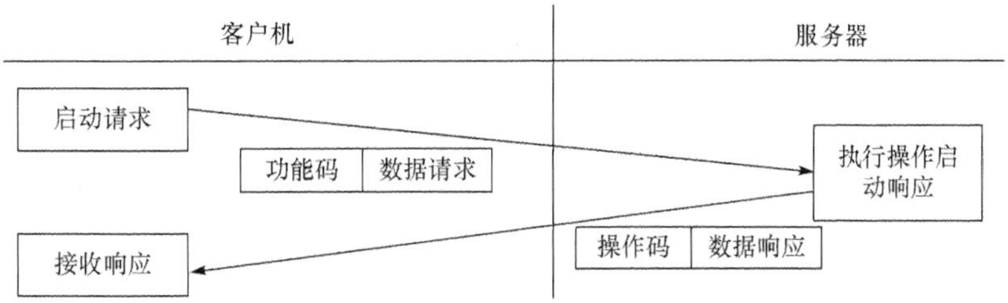

图 4-4-12　MODBUS 事务处理(无差错)

当服务器对客户机响应时，它使用功能码域来指示正常(无差错)响应或者出现某种差错(称为异常响应)。对于一个正常响应，服务器仅对原始功能码响应。

对于异常响应，服务器返回一个与原始功能码等同的码，设置该原始功能码的最高有效位为逻辑 1(图 4-4-13)。

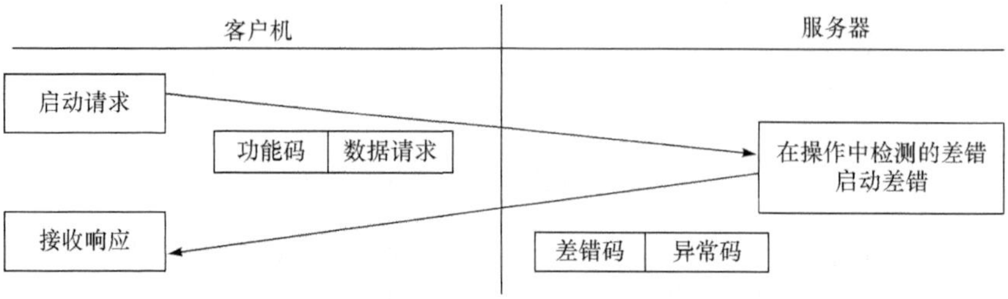

图 4-4-13 MODBUS 事务处理(异常响应)

串行链路上第一个 MODBUS 执行的长度约束限制了 MODBUS PDU 的大小(最大 RS-485 ADU=256 字节)。因此,对串行链路通信,MODBUS PDU=256−服务器地址(1 字节)−CRC(2 字节)=253 字节。

MODBUS 协议定义了三种 PDU,它们分别如下所述。

(1) MODBUS 请求 PDU:mb_req_pdu。

mb_req_pdu 定义为 mb_req_pdu={function_code,request_data}

其中,function_code ,[1 字节] MODBUS 功能码;request_data,[n 字节],这个域与功能码有关,并且通常包括如可变参考、变量、数据偏移量、子功能码等信息。

(2) MODBUS 响应 PDU:mb_rsp_pdu。

mb_rsp_pdu 定义为 mb_rsp_pdu={function_code,response_ data}

其中,function_code,[1 字节] MODBUS 功能码;response_data ,[n 字节],这个域与功能码有关,并且通常包括如可变参考、变量、数据偏移量、子功能码等信息。

(3) MODBUS 异常响应 PDU:mb_excep_rsp_pdu。

mb_excep_rsp_pdu 定义为 mb_excep_rsp_pdu

={function_code,exception_code }

其中,function_code ,[1 字节] MODBUS 功能码 + 0x80;exception_code ,[1 字节],在表 4-4-5 中定义了 MODBUS 功能码。

表 4-4-5 MODBUS 功能表

功能码	名称	作用
01	读取线圈状态	取得一组逻辑线圈的当前状态(ON/OFF)
02	读取输入状态	取得一组开关输入的当前状态(ON/OFF)
03	读取保持寄存器	在一个或多个保持寄存器中取得当前的二进制值
04	读取输入寄存器	在一个或多个输入寄存器中取得当前的二进制值
05	强置单线圈	强置一个逻辑线圈的通断状态

续表

功能码	名称	作用
06	预置单寄存器	把具体二进制装入一个保持寄存器
07	读取异常状态	取得 8 个内部线圈的通断状态，这 8 个线圈的地址由控制器决定
08	回送诊断校验	把诊断校验报文送从机，以对通信处理进行评鉴
15	强置多线圈	强置一串连续逻辑线圈的通断
16	预置多寄存器	把具体的二进制值装入一串连续的保持寄存器

2) 功能码

在这些功能码中较常使用的是 1、2、3、4、5、6 号功能码，使用它们即可实现对下位机的数字量和模拟量的读写操作。

(1) 功能码 1、2。

请求 PDU 为

设备地址	功能码 01 或 02	第 1 位地址		读取位数		CRC	
1 字节	1 字节	MSB	LSB	MSB	LSB	MSB	LSB

响应 PDU 为

设备地址	功能码 01 或 02	读取数据字节数	数据第 1 字节	…	数据最后 1 字节	CRC	
1 字节	1 字节	1 字节	1 字节	…	1 字节	MSB	LSB

(2) 功能码 3、4。

请求 PDU 为

设备地址	功能码 03 或 04	第 1 个字地址		读取字数		CRC	
1 字节	1 字节	MSB	LSB	MSB	LSB	MSB	LSB

响应 PDU 为

设备地址	功能码 03 或 04	读取数据字节数	数据第 1 字数值		…	数据最后一个字数值		CRC	
1 字节	1 字节	1 字节	MSB	LSB	…	MSB	LSB	MSB	LSB

(3) 功能码 5。

请求 PDU 为

设备地址	功能码 05	位地址		位值		CRC	
1 字节	1 字节	MSB	LSB	MSB	LSB	MSB	LSB

响应 PDU 为

设备地址	功能码 05	位地址		位值		CRC	
1 字节	1 字节	MSB	LSB	MSB	LSB	MSB	LSB

(4) 功能码 6。

请求 PDU 为

设备地址	功能码 06	字地址		字数值		CRC	
1 字节	1 字节	MSB	LSB	MSB	LSB	MSB	LSB

响应 PDU 为

设备地址	功能码 06	字地址		字数值		CRC	
1 字节	1 字节	MSB	LSB	MSB	LSB	MSB	LSB

(5) 功能码 16。

请求 PDU 为

设备地址	功能码 16	第一个 字地址	字个数		所写数据 字节数 n		所写 数据	CRC
1 字节	1 字节	MSB	LSB	MSB	LSB	1 字节	n 字节	LSB

响应 PDU 为

设备地址	功能码 16	第一个字地址		写入的字数		CRC	
1 字节	1 字节	MSB	LSB	MSB	LSB	MSB	LSB

3）数据编码

MODBUS 使用大端模式表示地址和数据项。这意味着当发送多个字节时，首先发送最高有效位。例如

寄存器大小	值
16 位	1234H

发送的第 1 字节为 12H，第 2 字节为 34H。

MODBUS 以一系列具有不同特征表格上的数据模型为基础。四个基本表格如表 4-4-6 所示。

表 4-4-6　MODBUS 数据编码

基本表格	对象类型	访问类型	内容
离散量输入	1 位	只读 I/O	系统提供这种类型数据
离散量线圈	1 位	读写	通过应用程序改变这种类型数据
输入寄存器	16 位	只读 I/O	系统提供这种类型数据
保持寄存器	16 位	读写	通过应用程序改变这种类型数据

输入与输出之间以及比特寻址的和字寻址的数据项之间的区别并没有暗示任何应用操作。如果这是对可疑对象核心部分最自然的解释，那么这种区别是完全可接受的，而且很普通，以便认为四个表格全部覆盖了另外一个表格。

对于基本表格中的任何一项，协议都允许单个地选择 65536 个数据项，而且设计那些项的读写操作可以越过多个连续数据项直到数据大小规格限制，这个数据大小规格限制与事务处理功能码有关。

很显然，必须将通过 MODBUS 处理的所有数据放置在设备应用存储器中。但是，存储器的物理地址不应该与数据参考混淆。要求仅是数据参考与物理地址的链接。

MODBUS 功能码中使用的 MODBUS 逻辑参考数字是以 0 开始的无符号整数索引。

4）校验

MODBUS 协议需要对数据进行校验，串行协议中除有奇偶校验，ASCII 模式采用 LRC 校验，RTU 模式采用 16 位 CRC 校验，但 TCP 模式没有额外规定校验，因为 TCP 协议是一个面向连接的可靠协议。另外，MODBUS 采用主从方式定时收发数据，在实际使用中如果某 Slave 站点断开后（如故障或关机），Master 端可以诊断出来，而当故障修复后，网络又可自动接通。因此，Modbus 协议的可靠性较好。

对于 MODBUS 的 ASCII、RTU 和 TCP 协议，其中 TCP 和 RTU 协议非常类似，只要把 RTU 协议的 2 字节的校验码去掉，然后在 RTU 协议的开始加上 5 个 0

和一个 6 并通过 TCP/IP 网络协议发送出去即可。所以在这里仅介绍 MODBUS 的 ASCII 和 RTU 协议。

表 4-4-7 是 ASCII 协议和 RTU 协议的比较。

表 4-4-7 ASCII 协议和 RTU 协议比较

协议	开始标记	结束标记	校验	传输效率	程序处理
ASCII	:(冒号)	CR,LF	LRC	低	直观,简单,易调试
RTU	无	无	CRC	高	不直观,稍复杂

通过比较可以看到,ASCII 协议和 RTU 协议相比拥有开始和结束标记,因此在进行程序处理时能更加方便,而且由于传输的都是可见的 ASCII 字符,所以进行调试时就更加直观,另外它的 LRC 校验也比较容易。但是因为它传输的都是可见的 ASCII 字符,RTU 传输的数据每 1 字节 ASCII 都要用 2 字节来传输,例如,RTU 传输一个十六进制数 F9H,ASCII 就需要传输“F”“9”的 ASCII 码 39H 和 46H,为 2 字节,这样它的传输效率就比较低。所以一般来说,如果所需要传输的数据量较小,可以考虑使用 ASCII 协议,如果所需传输的数据量比较大,最好使用 RTU 协议。

(1) LRC 校验。

LRC 域是一个包含一个 8 位二进制值的字节。LRC 值由传输设备来计算并放到消息帧中,接收设备在接收消息的过程中计算 LRC,并将它和接收的消息中的 LRC 域中的值比较,如果两值不等,说明有错误。

LRC 校验比较简单,它在 ASCII 协议中使用,检测了消息域中除开始的冒号及结束的回车换行号的内容。它仅是把每一个需要传输的数据按字节叠加后取反加 1 即可。下面是它的 C51 语言代码。

```
unsigned char GetCheckCode(const char * pSendBuf,int nEnd)//获得校验码
{
unsigned char byLrc=0;
char pBuf[4];
int nData=0;
for(i=1; i<end; i+=2)     //i 初始为 1,避开“开始标记”冒号
    { //每两个需要发送的 ASCII 码转化为一个十六进制数
    pBuf [0]=pSendBuf [i];
    pBuf [1]=pSendBuf [i+1];
    pBuf [2]='\0';
    sscanf(pBuf,"% x",& nData);
    byLrc +=nData;
    }
```

```
byLrc=~byLrc;
byLrc ++;
return byLrc;
}
```

(2) CRC 校验。

CRC 域是 2 字节,包含一 16 位的二进制值。它由传输设备计算后加入消息中。接收设备重新计算收到消息的 CRC,并与接收到的 CRC 域中的值比较,如果两值不同,则有误。

CRC 是先调入一值是全“1”的 16 位寄存器,然后调用一过程将消息中连续的 8 位字节各当前寄存器中的值进行处理。仅每个字符中的 8 位数据对 CRC 有效,起始位和停止位以及奇偶校验位均无效。CRC 产生过程中,每个 8 位字符都单独和寄存器内容相或(OR),结果向最低有效位方向移动,最高有效位以 0 填充。LSB 被提取出来检测,如果 LSB 为 1,寄存器单独和预置的值相或,如果 LSB 为 0,则不进行。整个过程要重复 8 次。在最后一位(第 8 位)完成后,下一个 8 位字节又单独和寄存器的当前值相或。最终寄存器中的值是消息中所有的字节都执行之后的 CRC 值。CRC 添加到消息中时,先加入低字节,然后高字节。下面是它的 C 语言代码。

```
unsigned int GetCheckCode(char * pSendBuf,int nEnd)  //获得校验码
    {
    unsigned int wCrc= 0xFFFF;
    for(int i= 0; i< nEnd; i++)
      {
      wCrc ^= (unsigned int )pSendBuf[i];
      for(int j= 0; j< 8; j++)
        {
        if(wCrc & 1) {  wCrc > > = 1; wCrc ^= 0xA001;  }
        else { wCrc > > = 1; }
        }
      }
    return wCrc;
    }
```

4.4.2 设备中器件间的同步通信

1. SPI 总线

串行外围设备接口(Serial Peripheral Interface,SPI)是 Motorola 公司推出的

一种同步串行接口技术。SPI 总线系统是一种同步串行外设接口，允许 MCU 与各种外围设备以串行方式进行通信、数据交换。外围设备包括 Flash ROM、ADC、网络控制器、MCU 等。SPI 是一种允许一个主设备启动一个从设备的同步通信协议，从而完成数据的交换。

1) SPI 总线系统结构

SPI 系统可直接与各个厂家生产的多种标准外围器件直接接口，一般使用 4 条线：串行时钟线(SCK)、主机输入/ 从机输出数据线 MISO(SDO)、主机输出/从机输入数据线 MOSI(SDI)、低电平有效的从机选择线 $\overline{CS}$。

MISO 和 MOSI 用于串行接收和发送数据，先为 MSB(高位)，后为 LSB(低位)。在 SPI 设置为主机方式时，MISO 是主机数据输入线，MOSI 是主机数据输出线。SCK 用于提供时钟脉冲将数据一位位地传送。SPI 总线器件间传送数据框图如图 4-4-14 所示。

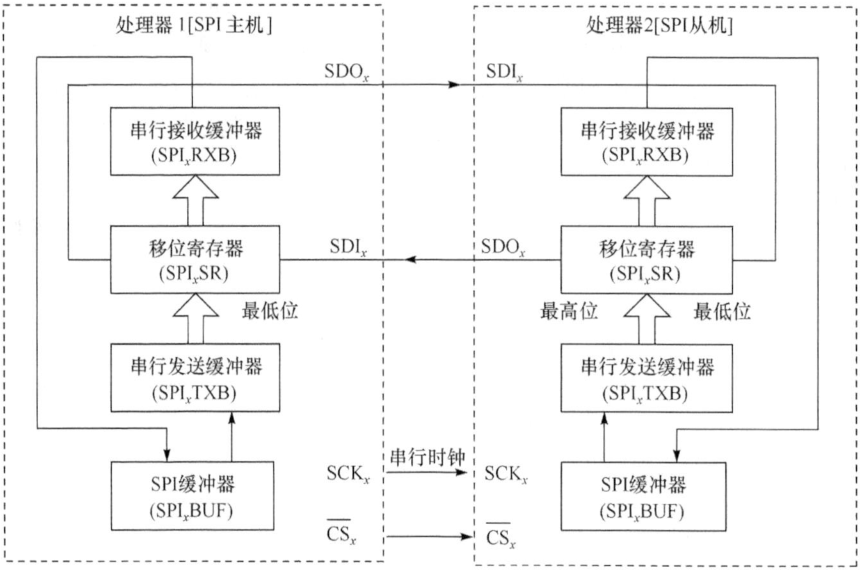

图 4-4-14　SPI 总线器件间传送数据框图

2) SPI 总线的接口特性

利用 SPI 总线可在软件的控制下构成各种系统。如 1 个主 MCU 和几个从 MCU、几个从 MCU 相互连接构成多主机系统(分布式系统)、1 个主 MCU 和 1 个或几个从 I/O 设备所构成的各种系统等。在大多数应用场合，可使用 1 个 MCU 作为主控机来控制数据，并向 1 个或几个从外围器件传送该数据。从器件只有在主机发命令时才能接收或发送数据。其数据的传输格式是高位(MSB)在前，低位(LSB)在后。

当一个主控机通过 SPI 与几种不同的串行 I/O 芯片相连时，必须使用每片的允许控制端，这可通过 MCU 的 I/O 端口输出线来实现。但应特别注意这些串行 I/O 芯片的 I/O 特性：首先是输入芯片的串行数据输出是否有三态控制端。平时未选中芯片时，输出端应处于高阻态。若没有三态控制端，则应外加三态门。否则 MCU 的 MISO 端只能连接 1 个输入芯片。其次是输出芯片的串行数据输入是否有允许控制端。因为只有在此芯片允许时，SCK 脉冲才把串行数据移入该芯片；在禁止时，SCK 对芯片无影响。若没有允许控制端，则应在外围用门电路对 SCK 进行控制，然后再加到芯片的时钟输入端；当然，也可以只在 SPI 总线上连接 1 个芯片，而不再连接其他输入或输出芯片。

3) SPI 总线的数据传输

在 SPI 方式下数据是一位一位地传输的，这就是 SCK 时钟线存在的原因。由 SCK 提供时钟脉冲，MOSI、MISO 则基于此脉冲完成数据传输。数据输出通过 MISO 线，数据在时钟上升沿或下降沿时改变，在紧接着的下降沿或上升沿被读取。完成一位数据传输，输入也使用同样原理。这样，在至少 8 次时钟信号的改变（上升沿和下降沿为一次），就可以完成 8 位数据的传输。假设 8 位寄存器内装的是待发送的数据 10101010_2，上升沿发送、下降沿接收、高位先发送。那么第一个上升沿来的时候，数据将会是高位数据 MISO＝1。下降沿到来的时候，MOSI 上的电平将被存到寄存器中，那么这时寄存器的值为 01010100_2，这样在 8 个时钟脉冲以后，两个寄存器的内容互相交换一次。这样就完成了一个 SPI 时序。

下面举一个实例来说明其数据传送过程。假设主机和从机初始化就绪，并且主机的 sbuff＝AAH，从机的 sbuff＝55H，表 4-4-8 分步对 SPI 的 8 个时钟周期的数据情况演示一遍（表中“上”表示上升沿，“下”表示下降沿）。

表 4-4-8　脉冲与数据变化对应表

脉冲序号	主机缓存	从机缓存	MOSI	MISO	脉冲序号	主机缓存	从机缓存	MOSI	MISO
0	10101010	01010101	0	0					
1上	0101010x	1010101x	0	1	5上	0100101x	1011010x	0	1
1下	01010100	10101011	0	1	5下	01001010	10110101	0	1
2上	1010100x	0101011x	1	0	6上	1001010x	0110101x	1	0
2下	10101001	01010110	1	0	6下	10010101	01101010	1	0
3上	0101001x	1010110x	0	1	7上	0010101x	1101010x	0	1
3下	01010010	10101101	0	1	7下	00101010	11010101	0	1
4上	1010010x	0101101x	1	0	8上	0101010x	1010101x	1	0
4下	10100101	01011010	1	0	8下	01010101	10101010	1	0

对于不带 SPI 串行总线接口的 MCS-51 系列单片机，可以使用软件来模拟 SPI 的操作，包括串行时钟、数据输入和数据输出，如可以定义三个普通 I/O 口用来模拟 SPI 器件的 SCK、MISO、MOSI。对于不同的串行接口外围芯片，它们的时钟时序是不同的。对于在 SCK 的上升沿输入(接收)数据和在下降沿输出(发送)数据的器件，一般应将其串行时钟输出口的初始状态设置为 1，而在允许接口后再置为 0。这样，MCU 在输出 1 位 SCK 时钟的同时，将使接口芯片串行左移，从而输出 1 位数据至单片机的模拟 MISO 线，此后再置 SCK 为 1，使单片机从模拟的 MOSI 线输出 1 位数据(先为高位)至串行接口芯片。至此，模拟 1 位数据 I/O 便宣告完成。此后再置 SCK 为 0，模拟下 1 位数据的 I/O。依此循环 8 次，即可完成 1 次通过 SPI 总线传输 8 位数据的操作。对于在 SCK 的下降沿输入数据和上升沿输出数据的器件，则应取串行时钟输出的初始状态为 0，即在接口芯片允许时，先置 SCK 为 1，以便外围接口芯片输出 1 位数据(MCU 接收 1 位数据)，之后再置时钟为 0，使外围接口芯片接收 1 位数据(MCU 发送 1 位数据)，从而完成 1 位数据的传送。

4) 通用 I/O 模拟 SPI

CS5550 是一款 24 位 Σ-Δ 式 ADC，详细工作原理见相关资料。CS5550 内含一个串行接口(SPI)，因此和单片机的连接非常简单，见图 4-2-29。CS5550 时钟频率为 4MHz。

下面列举 CS5550 相关的几个子程序，有了这几个子程序，其他程序均可在这几个子程序基础上编制完成。

```
sbit    SDO=P1^0;     // P1.0 与 CS5550 的 SDO 相连
sbit    SDI=P1^1;     // P1.1 与 CS5550 的 SDI 相连
sbit    CLK=P1^2;     // P1.2 与 CS5550 的 CLK 相连
sbit    CS=P1^3;      // P1.3 与 CS5550 的 CS 相连

//将一个字节数据 dat 输出到 CS5550
void OutByte(unsigned char dat)
  {
    unsigned char i;
    for(i=0; i <  8; i++)
      {
        CLK=0;
        if(dat & 0x80) SDI=1;
        elseSDI=0;
        CLK=1;
        dat<<=1;
```

```
        }
      CLK=0;
    }
//从 CS5550 读出一个字节
unsignedchar InByte()
    {
    unsigned char temp=0,i;
        for(i=0; i <  8; i++)
      {
      if(i==7) SDI=0; else SDI=1;
      CLK=0;
      temp<<=1;
      CLK=1;
      if(SDO) temp |=1;
      else temp &=0xFE;
      _nop_();
      }
    CLK=0;
    return temp;
    }
//向指定寄存器写入数据 Cmd=0x40+ 寄存器地址
void wRIte_w(unsigned char cmd,unsigned long val)
    {
    CS=0;
    OutByte(cmd);
    OutByte(val > >  16);
    OutByte(val > >  8);
    OutByte(val);
    CS=1;
    }
//读取指定寄存器数据 Cmd=0x00+ 寄存器地址
unsigned long read_w(unsigned char cmd)
    {
    union longByte
      {
      unsigned char bb[4];
      unsigned long temp;
      }Dat;
```

```
    Dat.bb[0]=0;
    CS=0;
    OutByte(cmd);
    Dat.bb[1]=InByte();
    Dat.bb[2]=InByte();
    Dat.bb[3]=InByte();
    CS=1;
    returnDat.temp;
    }
//初始化 CS5550
void CS5550Init()
    {
    wRIte_w(0x80,0xffffff); delay(1);
    wRIte_w(0xff,0xfffffe); delay(1);
    wRIte_w(0x40,0x000011); delay(1);     //增益倍,K=1(1分频),iCPU=1
    wRIte_w(0xe8,0xffffff); delay(1);
    wRIte_w(0x4a,0x000138); delay(2);     //N=312,80ms
    }
```

2. I^2C 总线

I^2C 总线(Inter IC Bus)是 Philips 公司推出的一种用于 IC 器件之间连接的二线制串行扩展总线。目前,I^2C 总线已被众多的厂家应用于高档电视机、电话机、音响、摄像系统中。

1) I^2C 总线系统结构

I^2C 总线通过 SDA(串行数据线)及 SCL(串行时钟线)两根线在总线上的器件之间传送信息,并根据地址识别每个器件。

I^2C 总线根据器件的功能通过软件程序使其工作于发送或接收方式。当某个器件向总线上发送信息时,它就是发送器(又称主器件);而当其从总线上接收信息时,又成为接收器(又称从器件)。主器件用于启动总线上的数据传送并产生系统时钟,此时任何被寻址的器件均被认为是从器件。I^2C 总线是一个多主器件的总线,即总线上可以带多个主控制器。图 4-4-15 所示是带有 2 个微控制器的总线系统,总线上主与从(即发送和接收)的关系不是一成不变的,而是取决于当时数据传送的方向。

2) I^2C 总线接口特性

I^2C 总线的控制完全由挂接在总线上的主器件送出的地址和数据决定。SDA 和 SCL 均为双向 I/O 线,通过上拉电阻接正电源。当总线空闲时,两根线都是高

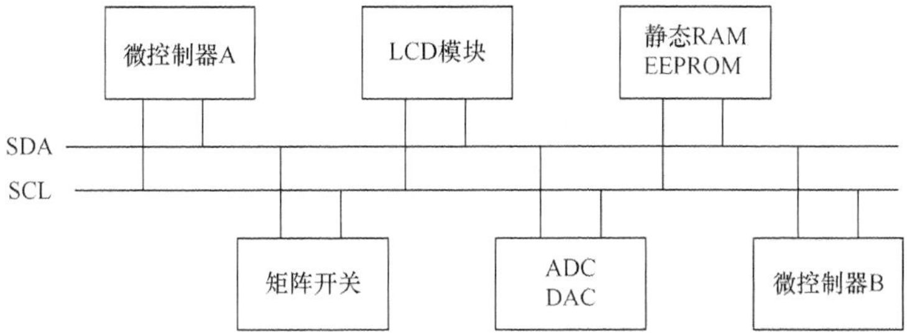

图 4-4-15　带有 2 个微控制器的总线系统

电平。连接总线器件的输出级必须是集电极或漏极开路,以具有线"与"功能。这种形式对于多主器件同时竞争总线使用权时的仲裁非常有用。

I^2C 总线的数据传送速率在标准工作方式下为 100kbit/s,在快速方式下,最高传送速率可达 400kbit/s;高速方式时最高传送速率可达 3.4Mbit/s。

3) I^2C 总线数据传输

在 I^2C 总线上传送信息时,时钟同步信号是由挂接在 SCL 时钟线上的所有器件的逻辑"与"产生的。SCL 线上由高电平到低电平的跳变将影响这些器件,一旦某个器件的时钟信号下跳为低电平,将使 SCL 线一直保持低电平,SCL 线上的所有器件开始低电平期。此时,低电平周期短的器件的时钟由低至高的跳变并不影响 SCL 线的状态,于是这些器件将进入高电平等待状态。

当所有器件的时钟信号都上跳为高电平时,低电平期结束,SCL 被释放返回高电平,即所有的器件都同时开始它们的高电平期。其后,第一个结束高电平期的器件又将 SCL 线拉成低电平,这样就在 SCL 线上产生一个同步时钟。可见,时钟低电平时间由时钟低电平期最长的器件确定,而时钟高电平时间由时钟高电平期最短的器件确定。

在数据传送过程中,必须确认数据传送的开始和结束。在 I^2C 总线的技术规范中,开始和结束信号(又称启动和停止信号)的定义如图 4-4-16 所示。当时钟线 SCL 为高电平时,数据线 SDA 由高电平跳变为低电平定义为"开始"信号;当时钟线 SCL 为高电平时,数据线 SDA 发生由低电平到高电平的跳变为"结束"信号。开始和结束信号都是由主器件产生的。在开始信号以后,总线即被认为处于忙状态;在结束信号以后的一段时间内,总线被认为是空闲的。

在 I^2C 总线上数据传输格式以主设备发送启动信号开始,接着发送第 1 字节,次字节的高 7 位为从设备地址,最低位为指明数据传送方向的 R/W(读/写位),该位为 0 表示主设备向从设备发送数据,为 1 表示从设备向主设备发送数据(主设备从从设备读取数据)。如果地址的高 4 位不是全 0 或全 1,则接着就可以发送所需的数据字节。总线每次传送的字节数没有限制,但在每个传送的字节后面必须插

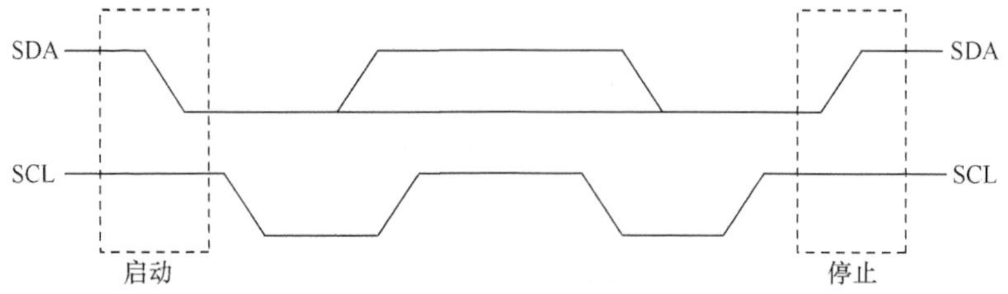

图 4-4-16　启动和停止信号的定义

入一个认可位(第 9 位),又称应答位(ACK)。数据的传送过程如图 4-4-17 所示。每次都是先传最高位,通常从器件在接收到每字节后都会做出响应,即释放 SCL 线返回高电平,准备接收下 1 字节,主器件可以继续传送。如果从器件正在处理一个实时事件而不能接收数据时,例如,正在处理一个内部中断,在这个中断处理完之前就不能接收 I^2C 总线上的数据字节,可以使时钟 SCL 线保持低电平,从器件必须使 SDA 保持高电平。此时主器件产生 1 个结束信号,使传送异常结束,迫使主器件处于等待状态。当从器件处理完毕时将释放 SCL 线,主器件继续传送。

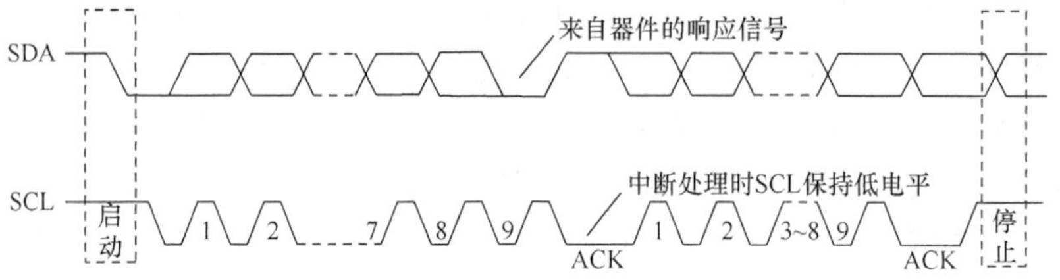

图 4-4-17　数据的传送过程

当主器件发送完 1 字节的数据后,接着发出对应于 SCL 线上的一个时钟的认可位。在此时钟内主器件释放 SDA 线,1 字节传送结束,而从设备的响应信号将 SDA 线拉成低电平,使 SDA 在该时钟的高电平期间为稳定的低电平。从器件的响应信号结束后,SDA 线返回高电平,进入下一个传送周期。

I^2C 总线还具有广播呼叫地址用于寻址总线上所有器件的功能。若一个器件不需要广播呼叫寻址中所提供的任何数据,则可以忽略该地址而不做响应。如果该器件需要广播呼叫寻址中提供的数据,则应对地址做出响应,其表现为一个接收器。

I^2C 总线上可能挂接多个器件,有时会发生两个或多个主器件同时要占用总线的情况。例如,在多单片机系统中,可能在某一时刻有两个单片机要同时向总线发送数据,这种情况称为总线竞争。I^2C 总线具有多主控能力,可以对发生在 SDA 线上的总线竞争进行仲裁。其仲裁原则为:当多个主器件同时要占用总线时,如果某个主器件发送高电平,而另一个主器件发送低电平,则发送电平与此时 SDA 总线电平不符的那个期间将自动关闭其输出级(图 4-4-18)。总线竞争的仲裁是在两个层次上进行的,首先是地址位的比较,如果主器件寻址同一个从器件,则进入数据位比较,从而确保了竞争仲裁的可靠性。由于是利用 I^2C 总线上的信息进行仲裁的,所以不会造成信息的丢失。

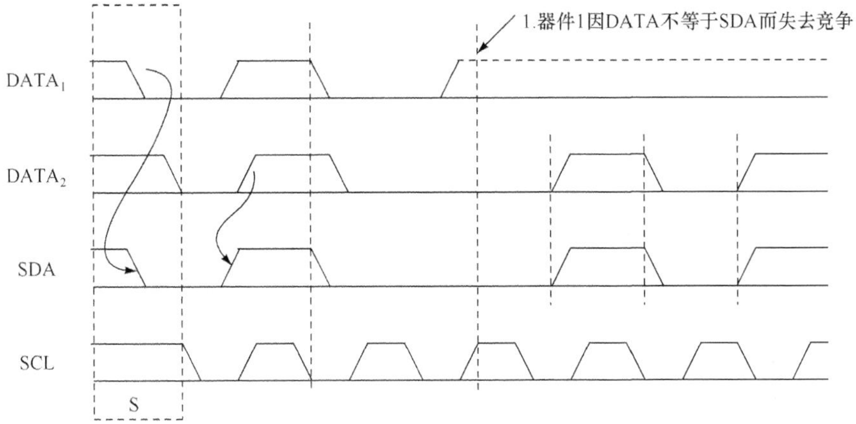

图 4-4-18　两个主器件的总线竞争

4) 通用 I/O 模拟 I^2C

IC 卡是集成电路卡(Integrated Circuit Card)的简称,是将一个专用的集成电路镶嵌于塑料基片中,封装成卡的形式。按照国际标准 ISO 7816 对接触式 IC 卡的规定,在 IC 卡的左上角封装有 IC 芯片,其上覆盖 有 6 或 8 个触点和外部设备进行通信,如图 4-4-19 所示。

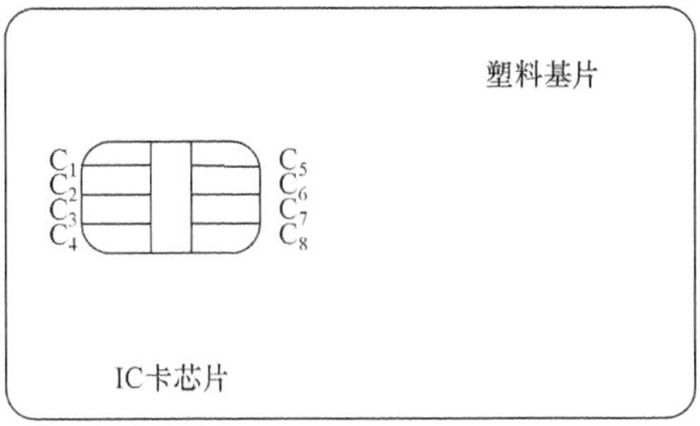

图 4-4-19　IC 卡结构图

下面以 ATMEL 公司的 AT24C01 存储卡为操作对象,介绍通用 I/O 模拟 I^2C。AT24C01 的存储容量为 128 字节,其寻址范围为 00～7FH。当读写操作超过 7FH 时,会出现错误。

按 ISO 标准,触点定义如下。

C_1——V_{cc}:电源　　C_5——GND:地

C_2——RST:复位信号　　C_6——V_{pp}:存储器编程电源

C_3——CLK:时钟　　C_7——I/O:输入/输出

C_4——保留　　C_8——保留

通用I/O模拟I^2C程序如下。

```
//功能:    接口引脚定义
           sbit SCL=P2^7;                      //时钟
           sbit SDA=P2^6;                      //串行数据
//功能:    宏定义
           # define nops() {_nop_();_nop_();_nop_();_nop_();_nop_();}
//功能:    延时
//参数:    无
//返回值:    无
void Delay(void)
  {
  unsigned int i=1200;
  while(i- - );
  }

//功能:        写一个字节数据
//参数:
//             ch              数据
//返回值:      无
void WriteByte(unsigned char ch)
  {
  unsigned char i=8;
  SCL=0; nops();
  while(i- - )
    {
    SDA=(bit)(ch&0x80);
    nops();ch<<=1; SCL=1; nops();SCL=0; nops();
    }
    nops();nops();
  }

//功能:        应答
//参数:
//             无
//返回值:      无
```

```
void ACK(void)
  {
  unsigned char time_1;
  SDA=1; SCL=0; nops();time_1=5;
  while(SDA) {if (! time_1) break;}          //ACK
  SCL=0; nops();
  }
//功能:        向某一地址写入一个字节数据
//参数:
//             address          地址
//             ddata            数据
//返回值:      无
void WriteIIC_24C01(unsigned char address,unsigned char ddata)
  {
  SCL=1; nops();SDA=0; nops();SCL=0;
  WriteByte( (address<<1) & 0xfe);         //写页地址和操作方式,
  ACK();
  WriteByte(ddata);                        //发送数据
  ACK();SDA=0; _nop_(); SCL=1; nops();
  SDA=1;                                   //STOP  delay();
  }

//功能:        从某一地址读出一个字节数据
//参数:
//             address            地址
//返回值:      数据
unsigned char ReadIIC_24C01(unsigned char address)
  {
  unsigned char ddata=0;
  unsigned char i=8;
  SCL=1; nops();SDA=0; nops()
  SCL=0;                                  //START
  write_8bit( (address<<1) | 0x01);       //写页地址和操作方式
  ACK();
  while(i- - )
    {
    SDA=1; ddata<<=1; SCL=0; nops();SCL=1;
    if(SDA) ddata|=0x01;
```

```
  }
 SCL=0; _nop_(); SCL=1; nops();SDA=0; _nop_();
 SCL=1; nops();
 SDA=1;                                    //STOP
 delay();
 return ddata;
}
```

第 5 章　综合设计实例

本章以一款简单的 PLC 系统为例，介绍工业控制用计算机系统的设计。对于 PLC，不仅包括硬件系统的设计，还包括强大的编程软件系统的设计，编程软件系统的开发本身就是一项非常复杂的工作。因此，本章只给出硬件系统设计以及相关的底层驱动程序的设计。

5.1　设计目标

作为工业上普遍采用的通用控制器，PLC 具有很多优点：可靠性高、抗干扰能力强；编程简单、使用方便；设计、安装容易，维护工作量少；功能完善、通用性强；体积小、能耗低；性能价格比高等。一般地，PLC 的机械安装结构分为箱体式和模块式两种，但它们的基本组成是相同的。箱体式 PLC 由一块 CPU 板、I/O 板、显示面板、内存块、电源等组成。按 CPU 性能可以分成若干型号，按 I/O 点数又有若干规格。模块式 PLC 由 CPU 模块、I/O 模块、内存、电源模块、底板或机架等组成。无论哪种结构的 PLC，都属于总线式开放型结构，其 I/O 通道可按用户的需要进行组合与扩展。PLC 的基本结构框图如图 5-1-1 所示。

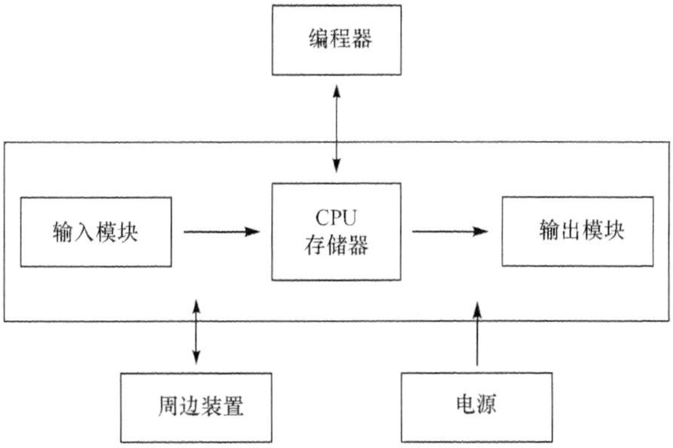

图 5-1-1　PLC 的基本结构框图

5.1.1　PLC 的硬件结构

1. 电源模块

有些 PLC 中的电源是与 CPU 模块合二为一的，有些是分开的，其主要用途是为 PLC 各模块的集成电路提供工作电源。同时，有的还为输入电路提供 24V 的工作电源。如果采用交流供电，电源通常为 220V(AC)或 110V(AC)；若为直流供电，电源常用的为 24V。

2. CPU

PLC 中的 CPU 是 PLC 的核心，它按 PLC 的系统程序赋予的功能接收并存储用户程序和数据，用扫描的方式采集由现场输入装置送来的状态或数据，并存入暂存器中；还能够诊断电源和 PLC 内部电路的工作状态和编程过程中的语法错误等。进入运行后，从用户程序存储器中逐条读取指令，经分析后再按指令规定的任务产生相应的控制信号，去指挥有关的控制电路。与普通计算机一样，CPU 除了由运算器、控制器、寄存器及实现它们之间联系的数据、控制及状态总线构成，还包括接口芯片、总线及有关电路。CPU 确定了 PLC 进行控制的规模、工作速度、内存容量等。

3. 内存

内存主要用于存储程序和数据，是 PLC 不可缺少的组成单元。PLC 内存存放编辑好的程序指令及数据。内存通常使用 RAM 或 EEPROM 等专用内存卡进行扩充。

4. I/O 单元

PLC 主要是通过各种 I/O 模块与外界联系的。按 I/O 点数确定模块规格及数量，I/O 模块可多可少，但其最大数受 CPU 管理能力，即受最大的底板或机架槽数限制。I/O 模块集成了 PLC 的 I/O 电路，其输入暂存器反映输入信号状态，输出点反映输出锁存器状态。

数字量输入(Digital Input，DI)模块是用来获取输入元件的信号动作，并通过内部总线将数据送进内存，由 CPU 处理。模拟量输入(Analog Input，AI)模块可接收来自不同类型的传感器信号，一般涵盖±10mV～±10V 的输入信号范围。

数字量输出(Digital Output，DO)模块是用来驱动外部负载的接口，主要原理是由 CPU 根据程序指令，控制外部负载，如指示灯、电磁接触器、继电器、气(油)压阀等。在工业环境中用来控制制动器、气阀及电动机等模拟量输出(Analog Output，AO)模块可输出信号的范围包括±5V、±10V、0～5V、0～10V、4～20mA 或 0～20mA 等。

5. 通信

现在 PLC 大多具有可扩充通信网络的功能，简单的 PLC 提供 RS-232C 通信接口，较高级的 PLC 会提供 USB 或以太网接口。通信功能使 PLC 与 PLC 之间、

PLC 与工控机之间、PLC 与其他工业设备之间能够交换信息，形成一个统一的整体。通信功能为 PLC 实现集散控制奠定了基础。现在几乎所有的 PLC 产品都有通信网络功能，通过双绞线、同轴电缆或光缆，可以在几公里甚至几十公里的范围内交换信息。

5.1.2　设计目标

本章通过一款非常简单的 PLC，叙述 PLC 系统硬件设计中所涉及的问题。所设计的 PLC 具有以下功能：① 电源模块，采用 24V 直流供电。将 24V 转变为 5V、±15V，为整个 PLC 系统内部数字电路和模拟电路供电。② 中央处理模块，具有较强的数据处理能力。具有 RS-485 通信口，支持 MODBUS-RTU 协议。③ 内存，具有 64KB 的程序存储器和 32KB 的数据存储器；外扩 1.5MB Flash Memory 外存储卡。④ 模拟量输入模块，可以输入热电阻、热电偶、0～100mV 信号、0～20mA 信号、0～5V 信号、0～10V 信号、±5V 信号和±10V 信号；模拟量输入电路 I/O 与中央控制单元之间隔离，隔离等级范围为 1～2.5kV；测量精度为 0.1%；具有电磁兼容方面的考虑和设计。⑤ 模拟量输出模块，可输出 0～5V 信号、0～10V 信号、±5V 信号或±10V 信号。⑥ 数字量输入模块，可输入 8 路 24V 的电平信号。⑦ 8 路数字量输出模块，可输出 8 路 24V/0.5A 的电平信号。⑧ 所有的 I/O 模块与 CPU 模块采用 SPI 方式连接。

5.2　简单 PLC 系统设计

5.2.1　CPU 模块设计

常用的 CPU 有 8 位、16 位、32 位、64 位。CPU 的选择原则是首先选择 CPU 的位数，其次确定 CPU 的主频，再考虑 CPU 的内部资源和外部可扩展资源及外部引脚。尤其是对于版面（线路板尺寸）要求严格的设计中，尽可能利用 CPU 的内部资源而不要进行外部扩展。

针对上述任务分析和功能要求，选择 89C51 单片机作为本系统的 CPU。该单片机为 8 位单片机，可以外部扩展程序存储器（ROM）和数据存储器（RAM 和 I/O 统一编址）各 64KB，内部有 128 字节 RAM，具备通用串行异步通信、I/O 等功能。

1. 端口设计

如图 5-2-1 所示，为减少系统 IC 数量、提高可靠性、降低功耗和成本，采用一片 CPLD（EPM7128）构造地址总线、数据总线和控制总线，以及存储卡接口、SPI 接口等。

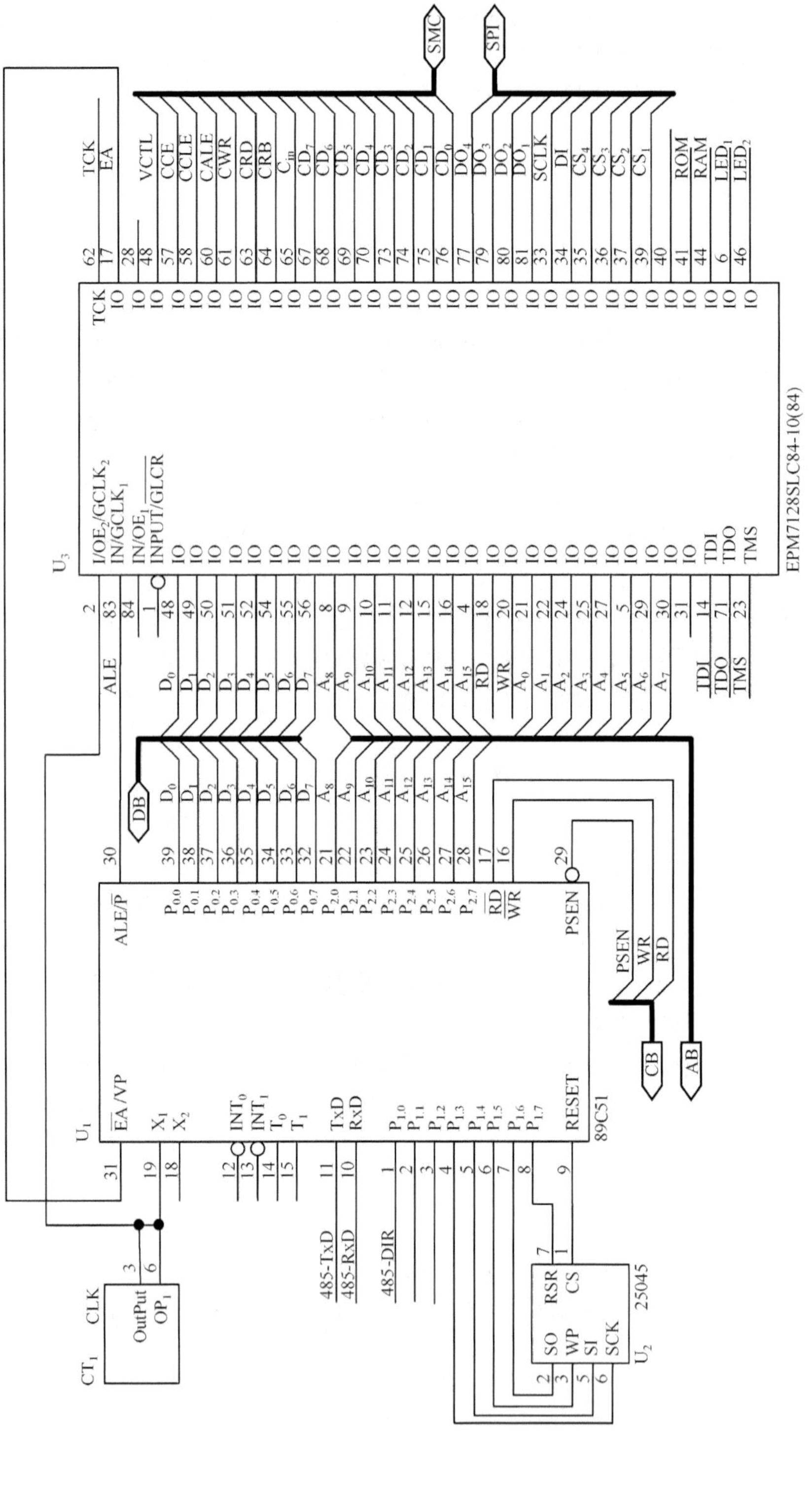

图 5-2-1　CPU 系统结构图

CPLD 的 VHDL 程序如下。

```
library ieee;
use ieee.std_logic_1164.all;
use ieee.std_logic_arith.all;
use ieee.std_logic_unsigned.all;
entity recypis
  port(
    CLK,WR,ALE,RD:in std_logic;                --定义各个引脚
    D: inout std_logic_vector(7 downto 0);     --与 89C51 P0 口连接引脚
    HAddr:in std_logic_vector(4 downto 0);     --与 89C51 P2 口连接引脚
    LAddr:out std_logic_vector(7 downto 0);    --A0- A7 引脚
    cd:inout std_logic_vector(7 downto 0);     --存储卡数据口连接引脚
    cce,cre,cwe,cwp,cle,cale,vctl: out std_logic; --存储卡控制连接引脚
    crb,lvp,cin,vm:in std_logic;
    ROM,RAM:out std_logic; --存储器片选连接引脚
    SPI:inout std_logic_vector(11 downto 0);
);
end recyp;
ARCHITECTURE  DESCRIBE OF RECyp IS
  SIGNAL ADDR:STD_LOGIC_VECTOR(7 DOWNTO 0);
  SIGNAL smc:STD_LOGIC_VECTOR(3 DOWNTO 0);
  SIGNAL smcStat:STD_LOGIC_VECTOR(3 DOWNTO 0);
  SIGNAL C6:STD_LOGIC_VECTOR(3 DOWNTO 0);
  SIGNALSPIReg1:STD_LOGIC_VECTOR(7 DOWNTO 0);
  SIGNALSPIReg2:STD_LOGIC_VECTOR(1 DOWNTO 0);
  signal f2:std_logic;
  signal f4:std_logic;
  signal f5:std_logic;
  signal f6:std_logic;
  signal f7:std_logic;
  signal cardIn:std_logic;
BEGIN
  SPI<=SPIReg2 & SPIReg1;
  ROM<='0'WHEN((HAddr>="00000000") AND (HAddr<"11111111"))
  ELSE '1';  --ROM 片选地址 0000h-feffh
  RAM<='0'WHEN(HAddr>="00000000") AND (HAddr<"10000000")
  ELSE'1';  --RAM 片选地址 0000-7fffh
  --smc 端口地址 FF00H-FF03H
  f4<='0'when HAddr="11111111"and LAddr(7 downto 2)="000000"else '1';
```

```
    cce<=f4 and smc(3);
    cre<= rd or f4;
    cwe<= wr or f4;
    --smc 命令端口地址,FF01H
    cle<='1'when f4='0'and addr(1 downto 0)="01" else '0';
    -- smc 地址端口地址,FF02H
    cale<='1'when f4='0'and addr(1 downto 0)="10" else '0';
    --smc 状态端口地址,FF04H
    f2<='0'when HAddr="11111111" and LAddr="00000100" else '1';
    cwp<=smc(1);  --写保护
    vctl<=smc(0);  --3V 电源输出
    cardIn<='0'when vm='1'else '1';  --卡已插入
    smcStat<=crb & lvp & cardIn & '0';    --卡状态字
    --SPI 端口地址,FF08H,FF09H
    f6<='0'when HAddr="11111111" and LAddr="00001000" else '1';
    f7<='0'when HAddr="11111111" and LAddr="00001001" else '1';
    --自定义端口地址范围 FF00- Ff09h
    f5<='0'WHEN f2='0'or f4='0'or f6='0'or f7='0'ELSE'1';
process(CLK)  --C6 计数器(0-11)
  begin
     if(CLK'EVENT) and CLK='1'then
        if c6="1011" then
            c6<="0000";
        else
            c6<=c6+1;
        end if;
  end if;
end process;
PROCESS(ALE)--模拟 74LS373 功能,地址锁存
  BEGIN
    IF(ALE'EVENT) AND (ALE='0') THEN
      ADDR<=D;
    END IF;
END PROCESS;
process(wr,f4)  --数据总线上的数据在 wr 低电平写入 smc 数据寄存器
  begin
  if wr='0'and f4='0'then
```

```
      cd<=D;
    else
      cd<="ZZZZZZZZ";
    end if;
end process;
process(f3) --数据总线上的数据在 f3 下降沿写入 smc 控制寄存器
    begin
    if(f3'EVENT and f3='0') then
      smc<=D(3 downto 0);
    end if;
end process;
PROCESS(RD,f5)--从各个寄存器读数据
    BEGIN
     IF(RD='0') and (f4='0') THEN
       D<=cd;                              --读取卡中数据
     elsIF(RD='0') and (f2='0') THEN
       D<=smcStat & smc;                   --读取卡状态字
     elsIF(RD='0') and (f6='0') THEN
       D<=SPIReg1;                         --SPIReg1
     elsIF(RDV0') and (f7='0') THEN
       D <="000000" & SPIReg2;             -- SPIReg2
     else
       D<="ZZZZZZZZ";
      END IF;
END PROCESS;
process(wr,f6)  --数据总线上的数据在 wr 低电平写入 SPI 寄存器
     begin
     if wrV0'and f6='0'then
       SPIReg1<=D;
     end if;
end process;
process(wr,f7)  --数据总线上的数据在 wr 低电平写入 smc 数据寄存器
     begin
     if wr='0'and f7='0'then
       SPIReg2<=D(1 downto 0);
     end if;
end process;
END DESCRIBE;
```

2. 存储器

存储器设计是系统设计重要的组成部分,用于存储应用程序和各种数据。图 5-2-2说明了存储器的扩展情况。

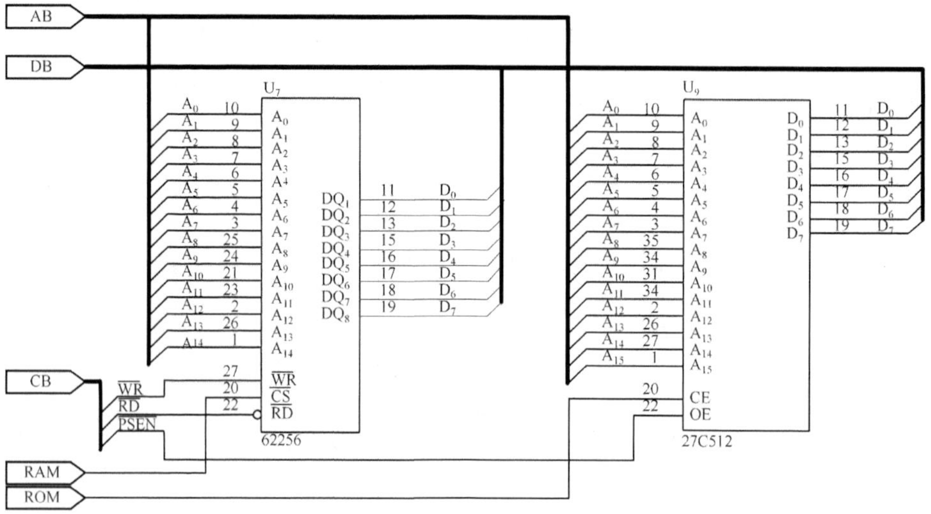

图 5-2-2　存储器的扩展情况

本设计中采用 27C512 扩展了 64KB 程序存储器和 32KB 数据存储器。根据 CPLD(EPM7128)可知,程序存储器的地址空间为 0000H～FFFFH;数据存储器的地址空间为 0000H～7FFFH。

64KB 程序存储空间再加上 89C51 内部的 4KB 程序存储器,基本能够满足简单 PLC 程序的需要。89C51 内部程序存储器存放系统程序,外部存储器存放用户程序。

3. 通信设计

可靠的数据通信是工业控制系统的关键,MAXIM1480B 是一种完全电气隔离的 RS-485 接口芯片,能适应较恶劣的工业现场环境,为系统的正常工作提供了保障。实践表明,通过一些软、硬件方法可以大大提高通信线路抗干扰的能力、降低误码率,从而提高数据通信的稳定性和可靠性。

MAXIM1480B 是美国 MAXIM 公司生产的完全光隔的 RS-485 数据通信接口芯片。其最主要的特点是驱动器具有限摆率的功能,即驱动器发送的数字信号的摆率是受限制的,可使电磁干扰(EMI)降到最小,并且能减少由于终端不匹配而引起的反射。MAXIM1480B 还提供低功耗功能,在此方式下,如果 DI 和 DE 端都保持高电平或悬空,将使芯片处于极低的功耗状态。MAXIM1480B 内部有 DC/DC 电源,具备隔离功能,这使得电路设计比较简单。

图 5-2-3 中采用 MAXIM 公司的 MAXIM1480B 进行 TTL 电平和 RS-485 通信转换。通信采用 MODBUS RTU 协议，PLC 端设计为 MODBUS Slave 端，通信程序如下。

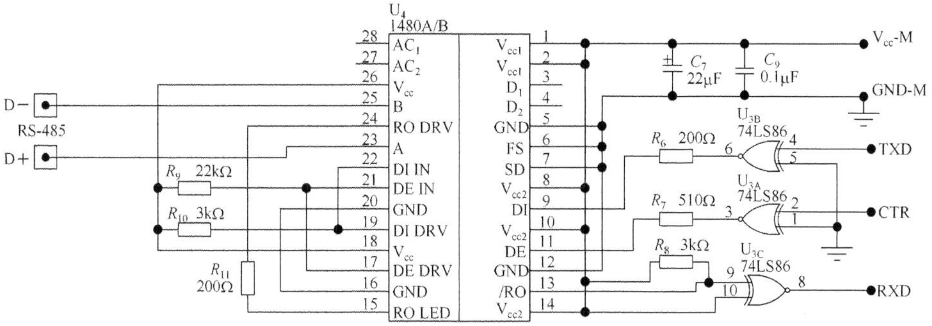

图 5-2-3　通信电路设计

```
unsigned char RevBuf[30];                //接收缓冲区
unsigned char SendBuf[30];               //发送缓冲区
unsigned char RevPointerV0;              //接收指针
unsigned char SendPointer=0;             //发送指针
unsigned char overTime;
bit comStat=0;                           //接收到完整数据包标志
sbit COMDIR=P1^0;                        //RS485 通信方向控制
unsigned char comAddr=0x15;              //设备地址
unsigned char sendNumber=0;              //发送数据个数
unsigned char InputStatusBuf[16];        //一下四个为数据缓冲区
unsigned char CoilStatusBuf[16];
unsigned int InputRegBuf[16];
unsigned int HoldRegBuf[16];
unsigned int crcValue=0xffff;            //CRC 值
enum MBFunCodeV
   {
   NONE=0,
   READ_COIL_STATUS=01,                  //读线圈,x01
   READ_INPUT_STATUS=02,                 //读输入,x02
   READ_HOLDING_REGISTERS=03,            //读保持寄存器,x03
   READ_INPUT_REGISTERS=04,              //读输入寄存器,x04
   WRITE_SINGLE_COIL=05,                 //写线圈,x05
   WRITE_SINGLE_REGISTER=06,             //写单个寄存器,x06
```

```
    }
void Initial(void)                                  //初始化程序
    {
    SCON=0xf0;          //1111,0000 8 位可变波特率,无奇偶校验位
    TMOD=0x21;          //0011,0001 设置定时器为位自动重装计数器
    TH1  =0xe6;         //设置定时器自动重装数波特率=9600
    TL1  =0xe6;
    TR1  =1;            //开定时器 1
    TR0  =1;            //开定时器 0
    ES  =1;             //允许串口中断
    }
void CRC(unsigned char dat)         //计算 CRC 校验值
    {
    unsigned int carry;
    unsigned char i,n;
    crcValue ^=  dat;
    for(n=0;n<8;n++)
      {
      carry=crcValue & 1;
      crcValue >>= 1;
      if(carry) crcValue ^=  0xa001;
      }
    }
void ComInt(void) interrupt 1 using 1
    {
    ResetCom();         //超过 5ms 未接到数据,重新开始
    }
void ComInt(void) interrupt 4 using 2
    {
    unsigned char dat;
    if(RI == 1)
      {
        RI=0;
        dat =  SBUF;
        TH0  =0xec;             //设置定时器工作 5ms 定时
        TL0  =0x78;
        ET0= 1;
        RevBuf[RevPointer]=dat;
        RevPointer++;
        CRC(dat);
```

```
        comStat =(crcValue == 0);
          }
    if(TI == 1)
      {
      TI=0;
      if(SendPointer <sendNumber)
          {
          SBUF=SendBuf[SendPointer];
          SendPointer++;
          }
      else
          {
          ResetCom();              //切换到接收状态
          }
      }
    }
void ResetCom(void)
    {
    crcValue=0xffff;                     //复位 CRC
    COMDIR=0;                            //接收状态
    RevPointer=0;                        //复位接收指针
    SendPointer=0;                       //复位发送指针
    comStat=0;
    }
void FillBitBuf(unsigned char* sou,unsigned int addr,unsigned int number,un-
signed char* dest)
    {
     unsigned int i;
     unsigned int cnt=0;
     for(i=0;i<number;i++)
        {
         if((sou[addr / 8] & (1<<(addr%8)))>0)
         dest[cnt/8] |=(1<<(cnt%8));
         cnt++;
         addr++;
        }
    }
void DealtCom(void)                      //协议解析
    {
   unsigned int addr;
```

```
unsigned int number;
unsigned int i;
if(RevBuf[0] ==comAddr)
 {
   SendBuf[0]=comAddr;
   funCode=RevBuf[1];
   SendBuf[2]=funCode;
   switch(funCode)
   {
     case READ_COIL_STATUS
          addr=RevBuf[2]* 256+RevBuf[3];
          number=RevBuf[4]* 256+RevBuf[5];
          SendBuf[2]=number / 8;
          if(number%8 ! =  0) SendBuf[2]++;
          FillBitBuf(CoilStatusBuf,addr,number,SendBuf+3);
          crcValue=0xffff;
          number=SendBuf[2]+3;
          for(i= 0;i< number;i++) CRC(SendBuf[i]);
          SendBuf[number]=crcValue / 256;
          SendBuf[number+1]=crcValue%256;
          sendNumber=number+2;
          break;
     case READ_INPUT_STATUS
          addr=RevBuf[2]* 256+RevBuf[3];
          number=RevBuf[4]* 256+RevBuf[5];
          SendBuf[2]=number / 8;
          if(number%8 ! =  0) SendBuf[2]++;
          FillBitBuf(InputStatusBuf,addr,number,SendBuf+3);
          crcValue=0xffff;
          number=SendBuf[2]+3;
          for(i= 0;i< number;i++) CRC(SendBuf[i]);
          SendBuf[number]=crcValue / 256;
          SendBuf[number+1]=crcValue%256;
          sendNumber=number+2;
          break;
     case READ_HOLDING_REGISTERS
          addr=RevBuf[2]* 256+RevBuf[3];
          number=RevBuf[4]* 256+RevBuf[5];
          SendBuf[2]=number;
          for(i= 0;i< number;i++)
```

```
    {
      SendBuf[3+i]=HoldRegBuf[i+addr]/256;
      SendBuf[4+i]=HoldRegBuf[i+addr]%256;
    }
    crcValue=0xffff;
    number=number*2+3;
    for(i= 0;i< number;i++) CRC(SendBuf[i]);
    SendBuf[number]=crcValue / 256;
    SendBuf[number+1]=crcValue%256;
    sendNumber=number+2;
    break;
case READ_INPUT_REGISTERS
    addr=RevBuf[2]*256+RevBuf[3];
    number=RevBuf[4]*256+RevBuf[5];
    SendBuf[2]=number;
    for(i= 0;i< number;i++)
    {
      SendBuf[3+i]=InputRegBuf[i+addr] / 256;
     SendBuf[4+i]=InputRegBuf[i+addr]%256;
     }
     crcValue=0xffff;
     number=number*2+3;
     for(i= 0;i< number;i++)
     CRC(SendBuf[i]);
     SendBuf[number]=crcValue / 256;
     SendBuf[number+1]=crcValue%256;
     sendNumber=number+2;
     break;
case WRITE_SINGLE_COIL
     addr=RevBuf[2]*256+RevBuf[3];
     number=RevBuf[4]*256+RevBuf[5];
     if(number>0)
        CoilStatusBuf[addr / 8] |=(1<<(addr%8));
     else CoilStatusBuf[addr / 8] &= ~(1<<(addr%8));
     for(i=0;i<9;i++) SendBuf[i]=RevBuf[i];
     sendNumber=9;
     break;
case WRITE_SINGLE_REGISTER
     addr=RevBuf[2]*256+RevBuf[3];
     number=RevBuf[4]*256+RevBuf[5];
```

```
            HoldRegBuf[addr]=number;
            for(i=0;i<9;i++) SendBuf[i]=RevBuf[i];
            sendNumber=9;
           break;
       Default:
           sendNumber=0;
           return;
       }
   }
}
void SendData(void)
{
  if(sendNumber>0)
    {
    COMDIR=1;
    SBUF=comDatBuf[0];
    SendPointer=1;
    }
}
voidComm(void)
{
  if(comStat)
    {
      comStat=0;
      DealtCom();
      SendData();
    }
}
```

如果 PLC 需要连接一些 MODBUS Slave 的仪表或执行器，读者可以根据 4.4.1 节中的通信协议内容编写相应的 MODBUS Server 端程序。

5.2.2　存储卡设计

存储卡采用三星公司的 K9F2808 Flash Memory。K9F2808 是 16MB 的大规模闪存，其扇区大小为(512＋16)字节。K9F2808 以页为单位进行读写操作，而擦除操作以块为单位，读、写和擦除操作均通过命令完成，不能字节擦除。在每次改写操作之前需要先擦除一整块。它具有速度快、成本低、密度大的特点，可用作大容量数据存储。

图 5-2-4 中 J_1 为大容量存储器 K9F2808 的插座，它与单片机的连接也是 8 位

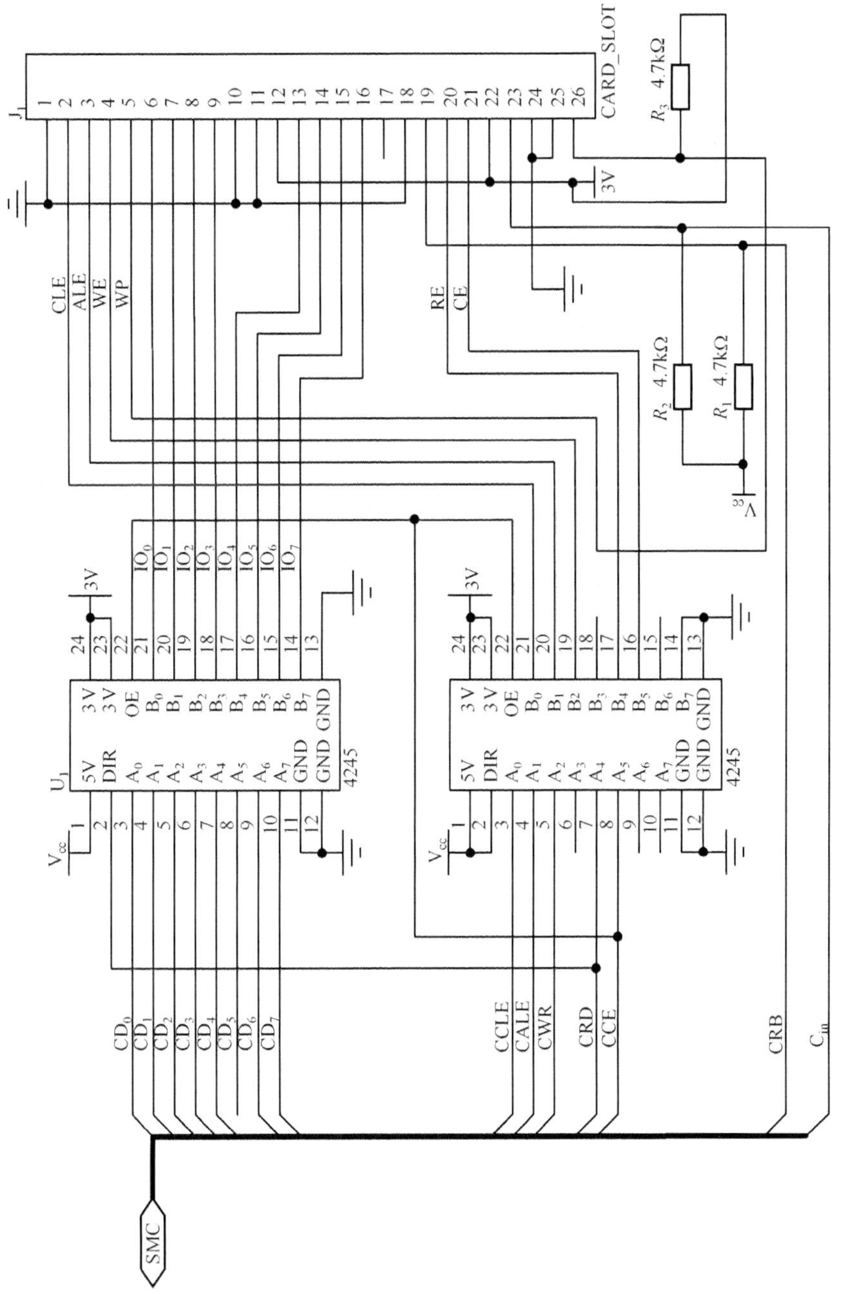

图 5-2-4　存储卡接口电路设计

并口方式连接,共用到8根数据线和6根控制线。其中CLE为命令锁存使能信号线,高电平有效,表示输入的数据为命令。当该引脚为高电平时,在WE信号的上升沿把数据总线上的数据锁存到命令寄存器。ALE为地址锁存使能,高电平有效,表示数据线上输入的数据为地址。该引脚为高电平时,在WE信号的上升沿把数据锁存到地址寄存器。CE为芯片选择使能,低电平有效。该引脚为低电平时,选通K9F2808芯片。RE为读使能,低电平有效,当该引脚为低电平时对K9F2808进行读操作;在写操作时,须保持RE引脚为高电平。WE为写使能,低电平有效,当该引脚为低电平时对K9F2808进行写操作。WP为写保护,低电平有效,当该引脚为低电平时,写保护起作用。R/B为忙检测信号,用来表示芯片是否准备好。低电平时,表示写操作或擦除操作以及随机读正在进行中,高电平时表示器件准备好。

由于K9F2808为3.3V供电,而本设计所使用的单片机是+5V供电,二者之间需要进行电平转换,这里使用74LVC245总线驱动器进行电平转换,操作程序如下。

```
unsigned char volatile xdata smcDat _at_ 0xff00;
unsigned char volatile xdata smcAddr _at_ 0xff01;
unsigned char volatile xdata smcCom _at_ 0xff03;
unsigned char volatile xdata smcStat _at_ 0xff04;
//写扇区函数
//将buf中的Len个字节数据写入block块的sect扇区
//page:页号;block:块号;sect:扇区号;buf:数据区;len:写入字节数
unsigned char WriteSmc(unsigned char com, unsigned int block, unsigned char
sect,unsigned char*buf,unsigned int len)
{//return 1,Write correct; 0,write error
   unsigned int i;
   unsigned char*p;
  i= (block<<5) +sect;
  p=buf+len;
  smcCom = com;
  smcCom=0x80;
  smcAddr=0x00;
  smcAddr=i;
  smcAddr=* ((unsigned char*)&i+1);
  while(buf<p)
  {
      smcDat=* buf;
      buf++;
  }
  smcCom=0x10;
```

```
  r0=0; r0=0;
  r0=0; r0=0;
  while((smcStat & 0x80) = =  0);
  smcCom=0x70;
  smcDat=0xff;
  i=smcDat;
  if((i & 0x01) = =  0) return 1;
  else return 0;
}
//写扇区函数
// block:块号;sect:扇区号;buf:数据区;len:欲读出的字节数
void ReadSmc(unsigned char com,unsigned int block,unsigned char sect,un-
signed char*buf,unsigned int len)
{
  unsigned int i;
  unsigned char*p;
  unsigned char x;
  p=buf+len;
  i =(block<<5)+sect;
  smcCom=com;
  smcAddr=0;
  smcAddr=i;
  smcAddr=* ((unsigned char*)&i+1);
  while((smcStat & 0x80) = =  0);
  do
  {
      smcDat=0xff;
      smcDat=0xaa;
      x=smcDat;
      * buf  =x;
      buf++;
  }while(buf<p) ;
}
//擦除块
// block:块号
unsigned char EarseBlock(unsigned int block)
{
    unsigned char x1;
    block=block<<5;
    smcCom=0x60;
```

```
    smcAddr=block;
    smcAddr=* ((unsigned char*)&block+1);
    smcCom=0xd0;
    r0=0; r0=0;
    r0=0; r0=0;
    while((smcStat & 0x80) = = 0);
    smcCom=0x70;
    smcDat=0xff;
    x1=smcDat;
    if((x1 & 0x01) = = 0)return 1;
    else return 0;
}
```

有了上述三个子程序就可以对存储卡进行任意操作。

5.2.3 I/O 模块设计

在 I/O 模块中,数字量 I/O 模块相对简单一些,主要涉及电平转换和隔离的问题。而在模拟量输入模块设计中,必须考虑各种不同信号输入的要求,如精度、带宽和输入范围等;在模拟量输出模块设计中,还要考虑不同信号的输出。

I/O 系统如图 5-2-5 所示。

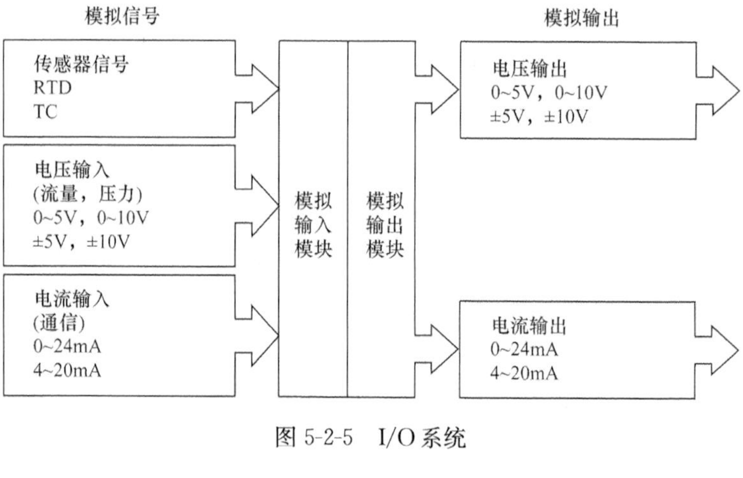

图 5-2-5 I/O 系统

(1) 模拟输入类型和范围:热电偶(Thermal Couple,TC)和热电阻(RTD)信号,±10mV~±10V 的电压信号;4~20mA 的电流信号。

(2) 模拟输出类型和范围:±5V、±10V、0~5V、0~10V、4~20mA 和0~20mA。

(3) I/O 模块分辨率和精度为 16 位,工业温度范围内的精度为 0.1%。

(4) 系统电源模块和低功耗电子器件之间隔离;输入和输出之间隔离;I/O 和

中央控制单元之间隔离；隔离等级范围为 1～2.5kV。

模拟 I/O 和电源输入保护：电磁兼容考虑因素为电涌、快速脉冲瞬变和 ESD。

1. 模拟量输入模块设计

对于模拟量输入模块和模拟量输出模块，高分辨率和低噪声是很重要的。在工业应用中，当测量来自热电偶、应变计以及桥式压力传感器的微弱信号时，需要采用差分信号来抑制来自电机、交流电源线或其他的噪声源（这些噪声源将噪声引入 ADC 的模拟输入端）的共模干扰信号。

1）模拟输入测量电路

由于能够提供高精度、高分辨率的模数转换，Σ-Δ 式 ADC 是设计模拟量输入模块比较合适的选择。此外，Σ-Δ 式 ADC 一般都内置可编程增益放大器（PGA），从而可以精确测量微弱的毫伏级信号。

图 5-2-6 所示为采用 AD7793 设计的模拟量输入模块。带有 SPI 接口、3 通道、24 位 Σ-Δ 式 ADCAD7793 通过配置可提供较宽范围的输入，如 4～20mA、±10V以及直接来自传感器的毫伏弱信号都可以测量。

这种万能输入（Universal Input）设计很容易适应热电阻/热电偶测量的要求。如图 5-2-6 所示，每个输入通道提供两对输入接线端子。一对输入端子直接连到 AD7793，用户可以对 AD7793 内置 PGA 进行编程，可提供高达 128 的增益。二对输入端子输入的信号通过仪表放大器 AD8220 调理。这样，输入信号经放大、电平转换后输入 ADC。除了提供电平转换功能，AD8220 还具有非常好的共模抑制特性，这在宽动态范围的应用中很重要。

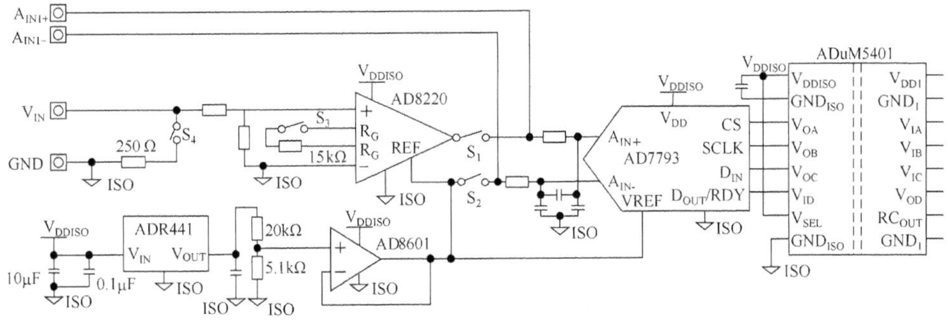

图 5-2-6　采用 AD7793 设计的模拟量输入模块

低功耗、高性能的 AD7793 功耗小于 500μA，而 AD8220 功耗小于 750μA。这个通道设计为可接收 4～20mA、0～5V 以及 0～10V 的电压输入信号。输入模块的其他通道针对双极性工作方式设计，可接收±5V 和±10V 的输入信号。

为测量 4～20mA 信号，通过开关（S_4）将一个低漂移精密电阻接入电路。在本设计中，虽然电阻的阻值选为 250Ω，但是只要电阻上的电压在 AD8220 的输入范围内，就可以任意选择电阻值。在测量电压时，S_4 保持断开状态。

对于工业用的系统，输入模块设计需要隔离。图 5-2-6 展示了在 PLC 系统的通道上如何实现隔离。ADuM5401 可提供 2.5kV 的信号和功率隔离。除了提供 4 个隔离的数字信号通道，ADuM5401 还包含 1 个隔离的 DC/DC 转换器，能够提供一个稳定的 5V、500mW 输出信号，为输入模块的模拟电路供电。

2）模拟输入保护

模拟量输入模块除了能够支持对电压和电流输入信号的测量，抗干扰设计也是工业应用场合所必需的。如图 5-2-7 所示，负载电阻 R_5 被切换进电路以实现电流模式，电阻 R_6 和 R_7 将信号衰减，电阻 R_8 设置 AD8220 的增益。

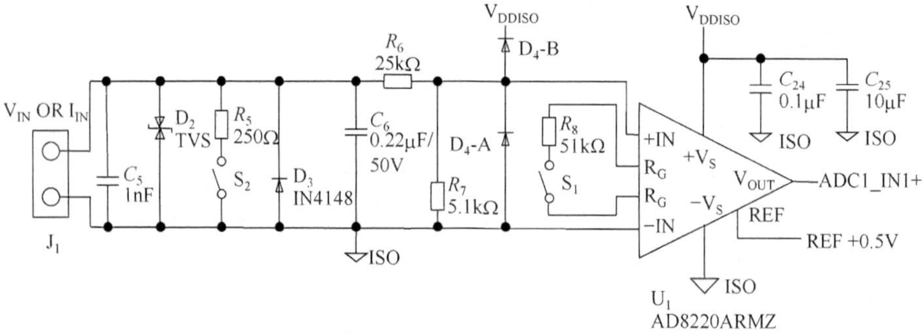

图 5-2-7　模拟量输入保护

这些模拟输入端口会受到外部的电涌和静电放电干扰。瞬态电压抑制器(TVS)可提供高效保护使其免受放电干扰。当一个高能量瞬态电压出现在模拟输入端口时，TVS 在几纳秒内从高阻抗降到低阻抗。它能吸收功率高达数千瓦的浪涌信号，并将模拟输入信号钳制到一个预置电压，这样就保护精密器件免受浪涌损害。TVS 的优点包括具有快速响应时间、高瞬态吸收功率、低漏电流、低击穿电压误差，以及小封装尺寸等。

经常用于模拟信号调理的仪表放大器属于精密、低噪声器件。这些精密的、低噪声器件对干扰很敏感，因此流进模拟输入端口的电流应被限制在几毫安以下。外部肖特基二极管用来保护仪表放大器。即使在已具有内置 ESD 保护二极管的情况下，采用外部二极管也能将输入电流限制到更小，并减小噪声和偏移误差。双肖特基势垒二极管 D_4-A 和 D_4-B 对输入信号限幅，起到保护作用。

当把连接外部传感器如 TC 或 RTD 直接连到 ADC 时，也需要进行保护，如图 5-2-8所示。

两个 TVS 网络(D_5-C 和 D_5-D)被放在 J_2 输入引脚，以抑制来自端口的瞬态信号。C_7、C_8、C_9、R_9 和 R_{10}构成 ADC 前面的 RF 衰减滤波器。这个滤波器有三个作

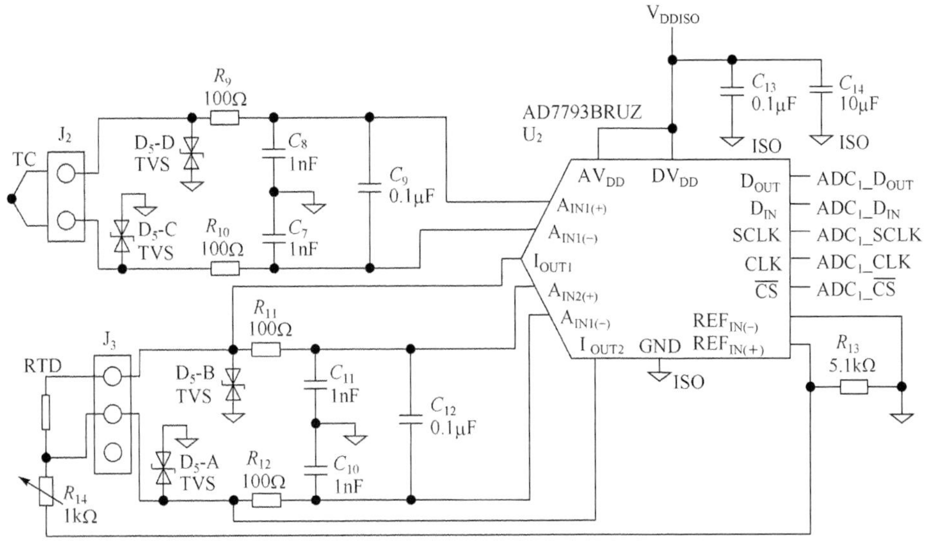

图 5-2-8　热电偶和电阻温输入保护

用:① 从输入线路中尽可能去掉多的 RF 能量;② 保持每条线路和地之间的交流信号平衡;③ 维持足够高的测量带宽和输入阻抗,以避免载入信号源。该滤波器在－3dB差分和共模带宽分别是 7.9kHz 与 1.6MHz。

2. 模拟量输出模块设计

表 5-2-1 列出了模拟量输出模块的技术规格。因为真实系统的精度要求输出通道的 DAC 具有足够高的分辨率。对于高端系统,需要 16 位的分辨率,采用标准 DAC 很容易满足这个要求。精度并非至关重要,一般来说,12 位积分非线性误差(INL)对于高端系统已经足够。

表 5-2-1　模拟量输出模块的技术规格

系统规范	要求
分辨率	16 位
校准精度	0.05%
总模块精度误差	0.15%
短路检测	是
短路保护	是
隔离	是

通过超输出量程并调整达到期望值,16 位 DAC 可以很容易实现 25℃时 0.05%的校准精度。例如,AD5066 可提供 25℃时 0.05mV 典型偏移误差,以及 0.01%典型增益误差,在很多情况下无须校准。0.15%的总精度误差看起来很容易实现,但实际上在超温情况下这个指标是比较严苛的。在工业温度范围内,30ppm/℃的输出漂移会增加 0.18%的误差。

1）模拟信号输出转换

模拟量输出模块具有电流输出、电压输出功能，或者两者兼具。图 5-2-9 所示是一个采用分立器件实现 4～20mA 输出的经典解决方案。16 位 DAC AD5660 可提供 0～5V 的输出电压，该电压通过电阻 R_S 变成电流，此电流经由 R_1 和 R_2 实现镜像。

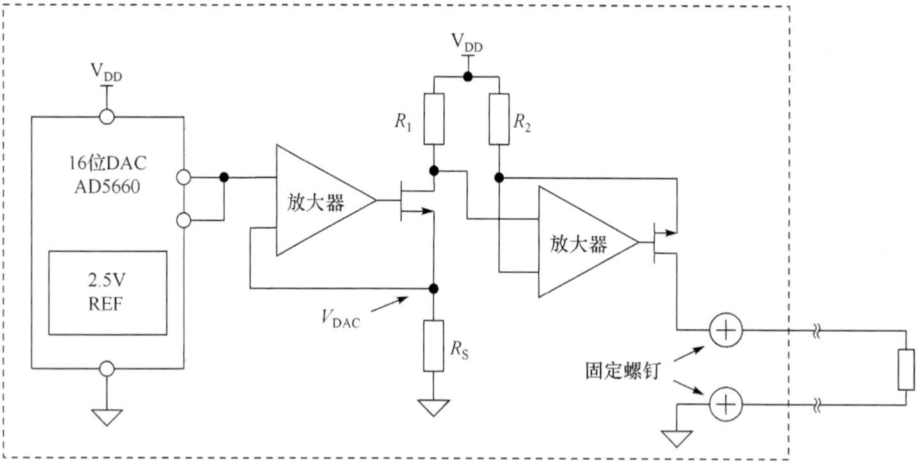

图 5-2-9　分立电路实现 4～20mA 输出

由

$$V_{DAC}/R_S=I_S=V_{R1}/R_1,\quad V_{R2}/R_2=I_{R2},\quad V_{R1}=V_{R2}$$

得

$$I_{R2}=V_{DAC}/R_S\times R_1/R_2$$

设定 $R_S=15k\Omega$，$R_1=3k\Omega$，$R_2=50\Omega$，则 5V 的 V_{DAC} 将获得 $I_{R2}=20mA$（最大值）。

这种分立设计方案有很多缺陷：器件数量多，造成系统复杂、电路板尺寸大以及成本高、多个器件导致误差度随着不同极性系数变化而总误差难以计算；这种设计不能提供短路检测/保护或者故障诊断；不包括许多工业控制模块中必需的电压输出，而添加任何这类特性都将会导致设计复杂性和器件数量的增加。

更好的解决方案是集成上述所有特性的单芯片 IC，例如，AD5422 是一款高精度、低成本、完全集成的 16 位 DAC，它能提供可编程电流源和可编程电压输出。基于这个器件的方案能够提供完全集成的可编程电流源和可编程电压输出，专为满足工业过程控制应用需求而设计。AD5422 可编程电压/电流输出如图 5-2-10 所示。

输出电流范围可编程为 4～20mA、0～20mA 或者扩展的 0～24mA。电压输出由独立的引脚提供，输出范围可以设置为 0～5V、0～10V、±5V 或±10V，并且所有输出范围都允许扩展 10%。模拟输出具有短路保护功能，在发生错误接线输

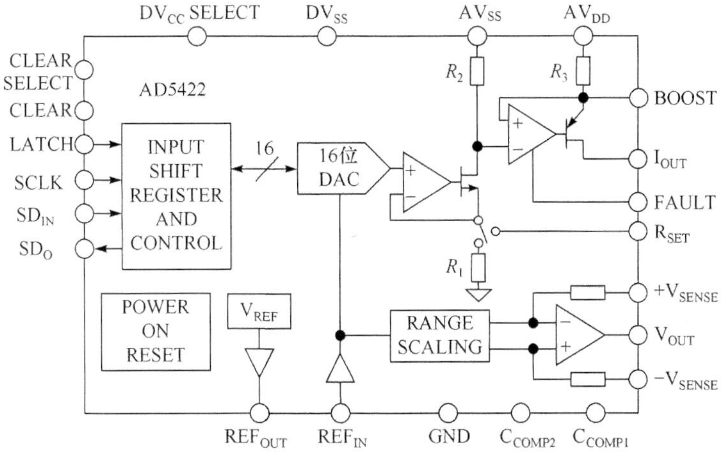

图 5-2-10　AD5422 可编程电压/电流输出

出(例如,用户将输出连接到地而非负载)时,这是一个关键特性。AD5422 还具有断路检测特性,能够监控电流输出通道,以确保在输出和负载之间没有故障发生。在断路情况下,FAULT 引脚将激活,向系统控制器报警。可编程电流/电压输出驱动器 AD5750 则兼具短路检测和保护特性。

如图 5-2-11 所示为用于 PLC 系统的模拟量输出模块。早期的 PLC 系统一般要求隔离 500V～1kV 的电压,而现今通常要求隔离高于 2kV 的电压。采用 ADuM1401数字隔离器为 MCU 和远端负载之间,或者 I/O 模块和背板之间提供必要的隔离。ADuM1401 的 3 个通道在一个方向上进行通信,第 4 个通道在相反方向进行通信,提供来自转换器的隔离数据回读,适合具有 SPI 接口的 AD5422 隔离。对于更新的工业设计,ADuM1401 及该系列数字隔离器的其他产品能够提供增强的系统级 ESD 保护。

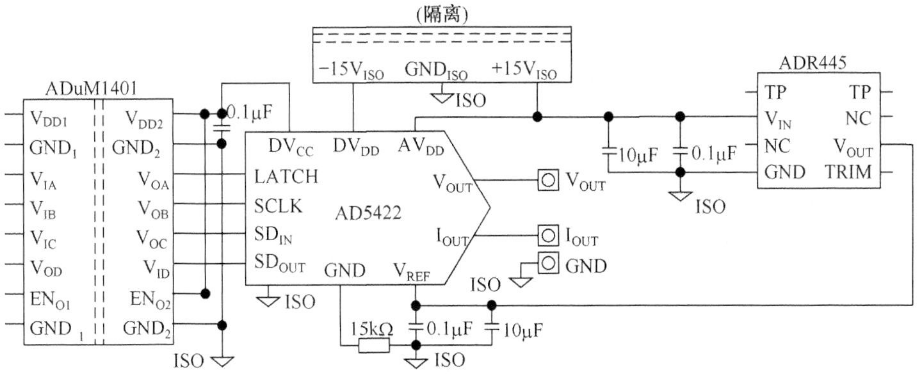

图 5-2-11　PLC 系统的模拟量输出模块设计

AD5422 产生自己的逻辑电源(DV_{CC})，它可以直接连接到 ADuM1401 的隔离侧，而无须携带逻辑电源通过隔离势垒。AD5422 包括一个内部感应电阻，但是当要求更低的漂移时，也可采用一个外部感应电阻。因为感应电阻控制输出电流，其电阻的任何漂移都将影响输出。内部感应电阻的典型温度系数是 15～20ppm/℃，在 600℃温度范围上会增加 0.12%的误差。在高性能系统应用中，低温度系数电阻(2ppm/℃)被用来保证漂移小于 0.016%。

超低噪声 XFET 基准电压源 ADR445 为 AD5422 提供参考电源。ADR445 具有 0.04%的内部精度，温漂仅为 3ppm/℃。

2) 模拟输出保护

模拟量输出模块可通过软件配置为各种范围内的输出模拟电压或电流。输出信号由 AD5422 提供，AD5422 的输出电压和电流可被直接连到外部负载上，因此它们易受电压浪涌和 EFT 脉冲的影响。模拟量输出电路结构如图 5-2-12 所示。

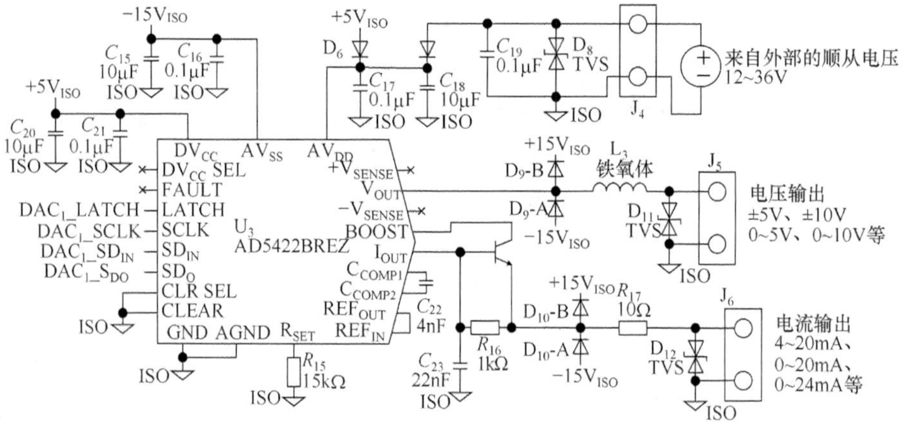

图 5-2-12　模拟量输出电路结构

一个 TVS(D_{11})用于滤除并抑制来自端口 J_5 的所有瞬态信号。一个绝缘的陶瓷铁氧体磁珠(L_3)串联进输出路径，以增加对高频瞬态噪声的隔离和去耦效果。在低频(＜100kHz)时，铁氧体被感应，因此它们在低通 LC 滤波器中是有益的。在 100kHz 以上，铁氧体不能被感应，这是高频滤波器设计中的一个重要特性。铁氧体磁珠具有三个作用：① 局部化系统噪声；② 阻止外部高频噪声到达 AD5422；③ 防止内部产生的噪声波及系统其余部分。当铁氧体处于饱和状态时，它们就变成非线性的并会损失滤波特性。因此，铁氧体的直流饱和电流一定不能超出其限制范围，特别是当产生高电流时。

双肖特基势垒二极管 D_9-A 和 D_9-B 将所有的过流都转移到正或负电源。在 AD5422 驱动 1μF 容性负载时，C_{22} 提供电压输出缓冲以及相位补偿。电流输出通道上的保护线路与电压输出通道上的相当类似，只是用一个 100Ω 电阻(R_{17})取代了铁氧体磁珠。从 AD5422 输出的电流被外部的分立式 NPN 晶体管 Q_1 提升。通过减小流入片上输出晶体管的电流，外部升压晶体管的加入将减少 AD5422 中的功率损耗。Q_1 的击穿电压应大于 60V。在 AD5422 被用于极端供电电压、负载电流和温度范围情况的应用中，这种外部升压能力是很有益的。升压晶体管还可被用于减少温度感应漂移，从而使片上基准电压的漂移达到最小，并改善器件的漂移和线性度。一个 15kΩ 的精密低漂移电流取样电阻（R_{15}）被连接到 R_{SET} 引脚，以改善电流输出稳定性。

在 AD5422 由外部电压驱动时，电路系统可被配置为提供高于 15V 的电压输出。TVS 用于保护电源输入端口。二极管 D_6 和 D_7 提供反向偏置保护。所有电源采用 10μF 的固态胆电容和 0.1μF 的陶瓷电容去耦。

3. 数字量模块设计

1）数字量输入

数字输入通道设计主要涉及的是电平变换和信号隔离的设计。前者针对的是电气兼容问题，后者针对电气安全问题。对于 24V 的数字量输入信号，必须经过电平转换，变成 5V 的 TTL 电平，才能被 CPU 识别。

在图 5-2-13 的电路中，在输入端口每个信号线对 M 加入了瞬态抑制二极管（TV_1）防护电路，来抑制电压浪涌冲击和进行静电防护，串入 EMI 磁珠（L_1）来满足 EMC 设计。

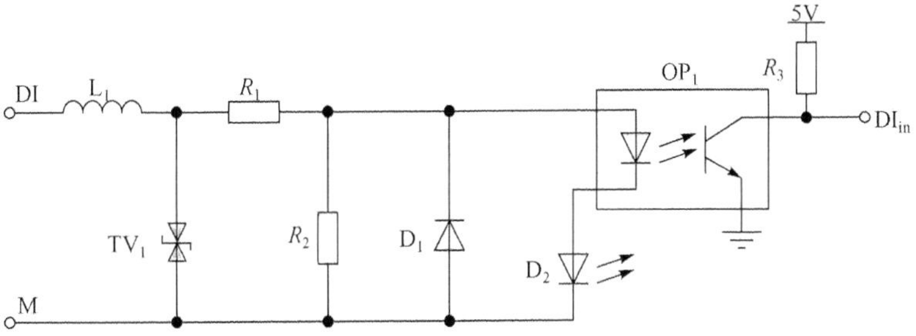

图 5-2-13　数字量输入通道

考虑到 89C51 的资源情况，需要扩展数字量输入接口。为此，如图 5-2-14 所示，本设计中采用集成有 SPI 接口的数字量输入电路 ISO1I811T，实现了数字量的电平转换、隔离等功能。ISO1I811T 基于英飞凌（Infineon）公司 ISOFACE 数字输出产品采用的成熟技术，这种新型 ISOFACE 数字输入产品能够提供 500V（AC）的集成隔离功能。

2）数字量输出

数字输出通道设计主要涉及的是电平变换、信号隔离以及功率驱动。对于 5V 的数字量输出信号，必须经过电平转换，变成 24V 的电平信号。图 5-2-15 所示是一个采用分立器件实现数字量输出的隔离与驱动。

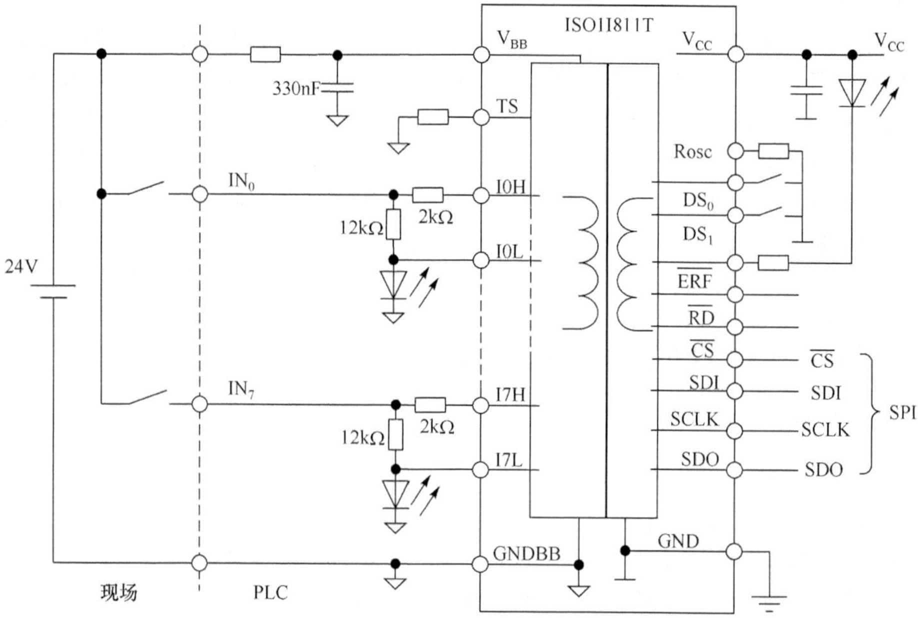

图 5-2-14　输入模块设计

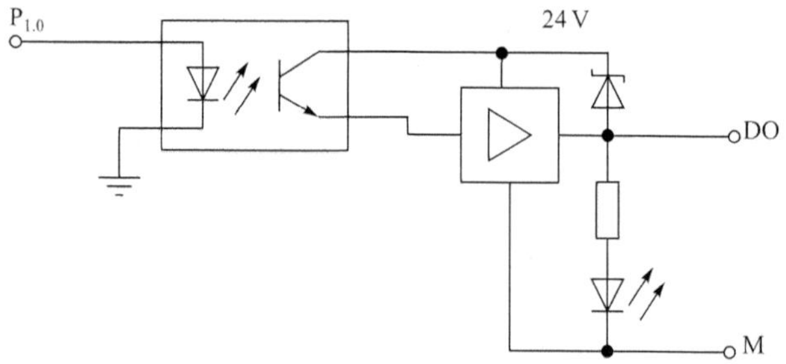

图 5-2-15　采用分立器件实现数字量输出的隔离与驱动

为解决 SPI 接口问题，选用一款适合工业数字输出通道的隔离开关 ISO1I812G，代替采用分立器件实现数字量输出电路。ISO1I812G 采用变压器隔离，并具有 600mA 的电流输出能力，能够满足工业现场各种负载的需要，如图 5-2-16所示。

4. 驱动程序

模拟量和数字量 I/O 模块都采用 SPI 接口，读者可以参考 4.4.2 节中 SPI 的程序和相关器件的数据手册，自行设计 I/O 程序，这里不再赘述。

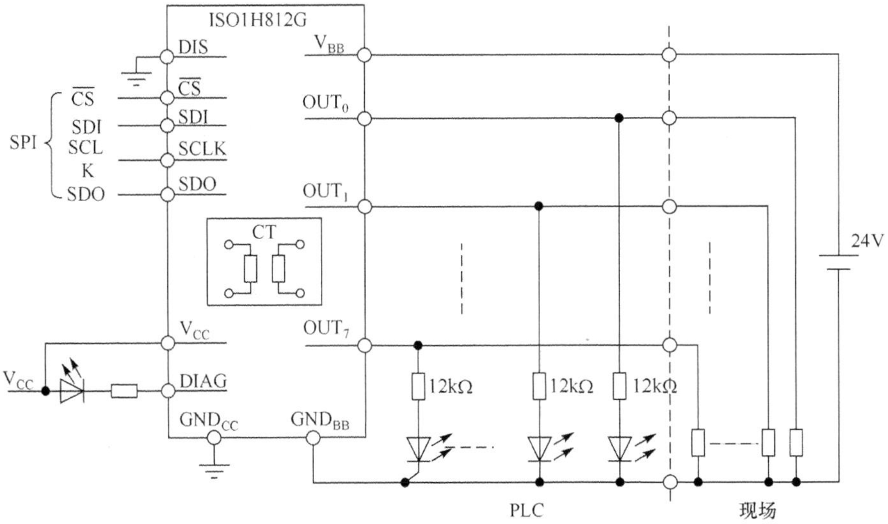

图 5-2-16　输出模块设计

5.2.4　电源设计

PLC 系统采用针对电磁兼容(EMC)的设计。一个稳压直流电源(18～36V)通过 2 线或 3 线接口连接到板上。电源必须防范故障和电磁干扰(EMI)。如图 5-2-17所示,在板级设计中采取下列防御措施,以确保 PLC 系统免于电源端口可能产生的各种干扰。

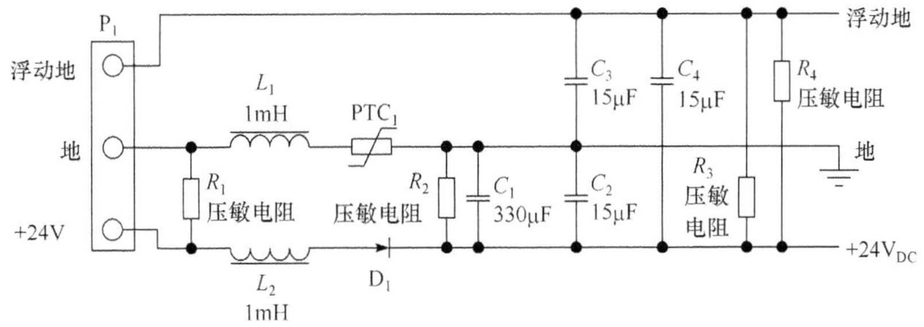

图 5-2-17　电源输入保护

压敏电阻 R_1 被连接到靠近电源输入端口的地。在常规操作期间,R_1 的阻抗非常高(兆欧姆),因此漏电流很低(微安)。当一个电流浪涌(如由闪电引起)被感应到电源输入端口时,压敏电阻击穿,微小的电压变化就会导致快速的电流变化。在数十纳秒内,压敏电阻的阻抗显著下降。这种低阻抗路径可使得多余的能量浪涌返回输入端,这样就保护了 IC 线路。3 个可选的压敏电阻(R_2、R_3 和 R_4)也被连接到输入路径中，以便在 PLC 板采用 3 线配置供电时提供保护。这些压敏电阻的成本一般低于 1 美元。

一个正温度系数电阻 PTC_1 与电源输入走线串联。在常规运行期间，PTC_1 的阻抗非常低，对电路的其余部分没有影响。当电流超出标称值时，PTC_1 的温度和阻抗都会迅速增加。这种高阻抗模式限制了电流并保护了输入电路。当电流减少到标称值时，阻抗就回到标准值。当 PLC 板浮动时，Y 电容器 C_2、C_3 和 C_4 可抑制共模传导电磁干扰。这些安全电容器要求具有低阻抗和高耐压的特性。设计人员必须采用具有 UL 或 CAS 认证的 Y 电容器，并遵守绝缘强度法规标准。电感器 L_1 和 L_2 滤掉从电源端口进入的共模传导干扰信号。二极管 D_1 保护系统不受反向电压影响。工作电流下规定了一个低的正向电压的通用硅或肖特基二极管可被使用。

由于系统中的器件需要的电源有 5V 和±15V，为此设计如图 5-2-18 所示的电源转换电路，采用开关电源(开关控制器 MC34166)将 24V 转换成 5V 和±15V。该电路可实现电压输入范围在 15～30V 时正常工作；+5V 电源电流可达 2A；±15V电源输出 100mA。

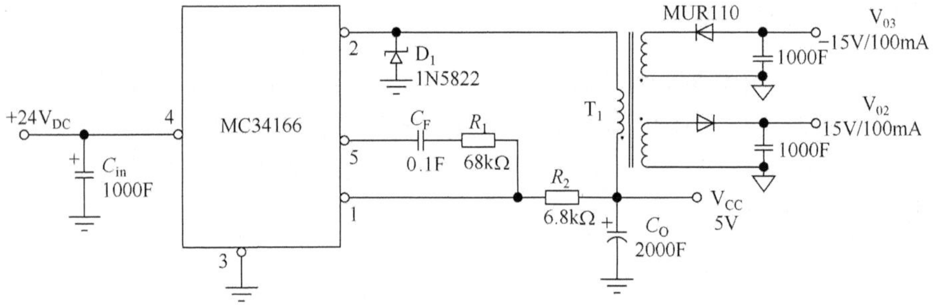

图 5-2-18　电源转换电路

参考文献

戴梅萼. 2008. 微型计算机技术及应用. 4版. 北京:清华大学出版社.

高福祥,齐志儒. 2010. 汇编语言程序设计. 4版. 沈阳:东北大学出版社.

何超. 2009. 汇编语言程序设计. 北京:机械工业出版社.

蒋本珊. 2008. 计算机组成原理. 2版. 北京:清华大学出版社.

李朝青. 2013. 单片机原理及接口技术. 4版. 北京:北京航空航天大学出版社.

李华,孙晓民,李红青,等. 2000. MCS-51系列单片机实用接口技术. 北京:北京航空航天大学出版社.

唐朔飞. 1999. 计算机组成原理. 2版. 北京:高等教育出版社.

王让定,朱莹,叶富乐,等. 2007. 汇编语言与接口技术. 2版. 北京:清华大学出版社.

王幸之. 2004. AT89系列单片机原理与接口技术. 北京:北京航空航天大学出版社.

Barry B B. 2008. The Intel Microprocessors Architecture, Programming and Interface. New Jersey: Pearson Prentice Hall.

Keil Software. Cx51 User's Guide. http://www.keil.com/c51/man/c51.htm[2014-08-15].

Programmable Logic Controller. http://en.wikipedia.org/wiki/Programmable_logic_controller[2014-01-20].

Slattery C, Hartmann D, Ke L. PLC Evaluation Board Simplifies Design of Industrial Process-control Systems. http://www.analog.com/analogdialogue[2014-10-30].

附录　8086 指令码

助记符和描述	指令码			
数据传送指令				
MOV = 移动	7 6 5 4 3 2 1 0	7 6 5 4 3 2 1 0	7 6 5 4 3 2 1 0	7 6 5 4 3 2 1 0
寄存器/存储器至/从寄存器	1 0 0 0 1 0 d w	mod reg r/m		
立即数 至 寄存器/存储器	1 1 0 0 0 1 1 w	mod 0 0 0 r/m	立即数	立即数(如果w = 1)
立即数 至 寄存器	1 0 1 1 w reg	立即数	立即数(如果w = 1)	
存储器 至 累加器	1 0 1 0 0 0 0 w	低8位地址	高8位地址	
累加器 至 存储器	1 0 1 0 0 0 1 w	低8位地址	高8位地址	
寄存器/累加器至段寄存器	1 0 0 0 1 1 1 0	mod 0 reg r/m		
段寄存器 至 寄存器/累加器	1 0 0 0 1 1 0 0	mod 0 reg r/m		
PUSH = 压栈:				
寄存器/存储器	1 1 1 1 1 1 1 1	mod 1 1 0 r/m		
寄存器	0 1 0 1 0 reg			
段寄存器	0 0 0 reg 1 1 0			
POP = 弹栈:				
寄存器/存储器	1 0 0 0 1 1 1 1	mod 0 0 0 r/m		
寄存器	0 1 0 1 1 reg			
段寄存器	0 0 0 reg 1 1 0			
XCHG = 交换:				
寄存器/附加寄存器的存储器	1 0 0 0 0 1 1 w	mod 0 0 0 r/m		
附加累加器寄存器	1 0 0 1 0 reg			

助记符和描述	指令码			
IN = 读接口端口：	7 6 5 4 3 2 1 0	7 6 5 4 3 2 1 0	7 6 5 4 3 2 1 0	7 6 5 4 3 2 1 0
固定端口	1 1 1 0 0 1 0 w	端口号		
可变端口	1 1 1 0 1 1 0 w			
OUT = 写接口端口：				
固定端口	1 1 1 0 0 1 1 w	端口号		
可变端口	1 1 1 0 1 1 1 w			
XLAT=传送字节到AL	1 1 0 1 0 1 1 1			
LEA=将EA下载到寄存器	1 0 0 0 1 1 0 1	mod reg r/m		
LDS=将指针下载到DS	1 1 0 0 0 1 0 1	mod reg r/m		
LES=下载指针到ES	1 1 0 0 0 1 0 0	mod reg r/m		
LAFH=下载Flags 到AH	1 0 0 1 1 1 1 1			
SAHF=保存AH到Flags	1 0 0 1 1 1 1 0			
PUSHF=标志压栈	1 0 0 1 1 1 0 0			
POPF=弹出标志	1 0 0 1 1 1 0 1			
算术计算指令				
ADD = 加：				
寄存器/存储器与寄存器	0 0 0 0 0 0 d w	mod reg r/m		
立即数与寄存器/存储器	1 0 0 0 0 0 s w	mod 0 0 0 r/m	立即数	立即数(如果sw = 01)
立即数与累加器	0 0 0 0 0 1 0 w	立即数	立即数(如果w = 1)	
ADC = 带进位加				
寄存器 存储器与寄存器	0 0 0 1 0 0 d w	mod reg r/m		

助记符和描述	指令码			
	7 6 5 4 3 2 1 0	7 6 5 4 3 2 1 0	7 6 5 4 3 2 1 0	7 6 5 4 3 2 1 0
立即数至寄存器/存储器	1 0 0 0 0 0 s w	mod 0 1 0 r/m	立即数	立即数(如果sw = 01)
立即数至累加器	0 0 0 1 0 1 0 w	立即数	立即数(如果w = 1)	
INC = 增1:				
寄存器/存储器	1 1 1 1 1 1 1 w	mod 0 0 0 r/m		
寄存器	0 1 0 0 0 reg			
AAA = 为加法做ASCII调整	0 0 1 1 0 1 1 1			
BAA = 为加法做DEC调整	0 0 1 0 0 1 1 1			
SUB = 减				
寄存器/存储器与寄存器	0 0 1 0 1 0 d w	mod reg r/m		
立即数从寄存器/存储器	1 0 0 0 0 0 s w	mod 1 0 1 r/m	立即数	立即数(如果sw = 01)
立即数从累加器	0 0 1 0 1 1 0 w	立即数	立即数(如果w = 1)	
SSB = 带借位减				
寄存器/存储器与寄存器	0 0 0 1 1 0 d w	mod reg r/m		
立即数从寄存器/存储器	1 0 0 0 0 0 s w	mod 1 0 1 r/m	立即数	立即数(如果sw = 01)
立即数从累加器	0 0 1 0 1 1 0 w	立即数	立即数(如果w = 1)	
DEC = 减1				
寄存器/存储器	1 1 1 1 1 1 1 w	mod 0 0 1 r/m		
寄存器	0 1 0 0 1 reg			
NEG = 取反	1 1 1 1 0 1 1 w	mod 0 1 1 r/m		
CMP = 比较				
寄存器/存储器和寄存器	0 0 1 1 1 0 d w	mod reg r/m		

助记符和描述	指令码			
	7 6 5 4 3 2 1 0	7 6 5 4 3 2 1 0	7 6 5 4 3 2 1 0	7 6 5 4 3 2 1 0
附加寄存器的立即数/存储器	1 0 0 0 0 0 s w	mod 1 1 1 r/m	立即数	立即数(如果sw = 01)
附加累加器的立即数	0 0 1 1 1 1 0 w	立即数	立即数(如果w = 1)	
AAS=为减做ASCII调整	0 0 1 1 1 1 1 1			
DAS=为减做十进制调整	0 0 1 0 1 1 1 1			
MUL=无符号乘法	1 1 1 1 0 1 1 w	mod 1 0 0 r/m		
IMUL=整数相乘（有符号）	1 1 1 1 0 1 1 w	mod 1 0 1 r/m		
AAM=为乘做ASCII调整	1 1 0 1 0 1 0 0	0 0 0 0 1 0 1 0		
DIV=无符号除	1 1 1 1 0 1 1 w	mod 1 1 0 r/m		
IDIV=整数相除（有符号）	1 1 1 1 0 1 1 w	mod 1 1 1 r/m		
AAD=未除做ASCII调整	1 1 0 1 0 1 0 1	0 0 0 0 1 0 1 0		
CBW=字节转换成字	1 0 0 1 1 0 0 0			
CWD=字转换成双字	1 0 0 1 1 0 0 1			
逻辑运算指令				
NOT=取反	1 1 1 1 0 1 1 w	mod 0 1 0 r/m		
SHL/SAL=逻辑/算数左移	1 1 0 1 0 0 v w	mod 1 0 0 r/m		
SHR=逻辑右移	1 1 0 1 0 0 v w	mod 1 0 1 r/m		
SAR=算数右移	1 1 0 1 0 0 v w	mod 1 1 1 r/m		
ROL=循环左移	1 1 0 1 0 0 v w	mod 0 0 0 r/m		
ROR=循环右移	1 1 0 1 0 0 v w	mod 0 0 1 r/m		
RCL=带进位循环左移	1 1 0 1 0 0 v w	mod 0 1 0 r/m		
RCR=带进位循环右移	1 1 0 1 0 0 v w	mod 0 1 1 r/m		

助记符和描述	指令码			
	7 6 5 4 3 2 1 0	7 6 5 4 3 2 1 0	7 6 5 4 3 2 1 0	7 6 5 4 3 2 1 0
AND = 与:				
寄存器/存储器至/从寄存器	0 0 1 0 0 0 d w	mod reg r/m		
立即数至寄存器/存储器	1 0 0 0 0 0 0 w	mod 1 0 0 r/m	立即数	立即数(如果w = 1)
存储器至累加器	0 0 1 0 0 1 0 w	立即数	立即数(如果w = 1)	
TEST = AndFunction to Flags, No Result:				
立即数至寄存器/存储器	1 0 0 0 0 1 0 w	mod reg r/m		
立即数至寄存器	1 1 1 1 0 1 1 w	mod 0 0 0 r/m	立即数	立即数(如果w = 1)
存储器至累加器	1 0 1 0 1 0 0 w	立即数	立即数(如果w = 1)	
OR =或:				
寄存器/存储器至/从寄存器	0 0 0 0 1 0 d w	mod reg r/m		
立即数至寄存器/存储器	1 0 0 0 0 0 0 w	mod 0 0 1 r/m	立即数	立即数(如果w = 1)
存储器至累加器	0 0 0 0 1 1 0 w	立即数	立即数(如果w = 1)	
XOR = 异或:				
寄存器/存储器至/从寄存器	0 0 1 1 0 0 d w	mod reg r/m		
立即数至寄存器/存储器	1 0 0 0 0 0 0 w	mod 1 1 0 r/m	立即数	立即数(如果w = 1)
存储器至累加器	0 0 1 1 0 1 0 w	立即数	立即数(如果w = 1)	
字符串处理指令				
REP=重复	1 1 1 1 0 0 1 z			
MOVS=传送字节/字	1 0 1 0 0 1 0 w			
CMPS=比较字节/字	1 0 1 0 0 1 1 w			
SCAS=扫描字节/字	1 0 1 0 1 1 1 w			
LODS=装入字节/字到AL/AX	1 0 1 0 1 1 0 w			

助记符和描述	指令码			
	7 6 5 4 3 2 1 0	7 6 5 4 3 2 1 0	7 6 5 4 3 2 1 0	7 6 5 4 3 2 1 0
STOS=从AL/AX获取字节/字到	1 0 1 0 1 0 1 w			
控制转移指令				
CALL =子程序调用:				
直接段内调用	1 1 1 0 1 0 0 0	低8位地址	高8位地址	
间接段内调用	1 1 1 1 1 1 1 1	mod 0 1 0 r/m		
直接段间调用	1 0 0 1 1 0 1 0	低8位偏移量	高8位偏移量	
		低8位段地址	高8位段地址	
间接段间转移	1 1 1 1 1 1 1 1	mod 0 1 1 r/m		
JMP=无条件转移:				
直接段内转移	1 1 1 0 1 0 0 1	DISP低8位	DISP高8位	
直接段内短转移	1 1 1 0 1 0 1 1	DISP		
间接段内转移	1 1 1 1 1 1 1 1	mod 1 0 0 r/m		
直接段间转移	1 1 1 0 1 0 1 0	低8位偏移量	高8位偏移量	
		低8位段地址	高8位段地址	
间接段间转移	1 1 1 1 1 1 1 1	mod 1 0 1 r/m		
RET=从子程序返回:				
段内返回	1 1 0 0 0 0 1 1			
段内返回，立即数加到SP	1 1 0 0 0 0 1 0	低8位数据	高8位数据	
段间返回	1 1 0 0 1 0 1 1			
段间返回，立即数加到SP	1 1 0 0 1 0 1 0	低8位数据	高8位数据	
JE/JZ=等于/为零时转移	0 1 1 1 0 1 0 0	DISP		

助记符和描述	指令码			
	7 6 5 4 3 2 1 0	7 6 5 4 3 2 1 0	7 6 5 4 3 2 1 0	7 6 5 4 3 2 1 0
JL/JNGE=小于/不大于等于时转移	0 1 1 1 1 1 0 0	DISP		
JLE/JNG=小于等于/不大于时转移	0 1 1 1 1 1 1 0	DISP		
JB/JNAE=低于/不高于时转移	0 1 1 1 0 0 1 0	DISP		
JBE/JNA=低于等于/不高于时转移	0 1 1 1 0 1 1 0	DISP		
JP/JPE=PF为1时转移	0 1 1 1 1 0 1 0	DISP		
JO=OF为1时转移	0 1 1 1 0 0 0 0	DISP		
JS=OS为1时转移	0 1 1 1 1 0 0 0	DISP		
JNE/JNZ=不等于/非零时转移	0 1 1 1 0 1 0 1	DISP		
JNL/JGE=不小于/大于等于时转移	0 1 1 1 1 1 0 1	DISP		
JNLE/JG=不小于等于/大于时转移	0 1 1 1 1 1 1 1	DISP		
JNB/JAE=不低于/高于等于时转移	0 1 1 1 0 0 1 1	DISP		
JNBE/JA=不低于等于/高于时转移	0 1 1 1 0 1 1 1	DISP		
JNP/JPO=PF为0时转移	0 1 1 1 1 0 1 1	DISP		
JNO=OF为0时转移	0 1 1 1 0 0 0 1	DISP		
JNS=SF为0时转移	0 1 1 1 1 0 0 1	DISP		
LOOP=CX不为0时循环	1 1 1 0 0 0 1 0	DISP		
LOOPZ/LOOPE=ZF为1时循环	1 1 1 0 0 0 0 1	DISP		
LOOPNZ/LOOPNE=ZF为0时循环	1 1 1 0 0 0 0 0	DISP		
JCXZ=CX为0时转移	1 1 1 0 0 0 1 1	DISP		
INT=中断：				
指定中断类型	1 1 0 0 1 1 0 1	中断类型号		

助记符和描述	指令码 76543210	76543210	76543210	76543210
中断类型3	1 1 0 0 1 1 0 0			
INTO=OF为1时中断	1 1 0 0 1 1 1 0			
IRET=中断返回	1 1 0 0 1 1 1 1			
处理器控制指令指令				
CLC = 清除进位	1 1 1 1 1 0 0 0			
CMC = 补充进位	1 1 1 1 0 1 0 1			
STC = 置位进位	1 1 1 1 1 0 0 1			
CLD = 清除方向	1 1 1 1 1 1 0 0			
STD = 设置方向	1 1 1 1 1 1 0 1			
CLI = 清除中断	1 1 1 1 1 0 1 0			
STI = 置位中断	1 1 1 1 1 0 1 1			
HLT = 停止	1 1 1 1 0 1 0 0			
WAIT = 等待	1 0 0 1 1 0 1 1			
ESC = 退出（至外设）	1 1 0 1 1 ×××	mod ××× r/m		
LOCK = 总线锁定前缀	1 1 1 1 0 0 0 0			

注:
AL = 8位累加器
AX = 16位累加器
CX = 计数器
DS = 数据段
ES = 附加段
Above/below 引用无符号数
Greater = 正向更大
Less = 正向更小或反向更大
if d = 1 then "to" reg; if d = 0 then "from" reg;
if w = 1then 字指令; if w = 0 then 字节指令;
if mod = 11 then r/m 作为寄存器区;
if mod = 00 then DISP = 0*,disp-low 和disp-high 忽略;
if mod = 10 then DISP = disp-low扩展为16位; disp-high忽略
if r/m = 000 then EA = (BX) + (SI) + DISP
if r/m = 001 then EA = (BX) + (DI) + DISP
if r/m = 010 then EA = (BP) + (SI) + DISP
if r/m = 011 then EA = (BP) + (SI) + DISP
if r/m = 100 then EA = (SI) + DISP
if r/m = 101 then EA = (DI) + DISP
if r/m = 110 then EA = (BX) + DISP*
if r/m = 111 then EA = (BX) + DISP
DISP跟随指令的第2个字节（在数据前，如果DISP被要求）
* 除了ifmod = 00 and r/m = 110 then EA = disp-high; disp-low

if s w = 01 then 16 位立即数构成操作数
if s w = 11 then 字节立即数扩展成带符号16位操作数
if v = 0 then "count" = 1; if v = 1 then "count" in (CL)
x = 任意
为了和ZF FLAG 比较，z 被用作字符串类型

SEGMENT OVERRIDE PREFIX
0 0 1 reg 1 1 0
REG按照下标指定

16bit(w=1)		8bit(w=1)		SEGMENT	
0 0 0	AX	0 0 0	AL	0 0	ES
0 0 1	CX	0 0 1	CL	0 1	CS
0 1 0	DX	0 1 0	DL	1 0	SS
0 1 1	BX	0 1 1	BL	1 1	DS
1 0 0	SP	1 0 0	AH		
1 0 1	BP	1 0 1	CH		
1 1 0	SI	1 1 0	DH		
1 1 1	DI	1 1 1	BH		